普通高等教育农业农村部"十三五"规划教材
全国高等农林院校"十三五"规划教材

植物生理生化

第三版

王三根　苍　晶　主编

中国农业出版社
北　京

内容提要

在第二版的基础上，本教材为适应教学要求，参考国内外教学科研相关进展再次更新。全书共分为 14 章，按照"植物分子与细胞—物质代谢与信号转导—植物生长发育的生理生化—植物抗性"的框架编排，主要介绍植物的生物大分子与酶，植物细胞的结构与功能，植物的水分生理与矿质营养，植物的光合作用与呼吸作用，有机物的转化和信息分子的表达，有机物的运输、分配与植物信号转导，植物生长物质，植物的生长、成花和生殖生理，植物的成熟、衰老生理以及抗性生理等方面的基本内容。

本教材注重现代植物生理生化发展的趋势，理论联系农林生产实践及考虑相关专业教学的特点，将植物生理学与基础生物化学有机地融为一体，重点突出，脉络清晰，图文并茂。

各章后都有提纲挈领的小结和复习思考题，书末附有植物生理生化常见汉英与英汉名词对照，方便学习查阅。本教材适合于有关专业本专科各种类型学员学习使用，也可作为生命科学、生态环境、农学、林学、园艺等领域教学科研人员的参考书。

第三版编审人员名单

主　编　王三根（西南大学）

　　　　苍　晶（东北农业大学）

副主编　曾汉来（华中农业大学）

　　　　郑炳松（浙江农林大学）

　　　　张富春（新疆大学）

　　　　张东向（齐齐哈尔大学）

　　　　高俊山（安徽农业大学）

　　　　黄爱缨（西南大学）

编　者（按姓名拼音排序）

　　　　苍　晶（东北农业大学）

　　　　陈文俊（成都农业科技职业学院）

　　　　高俊山（安徽农业大学）

　　　　胡雪琴（重庆医药高等专科学校）

　　　　黄爱缨（西南大学）

　　　　刘忠渊（四川轻化工大学）

　　　　吕　俊（西南大学）

　　　　邵艳军（河北农业大学）

　　　　王军虹（东北农业大学）

　　　　王三根（西南大学）

　　　　向小奇（吉首大学）

　　　　曾汉来（华中农业大学）

　　　　张东向（齐齐哈尔大学）

　　　　张富春（新疆大学）

　　　　张玉琼（安徽农业大学）

　　　　郑炳松（浙江农林大学）

审　稿　周小华（重庆大学）

　　　　吴珍龄（西南大学）

第一版编审人员名单

主　编　王三根（西南大学）

副主编　苍　晶（东北农业大学）

　　　　曾汉来（华中农业大学）

编　者（按姓名笔画排序）

　　　　王三根（西南大学）

　　　　车永梅（青岛农业大学）

　　　　邓林伟（湖南农业大学）

　　　　苍　晶（东北农业大学）

　　　　黄爱缨（西南大学）

　　　　黄绵佳（华南热带农业大学）

　　　　曾汉来（华中农业大学）

　　　　谢寅峰（南京林业大学）

审　稿　吴珍龄（西南大学）

第二版编审人员名单

主　编　王三根（西南大学）
　　　　　苍　晶（东北农业大学）
副主编　曾汉来（华中农业大学）
　　　　　郑炳松（浙江农林大学）
　　　　　张富春（新疆大学）
　　　　　张东向（齐齐哈尔大学）
编　者（按姓名拼音排序）
　　　　　苍　晶（东北农业大学）
　　　　　邓林伟（湖南农业大学）
　　　　　高俊山（安徽农业大学）
　　　　　黄爱缨（西南大学）
　　　　　邵艳军（河北农业大学）
　　　　　王军虹（东北农业大学）
　　　　　王三根（西南大学）
　　　　　向小奇（吉首大学）
　　　　　曾汉来（华中农业大学）
　　　　　张东向（齐齐哈尔大学）
　　　　　张富春（新疆大学）
　　　　　郑炳松（浙江农林大学）
审　稿　周小华（重庆大学）
　　　　　吴珍龄（西南大学）

第三版前言
QIANYAN

　　本教材第一版编写于 2007 年，第二版编写于 2015 年，自出版以来受到广大师生的欢迎，被评为全国高等农业院校优秀教材。理论联系生产实践及考虑相关专业教学需求，将植物生理学与基础生物化学有机地融为一体是本教材的特点，适合于有关专业本专科各种类型学员学习使用。修订后本教材继续注重现代植物生理生化发展的趋势，注意吸收参考最新研究成果与前沿动态、国内外相关教学的新内容，新增了第七大类酶易位酶、植物生长物质独脚金内酯类、生理钟的介绍，更新了春化作用的分子机制、光胁迫与植物抗性的关系等内容。

　　本次修订共分为 14 章，按照"植物分子与细胞—物质代谢与信号转导—植物生长发育的生理生化—植物抗性"的框架编排。其中绪论、第二章、第八章、第九章以及附录由西南大学与重庆医药高等专科学校、成都农业科技职业学院修订编写；第一章和第十四章由新疆大学与四川轻化工大学修订编写；第三章和第十二章由华中农业大学修订编写；第四章由河北农业大学修订编写；第五章由齐齐哈尔大学修订编写；第六章由浙江农林大学修订编写；第七章由吉首大学修订编写；第十章和第十一章由东北农业大学修订编写；第十三章由安徽农业大学修订编写。在广泛征求意见的基础上，编写人员互相审阅修订，最后由王三根、苍晶统稿。本教材由重庆大学周小华教授与西南大学吴珍龄教授审稿。

　　在本教材的编写出版中，得到了参编学校教务部门及中国农业出版社的帮助和支持。编写中参考和引用了国内外及若干兄弟院校教材的许多资料，在此一并表示衷心感谢。由于编者水平所限，教材中难免存在不足之处，敬请广大同仁和读者提出宝贵意见，以便今后修改完善。

编　者

2019 年 4 月

第一版前言
QIANYAN

　　《植物生理生化》为全国高等农林院校"十一五"规划教材,是全国高等院校生物、农学、园艺、植保、土壤农化、林学、草业、资源环境、蚕桑、茶学、食品加工等专业学员使用的基本教材。

　　新世纪的生命科学日新月异,"生物化学"与"植物生理学"课程是高等院校相关专业两门重要的专业基础课。随着我国农村经济的发展和农业现代化进程的加快,新的学科专业不断涌现,加上学员其他课程和选修课程的增加,以及培养高层次应用型、实践性农林专门人才的规模加大,根据面向21世纪农林人才素质要求和专业培养模式改革的需要,许多专业仅要求开设"植物生理生化"或"植物生理学"(但教学中要求其中包含"生物化学"的基本内容),在一学期内完成教学任务。《植物生理生化》教材可满足这方面的教学需求。

　　通过本课程的系统学习,应使学员了解植物体主要物质代谢和能量转换的基本规律、新陈代谢活动机理,掌握植物与环境进行物质和能量交换的基本理论、植物生长发育的基本规律,深入了解环境对植物生命活动的影响和植物对逆境条件的抗性,并掌握一些主要植物生理生化指标的测定方法和进行植物生理生化分析的基本技术,为后续专业课程的学习打下坚实的基础。

　　本教材从不同层次、不同水平、不同角度、纵横交错地探索植物生命活动规律的方方面面,大致可分为如下几部分。第一部分是静态生物化学基础和细胞生理生化,包括第一章植物的生物大分子、第二章酶、第三章植物细胞的结构和功能。第二部分是植物有机物转化及功能与代谢的生理生化,包括第四章植物的水分生理,第五章植物矿质与氮素营养,第六章植物的光合作用,第七章植物的呼吸作用,第八章有机物的转化和信息分子的表达,第九章有机物的运输、分配及信号转导。第三部分是植物生长发育的生理生化,主要介绍植物从种子萌发、根茎叶营养器官建成、开花结实、衰老脱落及新种子形成中的代谢变化特点和调控机制,包括第十章植物生长物质,第十一章植物的生长和运动,第十二章植物成花和生殖生理,第十三章植物的成熟和衰老生理。第四部分是第十四章,即植物的抗性生理。贯穿于全书的是植物生命现象化学本质及运动规律的主线条,而植物生命活动过程中物质代谢、能量转换、信息传递及由此表现出的形态建成诸方面的有机联系应是本教材的特点。

　　本教材编写分工为:西南大学黄爱缨编写第一章、第八章和第九章;湖南农业大学邓林伟编写第二章;华南热带农业大学黄绵佳编写第四章和第七章;青岛农业大学车永梅编写第五章;南京林业大学谢寅峰编写第十章;东北农业大学苍晶编写第十一章和第十三章；华中农业大学曾汉来编写第十二章和第十四章；西南大学王三根编写绪论、第三章和第六章。在广泛征求意见的基础上，编写人员互相审阅修订，经西南大学吴珍龄审定初稿，再次修订后，由王三根统稿。

本教材的编写出版得到了中国农业出版社的帮助及各编者所在学校教务部门的支持。另外，编写过程中参考和引用了国内教材的许多资料和图片，在此一并表示衷心感谢。

由于编者水平有限，教材中定有不少缺点和错误，请广大同仁和读者提出宝贵意见，以便今后修改完善。

编　者

2007 年 11 月

第二版前言
QIANYAN

生物化学与植物生理学课程是高等院校相关专业两门重要的专业基础课。随着我国社会经济的发展和现代化进程的加快，新的学科专业不断涌现，加上学员其他课程和选修课程的增加，以及培养高层次应用型、实践性专门人才的规模加大，根据21世纪人才素质要求和专业培养模式改革的需要，许多学科专业仅要求开设植物生理生化或植物生理学（但教学中要求其中包含生物化学的基本内容），在一学期内完成教学任务。《植物生理生化》教材可满足这方面的教学需求。

本教材第一版编写于2007年，出版以来受到广大师生的欢迎，被评为全国高等农业院校优秀教材，获得中华农业科教基金会奖励。现代生命科学发展很快，为适应新的形势，有必要对原教材进行修订。新版教材继续注重现代植物生理生化发展的趋势，注意吸收参考最新研究成果与前沿动态，国内外相关教学的新内容，如植物次生物质的转化、呼吸作用与切花保鲜、植物激素的作用机制、植物发育的分子生物学等。理论联系生产实践及考虑相关专业教学的需要，将基础生物化学与植物生理学有机地融为一体是本书的特点，适合于有关专业本专科各种类型学生学习使用，也可作为生命科学、农学、林学、园艺等领域教学科研人员的参考书。

《植物生理生化》（第二版）仍然分为十四章，其中绪论，第八章有机物的转化和信息分子的表达，第九章有机物的运输、分配与植物信号转导，附录由西南大学黄爱缨、王三根修订；第一章植物的生物大分子、第十四章植物的抗性生理由新疆大学张富春修订；第二章酶由湖南农业大学邓林伟修订；第三章植物细胞的结构与功能、第十二章植物的成花和生殖生理由华中农业大学曾汉来修订；第四章植物的水分生理由河北农业大学邵艳军修订；第五章植物的矿质营养由齐齐哈尔大学张东向修订；第六章植物的光合作用由浙江农林大学郑炳松修订；第七章植物的呼吸作用由吉首大学向小奇修订；第十章植物生长物质、第十一章植物的生长生理由东北农业大学王军虹、苍晶修订；第十三章植物的成熟和衰老生理由安徽农业大学高俊山修订。在广泛征求意见的基础上，编写人员互相审阅修订，最后由王三根、苍晶统稿。最后，本教材由重庆大学周小华教授与西南大学吴珍龄教授审定。

在新版教材的编写出版中，得到了中国农业出版社编辑的帮助及参编学校教务部门的支持。编写中参考和引用了国内外及若干兄弟院校教材的许多资料和图片，在此一并表示衷心感谢。由于编者水平有限，教材中定有不少缺点和错误，请广大同仁和读者提出宝贵意见，以便今后修改完善。

编　者
2015年6月

目 录
MULU

绪　论 >>>>

第一节　植物生理生化的概念及内容

植物生理学（plant physiology）是研究植物生命活动规律及其与环境相互关系的科学，生物化学（biochemistry）是研究生命现象化学本质的科学。可见，植物生理生化（plant physiology and biochemistry）是研究植物生命现象的化学本质、活动规律及其与环境相互关系的科学。

地球生物圈是一个十分复杂的生态系统，其中植物是主要的生产者，动物是主要的消费者，微生物是主要的分解者。绿色植物可以完全依靠无机物和太阳能，合成它赖以生存的各种有机物，自给自足地建成其躯体，成为自养生物（autotroph），还能为其他生物提供食物。因此，植物在物质循环和能量流动中处于十分重要的地位，成为整个生物圈运转的关键。

生活在环境中的植物，通过物质的转化、能量的转换与信息的传递从而表现出形态的变化，完成其生命活动过程。换言之，植物生命活动是在水分平衡、矿质营养、光合作用、呼吸作用、物质转化与运输分配等基本新陈代谢（metabolism）的基础上，表现出种子萌发、幼苗生长、营养器官与生殖器官的形成、运动、成熟、开花、结果、衰老、脱落、休眠等生长、分化和发育进程。

地球上的植物种类繁多，但构成如此众多的植物的化学元素却基本相似，主要有碳、氢、氧、氮、磷、硫、钾、钙、镁等，它们的含量占植物个体质量的 99% 以上。简单的无机分子经过植物的同化作用，形成基本生物分子如氨基酸、含氮的杂环化合物、单糖、脂肪酸等，进而合成生物大分子如蛋白质、核酸、糖类、脂类，聚合成超分子复合体，参与植物新陈代谢的生命活动过程。高等植物形态结构、生化反应和生理功能的基本单位是细胞，植物激素和酶等是调控这些生命活动的物质基础，植物生命活动过程表现出与环境条件的协调和统一。

对上述这些相互联系、相互依存、相互制约的生命现象的研究，就是植物生理生化的基本内容。本教材从不同层次、不同水平、不同角度探索植物生命活动规律的方方面面，大致可分为四个部分。

第一部分是静态生物化学基础及细胞生理，包括生物大分子、酶和植物细胞的结构、功能及原生质性质、生物膜特性等。这一部分是从微观水平为后续内容的学习打下基础。

第二部分是植物代谢的生理生化及遗传信息的传递与信号转导。植物代谢的生理生化包括物质和能量转化，如水分代谢、矿质和氮素营养、光合作用与呼吸作用、植物体内有机物的转化及运输分配。这部分内容可以说是剖析植物生命活动的一个横断面，即植物几乎每日每时都在进行的一些基本生理生化活动。而遗传信息的传递与信号转导，则是从信息角度解析植物生命活动的本质特点。

第三部分是植物生长发育的生理生化，主要介绍了植物从种子萌发、根茎叶营养器官建成、开花、结果、脱落、衰老及新的种子形成等过程中的生理生化变化。由于植物激素在调节控制生长发育中的特殊意义，故专门安排一章做介绍。这部分可以说是植物生命活动的一个纵剖面，探索追踪植物在生长发育过程中的生理生化特点和代谢发育规律。

第四部分是环境生理，主要介绍植物生理生化过程与外界生物及非生命环境条件，特别是逆境条件下的相互关系。这部分可以说是从宏观角度将我们的视野，也将植物生命活动置于大自然五光十色、千差万别的大背景中，将植物与整个自然界的运动变化联系到一起。

在植物生理生化学习中，应始终关注植物生命现象化学本质及其运动规律的主线条，同时应紧紧抓住植物生命活动过程中物质代谢、能量转换、信息传递及由此表现出的形态建成（morphogenesis）几方面的相互联系。

第二节　植物生理生化的发展

人类在生产生活中，探索物质的结构，了解生物的化学组成，同时不断对植物进行研究，观察记载其特征、生长发育所需外界条件，认识作物对人类的价值，并在人的干预下有目的地进行培育等。植物生理生化就是在这些生产和生活实践中逐渐形成和发展起来的。

河南裴李岗和浙江河姆渡等新石器时代遗址的发掘证明，我们的祖先早在 7 000 多年前就已在黄河流域和长江流域种植粟、稻等农作物，以农耕为主要生产活动，因此与生产实践密切相关的植物生理生化知识不断得到孕育和总结，内容十分丰富。

距今 3 000 多年前，甲骨文卜辞拓片上已有"贞禾有及雨？三月"（释义：贞问庄稼有没有及时的雨水？三月卜问的）和"雨弗足年？"（释义：雨水不够庄稼用吗？）的记载，说明人们对水分和植物生长的关系有了一些认识。公元前 3 世纪战国荀况撰的《荀子·富国篇》有"多粪肥田"，韩非撰的《韩非子》有"积力于田畴，必且粪灌"的记载，说明战国时期古人已十分重视施肥和灌溉，而且把二者密切联系起来。

公元前 1 世纪西汉《氾胜之书》涉及多种作物的选种、播种以及溲种法等进行种子处理的方法。如提出种子安全储藏的基本原则："种，伤湿、郁，热则生虫也。"强调种子要"曝使极燥"，降低种子含水量。3 世纪晋代郭义恭撰《广志》中有"苕草色青黄，紫花，十二月稻下种之，蔓延殷盛，可以美田，叶可食"，开创了人类历史上率先使用豆科绿肥的记录。

6 世纪北魏贾思勰著《齐民要术》中，有大量涉及水分、肥料、种子处理、繁殖和储藏等方面的知识。如"美田之法，绿豆为上"就是最早的关于豆科植物和禾本科植物轮作制度的认识。又如窖麦法必须"日曝令干，及热埋之"，这种"热进仓"的窖麦法民间一直流传至今。该法的实质是用较高温度杀灭部分病虫，促进种子成熟，降低呼吸速率，提高种子活力。该书《种榆白杨篇》载："初生三年，不用采叶，尤忌扬心，扬心则科茹不长。"强调保护顶芽，使其保持顶端优势，成栋梁之材。该书还对酿酒、做酱、制醋等有详细的记载。

2 000 多年前的春秋战国时期，庄周在《庄子》一书就有关于瘿病的论述，古人早就知道甲状腺肿大（瘿病）是由于缺碘所致，可用海藻粉防治；夜盲症可用富含维生素 A 的猪肝治疗；脚气病是一种多发于食米区的病，用含维生素 B_1 丰富的大豆、杏仁、车前子等治疗。李时珍在《本草纲目》一书中详细记载了不少人体的代谢物、分泌物、排泄物的性质。我们的祖先很早就发明了酿酒、做酱、制醋、制饴等，这实际上是利用了酶作用的原理。如周代的《周礼》一书中已有做酱的记载。

西欧古时的罗马人使用的肥料，除动物的排泄物外，还有某些矿物质（如灰分、石膏和石灰等），他们也知道绿肥的作用。古希腊也有关于旱害和涝害的记载。

上述资料说明生产与生活实践是植物生理生化产生的基础。

最早用实验来解答植物生命现象中的疑难，把结论建立在数据上的是荷兰人凡海蒙特（J. B. van Helmont）。他用柳树枝条连续 5 年做实验，探索植物长大的物质来源。英国的黑尔斯（Hales）研究了植物的蒸腾作用，为植物吸收和运转水分的过程提供了一些理论解释。英国的普里斯特来（J. Priestley）在实验中发现，植物能够净化被蜡烛燃烧变坏的空气，被照光的植物枝条产生可以维持老鼠生命与蜡烛燃烧的空气，证实薄荷是高等动物"生命之友"。这是对绿色植物光合作用认识的启蒙阶段。随后荷兰的因根浩兹（J. Ingenhousz）进一步发现植物的绿色部分只有在光下才放出 O_2，在暗中却放出 CO_2，后一结论已意味着植物也有呼吸作用。瑞士的瑟讷比埃（L. Senebier）确定，所谓的"固定的空气"（CO_2）确实是绿色植物营养所必需的，即 CO_2 是光合作用所必需的，O_2 是光合作用的产物。

　　关于植物营养来源的研究证据也越来越多。法国的索绪尔（Saussare）证实了植物光合作用以二氧化碳和水作为原料，而氮素则是以无机盐的形式从土壤中吸收来的。法国的布森高（G. Boussingault）建立砂培试验法，并以植物为对象进行研究，奠定了无土栽培的技术基础。德国的李比希（J. von Liebig）提出除了碳素来自空气以外，植物体内其他矿物质都可从土壤中摄取，施矿质肥料可以补充土壤营养的消耗，成为利用化学肥料理论的创始人。德国的萨克斯（J. Sachs）发现只有照光时，叶绿体中的淀粉粒才会增大，指出光合作用的产物是氧气和有机物。上述这些研究确立了植物区别于动物的"自养"特性。法国的巴斯德（L. Pasteur）在发酵理论方面做出了重要贡献。

　　20 世纪是植物生理生化飞跃发展的时期。随着物理学和化学的成熟以及研究仪器与方法的改进，使得分析结果更加精细和准确。在这个时期植物生理生化的各个方面都有突破性进展。美国化学家萨姆纳（J. B. Sumner）获得脲酶结晶，证明了酶的本质是蛋白质。埃伯登（Embden）、迈耶夫（Meyerhof）和克雷布斯（Krebs）等系统地阐明了糖酵解和三羧酸循环。米切尔（Michaelis）等建立了米氏方程，开创了酶动力学的研究。我国生物化学家吴宪提出了蛋白质变性学说。

　　20 世纪 50 年代以后，植物生理生化突飞猛进。1953 年沃森（J. D. Watson）和克里克（F. H. C. Crick）提出 DNA 双螺旋模型，为 DNA 分子的复制和 DNA 传递生物的遗传信息提供了合理的说明，这项工作对现代分子生物学的发展起了关键性的奠基作用。1958 年 Crick 提出了生物体内遗传信息传递的基本规律——中心法则，随着研究的深入，中心法则不断得到补充和完善。1961 年雅可布（F. Jacob）和莫诺（J. L. Monod）提出操纵子学说，开创了基因调控的研究。我国科学家在60 年代初用化学方法首次成功地合成了具有生物活性的蛋白质——结晶牛胰岛素；80 年代又采用有机合成和酶促合成相结合的方法，完成酵母丙氨酸转移核糖核酸的人工合成。人类基因组计划、水稻基因组计划等的相继实施，标志着植物生理生化正以崭新的步态在 21 世纪前进。

　　总之，植物生理生化的研究从分子、细胞、器官、整体到群体水平都有伟大的成就，正如殷宏章先生早在谈到植物生理学的发展时就指出："植物生理学的研究，有向两端发展的趋势。一方面随着现代生物化学、生物物理学、细胞生理学的发展，特别是分子遗传学的突跃，已将一些生理的机制研究深入到分子水平，或亚分子水平，这是微观方向的发展。而另一方面由于环境的破坏和人为的污染，人与生物圈的关系逐渐受到重视，农林生产自然生态系统的环境生理对植物生理提出了大量基本的问题，需要向宏观方向发展。"

　　如果说 21 世纪是生物学世纪，那么研究植物生命活动的植物生理生化将有特别重要的位置，因为植物为其他生物（包括人类的生产和生活）提供赖以生存和发展的物质和能量基础。

　　植物生理生化研究有几个明显动向：从研究生物大分子阐明复杂生命活动到基因结构与功能和各种组学的研究；从实现生命整体性的重要环节到信号传递整合网络的研究；从生命活动的能量和物质基础到代谢及其综合调节的研究；从植物与环境（生物和非生物环境）的相互关系到生物的协同进化和适应的研究。植物生理生化的发展正面临着前所未有的机遇和挑战，主要表现在以下几方面：

　　研究内容的扩展及与其他学科的交叉渗透。当代科学发展的特点是综合与交叉。除植物生理学与生物化学二者之间的交叉结合外，分子生物学、分子遗传学、微生物学及生态学也与植物生理生化发生交叉渗透。电子计算机、互联网、大数据、人工智能、纳米技术、生物物理及生物技术的迅速发展对植物生理生化的影响深刻。许多界限已经被打破，往往一个研究课题需要多学科人才的综合组织才能完成。物理学、化学、工程与材料科学、激光与微电子技术的迅速发展，为植物生理生化提供了一系列现代化研究技术，如同位素技术、电子显微镜技术、X 射线衍射技术、超离心技术、色层分析技术、电泳技术以及计算机图像处理技术、激光共聚焦显微镜技术、膜片钳技术、荧光冷冻电子显微镜技术等，成为探索植物生命奥秘的强大武器。

　　机制研究进一步深入和新概念的不断涌现。如植物的各种生长物质、交叉适应、电波与化学信息传递的交错进行、逆境蛋白、植物生理的数学模型等。目前，分子生物学等新型研究手段的引入，使光合作用、生物固氮、植物激素和矿质营养分子机制等方面的研究成为热点。人类对植物天然产物的关注和开发正在推动植物次生代谢的调控、植物次生代谢的分子生物学和分子遗传学等方面的研究。

从分子、细胞、植株到群体不同层次的全面发展。如水稻基因组计划，包括遗传图的构建、物理图的构建和DNA全序列测定。植物细胞图谱（Plant Cell Atlas，PCA）计划的提出，旨在整合包含分子、亚细胞、细胞和组织水平多层次、跨尺度的核酸、蛋白和代谢物信息的数据资源库。人与生物圈（Man and the Biosphere）计划中植物生理生化的研究，对太空中的植物生命活动规律的探索，使人们对生命现象的整体性认识有了深入了解。多种模式植物突变库的建立，为人们在物理图谱、遗传图谱和基因组全序列的基础上开展功能基因组学（functional genomics）、蛋白质组学（proteomics）、代谢组学（metabonomics）、细胞组学（cytomics）、表观基因组学（epigenomics）等整体性研究奠定了良好的基础。植物基因功能的确定、植物激素作用机制的研究、植物生长发育和代谢等调控网络的构建均备受关注。

植物生理生化应用范围的扩展。大数据时代的到来，使得植物生理生化早已不再只限于指导合理灌溉、施肥和密植等，而是扩展到调节作物生长发育全过程、控制同化物运输分配与次生代谢物的形成、改善产品质量、保鲜储藏、良种繁育、除草抗病；与农林、园艺、环境保护、资源开发、能源、航天、医药、食品工业、轻工业和商业等的关系日益密切。植物营养和发育的生理生化等方面的知识被广泛应用于多种蔬菜和经济作物的工厂化无土栽培，用于模拟生物圈以及封闭条件下的生命支持系统研究，用于载人航天和外星探测等领域。植物生理生化研究也更加注意与应用学科相结合以促进彼此的交流和发展。

第三节　植物生理生化与生产实践

植物生理学和生物化学作为基础学科，其主要任务是探索生命活动的化学本质及代谢的基本规律。植物生理生化从诞生迄今之所以受到人们的重视，就在于它能指导生产实践，为栽培植物、改良和培育植物提供理论依据，并不断提出控制植物生长的有效方法。如对植物矿质与氮素营养的研究是合理施肥的基础；对植物的水分关系的分析能为灌溉提供有效方案；通过植物对光周期现象与春化作用的研究，不仅能解释气象条件如何决定物候期和预测引种成功的可能性，而且可以用人工照光或遮暗、春化处理等办法来控制开花的季节；植物生长物质的研究，使人们得以更有效地插条生根、疏花疏果、加强或解除休眠、促进或抑制生长等以提高作物产量和质量；组织培养、细胞培养等技术为加快纯种的繁殖、改良与创造新品种开辟了新的途径。

世界面临着人口、食物、能源、环境和资源问题的挑战。据资料，全球人口以每天270 000人，每年9 000万到1亿人的水平增长，而平均每人拥有可耕地从1950年的0.45 hm² 到1968年的0.33 hm²，2000年降至0.23 hm²，预计到2055年将降至0.15 hm²。全球本来适合耕作的土地就不多，占陆地面积的22%左右。我国的形势也很严峻，人口总数为世界之最，人均耕地则很少。由于人口的增加和高质量食物的需求，到2025年将要求在现在每年2×10^{11} t谷物的基础上增加50%的产量，这个额外的产量将要在比现存土地资源更少，淡水、化学品和劳动力更紧张的基础上生产出来。为了面对新世纪的挑战，必须培养更高产和稳产的作物品种，对土壤、水分和病虫害的控制需更精细有效，通过传统方法和生物技术相结合去发展可持续农业生产，植物生理生化在这中间有着极其重要的作用。

植物可利用太阳光能，吸收CO_2和放出O_2，合成有机物，在增收粮食、增加资源和改善环境等方面有不可替代的作用。通过植物生理生化的学习和研究，有助于认识与掌握植物生命活动的基本规律，更好地运用栽培技术，调控植物生长，改变环境条件，使之符合各类植物在不同生育阶段的需要，创立一个高产、优质、低耗的生产系统；有助于将植物的基本生理生化规律与遗传规律结合起来，更好地选育良种；有助于更好地开发植物资源；有助于解决植物的土壤营养、抗旱抗寒、防治病虫害等方面的实际问题，使农业生产上一个新台阶。已知全球有50余万种植物，其中只有数千种被人们栽种或培养，大规模利用的种类很少，只有百余种，仅仅其中三种作物（水稻、小麦和玉米）就提供了全球人口所需粮食的一半以上。植物浑身都是宝，都有可供综合利用的特殊有机物。

有人预测 21 世纪农业增产潜力与科技成果的关系，认为通过植物育种、灌溉和作物保水、遗传工程、生长调节剂、生物固氮、提高光合效率、复种多熟、温度适应、保护栽培等，可使农业增产1.4 倍。而上述科学技术中，几乎都直接或间接地与植物生理生化的发展有关。

植物生理生化一方面不断地吸收各种先进的科学理论与技术，从分子→亚细胞→细胞→组织→器官→个体→群体，从微观到宏观全方位地发展自己的基础理论，探索植物生命活动的本质；另一方面大力开展应用基础研究和应用研究，使科学技术迅速地转化为生产力。周嘉槐先生等提出的应用植物生理学的下列研究课题，可以说是植物生理生化与农业现代化关系的一个缩影：作物的光能利用和产量形成，作物高产优质的生理学基础，作物群体动态合理结构与看苗诊断，提高光合作用效率与光呼吸的问题，间作套种和合理密植，合理用水和经济用水，合理施肥和经济施肥，植物的化学调控，种子培育和壮苗生理，植物器官的相关性及其调控，植物的性别分化，提高作物的抗旱、涝、热、寒和抗盐性，蔬菜、果品和花卉的保鲜等。

植物生理生化在基础理论上的深入突破及应用研究上的全面发展，将会使其在 21 世纪里显示出更加蓬勃的活力与生机。

📖 小 结

植物生理学是研究植物生命活动规律及其与环境相互关系的科学，生物化学是研究生命现象化学本质的科学。因此，植物生理生化是研究植物生命现象的化学本质、活动规律及其与环境相互关系的科学。本门课程主要学习生物大分子、酶和细胞生理、功能与代谢生理及有机物转化运输、生长发育生理及环境生理等几个部分。植物通过物质代谢、能量转换、信息传递及由此表现出的形态建成完成其生命活动的过程。

千百年的生产与生活实践是植物生理生化的萌芽，而用实验来解答植物生命现象则起于 16 世纪至 17 世纪。18 世纪和 19 世纪是植物生理生化的奠基与成长时期。20 世纪以来，植物生理生化进入飞跃发展阶段，与分子生物学等学科交叉渗透，互相促进，从微观到宏观全面发展，在跨入 21 世纪之后，面临着前所未有的机遇和挑战。

植物生理生化是基础学科，但它的产生和发展都与农林等应用科学密切相关，植物生理生化能为生产实践做出应有的贡献，显示出广阔的应用前景和发展活力。

❓ 复习思考题

1. 什么是植物生理生化？它研究的内容是什么？
2. 举例说明植物生理生化与生产实践的关系。
3. 从植物生理生化的发展，谈谈你得到的启示。
4. 查阅各种组学研究的新进展及其与植物生理生化的关系。

第 一 章 ▶▶▶

植物的生物大分子

第一节　植物生命的分子基础

　　自然界的植物虽然种类繁多，形态结构千差万别，但都具有相类似的生命活动特征，这主要是与植物的化学组成及新陈代谢特征有关。自然界中简单的无机分子，如 CO_2、H_2O、N_2 等，经过细胞的同化作用，首先会形成单体分子。各种细胞的单体分子，至少有 30 种是共同的，这些分子又被称为基本生物分子（biomolecule），其中包括 20 种氨基酸、5 种含氮的杂环化合物（嘌呤及嘧啶的衍生物）、2 种单糖（葡萄糖与核糖）、1 种脂肪酸（棕榈酸）、1 种多元醇（甘油）及 1 种胺类化合物（胆碱）。这些基本生物分子可以相互转化，或者转变为其他生物分子。例如，植物体内已发现的氨基酸已达 100 多种，但都是由组成蛋白质的 20 种氨基酸衍生而来；70 多种单糖均来源于葡萄糖，而多种脂肪酸主要是由棕榈酸转变而来。这些单体分子可以聚合成低聚物，乃至生物大分子（biomacromolecule）。不同种类的生物大分子又聚合成超分子复合体（supermolecular complex）。超分子复合体进一步集合成各种细胞器，如细胞核、线粒体、叶绿体等。图 1-1 表明了各种生物分子构成细胞、器官和植物体的相互关系。

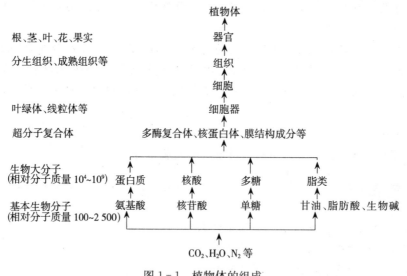

图 1-1　植物体的组成

　　组成植物体的基本物质有蛋白质、核酸、糖类、脂类、维生素、激素、水和无机盐等，这与动物和微生物组成十分相似。植物体中水的含量最多，一般占植物体的 $60\%\sim90\%$。除水之外，占干物质绝大部分的是蛋白质、核酸、糖类和脂类，这些物质均是由碳、氢、氧、氮、磷、硫等为数不多的元素组成。糖类是光合作用的同化产物，参与构成原生质和细胞壁，同时也作为能量来源用于原生质的生命活动或储存于细胞内供机体生命的活动所需。脂类在细胞内可作为结构物质，例如磷脂与蛋白质结合，构成原生质体表面的质膜及内部的多种膜，同时也是细胞内重要的能量储存物质。核酸和蛋白质是细胞最重要的生物大分子，它们是生命的基本体现者。其中核酸是遗传信息的载体，担任遗传信息的储存、传递和表达作用。核酸的遗传信息要通过转录和翻译，以蛋白质的形式才能体现，因而蛋白质是细胞结构中的重要成分，也是生命实现各种生物学功能的执行者。

第二节 核 酸

一、核酸的种类、分布和功能

（一）核酸的种类和分布

核酸（nucleic acid）是生物大分子，它是由许多核苷酸单元按一定顺序连接所组成的多核苷酸。根据核苷酸单元中糖组分的不同，核酸分为脱氧核糖核酸（deoxyribonucleic acid，DNA）和核糖核酸（ribonucleic acid，RNA）两大类。核酸存在于各种动物、植物和微生物中，病毒中或含有 DNA，或含有 RNA。

真核细胞的 DNA 主要分布在细胞核中，占细胞 DNA 总量的 98% 以上，并与组蛋白结合构成染色体。真核细胞的线粒体和叶绿体也含有 DNA，这些细胞器中的 DNA 不与组蛋白结合，其分子比染色体 DNA 要小得多。不同种类生物细胞核中的 DNA 含量差别很大，同种生物不同组织中体细胞的细胞核 DNA 含量却基本相同，而性细胞的细胞核中其 DNA 含量只相当于体细胞核中的一半。

RNA 主要分布在细胞质中，占细胞 RNA 总量的 90%；RNA 在细胞核中含量较少，约 10%，主要集中于核仁。此外，叶绿体和线粒体内也含有少量的 RNA。RNA 根据其结构和功能的不同，主要分为 3 类：信使 RNA（messenger RNA，mRNA）、转运 RNA（transfer RNA，tRNA）和核糖体RNA（ribosomal RNA，rRNA）。

（二）核酸的功能

1. DNA 是遗传物质，是遗传信息的载体 核酸的研究已有 100 多年的历史。早在 1869 年，瑞士科学家米歇尔（F. Miescher）从外科绷带的脓细胞核中分离出一种磷、氮含量均很高的酸性有机物，称为核素（nuclein），即今天所说的脱氧核糖核酸与蛋白质的复合物。1889 年奥特曼（R. Altmann）从酵母和动物组织中提取出不含蛋白质的核酸，首先使用了核酸这个名称，但此后很长一段时间核酸的研究一直未能引起人们重视。直到 1944 年，艾弗里（O. Avery）等人通过细菌转化实验直接证实了 DNA 的遗传功能。又经过多年研究，确定 DNA 是生物的主要遗传物质，是遗传信息的载体。任何一个生物体细胞都具有发育成完整有机体的全套遗传信息。基因（gene）是遗传的最小功能单位，是携带有遗传信息的 DNA 或 RNA 序列，一个细胞的所有核酸序列组合在一起称为基因组（genome）。

2. RNA 在蛋白质生物合成中起重要作用 基因的功能通过表达的蛋白质体现。"一个基因一条多肽链"的假说曾是现代遗传学中重要的基本概念，但随着基因研究的深入，需要对这个假说进行修订，以便解释只编码 RNA 的基因，如 tRNA 和 rRNA 基因，也有些 RNA 没有任何功能，因此可以确定为"大多数基因含有合成一条多肽链的信息"。3 种 RNA 在蛋白质合成中起着重要的作用，其中 mRNA 作为信使 RNA 能够将遗传信息从基因带到核糖体上，转录 DNA 上的遗传信息并指导蛋白质的生物合成。tRNA 为转运 RNA，能够一端结合氨基酸，另一端识别 mRNA 上的密码子，在蛋白质合成中起着运输氨基酸的作用，能够将氨基酸按照 mRNA 链上的密码子所决定的氨基酸顺序转移至蛋白质合成场所——核糖体。rRNA 则为核糖体 RNA，能够与蛋白质结合在一起形成核糖体，成为蛋白质的合成场所。此外，RNA 还有多方面的功能，有些参与基因表达的调控，有些具有生物催化作用，而在 RNA 病毒中的 RNA 本身就是遗传物质。

二、核酸的基本构成单位——核苷酸

核酸是一种链状的多聚核苷酸（polynucleotide）分子，它的基本构成单位是核苷酸（nucleotide）。核苷酸还可以分解成核苷（nucleoside）和磷酸（phosphate）。核苷再进一步分解成含氮碱基（nitrogenous base）和戊糖（pentose）。含氮碱基分为两大类：嘌呤碱（purine base，Pu）和嘧啶碱（pyrimidine base，Py）。因此，核酸由核苷酸组成，而核苷酸又由含氮碱基、戊糖和磷酸组成。

1. 戊糖 DNA 和 RNA 两类核酸是因为所含戊糖的不同而分类的。DNA 中的戊糖为 β-D-2′-脱氧核糖（deoxyribose），RNA 中的戊糖为 β-D-核糖（ribose）。注意 DNA 和 RNA 的核糖在第 2 位上有区别，核糖有一个羟基，而脱氧核糖只有一个氢，因此 DNA 称为脱氧核糖核酸，而 RNA 称为核糖核酸。其结构式如图 1-2 所示。

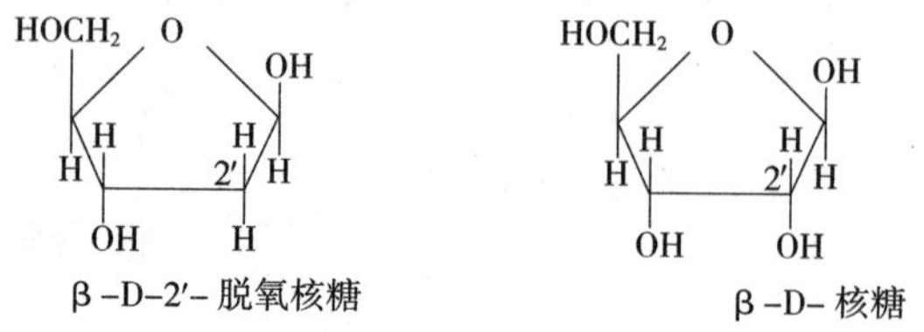

图 1-2 β-D-2′-脱氧核糖与 β-D-核糖

2. 嘌呤碱和嘧啶碱 DNA 和 RNA 所含的碱基都是 4 种，其中嘌呤碱完全相同，即腺嘌呤（adenine，Ade，A）和鸟嘌呤（guanine，Gua，G）；而嘧啶碱不完全相同，DNA 中是胞嘧啶（cytosine，Cyt，C）和胸腺嘧啶（thymine，Thy，T），RNA 中是胞嘧啶和尿嘧啶（uracil，Ura，U）。也就是说 RNA 中的碱基除了尿嘧啶代替胸腺嘧啶外，其他碱基都与 DNA 的相同。

图 1-3 是嘌呤碱和嘧啶碱的结构式。嘌呤环和嘧啶环上各原子的编号是目前国际上普遍采用的统一编号。括弧中大写字母 A、G、T、C、U 为各碱基的代号。

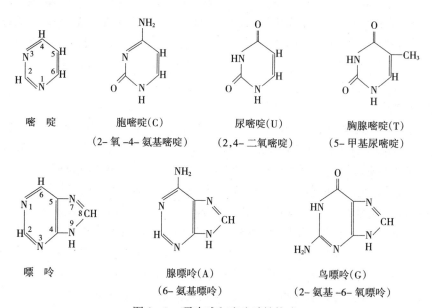

嘧 啶　　胞嘧啶(C)　　尿嘧啶(U)　　胸腺嘧啶(T)
（2-氧-4-氨基嘧啶）　（2,4-二氧嘧啶）　（5-甲基尿嘧啶）

嘌 呤　　腺嘌呤(A)　　　　鸟嘌呤(G)
（6-氨基嘌呤）　　（2-氨基-6-氧嘌呤）

图 1-3 嘌呤碱和嘧啶碱结构式

3. 核苷 核苷是脱氧核糖或核糖与嘌呤碱或嘧啶碱生成的糖苷。在核苷分子中，糖上的原子编号为 1′，2′，3′……，以区别碱基上的原子编号 1，2，3……。糖的 $C_{1'}$ 与嘧啶碱的 N_1 或 N_9 相连接，即戊糖与碱基之间的连键是 N—C 糖苷键，核酸分子中的糖苷键均为 β 糖苷键。核苷可以分为核糖核苷和脱氧核糖核苷两大类。腺嘌呤核糖核苷与胞嘧啶脱氧核糖核苷的结构式如图 1-4 所示。

核糖核苷的代号与相应的碱基相同。脱氧核糖核苷的代号则在碱基前加"d"，如 dA、dG、dC、dT 等。

4. 核苷酸 核苷酸是核苷的磷酸酯，它是由核苷中戊糖上羟基被磷酸酯化而成。生物体内存在的核苷酸均是 5′-核苷酸，即核苷中戊糖上 5′-羟基与磷酸形成的磷酸酯。鸟苷酸与脱氧胸苷酸的结构式如图 1-5 所示。

核苷单磷酸（nucleoside monophosphate，NMP）还可以进一步磷酸化而生成核苷二磷酸和核苷三磷酸，例如腺苷酸（adenosine monophosphate，AMP），又称腺苷一磷酸，可进一步形成腺苷二磷酸（adenosine diphosphate，ADP）和腺苷三磷酸（adenosine triphosphate，ATP）。ADP 和 ATP 含有高能磷酸键，它们在能量转换中发挥重要作用。腺苷酸也是构成多种辅酶的成分，如辅酶Ⅰ（NADH）、辅酶Ⅱ（NADPH）、黄素腺嘌呤二核苷酸（$FADH_2$）分子中均含有腺苷酸。核苷酸还可

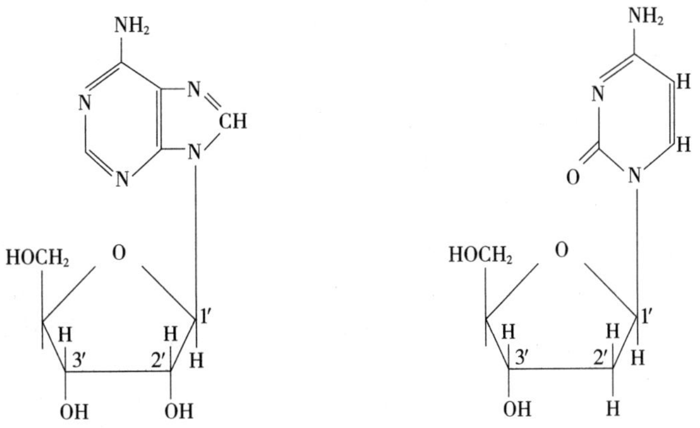

图1-4 腺嘌呤核糖核苷（A）与胞嘧啶脱氧核糖核苷（dC）的结构式

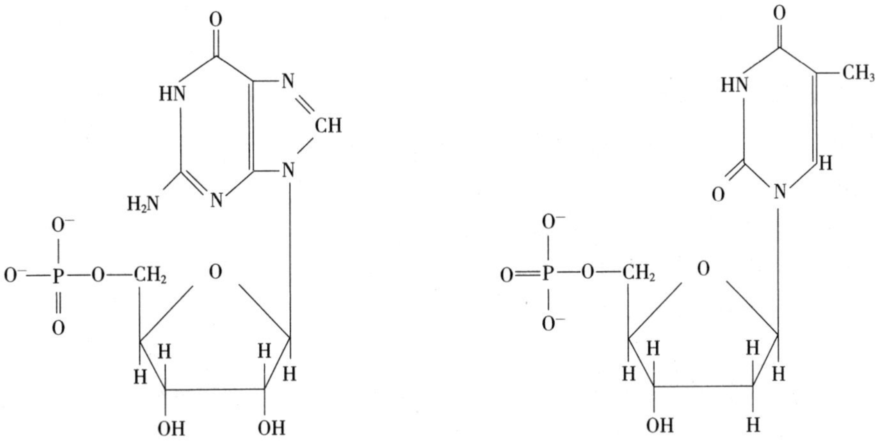

腺嘌呤核糖核苷(A)

胞嘧啶脱氧核糖核苷(dC)

图1-5 鸟苷酸（GMP）与脱氧胸苷酸（dTMP）的结构式

鸟苷酸(GMP)

脱氧胸苷酸(dTMP)

以环化形成环化核苷酸，如$3'，5'$-环腺苷酸（cyclic AMP，cAMP）和$3'，5'$-环鸟苷酸（cyclic GMP，cGMP），这两种环化核苷酸在细胞的代谢调节中十分重要。图1-6为ATP、ADP、AMP及cAMP的结构，核酸的组成成分列于表1-1。

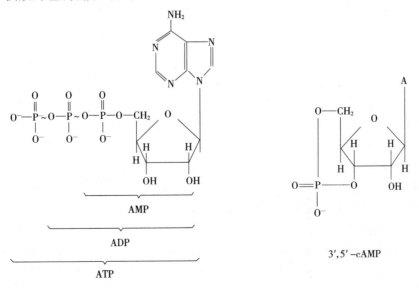

$3'，5'$-cAMP

图1-6 ATP、ADP、AMP及cAMP的结构

表 1-1　核酸的组成成分

核酸	戊糖	碱基	核苷	核苷酸全称	简称	代号
RNA	D-核糖	腺嘌呤	腺苷	腺嘌呤核苷酸	腺苷酸	AMP
		鸟嘌呤	鸟苷	鸟嘌呤核苷酸	鸟苷酸	GMP
		胞嘧啶	胞苷	胞嘧啶核苷酸	胞苷酸	CMP
		尿嘧啶	尿苷	尿嘧啶核苷酸	尿苷酸	UMP
DNA	D-2′-脱氧核糖	腺嘌呤	脱氧腺苷	腺嘌呤脱氧核苷酸	脱氧腺苷酸	dAMP
		鸟嘌呤	脱氧鸟苷	鸟嘌呤脱氧核苷酸	脱氧鸟苷酸	dGMP
		胞嘧啶	脱氧胞苷	胞嘧啶脱氧核苷酸	脱氧胞苷酸	dCMP
		胸腺嘧啶	脱氧胸苷	胸腺嘧啶脱氧核苷酸	脱氧胸苷酸	dTMP

三、核酸的结构

（一）核酸中核苷酸的连接方式

核酸作为生物大分子，是由许多核苷酸按一定顺序排列连接而成，很多实验证明 DNA 和 RNA 都是没有分支的多核苷酸长链。链中每个核苷酸的 3′-羟基和相邻核苷酸戊糖上的 5′-磷酸相连。因此，核苷酸间的连接键是 3′，5′-磷酸二酯键（3′，5′-phosphodiester bond），由相间排列的戊糖和磷酸构成核酸大分子长链（图 1-7）。

核酸大分子或多核苷酸片段有两个末端，一个末端的核苷酸所含戊糖的 $C_{3'}$ 不与其他核苷酸相连，这一端称为 3′ 端；而另一端的核苷酸所含戊糖的 $C_{5'}$ 不与其他核苷酸相连，则称为 5′ 端。多核苷酸链常用国际通用简化方式表达；也可用线条式表示法，图中垂直线表示戊糖的碳链，A、G、C、T 表示不同的碱基，P 代表磷酸基，由 P 引出的斜线一端与 $C_{3'}$ 相连，另一端与 $C_{5'}$ 相连，代表 2 个核苷酸之间的 3′，5′-磷酸二酯键；还可用字母式缩写，P 在碱基左侧，表示 P 在 $C_{5'}$ 位置上，P 在碱基右侧，表示 P 与 $C_{3'}$ 相连（图 1-7）。有时多核苷酸链中表示磷酸二酯键的 P 也可省略，但一般末端核苷酸的 P 不省略；最简化的表示法连 P 也可以省略。各种简化式的读向均是从左到右，所表示的碱基顺序是从 5′ 端到 3′ 端。若表示双链核酸的两条链为反向平行式，同时描述两条链的结构时必须注明每条链的走向。

（二）DNA 的分子结构

1. DNA 的碱基组成　在 DNA 分子中含有 4 种碱基，即腺嘌呤、鸟嘌呤、胞嘧啶和胸腺嘧啶。Chargaff 对不同来源的 DNA 分析表明，其碱基组成都有下列共同规律：①所有生物体内，DNA 分子中的腺嘌呤与胸腺嘧啶的物质的量相等，即 A＝T；鸟嘌呤与胞嘧啶的物质的量相等，即 G＝C。因此同种生物 DNA 分子中嘌呤碱的物质的量与

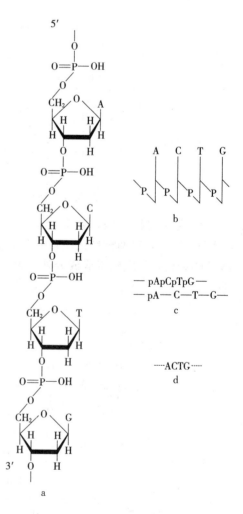

图 1-7　多核苷酸链的表示方法
a. 表示 DNA 片段的化学式　b. DNA 片段的线条式缩写　c、d. 两种文字式缩写

嘧啶碱相等，即 A＋G＝C＋T，这称为碱基当量定律。②不同生物中 A/G 和 T/C 值差别较大，因此（A＋T）/（C＋G）的比率不同，称为不对称比率（dissymmetry ratio）。这两个重要的结论统称为 Chargaff 定律（Chargaff's rules）。其奠定了分子生物学的理论基础。

2. DNA 的一级结构 DNA 是一类非常复杂的生物大分子，由 dAMP、dGMP、dCMP、dTMP 4 种脱氧核苷酸通过 3′，5′-磷酸二酯键连接成的长链分子，每一 DNA 分子由几千至几千万个脱氧核苷酸组成。DNA 的一级结构（primary structure）就是指 DNA 链中脱氧核苷酸的连接方式和排列顺序。

3. DNA 的二级结构 根据 X 射线衍射分析结果，沃森和克里克于 1953 年提出了著名的 DNA 双螺旋（double helix）结构模型（图 1-8），即 DNA 的二级结构（secondary structure）。这对研究核酸的生物学功能起了极大的推动作用，为现代分子生物学和分子遗传学奠定了基础。

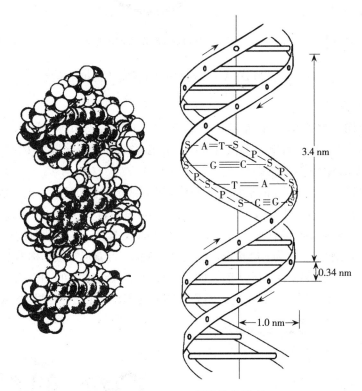

图 1-8 DNA 双螺旋结构模型

双螺旋结构模型的要点如下：

① DNA 分子由两条反向平行（antiparallel）的多核苷酸链构成双螺旋结构。一条链的走向为 5′端到 3′端，另一条链的走向为 3′端到 5′端。两条链围绕同一个"中心轴"可形成右手螺旋，也可形成左手螺旋。

② 嘌呤碱和嘧啶碱层叠于螺旋内侧，碱基平面与纵轴垂直，碱基之间的堆积距离为 0.34 nm。磷酸与脱氧核糖在外侧，彼此之间通过磷酸二酯键连接，形成 DNA 的骨架。糖环平面与中轴平行。

③ 双螺旋的直径为 2 nm，顺轴方向每隔 0.34 nm 有一个核苷酸，两个核苷酸之间的夹角为 36°，因此，沿中心轴每旋转一周有 10 对核苷酸。

④ 一条多核苷酸链上的嘌呤碱基与另一条链上的嘧啶碱基以氢键相连，按碱基互补原则（A-T，G-C）连接，A 与 T 之间形成 2 个氢键（hydrogen bond），G 与 C 之间形成 3 个氢键。因此，DNA 的一条链为另一条链的互补链（complementary chain）。碱基堆积力（base stacking force）和氢键使双螺旋结构十分稳定。

双螺旋结构模型的生物学意义在于它可以解释生物遗传变异、复制、转录等过程。

4. DNA 的三级结构 双链 DNA 多数为线形，少数为环形。环形的双螺旋 DNA 可进一步扭曲成超螺旋结构，超螺旋（superhelix）是 DNA 三级结构（tertiary structure）上的一种常见形式（图 1-9）。

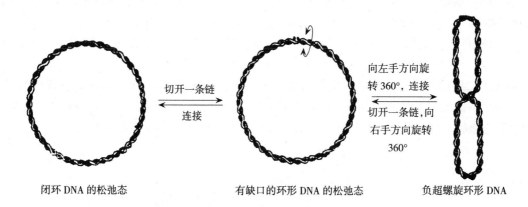

闭环 DNA 的松弛态　　　有缺口的环形 DNA 的松弛态　　　负超螺旋环形 DNA

图 1-9　环形 DNA 的负超螺旋与其松弛态的相互转变

（三）RNA 的分子结构

1. RNA 的一级结构 组成 RNA 的基本单位是 AMP、GMP、CMP 和 UMP。这些核苷酸通过磷酸二酯键连接起来，形成多核苷酸链，多核苷酸链中核苷酸的排列顺序即为 RNA 的一级结构。RNA 的碱基组成不像 DNA 那样有严格的规律。

2. RNA 的空间结构 根据 RNA 的某些理化性质和 X 射线衍射分析证明，大多数天然 RNA 分子是一条单链，其中所含核苷酸总数在几十至数千个。多核苷酸链可发生自身回折，使可以配对的碱基相遇，而由 A 与 U、G 与 C 之间的氢键连接起来，构成 DNA 那样的双螺旋；不能配对的碱基则形成环状突起。tRNA 的二级结构研究得比较清楚，为三叶草形，也称 tRNA 的三叶草形二级结构模型（图 1-10a）。

高纯度 tRNA 晶体 X 射线衍射分析结果表明，三叶草形二级结构的 tRNA 在空间上可以进一步扭曲形成倒 L 形的三级结构，图 1-10b 是人们公认的一种 tRNA 的三级结构模式。

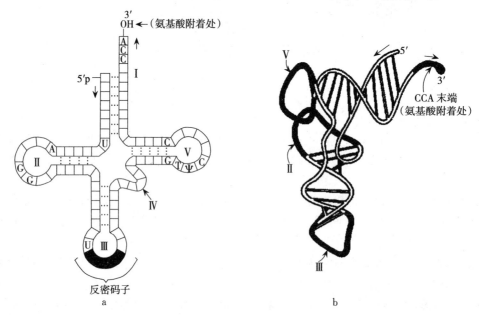

图 1-10　tRNA 的立体结构

a. tRNA 三叶草形二级结构通式，虚线为链内氢键　b. 大肠杆菌苯丙氨酸 tRNA 的倒 L 形三级结构模式图

Ⅰ. 氨基酸臂　Ⅱ. 二氢尿嘧啶环　Ⅲ. 反密码子环　Ⅳ. 可变环　Ⅴ. TΨC 环

四、核酸的性质

（一）核酸的一般理化性质

细胞中，DNA 以常见的 B 型存在，其碱基对是水平的。小部分 DNA 呈现伸展状态称为 Z 型 DNA，RNA－DNA 杂交链呈现出第 3 种螺旋，称为 A 型，其碱基对与水平面倾斜。A 型和 B 型 DNA 都是右手螺旋，而 Z 型 DNA 是左手螺旋。

核酸和组成核酸的核苷酸既有碱性基团，又有酸性基团，所以都是两性电解质，因磷酸酸性强，通常表现酸性。

提纯的 DNA 为白色纤维状固体，RNA 为白色粉末，两者都易溶于水，不溶于一般有机溶剂。因此通常在溶液中加入乙醇对核酸进行分离纯化。

核酸的水溶液具有很高的黏度。DNA 是极细长的线形分子，所以其极稀的溶液也有很大的黏度。RNA 的黏度比 DNA 的黏度小得多。

D-核糖与浓盐酸、$FeCl_3$ 和苔黑酚（甲基间苯二酚）共热产生绿色物质；D-2′-脱氧核糖核酸与二苯胺一同加热产生蓝色物质。可利用这两种糖的特殊颜色反应区别 RNA 和 DNA 或作为二者定量测定的基础。也可通过消化法，将有机磷全部变成无机磷，再通过磷钼酸铵显色反应测定磷的含量来计算核酸的含量。

（二）核酸的紫外吸收性质

由于核酸分子中的嘌呤碱和嘧啶碱具有共轭双键，能强烈吸收紫外光，DNA 在 260 nm 附近有一最大吸收峰，在 230 nm 处有一低谷（图 1－11）。RNA 和 DNA 的吸收曲线大致相同。核酸对波长为 260 nm 的紫外光呈现的最大吸收值以吸光率（absorbance）A_{260} 表示，不同的核苷酸在 260 nm 处有不同的吸收值，而蛋白质的最大吸收值在 280 nm 处，因此可以利用紫外吸收特性定性和定量测定核酸和核苷酸或区别蛋白质。如紫外分光光度法既可测定核酸的含量，还可通过测定在 260 nm 和 280 nm 的紫外吸收值的比值，即 A_{260}/A_{280}，估计核酸的纯度。DNA 比值为 1.8，RNA 的比值为 2.0。核酸的紫外吸收值常比其各核苷酸成分的吸收值之和少 30%～40%，这是由于在有规律的双螺旋结构中碱基紧密堆积在一起造成的。当双股螺旋解开，碱基充分外露时，紫外吸收值增加。所以核酸紫外吸收值的变化，能反映出核酸双螺旋结构的破坏和恢复，因而可用它来作为核酸变性与复性的指标。

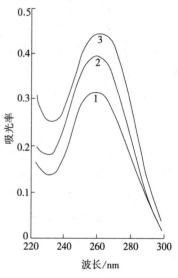

图 1－11 DNA 的紫外吸收光谱
1. 天然 DNA 2. 变性 DNA
3. 核苷酸总吸收值

（三）核酸的变性与复性

1. 变性 核酸的变性（denaturation）是指核酸中氢键断裂，双螺旋结构解开，变成无规则线团的过程。变性并不涉及共价键的断裂。引起变性的因素有高温、强酸、强碱、有机溶剂（乙醇、丙酮等）、一些变性剂（如脲、盐酸胍、水杨酸）以及射线等。核酸变性后，其生物活性丧失，黏度下降，对紫外光的吸收（即 A_{260}）显著增强，这种现象称为增色效应（hyperchromic effect）。DNA 变性的特点是爆发式的，变性作用发生在一个很窄的温度范围内，通常把热变性过程中紫外吸收值达到最大吸收值（完全变性）一半（双螺旋结构失去一半）时的温度称为 DNA 的熔点（melting point）或解链温度（melting temperature，T_m）。

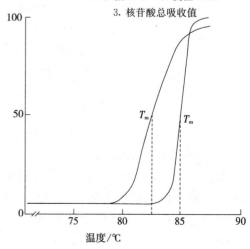

图 1－12 DNA 的熔点

DNA 的 T_m 值一般为 70～90 ℃（图 1-12）。T_m 值与 DNA 碱基组成有关，鸟嘌呤和胞嘧啶含量愈多的 DNA 其 T_m 值愈高，反之则愈低。这是因为 G-C 碱基对（base pair，bp）中含有 3 个氢键，而 A-T 碱基对中只有 2 个氢键。

2. 复性 DNA 热变性时，双螺旋的两条链分开，如果将此 DNA 溶液迅速冷却，两条单链则继续保持分开。但是，如果缓慢冷却至室温（称为退火处理），则两条彼此分开的单链重新合成双螺旋结构，这个过程称为核酸的复性（renaturation）（图 1-13）。复性后 DNA 的一系列性质得到恢复，紫外吸收值降低，这种现象称为减色效应（hypochromic effect）。DNA 片段愈大，复性愈慢。DNA 浓度愈大，复性愈快。

不同来源的 DNA，如果彼此间核苷酸序列互补，则复性时会变成杂交分子（hybrid duplexes），这种杂交分子的形成过程称为分子杂交（molecular hybridization）。分子杂交不仅可以形成 DNA-DNA 杂交分子，还可形成 DNA-RNA 杂交分子。利用此特性，常使用分子杂交技术来研究核酸的结构和功能。

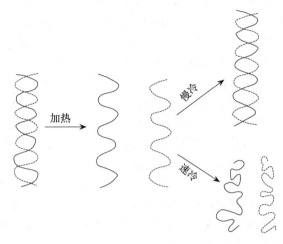

图 1-13 DNA 在溶液中的变性及复性

第三节 蛋 白 质

蛋白质（protein）是一切生物细胞和组织的主要组成部分，是生命活动的物质基础。如在细胞核中蛋白质与 DNA 构成染色体；在质膜、核膜、叶绿体膜、线粒体膜、内质网中蛋白质与脂类构成生物膜；在核糖体中，蛋白质与 RNA 结合在一起。从细胞的有丝分裂、发育、分化到光合作用、物质的运输和转化，以及植物细胞内的各种运动和化学变化，都和蛋白质有关。如代谢反应是在酶的催化下进行的，而绝大多数酶的化学本质是蛋白质。细胞的分裂、分化实质上是遗传信息通过蛋白质合成来表达的。

一、蛋白质的基本构成单位——氨基酸

所有蛋白质都含碳、氢、氧、氮 4 种主要元素及少量的硫，有的还含有磷、铁、铜、锰、锌、钴、钼、碘等。前 5 种元素含量大致为碳 50%～55%、氢 6%～8%、氧 20%～30%、氮 15%～18%、硫 0～4%。各种蛋白质的含氮量很接近，约为 16%，且该元素容易用凯氏定氮法进行测定，故蛋白质的含量可由试样中氮的含量乘以系数 6.25(100/16) 计算出来，用此法测定的蛋白质含量称为粗蛋白含量。更精确计算时，系数 6.25 可由下述数据代替：大米 6.0，花生种子 5.96，麦类与大豆种子 5.7，油料种子 5.3，谷饼和油料饼 5.4～5.8。

蛋白质是一类含氮的生物大分子，用酸、碱或蛋白酶处理，可将蛋白质彻底水解，得到各种氨基酸。因此，氨基酸是蛋白质的基本构成单位。

（一）氨基酸的结构通式

氨基酸（amino acid，AA）是含有氨基的羧酸。构成蛋白质的氨基酸常见的共有 20 种，除脯氨酸为 α 亚氨基酸外，其余均为 α 氨基酸，即羧酸分子中 α 碳原子（C_α）上的一个氢原子被氨基取代，其结构通式如图 1-14 所示。

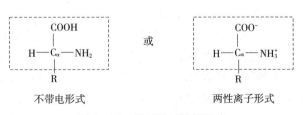

不带电形式　　　　　　　两性离子形式

图 1-14 氨基酸的结构通式

氨基酸结构通式中 R 为 α 氨基酸的侧链，方框内的基团为各种氨基酸的共同结构，因而各种氨基酸在结构上的差异均表现在 R 基团上。从结构通式可以看出，除 R 为氢原子的甘氨酸外，其他 α 氨基酸分子中的 α 碳原子都为不对称碳原子，即这个碳原子上所连接的为 4 个不相同的基团或原子。这 4 个不同的基团或原子可以有两种不同的空间排列方式，它们彼此是一种不能叠合的物体与镜像的关系，或左右手关系，两者互为对映的异构体。这两种对映体以甘油醛为标准，定为 L 型和 D 型。写结构式时，—COOH 写在上端，—NH₂（与甘油醛的—OH 相比）写在左边的为 L 型，—NH₂ 写在右边的为 D 型（图 1-15）。

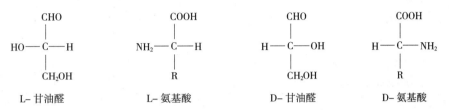

图 1-15　甘油醛与氨基酸的 L 型和 D 型表示法

除甘氨酸外，所有 α 氨基酸都因有不对称碳原子而具旋光性，能使偏振光向左或向右旋转，分别用（—）和（＋）表示。

必须指出，旋光方向与 D、L 构型（configuration）没有直接的对应关系。例如，多种 L 型氨基酸中有的为左旋，有的为右旋，即使同一种 L 型氨基酸，在不同溶液中测定时，其比旋光值和旋光方向也会不同。

从蛋白质水解得到的 α 氨基酸都属于 L 型氨基酸，所以习惯上书写氨基酸时都不标明构型和旋光方向。虽然蛋白质组成成分中没有 D 型氨基酸，但在一些微生物和植物的某些肽中含有 D 型氨基酸，如某些细菌产生的抗生素中就含有 D 型氨基酸。

（二）氨基酸的分类

根据组成蛋白质的 20 种氨基酸侧链基团的极性将氨基酸分为两大类：非极性氨基酸（nonpolar amino acid）（疏水氨基酸）和极性氨基酸（polar amino acid）（亲水氨基酸）。极性氨基酸又根据它们在 pH 6～7 范围内是否带电区分为：极性不带电荷的非解离的氨基酸、极性带负电的氨基酸（酸性氨基酸）和极性带正电的氨基酸（碱性氨基酸）。它们的名称、三字母和单字母缩写符号及结构式见表 1-2。

此外氨基酸还可以分为必需氨基酸（essential amino acid）和非必需氨基酸（nonessential amino acid）。必需氨基酸是动物体必不可少，但机体内不能合成，必须从食物中补充的氨基酸。这类氨基酸有 8 种，包括赖氨酸、甲硫氨酸、亮氨酸、异亮氨酸、苏氨酸、缬氨酸、色氨酸和苯丙氨酸。非必需氨基酸则可在动物体内合成，作为营养源不需要从外部补充的氨基酸。而对于植物和微生物来说动物体内必需的氨基酸均可由自身合成。

组成蛋白质的氨基酸也可根据氨基酸分子中 R 基团的化学结构，分为脂肪族氨基酸、芳香族氨基酸和杂环族氨基酸三类。

表 1-2　蛋白质氨基酸的分类与结构

分　类	名　称	符　号	结构式
非极性氨基酸 （或疏水氨基酸）			
	丙氨酸（alanine）	Ala（A）	$CH_3{-}CH{-}COOH$ $\quad\quad\ \ \mid$ $\quad\quad\ NH_2$

（续）

分　类	名　称	符　号	结构式
非极性氨基酸 （或疏水氨基酸）			
	缬氨酸（valine）	Val（V）	$CH_3-CH-CH-COOH$ 　　$\overset{\|}{CH_3}$　$\overset{\|}{NH_2}$
	亮氨酸（leucine）	Leu（L）	$CH_3-CH-CH_2-CH-COOH$ 　　$\overset{\|}{CH_3}$　　　$\overset{\|}{NH_2}$
	异亮氨酸（isoleucine）	Ile（I）	$CH_3-CH_2-CH-CH-COOH$ 　　　　$\overset{\|}{CH_3}$　$\overset{\|}{NH_2}$
	脯氨酸（proline）	Pro（P）	$CH_2-CH-COOH$ / CH_2-CH_2-NH (环状)
	苯丙氨酸（phenylalanine）	Phe（F）	苯环$-CH_2-CH-COOH$，$\overset{\|}{NH_2}$
	色氨酸（tryptophane）	Trp（W）	吲哚环$-CH_2-CH-COOH$，$\overset{\|}{NH_2}$
	甲硫氨酸（methionine）	Met（M）	$CH_3-S-CH_2-CH_2-CH-COOH$ 　　　　　　　　$\overset{\|}{NH_2}$
极性氨基酸 （或亲水氨基酸）			
酸性氨基酸			
	天冬氨酸（aspartic acid）	Asp（D）	$HOOC-CH_2-CH-COOH$ 　　　　　$\overset{\|}{NH_2}$
	谷氨酸（glutamic acid）	Glu（E）	$HOOC-CH_2-CH_2-CH-COOH$ 　　　　　　　$\overset{\|}{NH_2}$
碱性氨基酸			
	赖氨酸（lysine）	Lys（K）	$CH_2-CH_2-CH_2-CH_2-CH-COOH$ $\overset{\|}{NH_2}$　　　　　　　　$\overset{\|}{NH_2}$
	精氨酸（arginine）	Arg（R）	$NH_2-C-NH-CH_2-CH_2-CH_2-CH-COOH$ 　　$\overset{\|}{NH}$　　　　　　　　$\overset{\|}{NH_2}$
	组氨酸（histidine）	His（H）	咪唑环$-CH_2-CH-COOH$，$\overset{\|}{NH_2}$

分　类	名　称	符　号	结构式
非解离的极性氨基酸			
	甘氨酸（glycine）	Gly（G）	H—CH—COOH 　　｜ 　　NH₂
	丝氨酸（serine）	Ser（S）	CH₂—CH—COOH ｜　　｜ OH　NH₂
	苏氨酸（threonine）	Thr（T）	CH₃—CH—CH—COOH 　　｜　｜ 　　OH　NH₂
	半胱氨酸（cysteine）	Cys（C）	CH₂—CH—COOH ｜　　｜ SH　NH₂
	酪氨酸（tyrosine）	Tyr（Y）	HO—⟨苯环⟩—CH₂—CH—COOH 　　　　　　　　｜ 　　　　　　　　NH₂
	天冬酰胺（asparagine）	Asn（N）	NH₂—C—CH₂—CH—COOH 　　‖　　　　｜ 　　O　　　　NH₂
	谷氨酰胺（glutamine）	Gln（Q）	NH₂—C—CH₂—CH₂—CH—COOH 　　‖　　　　　　　｜ 　　O　　　　　　　NH₂

（三）氨基酸的理化性质

1. 一般理化性质　α氨基酸为无色晶体，熔点极高，一般在 $200\sim300\ ℃$。各种氨基酸在水中的溶解度差别很大。所有氨基酸都溶于稀酸、稀碱，通常不溶于乙醚或乙醇，因此可用有机溶剂沉淀法生产氨基酸。甘氨酸、丙氨酸、丝氨酸等微有甜味，精氨酸有苦味，谷氨酸钠盐具有鲜味，俗称味精。组成蛋白质的氨基酸，除甘氨酸外，均具有旋光性。在一定的温度和体积系统中，不同氨基酸都有各自的比旋光值，可用于定性鉴定。

2. 紫外吸收特性　在 20 种氨基酸中，有 3 种侧链含苯环共轭双键系统的芳香族氨基酸：酪氨酸、色氨酸和苯丙氨酸。这些氨基酸具有紫外吸收性质，它们的吸收峰分别为 278 nm、280 nm 和 259 nm。蛋白质中由于含有这些氨基酸，一般最大吸收在 280 nm 波长处，因此能用紫外分光光度法很方便地测定蛋白质含量。

3. 两性解离与等电点　氨基酸同时含有碱性的氨基和酸性的羧基，它既可以释放质子，也可以接受质子，所以是两性电解质（ampholyte）。在水溶液中，氨基酸的羧基和氨基都发生电离，以两性离子（zwitterion）（兼性离子或偶极离子）的形式存在。当溶液的 pH 变化时，氨基和羧基的解离程度改变，氨基酸所带的电荷也发生改变（图 1 - 16）。

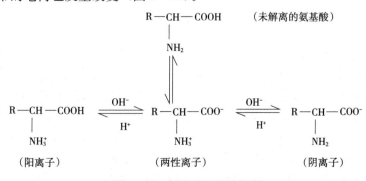

图 1-16　氨基酸的两性解离

随着溶液的酸性增强，氨基酸的—NH_2易接受H^+而转变成带正电荷的—NH_3^+，结果氨基酸主要以阳离子状态存在；随着溶液的碱性增强，—COOH易解离成—COO^-，结果氨基酸主要以阴离子状态存在。因此氨基酸的带电状况取决于所处环境的pH，改变pH可以使氨基酸带正电荷或负电荷，也可使它处于正负电荷数相等即净电荷为零的两性离子状态。使氨基酸所带正负电荷数相等即净电荷为零时的溶液pH称为该氨基酸的等电点（isoelectric point，pI）。在等电点时，氨基酸在静电场中既不向正极移动，也不向负极移动，同时氨基酸的溶解度降低。

4. 氨基酸与茚三酮的显色反应　在弱酸性条件下，α氨基酸与水合茚三酮共热，经氧化脱氨、脱羧一系列反应，将茚三酮还原，再与氨和另一分子茚三酮缩合，生成一种蓝紫色化合物，可用分光光度计在570 nm波长处进行定量测定。脯氨酸或羟脯氨酸与茚三酮反应（ninhydrin reaction）生成黄色化合物。此反应经常用于氨基酸的定性和定量分析。

5. α氨基反应　氨基酸的游离α氨基可被酰氯或酰酐酰化。如与5′-二甲氨基萘-1-磺酰氯（DNS-Cl）反应，产生具荧光的DNS-氨基酸衍生物。酰氯、酸酐等酰化剂还是肽和蛋白质人工合成中氨基的保护试剂。游离氨基也能与烃化剂如苯异硫氰酸酯（PITC）发生反应。瑞典科学家Edman首先使用该反应测定蛋白质N末端的氨基酸。游离氨基还能与醛反应生成席夫碱（Schiff base）。

6. α羧基反应　在一定条件下，氨基酸的α羧基可以和醇生成酯，和碱如氢氧化钠反应生成氨基酸的钠盐。当氨基酸转变成相应的氨基酸酯或盐后，其羧基的化学反应性就被掩盖，而氨基的化学反应性增加，可与一些氨基试剂反应。

二、蛋白质的结构

蛋白质是由20种氨基酸组成的生物大分子，各种氨基酸之间通过肽键连接而形成多肽链，其氨基酸数目一般数以百计。不同蛋白质的氨基酸组成、排列顺序都不一样，并具有不同的空间结构。现已确认蛋白质的结构有不同的层次，人们为了认识方便，通常将其分为4个结构层次：一级结构、二级结构、三级结构和四级结构。随着对蛋白质分子结构的认识，在二级和三级结构之间又增加了超二级结构和结构域这两个结构层次。

（一）肽键与肽

蛋白质是由各种氨基酸通过肽键连接起来的多肽链。由一个氨基酸的α羧基与另一个氨基酸的α氨基脱水缩合形成的酰胺键，称为肽键（peptide bond）。例如，丙氨酸的α羧基与甘氨酸的α氨基脱去1分子水形成肽键（图1-17）。

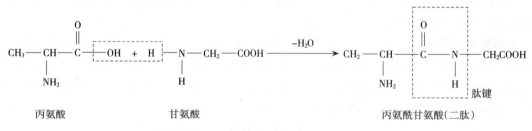

图1-17　丙氨酰甘氨酸（二肽）的形成

氨基酸通过肽键相连形成的化合物称为肽（peptide）。组成肽的氨基酸单位已不是完整的氨基酸分子，因此每个氨基酸单位常称为氨基酸残基（amino acid residue）。2个氨基酸残基形成的肽称为二肽，3个氨基酸残基形成的肽称为三肽，其余类推。一般把小于10个氨基酸残基组成的肽称为寡肽（oligopeptide），而大于10个氨基酸残基组成的肽称为聚肽或多肽（polypeptide）。由于多肽分子呈链状结构，故称多肽链。氨基酸残基中与α碳原子相连的R基团称为侧链基团，如图1-18中的R_1、R_2、R_3等。肽链具有方向性。习惯上总是把肽链末端有游离α-NH_2的写在左边，称为N端或氨基末端；把游离α-COOH写在右边，称为C端或羧基末端。图1-18为蛋白质中多肽链一个片段的结构通式。

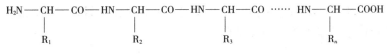

图 1-18 蛋白质中多肽链一个片段的结构通式

(二) 蛋白质的一级结构

研究表明，构成蛋白质分子的多肽链不但都有确定的氨基酸组成，而且多肽链中的氨基酸都是严格地按一定顺序通过肽键连接起来的，每种蛋白质都有唯一而确切的氨基酸序列。在蛋白质和多肽分子中连接氨基酸残基的共价键除肽键外，还有一个较常见的是在两个半胱氨酸残基侧链之间形成的二硫键（disulfide bond）。通过形成链间二硫键可使两条单独的肽链共价交联，链内二硫键则使一条链的某一部分形成环。蛋白质的一级结构（primary structure）即多肽链内氨基酸残基从 N 末端到 C 末端的排列顺序和二硫键的位置。它是蛋白质分子结构的基础，包含了决定蛋白质分子所有结构层次构象的全部信息。

蛋白质一级结构的分析是揭示生命的本质，阐明蛋白质结构与功能关系的基础，也是研究基因表达、克隆和核酸序列分析的重要内容。一旦揭示了某种蛋白质的一级结构，就为人工合成这种蛋白质创造了条件。胰岛素（insulin）是一级结构首先被揭示的蛋白质分子。它由 A 链和 B 链两条肽链组成。A 链由 21 个氨基酸组成，B 链由 30 个氨基酸组成。A 链和 B 链由两个二硫键连接起来，在 A 链内还有一个由二硫键形成的链内小环。图 1-19 为猪胰岛素的一级结构。

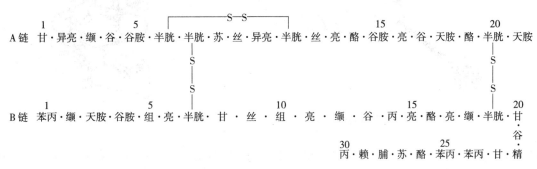

图 1-19 猪胰岛素的一级结构

(三) 蛋白质的空间结构

每一种天然蛋白质都有自己特定的空间结构，这种空间结构通常称为蛋白质构象（conformation）（又称高级结构）。蛋白质的空间结构主要依靠范德华力（van der Waals force）、离子键（盐键）、氢键、疏水键等次级键维持。有的蛋白质的空间结构还需要二硫键来维持。某些蛋白质分子中还有配位键和酯键参与维持其构象。蛋白质的空间结构可以从几个结构水平上加以认识，就是通常采用的二级结构、三级结构和四级结构。

1. 蛋白质的二级结构 蛋白质的二级结构指多肽链主链本身盘绕、折叠，依靠氢键维持所形成的有规律性的局部空间结构或结构单元。

（1）α 螺旋。蛋白质多肽链中的肽键 C—N 具有部分双键性质，不能自由旋转，肽键所在的酰胺基成为刚性平面，称为肽平面（酰胺平面），各个肽平面之间的连接点是 α 碳原子（C_α），C_α 成了各肽平面间可活动的关节。于是可将含肽键的主链看成是被 C_α 隔开的许多平面组成的，肽平面两侧的 C_α—N 或 C—C_α 键则可以自由旋转（图 1-20），这种转动可使伸展的肽链盘绕成螺旋状结构。天然蛋白质中最常见的螺旋构象是 α 螺旋（α-helix）（图 1-21），它是 α 角蛋白中主要的构象形式，也广泛存在于其他球状蛋白和纤维蛋白中。

α 螺旋中每圈螺旋含有 3.6 个氨基酸残基，沿螺旋轴方向上升 0.56 nm，相邻螺旋圈之间形成链内氢键，氢键的取向几乎与中心轴平行。从 N 末端出发，氢键是由每个氨基酸残基的 C=O 与前面隔 3 个氨基酸残基的 N—H 形成的。大多数蛋白质中存在的 α 螺旋均为右手螺旋。不同蛋白质中 α 螺旋含量不同。有些蛋白质中，如肌红蛋白、血红蛋白，主要是由 α 螺旋结构组成的。有的蛋白质中，如 γ 球蛋白、肌动蛋白中几乎不含 α 螺旋结构。

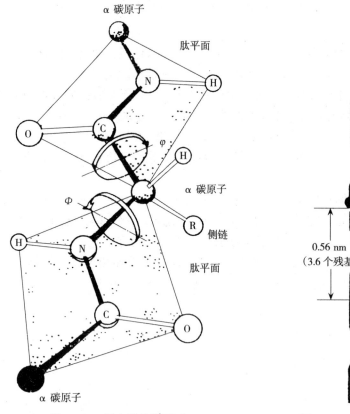

图 1-20 蛋白质的肽平面

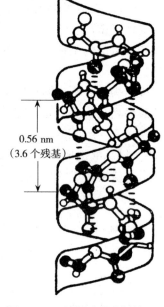

图 1-21 蛋白质的 α 螺旋

（2）β 折叠。多条多肽链或一条多肽链的一部分与另一部分并排地排列，靠链间或链内一个氨基酸残基的 C=O 与另一氨基酸残基的 N—H 形成氢键维持的一种片状结构，称为 β 折叠（β-pleated sheet）或 β 折叠片，它也是一种常见的二级结构单元形式。β 折叠结构与 α 螺旋结构的差异在 α 螺旋肽链是卷曲的筒状结构，而 β 折叠的肽链几乎是完全伸展的，相邻两链以相反或相同方向平行排列成片状。

（3）β 转角。蛋白质分子的多肽链经常出现 180° 的回折，这种肽链的回折结构就是 β 转角（β-turn）结构，也称 β 弯曲（β-bend）或 β 回折（β-reverse），一般由 4 个连续的氨基酸残基组成，由第 1 个氨基酸残基的 C=O 与第 4 个氨基酸残基的 N—H 之间形成氢键。

（4）无规卷曲。无规卷曲（random coil）又称卷曲（coil），常泛指那些不能被归入明确的二级结构元件的多肽区段。实际上这些区段大多数既不是卷曲，也不是完全无规的。酶的功能部位常常处于这个构象区域里，所以受到人们的重视。

2. 蛋白质的超二级结构和结构域

（1）超二级结构。超二级结构（super secondary structure）指相互邻近的二级结构在空间折叠中靠近，彼此相互作用，形成规则的二级结构聚合体。目前发现的超二级结构有 αα、βαβ、βββ 等形式。

（2）结构域。在较大的蛋白质分子或亚基中，其三维结构往往可以形成两个或多个空间上能明显区别的区域，这种相对独立的三维实体称为结构域（structural domain）。如酶分子的活性中心常常存在于两个结构域的交界上。结构域也是球状蛋白的折叠单位。

3. 蛋白质的三级结构　蛋白质的三级结构是指多肽链在二级结构、超二级结构，乃至结构域的基础上，通过侧链基团的相互作用进一步卷曲折叠，借助次级键使 α 螺旋、β 折叠、β 转角等二级结构相互配置而形成的特定空间构象。图 1-22 为卵溶菌酶（一种球状蛋白质）的三级结构，多肽链折叠成近乎球状的空间结构。

4. 蛋白质的四级结构 由两条或两条以上的具有三级结构的多肽链通过非共价键相互作用而成的聚合体结构称为蛋白质的四级结构（quaternary structure）。其中每一条具有独立三级结构的多肽链称为亚基（subunit），亚基单独存在，无生物活性，只有靠次级键聚合在一起才具有完整的生物活性。如过氧化氢酶由 4 个相同的亚基组成；血红蛋白（hemoglobin）分子也由 4 个亚基组成，其中 2 个为 α 亚基，2 个为 β 亚基（图 1-23）。

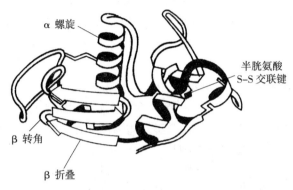

图 1-22 卵溶菌酶的三级结构

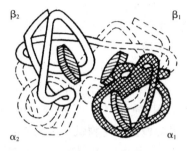

图 1-23 血红蛋白四级结构模型

三、蛋白质的性质

蛋白质是由数以百计的氨基酸组成的生物大分子，因此它保留着氨基酸的某些性质，但由于它是具有复杂高级结构的大分子，因而又具有其特殊性质。

（一）蛋白质的胶体性质

蛋白质的分子质量很大，一般为 $10\,000 \sim 1\,000\,000$ u 或更大一些。它在水溶液中所形成的颗粒，其直径大小在 $1 \sim 100$ nm 的胶体颗粒范围内，因而具有胶体溶液的特征，如布朗运动、丁达尔效应（Tyndall effect），以及不能透过半透膜等性质。利用蛋白质不能透过半透膜的性质，常将含有小分子杂质的蛋白质溶液放入用羊皮纸、火棉胶等材料制成的透析袋中，然后将袋子浸入蒸馏水中，小分子杂质能透过半透膜由袋内扩散到蒸馏水中，而逐步除去小分子杂质，蛋白质仍留在袋内，这种方法称为透析（dialysis），是一种纯化蛋白质的方法。

蛋白质分子表面的亲水基团能与水分子发生水化作用（hydration），在蛋白质分子表面形成一个水化层，每克蛋白质分子能结合 $0.3 \sim 0.5$ g 水。蛋白质分子在适当的 pH 条件下都带有同种符号的静电荷。蛋白质溶液中由于蛋白质分子具有水化层与同种电荷两个稳定因素，作为胶体系统相当稳定，无外界因素的影响，就不会发生聚集沉淀。

（二）蛋白质的两性解离及等电点

氨基酸有两性解离性质，蛋白质是由各种氨基酸组成的生物大分子，其多肽链氨基酸残基上的侧链基团，如 ε 氨基、β 羧基、γ 羧基、咪唑基、胍基、酚基、巯基等，以及肽链末端的 α 氨基和 α 羧基，在一定 pH 下可进行酸式解离或碱式解离，使蛋白质带电荷。在某一 pH 时，它所带的正负电荷数相等，即净电荷为零，在电场中既不向正极移动，也不向负极移动，此时溶液的 pH 称为该蛋白质的等电点，用 pI 表示。在等点状态的蛋白质分子溶解度最小。当溶液 pH 小于 pI 时，蛋白质分子所带净电荷为正电荷；当溶液 pH 大于 pI 时，蛋白质分子所带净电荷为负电荷。各种蛋白质具有特定的等电点，这和它所含氨基酸的种类及数量有关。如蛋白质分子中碱性氨基酸较多，其等电点偏碱；蛋白质分子中酸性氨基酸较多，则其等电点偏酸。大多数的蛋白质含酸性氨基酸和碱性氨基酸数目相近，等电点一般在中性偏酸。除在等电点外，蛋白质在溶液中解离成带电颗粒，在电场中向电荷相反的电极移动。蛋白质在电场中向与其自身所带电荷相反的电极方向移动的现象叫电泳（electrophoresis）。电泳法是分离、纯化、鉴定和制备蛋白质的常用手段。

（三）蛋白质的沉淀反应

蛋白质颗粒带有电荷和水化层，因此在溶液中能形成稳定的胶体。如果加入适当的试剂，破坏这两种稳定因素，蛋白质胶体溶液就不再稳定并产生沉淀作用（precipitation），使蛋白质以固体状态从溶液中析出。蛋白质可因加入下列试剂而产生沉淀：

1. 高浓度中性盐 加入高浓度的硫酸铵、硫酸钠、氯化钠等，可有效地破坏蛋白质颗粒的水化层，同时又中和了蛋白质的电荷，从而使蛋白质生成沉淀。这种加入大量中性盐使蛋白质沉淀析出的现象称为盐析（salting out）。若用透析除去盐类，蛋白质可重新溶解，因此这是一种可逆沉淀作用。盐析法是分离制备蛋白质的常用方法。不同蛋白质析出时需要的盐浓度不同，调节盐浓度，可使混合蛋白质溶液中的几种蛋白质分段析出，这种方法称分段盐析。

2. 有机溶剂 丙酮、乙醇、甲醇等有机溶剂与水有较强的作用，可作为脱水剂。由于这些脱水剂的亲水性比蛋白质的亲水性更强，因此加入蛋白质溶液中后，破坏了蛋白质颗粒周围的水化层，导致蛋白质沉淀析出。如将溶液的pH调节到蛋白质的等电点，在低温及短时间作用下加入这些有机溶剂可加速蛋白质的可逆沉淀，这种方法也可用于蛋白质的分离纯化。

3. 重金属盐及生物碱 重金属盐（如氯化汞、硝酸银、醋酸铅等）及生物碱试剂（如苦味酸、三氯乙酸、磷钨酸、单宁酸等）都能与蛋白质形成不溶性的盐，而使蛋白质发生沉淀，且这种沉淀是不可逆的，不能通过透析等方法除去沉淀剂而使蛋白质恢复溶解。因此重金属盐均有毒，误食重金属盐时应及时服用大量生蛋清及牛奶，可防止这些有害离子被吸收。

（四）蛋白质的变性

当天然蛋白质受到某些物理或化学因素影响，使其分子内部原有的空间结构发生变化时，理化性质改变，生物活性丧失，但并未导致蛋白质一级结构的变化，这种过程称为蛋白质的变性作用（denaturation）。变性后的蛋白质称变性蛋白（denatured protein）。

引起蛋白质变性的因素很多，物理因素，如加热（70～100 ℃）、高压、紫外线、X射线、超声波、剧烈振荡或搅拌等；化学因素，如强酸、强碱、尿素、盐酸胍、去污剂［如十二烷基磺酸钠（SDS）］、重金属盐、三氯乙酸、苦味酸、浓乙醇等。不同蛋白质对变性因素的敏感程度各不相同。如果引起变性的因素比较温和，蛋白质的空间结构仅有轻微的局部改变，当除去变性因素后，仍能使空间结构恢复到接近原来状态，其理化性质和生物活性也可恢复，这种过程称为蛋白质的复性（renaturation）（图1-24）。

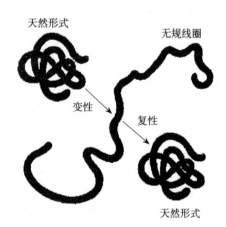

图1-24 球蛋白的变性与复性

蛋白质的变性常伴有如下表现：首先是丧失生物活性，如酶失去催化能力，血红蛋白丧失运输氧的功能，调节蛋白丧失调节功能等；黏度增大，溶解度降低，易沉淀析出；某些原来埋藏在蛋白质分子内部的基团暴露于变性蛋白表面，导致化学性质变化；变性后易被蛋白酶水解为氨基酸。

在生物体生命活动中，还有不少现象是与蛋白质变性作用有关的。机体衰老时，相应的蛋白质逐渐发生变性，亲水性相应减弱，如种子久储后蛋白质的亲水性降低是其丧失发芽能力的原因之一。

四、蛋白质的分类和功能

蛋白质的种类繁多，早期根据蛋白质分子形状分为两类：球状蛋白质和纤维状蛋白质。大多数蛋白质为球状蛋白质，如大多数酶、抗体、血红蛋白、豆球蛋白等；纤维状蛋白质，有胶原蛋白、弹性蛋白、角蛋白等。这种分类方法在当时是十分简便有用的，但太笼统。20世纪以来，根据蛋白质的溶解性质、分离纯化方法等，探讨蛋白质的结构，在较长的时间内根据蛋白质组成将蛋白质分为两大类：单纯蛋白质（简单蛋白质）和结合蛋白质（复合蛋白质）。单纯蛋白质（simple protein）水解时终产物只有氨基酸。结合蛋白质（conjugated protein）水解时不仅产生氨基酸，还产生其他化合物，即结合蛋白质由蛋白质部分和非蛋白质部分组成，非蛋白质部分通常称为辅因子。近年来，蛋白质的研究已发展到结构和功能的关系，蛋白质不仅是生物体最重要的组分，而且是生理功能的主要体现者。按照蛋白质功能的不同进行的分类见表1-3。

表1-3 蛋白质按照生物功能的分类

类型及举例	功能或存在部位
酶（enzyme）	
核糖核酸酶（RNase）	水解RNA
细胞色素c(cytochrome c)	转移电子
木瓜蛋白酶（papain）	水解多肽
储藏蛋白（storage protein）	
麦醇溶蛋白（gliadin）	小麦的种子蛋白
玉米醇溶蛋白（zein）	玉米的种子蛋白
酪蛋白（casein）	牛乳蛋白
卵清蛋白（ovalbumin）	鸡蛋清蛋白
运载蛋白（transport protein）	
血红蛋白（hemoglobin）	在血液中运输O_2（脊椎动物）
血蓝蛋白（hemocyanin）	在血液中运输O_2（无脊椎动物）
肌红蛋白（myoglobin）	在肌肉中运输O_2
血清清蛋白（serum albumin）	在血液中运输脂肪酸
β脂蛋白（β-lipoprotein）	在血液中运输脂类
收缩蛋白（contractile protein）	
肌球蛋白（myosin）	肌原纤维的静止纤维
肌动蛋白（actin）	肌原纤维的移动纤维
保护蛋白（protective protein）	
抗体（antibody）	与异蛋白形成复合体
补体（complement）	与抗原抗体系统形成复合物
毒蛋白（toxin）	
蛇毒（snake venom）	水解磷酸甘油酯的酶
蓖麻毒蛋白（ricin）	蓖麻种子的毒蛋白
激素（hormone）	
胰岛素（insulin）	调节葡萄糖代谢
生长激素（growth hormone）	促进骨骼生长
结构蛋白（structure protein）	
糖蛋白（glycoprotein）	细胞外壳及壁
膜结构蛋白（membrane structure protein）	生物膜的成分
α角蛋白（α-keratin）	皮肤、羽毛、毛发、角
壳硬蛋白（sclerotin）	昆虫的外骨骼
丝心蛋白（fibroin）	蚕茧的丝
胶原蛋白（collagen）	结缔组织

第四节　糖　类

一、糖类的生物学功能

糖类化合物也称碳水化合物（carbohydrate），是由碳、氢、氧组成的多羟基醛类或多羟基酮类或其衍生物，或水解时能产生这些化合物的多聚体，其分子式通常以 $C_n(H_2O)_m$ 表示。糖类是地球上最丰富的生物分子，地球生物量（biomass）的 50% 以上是由葡萄糖的多聚体构成。它主要由绿色植物经光合作用形成，存在于所有的植物、动物和微生物中。

糖类化合物的生物学功能主要有：①作为生物体的结构成分。植物的根、茎、叶、花和果实都含有大量的纤维素、半纤维素和果胶物质等，它们构成植物细胞壁的主要成分。肽聚糖是细菌细胞壁的结构多糖。昆虫和甲壳类动物的外骨骼含有壳多糖。②作为生物能源的主要物质。某些糖类（淀粉和蔗糖）是世界上大多数地区的膳食来源。糖类的氧化是大多数非光合生物中的主要产能途径，释放的能量供生命活动需要。生物体内作为能量储存的糖类有淀粉、糖原等。③在生物体内转变为其他物质。糖类通过某些代谢中间产物为合成其他生物分子（如氨基酸、核苷酸、脂肪酸等）提供碳骨架。④作为细胞识别的信号分子。质膜中糖蛋白和糖脂的寡糖链起着信号分子的作用。糖类化合物是所有其他生物分子新陈代谢的前体，它的降解为维持动物生命提供能量。除此之外，糖类化合物连接到脂分子上，是生物膜分子共同的成分。

二、植物体内的糖类

植物体内的糖类化合物按其组成分为单糖、寡糖和多糖等。

（一）单糖

1. 单糖的种类和结构特点　单糖（monosaccharide）以及衍生物是最简单的糖，不能再被水解成更小的糖单位。按其所含碳原子数目分为丙糖、丁糖、戊糖和己糖等；根据其结构特点分为醛糖和酮糖（图 1-25）。任何单糖的构型都是由甘油醛及二羟丙酮派生的。生物体内常见的重要单糖见表 1-4。天然产物的单糖大多只存在一种构型，如葡萄糖、果糖、核糖等都是 D 型的。

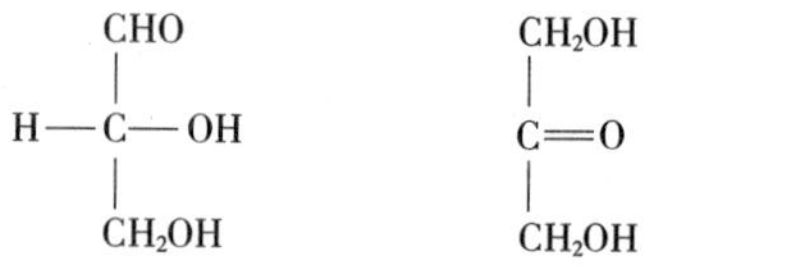

D- 甘油醛(醛糖)　　二羟(基)丙酮(酮糖)

图1-25　甘油醛（醛糖）和二羟丙酮（酮糖）

表 1-4　常见的重要单糖

糖类名型	存　在
L-阿拉伯糖	多以结合态存在于半纤维素、树胶、果胶、细菌多糖中
D-核糖	普遍存在于细胞中，为 RNA 的成分，也是一些维生素、辅酶的组成成分
D-木糖	多以结合态存在于半纤维素、树胶、植物黏质中
D-脱氧核糖	普遍存在于细胞中，为 DNA 的成分
D-半乳糖	乳糖、蜜二糖、棉子糖、琼胶、黏质、半纤维素的组成成分
D-葡萄糖	广泛分布于生物界，游离存在于水草与植物汁液、蜂蜜、血液、淋巴液、尿等物质中，同时也是许多糖苷、寡糖、多糖的组成成分
D-甘露糖	以结合糖存在于多糖或糖蛋白中
D-果糖	游离态为吡喃型，是糖类中最甜的糖；结合态为呋喃型，是蔗糖、果聚糖的组成成分
L-山梨糖	维生素 C 合成的中间产物，在槐树浆果中存在
L-岩藻糖	海藻细胞壁和一些树胶的组成成分，也是动物多糖的普遍成分
L-鼠李糖	常为糖苷的组分，也为多种多糖的组分。在常春藤花叶中游离存在

自然界的戊糖、己糖都有两种不同的结构，一种是多羟基醛的开链式，另一种是分子内反应而形成半缩醛环状式。以葡萄糖为例，天然葡萄糖多以六元环即吡喃型葡萄糖形式存在。具有羰基和羟基的 D-（+）-葡萄糖能在分子内的 C_1 和 C_5 之间作用，使分子封闭成环，产生一个六元环的半缩醛。结果 C_1 变成了一个新的手性碳原子，新形成的手性碳原子上的羟基（半缩醛羟基）与决定单糖构型的 C_5 上的羟基位于同一侧，则为 α 葡萄糖；不在同一侧的为 β 葡萄糖（图 1-26）。

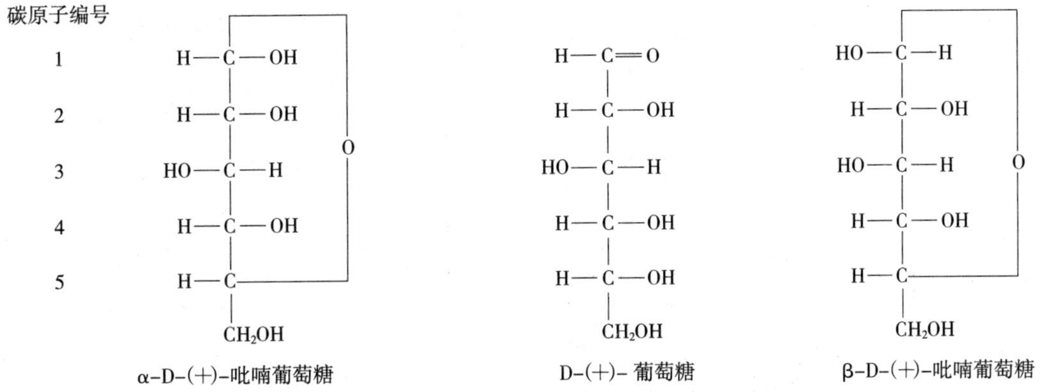

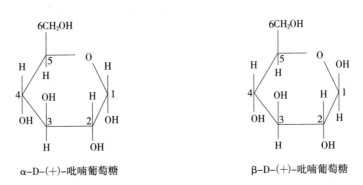

图 1-26　葡萄糖的两种不同结构（开链式与半缩醛环状式）

单糖的结构式还常用透视式来表示，它更能清楚地反映出糖分子空间构型的实际情况。葡萄糖的透视式如图 1-27 所示。

图 1-27　葡萄糖的透视式

2. 单糖的物理性质

（1）旋光性。几乎所有的单糖及其衍生物都有旋光性，许多单糖在水溶液中发生变旋现象。

（2）甜度。单糖具有甜度（sweetness），常以蔗糖的甜度为标准进行比较。

（3）溶解度。单糖分子中有多个羟基，增加了它的水解性，尤其在热水中溶解度极大。但单糖不溶于乙醚、丙酮等非极性有机溶剂。

3. 单糖的化学性质　单糖都是多羟基醛和多羟基酮结构，其中醇羟基具有成酯、成醚和成缩醛等反应，而羰基具有某些加成反应，由于它们相互影响又产生一些特殊反应。

（1）单糖的氧化。醛糖含游离醛基，具有较好的还原性。

（2）形成糖脂。糖的羟基可以转变为酯基。

（3）形成糖苷。环状单糖的半缩醛（或半缩酮）羟基与另一化合物发生缩合形成的缩醛（或缩酮），称为糖苷或苷，如强心苷、皂苷、核苷等。

（二）寡糖

寡糖（oligosaccharide，oligose）是由 2～10 个单糖通过糖苷键连接而成的糖类，亦称低聚糖。与稀酸共煮，寡糖可水解成各种单糖。自然界中常见的寡糖见表 1-5。寡糖中以二糖（disaccharide）

分布最为普遍。与日常生活密切相关的重要二糖有蔗糖、麦芽糖、乳糖等，它们均易水解为单糖。蔗糖和乳糖的结构如图 1-28 所示。

表 1-5　常见寡糖的结构和来源

名称	结构	来源
蔗糖	α 葡萄糖（1→2）β 果糖	植物
麦芽糖	α 葡萄糖（1→4）葡萄糖	淀粉水解产物
异麦芽糖	α 葡萄糖（1→6）葡萄糖	淀粉水解产物
纤维二糖	β 葡萄糖（1→4）葡萄糖	纤维素的酶水解产物
龙胆二糖	β 葡萄糖（1→6）葡萄糖	龙胆根
海藻二糖	α 葡萄糖（1→1）α 葡萄糖	海藻及真菌
乳糖	β 半乳糖（1→4）α 葡萄糖	哺乳动物乳汁
蜜二糖	α 半乳糖（1→6）葡萄糖	棉子糖
软骨素二糖	β 葡萄糖醛酸（1→3）半乳糖胺	软骨素组分
透明质二糖	β 葡萄糖醛酸（1→3）葡萄糖胺	透明质酸
菊粉二糖	β 果糖（2→1）果糖	菊粉组成
龙胆糖	β 葡萄糖（1→6）α 葡萄糖（1→2）β 果糖	龙胆根
棉子糖	α 半乳糖（1→6）α 葡萄糖（1→2）β 果糖	甜菜、糖蜜、棉子粉

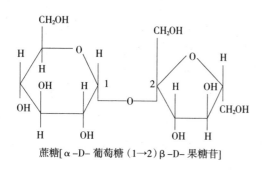
蔗糖[α-D-葡萄糖（1→2）β-D-果糖苷]

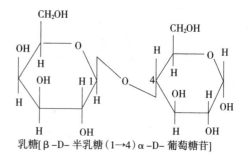
乳糖[β-D-半乳糖（1→4）α-D-葡萄糖苷]

图 1-28　蔗糖和乳糖的结构

（三）多糖

多糖（polysaccharide）是一类天然高分子化合物，是由多个单糖分子缩合而成的高聚物。自然界中糖类主要以多糖形式存在。多糖相对分子质量极大，从 $3×10^4$ 到 $4×10^8$，是自然界中分子结构复杂且庞大的糖类物质。多糖中由相同单糖分子缩合而成的称为同多糖（homopolysaccharide），不同类型的单糖分子缩合而成的称为杂多糖（heteropolysaccharide）。多糖还可以按其生物学功能分为储存多糖（storage polysaccharide）和结构多糖（structural polysaccharide）。淀粉、糖原等属于储存多糖，纤维素、果胶物质、半纤维素、肽聚糖和糖胺聚糖属于结构多糖。

某些不溶性多糖，如植物的纤维素和动物的几丁质（即壳多糖），可构成植物和动物骨架的原料；另一些作为储存形式的多糖，如淀粉和糖原等，在需要时，可以通过生物体内的酶系统的作用，分解、释放出单糖；还有很多多糖具有更复杂的生理功能，如黏多糖（mucopolysaccharide）等，在植物、动物和微生物中起着重要作用。

多糖未经水解不具有还原性，无甜味，一般不能结晶。它们大多不溶于水，虽然酸或碱能使之转变为可溶性的，但分子会遭到破坏，因此多糖的纯化是十分困难的。多糖在水溶液中不形成真溶液，只能形成胶体，有旋光性，但无变旋现象。下面主要介绍淀粉与糖原。

1. 淀粉 淀粉（starch）是绿色植物能量的主要储存形式。它在植物叶、茎、根和其他器官中的含量各不相同。含量最高的器官要数禾谷类作物的籽粒和某些植物的块茎、块根。一般淀粉都含有直链淀粉和支链淀粉，前者系 α-1,4-糖苷键的葡萄糖多聚糖，后者除含 α-1,4-糖苷键外，在分支处为 α-1,6-糖苷键（图 1-29）。直链淀粉遇碘呈蓝色，支链淀粉遇碘呈紫色或红紫色。

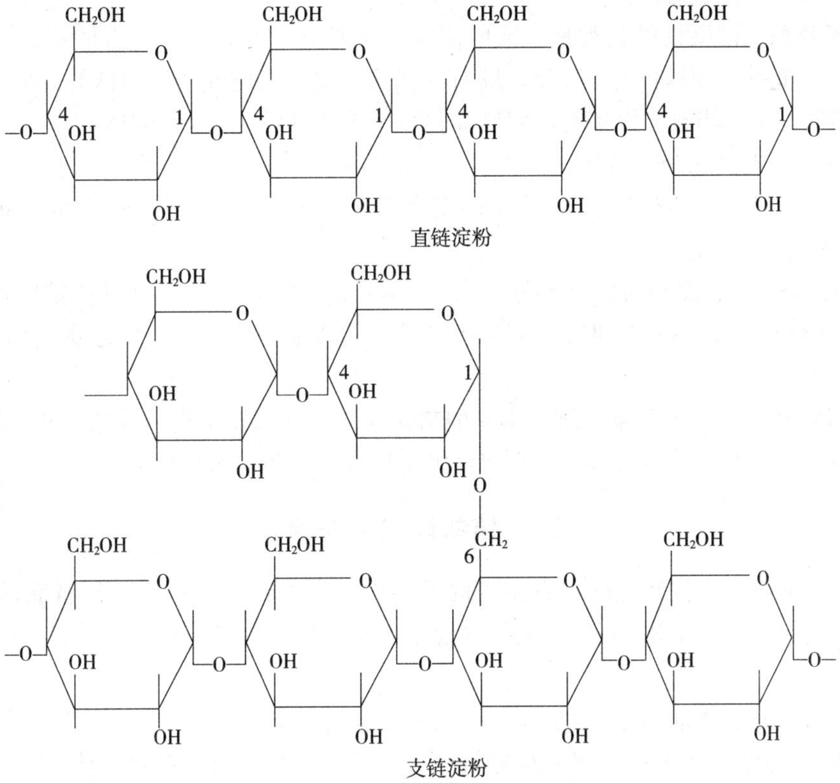

图 1-29 直链淀粉和支链淀粉的结构

2. 糖原 糖原（glycogen）主要存在于动物肝、肌肉中，是动物中的主要多糖，也称动物淀粉。糖原与支链淀粉有类似结构，但分支更多。糖原遇碘呈红紫色反应。

（四）糖缀合物

糖缀合物（glycoconjugate）指糖与非糖物质（如脂类或蛋白质）共价结合形成的化合物，如糖脂（glycolipid）、脂多糖（lipopolysaccharide）、糖蛋白（glycoprotein）和蛋白聚糖（proteoglycan）等，也称为结合糖（combined carbohydrate）或复合糖（complex carbohydrate）。

糖蛋白在植物和动物中较为典型。这些糖蛋白可被分泌，进入体液或作为膜蛋白。它们包括许多酶、大分子蛋白质激素、血浆蛋白、全部抗体、补体因子、血型物质和黏液组分以及许多膜蛋白。植物和动物中的糖脂、细菌中的脂多糖是共价附着的细胞外膜成分，寡糖链显露在细胞外表面。

第五节 脂 类

一、脂类的生物学功能

（一）脂类的特性和分布

脂类（lipid）是生物体内一大类重要的有机化合物，这类化合物虽在分子结构上有很大的差异，但它们有一个共同的物理性质——脂溶性。所谓脂溶性就是这类化合物不溶于水，而能溶于非极性有机溶剂（如氯仿、乙醚、丙酮、苯等）中。用这些有机溶剂可将脂类物质从细胞和组织中萃取出来。因此可以说，脂类是具有脂溶性的一类化合物的总称。

生物体含有的脂类主要有脂肪、磷脂、糖脂和固醇等。和糖类相似，脂类化合物也可作为储藏物质存在于植物种子中。高等植物各科中 88% 以上的种子含有脂类，其中大约 3/4 的种子含有脂类而不含淀粉。植物体的各个部分，如花、茎、根、叶中，也都有一定量的脂类物质。

（二）脂类的生物学功能

脂类广泛分布于植物细胞和组织中，具有重要的生物学功能。

1. 作为能源物质　储藏性的脂类是重要的能源，且能量高度集中，所占体积小。每克脂肪完全氧化时产生 389 kJ 能量，而糖仅为 172 kJ，即每克脂肪氧化所放出的能量为糖的 2 倍多。油料作物种子的储藏物以脂肪为主，当种子发芽时，脂肪氧化产生能量并转化为其他物质。

2. 组成生物膜的重要成分　磷脂、糖脂、固醇是构成生物膜的重要物质。生物膜系统不仅构成了维持细胞内环境相对稳定的有高度选择性的半透性屏障，而且直接参与物质转运、能量转换、信息传递、细胞识别等重要生命活动。

3. 作为植物体表面的保护层　参与这一作用的主要是蜡类。它们可以在植物体表面或种子、果实表面形成一层稳定、不透水但透气的保护层，起降低蒸腾、防止机械损伤、保持温度等作用。

4. 作为生理活性物质（如激素、维生素）**的前体物质**　这主要是指一些萜类和甾醇类物质。

此外脂类还能促进人和动物对食物中脂溶性维生素及必需脂肪酸的吸收。

二、植物体内的脂类

生物体内所含的脂类，按其化学组成和结构可分为三大类：单纯脂质、复合脂质和非皂化脂质（图 1-30）。习惯上，把脂肪称为真脂，而把其他脂类化合物如磷脂、糖脂、蜡等统称为类脂。

（一）脂肪

脂肪是甘油与 3 分子脂肪酸形成的，称为三酰甘油（triacylglycerol）。其结构通式见图 1-31，式中 R_1、R_2、R_3 为脂肪酸的烃链，若相同则称单纯甘油酯，若不同则称混合甘油酯。天然脂肪多为混合甘油酯。脂肪酸（fatty acid，FA）一般是由一条线性的长碳氢链（疏水尾部）和一个末端羧基（亲水头部）组成的羧酸。碳氢链中不含双键的为饱和脂肪酸（saturated fatty acid），含双键的为不饱和脂肪酸（unsaturated fatty acid）。

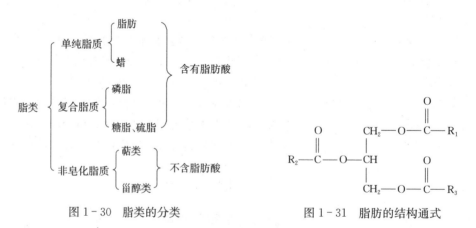

图 1-30　脂类的分类　　　　　　　图 1-31　脂肪的结构通式

在室温下，脂肪以液态和固态两种状态存在。一般称前者为油（oil），后者为脂（fat）。大多数植物油（如豆油、花生油）含不饱和脂肪酸比动物油多，常温下是液态，而动物油脂常温下是固态。高等植物体内的天然脂肪中，所含的脂肪酸多为偶数碳原子一元羧酸，有饱和脂肪酸和不饱和脂肪酸两大类。常见的天然脂肪酸见表 1-6。不同脂肪酸之间的区别主要在于碳氢链的长度、饱和与否及双键的数目和位置。

表 1-6 常见的天然脂肪酸

习惯名称	简写符号	分子结构式	来源
饱和脂肪酸			
月桂酸（lauric acid）	12：0	$CH_3(CH_2)_{10}COOH$	鲸油、椰子油
豆蔻酸（myristic acid）	14：0	$CH_3(CH_2)_{12}COOH$	豆蔻油、椰子油
软脂酸（棕榈酸）（palmitic acid）	16：0	$CH_3(CH_2)_{14}COOH$	各种动植物油
硬脂酸（stearic acid）	18：0	$CH_3(CH_2)_{16}COOH$	各种动植物油
花生酸（arachidic acid）	20：0	$CH_3(CH_2)_{18}COOH$	花生及其他植物油
山萮酸（behenic acid）	22：0	$CH_3(CH_2)_{20}COOH$	榆树种子油
廿四（烷）酸（lignoceric acid）	24：0	$CH_3(CH_2)_{22}COOH$	花生油、脑苷脂
蜡酸（cerotic acid）	26：0	$CH_3(CH_2)_{24}COOH$	蜂蜡、植物蜡
不饱和脂肪酸			
棕榈油酸（palmitoleic acid）	$16：1\Delta^9$	$CH_3(CH_2)_5CH=CH(CH_2)_7COOH$	鱼肝油、棉子油
油酸（oleic acid）	$18：1\Delta^9$	$CH_3(CH_2)_7CH=CH(CH_2)_7COOH$	各种动植物油
亚油酸（linoleic acid）	$18：2\Delta^{9,12}$	$CH_3(CH_2)_4CH=CHCH_2CH=CH(CH_2)_7COOH$	亚麻仁油、棉子油
亚麻酸（linolenic acid）	$18：3\Delta^{9,12,15}$	$CH_3CH_2CH=CHCH_2CH=CHCH_2CH=CH(CH_2)_7COOH$	亚麻仁油
花生四烯酸（arachidonic acid）	$20：4\Delta^{5,8,11,14}$	$CH_3(CH_2)_4CH=CHCH_2CH=CHCH_2CH=CHCH_2CH=CH(CH_2)_3COOH$	卵磷脂、脑磷脂

注：简写符号中在冒号（：）前边的数字表示碳原子数，后边的数字表示双键个数；Δ 表示双键，其上角数字表示从羧基碳开始双键碳原子所在位置。

（二）类脂

类脂主要有磷脂、非皂化脂质和蜡等。

1. 磷脂 磷脂（phospholipid）具有重要的生物学功能，它是构成生物膜的重要物质，细胞中所含的磷脂几乎全部集中在细胞的膜系统中。磷脂包括许多组成不同的脂质，这些脂质具有一个共同的结构特点，即以磷脂酸为结构基础，它们的结构如图 1-32 所示。

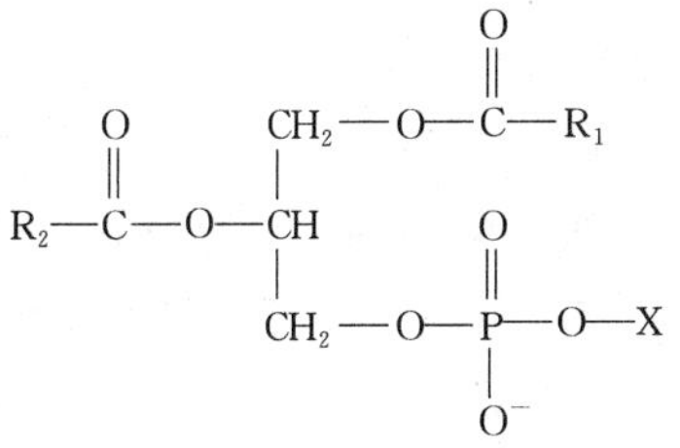

由结构式可以看出，甘油磷脂的两条长的碳氢链（即 R_1、R_2）构成它的非极性尾部（nonpolar tail），其余部分构成它的极性头部（polar head），即磷脂为两性分子，这对膜结构中磷脂分子的分布、取向有重要意义。各类磷脂中以卵磷脂和脑磷脂分布最广，是大多数植物组织中的主要磷脂（表 1-7）。

图 1-32 磷脂的结构通式

表 1-7 主要的植物磷脂

化合物名称	X 基团
磷脂酸（phosphatidicacid）	—H
磷脂酰胆碱（卵磷脂）（phosphatidylcholine）	$-CH_2CH_2N^+(CH_3)_3$
磷脂酰乙醇胺（脑磷脂）（phosphatidylethanolamine）	$-CH_2CH_2NH_2$
磷脂酰丝氨酸（phosphatidylserine）	
磷脂酰肌醇（phosphatidylinositol）	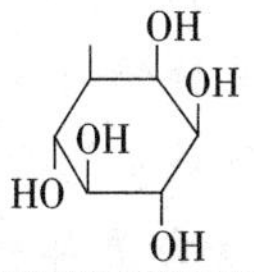

2. 非皂化脂质 这类脂类物质大都不含脂肪酸，包括萜类（terpenoid）、固醇类（steroid，又称甾醇）和其他烃类化合物。萜类是异戊二烯的衍生物，这类化合物包括叶绿醇（phytol）、类胡萝卜素（carotenoid）、维生素 A 等。由于类胡萝卜素能在动物体内转变为维生素 A，故又称为维生素 A 原。

植物中多数萜类具有特殊气味，是各类植物特有油的主要成分。如柠檬油中的柠檬苷素、薄荷油中的薄荷醇、樟脑油中的樟脑。固醇类或甾类在生物界中分布很广，为一环状高分子一元醇，在生物体内可以以游离状态或与脂肪酸结合成脂的形式存在。

3. 蜡 蜡（wax）是高级脂肪酸（12～32 碳）与高级醇（26～28 碳）或固醇形成的酯，常温下为不溶于水的固体。自然界中的蜡多为混合物，如植物蜡就是蜡脂类、烃类及烃类含氧衍生物的混合物。蜡往往在植物表面形成一薄层，起保护作用。

小 结

植物体的基本生物分子可以相互转化，或者进一步转变为其他的生物分子，也可以聚合成生物大分子。不同种类的生物大分子还可以进一步聚合成超分子复合体，进而构成植物的组织器官。组成植物细胞的生物大分子主要有核酸、蛋白质、糖类和脂类。

核酸分为两大类：DNA 和 RNA。DNA 主要分布在细胞核中，与蛋白质一起形成染色体。DNA 是生物遗传的物质基础，是遗传信息的载体。RNA 主要分布在细胞质中，由 3 种 RNA(mRNA、tRNA 和 rRNA) 组成，参与细胞内蛋白质的生物合成。

核酸的基本结构单位是核苷酸。核苷酸还可进一步分解成核苷和磷酸，核苷再进一步分解生成碱基和戊糖。RNA 中的戊糖为 β-D-核糖，DNA 中的戊糖为 β-D-$2'$-脱氧核糖。DNA 由 4 种脱氧核糖核苷酸组成 （dAMP、dGMP、dCMP、dTMP），RNA 由 4 种核糖核苷酸组成 （AMP、GMP、CMP、UMP)。核苷酸之间通过 $3'$，$5'$-磷酸二酯键相连形成没有分支的多核苷酸长链或环状分子。

DNA 分子由几百至几千万个脱氧核糖核苷酸组成，DNA 的一级结构是指 DNA 链中脱氧核糖核苷酸的排列顺序。沃森和克里克提出双螺旋结构模型，为现代分子生物学和分子遗传学奠定了基础。

RNA 分子是一条多核苷酸链，其中所含核苷酸总数在十几到数千个，多核苷酸链中核苷酸的排列顺序即 RNA 的一级结构。tRNA 的二级结构为三叶草形，三级结构为倒 L 形。

核酸分子中的嘌呤碱和嘧啶碱具有共轭双键，在 260 nm 有一吸收峰，可用紫外分光光度法定量测定核酸含量和定性鉴定核酸纯度。核酸可以变性，氢键发生断裂，有规律的双螺旋结构变成无规则线团。紫外吸收值的变化是衡量核酸变性的重要指标。变性 DNA 在适当条件下还可复性。

蛋白质是细胞的重要组成成分，是生命活动的重要物质基础。蛋白质分子是由一条或多条多肽链构成的生物大分子。氨基酸是蛋白质的基本构成单位。组成蛋白质的氨基酸常见的有 20 种，除脯氨酸为 α 亚氨酸外，其余均为 L 型 α 氨基酸。其中色氨酸、酪氨酸和苯丙氨酸在紫外区有光吸收，这是紫外法定量测定蛋白质的基础。氨基酸是两性电解质，溶液 pH 影响氨基酸的解离状况。所有的 α 氨基酸都能与茚三酮发生颜色反应。

蛋白质是由各种氨基酸通过肽键连接而成的多肽链组成的。蛋白质的一级结构是指多肽链内氨基酸残基从氨基（N）末端到羧基（C）末端的排列顺序。蛋白质的二级结构指多肽链主链本身通过氢键沿一定方向盘绕、折叠而形成的结构单元，主要有 α 螺旋、β 折叠、β 转角等。蛋白质的三级结构指多肽链在二级结构的基础上，通过侧链基团的相互作用，进而卷曲形成的特定构象。蛋白质的四级结构指两条或两条以上的具有三级结构的多肽链聚合而成的特定构象。蛋白质复杂的组成和结构是其功能的基础，而蛋白质独特的性质和功能是其结构的反映。

蛋白质溶液是一种稳定的亲水胶体。蛋白质也是两性电解质，它的酸碱性质主要决定于肽链上可解离的 R 基团。各种蛋白质都有各自的等电点。除在等电点外，蛋白质在溶液中解离成带电颗粒，在电场中向与电荷相反的电极移动。电泳法是分离、纯化、鉴定和制备蛋白质的常用手段。蛋白质也有变性现象，变性的实质是空间结构改变而一级结构不变。变性蛋白质在适当条件下也可复性。

糖是植物体的重要结构物质，也是重要的能源和碳源。植物体内的糖有单糖、寡糖和多糖。单糖有丙糖、丁糖、戊糖和己糖等。重要的寡糖有蔗糖、麦芽糖、乳糖和棉子糖。多糖是由单糖缩合而成的大分子。

脂类是脂肪和类脂的总称。脂类的生物学功能体现在它是生物体的重要能源、构成细胞膜的重要物质、生物体表面的保护层、作为生理活性物质的前体物质。

脂肪又称三酰甘油，也称真脂，是3分子脂肪酸与1分子甘油缩合形成的酯。高等植物体内的脂肪中，所含脂肪酸多为偶数碳原子一元羧酸，有饱和脂肪酸和不饱和脂肪酸两大类。类脂中的磷脂是生物膜的重要组成成分。重要的磷脂有卵磷脂和脑磷脂。非皂化脂质有萜类、固醇类等。蜡是长链脂肪酸和高级醇形成的酯，一般在植物表面起保护作用。

复习思考题

1. 名词解释

蛋白质 核酸 糖类 脂类 脱氧核糖核酸（DNA） 核糖核酸（RNA） 核苷酸 氨基酸 必需氨基酸 等电点（pI） 简单蛋白 结合蛋白 盐析 蛋白质变性 增色效应 减色效应 多糖 不饱和脂肪酸 tRNA mRNA rRNA AMP ADP ATP cAMP T_m

2. 核酸有哪两大类？它们在细胞内分布、化学组成及生物学功能上有哪些特点？

3. 核酸水解后有哪些产物？它们的基本结构是怎样的？

4. 核酸中核苷酸是通过什么化学键连接起来的？用结构式表示4种核苷酸连接起来的产物。

5. RNA有哪些主要类型？它们的功能是什么？

6. DNA双螺旋结构模型有哪些基本要点？

7. 核酸的热变性有何特点？

8. 为什么说蛋白质是生命活动中最重要的物质基础？

9. 蛋白质的一级结构指的是什么？蛋白质的二级结构有哪些类型？

10. 什么叫蛋白质变性？变性后有哪些变化？

11. 蛋白质为什么能形成稳定的胶体溶液？有哪些因素能破坏这些稳定因素使蛋白质沉淀？

12. 说明糖的生物学功能。

13. 说出蔗糖、麦芽糖、淀粉的化学组成及结构特点。

14. 脂类包括哪些物质？

15. 列举脂类物质的生理功能。

16. 简述脂肪及磷脂的化学组成和结构特点。

第 二 章 ▶▶▶

酶

第一节 酶的概念与作用特点

一、酶的概念

生物体内的各种化学反应几乎都是在特异的生物催化剂（biocatalyst）的催化下进行的。通常所说的酶（enzyme）是指由活细胞合成的、对其特异底物（substrate）起高效催化作用的蛋白质，是机体内催化各种代谢反应最主要的天然生物催化剂。酶可以在不改变平衡位点的情况下提高反应速率，即通过相同的因子，可以同时提高正反应和逆反应的速度。酶在细胞中浓度很低，但效率很高，常能使反应速度提高 $10^7 \sim 10^{13}$ 倍。据国际生物化学与分子生物学联盟（International Union of Biochemistry and Molecular Biology，IUBMB）在其网站上公布的资料，目前总共收录了 7 400 多种酶。

许多酶从大量的原料中纯化而来。J. B. Sumner 第一次从刀豆中分离出脲酶（urease）结晶，这项工作用了 6 年多时间（1924—1930）。因此项工作，J. B. Sumner 于 1946 年获得了诺贝尔化学奖。这项工作证明了酶的化学本质是具有催化活性的蛋白质。

1982 年 T. Cech 等科学家发现了 RNA 的催化作用，改变了多年来人们认为生物催化剂的化学本质都是蛋白质的观念，开辟了酶学研究的新领域。对于此类有催化活性的核糖核酸分子，称为核酶（ribozyme）。核酶的发现还促进了有关生命起源、生物进化等问题的进一步探讨。因此项工作，T. Cech 等获得了 1989 年诺贝尔化学奖。对于具有催化活性的脱氧核糖核酸分子，称为脱氧核酶（deoxyribozyme）。目前尚未发现天然存在的催化性 DNA。

模拟酶（mimicenzyme）是将天然酶的催化原理运用到合成催化材料的设计中，人工生产像天然酶一样的高效专一的新型非天然生物催化剂。

近几十年来酶学研究得到了很大发展，提出了一些新理论和新概念。一方面，在酶分子水平上揭示酶和生命活动的关系，阐明酶在细胞代谢调节和分化过程中的作用，酶生物合成的遗传机制、酶的起源和酶的催化机制等方面研究取得进展。另一方面，酶的应用研究得到迅速发展。酶工程已成为当代生物工程的重要支柱。酶的研究成果用来指导有关医学实践和工农业生产，给催化剂和药物的设计，疾病的诊断、预防和治疗，农作物品种选育及病虫害的防治等提供理论依据和新思想、新概念。

二、酶的分类与命名

（一）酶的分类

根据国际酶学委员会（International Enzyme Commission，IEC）（现归为 IUBMB 命名委员会）的规定，按照酶促反应的性质，将酶分为六大类，分别用阿拉伯数字 1、2、3、4、5、6 编号表示。2018 年 8 月，IUBMB 命名委员会发布了第七大类酶。根据底物中被作用的基团或键的特点，将每一大类又分为若干个亚类，按顺序编成 1、2、3 等数字。为了更精确地表示底物的性质，每一个亚类再分为若干亚-亚类，仍用 1、2、3 等编号，最后该酶在此亚-亚类中的顺序号，也按数字 1、2、3……表示。因此，每一个酶的分类编号由 4 个数字组成，数字间用 "." 隔开，编号之前所冠 "EC" 为酶学委员会（Enzyme Commission）的缩写。一切新发现的酶，都应按国际系统命名及分类法原则命名、分类及编号。

1. 氧化还原酶类 氧化还原酶（oxido‐reductase）催化氧化还原反应（A·2H+B⇌A+B·2H）。其中大多数称为脱氢酶，有些称为氧化酶、过氧化物酶、加氧酶或还原酶。例如，乳酸：NAD^+氧化还原酶（EC 1.1.1.27），习惯名称为乳酸脱氢酶，催化反应如下：

$$乳酸+NAD^+⇌丙酮酸+NADH+H^+$$

2. 转移酶类 转移酶（transferase）催化功能基团在分子间的转移反应（AB+C⇌A+BC），包括转甲基酶、转氨酶等。其中许多转移酶需要辅酶。通常底物分子的一部分与酶或辅酶结合，这类酶包括激酶。例如，丙氨酸：α酮戊二酸氨基转移酶（EC 2.6.1.2），习惯名称为谷丙转氨酶。催化反应如下：

$$丙氨酸+α酮戊二酸⇌丙酮酸+谷氨酸$$

3. 水解酶类 水解酶（hydrolase）催化水解反应（AB+H_2O⇌AOH+BH）。这是一类特殊的转移酶，水作为转移基团的受体。这类酶包括淀粉酶、核酸酶、蛋白酶、酯酶等。例如，亮氨酸氨基肽水解酶（EC 3.4.1.1），习惯名称为亮氨酸氨肽酶。催化反应如下：

$$亮氨酰-丙氨酰肽+H_2O⇌亮氨酸+丙氨酰肽$$

4. 裂合酶类 裂合酶（lyase）又称裂解酶，催化底物的裂解并形成双键，或其逆反应（AB⇌A+B）。其中催化细胞内的加成反应的裂解酶常命名为合酶，包括醛缩酶、水化酶、脱氨酶等。例如，草酰乙酸转乙酰酶（EC 4.1.3.8），习惯名称为柠檬酸合酶。催化反应如下：

$$草酰乙酸+乙酰辅酶A⇌柠檬酸+H_2O+辅酶A$$

5. 异构酶类 异构酶（isomerase）催化各种同分异构体的相互转变（A⇌B），包括顺反异构酶、消旋酶、差向异构酶、变位酶等。这类反应是最简单的酶促反应，因为这些反应只有一个底物或一个产物。例如，6‐磷酸葡萄糖：6‐磷酸己酮糖异构酶（EC 5.3.1.9），习惯名称为磷酸己糖异构酶。催化反应如下：

$$6‐磷酸葡萄糖⇌6‐磷酸果糖$$

6. 合成酶类 合成酶（synthetase）又称连接酶（ligase），催化两个底物的连接或交联反应，这类反应通常需要消耗ATP中的能量（A+B+ATP⇌AB+ADP+Pi 或 A+B+ATP⇌AB+AMP+PPi）。这类酶包括羧化酶、CTP合成酶、酪氨酸合成酶、谷氨酰胺合成酶等。例如，L‐谷氨酸：氨连接酶（EC 6.3.1.2），习惯名称为谷氨酰胺合成酶。催化反应如下：

$$L‐谷氨酸+ATP+NH_3⇌L‐谷氨酰胺+ADP+Pi$$

7. 易位酶类 IUBMB的命名委员会（Nomenclature Committee）于2018年8月发布消息，在原有六大类酶的基础上再增加易位酶为第七大类酶。在六大类酶中，并未涉及能够催化离子或分子跨膜转运或在膜内移动的酶类，其中有些涉及ATP水解反应的酶被归为水解酶类（EC 3.6.3‐），但水解反应并非这类酶的主要功能。因此，IUBMB决定将这类酶归为第七大类酶，即易位酶（translo-case）。

易位酶的定义为催化离子或分子跨膜转运或在细胞膜内易位反应的酶。这里将易位定义为催化细胞膜内的离子或分子从"面1"到"面2"（side 1 to side 2）的反应，以区别于之前所使用的"入和出"或"顺式和反式"的说法。这样，酶的分类就成了七大类酶。目前易位酶有6个亚类，随着研究的深入，未来可能还会对该类酶进行补充修正。

例如，EC 7.2.1.3称为抗坏血酸铁还原酶（ascorbate ferrireductase）（跨膜）。催化反应如下：

$$抗坏血酸_{[面1]}+Fe^{3+}_{[面2]}\longrightarrow单脱氢抗坏血酸_{[面1]}+Fe^{2+}_{[面2]}$$

又如，EC 7.4.2.3称为线粒体蛋白质转运ATP酶（mitochondrial protein-transporting AT-Pase）。催化反应如下：

$$ATP+H_2O+线粒体蛋白质_{[面1]}\longrightarrow ADP+Pi+线粒体蛋白质_{[面2]}$$

(二) 酶的命名

传统上，大多数酶都是根据其所催化的反应命名的，如催化水解反应的酶称为水解酶，催化脱氢反应的就称为脱氢酶等。也有一些是根据作用的底物来命名的，如水解淀粉的酶称为淀粉酶，而水解核酸的酶就称为核酸酶等。还有一些酶是根据酶的来源命名的，如胰蛋白酶来自胰脏，胃蛋白酶来自胃等。

为了适应酶学的迅速发展，克服上述命名带来的一酶数名或一名数酶的弊端，根据国际酶学委员会于1961年提出的命名系统和分类原则，每一种酶有一个系统名称（systematic name）和习惯名称（recommended name）。习惯名称简单，只取一个较重要的底物名称和反应类型，便于使用；系统名称则明确酶的所有底物及催化反应的类型，若酶促反应中有两种底物，则这两种底物均需表明，用"："将二者分开。例如，乙醇脱氢酶（习惯名称）写成系统名称时应写乙醇：NAD^+氧化还原酶（表2-1）。但对于催化水解反应的酶一般在酶的名称上省去反应类型。

表 2-1 酶的命名

编号	习惯名称	系统名称	催化反应
EC 1.1.1.1	乙醇脱氢酶	乙醇：NAD^+氧化还原酶	乙醇＋NAD^+ ⇌ 乙醛＋$NADH$＋H^+

在科学文献中，为严格起见，一般应使用系统名称，但因系统名称往往太长，使用起来不方便，有时仍用酶的习惯名称。按照国际系统命名法，一种酶只有一个名称、一个特定编号，对于酶的不同名称则以编号为准。可在IUBMB等网站或《酶学手册》（*Enzyme Handbook*）等工具书中查找酶的系统名称、习惯名称、编号、酶的来源及酶的性质等各项内容。

三、酶作用的特点

酶作为生物催化剂，与一般催化剂有许多相同处：只能催化热力学上允许进行的化学反应；可降低反应活化能（activation energy）；不改变化学反应平衡点，加速化学反应的进程，缩短达到平衡所需时间；催化剂本身在反应前后不发生质和量的改变。但与一般催化剂相比，酶的催化作用又表现出若干明显的特性。

1. 酶促反应的条件　绝大多数的酶是活细胞产生的蛋白质，催化反应的条件温和，都是常温、常压和近中性的pH。酶对环境条件极为敏感，凡能使蛋白质变性的因素（如高温、强酸、强碱、重金属等）都能使酶丧失活性。同时酶也常因温度、pH等轻微的改变或抑制剂的存在使其活性发生变化。

2. 酶催化的高效性　酶催化的反应（或称酶促反应）要比相应的没有催化剂的反应快$10^8 \sim 10^{20}$倍，比一般催化剂催化的反应快$10^7 \sim 10^{13}$倍。例如，在0 ℃时，1 mol过氧化氢酶能使5×10^6 mol H_2O_2分解为H_2O和O_2；而在同样条件下，1 mol铁离子只能使6×10^{-4} mol H_2O_2分解，可见，酶的催化作用比铁离子快了近10^{10}倍。

3. 酶催化的专一性　酶的专一性又称特异性（specificity）。酶通常对其作用的底物（substrate）即反应物具有严格的选择性，一种酶往往只作用一种或一类底物，如葡萄糖激酶只能催化葡萄糖磷酸化生成6-磷酸葡萄糖，而不能催化果糖的磷酸化反应。酶的特异性又可分为绝对特异性、相对特异性和立体异构特异性。绝对特异性是指酶只能催化一种或两种结构极相似的化合物进行反应。相对特异性是指酶可以作用于一类化合物或一种化学键。这类酶对底物要求不太严格。立体异构特异性指的是酶作用的底物应具有特定的立体结构才能被催化。这种异构性包括光学异构性和几何异构性。光学异构性是指一种酶只能催化一对镜像异构体中的一种，而对另一种不起作用。几何异构性是指立体异构中的顺式和反式、α构型和β构型。

4. 酶活性可调节控制　酶的催化活性在细胞内受到严格的调节控制，其调控方式很多，如结构调节、抑制剂调节、激活剂调节、共价修饰调节、反馈调节、激素调节等，使酶催化反应在细胞内能有条不紊地进行。

第二节　酶的组成与结构

一、酶的化学组成

绝大多数酶的化学本质是蛋白质。根据水解产物的不同，蛋白质分为简单蛋白质和结合蛋白质两大类。简单蛋白质的酶，又称单成分酶，水解产物只有氨基酸，酶活性仅决定于它们的蛋白质空间结构，如脲酶、核糖核酸酶、胰凝乳蛋白酶等。结合蛋白质的酶，又称双成分酶，整个酶分子称全酶（holoenzyme），除含酶蛋白（apoenzyme）外，还有非蛋白成分的辅助因子（cofactor），即全酶 ＝酶蛋白＋辅助因子。辅助因子是酶表现催化活性所必需的，在催化反应中起传递电子、原子和某些化学基团的作用，而酶蛋白决定酶反应的专一性，只有全酶才能充分表现出酶的活性，缺一不可。辅助因子主要有金属离子（Fe^{2+} 或 Fe^{3+}、Zn^{2+}、Mg^{2+}、Cu^+ 或 Cu^{2+}、Mn^{2+} 等）、金属有机化合物（如铁卟啉）和有机小分子化合物（如 B 族维生素衍生物等）。与酶蛋白松弛结合的辅助因子称为辅酶（coenzyme），可通过透析除去；以共价键与酶蛋白牢固结合的辅助因子称为辅基（prosthetic group），不能用透析方法除去。

二、酶的结构

（一）单体酶、寡聚酶和多酶复合体

根据酶蛋白分子结构上的特点，可把酶分为 3 类。

1. 单体酶　单体酶（monomeric enzyme）只有一条多肽链，其相对分子质量为 13 000～35 000，属于这一类的酶很少，一般都是催化水解反应的酶，如溶菌酶、核糖核酸酶、木瓜蛋白酶、胰蛋白酶等。

2. 寡聚酶　寡聚酶（oligomeric enzyme）由几个或多个亚基组成，亚基牢固地联在一起，单个亚基没有催化活性，亚基之间以非共价键结合，相对分子质量从 35 000 到几百万，如磷酸化酶 a 和 3-磷酸甘油醛脱氢酶等。

3. 多酶复合体　多酶复合体（multienzyme system）是几个酶镶嵌而成的复合物。这些酶的相对分子质量很高，一般都在几百万以上。这些酶催化将底物转化为产物的一系列顺序反应。如在脂肪酸合成中的脂肪酸合成酶复合体及丙酮酸脱氢酶系等。

（二）活性中心和必需基团

酶分子一般都很大，但酶分子中真正起催化作用的只是其中某一部位。在酶分子中直接和底物结合，并和酶催化作用有关的基团的部位称为酶活性中心（active center）或活性部位（active site）。活性中心包括两个功能部位，即参与和底物结合的结合部位（binding site）和参与催化反应的催化部位（catalytic site），它们是酶催化作用的必需基团。

活性中心是一个三维空间结构，结合底物的特异性取决于活性中心精确的原子排列，大多数底物都是通过相对弱的力与酶结合。这些必需基团若经化学修饰使其改变，则酶的活性丧失。此外，一些在酶活性中心以外维持酶空间构象所必需的基团，也是酶催化作用的必需基团。

活性中心常位于酶蛋白的两个结构域或亚基之间的裂隙，或位于蛋白质表面的凹槽。酶活性中心除了含有疏水性氨基酸残基外，还含有少量的极性氨基酸残基。极性氨基酸残基常常参与酶的催化反应。酶活性中心的可离子化和可反应的氨基酸残基形成酶的催化中心。

（三）酶的变构效应——变构酶

变构酶（allosteric enzyme）是一类重要的调节酶。在代谢反应中催化第一步反应或分支处反应的酶多为变构酶。变构酶均受代谢终产物的反馈抑制。

变构酶多为寡聚酶，含有两个或多个亚基。其分子包括两个中心：一个是与底物结合，催化底物反应的活性中心；另一个是与调节物结合，调节反应速度的变构中心。变构酶通过酶分子本身构象变化来改变酶的活性。变构酶的反应初速度与底物浓度的关系不服从米氏方程，而是呈现 S 形曲线，在某一狭窄的底物浓度范围内，酶反应速度对底物浓度的变化特别敏感，有利于代谢调控。因此，变构酶在代谢的调节中起非常重要的作用，往往是代谢过程中的关键酶。

（四）酶的多种分子形式——同工酶

同工酶（isozyme）是存在于同一种（属）生物或同一个体中能催化相同化学反应，但酶蛋白分子的结构、理化性质及生物学功能有明显差异的一组酶。它们是由不同位点的基因或等位基因编码的多肽链组成的。

同工酶广泛存在于生物界，具有多种多样的生物学功能。例如，同工酶的组织特异性和发育阶段特异性可满足某些组织或某一发育阶段代谢转换的特殊需求。同工酶作为遗传标记，已广泛应用于遗传分析。

三、维生素与辅酶或辅基

维生素（vitamin）是维持机体正常生命活动不可缺少的一类小分子有机化合物，它们不能在人类和动物体内合成，即使个别能够合成，其量也不能满足机体的需要，因而必须通过食物摄取，否则就会产生维生素缺乏症，影响生长发育。维生素作为某些酶类的辅酶或辅基，在物质代谢过程中起着非常重要的调节作用。维生素的种类很多，化学结构及生理功能差异很大，通常按其溶解性分为水溶性维生素和脂溶性维生素两大类。

（一）水溶性维生素

水溶性维生素包括 B 族维生素和维生素 C 等。除氰钴胺素（维生素 B_{12}）外，水溶性维生素均可在植物中合成，并且不易在动物和人体内储存，必须随时摄入。水溶性维生素在体内通过磷酸化、核苷酸化形成辅基或辅酶，参与酶的组成而发挥其生物功能。

1. 维生素 B_1 和羧化辅酶 维生素 B_1 又称硫胺素（thiamine），谷物种子的外皮中含量丰富，酵母中含量最高。维生素 B_1 的化学结构含有嘧啶环和噻唑环，在体内经硫胺素激酶催化，可与 ATP 作用转变成硫胺素焦磷酸（thiamine pyrophosphate，TPP）（图 2-1）。TPP 是 α 酮酸脱羧酶、转酮酶、磷酸酮糖酶（phosphoketolase）等酶类的辅酶。由于在催化丙酮酸和 α 酮戊二酸氧化脱羧过程中起辅酶作用，因此称 TPP 为羧化辅酶。

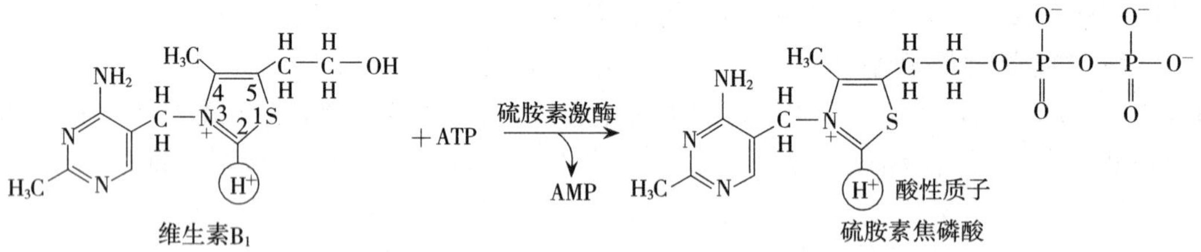

图 2-1　维生素 B_1 的分子结构及主要存在形式

反应简式：

$$维生素 B_1 + ATP \rightarrow TPP + AMP$$

当缺乏维生素 B_1 时，动物与人易患脚气病、消化功能障碍等病症。维生素 B_1 在碱性条件下加热易被破坏，在酸性条件下相当稳定。

2. 维生素 B_2 与黄素辅酶 维生素 B_2 又称核黄素（riboflavin），在生物界分布很广，酵母、黄豆、奶酪、肝脏、蔬菜中含量丰富，是一种含有核糖醇基的黄色物质。其化学本质为核糖醇与 6，7-二甲基异咯嗪的缩合物。在生物体内，维生素 B_2 主要以黄素单核苷酸（flavin mononucleotide，FMN）和黄素腺嘌呤二核苷酸（flavin adenine dinucleotide，FAD）的形式存在，它们是多种氧化还原酶类的辅基，通常与蛋白质结合紧密，不易分开（图2-2）。在生物氧化过程中，FMN与FAD通过分子中异咯嗪环上N_1和N_5的加氢与脱氢，把氢从底物传递给受体而参与氧化还原反应。

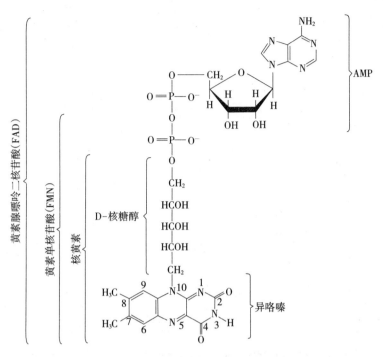

图2-2 维生素B_2的分子结构及主要存在形式

反应简式：

$$FMN \underset{-2H}{\overset{+2H}{\rightleftharpoons}} FMNH_2 ; FAD \underset{-2H}{\overset{+2H}{\rightleftharpoons}} FADH_2$$

缺乏维生素B_2时，动物和人易患唇炎、舌炎、口角炎、眼角膜炎等。维生素B_2耐热性强，干燥时较稳定，在碱性溶液中受光照射极易被破坏。

3. 泛酸与辅酶A 泛酸（pantothenic acid）又称维生素B_3，也称遍多酸，其广泛存在于动植物组织中。泛酸是由α，γ-二羟基-β，β-二甲基丁酸与β丙氨酸通过肽键缩合而成的一种有机酸。作为一种组分，泛酸参与辅酶A(coenzyme A，CoA或CoA—SH)的组成。CoA在生物体内代谢过程中的作用主要是通过巯基（—SH）完成的，即CoA中的巯基可与酰基形成硫酯，在代谢过程中这种硫酯起着酰基载体的作用。

$$CoA—SH+RCOOH \rightleftharpoons CoA—S—COR+H_2O$$
$$CoA—S—COR+底物 \longrightarrow 底物—COR+CoA—SH$$

因此，CoA是许多酰基转移酶类的辅酶，如丙酮酸氧化脱羧中的二氢硫辛酸转乙酰基酶。

泛酸广泛存在于各类食物中，且肠道细菌又能合成泛酸，因此极少出现缺乏症。

4. 烟酸、烟酰胺与脱氢辅酶 烟酸又称尼克酸（nicotinic acid 或 niacin），烟酰胺又称尼克酰胺（nicotinamide），统称为维生素PP或维生素B_5。烟酸是烟酰胺的前体，在生物体内，主要以烟酰胺形式存在。肉类、谷物、花生及酵母中烟酰胺含量丰富，人体肝脏能将色氨酸转化为烟酰胺，但转化率极低。在体内以烟酰胺腺嘌呤二核苷酸（nicotinamide adenine dinucleotide，NAD^+）和烟酰胺腺嘌呤二核苷酸磷酸（nicotinamide adenine dinucleotide phosphate，$NADP^+$）的形式作为多种脱氢酶类的辅酶。在氧化还原反应中，烟酰胺吡啶环参与脱氢（电子）或加氢（电子）反应（图2-3）。它们与酶蛋白结合松弛，易脱离酶蛋白而单独存在。

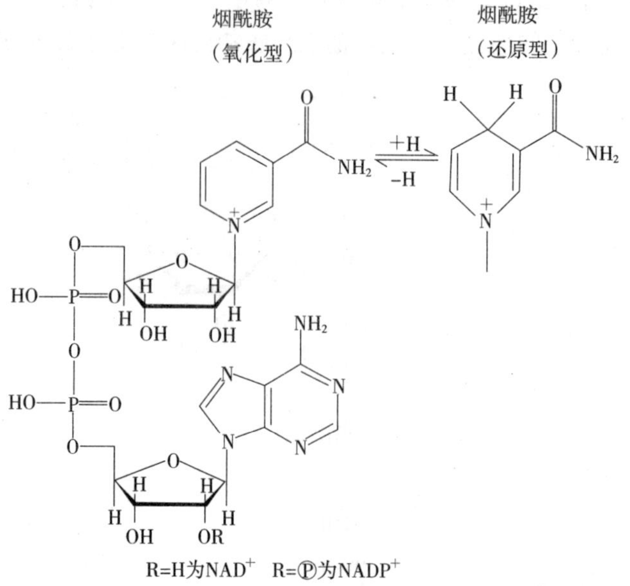

烟酰胺
（氧化型）　　　　　　　烟酰胺
（还原型）

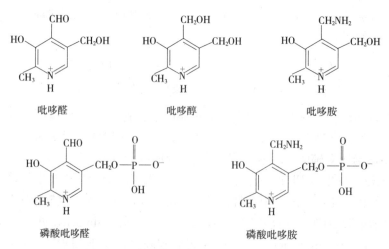

R=H为NAD⁺ R=Ⓟ为NADP⁺

图 2-3　NAD⁺、NADP⁺ 的结构及其氧化还原态

反应简式：

$$NAD^+ \underset{-2H}{\overset{+2H}{\rightleftharpoons}} NADH + H^+ ; NADP^+ \underset{-2H}{\overset{+2H}{\rightleftharpoons}} NADPH + H^+$$

动物和人类缺乏维生素 PP 时易患癞皮病，主要表现为皮炎、腹泻及痴呆。由于玉米中缺少色氨酸和烟酸，故长期只食用玉米，有可能出现维生素 PP 缺乏症。维生素 PP 极稳定，受光、氧、热等作用不易破坏。

5. 维生素 B₆ 与磷酸吡哆醛　维生素 B₆ 包括 3 种物质：吡哆醇（pyridoxine）、吡哆醛（pyridoxal）和吡哆胺（pyridoxamine），分布很广，人和动物很少缺乏。维生素 B₆ 的不同形式在体内经磷酸化作用能转变为相应的磷酸酯，并可相互转化。参与物质代谢过程的主要是磷酸吡哆醛（pyridoxal phosphate，PLP）和磷酸吡哆胺（pyridoxamine phosphate，PMP）（图 2-4），它们在氨基酸代谢中起着重要作用，是氨基酸的转氨酶、脱羧酶和消旋酶的辅酶。在催化反应中，PLP 与 α 氨基酸脱水形成中间复合物醛亚胺（aldimine），是一种席夫碱形式（—N＝CH—）。醛亚胺依据不同酶蛋白的特性，再使氨基酸发生转氨、脱羧、消旋等作用。

吡哆醛　　　　　　　吡哆醇　　　　　　　吡哆胺

磷酸吡哆醛　　　　　　　　　　　磷酸吡哆胺

图 2-4　维生素 B₆ 的分子结构及存在形式

长期服用抗结核病药物异烟肼，易引起维生素 B₆ 缺乏。因为异烟肼能与吡哆醛结合成异烟腙随尿排出体外。维生素 B_6 对光敏感，高温下会迅速被破坏。

6. 其他水溶性维生素

（1）生物素与羧化辅酶。生物素（biotin）又称维生素 H 或维生素 B_7，广泛存在于动植物中，是许多羧化酶的辅酶。生物素耐酸，不耐碱，高温和氧化剂可使其失活。

（2）叶酸与四氢叶酸。叶酸（folic acid）又称维生素 B_{11}。因绿叶中含量丰富而得名，普遍存在于肉类、鲜果和蔬菜中。叶酸分子是由蝶呤、对氨基苯甲酸和 L-谷氨酸连接而成；作为辅酶的形式是四氢叶酸（tetrahydrofolic acid，THFA 或 FH_4），主要作用是转一碳单位酶类的辅酶。一碳单位包括甲基、亚甲基、次甲基、羟甲基、甲酰基、亚氨甲基等，它们在丝氨酸、甘氨酸、嘌呤、嘧啶等的生物合成中具有重要作用。

（3）维生素 B_{12} 与 B_{12} 辅酶。维生素 B_{12} 是一种含金属元素钴（Co）的维生素，其化学名称是氰钴胺素（cyanocobalamin），含有类似卟啉环的钴啉环，是某些变位酶、甲基转移酶的辅酶，并常与叶酸的作用相互关联。高等植物中尚未发现维生素 B_{12}。

（4）维生素 C。维生素 C 因能防治坏血病，又称抗坏血酸（ascorbic acid），广泛存在于果蔬中。它是一种己糖酸内酯，有 L 型与 D 型，但只有 L 型具生理作用。由于维生素 C 分子中的 C_2 位与 C_3 位的两个烯醇式羟基极易解离，释放出 H^+，而被氧化成为脱氢抗坏血酸。所以维生素 C 既有酸性又有很强的还原性。在生物体内维生素 C 能自成氧化还原体系（图 2-5）。维生素 C 在体内主要以还原态形式发挥生物功能：参与体内氧化还原反应，保护巯基，使巯基酶的—SH 处于还原态以保证其行使催化作用；使生物体内的 Fe^{3+} 还原为 Fe^{2+}，利于铁的储存与动员；参与体内多种羟化作用，是脯氨酸羟化酶（prolyl hydroxylase）的辅酶，促进胶原蛋白的合成。

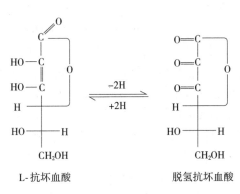

L-抗坏血酸　　　　脱氢抗坏血酸

图 2-5　抗坏血酸的结构

维生素 C 缺乏时，产生坏血病，其症状为伤口不易愈合，皮下、黏膜等出血，骨骼和牙齿易折断或脱落；服用过量可破坏膳食中维生素 B_{12} 而引起贫血，故应合理摄入。维生素 C 水溶液不稳定，热、碱、氧化剂等均能使其被破坏。

（二）脂溶性维生素

维生素 A、维生素 D、维生素 E 和维生素 K 等不溶于水，而溶于脂肪及脂溶剂（如苯、乙醚及氯仿等）中，故称为脂溶性维生素。在食物中，它们常和脂质共同存在，因此在肠道吸收时也与脂质的吸收密切相关。当脂质吸收不良时，脂溶性维生素的吸收大为减少，甚至会引起缺乏症。吸收后的脂溶性维生素可以在体内，尤其在肝脏内储存。

1. 维生素 A　维生素 A 主要来自动物性食品，以肝脏、乳制品及蛋黄中含量最多。维生素 A 是构成视觉内感光物质的成分。当维生素 A 缺乏时，视紫红质合成受阻，视网膜不能很好地感受弱光，在暗处不能辨别物体，暗适应能力降低，严重时可出现夜盲症。

2. 维生素 D　维生素 D 为类甾醇衍生物，具有抗佝偻病作用，故称为抗佝偻病维生素。维生素 D 主要含于肝脏、乳制品及蛋黄中，而以鱼肝油中含量最丰富。维生素 D 的主要生理功能是促进小肠黏膜细胞对钙和磷的吸收。维生素 D 可防治佝偻病、软骨病和手足抽搐症等，但在使用维生素 D 时应先补充钙。

3. 维生素 E　维生素 E 与动物生育有关，故又称生育酚。维生素 E 主要存在于植物油中，尤以麦胚油、大豆油、玉米油和葵花籽油中含量最为丰富。豆类及蔬菜中含量也较多。维生素 E 极易氧化而保护其他物质不被氧化，是动物和人体中最为有效的抗氧化剂。它能对抗生物膜磷脂中不饱和脂肪酸的过氧化反应，因而避免脂质中过氧化物产生，保护生物膜的结构和功能。维生素 E 一般不易缺乏。

4. 维生素 K 维生素 K 因具有促进凝血的功能，故又称凝血维生素。维生素 K 的主要功能是促进肝脏合成凝血酶原，并调节另外 3 种凝血因子Ⅷ、Ⅸ 及 Ⅹ 的合成。缺乏维生素 K 时，血液中这几种凝血因子均减少，因而凝血时间延长，常发生肌肉及胃肠道出血。

第三节　酶的作用机制

一、酶的中间产物理论

中间产物学说认为当酶催化某一化学反应时，由于酶分子活性部位与底物分子结构呈互补性，造成酶分子与底物分子有很强的亲和性，酶（enzyme，E）首先与底物（substrate，S）结合形成短暂的酶-底物复合物（enzyme-substrate complex，ES），然后生成产物（product，P）并释放酶。

$$E+S \rightleftharpoons ES \rightarrow P+E$$

酶-底物复合物的形成大大降低了反应所需的活化能，这样只需很少的能量就能使底物进入"过渡态"。所以与非酶催化反应相比，酶参与的催化反应在较低能量水平就可进行化学反应，从而加快了反应速度（图 2-6）。如 H_2O_2 分解反应，当没有催化剂时，需活化能 71.1 kJ/mol；用 HBr作催化剂时，只需活化能 50.2 kJ/mol；而当用过氧化氢酶催化时，活化能下降到 8.4 kJ/mol。

酶和底物形成中间复合物已得到许多实验证明，如乙酰化胰凝乳蛋白酶的获得，大肠杆菌色氨酸合成酶反应前后的光谱变化等实验都直接证明有中间复合物存在。

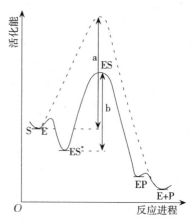

图 2-6　酶促反应与非酶促反应活化能的比较

E. 游离酶　S. 底物　ES. 酶-底物复合物

ES*. 活化底物-酶复合物　EP. 酶-产物复合物

P. 产物

a. 非酶促反应所需活化能　b. 酶促反应所需活化能

二、酶与底物结合的几种学说

1890 年 Fischer 提出锁钥学说（lock and key theory）来解释酶作用的专一性。他认为底物分子或底物分子的一部分能专一地插入到酶的活性部位，使底物分子的反应部位与酶分子上起催化功能的必需基团之间在结构上紧密互补，就像钥匙与锁的关系（图 2-7）。锁钥学说认为酶作用过程中酶分子的构象具有一定的刚性，正是这种刚性结构容易导致底物分子敏感键的扭曲、拉张，而使底物进入过渡态。酶分子构象若发生微小变化就破坏了酶与底物的锁钥关系。

1948 年 Ogston 在研究柠檬酸在三羧酸循环中的转化时发现，柠檬酸只能形成两个可能的手性产物中的一个，因而提出酶的活性部位是不对称的，它含有一个最小的三位点，柠檬酸分子必须以一种特殊方式与之结合。酶和底物分子接触时至少需要 3 个位点（图 2-8 中 a、b、c），柠檬酸分子中的原手性碳原子的两个相同基团在空间上才能被固定，占据不同的位置，使一个基团发生反应，另一个基团不发生反应（图 2-8）。原手性碳原子是指这个碳原子上具有两个完全相同的取代基和两个不同的取代基，两个相同取代基团具有不相等的反应潜力。这种酶与底物相互作用的立体特异性需要用多位点亲和理论解释。

不论锁钥学说还是多位点亲和理论，它们在解释酶作用专一性方面都有一定的局限性，特别是对许多酶具有相对专一性的现象无法说明。对酶构象的 X 射线晶体衍射分析、光谱分析等研究结果发现，酶在呈游离状态和与底物结合状态时的空间构象不完全一样。1958 年 Koshland 提出了诱导契合学说（induced fit theory），他认为酶活性部位的空间构象不是刚性结构，当酶分子与底物分子接近时，两者并不契合，酶分子受底物分子诱导，其构象发生有利于与底物结合的变化，使酶的活性部位形成或暴露出来，酶与底物在此基础上互补契合形成复合物进入过渡态以催化反应进行（图 2-7）。

酶分子活性部位的一些基团也可以使底物分子的敏感键变形，处于反应活性高的状态。诱导契合学说比较广泛地解释了酶作用专一性现象以及酶活性可调节的某些机制，同时也有许多实验结果支持，因此得到了普遍承认。

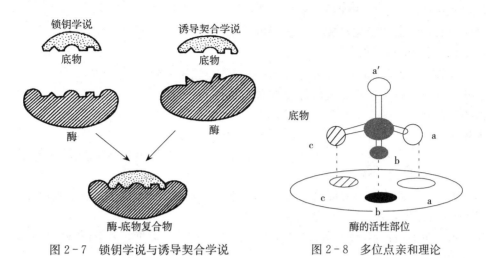

图 2-7 锁钥学说与诱导契合学说　　　　图 2-8 多位点亲和理论

第四节　酶促反应的动力学

酶促反应动力学简称酶动力学，主要研究酶促反应的速度以及影响反应速度的各种因素。动力学研究可以得到许多与酶的特异性和酶的催化机制有关的信息。

一、酶促反应速度与酶活力单位

1. 酶活力与酶促反应速度　酶活力（enzyme activity）也称酶活性，是指酶催化一定化学反应的能力。酶活力的大小可用在一定条件下，酶催化某一化学反应的速度来表示。测定酶活力实际就是测定酶促反应的速度。酶促反应速度可用单位时间内、单位体积中参与酶促反应的底物减少量或产物生成量来表示。

2. 酶活力单位　酶活力的大小（即酶含量的多少）用酶活力单位（active unit）U 表示。酶活力单位的定义是：在一定条件下，一定时间内将一定量的底物转化为产物所需的酶量。这样酶的含量就可以用每克或每毫升酶制剂含有多少酶活力单位来表示（U/g 或 U/mL）。

为使各种酶活力单位标准化，国际酶学委员会于 1961 年提出采用统一的国际单位（international unit）IU，规定为：在最适条件下（25 ℃），每分钟内催化 1 μmol 底物转化为产物所需的酶量定为一个活力单位，即 1 IU＝1 μmol/min。

1972 年国际酶学委员会推荐一种新的酶活力国际单位，即 Katal（简称 Kat）单位，规定为：在最适条件下，每秒能催化 1 mol 底物转化为产物所需的酶量，定为一个 Kat 单位（1 Kat＝1 mol/s），1 Kat＝6×10^7 IU。

酶的比活力（specific activity）代表酶制剂的纯度，用每毫克蛋白质所含的酶活力单位数表示。对于同一种酶来说，比活力愈大，表示酶的纯度愈高。

二、影响酶促反应速度的因素

酶促反应速度（v）受到底物浓度 [S]、酶浓度 [E]、温度（T）、介质 pH 以及抑制剂和激活剂等的影响。

（一）底物浓度的影响

对于底物浓度与酶促反应速度之间关系的研究发现，在一定的 pH、温度及酶浓度条件下，当底物浓度较低时，反应速度与底物浓度的关系成正比，表现为一级反应；随着底物浓度的增加，反应速度不再按比例升高，表现为混合级反应；如果再继续加大底物浓度，反应速度趋于极限，表现为零级反应。底物浓度的变化对酶促反应速度的影响呈双曲线关系（图2-9）。

1913 年 Michaelis 和 Menten 总结前人的工作，根据平衡态理论，对上述双曲线所描述的单底物单产物的酶促反应归纳出一个数学公式，提出了米氏方程：

$$v = \frac{v_{\max} \cdot [S]}{K_m + [S]}$$

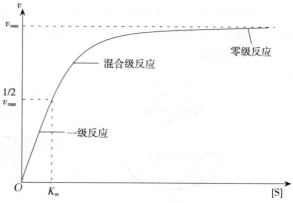

图 2-9　底物浓度与酶促反应速度的关系

米氏方程表述了底物浓度与酶促反应速度之间的定量关系。式中 $[S]$ 为底物浓度，v 为反应速度，$v_{\max}$ 为最大反应速度，K_m 为米氏常数。

米氏常数 K_m 是酶促反应速度 v 为最大反应速度一半时的底物浓度，其单位是 mol/L 或 mmol/L。即当 $v = 1/2 v_{\max}$ 时，

$$v_{\max}/2 = v_{\max} \times [S] / (K_m + [S])$$
$$1/2 = [S] / (K_m + [S])$$

所以　　　　　　　　　　　　　　$K_m = [S]$

对单底物的酶而言，在一定温度和 pH 条件下，一个酶对一定底物的 K_m 是一个特征常数，它只与酶的性质有关，而与酶的浓度无关。对大多数酶而言，K_m 可表示酶与底物的相对亲和力，K_m 值越小，表明达到最大反应速度一半时所需的底物浓度越小，酶与底物的亲和力就越大；反之，酶与底物的亲和力就越小。如果一种酶有几种底物，则该酶对每种底物各有一个特定的 K_m 值，其中 K_m 值最小的称为该酶的最适底物或天然底物。

酶促反应的 K_m 值常用双倒数作图法测定。

（二）酶浓度的影响

在酶促反应中，当底物浓度足够大时，$[S] \gg K_m$，$v = v_{\max} = k [E]$，此时反应速度与酶浓度成正比关系，酶浓度增加，反应速度加快（图2-10）。

（三）温度的影响

温度对酶促反应速度的影响主要表现在两个方面：一方面温度升高反应速度加快。另一方面温度升高使得酶稳定性下降。因为随着温度的升高，酶分子热变性加剧，反应速度减慢。在一定条件下，使酶促反应速度达到最大时的温度称为酶的最适温度（optimum temperature）。最适温度是反应速度随温度升高而加快与随温度的升高也加速了酶的变性失活两种效应的综合结果。因此温度对反应速度

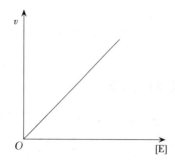

图 2-10　酶浓度与反应速度的关系

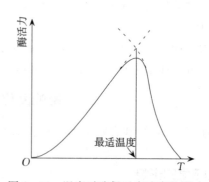

图 2-11　温度对酶促反应速度的影响

影响表现出钟罩形曲线（图2-11）。最适温度不是酶的特征常数，它与酶反应时间关系密切，随着反应时间的延长，酶分子的最适温度降低。

大多数酶的热稳定温度为30～40℃，也有的酶耐高温，如α淀粉酶在70℃条件下仍有很高活性。

（四）介质 pH 的影响

介质 pH 对酶促反应速度的影响较大，即酶的活性随介质 pH 的变化而变化。在不使酶变性的 pH 条件下，以反应的起始速度对 pH 作图，大多数情况下可得到一个钟形曲线（图2-12）。在某一 pH 下，使酶促反应速度最快的 pH 称为该酶的最适 pH。不同的酶有不同的最适 pH。一般酶的最适 pH 为4～8。植物和微生物的酶最适 pH 多为 4.5～6.5，动物的酶最适 pH 多为 6.5～8.0。

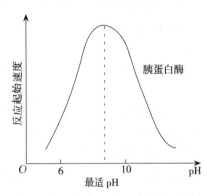

图 2-12　pH 对酶促反应速度的影响

但最适 pH 并不是酶的特征常数，它会受到酶的浓度、底物以及缓冲液的种类等因素的影响。常规的酶分析都是在最适 pH 下进行。

pH 之所以影响酶促反应速度，是因为环境 pH 会影响酶分子结构的稳定性及解离状态，影响酶分子活性部位内微环境的 pH，影响底物分子的解离状态，甚至影响酶-底物复合物的电离状况。

（五）抑制剂的影响

凡是能降低酶促反应速度，但不引起酶分子变性失活的物质统称为酶的抑制剂（inhibitor）。抑制剂对酶的作用称为抑制作用（inhibition）。抑制作用可分为不可逆抑制和可逆抑制。不可逆抑制剂通过共价键与酶结合，可逆抑制剂通过非共价键与酶结合。由于可逆抑制剂与酶是非共价键结合，因此可以通过透析或凝胶过滤等方法从酶溶液中除去。

可逆抑制作用又可分为竞争性抑制作用、反竞争性抑制作用和非竞争性抑制作用，这几种类型的抑制作用可通过它们影响酶的动力学行为区分开。

1. 竞争性抑制剂只与游离的酶结合　竞争性抑制剂是生物化学中最常见的抑制剂。在竞争性抑制作用中，抑制剂（I）与底物（S）结构类似，共同竞争酶的（E）活性部位（图2-13）。

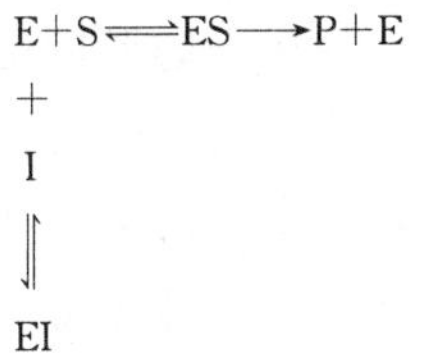

$$E+S \rightleftharpoons ES \longrightarrow P+E$$
$$+$$
$$I$$
$$\Updownarrow$$
$$EI$$

图 2-13　竞争性抑制作用

当一个竞争性抑制剂与酶结合后，就阻止了底物与酶的结合；反之，底物与酶结合也阻止了抑制剂与酶结合。就是说，S 和 I 与 E 的结合是竞争性的。当 S 和 I 都存在于溶液中时，E 能够形成 ES 的比例取决于 S 和 I 的相对浓度和酶对它们的亲和性。通过增加 S 的浓度，可以使 EI 的形成逆转。所以在竞争性抑制作用中，S 的浓度足够大后，E 仍可以被 S 饱和。因此，最大反应速度 v_{max} 与没有 I 存在时一样。当存在的竞争性抑制剂浓度很大时，要使酶与底物的结合达到半饱和就需要更多的底物。酶处于半饱和时的底物浓度是 K_m，因此竞争性抑制剂浓度增加，K_m 值也相应增大。

2. 反竞争性抑制剂只与 ES 结合　反竞争性抑制剂只与 ES 结合，而不与游离酶结合（表2-14）。

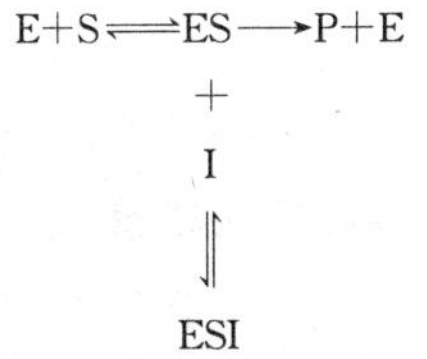

$$E+S \rightleftharpoons ES \longrightarrow P+E$$
$$+$$
$$I$$
$$\Updownarrow$$
$$ESI$$

图 2-14　反竞争性抑制作用

在反竞争性抑制作用中，某些酶分子转换为非活性形式 ESI，所以加入再多的底物也不能扭转 v_{max} 的下降。反竞争性抑制作用也使 K_m 减小（即 $1/K_m$ 的绝对值增大），这是由于 ES 和 ESI 形成的平衡倾向于结合 I 的复合物的形成。这种抑制作用通常只出现在多底物的反应中。

3. 非竞争性抑制剂与 ES 和 E 都结合　非竞争性抑制剂既可与 E 结合，也可以与 ES 结合（图2-15）。

生成的 EI 和 ESI 都是失活形式的复合物。当非竞争性抑制剂与 E 和 ES 的亲和性都一样时，这样的抑制作用称为纯非竞争性抑制作用。这种抑制作用的特点是 v_{max} 减小（$1/v_{max}$ 增大），但 K_m 不变。由于抑制剂结合在底物结合部位以外的地方，所以这种抑制作用不能通过增加底物浓度来消除。纯非竞争性抑制作用是很少见的，有的别构酶中存在这种抑制作用。非竞争性抑制作用也许是将酶的构象改变为一种仍可结合底物，但不能催化任何反应的另一种构象。

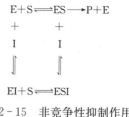

图 2-15　非竞争性抑制作用

4. 不可逆抑制剂　不可逆抑制剂结合于酶的活性部位，与酶分子形成稳定的共价键，而使酶失活。

不可逆抑制剂通常是取代酶活性部位的氨基酸残基的侧链，改变一个酶的构象或阻止整个底物分子进入活性部位。有机磷化合物、有机汞、有机砷化合物、氰化物等都是酶的不可逆抑制剂。

（六）激活剂的影响

激活剂（activator）是指能提高酶活性进而提高酶促反应速度的物质，主要是一些无机离子或简单有机化合物。无机离子主要有 K^+、Na^+、Mg^{2+}、Zn^{2+}、Fe^{2+}、Cu^{2+} 等金属阳离子和 Cl^-、Br^- 等阴离子。金属阳离子的激活作用较阴离子强并且普遍。金属离子主要与酶和底物形成三元络合物，协助酶催化底物反应或保持酶分子催化的活性构象等。简单有机化合物的激活作用主要有两种情况：一种是作为巯基酶的还原剂，使酶的巯基保持还原态而提高酶的活性，如还原型谷胱甘肽、半胱氨酸、抗坏血酸等；另一种是金属螯合剂，如 EDTA（乙二胺四乙酸），可解除重金属离子对酶的抑制作用，而保持或恢复酶活性。

激活剂对酶的作用具有一定的选择性。一种激活剂对某种酶起激活作用，对另一种酶可能起相反的抑制作用；激活剂的浓度对酶活性也有影响，如果浓度太高，有可能从激活作用转为抑制作用；激活剂之间也有拮抗现象。

小　结

生物体内的各种化学变化都是在酶催化下进行的。酶是由生物细胞产生的，受多种因素调节控制的具有催化能力的生物催化剂。与一般催化剂相比有其共同性，但又有显著的特点，酶的催化效率高，具有高度的专一性，酶的活性受多种调节因素控制，酶作用条件温和，但不够稳定。

绝大部分酶是蛋白质或是带有辅助因子的蛋白质。酶可以按照它们催化的反应类型分为六大类：氧化还原酶、转移酶、水解酶、裂合酶、异构酶和合成酶。此外，在原有六大类酶的基础上新增易位酶，这样酶的分类就成了七大类。维生素作为某些酶类的辅酶或辅基，在物质代谢过程中起着非常重要的调节作用。

酶也和其他催化剂一样，可以通过降低反应的活化能来提高反应速度，使反应快速达到平衡点，但酶不能改变平衡点。诱导契合学说比较广泛地解释了酶作用专一性现象以及酶活性可调节的某些机制。

酶促反应动力学主要研究酶促反应速度和影响酶促反应速度的因素。影响酶促反应速度的因素主要有 6 个方面：底物浓度、酶浓度、温度、介质 pH、抑制剂和激活剂。

酶促反应速度相对于底物浓度的变化表现出典型的双曲线特征。当酶被底物饱和时，达到最大反应速度 v_{max}，米氏方程描述了这样的行为。米氏常数 K_m 等于最大反应速度一半时的底物浓度。

酶浓度与酶促反应速度呈直线关系。温度和 pH 是影响酶促反应的重要环境因子，在一定温度和 pH 下，酶表现出最大活力，此温度和 pH 为酶促反应的最适温度和最适 pH。

酶促反应的速度也受到抑制剂的影响。抑制剂可分为可逆和不可逆抑制剂。可逆抑制剂与酶非共价结合，包括竞争性抑制剂、反竞争性抑制剂和非竞争性抑制剂。不可逆抑制剂与酶共价结合。激活剂则与抑制剂起相反作用。

复习思考题

1. 名词解释

酶的专一性　米氏常数　必需基团　酶的活性中心　抑制剂　竞争性抑制作用　非竞争性抑制作用　核酶　模拟酶　易位酶　同工酶　单体酶　寡聚酶　多酶复合体　辅酶　辅基　v_{max}

2. 生物催化剂酶与一般无机催化剂相比有何异同点？

3. 什么是全酶？酶蛋白和辅因子在酶促反应中各起什么作用？

4. 简要说明诱导契合学说的主要内容。

5. 写出米氏方程。米氏常数（K_m）有何意义？

6. 什么是酶的最适 pH? pH 如何影响酶的活力？

7. 什么是酶的激活剂？重要的激活剂有哪些？

8. 什么是酶的最适温度？温度如何影响酶促反应速度？

9. 当一酶促反应的速度为最大反应速度的 80% 时，K_m 与 [S] 之间的关系怎样？

10. 有哪些因素可以影响酶促反应速度？

第 三 章 >>>

植物细胞的结构与功能

第一节　植物细胞概述

一、高等植物细胞的特点

英国学者胡克（R. Hooke）于 1665 年首次描述了植物细胞，德国植物学家 M. J. Schleiden 和动物学家 T. Schwann 于 1838—1839 年创立细胞学说（cell theory）。至今，生物学家对细胞结构和功能的认识不断深入和全面。地球生物中，除病毒、类病毒外，目前已知的生物体都是由细胞构成的，细胞是生物体结构和功能的基本单位。同时，细胞又是遗传的基本单位，包含生物体全套的遗传信息。植物体的每个活细胞（性细胞或体细胞）都包含植物生长发育所需的全套基因，在适当条件下具有可被诱导发育成一个完整植株的能力，称为植物细胞的全能性（totipotency），这说明植物细胞都具有遗传上的全能性和潜在的生物体功能完整性。

尽管生物细胞种类繁多，形态结构与功能各异，但其具有许多共同点：细胞组成中均存在由磷脂双分子层与镶嵌蛋白质构成的生物膜系统；都有 DNA 和 RNA 作为遗传信息的载体；除特化细胞外，都含有合成蛋白质的细胞器——核糖体；细胞以一分为二的分裂方式进行增殖，遗传物质在分裂前复制加倍，在分裂时均匀地分配到两个子细胞内，这是生命繁衍的基础和保证。

（一）原核细胞和真核细胞

根据细胞的进化地位、结构和生命活动的方式，可以将其分为两大类型：原核细胞（prokaryotic cell）和真核细胞（eukaryotic cell）。原核细胞和真核细胞在细胞结构组成、代谢和遗传方面都有显著差异（表 3-1）。

由原核细胞构成的有机体称为原核生物（prokaryote），细菌和蓝藻是其典型代表，此外支原体、衣原体、立克次体、放线菌等也都是原核生物。由真核细胞构成的有机体称为真核生物（eukaryote），包括了具有细胞核的绝大多数单细胞生物与全部多细胞生物。几乎所有的原核生物都是由单个原核细胞构成，而高等植物和除蓝藻外的低等植物均由真核细胞构成。

表 3-1　原核细胞和真核细胞的比较

项目	原核细胞	真核细胞
细胞大小	较小（0.2~10 μm）	较大（10~100 μm）
核糖体	70S（由 50S 和 30S 两个亚基组成）	80S（由 60S 和 40S 两个亚基组成）
细胞器	无或极少（核糖体、光合作用片层）	有且多
细胞核	无，仅有一个由裸露的环状 DNA 分子构成的拟核（nucleoid，也称类核）	有，具核膜与核仁，有两个以上由线状 DNA 分子与蛋白质组成的染色体
细胞分裂	无丝分裂（amitosis）	有丝分裂（mitosis）、减数分裂（meiosis）
内膜系统	无独立的内膜	有复杂的内膜系统（分化成细胞器）
细胞骨架	有蛋白质丝构成的原始类细胞骨架结构	有复杂的细胞骨架系统
基因组数	n	$2n$ 或更多
转录与翻译的时空关系	转录与翻译同时同处进行	核内转录，细胞质内翻译，有严格的阶段性与区域性

(二) 高等植物细胞的特点

高等动物和植物均由真核细胞构成。尽管绿色植物中不同组织、器官的细胞在大小、形态及内部细胞器分化程度、数目等都存在一定差异，但成熟的植物细胞均具有细胞壁及胞间连丝、明显的中央大液泡、质体（包括叶绿体、杂色体和淀粉体等），这也是其区别于动物细胞的三大基本结构特征。

以成熟的叶肉细胞为例，植物细胞由细胞壁（cell wall）和原生质体（protoplast）组成，原生质体由细胞质膜（plasma membrane）、细胞质（cytoplasm）和细胞核（nucleus）构成。细胞质包括液态的细胞质基质（cytoplasmic matrix 或 cytomatrix）和细胞器（organelle），细胞器主要有椭圆形的叶绿体、线粒体、网状结构的内质网等，还有一个大液泡（图 3-1）。细胞的细胞质膜突出，穿过细胞壁与另外一个细胞的细胞质膜联系在一起，构成相邻细胞的管状通道，这就是胞间连丝（plasmodesma）。

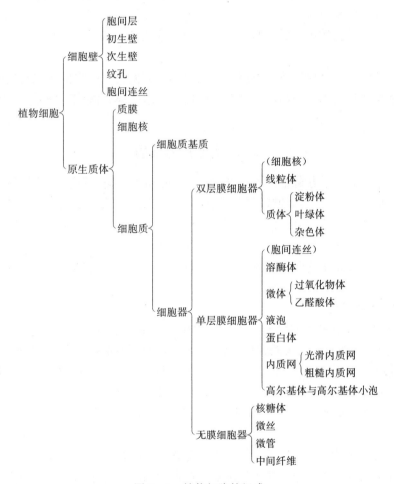

图 3-1　植物细胞的组成

细胞核是细胞遗传、代谢、分化和繁殖的调控中心，是遗传物质 DNA 存在与复制的场所。除成熟的筛管细胞外，所有活的植物细胞都有细胞核，其形状与大小因物种、细胞类型而有很大差异。分生组织的细胞核一般呈圆球状，占细胞体积的大部分；在已分化的细胞中，因有中央大液泡，细胞核常呈扁平状贴近质膜。细胞核主要由核酸和蛋白质组成，并含少量的脂类及无机离子等。处于分裂间期的细胞核结构包括核膜、染色体、核基质和核仁四部分。核膜（nuclear membrane）由内外两层单位膜组成。外膜与内质网相连，可进行物质交换，在朝向胞质的外表面上有核糖体附着；内膜内侧有一层蛋白质网络结构，称为核纤层（nuclear lamina），其作用是附着染色质纤维和保持细胞核的形状。位于内外膜之间的为膜间隙（intermembrane space），与内质网腔相通。核膜包围在核外，把核与细胞质分隔开，其上有许多排列规则的核孔（nuclear pore），在核孔的周围，核外膜与核内膜相连。核孔上有由蛋白质构成的复杂结构，称核孔复合体，是细胞核和细胞质进行物质、信息交换的主要通道。多种生物大分子如蛋白质、RNA，甚至病原菌和病毒的 DNA 都可通过核孔进出。

细胞质基质是细胞质中除细胞器以外的细胞衬质，是细胞的重要结构成分，其体积约占细胞质的一半。它是具有一定黏度的透明物质，在细胞内能不停地流动，并能在相反方向同时进行，这是活细胞的重要特征。细胞质基质是一个高度有序的体系，其中主要含有与中间代谢有关的数千种酶类以及与维持细胞形态、细胞运动、细胞内物质运输及能量传递有关的细胞质骨架结构。细胞质基质担负着一系列重要的功能，很多代谢反应都是在其中有序地进行，如糖酵解、磷酸戊糖途径、脂肪酸合成、光合细胞内蔗糖的合成等。此外，细胞质基质为细胞器的实体完整性提供所需要的离子环境，供给细胞器行使功能所必需的底物，其在蛋白质修饰、蛋白质选择性降解等方面也起到了重要作用。

细胞核、线粒体和质体具有双层生物膜（biomembrane）。它们都各自具有独立的遗传物质，可以进行自我增殖。线粒体和质体的遗传物质可编码自身所需的部分蛋白质，但大部分的蛋白质仍需细胞核遗传物质编码，在细胞质中形成多肽再进入线粒体或质体，故这两种细胞器仍受细胞核的支配，属半自主性细胞器。

有的细胞器（如中心体、核糖体）没有膜所包裹，但它们仍以明显的形状与周围的细胞质基质相区别，并且也都能行使独特的生理功能。其余细胞器（如溶酶体、液泡、内质网、高尔基体）则多以单层膜与细胞质分开。

二、原生质的性质

原生质（protoplasm）是构成细胞结构和生命活动的物质基础。原生质是各种无机物和有机物组成的复杂体系，不同的细胞类型和细胞不同代谢阶段，其物质组成有很大差异，其中最普遍而含量最多的无机物是水，往往占细胞总质量的绝大部分（60%～90%），而蛋白质、核酸、糖类和脂类则构成了有机物质的主体，此外还包括多种微量的生理活性物质。

原生质的化学组成决定了它既有液体与胶体的特性，又有液晶态的特性，使其在生命活动中起着重要的、复杂多变的作用。

（一）原生质的物理特性

1. 张力　由于原生质含有大量的水分，因此它具有液体的某些性质，如有很大的表面张力（surface tension），即液体表面有自动收缩到最小的趋势，因而裸露的原生质体呈球形。

2. 黏性和弹性　原生质具有黏性（viscosity）和弹性（elasticity）。黏性是指流体物质抵抗流动的性质。弹性是指物体受到外力作用时形态改变，除去外力后能恢复原来形状的性质。例如，蚕豆茎细胞内，原生质的黏性比清水大 24 倍。原生质变形时，往往有恢复原状的能力，这是它具有弹性的缘故。

原生质的黏性与生命活动强弱有关，随植物生育期或外界环境条件的改变而发生变化。当组织处于生长旺盛或代谢活跃状态时，原生质黏性降低，抗逆性减弱；当组织代谢活动降低，植物体与外界物质交换减少，原生质黏性增加，抗逆性增强。如越冬的休眠芽和成熟种子的原生质黏性高，抗逆性强；而处于开花期和旺盛生长时期的植物，其原生质黏性低，抗逆性弱。

原生质的弹性与植物抗逆性也有密切关系。弹性越大，则对机械压力的忍受力也越大，植物对不良环境的适应性也增强。因此，凡原生质黏性高、弹性大的植物，对干旱、低温等胁迫抗性也较强。

3. 流动性　在显微镜下，可观察到许多植物的细胞质不停地运动。细胞质最简单的运动方式是沿质膜环流，这种方式称为胞质环流（cyclosis）。原生质的流动速度一般不超过 0.1 mm/s。

原生质的流动是一种复杂的生命现象，同微梁系统的存在有密切的关系，有时在同一细胞内，可以观察到不同的细胞器沿着相反的方向同时流动。原生质的流动受各种因素如温度、渗透压及各种离子的影响，在一定温度范围内随温度升高而加速，且与呼吸作用有密切的联系；当缺氧或加入呼吸抑制剂时，原生质的流动就变慢或停止，一旦细胞死亡流动也随之停止。

（二）原生质的胶体特性

胶体（colloid）是物质的一种分散状态。不管何种物质，凡能以 1～100 nm 大小的颗粒分散于另一种液态体系之中时，就可形成胶体。构成原生质的生物大分子，如蛋白质和核酸的分子直径在胶体颗粒范围之内，其水溶液就具有胶体的性质，如布朗运动、丁达尔效应和不能透过半透膜等。下面讨论与细胞生命活动有关的原生质胶体特性。

1. 带电性与亲水性 原生质胶体主要由蛋白质组成，蛋白质表面的氨基与羧基发生电离时可使蛋白质分子表面形成一层致密的、带电荷的吸附层。在吸附层外又有一层带电量相等而符号相反的较松散的扩散层，这样就在原生质胶体颗粒外面形成一个双电层（图 3-2）。双电层的存在对于维持胶体的稳定性起了重要作用，由于胶体颗粒最外层都带有相同的电荷，使得颗粒间不致相互凝聚而沉淀。

蛋白质是亲水化合物，在其表面可以吸附一层水分子形成很厚的水合膜，由于水合膜的存在，原生质胶体更加稳定。蛋白质是两性电解质，在两性离子状态下，原生质具有缓冲能力，这对细胞内代谢有重要作用。但当处于其等电点（pI）时，蛋白质表面的净电荷为零，由于蛋白质颗粒在溶液中没有相同电荷间的相互排斥而使其溶解度也减小。这既破坏了以蛋白质为主的原生质胶体的稳定性，又降低了原生质的黏度、弹性、渗透压及传导性。不同胶体的等电点不同，植物原生质胶体的等电点通常为 4.6～5.0。一些电解质和脱水剂可以破坏蛋白质外层的水合膜，这些影响原生质胶体稳定性的因素都会对细胞的生命活动产生不利影响。如果原生质的胶体遭受破坏，原生质的生命活动就会减弱，甚至使细胞趋于死亡。

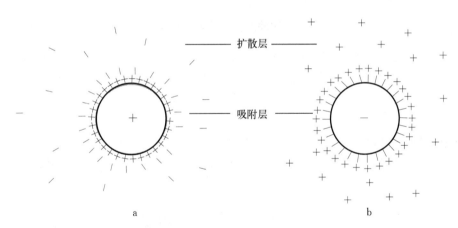

图 3-2 胶粒微团的电荷、双电层

a. 正电荷胶粒　b. 负电荷胶粒

（改自王忠，2000）

2. 扩大界面 原生质胶体颗粒的体积虽然大于分子或离子，但它们的分散度很高，比表面积（表面积与体积之比）很大，它可以吸附很多分子积聚在界面上。吸附在细胞生理中具有特殊的作用，如增强了对离子的吸收，使受体与信号分子结合等。已证明许多化学反应都是在界面上发生的。所以，细胞内的空间虽小，但其内部界面很大。这一方面有利于原生质体对各种分子和离子的吸附和富集，另一方面也为新陈代谢的各种生化反应提供了场所。

3. 凝胶作用 胶体有溶胶（sol）和凝胶（gel）两种状态。溶胶是液化的半流动状态，有近似流体的性质，一定条件下它可以转变成一种有一定结构和弹性的半固体状态的凝胶，这个过程称为凝胶作用（gelation）。凝胶和溶胶在一定条件下可以相互转化，凝胶转为溶胶的过程称为溶胶作用（solation）。

引起这种转变的主要因素是温度。当温度降低时，胶粒动能减小，胶粒部分水膜变薄，胶粒之间互相连接形成网状结构，水分子处于网眼结构的孔隙之中，这时胶体呈凝胶状态。当温度升高时，胶粒动能增大，分子运动速度加快，胶粒之间网状结构不再存在，胶粒均匀分布呈自由活动状态，这时胶体呈溶胶状态。

原生质胶体的状态与植物细胞代谢活动和抗逆性等生理特性密切相关。当原生质处于溶胶状态时，黏性较小，植物细胞代谢活跃，生长旺盛，但抗逆性较弱。当原生质呈凝胶状态时，细胞代谢不活跃，但对低温、干旱等不良环境的抵抗能力提高，有利于植物度过逆境。凝胶具有强大的吸水能力，因为其分子之间有大大小小的缝隙，水分子会迅速以扩散作用或毛细管作用等形式进入凝胶内部与亲水凝胶结合起来使之吸水膨胀，这种现象称为吸胀作用（imbibition），为非生命的物理过程，是植物细胞在形成中央大液泡前的主要吸水方式。种子就是靠这种吸胀作用吸水萌发的。

（三）原生质的液晶特性

液晶态（liquid crystalline state）是物质介于固态与液态之间的一种状态，它既有固体结构的规则性，又有液体的流动性和连续性；在光学和电学性质上像晶体，在力学性质上像液体。从微观来看，液晶态是某些特定分子在溶剂中有序排列而成的聚集态。

在植物细胞中，有不少分子在一定温度范围内都可以形成液晶态，如磷脂、蛋白质、核酸、叶绿素、类胡萝卜素与多糖。一些较大的颗粒（如核仁、染色体和核糖体等）也具有液晶结构。

液晶态与生命活动息息相关，比如膜的流动性是生物膜具有液晶态的重要特性。但当温度过高时，膜会从液晶态转变为液态，其流动性增大，膜透性也增大，导致细胞内可溶性糖和无机离子等大量流失。温度过低也会使膜由液晶态转变成凝胶态，导致细胞的生命活动减缓。

第二节　细　胞　壁

一、细胞壁的结构与功能

细胞壁（cell wall）是植物细胞外围的一层壁，具有一定弹性和硬度，维持和界定细胞的形状与大小，是植物细胞区别于动物细胞的显著特征之一。细胞壁除了起机械支持和保护作用外，还参与了一系列的代谢活动，如细胞的生长和分化、细胞识别、物质吸收、信号传递及抗病机制等。

（一）细胞壁的结构特点

典型的细胞壁是由胞间层（intercellular layer）、初生壁（primary wall）以及次生壁（secondary wall）组成（图3-3）。

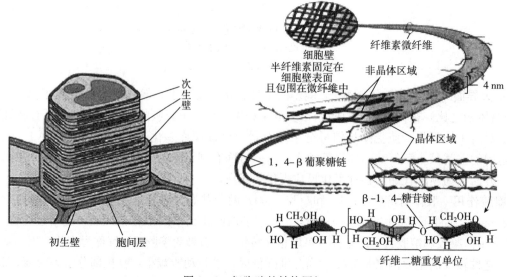

图3-3　细胞壁的结构图解

细胞在分裂时，最初形成的一层是由果胶质组成的细胞板（cell plate），它把两个子细胞分开，这层就是胞间层，又称中层（middle lamella），是连接相邻细胞初生壁的中间区域。随着子细胞的生长，纤维素在质膜中合成并定向地交织成网状，沉积在质膜外，而后半纤维素、果胶质以及结构蛋白填充在网眼之间，形成质地柔软的初生壁。很多细胞只有初生壁，如分生组织细胞、胚乳细胞等。初生壁紧贴在胞间层的两侧，其干物质组成主要包括25%纤维素、25%半纤维素、35%果胶和1%~8%结构蛋白。

但是，某些特化的细胞，如纤维细胞、管胞、导管等在生长接近定型时，在初生壁内侧沉积纤维素、木质素等物质，且层与层之间经纬交错，形成次生壁。由于次生壁质地的厚薄与形状的差别，分化出不同的细胞，如薄壁细胞、厚壁细胞、石细胞等。此外，在一些植物表皮的细胞壁中，常还含有蜡质、角质、木栓质；在一些成熟和加厚的细胞壁中，常沉积有木质素；在木贼科、禾本科植物的表皮细胞壁中则含有硅结晶。

细胞壁上有纹孔，这是因为在细胞生长过程中，次生壁随着细胞的生长而不断伸展，但壁的增厚是不均匀的，形成了许多壁薄的区域，称为初生纹孔场。细胞产生次生壁时，增厚也不均匀，一般在初生纹孔场的部位不再加厚，细胞壁上就形成纹孔的结构。相邻细胞壁上的纹孔常对应地形成纹孔对。纹孔可分为单纹孔、具缘纹孔和半缘纹孔3种类型。胞间连丝与细胞质中的内质网连接，其又从纹孔中通过，从而有利于细胞间的物质交流和水分运输，因而细胞壁上的纹孔将整个植物体连接成有机的统一体，成为细胞间联系的通道。

（二）细胞壁的化学组成

构成细胞壁的物质中约90%是多糖，约10%是蛋白质及矿质等。细胞壁中的多糖主要是纤维素、半纤维素和果胶类，它们是由葡萄糖、阿拉伯糖、半乳糖醛酸等聚合而成。次生细胞壁中还有大量木质素。

1. 纤维素 纤维素（cellulose）是植物细胞壁的主要成分，它是由 1 000~10 000 个 β-D-葡萄糖残基相互以 β-1，4-糖苷键连接成的纤维二糖重复单位构成的无分支的长链，相对分子质量为50 000~400 000（图3-4）。纤维素内葡萄糖残基间可通过彼此间的羟基形成大量氢键，相邻分子间的氢键使带状分子彼此平行地连在一起。这些纤维素分子链都具有相同的极性，排列成立体晶格状分子团（也称微团，micelle）。约每20个微团组合成微纤丝（microfibril），直径为10~25 nm。多个微纤丝平行排列又组成大纤丝（macrofibril）。因不同层的微纤丝排列的方位不同，层与层之间微纤丝的排列就交错成网状。纤维素的这种结构非常牢固，因而使细胞壁具有高强度和抗化学降解的能力。

细胞壁中的纤维素是自然界中最丰富的有机物，在植物中它的含碳量可占全部碳量的50%，如何将其转化为可供人类利用的食物或有效能源是新的重要研究领域。

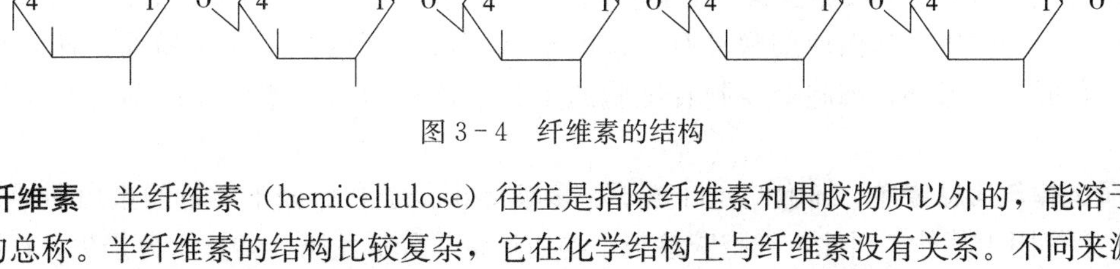

图3-4 纤维素的结构

2. 半纤维素 半纤维素（hemicellulose）往往是指除纤维素和果胶物质以外的，能溶于碱的细胞壁多糖类的总称。半纤维素的结构比较复杂，它在化学结构上与纤维素没有关系。不同来源的半纤维素，其成分各不相同。有的由一种单糖缩合而成，如聚甘露糖和聚半乳糖；有的由几种单糖缩合而成，如木聚糖、阿拉伯糖、半乳聚糖等。

半纤维素在纤维素微纤丝的表面，它们之间虽彼此紧密连接，但并非以共价键的形式连接在一起。因此，它们覆盖在微纤丝之外并通过氢键将微纤丝交联成复杂的网格，形成细胞壁内高层次上的结构，因而半纤维素又称为交联聚糖。

3. 果胶类　胞间层基本上是由果胶物质（pectic substance）组成的，果胶使相邻的细胞黏合在一起。果胶物质是由半乳糖醛酸组成的多聚体。根据其结合情况及理化性质，可分为三类：果胶酸（pectic acid）、果胶（pectin）和原果胶（protopectin）。果胶酸是由约 100 个半乳糖醛酸经由 α-1，4-糖苷键连接而成的水溶性直链分子，易与钙作用生成果胶酸钙的凝胶，它主要存在于中层中；果胶是由半乳糖醛酸酯及少量半乳糖醛酸通过 α-1，4-糖苷键连接而成的长链高分子化合物，相对分子质量为 25 000～50 000，每条链含 200 个以上的半乳糖醛酸残基，能溶于水，存在于中层和初生壁中，甚至存在于细胞质或液泡中；原果胶的相对分子质量比果胶酸和果胶高，甲酯化程度介于两者之间，主要存在于初生壁中，不溶于水，在稀酸和原果胶酶的作用下转变为可溶性的果胶。果胶物质分子间由于形成钙桥而交联成网状结构。它们作为细胞间的中层起黏合作用，可允许水分子自由通过。果胶物质所形成的凝胶具有黏性和弹性。在果实成熟过程中，果胶水解使果实变软。

4. 木质素　木质素（lignin）不是多糖，而是由苯基丙烷衍生物的单体所构成的聚合物，是植物体内含量仅次于纤维素的有机物。在木本植物成熟的木质部中，其含量达 18%～38%，主要分布于纤维、导管和管胞中。木质素可以增加细胞壁的抗压强度，因此细胞壁木质化的导管和管胞构成了木本植物坚硬的茎干，使其能更好地发挥作为水分和无机盐运输的输导组织的作用。

5. 蛋白质　细胞壁中最早被发现的结构蛋白（structural protein）是伸展蛋白（extensin）。它是一类富含羟脯氨酸的糖蛋白（hydroxyproline-rich glycoprotein，HRGP），大约由 300 个氨基酸残基组成，这类蛋白质中羟脯氨酸含量特别高，一般为蛋白质的 30%～40%，其他含量较高的氨基酸是丝氨酸、缬氨酸、苏氨酸、组氨酸和酪氨酸等。伸展蛋白中的糖组分主要是阿拉伯糖和半乳糖，含量为糖蛋白的 26%～65%，连接到氨基酸上的糖在维持蛋白构象中发挥了重要作用。伸展蛋白是植物（尤其是双子叶植物）初生壁中广泛存在的结构成分，同时它还参与植物细胞防御和抗病抗逆等生理活动。在玉米等禾本科植物的细胞壁中，还发现富含苏氨酸和羟脯氨酸的糖蛋白（threonine and hydroxyproline-rich glycoprotein，THRGP）与富含组氨酸和羟脯氨酸的糖蛋白（histidine and hydroxyproline-rich glycoprotein，HHRGP）。这两种糖蛋白除分别含苏氨酸和组氨酸外，其余的氨基酸和糖的组成及含量都与伸展蛋白类似。

此外，细胞壁的蛋白还有富含甘氨酸的蛋白质（glycine-rich protein，GRP）、富硫蛋白（thionin）、阿拉伯半乳聚糖蛋白（arabinogalactan protein，AGP）、凝集素（lectin）等。

细胞壁中至少分布 20 种的酶，大部分是水解酶类，如纤维素酶、果胶甲酯酶、酸性磷酸酯酶、多聚半乳糖醛酸酶等。其余则多属于氧化还原酶类，如过氧化物酶。

6. 矿质　细胞壁的矿质元素中最重要的是钙。细胞壁中 Ca^{2+} 浓度远远大于胞内，是植物细胞最大的钙库。Ca^{2+} 和细胞壁聚合物交叉点的非共价离子结合在一起，对细胞伸长有抑制作用。在细胞壁中也发现有钙调素（calmodulin，CaM）和 CaM 结合蛋白（calmodulin binding protein，CaMBP）。

（三）细胞壁的功能

1. 维持细胞形状，控制细胞生长　细胞壁增加了细胞的机械强度，并承受着内部原生质体由于液泡吸水而产生的膨压，从而使细胞具有一定的形状，这不仅保护了原生质体，而且维持了器官与植株的固有形态。另外，细胞壁控制着细胞的生长，这是因为细胞生长的前提是细胞壁的松弛和伸展。

2. 物质运输与信息传递　细胞壁允许离子、多糖等小分子和低分子质量的蛋白质通过，而将大分子或微生物等阻于其外。因此，细胞壁参与了物质运输、降低蒸腾、防止水分损失（次生壁、表面的蜡质等）、植物水势调节等一系列生理活动。细胞壁上纹孔或胞间连丝的大小受细胞生理年龄和代谢活动强弱的影响，故细胞壁对细胞间物质的运输具有调节作用。细胞壁中的 Ca^{2+}、CaM 和 CaMBP 在信号转导中有重要作用。另外，细胞壁也是化学信号（激素、生长调节剂等）、物理信号（电波、压力等）传递的介质与通路。

3. 防御与抗性 细胞壁中能诱导植保素（phytoalexin）的形成，并能调节其他生理过程的寡糖片段称为寡糖素（oligosaccharin）。例如，将一种庚葡萄糖苷寡糖素施加于大豆细胞时，能诱导合成抑制霉菌生长的抗生素基因的活化，从而产生抗生素。寡糖素的功能复杂多样，有的寡糖素作为蛋白酶抑制剂诱导因子，在植物抵抗病虫害中起作用；有的寡糖素可使植物产生过敏性死亡，使得病原物不能进一步扩散；还有的寡糖素参与调控植物的形态建成。细胞壁中的伸展蛋白除了作为结构成分外，也有防病抗逆的功能。例如，黄瓜抗性品种感染一种霉菌后，其细胞壁中羟脯氨酸的含量比敏感品种增加得快。

4. 其他功能 细胞壁中的酶类参与多种生理活动，如细胞壁高分子的合成、水解和转移，将胞外物质输送到细胞内以及防御作用等。研究发现，细胞壁还参与了植物与根瘤菌共生固氮的相互识别作用。此外，细胞壁中的多聚半乳糖醛酸酶和凝集素还可能参与了砧木和接穗嫁接过程中的识别反应。正在发育的种子的子叶和胚乳，其次生壁主要由非纤维素多糖构成，可起到糖类的储藏作用，在萌发时分解为蔗糖，运输到生长的幼苗中。扩展蛋白可诱导细胞壁不可逆伸展，提高细胞壁的胁迫松弛能力，以适应水分胁迫。

应当指出的是，并非所有细胞的细胞壁都具有上述功能，细胞壁功能与细胞的组成、结构和所处的位置等有关。

二、胞间连丝

（一）胞间连丝的结构

胞间连丝（plasmodesma）是穿越细胞壁，连接相邻细胞原生质（体）的管状通道。胞间连丝是细胞分裂过程中子细胞的细胞板尚未完全形成时，内质网的片段或分支以及部分原生质膜（厚约 400 nm）留在未完全闭合的成膜体中的小囊泡之间，以后便成为两个子细胞的管状联络孔道（图 3-5）。胞间连丝使组织细胞间的原生质体连接形成一个连续的整体，称为共质体（symplast），而共质体以外的胞间层、细胞壁、胞间隙及导管空腔等形成的空间称为质外体（apoplast）。共质体与质外体都是植物体内物质运输和信息传递的通道。

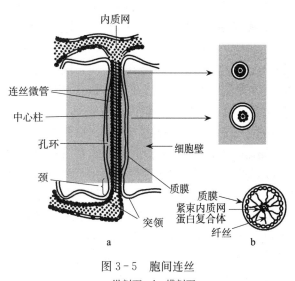

图 3-5 胞间连丝
a. 纵剖面　b. 横剖面

胞间连丝的数量和分布与细胞的类型、所处的相对位置和细胞的生理功能密切相关。一般 1 μm² 面积的细胞壁有 1～15 条胞间连丝，而筛管分子和相邻的传递细胞（transfer cell）壁上胞间连丝更多。

（二）胞间连丝的功能

1. 物质交换 相邻细胞的原生质可通过胞间连丝进行交换，使可溶性物质（如电解质和小分子有机物）、生物大分子物质（如蛋白质、核酸、蛋白核酸复合物），甚至细胞核发生胞间运输。

2. 信号传递 通过胞间连丝可进行体内信息传递。物理信号、化学信号都可通过胞间连丝在共质体中传递。细胞学研究证明形成细胞壁的信息或电波信号是由细胞核发出并通过胞间连丝传递的，光周期现象中发育信号的传递也与其密切相关。

胞间连丝将构成植物体基本结构单位的细胞连接形成一种辩证统一体，使这些多细胞彼此沟通，相互连接，但又保持各细胞的相对独立，仍然是生命活动的一个基本单位。此外，通过胞间连丝形成的共质体是一种动态结构（数目、结构和频率等），它为适应植物体生长与发育而不断地发生改变和重新构建。

第三节　生　物　膜

生物膜（biomembrane）是指构成细胞的所有膜的总称。按其所处位置可分为两种：处于细胞质外面的一层膜称为质膜或原生质膜；处于细胞质中构成各种细胞器的膜，称为内膜（endomembrane），质膜可由内膜转化而来。

生物膜为酶催化反应的有序进行和整个细胞的区域化提供了一个必要的结构基础。生命活动中的物质代谢、能量转换和信息传递等都与生物膜结构和功能有关。

一、生物膜的化学组成与结构特点

（一）化学组成

生物膜由蛋白质、脂类、糖、水和无机离子组成。蛋白质占 50%～70%，脂类占 25%～40%，糖占 5%～10%。这些组分，尤其是脂类与蛋白质的比例，因不同细胞、细胞器或膜层而相差很大。脂类起骨架作用，蛋白质决定膜功能的特异性。功能较复杂的膜，如线粒体内膜蛋白质含量较高。由于脂类分子比蛋白质分子的体积小得多，因此生物膜中的脂类分子的数目总是远多于蛋白质分子的数目。例如，在一个含 50%蛋白质的膜中，脂类分子与蛋白质分子的数目比约为 50∶1。这一比例关系反映到生物膜结构上，就是脂类以双分子层的形式构成生物膜的基本骨架，而蛋白质分子则"镶嵌"于其中。

1. 膜蛋白　生物膜中的蛋白质（膜蛋白）是膜功能的主要承担者，占细胞蛋白总量的 20%～30%。不同生物膜所具有的不同生物学功能主要是由于其所含膜蛋白的种类和数量不同。膜蛋白基本上是球蛋白，它们或是单纯的蛋白质，或是与糖、脂结合形成的结合蛋白。根据膜蛋白功能的不同，可将其分为受体蛋白（接受胞外信息）、识别蛋白（与膜结合的糖蛋白、凝集素等）、转运蛋白（通道蛋白、载体蛋白等）和酶蛋白（H^+ - ATPase 等）。根据它们与膜脂作用的方式及其在膜中的位置，又可将膜蛋白分为外在蛋白与内在蛋白两类。

外在蛋白（extrinsic protein）占膜蛋白总量的 20%～30%，为水溶性球状蛋白质，具有亲水性，分布在膜的内外表面，通过静电作用及离子键、氢键等非共价键与膜脂的极性头部或某些膜蛋白的亲水基团松散地或可逆地结合。因这种结合并不牢固，所以很容易通过盐溶液、pH 变化及金属螯合剂的添加等方法将外在蛋白从膜上分离出来。还有另一类外在蛋白是以共价键、酰胺键或酯键与脂质、脂酰链或异戊二烯链等相结合，并通过它们的疏水部分插入膜内，本身并没有进入膜内的蛋白质，称为膜锚蛋白（anchor membrane protein）。内在蛋白（intrinsic protein）占膜蛋白总量的 70%～80%，又称嵌入蛋白或整合蛋白，分布在脂质双分子层中，含有较多的疏水性氨基酸，因此其主要特征是水不溶性。内在蛋白通过疏水性氨基酸与膜脂疏水性部分相互作用，这种结合很牢固，很难将其分离出来。内在蛋白的排列方式多样，有的全部埋入膜内，有的仅仅嵌入某一侧的膜脂层，有的横跨膜两侧［也称跨膜蛋白（transmembrane protein）］，也有的与外在蛋白结合以多酶复合体形式一部分插在膜中，另一部分露在膜外。

2. 膜脂　在植物细胞中，构成生物膜的脂类主要是复合脂（complex lipid），包括磷脂、糖脂、硫脂和甾醇等。

磷脂（phospholipid）是含磷酸基的复合脂。重要的磷脂有甘油磷脂，主要包括磷脂酰胆碱（卵磷脂，phosphatidylcholine，PC）、磷脂酰乙醇胺（脑磷脂，phosphatidylethanolamine，PE）、磷脂酰丝氨酸（phosphatidylserine，PS）、磷脂酰甘油（phosphatidylglycerol，PG）、磷脂酰肌醇（phosphatidylinositol，PI），其中 PC 和 PE 含量最高。磷脂分子结构的共同特点是：分子中有一个亲水的

"头部"（磷脂酰基部分）和一个疏水的"尾部"（两条脂酰链）。因此，磷脂是双亲媒性分子（amphipathic molecule）。磷脂的这种特性使之在生物膜形成中起着独特的作用，有利于在水溶液中形成双分子层。

糖脂（glycolipid）是含有一个或多个己糖残基的脂质，也是双亲媒性分子。植物细胞膜中最主要的糖脂是半乳糖与甘油二酯通过共价结合形成的半乳糖脂，其中单半乳糖脂和双半乳糖脂较为丰富。

硫脂（sulfolipid）是含硫酸基团的脂质，也是双亲媒性分子，在膜结构中发挥重要作用。其中最常见的是含糖残基的硫脂。

甾醇（sterol）又称固醇，构成植物细胞膜的主要是谷固醇、豆甾醇和油菜甾醇。

膜上的脂类几乎都是双亲媒性分子，在水相中可自发地形成脂双层，即脂类分子呈两层排列，亲水的头部处于水相，疏水的尾部朝向中央。这种排列可自发进行，称为脂类的自我装配过程，脂双层一旦有破损也能自我闭合。脂双层的自我装配、自我闭合以及具有流动性这三大特点决定了它能成为生物膜的基本结构。

膜脂上的脂肪酸（fatty acid）有饱和脂肪酸和不饱和脂肪酸之分。不饱和脂肪酸与植物的抗逆性有很大关系，通常耐寒性强的植物，其膜脂中不饱和脂肪酸含量较高，而且不饱和程度（双键数目）也较高，有利于保持膜在低温时的流动性；而耐热性强的植物，其饱和脂肪酸的含量较高，有利于保持膜在高温时的稳定性。

3. 膜糖 生物膜中的糖类主要以糖脂和糖蛋白的形式分布于原生质膜的外层。这些糖是不超过15个单糖残基所连接成的具分支的低聚糖链（寡糖链），其中多数糖与膜蛋白结合形成糖蛋白，少数与膜脂结合形成糖脂。由于单糖繁多，彼此间结合方式和排列顺序千变万化，因而形成的寡糖链种类非常多，使细胞表面结构丰富多彩，利于细胞之间借此进行互相识别和信息交换。

（二）结构模型

关于生物膜的分子结构有许多模型，最具代表性的模型有流动镶嵌模型和板块镶嵌模型。

1. 流动镶嵌模型 流动镶嵌模型（fluid mosaic model）由辛格尔（S. J. Singer）和尼柯尔森（G. Nicolson）在1972年提出，根据该模型，生物膜的基本结构有以下特征（图3-6）。

（1）脂质以双分子层形式存在。构成膜骨架的脂质双分子层中，脂类分子疏水基向内，亲水基向外。

（2）膜蛋白存在的多样性。膜蛋白并非均匀地排列在膜脂两侧，外在蛋白以静电相互作用的方式与膜脂亲水性头部结合；内在蛋白与膜脂的疏水区以疏水键结合。

（3）膜的不对称性。这主要表现在膜脂和膜蛋白分布的不对称性：①在膜脂的双分子层中外层以磷脂酰胆碱（卵磷脂）为主，而内层则以磷脂酰乙醇胺（脑磷脂）和磷脂酰丝氨酸为主；同时，不饱和脂肪酸主要存在于外层；②膜脂内外两层所含外在蛋白与内在蛋白的种类及数量不同，膜蛋白分布的不对称性是膜具有方向性功能的物质基础；③糖蛋白与糖脂只存在于膜的外层，而且糖基暴露于膜外，这也是膜具有对外感应与识别等能力的结构基础。

（4）膜的流动性。膜的不对称性决定了膜的不稳定性，磷脂和蛋白质都具有流动性。磷脂分子小于蛋白质分子，流动性比蛋白质大得多，这是因为膜内磷脂的凝固点较低，通常呈液态。膜脂流动性的大小决定于脂肪酸的不饱和程度，脂肪酸的不饱和程度愈高，膜的流动性愈强；另外，膜的流动性与脂肪酸链长度呈负相关，脂肪酸链愈短，膜的流动性愈强。膜甾醇可插入磷脂单分子层中沿分子长轴摆动和做旋转运动，对膜脂流动性具有一定的调控作用。此外，细胞骨架的成分微丝、微管也可在一定程度上调节膜蛋白的运动。膜的流动性和物质跨膜运输及抗逆性密切相关。

流动镶嵌模型虽得到比较广泛的支持，但仍有很多局限性，如忽视了蛋白质对脂类分子流动性的控制作用和膜各部分流动的不均匀性等问题。

2. 板块镶嵌模型 板块镶嵌模型（plate mosaic model）由贾因（M. K. Jain）和怀特（White）

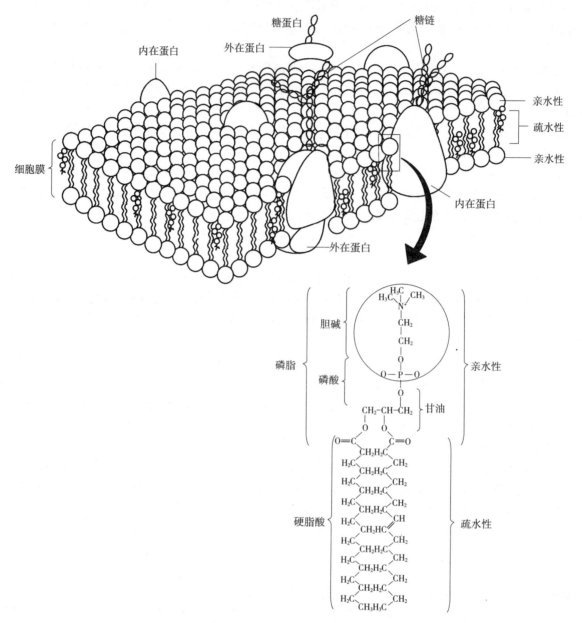

图 3-6 生物膜的流动镶嵌模型

于 1977 年提出。该模型认为，由于生物膜脂质可以在环境温度或其他化学成分变化的影响下，或是由于膜中同时存在着不同脂质（脂肪链的长短或不同的饱和度），或者由于蛋白质-蛋白质、蛋白质-脂质间的相互作用，使膜脂的局部经常处于一种"相变"状态，即一部分脂区表现为从液晶态转变为晶态，而另一部分脂区表现为从晶态转变为液晶态。因此，整个生物膜可以看成是由不同组织结构、不同大小、不同性质、不同流动性的可移动的"板块"所组成，高度流动性的区域和流动性比较小的区域可以同时存在，随着生理状态和环境条件的改变，这些"板块"之间可以彼此转化。板块镶嵌模型有利于说明膜功能的多样性及调节机制的复杂性，是对流动镶嵌模型的补充和发展。

二、生物膜的功能

在生命起源的最初阶段，正是有了脂性的膜，才使生命物质——蛋白质与核酸获得与周围介质隔离的屏障从而保持聚集和相对稳定的状态，继之才有细胞的形成。生物膜在细胞中具有非常重要的功能，可归纳为以下几个方面。

1. 分室作用 细胞的生物膜不仅把细胞与外界隔开，而且把细胞内部的空间分隔，使细胞内部区域化（compartmentation），即形成多种细胞器或功能分区，从而使细胞的生命活动分室进行。各区域内均具有特定的pH、电位、离子强度和酶系等。同时，生物膜又将各个细胞器联系起来，共同完成各种连续的生理生化反应。例如，光呼吸的生化过程就由叶绿体、过氧化物酶体和线粒体3种细胞器分工协同完成的。

2. 代谢反应场所 生物膜是细胞内许多代谢反应有序进行的场所，如光合作用的光能吸收、电子和质子传递、同化力的形成、呼吸作用的电子传递及氧化磷酸化过程分别在叶绿体的光合膜和线粒体内膜上进行。

3. 能量转换场所 生物膜是细胞进行能量转换的场所，光合电子传递、呼吸电子传递以及与之相偶联的光合磷酸化和氧化磷酸化都发生在膜上。

4. 物质交换 生物膜对物质具有选择透过性，能控制膜内外的物质交换，包括细胞与环境、细胞质与各细胞器之间的物质交换与转运。物质交换通常为跨膜运输（简单扩散、促进扩散、主动运输）和膜泡运输（胞饮、胞吐作用）两种方式进行。

5. 识别与信息转导 分布在生物膜外表面的糖基及其他活性基团能够识别外界的某种物质，并将外界的某种刺激转换为胞内信使，诱导细胞反应。例如，花粉粒与柱头表面之间、砧木与接穗细胞之间、根瘤菌与豆科植物根细胞之间的识别反应均与膜性质有关。膜上还存在着各种各样的受体（receptor），能感应刺激，传导信息，调控代谢。

第四节 植物细胞的亚显微结构

植物细胞的结构除细胞壁、质膜、细胞核、细胞质基质外，利用电子显微镜观察，可发现细胞内具有更精细的亚显微结构（submicroscopic structure）。根据这些亚显微结构特点，可将其分为微膜、微梁和微球三大基本结构体系，即以脂质与蛋白质成分为基础的生物膜系统（biomembrane system），也称微膜系统；以一系列特异的结构蛋白构成的细胞骨架系统（cytoskeleton system），也称微梁系统；以DNA-蛋白质与RNA-蛋白质复合体形成的遗传信息表达系统（genetic expression system），也称微球系统。这3个基本结构体系构成了细胞内部结构精密、分工明确、职能专一的各种细胞器，并以此为基础保证了细胞生命活动具有高度程序化和高度自控性。植物的生理过程和代谢反应都是在细胞质和各种细胞器相互协调下完成的。

一、微膜系统

微膜系统（micro-membrane system）包括细胞的外周膜（质膜）系统和内膜系统。内膜系统（endomembrane system）通常是指那些处在细胞质中，在结构上连续的、功能上关联的、由膜组成的细胞器的总称，主要有质体、叶绿体、线粒体、内质网、高尔基体、溶酶体、液泡、微体和圆球体等。

（一）质体和叶绿体

1. 质体的结构和功能 植物细胞的特点之一就是具有双层膜的质体（plastid）。质体是由前质体（proplastid）分化发育而成，并依其中所含色素的不同而分为几种。无色素的称为白色体（leucoplast），如淀粉体（amyloplast），它能合成和分解淀粉，内含一个到几个淀粉粒。有色素的称为有色体（chromoplast），包括杂色体和叶绿体（chloroplast）等。叶绿体含有叶绿素等色素，是光合作用的细胞器，其结构与功能将在"植物的光合作用"一章中进行详细介绍。杂色体可因所含色素的不同而呈黄色、橘红色等不同颜色，存在于花瓣、果实、根等各种不同的器官中。

2. 质体间的相互转化 前质体是其他质体的前身，可分化发育成多种质体。各种质体之间也可相互转化。如某些根经光照后可以转绿，这就是白色体或杂色体向叶绿体转化的外在表现。当果实成熟时，叶绿体又有可能因叶绿素的退化和类囊体结构的消失而转化为其他有色体。当某种已分化的组织脱分化为分生组织时，各种质体又可回复成前质体。不同时期的质体化学成分、体积大小和生理活性有很大差别。

（二）线粒体

1. 线粒体的结构 线粒体（mitochondria）一般呈球状、卵形，宽 $0.5\sim1.0\ \mu m$，长 $1\sim3\ \mu m$。在不同种类的细胞中，线粒体的数目相差很大，一般为 $100\sim3\ 000$ 个。通常在代谢强度大的细胞中线粒体的密度高，反之较低。如衰老或休眠的细胞、缺氧环境下的细胞，其线粒体数目明显减少。细胞中的线粒体既可被细胞质的运动而带动，也可自主运动移向需要能量的部位。

线粒体由内、外两层膜组成。外膜（outer membrane）较光滑，厚度为 $5\sim7\ nm$。内膜（inner membrane）厚度也为 $5\sim7\ nm$，但在许多部位向线粒体的中心内陷形成片状或管状的皱褶，这些皱褶称为嵴（cristae），由于嵴的存在，内膜的表面积大大增加，有利于呼吸过程中的酶促反应。另外，在线粒体内膜的内侧表面有许多小的带柄颗粒，即 ATP 合酶复合体，是合成 ATP 的场所。一般能量需要较多的细胞，除线粒体数目较多外，嵴的数目也多。

线粒体内膜与外膜之间的空隙宽约 $8\ nm$，称为膜间隙（intermembrane space），内含许多可溶性酶底物和辅助因子。内膜内侧空间充满着透明的胶体状态衬质，称为线粒体基质（matrix），主要分布着三羧酸循环的酶系，是丙酮酸有氧分解的场所。基质的化学成分主要是可溶性蛋白质，还有少量 DNA（但和存在于细胞核中的 DNA 不同，它是裸露的，没有结合组蛋白），以及自我繁殖所需的基本组分（包括 RNA、DNA 聚合酶、RNA 聚合酶、核糖体等）。由此反映出线粒体在代谢上具有一定的自主性。

2. 线粒体的功能 线粒体是进行呼吸作用的细胞器，为细胞各种生理活动提供能量，有细胞"动力站"之称。

（三）内质网

1. 内质网的结构和类型 内质网（endoplasmic reticulum，ER）是交织分布于细胞质中的膜性囊腔系统，通常可占细胞膜系统的一半左右。囊腔由两层平行排列的单位膜组成，膜厚约 $5\ nm$。在两层膜空间较宽的地方则往往形成囊泡状。内质网相互连通成的网状结构，内与细胞核外被膜相连，外与质膜相连，穿插于整个细胞质中，与多种细胞器有结构和功能上的联系，并且还可通过胞间连丝与邻近细胞的内质网相连。内质网的形态以及内质网数量的多少，随细胞类型、代谢活性或者发育阶段的不同而不同。一般静止期细胞的内质网少，在细胞分裂期，内质网数量增多，如正发育着的种子中，胚周围的胚乳细胞具有大量的内质网。内质网本身也在不断更新，它是个动态系统。

按内质网膜上有无核糖体把内质网分为两种类型，即粗面内质网（rough endoplasmic reticulum，RER）和光面内质网（smooth endoplasmic reticulum，SER），前者有核糖体附着，后者没有核糖体附着。这两种内质网是连续的，并且可以互相转变。如形成层细胞的内质网，冬季是光滑型的，夏季则是粗糙型的。可见，内质网形态的变化是细胞对代谢转变的一种适应。

2. 内质网的功能

（1）物质合成。粗面内质网大多为扁平囊状，靠近细胞核部位，其上的核糖体是蛋白质合成的场所。光面内质网功能更为复杂，参与糖蛋白的寡糖链、脂类和固醇的合成等。

（2）分隔作用。内质网布满整个细胞质，因而既提供了细胞空间的支持骨架，起到细胞内的分室作用，又使各种细胞器都处于相对稳定的环境中，有序地进行着各自的代谢活动。

（3）运输、储藏和通信作用。内质网形成了一个细胞内的运输和储藏系统，它还可通过胞间连丝成为细胞之间物质与信息的传递系统。另外，由内质网合成的造壁物质参与了细胞壁的形成。

（四）高尔基体

1. 高尔基体的结构 高尔基体（Golgi body）又称高尔基器（Golgi apparatus）或高尔基复合体（Golgi complex），由若干个膜包围的盘形液囊垛叠而成。液囊呈扁平盘状，中央为平板状，与周围的小泡相连，通常由 3~12 个液囊平叠在一起，形成高尔基体。囊的两边稍弯曲，呈盘状凹面，两端伸展成管状并形成各种小泡——高尔基体小泡。

高尔基体有 3 种基本组分：扁平囊泡、分泌囊泡（又称大囊泡）和运输囊泡（又称小囊泡）。扁平囊泡是高尔基体中的最富特征性的基本组分。每层扁平囊泡均具极性结构，即只朝一个方向弯曲，内凹的一面称为分泌面（或成熟面），其囊膜较厚（约 8 nm），近似质膜；外凸的一面称为形成面（或未成熟面），常朝向核膜或内质网，其囊膜较薄，近似内质网膜。因此，可以把高尔基体的扁平囊泡看成是处于内质网膜和质膜的中间分化阶段。分泌囊泡是由扁平囊泡末端或分泌面局部膨胀断离所形成的，其内含有糖蛋白、纤维素、半纤维素和果胶等扁平囊泡的分泌物。分泌囊泡形成后逐渐移向细胞表面，与质膜融合后破裂，随即将内含物排出。运输囊泡数量较多，存在于扁平囊泡的形成面，由邻近高尔基体的粗面内质网以芽生方式形成，起着从内质网到高尔基体运输物质的作用。粗面内质网腔中的蛋白质经运输囊泡输送到高尔基体，在从形成面到分泌面的过程中逐步得到加工。不同细胞中高尔基体的数目和发达程度取决于细胞类型、分化程度及细胞的生理状态。

2. 高尔基体的功能

（1）物质集运。高尔基体的功能主要是集运物质。高尔基体与细胞内及细胞间物质运转有关。蛋白质合成后输送到高尔基体暂时储存、浓缩，然后送到相关部位。运输的过程可能是：内质网→高尔基体→高尔基体小泡→液泡（分泌液泡）。一些水解酶（如 α 淀粉酶）在粗面内质网上的核糖体合成后，进入内质网腔，输送至光面内质网，然后形成小泡，传送至高尔基体形成面，在高尔基体中蛋白质浓缩成被膜包裹的酶原颗粒（小泡）。这些颗粒从高尔基体上脱落下来，最后运至作用部位。

（2）参与某些物质的合成或生物大分子的装配。高尔基体利用单糖和含硫单糖合成多糖和含硫多糖，因此高尔基体不仅是分泌多糖的地点，也是许多多糖生物合成的地点。在合成糖蛋白或糖脂类的糖类侧链时，高尔基体也起一定作用。糖蛋白中的蛋白质先在核糖体中合成，然后在高尔基体中把多糖侧链加上去。

（3）参与细胞壁的形成。在植物细胞中，高尔基体的一个重要作用是参与细胞板和细胞壁的形成。例如，组成细胞壁的糖蛋白就是经高尔基体加工，再由高尔基体分裂出的小囊泡运输到细胞质膜，小囊泡与质膜融合把内容物释放出来，最终沉积于细胞壁。

（4）分泌物质。高尔基体除分泌细胞壁物质外，还分泌多种其他物质。陆生植物根尖最外层的根冠细胞常含许多膨胀的高尔基体。它们分泌多糖黏液，保护并润滑根尖，使之易于穿透坚硬的土层。食虫植物（如茅膏菜和捕虫堇）叶腺细胞的高尔基体能分泌破坏寄生组织的酶等。

应提出的是：高尔基体与内质网在功能上具有最密切的关系，许多生理功能是由二者协同完成的，因此，在细胞中二者常依附在一起。

（五）溶酶体

1. 溶酶体的结构　溶酶体（lysosome）是由单层膜围绕，内含多种酸性水解酶类的囊泡状细胞器。溶酶体含有酸性磷酸酶、核糖核酸酶、糖苷酶、蛋白酶和酯酶等几十种酶。

2. 溶酶体的功能

（1）消化作用。溶酶体的水解酶能分解蛋白质、核酸、多糖、脂类以及有机磷酸化合物等物质，进行细胞内的消化作用。

（2）吞噬作用。溶酶体通过吞噬等方式消化、溶解部分由于损裂等而丧失功能的细胞器和其他细胞质颗粒或侵入体内的细菌、病毒等，所得产物可以被再利用。

（3）自溶作用。在细胞分化和衰老过程中，溶酶体可自发破裂，释放出水解酶，把不需要的结构和酶消化掉，这种自溶作用在植物体中是很重要的。例如，许多厚壁组织、导管、管胞成熟时原生质体的分解消化，乳汁管和筛管分子成熟时部分细胞壁的水解以及衰老组织营养物质的再循环等都是细胞的自溶反应。

（六）液泡

1. 液泡的结构　液泡（vacuole）是植物细胞所特有的由单层膜包被的泡状结构，内含细胞液（cell sap），起源于内质网或高尔基体的小泡。植物分生组织细胞含有许多分散的小液泡。随着细胞的生长，这些小液泡融合、增大，最后形成一个大的中央液泡（central vacuole），它往往占细胞体积的90%。细胞质和细胞核则被挤到贴近细胞壁处。

2. 液泡的功能

（1）物质转运。液泡借单层的液泡膜（tonoplast）与细胞质相联系。植物细胞利用其液泡转运和储藏营养物、代谢物和废物。

（2）吞噬和消化作用。液泡含有多种水解酶，通过吞噬作用，消化分解细胞质中外来物或衰老的细胞器，起到清洁和再利用作用。

（3）调节细胞水势。大多数植物细胞在生长时主要靠液泡大量积累水分，并通过膨压导致细胞壁扩张。中央液泡的出现使细胞与外界环境构成一个渗透系统，调节细胞的吸水机能，维持细胞有一定的挺度。

（4）吸收和积累物质。液泡可以有选择性地吸收和积累各种溶质，如无机盐、有机酸、氨基酸、糖等。如甜菜根内的蔗糖主要储存于液泡内，景天酸代谢植物叶肉细胞夜间形成的苹果酸也暂时存于液泡内。液泡膜上存在的质子泵（如 H^+-ATPase）可调节细胞内的 pH，以维持细胞正常代谢。液泡还汇集一些代谢废物、外来有害物质或者次生代谢物质，如重金属、单宁、色素、生物碱等。

（5）赋予细胞不同颜色。花瓣和果实的一些红色或蓝色等，常是花色素所显示的颜色。花色素的颜色随着液泡中细胞液的酸碱性不同而变化，酸性时呈红色，碱性时呈蓝色。在实践中可用花色素的颜色变化作为形态和生理指标。有的叶面色素可屏蔽紫外线和可见光，防止光氧化作用对光合细胞器的伤害。具有色素的花瓣和果实分别用来吸引传粉者和种子传播者。

由此可见，液泡并不是一个静止的或被动的区域，而是具有多种功能，有明显代谢活性的细胞器。

（七）微体

1. 微体的结构和种类　微体（microbody）外有单层膜包裹，直径为 $0.2\sim1.5\ \mu m$，膜内衬质是均一的，或者是呈颗粒状的，无内膜片层结构，通常认为微体起源于内质网。根据功能不同，微体可分为过氧化物酶体（peroxisome）和乙醛酸循环体（glyoxysome）。在种子含油量丰富的植物子叶的发育和衰老期间，发现了乙醛酸循环体和过氧化物酶体可互相转化。

2. 微体的功能

（1）过氧化物酶体与光呼吸。过氧化物酶体含有乙醇酸氧化酶、过氧化氢酶等，所催化的反应参与光呼吸作用，因此，过氧化物酶体常位于叶绿体附近，且高光呼吸的 C_3 植物叶肉细胞中的过氧化物酶体较多，而低光呼吸的 C_4 植物过氧化物酶体大多存在于维管束鞘薄壁细胞内。

（2）乙醛酸循环体与脂类代谢。乙醛酸循环体含有乙醛酸循环酶类、脂肪酰辅酶 A 合成酶、过氧化氢酶、乙醇酸氧化酶等。其生理功能是糖的异生作用，即由脂肪转变成糖类。

（八）圆球体

1. 圆球体的结构　圆球体（spherosome）又称油体（oil body），是直径 $0.4\sim3.0\ \mu m$ 的球形细胞器，标准的圆球体含有40%以上脂类，故也常称为拟脂体。圆球体膜厚度只有单位膜厚度的一半，是由一层磷脂和蛋白质镶嵌而成的半单位膜所组成，磷脂层的疏水基团与内部脂类基质相互作用，而亲水头部基团则面向细胞基质。膜上的蛋白质主要是油质蛋白（oleosin），为圆球体所独有，多为一些低分子质量的碱性疏水蛋白。圆球体通常含三酰甘油，存在于玉米、大麦与小麦等种子的胚和糊粉层、蓖麻种子的胚乳、向日葵与花生的子叶等组织的细胞中。有的圆球体含有蜡质，如大麦表皮细胞中。圆球体能积累脂肪，因此许多油料植物的种子中圆球体数量特别多。

2. 圆球体的功能　种子成熟时圆球体以出芽方式在粗面内质网上形成，其中三酰甘油来自于两层磷脂膜，油质蛋白来自内质网上的多聚核糖体，形成的圆球体被释放到细胞基质中。当种子萌发时，游离的多聚核糖体合成脂肪酶，经脂解作用的圆球体膜与液泡膜融合在一起，其中的脂肪酸被释放出来参与代谢。圆球体具有溶酶体的某些性质，也含有多种水解酶。

二、微梁系统

真核细胞中的微管、微丝和中间纤维等都是由丝状蛋白质多聚体构成，没有膜的结构，互相联结成立体的三维网络体系，分布于整个细胞质中，起细胞骨架（cytoskeleton）的作用，统称为细胞内的微梁系统（microtrabecular system）。细胞骨架是细胞中的动态丝状网架，这个网架固定、引导、运输无数的大分子、大分子复合体和细胞器，并与信号转导、物质运输、能量转换、细胞运动、细胞分裂和分化、基因表达等生命活动密切相关，在维持细胞形态、保持细胞内部结构的有序性等方面起着重要作用。

（一）微管

1. 微管的结构 微管（microtubule）是由球状的微管蛋白（tubulin）组装成的中空管状结构，直径 $20\sim27$ nm，长度变化很大，有的可达数微米。微管的主要结构成分是由 α 微管蛋白与 β 微管蛋白构成的异二聚体。异二聚体彼此连接组成念珠状的原纤丝，再由约 13 条原纤丝按行定向平行排列并缠绕成中空的管状物，即微管。管壁上生有突起，通过这些突起（或桥）使微管相互联系或与其他部分（如质膜、核膜、内质网等）相连。受细胞内多种因素（如 Ca^{2+} 浓度、低温、化学试剂等）的影响，微管的装卸是可逆的。

2. 微管的功能

（1）控制细胞分裂和细胞壁的形成。微管在细胞分裂和细胞壁形成中有重要作用。在细胞分裂的前期之前，原来位于周缘胞质（周质）中的少数微管可决定细胞分裂的部位和分裂面。在细胞分裂中，有丝分裂器——纺锤体（spindle）是由微管组成的，它与染色体的着丝点相连，并牵引染色单体移向两极。细胞板的形成与生长也有微管的参与。周质微管可决定纤维素微纤丝在细胞外沉积的走向。

（2）保持细胞形状。由于微管控制细胞壁的形成，因而它具有保持细胞形态的功能。植物的精细胞常呈纺锤形，这与微管的排列和细胞长轴方向一致有关。当用秋水仙碱（colchicine）处理微管，精细胞就变成球形。

（3）参与细胞运动与细胞内物质运输。微管可参与多种运动，如纤毛运动、鞭毛运动以及纺锤体和染色体运动，协助各种细胞器完成它们各自的功能等。马达蛋白（motor protein）是依赖于细胞骨架蛋白的，通过水解 ATP 或三磷酸鸟苷（GTP）将化学能转变为机械能的一类蛋白质。已经在植物细胞中发现与运动有关的几类微管马达蛋白（microtubule motor protein），如驱动蛋白（kinesin）、动力蛋白（dynein）。这些微管马达蛋白都与细胞内的物质运输和细胞器运动直接相关。

（二）微丝

1. 微丝的结构 微丝（microfilament）比微管细而长，直径为 $4\sim6$ nm，是由两股肌动蛋白（actin）相互螺旋盘绕而成，是实心的，也称为肌动蛋白纤维（actin filament）。组成微丝的单体肌动蛋白称为球状肌动蛋白（globular actin）。微丝在植物细胞中有着广泛的分布：通常是成束存在于细胞的周质中，其走向一般平行于细胞长轴；有的疏散成网状，与微管一起形成一个从核膜到质膜的辐射状的网络体系，起着支架作用；在细胞分裂早前期微管带、纺锤体及成膜体中也有大量微丝存在。植物细胞的周质中，微丝与微管平行排列，这二者之间还存在相互作用的关系。周质微管的破坏会引起周质微丝的重组，微丝的破坏也会引起微管的重组。

2. 微丝的功能

（1）参与胞质运动。微丝具有 ATP 酶的活性，其主要生理功能是为胞质运动提供动力。实验已证明，细胞松弛素 B（cytochalasin B）可以使微丝聚集成团，形成网状，如用细胞松弛素 B 处理轮藻、丽藻等材料，伴随微丝结构的改变，胞质运动也停止。胞质运动的机制是微丝中的肌动蛋白与肌球蛋白在胞质内外界面上形成三维的网络体系；肌动蛋白位于外质，肌球蛋白位于内质，肌球蛋白连接着胞质颗粒，水解 ATP 释放能量，使肌球蛋白-胞质颗粒结合体沿着肌动蛋白微丝束滑动，从而带动整个细胞质的环流。对高等植物萌发花粉管的研究也证明，花粉管中原生质流动是肌动蛋白和肌球蛋白相互作用的结果，并且也是花粉管生长的动力。

（2）参与物质运输和细胞感应。微丝可与质膜连接，参与和膜运动有关的一些重要生命活动，如巨噬细胞的吞噬作用、植物生长细胞的胞吐作用。微丝还与胞质物质运输、细胞感应等有关。微丝中也发现与运动有关的微丝马达蛋白（microfilament motor protein），植物细胞中的胞质流动与微丝马达蛋白有关。丝瓜卷须中的肌动球蛋白是卷须快速弯曲运动的物质基础。

（三）中间纤维

1. 中间纤维的结构　中间纤维（intermediate filament）是一类柔韧性很强的中空管状蛋白质丝，其成分比微丝和微管复杂，由丝状亚基（fibrous subunit）组成，其直径介于微丝和微管之间。不同种类的中间纤维有组织上的特异性，其亚基的大小、生化组成差异很大。中间纤维蛋白亚基合成后，游离的单体很少，它们首先形成双股超螺旋的二聚体，然后两个二聚体反向平行交错排列组装成四聚体，四聚体首尾相连形成原纤维，最后 8 根原纤维组装成为圆柱状的中间纤维。

2. 中间纤维的功能

（1）支架作用。中间纤维可以从核骨架向细胞膜延伸，提供一个细胞质纤维网，这是最稳定的细胞骨架成分，起支架作用，可使细胞保持空间上的完整性，并与细胞核定位、稳定核膜有关。中间纤维还增强了细胞的机械强度和弹性。

（2）参与细胞发育与分化。有人认为中间纤维与细胞发育、分化、mRNA 等的运输有关。

三、微球系统

微球系统（microsphere system）包括细胞核内的核粒与细胞质中的核糖体，它们承担并控制着遗传信息的储存、传递和表达等功能。

1. 染色质与染色体　染色质（chromatin）是指间期细胞内由 DNA、组蛋白、非组蛋白及少量RNA 组成的线状复合结构，是间期细胞遗传物质存在的主要形式。染色体（chromosome）是指细胞在有丝分裂或减数分裂过程中，由染色质聚缩而成的棒状结构。染色质与染色体是细胞核内同一物质在细胞周期中的不同表现形式。在染色质中，DNA 与组蛋白各占染色质质量的 30％～40％。在真核细胞核内，组蛋白是一种碱性蛋白，制约着 DNA 的复制；非组蛋白含有较多的酸性氨基酸，其结构远比组蛋白复杂，具有种属及器官的特异性。染色质中的 RNA 或作为 DNA 开始复制时的引导物，或促使染色质丝保持折叠状态。组蛋白与 DNA 形成染色质的基本结构单位——核小体（nucleosome）。每个核小体包括 200 碱基对（base pair，bp）的 DNA 片段和 8 个组蛋白（即碱性蛋白）分子。DNA 片段缠绕在由 8 个组蛋白分子组成的小圆球上，由此，整个 DNA 分子就形成由多个核小体相串联的念珠状链，其进一步盘旋折叠形成染色单体（chromatid）和染色体。

2. 核仁　核仁（nucleolus）是真核细胞间期核中最明显的结构，是细胞核中的一个或几个球状体，无被膜。核仁由 DNA、RNA 和蛋白质组成，还含有酸性磷酸酯酶、核苷酸磷酸化酶与 DNA 合成酶。核仁是 rRNA 合成和组装核糖体亚单位前体的工厂，参与蛋白质的生物合成，同时也对 mRNA 具有保护作用，以利于遗传信息的传递。

3. 核糖体　核糖体（ribosome）又称核糖核蛋白体，无膜包裹，大致由等量的 RNA 和蛋白质组成，多分布于细胞基质中，呈游离状态或附着于粗面内质网上，少数存在于叶绿体、线粒体及细胞核中。

核糖体由大小两个亚基组成。原核细胞核糖体的沉降系数为 70S，由 50S 大亚基和 30S 小亚基组成。高等植物细胞质中核糖体的沉降系数为 80S，由 60S 大亚基和 40S 小亚基组成。大小亚基各由多种蛋白质和相应的 rRNA 组成。

核糖体是蛋白质生物合成的场所。在这一复杂的合成过程中，核糖体既要选择多肽合成所需的各种成分，如对氨基酸- tRNA 的选择识别，对多肽链的起始、延长、终止因子的选择识别，又要保持与 mRNA 的准确结合并移动，这些功能都是由完整的核糖体中特定部位的蛋白质和 rRNA 完成的。

游离于细胞基质中的核糖体往往成串相连，附着在一条 mRNA 分子上，核糖体与 mRNA 的聚合体称为多聚核糖体（polyribosome），其可同时合成多条相同的肽链。多种因素（光、生长素、赤霉素、细胞分裂素及细胞发育时期）都可调节多聚核糖体的形成与解聚，直接影响蛋白质合成的数量，以满足在特定条件或发育时期对某些蛋白质的需要。

原核细胞虽然分化简单，但却有核糖体，说明了核糖体在细胞生命活动中的重要性。值得注意的是，叶绿体和线粒体内核糖体的大小和分子构成与原核细胞的核糖体相似。

第五节　植物细胞的生长与分化

一、植物细胞结构与功能的统一

综合上述内容可以看出，植物细胞外有细胞壁、质膜，细胞内则被内膜系统分隔成多种细胞器，使各种生理活动得以分室进行（即代谢、功能的区域化）。微梁系统是细胞的骨架，维持细胞质的机械强度，推动细胞器的运动和促进信息的交流。微球系统是遗传信息的载体，承担着遗传信息的传递与表达的作用。各种细胞器虽然形成了细胞内的相对独立系统，但许多细胞器又有内膜系统和微梁系统相互联系，使得各亚细胞结构之间随时都能进行物质、能量与信息交换，保证了细胞作为一个完整的有活力的结构整体。

应该强调的是，细胞器的分化固然重要，但各种细胞器的独立性只是相对的。一个细胞器离开了完整的细胞虽也能短时间内进行代谢反应，但不能长期生存和繁殖。而细胞则不然，它可以繁殖并在合适条件下再生出完整的植株。因此，只有细胞才是生物体结构和功能的基本单位。细胞壁、细胞质基质、细胞器和生物膜系统等协同作用，共同执行着细胞的物质代谢、能量转换和信息传递等生命活动，使细胞的结构和功能达到高度的统一。

植物细胞是植物生命活动的基础单元，为了全面深入地理解植物细胞的结构特征与生理功能，类比人类细胞图谱计划（Human Cell Atlas Project），2019 年有学者提出了植物细胞图谱（Plant Cell Atlas，PCA）计划，旨在建立一个全面描述植物所有细胞类型的状态，整合包含分子、亚细胞、细胞和组织水平多层次、跨尺度的核酸、蛋白和代谢物信息的数据资源库。PCA 计划的核心任务包括描绘植物细胞和亚细胞蛋白定位特征、追踪蛋白之间动态和多样的相互作用、鉴定不同细胞亚显微结构的分子组分、识别特定类型细胞过渡和终末状态，最终整合这些信息构建可验证的细胞功能模型，从而推动植物科学基础问题的研究。

二、植物细胞的阶段性和全能性

增殖、生长、分化和衰亡是细胞的基本生物学特征，细胞增殖是高等植物生长、发育和繁殖的基础，包括细胞分裂（cell division）和细胞生长（cell growth）两个过程。细胞分裂期，细胞复制基因组，并平均分配给子细胞；细胞生长期，细胞合成糖类、蛋白质、脂类和其他物质。高等植物因细胞的分裂和生长有机结合，通过这些基本生命活动而完成植物细胞、组织、器官和个体的生长发育。

细胞的生长过程始于细胞分裂（数目增加），经过伸长和扩大（体积增加），而后分化定型（形态建成）。因此，细胞的生长过程可分为 3 个时期，即分裂期、伸长期和分化成熟期，而且各时期都有其形态和生理上的特点。

（一）细胞的分裂

1. 细胞周期　处于分裂阶段的分生细胞，原生质稠密，细胞体积小，细胞核大，无液泡或液泡小而少，细胞壁薄，合成代谢旺盛，束缚水/自由水值较大，细胞亲水力高。但因细胞体积小，故生长缓慢。这些分生细胞长到一定阶段要发生分裂，形成两个新细胞。通常把母细胞分裂结束形成子细胞到下一次细胞再分裂成两个子细胞之前的时期称为细胞周期（cell cycle）。细胞周期包括分裂间期（interphase）和分裂期（mitotic phase）两个阶段，分裂期也称为 M 期（M phase）（图 3-7a）。

（1）分裂间期。分裂间期是指从一次分裂结束到下一次分裂开始之前的间隔期。分裂间期的细胞内进行着旺盛的生理生化活动，并为下一次分裂做好物质和能量的准备，主要是 DNA 复制、RNA 的合成、有关酶的合成以及 ATP 的生成。分裂间期包括 G_1 期、S 期和 G_2 期 3 个时期。

G_1 期：是从上一次有丝分裂完成到 DNA 复制之前的一段时间，此时细胞内大规模进行 RNA（mRNA、tRNA、rRNA）和蛋白质的合成。

S 期：是 DNA 复制期。DNA 和有关组蛋白在此时合成，完成染色体的复制，DNA 含量增加一倍。

G_2 期：是从 DNA 复制完成到下一次有丝分裂开始的一段时间，此时细胞继续进行 RNA 和蛋白质的合成，是有丝分裂的准备阶段。

（2）分裂期。分裂期包括核分裂和胞质分裂。核分裂是指细胞进行有丝分裂（mitosis），形成两个子细胞的时间，包括前期、中期、后期和末期 4 个时期，分裂后细胞内 DNA 含量减半。核分裂之后细胞质也会随之分裂。

细胞周期进行中，除了 DNA 和蛋白质含量发生了显著的变化外，呼吸速率也有较大变化，如分裂期细胞的呼吸速率较低，而分裂间期的 G_1 期和 G_2 期后期呼吸速率都很高。G_2 期较高的呼吸速率为分裂期提供了充足的能量。

2. 细胞周期的调控　研究表明，控制细胞周期的关键酶是周期蛋白依赖性蛋白激酶（cyclin - dependent protein kinase，CDK）。调控 CDK 活性主要有两种方式：一是周期蛋白（cyclin，是细胞周期进程中特定时期出现和消失的蛋白质）的合成与降解；二是 CDK 的磷酸化与去磷酸化。CDK 只有与周期蛋白结合后，才有激酶活性，并通过 CDK 的磷酸化或去磷酸化，有效地调节细胞周期的进程（图 3-7b）。

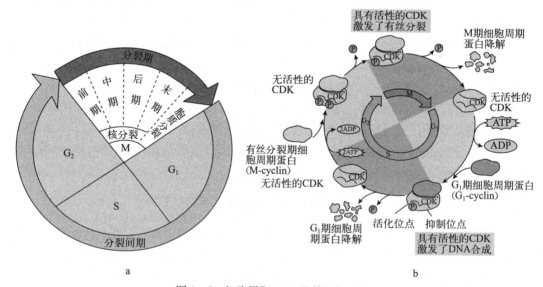

图 3-7　细胞周期（a）及其调控（b）

（引自 Taiz 和 Zeiger，2002）

（在 G_1 期，CDK 处于非激活状态，当 CDK 与 G_1 - cyclin 结合部位磷酸化后被活化，活化的 CDK - cyclin 复合物使细胞周期进入 S 期，在 S 期末，G_1 - cyclin 降解，CDK 去磷酸化而失活，细胞进入 G_2 期。在 G_2 期，无活性的 CDK 与 M - cyclin 结合，同时 CDK - cyclin 复合物的活化位点和抑制位点被磷酸化，CDK - cyclin 仍未活化，因为抑制位点仍被磷酸化，只有蛋白磷酸酶把磷酸从抑制位点除去，复合物才被激活。活化的 CDK 刺激 G_2 期转变为 M 期，在 M 期的末期，M - cyclin 降解，磷酸酶使激活位点去磷酸化，细胞又进入 G_1 期）

此外，植物生长调节剂、维生素、温度等诸多因素也会影响细胞周期的进程。如小麦胚芽鞘和烟草茎髓离体培养时，赤霉素可以促进从 G_1 期到 S 期的过程；细胞分裂素促进 S 期 DNA 的合成；生长素在细胞分裂较晚的时期可促进核糖体 RNA 的形成；多胺可以促进 G_1 期后期 DNA 的合成。维生素 B_1（硫胺素）、维生素 B_6（吡哆醇）等 B 族维生素，也能促进细胞分裂。

温度对细胞分裂的影响主要是通过酶的活性及生化反应速度来实现的。通常，在一定范围内，温度越高，细胞周期及各个分期越短。

（二）细胞的伸长

在分生组织中，除少数细胞仍保留分裂能力外，其余大多数细胞则逐渐转入伸长阶段。进入伸长期的细胞以其体积的增加和液泡化为主要特征，细胞的伸展主要靠渗透吸水。细胞伸长期代谢活动十分旺盛，酶的活力明显增高，呼吸速率成倍增加，保证了生长所需能量的供应；同时，蛋白质、核酸及纤维素的含量也显著增加，保证了细胞质的增加和新细胞壁的构建。

例如，豌豆根细胞体积增长最快的区域（距根尖 5.2 mm 处）呼吸速率最大，且蛋白质含量最高（图 3-8），各区段呼吸酶系的变化表现为，分生区及伸长区糖酵解和三羧酸循环的酶系都很活跃，而根基部较老区域这些呼吸酶的活性则较低。

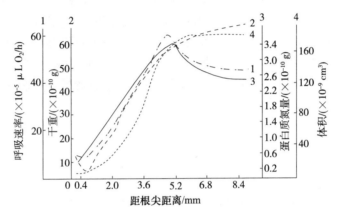

图 3-8　距豌豆根尖不同距离的每个细胞的体积和呼吸速率、
干重和蛋白质氮量之间的关系

激素对细胞伸长生长的影响主要表现在：细胞分裂素促进细胞横向生长；赤霉素和生长素影响细胞壁的可塑性，使细胞壁变松弛，从而促进细胞的伸长；乙烯和脱落酸对细胞伸长有抑制作用。

（三）细胞的分化

细胞分化（cell differentiation）是指由分生组织细胞转变为形态结构和生理功能不同的细胞群的过程。植物的分生组织细胞可以分化为各种不同的组织，如薄壁组织、输导组织、机械组织、保护组织和分泌组织等，进而形成各种不同的器官。此时，细胞体积定型，细胞壁加厚，结构特化，功能专一。细胞进入分化期后，体积不再增大，呼吸速率、代谢强度均低于细胞伸长期，所以生长缓慢，但由于细胞壁不断加厚，每个细胞的干重继续增加。

植物体的所有细胞都是由受精卵通过有丝分裂发育而来的，因而具有相同的基因组成。但是，这些细胞在基因表达的数量和种类上并非完全相同，即某种植物在某一发育时期，其不同部位的细胞所包含的基因只有一部分表达，另一部分处于关闭状态；而在另一发育时期，可能原来处于关闭状态的基因得到表达，同时又有其他一些基因关闭，最终造成了细胞的异质性，导致了细胞的分化。分生组织细胞分化发育成不同的组织，是植物基因在时间和空间上顺序表达的结果。

一般情况下，细胞分化要经过 4 个过程：①诱导细胞分化信号的产生和感受；②分化细胞特征基因的表达；③分化细胞结构和功能基因的表达；④上述基因表达的产物导致分化细胞结构和功能的特化。

(四) 细胞周期与细胞的阶段性

一方面，部分分生组织的细胞保持分裂能力而持续产生子细胞，这些能分裂的细胞因所处的细胞周期不同而具阶段性特征；另一方面，一些植物的细胞随植物发育进程的变化而分化为特定结构与功能的非分裂细胞，这些细胞经生长与分化，在特定的植物组织空间中发挥特定功能后，进入衰老死亡的过程。细胞的阶段性主要是指细胞在自身的发育过程中，因所处细胞周期、生理状态、分化特征和年龄情形不同而形成的明显结构与功能性差异的特性。

细胞阶段性特征主要指细胞的分化过程是由不同阶段彼此相继有序通过，分化的终点是程序性衰亡，其中间的过渡阶段不可逾越并受严格的调控。细胞分化过程及其关键过渡阶段主要受基因时间和空间专一性表达的调控。基因组研究显示，植物细胞的基因组中平均有近 10 万个基因，且这些基因组成数百个基因类群，由于各种类群基因的专一性表达，促使细胞分化到不同的阶段。

(五) 细胞全能性

根据现代分子生物学的观点，细胞分化的本质是基因按一定程序在不同的时间和空间选择性表达的结果。母细胞在分裂前已经对 DNA 进行了复制，故子细胞具有母细胞的全套基因。而植物体的所有细胞追踪溯源都来自受精卵，具有与受精卵相同的基因。在 Schwann 和 Schleiden 创立的细胞学说基础上，1902 年 Haberlandt 结合对扦插繁殖现象的观测，提出植物细胞全能性的理论。细胞全能性（totipotency）就是指每个生活的细胞中都含有产生一个完整机体的全套基因，在适宜的条件下，细胞具有形成一个新的个体的潜在能力。受精卵是全能的，它可以分裂繁殖和分化成各类细胞，并且能复制出一个完整植株。其他器官和组织的植物细胞，由于分裂和分化的结果，通常情况下只具有其所在组织器官的特定功能。但每个细胞都包含着整套遗传基因，在适当的外界条件下可生长、分裂和分化而再生（regeneration）成完整的植株。

🖥 小 结

细胞是生物体结构和功能的基本单位，可分为原核细胞和真核细胞两大类。原核细胞结构简单，没有细胞核和高度分化的细胞器。真核细胞结构复杂。植物细胞的细胞壁、质体（包括叶绿体、杂色体和淀粉体等）和液泡是其区别于动物细胞的三大结构特征。

原生质的物理特性、胶体性质和液晶性质与细胞的生命活动密切相关。

细胞壁由胞间层、初生壁、次生壁 3 层所构成，其化学成分主要是纤维素、半纤维素、果胶、蛋白质以及其他物质。细胞壁不仅是细胞的骨架与屏障，而且还在抗逆、细胞识别、细胞分化等方面起积极作用。胞间连丝充当了细胞间物质与信息传递的通道。

磷脂双分子层组成了生物膜的基本骨架，其中镶嵌的各种膜蛋白决定了膜的大部分功能。流动镶嵌模型是生物膜最流行的结构模型。生物膜的功能复杂多样，是细胞与周围环境物质的选择性吸收交换场所，并实现了细胞内区域化与细胞器之间相互联系的协同统一。生物膜还是生化反应的场所并具有细胞识别、信息传递等功能。

微膜系统包括细胞的外周膜（质膜）和内膜系统。叶绿体和线粒体是植物细胞内能量转换的细胞器，并有环状 DNA 及自身转录 RNA 与翻译蛋白质的体系，它们与细胞核一样都具有双层膜。内质网内接核膜、外连质膜，甚至经胞间连丝与相邻细胞的内质网相连，参与细胞间物质运输、交换和信息传递。高尔基体则与内质网密切配合，参与多种复杂生物大分子与膜结构、壁物质和细胞器的形成。溶酶体与液泡都富含水解酶，参与物质分解与自溶反应，液泡还具储藏、调控水分吸收、参与多种代谢的作用。过氧化物酶体是光呼吸的场所，乙醛酸循环体则为脂肪酸代谢不可少的，圆球体为油脂代谢所必需的。

微梁系统包括微管、微丝、中间纤维等，构成了细胞骨架，是植物细胞的蛋白质纤维网架体系。它们能维持细胞质的形态和内部结构，推动细胞器的运动，促进物质与信息的交流。

微球系统包括细胞核内的核粒与细胞质中核糖体，它们承担并控制着遗传信息的储存、传递和表达等功能。

细胞的 3 个系统相互作用，使细胞的结构和功能协调统一，并成为生物体的基本单位。植物的生长是以细胞的生长和分化为基础的，即通过细胞分裂、伸长和扩大来增加植株体积，通过细胞分化形成各种组织和器官，在生长和分化的基础上实现了植物体的发育。

复习思考题

1. 解释名词

原核细胞　真核细胞　原生质体　细胞壁　生物膜　内膜系统　细胞骨架　细胞器　微膜系统　微梁系统　微球系统　质体　线粒体　微管　微丝　内质网　高尔基体　液泡　溶酶体　核糖体　胞间连丝　流动镶嵌模型　植物细胞全能性

2. 典型的植物细胞与动物细胞的最主要差异是什么？这些差异对植物生理活动有什么影响？

3. 原生质的胶体状态与植物的生理代谢有什么联系？

4. 生物膜的结构特点与其功能有什么联系？

5. 高等植物细胞有哪些主要细胞器？这些细胞器的组成和结构特点与生物学功能有何联系？

6. 细胞内部的区域化对其生命活动有何重要意义？

7. 从细胞壁中的蛋白质的发现，谈谈对细胞壁功能的认识。

8. 胞间连丝有何功能？

9. 细胞的微膜系统、微梁系统和微球系统有何联系？

10. 简述线粒体的结构特点和主要生物学功能。

第 四 章 ▶▶▶▶

植物的水分生理

在地球上，没有水就没有生命，生命起源于原始海洋环境，从水生到陆生是进化的原初方向，水是植物生命活动不可缺少的环境和内部条件。

植物的水分代谢（water metabolism）是指植物和环境关系中对水分吸收、运输、利用和散失的过程。植物一方面不断从环境中吸收水分，以满足正常生命活动的需要；另一方面又不断地向其周围环境散失大量水分，保持吸水动力，以及调节植株周边环境湿度。植物的水分代谢是地球生态环境中水循环的重要组成部分。植物只有在保持水分平衡状态下，才能正常生长和发育。植物缺水，水分平衡被打破，正常的生命活动就会受到干扰和破坏，甚至死亡。而水分过多，陆生植物特别是它的根系又会因缺氧而受害。所以，干旱缺水和涝渍淹水都是植物生长的逆境。植物的水分生理发生在群体、个体、器官、组织以及细胞等不同水平上，所谓环境也有植物与生态环境间的宏观以及细胞与细胞或细胞间隙间的微观之分。

在农业生产上，有收无收在于水。研究植物水分代谢过程的基本规律，对合理用水、节约农业灌溉用水及提高作物水分利用效率和农产品的产量与质量等都有重要意义。

第一节　水分在植物生命活动中的重要性

一、植物的含水量及水分存在状态

1. 植物的含水量　水是植物体的重要组成部分，含水量是指水分占组织材料鲜重或干重的百分比。植物含水量的计算可以用鲜重法或干重法表示。

含水量多少与植物种类、器官、组织、年龄以及生态环境等密切相关。

不同植物的含水量不同。例如，水生植物（水葫芦、金鱼藻等）的含水量可达鲜重的90%以上，在干旱环境中生长的低等植物（地衣、藓类等）则仅占6%左右，而草本植物的含水量为70%～85%，木本植物的含水量稍低于草本植物。

同一种植物不同器官和不同组织含水量不同。如幼嫩根尖、幼茎、幼叶等的含水量可达60%～90%，苹果果实含水量为84%左右，而风干种子的含水量只有9%～14%。

同一种植物生长在不同环境中，含水量不同。凡是生长在荫蔽、潮湿环境中的植物，它的含水量比生长在向阳、干燥环境中的要高一些。

总之，植物体内含水量的高低与生命活动的强弱呈正相关，凡是生命活动较旺盛的部分，含水量都较多。

2. 水分存在状态　水分在植物细胞内通常有束缚水和自由水两种状态。

细胞质干物质的主要组成成分是蛋白质。蛋白质的生化特性决定了蛋白质具有胶体性质，其分子的表面亲水基团对水有很强的吸附力，形成一层保护蛋白质分子结构与功能稳定的水膜。水分子距离蛋白质胶体颗粒越近，吸附力越强；相反，则吸附力越弱。靠近胶体颗粒而被吸附束缚不易自由流动的水分，称为束缚水（bound water）；距离胶体颗粒较远而可以自由流动的水分，称为自由水（free water）。蛋白质的胶体性质决定了细胞质的溶胶特性以及对水分子的吸收和保持。

自由水与束缚水的比值，可反映植物体内代谢状况。自由水与束缚水比值高时，植物代谢旺盛，生长较快，但抗性较差。自由水与束缚水比值降低，代谢活动减弱，生长缓慢，但抗性增强。

3. 生理需水和生态需水 按照水与植物生长发育的关系可分为植物的生理需水（physiological water requirement）以及植物的生态需水（ecological water requirement）。植物的生理需水即直接用于植物生命活动与保持植物体内水分平衡的那部分水。植物的生态需水则是作为生态因子，影响到植物正常生长所必需的体外环境而消耗的水，这部分水的作用主要是调节植物周围的环境，达到高产稳产的目的，如可增加大气湿度、改善土壤状况及调节土壤表面的大气温度等。事实上，生理需水和生态需水在生产实践中不能截然分开，尤其对于水稻等水生植物，二者都很重要。

二、水分在植物生命活动中的作用

水分在植物生命活动中具有重要作用。

1. 水是植物细胞的重要成分 植物细胞原生质的含水量一般为70％～90％，这样才能保持原生质呈溶胶状态，植物细胞才能正常地进行分裂、伸长、分化及代谢活动。

2. 水是生理生化反应和运输的介质 水分子具有极性，是自然界中可溶解物质最多的良好溶剂；植物体内的各种生理生化过程，如矿质元素的吸收、运输，气体交换，光合产物的合成、转化和运输都需要以水作为介质，才能进行。

3. 水是植物代谢过程中的重要原料 水是光合作用的原料。在呼吸作用以及许多有机物质的合成和分解过程中都有水分子参加。植物细胞的正常分裂和生长都需要有足够水分。

4. 水能保持植物固有的姿态 由于植物细胞和组织中含有大量水分，可产生静水压力，维持细胞的紧张度，使植物枝叶、花朵伸展挺拔，利于捕获光能、气体交换和授粉受精，也有利于根系在土壤中的生长和吸收，这是植物维持正常生命活动的必备条件。

5. 水可调节植物体温以及周边环境温湿度 水具有高汽化热，有利于植物通过蒸腾散热，保持适宜的体温，避免烈日下的灼伤。由于水的比热容高，水温变化幅度小，在水稻育秧遇到寒潮时，可以灌水护秧，保持植株体温不致骤然下降。在农业生产上，利用水来调节作物周围小气候是行之有效的措施。

第二节　植物细胞对水分的吸收

植物细胞吸水方式主要有两种：一是渗透吸水，是已形成液泡的成熟植物细胞的主要吸水方式；二是吸胀吸水，是未形成液泡的细胞和植物分生组织以及死细胞的吸水方式。

一、细胞的渗透吸水

（一）水势的概念

根据热力学第一定律，一个系统所含的能量，可分为两部分，一部分称束缚能（bound energy），即不能转化用于做功的能量；另一部分称自由能（free energy），即在恒温条件下用于做功的能量。每摩尔物质所具有的自由能就是该物质的化学势（chemical potential）。化学势可以表示体系中各组分发生化学反应的能力以及转移的方向。在单位体积内某物质的量愈多，自由能愈高，其化学势也愈高，参与化学反应的趋势愈强，向低化学势区域转移的可能性也愈大。在任一化学反应或相变体系中，物质分子的转移方向和限度是以化学势高低来决定的。根据热力学第二定律，对于一个等温等压下的自发过程来说，物质分子总是从化学势高的区域自发地转移到化学势低的区域，当两个相邻区域的某物质的化学势相等时，则呈现动态平衡。对于带电荷的物质而言，反应转移方向除与化学势有关外，还与其所带电荷的状况和两个区域的电势差有关。

水分作为一种物质同样具有自由能、化学势。借鉴物理学中系统的化学势描述，把细胞或植株看成一个系统，一般而言，认为其水的化学势就是水势（water potential），采用的是能量单位。但在实际应用时，测定能量变化比测定压强变化困难得多，因此在植物生理学中，通常将水的化学势除以水的偏摩尔体积（$V_{w,m}$），使其具有压强单位：帕（Pa）、兆帕（MPa）。它与过去常用的压强单位巴（bar）或大气压（atm）（均为非法定计量单位）的换算关系是：

$$1\ bar=0.987\ atm=10^5\ Pa=0.1\ MPa$$
$$1\ atm=1.013\ bar=1.013\times10^5\ Pa$$
$$1\ MPa=10^6\ Pa=10\ bar=9.87\ atm$$

这样，水势的定义为：系统中水的化学势（μ_w）与同温、同压下纯水的化学势（μ_w^0）之差（$\Delta\Psi_w$），除以偏摩尔体积（$V_{w,m}$）所得的商。水势用符号 Ψ_w 表示，计算公式为：

$$\Psi_w=\frac{\mu_w-\mu_w^0}{V_{w,m}}=\frac{\Delta\Psi_w}{V_{w,m}}$$

式中，水的偏摩尔体积（partial molar volume）是指在一定温度、压力和浓度下，1 mol 水在混合物（均匀体系）中所占的有效体积。例如，在 1.013×10^5 Pa 和 25 ℃条件下，1 mol 的纯水所具有的体积为 18 mL，但在相同条件下，将 1 mol 的水加到大量的水和酒精等的混合物中时，这种混合物增加的体积不是 18 mL，而是 16.5 mL，16.5 mL 就是水的偏摩尔体积。这是水分子与酒精分子强烈相互作用的结果。在稀溶液中，水的偏摩尔体积与水的摩尔体积（$V_w=18.00\ cm^3/mol$）相差很小，实际应用中，常用摩尔体积代替偏摩尔体积。

水势的绝对值不易测定，故采用比较法，用在同温、同压条件下，测定纯水和溶液的水势差值来表示。所谓纯水是指不以任何方式与任何物质相结合的水，所含自由能最高，水势也最高，在这里，界定纯水的水势为 0。当纯水中溶解任何溶质成为溶液时，由于溶质颗粒降低了水的自由能，因而溶液中水的自由能要比纯水低，溶液的水势为负值。溶液越浓，其水势的绝对值就越大，即水势越低。例如，在 25 ℃下，纯水的水势为 0，荷格兰特培养液的水势为 -0.05 MPa，1 mol 蔗糖溶液的水势为 -2.70 MPa。一般正常生长的叶片的水势为 $-0.8\sim-0.2$ MPa。

水分的移动是沿着自由能减小的方向进行的，即水分总是由水势高的区域移向水势低的区域。

（二）水的运输过程

生物体内水的运输有 3 种方式，即水分的扩散、集流和渗透作用，植物细胞对水分的吸收、运输和排出均依赖于此。

1. 扩散　气体分子、水分子或溶质颗粒，都有自浓度较高的区域向其邻近的浓度较低的区域运动的趋势，这种现象称为扩散（diffusion）。根据扩散作用的菲克定律（Fick's law），水分子扩散速度与系统浓度梯度成正比。水分子扩散在很短距离（数微米）内的运输是迅速有效的，但对于长距离的运输，由于扩散速度太慢，远远不能满足植物的生理需要。

2. 集流　水分子及组成水溶液的各种物质的分子和原子在压力梯度下的集体流动称为集流（mass flow）。在土壤中可被植物利用的水，除少量通过扩散作用移动外，大部分是在压力梯度驱动下以集流方式移动的，适用于水分子快速的长距离运输。当植物根系从土壤中吸收水分时，根表面附近水的压力下降，便会驱使邻近区域的水分通过土壤孔隙，顺着压力梯度向根系移动。土壤中水移动的速度决定于压力梯度的大小及水的传导率。水的传导率（hydraulic conductivity）指在单位压力下单位时间内水移动的距离。沙土中水的传导率高，黏土中传导率低。植物叶片蒸腾失水会在植株体内形成一个压力梯度，导致植物根部水分沿导管形成蒸腾流上运，以满足叶片对水分的需要。

3. 渗透作用　渗透作用（osmosis）是扩散的一种特殊形式，是指溶剂分子从水势高的区域通过半透膜向水势低的区域扩散的现象。当膜两侧溶液的水势相等，$\Delta\Psi_w=0$ 时，渗透作用达到动态平衡，即溶剂分子在单位时间内透过半透膜的双向扩散速度相等。

植物的成熟细胞外有质膜，内有液泡膜，液泡中含有糖、无机盐等多种物质，具有一定的水势，所以细胞原生质层相当于一个半透膜，它们允许水分和某些小分子物质通过，而其他物质则不能或不易通过。这样，可以把整个细胞看作一个渗透系统。把植物细胞放置于清水或溶液中，由于细胞液与细胞外溶液之间存在水势差（$\Delta\Psi_w$），就会发生渗透作用。当细胞液的水势高于细胞外溶液的水势时，液泡就会失水，细胞收缩，体积变小。但由于细胞壁的伸缩性有限，而原生质体的伸缩性较大，当细胞继续失水时，细胞壁停止收缩，原生质体继续收缩下去，这样，原生质体便开始和细胞壁慢慢分离开来，这种现象称为质壁分离（plasmolysis）。这一现象说明植物细胞及其环境发生了水分交换。如果把发生了质壁分离现象的细胞浸在水势较高的稀溶液或清水中，外面水分又会进入细胞，液泡变大，整个原生质体慢慢恢复原来的状态，与细胞壁相连接，这种现象称为质壁分离复原（deplasmolysis）。如果把发生了质壁分离的细胞较长时间放在浓溶液中，外界溶液中的溶质会慢慢进入液泡，使细胞液水势降低，当外界溶液水势高于细胞液水势时，外界水分进入细胞，最后也会发生质壁分离复原现象。可以利用细胞质壁分离和质壁分离复原的现象说明原生质层具有半透膜的性质；判断细胞死活；利用初始质壁分离测定细胞的渗透势，进行农作物品种抗旱性鉴定；质壁分离复原也可作为作物灌溉的生理指标；利用质壁分离复原测定原生质的黏性大小、物质能否进入细胞以及进入细胞的速度等。

（三）植物细胞的水势

植物细胞外有细胞壁，对原生质体有压力；内有大液泡，液泡中有溶质，细胞中还有多种亲水胶体都会对细胞水势高低产生影响。因此植物细胞水势比开放体系的溶液水势要复杂得多。植物细胞水势至少要受到 3 个组分的影响，即溶质势（Ψ_s）、压力势（Ψ_p）、衬质势（Ψ_m），因而通常情况下植物细胞水势的组分为：

$$\Psi_w = \Psi_s + \Psi_p + \Psi_m$$

1. 溶质势　溶质势（solute potential）也称为渗透势（osmotic potential），是指由于溶液中溶质颗粒的存在而引起的水势降低值，呈负值。植物细胞中含有大量的溶质，其中主要是存在于液泡中的无机离子、糖类、有机酸、色素、酶类等。细胞液所具有的溶质势是各种溶质势的总和。植物细胞的溶质势因内外条件不同而有差别。细胞液中的溶质颗粒总数越多，溶质势就越低。一般陆生植物叶片的溶质势是$-2 \sim -1$ MPa，旱生植物叶片的溶质势可以低到-10 MPa。凡是影响细胞液浓度的内外条件，都可引起溶质势的改变。

2. 压力势　由于植物细胞吸水，原生质体膨胀，便会对细胞壁产生一种正向的压力，称为膨压（turgor pressure）。细胞壁在受到膨压的作用后，便会产生一种与膨压大小相等、方向相反的力量，即壁压。这种由于壁压的产生，使细胞内水的自由能提高而增加的那部分水势，称为压力势（pressure potential）。压力势一般为正值。草本植物叶片细胞的压力势，在温暖天气的午后为 $0.30 \sim 0.50$ MPa，晚上则达 1.5 MPa。在特殊情况下，压力势也可为负值或等于 0。例如，初始质壁分离时，压力势为 0；剧烈蒸腾时，细胞壁出现负压，细胞的压力势呈负值。

3. 衬质势　衬质势（matrix potential）指由于细胞中亲水胶体物质和毛细管对自由水的吸附和束缚而引起水势的降低值。因此，衬质势呈负值。未形成液泡的细胞，具有一定的衬质势，如干燥种子的衬质势常低于-100 MPa。对于液泡化的成熟细胞而言，原生质仅一薄层，其衬质为水所饱和，衬质势趋向于 0，即 $\Psi_m = 0$，可以忽略不计。

由上可见，有液泡的植物细胞水势高低主要取决于溶质势（Ψ_s）与压力势（Ψ_p）之和，前者为负值，而后者一般为正值。

$$\Psi_w = \Psi_s + \Psi_p$$

对于未形成液泡的植物细胞，如分生细胞、干燥种子的细胞来说，$\Psi_s = 0$，$\Psi_p = 0$，所以它们的水势就等于衬质势，即：

$$\Psi_w = \Psi_m$$

对于非常高大的植物以及在探讨空间生物学等情况的植物水势时，要考虑重力对水势的影响，即需加上重力势。重力势（gravitational potential，Ψ_g）是指水分由于重力的存在而使水势增加的数值。此时细胞水势为：

$$\Psi_w = \Psi_s + \Psi_p + \Psi_m + \Psi_g$$

（四）水分流动方向

植物细胞吸水与失水取决于细胞与外界环境之间的水势差（$\Delta\Psi_w$）。具有液泡的植物细胞吸水的主要方式是渗透吸水。当细胞水势低于外界溶液的水势时，细胞就吸水；当细胞水势高于外界溶液的水势时，细胞就失水。植物细胞在吸水和失水的过程中，细胞体积会发生变化，其水势、溶质势和压力势都会随之改变。

细胞水势（Ψ_w）及其组分溶质势（Ψ_s）和压力势（Ψ_p）与细胞相对体积间的关系如图 4-1 所示。细胞相对体积为 1.0 的植物细胞在发生初始质壁分离时（状态Ⅲ），其 $\Psi_p = 0$，$\Psi_w = \Psi_s$（约为 -2.0 MPa）。如将该细胞置于纯水（$\Psi_w = 0$）中，它将从介质中吸水，细胞体积增大，细胞液稀释，Ψ_s 也相应增大，Ψ_p 增大，Ψ_w 也增大（状态Ⅰ）。当细胞吸水达到饱和时，细胞相对体积为 1.5（最大值）（状态Ⅱ），Ψ_s 与 Ψ_p 绝对值相等（约为 1.5 MPa），但符号相反，Ψ_w 便为 0，细胞水分进出达到动态平衡而不再吸水。当叶片细胞剧烈蒸腾，细胞壁表面蒸发失水多，细胞壁便随着原生质体的收缩而收缩，Ψ_p 变为负值，Ψ_w 低于 Ψ_s（状态Ⅳ）。

相邻两个细胞间水分移动的方向，取决于两细胞间的水势差，水分总是由水势高的细胞向水势低的细胞移动。如甲细胞的 Ψ_s 为 -1.5 MPa，Ψ_p 为 0.70 MPa，故其 Ψ_w 为 -0.8 MPa；乙细胞的 Ψ_s 为 -1.2 MPa，Ψ_p 为 0.6 MPa，故其 Ψ_w 为 -0.6 MPa；则水分将由乙细胞移向甲细胞，直到 $\Delta\Psi_w = 0$ 为止。在一排相互连接的薄壁细胞中，只要胞间存在着水势梯度，那么水分仍然是由水势高的细胞移向水势低的细胞。植物细胞、组织、器官之间，以及地上部分与地下部分之间，水分的转移也都符合这一基本规律。

植物根系从土壤吸收水分，经体内运输和分配后，大部分又从叶片散失到大气中，这一水分转移过程也是由水势差决定。一般说来，土壤水势＞植物根水势＞茎木质部水势＞叶片水势＞大气水势，使根系吸收的水分能够不断运往地上部分，即土壤-植物-大气连续整体（soil-plant-atmosphere continuum，SPAC）。

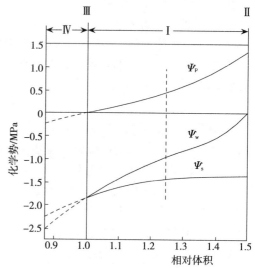

图 4-1 植物细胞相对体积变化与 Ψ_w、Ψ_s、Ψ_p 的关系

二、细胞的吸胀吸水

植物细胞的吸胀吸水就是靠吸胀作用吸水。吸胀作用（imbibition）是指细胞质及细胞壁的亲水胶体物质吸水膨胀的现象。这是因为细胞内的纤维素、淀粉粒、蛋白质等亲水胶体物含有许多亲水基团，特别是在干燥的种子中，组成原生质、细胞壁的胶体物质都处于凝胶状态，这些凝胶分子与水分子间有很大的分子间引力，细胞壁中还有许多毛细管，水分子（液态的水或气态的水蒸气）会以扩散和毛细管作用通过小缝隙进入凝胶内部，水分子以氢键与亲水凝胶结合，使后者膨胀。胶体吸引水分子的力量与胶体亲水性有关，蛋白质、淀粉和纤维素三者的亲水性依次递减，所以含蛋白质丰富的豆科植物种子的吸胀现象比禾谷类种子要显著。

吸胀吸水是未形成液泡的植物细胞吸水的主要方式。风干种子萌发时第一阶段的吸水、果实种子形成过程的吸水、分生细胞生长的吸水等，都是属于吸胀吸水。这些细胞吸胀吸水能力的大小，实质上就是衬质势的高低。一般干燥种子衬质势常低于$-100\ MPa$，远低于外界溶液（或水）的水势，吸胀吸水就很容易发生。由于吸胀过程与细胞的代谢活动没有直接关系，所以又把吸胀吸水称为非代谢性吸水。

三、植物细胞吸水与水通道蛋白

生物体内水分子的跨膜运动原来认为扩散是主要方式，但解释不了快速的水分运动，满足不了植物快速生长对水的需求。作为一项基本的生命活动，水分的跨膜运输一直是植物生理学的研究重点。人们质疑是否在细胞膜上有水分运输的专有通道。1960 年，Ray 等就讨论了水通道在细胞膜上存在的可能性。随着压力探针和停流技术的发展，发现单纯水分子跨膜的扩散很难达到细胞那么高的水分透性，这促使人们重新思考水通道存在的可能性。1987 年，Peter Agre 等在人红细胞中发现了一种相对分子质量为 28 000，并经爪蟾卵母细胞表达系统鉴定为具有水通道功能的内在蛋白 CHIP28。之后，在动物和植物的许多组织的细胞膜及植物液泡膜上也证实了水通道蛋白的存在。水通道蛋白的发现完善了人们对水分运输的认识，水分跨膜运输主要是通过膜上水通道的观点已被完全接受，据报道有 70%～90% 的体内水分运动通过水通道蛋白。

目前把一系列相对分子质量为 25 000～30 000，能选择性地高效转运水分子的膜通道蛋白，称为水通道蛋白（water channel protein），也称水孔蛋白（aquaporin，AQP）。它们的作用是通过减小水分跨膜运动的阻力，从而加快细胞间或液泡与胞基质间水分顺水势梯度运动的速度（图 4-2）。水通道蛋白是一类具有选择性、高效转运水分的跨膜通道蛋白，一般情况下，它只允许水分通过，不允许大一些的离子和代谢物通过，但后来发现 CO_2 和尿素、甘油等小分子可以和水分子一起运输。

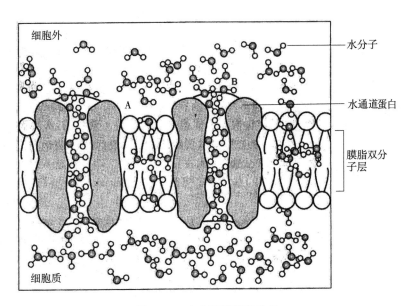

图 4-2 水分跨膜运输途径

（引自潘瑞炽，2004）

水通道蛋白的发现在水分生理的研究上具有划时代的意义。2003 年诺贝尔化学奖授予给 Peter Agre 和 Roderick Mackinnon，以表彰他们在水通道和离子通道上的研究成就。

水通道蛋白是高度保守的膜蛋白，具有 MIP(major intrinsic protein) 家族的典型特征，三维结构生物学模型已经提出，该蛋白与离子通道蛋白、甘油通道蛋白等同属 MIP 家族。植物水通道蛋白可以分为 4 类：质膜内在蛋白（plasma membrane intrinsic protein，PIP）、液泡膜内在蛋白（tono-plast intrinsic protein，TIP）、类 Nod26 膜内在蛋白（nodulin 26 like intrinsic protein，NIP）和小分子碱性膜内在蛋白（small and basic intrinsic protein，SIP）。植物水通道蛋白在植物中的含量很高，主要分布在细胞的质膜和液泡膜上，一般大量存在于参加水分、离子集流的细胞类型中，而这些细胞往往是正在分裂和伸长的细胞及幼嫩部位。水通道蛋白在植物中的高含量和广泛分布表明它们在植物的生命活动中的重要作用，如参与植物叶片的伸长生长和植物的开花授粉等。

水通道的开闭可有效地调节水分的跨膜运动，有些水通道蛋白是组成型的，但多数水通道蛋白是受环境因子（如干旱盐害等）诱导表达的。水通道蛋白的调控分为转录水平的调控和转录后水平的调控，前者主要通过控制水通道蛋白的合成速度来实现，后者主要是通过蛋白质磷酸化/去磷酸化实现的。水通道蛋白对 $HgCl_2$ 高度敏感，但此抑制作用可以被巯基乙醇逆转。

第三节　植物根系对水分的吸收

一、根系吸水的部位

根系是陆生植物吸收水分的主要器官，根系在土壤中分布深广。小麦根可深入土壤 100～200 cm，侧向扩展 30～50 cm。根系各部分吸水能力有差别。根系吸水的主要部位是根尖，根尖包括根冠、分生区、伸长区和根毛区，其中根毛区的吸水能力最强，这是因为根毛区有许多根毛，可以增大吸收面积，同时根毛细胞壁的外层由果胶质覆盖，黏性和亲水性均较强，有利于与土壤胶体颗粒黏着和吸水。加上根毛区的输导组织发达，对水移动阻力小，水分转移速度快，所以根毛区吸水能力最大。根尖的其他部位之所以吸水差，主要是因为输导组织未形成或不发达，细胞质浓厚，水分扩散阻力大，移动速度慢。根毛区随着根的生长不断向前推进，根毛的寿命一般只有几天。植物吸水主要靠根尖，因此在移栽时尽量不要损伤细根，以免引起植株萎蔫和死亡。

二、根系吸水的途径

植物根部吸水主要通过根毛、皮层、内皮层，再经中柱薄壁细胞进入导管。水分在根内的径向运转主要有质外体途径和共质体途径。质外体途径（apoplast pathway）是指水分通过由细胞壁、细胞间隙、胞间层及导管的空腔组成的质外体部分的移动过程。水分在质外体中的移动，不越过任何膜，移动阻力小，所以移动速度快。但根中的质外体是不连续的，它被皮层的凯氏带分隔开来成为两个区域：一是内皮层以外，包括根毛、皮层的胞间层、细胞壁和细胞间隙，称为外部质外体；二是内皮层以内，包括成熟的导管和中柱各部分细胞壁，称为内部质外体。因此，水分由外部质外体进入内部质外体时必须通过内皮层细胞的共质体途径才能实现。共质体途径（symplast pathway）是指水分依次从一个细胞的细胞质经过胞间连丝进入另一个细胞的细胞质的移动过程，移动速度较慢。另外，水分可跨膜从一个细胞移动到另一个细胞，称为跨膜途径（transmembrane pathway），水分至少要两次越过质膜，也有可能还要两次跨越液泡膜。但一般认为液泡既不属于共质体，也不属于质外体。共质体途径和跨膜途径统称为细胞途径（cellular pathway）（图 4 - 3）。

三、根系吸水的机制

植物根系吸水按其吸水动力不同可分为两类：主动吸水和被动吸水，以被动吸水为主。

1. 主动吸水　由于植物根系本身的生理活动而引起植物吸水的现象，称为主动吸水（active water absorption），主动吸水的表现为根压，它与地上部分的活动无关。根压（root pressure）是指植物根系生理活动促使液流从根部上升的压力。根压促使根部吸进的水分，沿着导管输送到地上部分，土壤中的水分又源源不断地补充到根部，这样就形成了根系的吸水过程。各种植物的根压大小不同，大多数植物的根压为 0.1～0.2 MPa，有些木本植物可达 0.6～0.7 MPa。可以通过伤流和吐水两种生理现象证实根压的存在。

从受伤或折断的植物组织伤口处溢出液体的现象，称为伤流（bleeding）（图 4 - 4）。伤流是由根

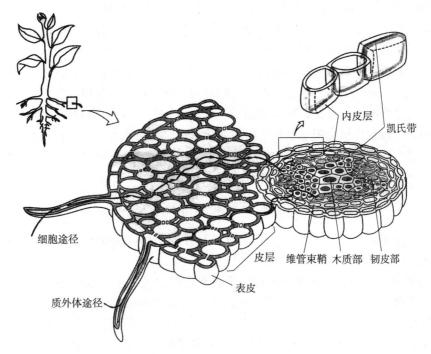

图 4 - 3　根部吸水的途径

（引自 Taiz 和 Zeiger, 2006）

压引起的。把丝瓜茎在近地面处切断后，伤流现象可持续数日。凡是能影响植物根系生理活动的因素都会影响伤流的溢出。从伤口流出的汁液称伤流液（bleeding sap）。其中除含有大量水分之外，还含有各种无机物、有机物和植物激素等。所以，伤流液的数量和成分，可作为根系活动能力强弱的生理指标。如果在切口外套上橡皮管，并与压力计相连接，则可以测出根压的大小。

　　生长在土壤水分充足、天气潮湿环境中的植株叶片尖端或边缘的水孔，向外溢出液滴的现象，称为吐水（guttation）。吐水也是由根压引起的。实验证明，用呼吸作用的抑制剂处理植株根系，则可抑制吐水。作物生长健壮，根系活动较强，其吐水量也较多，所以在生产上吐水现象可以作为根系生理活动的指标，判断幼苗长势的强弱。

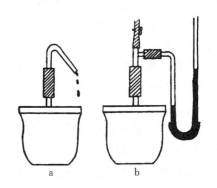

图 4 - 4　伤流与根压

a. 伤流液从茎部切口处流出

b. 用压力计测定根压

　　一般认为，根压的产生与根系生理代谢活动和导管内外的水势差有密切关系。植物根系可以利用呼吸作用释放的能量主动吸收土壤溶液中的离子，并将其转运到根的内皮层内，使中柱细胞和导管中的溶质增加，内皮层内溶质势下降。当内皮层内水势低于土壤水势时，土壤中的水分便可自发地顺着内皮层内外的水势梯度，从外部渗透进入导管。在这个过程中，导管周围细胞内液体对导管内液体产生的压力大于导管内液体向外的压力，也就是形成了一个由外向内的压力差，使导管内产生静水压，即产生了根压。导管内水分受此压力作用不断向上输送。实验证明，根系在高水势溶液中，伤流速度快；如果把根系放入较低水势溶液中，伤流速度慢；当外界溶液的水势更低时，伤流会停止。这表明根压产生与渗透作用有关。已有实验证明，根压的产生与呼吸作用关系密切，当根系温度降低、氧分压下降或有呼吸抑制剂存在时，伤流、吐水和根系吸水便会减少或停止；反之，则会增强。这表明，呼吸作用为离子的吸收提供了能量，而离子在导管中的积累促进了渗透吸水，为根压产生创造了条件。

2. 被动吸水　由于植物叶片蒸腾作用而引起的吸水过程称为被动吸水（passive water absorption）。当叶片蒸腾时，气孔下腔周围细胞的水以水蒸气形式扩散到水势很低的大气中，导致叶片细胞水势下降，产生一系列相邻细胞间的水势梯度，就把茎部、根部导管的水拉向叶片，并促使根部的细胞从周围土壤中吸水。这种因叶片蒸腾作用而产生的一系列水势梯度使导管中水分上升的力量，称为蒸腾拉力（transpiration pull）。在光照下，蒸腾着的枝叶可通过被麻醉或死亡的根吸水，甚至一个无根的带叶枝条也照常吸水。可见，根在被动吸水过程中只为水分进入植物提供了一个通道。

主动吸水和被动吸水在植物吸水过程中所占的比重，因植物生长状况、植株高度，特别是蒸腾速率的强弱而异。通常强烈蒸腾的和高大的植株以被动吸水为主。只有植株幼苗和春季叶片未展开的落叶树木、蒸腾速率很低的植株，主动吸水才成为根系的主要吸水方式。

四、影响根系吸水的环境条件

在各种外界因素中，大气因子主要通过蒸腾作用间接影响植物的被动吸水，土壤因子则直接影响植物的主动吸水，也对被动吸水有一定的影响。

1. 土壤水分状况　土壤水分状况与植物根系吸水密切相关。土壤水分不足时，土壤水势与植物根系中柱细胞的水势差减小，根系吸水减少，引起地上部细胞膨压降低，植株就会出现萎蔫。萎蔫分两种情况，一种是暂时萎蔫（temporary wilting），即植物仅在白天蒸腾强烈时叶片出现萎蔫现象，但当夜间或蒸腾降低后即可恢复。这种现象多发生在夏季的中午前后，是由气温过高或湿度较低使植物蒸腾失水大于根系吸水，造成体内暂时的水分亏缺而引起的，对植物生长不会造成严重的伤害。另一种是永久萎蔫（permanent wilting），即当植物经过夜间或降低蒸腾之后，萎蔫仍不能恢复的现象。永久萎蔫已对植物正常生长造成了伤害，如果持续时间较长就会严重影响植物的生长发育，甚至导致植物死亡。在我国北方的一些旱作农业区，常常会因为大气干旱和土壤缺乏有效水分而导致作物生长不良和减产。

在我国南方的一些地区，雨水过多使土壤水势过高，也不利于植物根系吸水和生长。当水势大于 -0.01 MPa 时，土壤孔隙被水分占据，土壤通气不良，根系生长缓慢，加上光照不足，导致作物产量不高，品质下降。

按照水分能否被植物吸收利用，土壤水分可分为可利用水和不可利用水两类。表示土壤中不可利用水的指标是永久萎蔫系数（permanent wilting coefficient），指植物发生永久萎蔫时土壤中尚存留的水分占土壤干重的百分率。只有在超过永久萎蔫系数的土壤中的水分才是植物的可利用水。土壤中可利用水的多少与土粒粗细以及土壤胶体数量有密切关系，一般按粗砂、细砂、砂壤、壤土和黏土的顺序依次递减。总的来说，植物根系要从土壤中吸水，根部细胞的水势必须低于土壤溶液的水势，二者的水势差（$\Delta\Psi_w$）大，有利于植物根系吸水。

2. 土壤温度　土壤温度影响根的生长和生理活动。在一定范围内，随着土壤温度的升高，根系代谢活动增强，吸水量增多。低温会使根系吸水下降，其原因有：①水分在低温下黏度增加，扩散速度降低，同时由于细胞原生质黏度增加，水分透过阻力加大；②根呼吸速率下降，影响根压产生，主动吸水减弱；③根系生长缓慢，不发达，有碍吸水面积扩大。土壤温度过高也对根吸水不利，其原因是土壤温度过高会提高根的木质化程度，加速根的老化进程，还会使根细胞中各种酶蛋白变性失活。此外，土壤温度对根系吸水的影响还与植物原产地和生长发育的状况有关。一般喜温植物和生长旺盛的植物根系吸水易受低温影响，柑橘、甘蔗在土壤温度降至 5 ℃以下，根系吸水即显著受阻；冬小麦在土壤温度接近 0 ℃时，根系仍保持一定的吸水能力。

3. 土壤通气状况　土壤中的 O_2 和 CO_2 的浓度对植物根系吸水有很大影响。实验证明，用 CO_2 处理小麦、水稻幼苗根部，其吸水量降低 $14\% \sim 50\%$；如通以空气，则吸水量增加。这是因为 O_2 充足时，根系进行有氧呼吸，能提供较多的能量，不但有利于根系主动吸水，而且也有利于根尖细胞分裂，促进根系生长，扩大吸水面积。如果作物受涝或土壤板结，会造成 CO_2 浓度过高或 O_2 不足，短期内可使根细胞呼吸减弱，能量释放减少，根对离子的主动吸收受抑制，会影响根压的产生，不利于根系吸水；长时间缺 O_2 或 CO_2 浓度过高，就会产生无氧呼吸和累积较多的酒精，使根系中毒受伤，吸水更少。

4. 土壤溶液浓度 土壤溶液浓度决定土壤的水势，从而影响植物根系吸水的速度。在一般情况下，土壤溶液浓度较低，水势较高，有利于根系吸水。在盐碱地，土壤水分中的盐分浓度高，水势很低，导致作物吸水困难，不能正常生长。栽培管理中，施用化学肥料或腐熟肥料过多、过于集中时，可使土壤溶液浓度骤然升高，阻碍根系吸水，甚至会导致根细胞水分外流，产生"烧苗"现象。

第四节 植物的蒸腾作用

陆生植物在一生中耗水量是很大的。据估算，1 株玉米一生需耗水 200 kg 以上，其中只有极少数水分（占 1.5%～2%）是用于自身的组成和参与各种代谢过程，绝大部分都散失到体外。其散失的方式，除了少量的水分以液体状态通过吐水的方式散失外，最主要的是以气体状态，即以蒸腾作用的方式散失。

一、蒸腾作用的意义

蒸腾作用（transpiration）是指水分以气体状态通过植物体的表面从体内散失到大气中的过程。蒸腾作用是蒸发的一种特殊形式，但它与物理学的蒸发不同。蒸发是单纯的物理过程，而蒸腾作用是一个生理过程，要受到植物体结构和气孔行为的控制和调节。植物蒸腾作用散失了大量的水分，但它对于植物也有重要的意义。

①蒸腾作用产生的蒸腾拉力是植物被动吸水转运水分的主要原动力。这对高大乔木尤为重要。

②蒸腾作用促进木质部汁液中物质的运输。根系吸收的土壤中的矿质盐类和根系中合成的有机物可随着水分的吸收和流动而被吸入和分布到植物体各部分。

③蒸腾作用能降低植物体和叶片的温度，这是因为水的汽化热高，因而水分在蒸腾过程中可以散失掉大量的辐射热，从而降低叶温和体温，使植物免受高温的伤害。

叶片的结构决定了气孔张开有利于从空气中吸收 CO_2，在促进光合作用的同时，也增加了水分从气孔中的排出，即加剧了蒸腾作用，而这一过程常常引起水分亏缺和脱水。虽然蒸腾可起降温作用，但在夏天的中午，气温高时，叶片蒸腾失水多，气孔往往收缩，使蒸腾作用减缓，叶温上升反而加剧。植物用蒸腾作用调节体温的作用因水分的亏缺而无法实现。

二、蒸腾作用的部位及指标

植物蒸腾作用绝大部分是靠叶片进行的。叶片的蒸腾作用方式有两种，一是通过角质层的蒸腾，称为角质层蒸腾（cuticular transpiration）；二是通过气孔的蒸腾，称为气孔蒸腾（stomatal transpiration）。角质层本身不易让水通过，但角质层中间含有吸水能力强的果胶质，同时角质层也有孔隙，可让水分自由通过。角质层蒸腾在叶片蒸腾中所占的比重和角质层厚度有关。例如，生长在潮湿地方的植物，其角质层蒸腾往往超过气孔蒸腾。幼嫩叶子的角质层蒸腾散失水量可达总蒸腾量的 1/3～1/2，一般植物成熟叶片的角质层蒸腾散失水量仅占总蒸腾量的 3%～5%。因此，气孔蒸腾是植物蒸腾作用的主要方式，其散失水量可占总蒸腾量的 80%～90%。

常用的蒸腾作用指标有下列几种。

1. 蒸腾速率 蒸腾速率（transpiration rate）指植物在单位时间内、单位叶面积通过蒸腾作用散失的水量。常用单位：$g/(m^2 \cdot h)$、$mg/(dm^2 \cdot h)$。大多数植物白天的蒸腾速率是 15～250 $g/(m^2 \cdot h)$，晚上是 1～20 $g/(m^2 \cdot h)$。

2. 蒸腾比率 蒸腾比率（transpiration ratio）又称蒸腾效率，指植物在一定生长期内累积的干物质和所消耗的水分量的比率，或每蒸腾 1 kg 水时所形成的干物质的质量。常用单位：g/kg。一般植物的蒸腾比率为 1~8 g/kg。

3. 蒸腾系数 蒸腾系数（transpiration coefficient）又称需水量（water requirement），指植物每制造 1 g 干物质所消耗水分的质量，它是蒸腾比率的倒数。大多数植物的蒸腾系数为 125~1 000。木本植物的蒸腾系数比较低，白蜡树约 85，松树约 40；草本植物蒸腾系数较高，玉米为 370，小麦为540。C_3 植物蒸腾系数较高，为 450~950，而 C_4 植物的蒸腾系数则较低，为 250~350。一般而言，蒸腾系数越小，表示该植物利用水分的效率越高。

三、气孔蒸腾

气孔（stoma）是植物体内外气体交换的重要门户。水蒸气、CO_2、O_2 都要共用气孔这个通道，气孔的开闭会影响植物的蒸腾、光合、呼吸等生理过程。气孔开闭是一个自动的反馈调节系统。

气孔是植物叶子表皮组织的小孔，一般由成对的保卫细胞（guard cell）组成，有的植物还有副卫细胞（subsidiary cell）连接。保卫细胞在形态上和生理上与表皮细胞有显著的差别。双子叶植物保卫细胞呈肾形，单子叶禾本科植物保卫细胞呈哑铃形（图 4-5）。

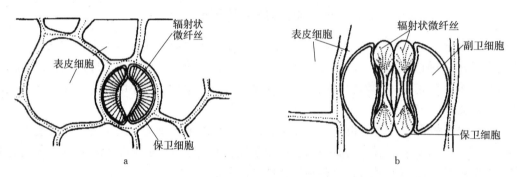

图 4-5 微纤丝在肾形保卫细胞（a）和哑铃形保卫细胞（b）中的排列
（引自潘瑞炽，2004）

（一）气孔的大小、数目与分布

气孔的大小、数目和分布，因植物种类和生长环境而异（表 4-1）。气孔一般长 7~40 μm，宽 3~12 μm。通常每平方毫米的叶面有气孔 100~500 个。气孔主要分布于叶片，裸子植物和被子植物的花序、果实，尚未木质化的茎、叶柄和卷须、荚果上也有气孔存在。单子叶植物叶的上下表皮都有气孔分布，双子叶植物的气孔主要分布在下表皮。莲、睡莲等水生植物的气孔都分布在上表皮。

表 4-1 不同类型植物的气孔的数目和大小

植物类型	每平方毫米叶面的气孔数	气孔口径/μm		气孔面积占叶面积比例/%
		长	宽	
阳性植物	100~200	10~20	4~5	0.8~1.0
阴性植物	40~100	15~20	5~6	0.8~1.2
禾本科植物	50~100	20~30	3	0.5~0.7
冬季落叶树	100~500	7~15	1~6	0.5~1.2
向日葵	58~156	22	8	3.13
玉米	52~68	19	5	0.82
番茄	12~130	13	6	0.85
苹果	400	14	12	5.28

研究发现，气孔密度对环境 CO_2 浓度很敏感，CO_2 浓度升高时，气孔密度降低。据统计，近两个世纪来，由于工业化的进程加快，大气 CO_2 浓度从 280 μL/L 增至 350 μL/L 以上，使气孔密度下降了 40%。

（二）气孔扩散的边缘效应

叶子表面上的气孔数目很多，然而气孔在叶面上所占面积百分比一般不到 1%，气孔完全张开也只占 1%~2%，气孔的蒸腾量却相当于叶片同样面积自由水面蒸发量的 10%~50%，甚至达到 100%。也就是说，经过气孔的蒸腾速率要比同面积的自由水面快几十倍，甚至 100 倍。这是因为当水分子从大面积上蒸发时，其蒸发速度与其蒸发面积成正比。但通过气孔表面扩散的速度，不与小孔的面积成正比，而与小孔的周长成正比。这就是所谓的小孔扩散律（law of small opening diffusion）。这是因为在任何蒸发面上，气体分子除经过表面向外扩散外，还沿边缘向外扩散。在边缘处，扩散分子相互碰撞的机会少，因此扩散速度就比中间部分的要快些。如当扩散表面的面积较大时（如大孔），边缘与面积的比值很小，扩散主要在表面上进行，所以经过大孔的扩散速度与孔的面积成正比。当扩散表面减小时，边缘与面积的比值增大，经边缘的扩散量就占较大的比例，孔越小，所占的比例越大，扩散的速度就越快（表 4-2）。叶子上的气孔是很小的孔，正符合小孔扩散定律。所以，在叶片上水蒸气通过气孔的蒸腾速率，要比同面积的自由水面的蒸发速率快得多。

表 4-2 相同条件下水蒸气通过各种小孔的扩散

小孔直径/mm	扩散失水/g	相对失水量	小孔相对面积	小孔相对周长	同面积相对失水量
2.64	2.65	1.00	1.00	1.00	1.00
1.60	1.58	0.59	0.37	0.61	1.62
0.95	0.93	0.35	0.13	0.36	2.71
0.81	0.76	0.29	0.09	0.31	3.05
0.56	0.48	0.18	0.05	0.21	4.04
0.35	0.36	0.14	0.01	0.13	7.61

（三）气孔运动及其机制

气孔对蒸腾和气体交换过程的调节是靠其自身的开闭运动控制的。在自然界中，除了景天、仙人掌、菠萝等少数植物外，气孔大都是白天开放，晚上关闭。

气孔运动（stomatal movement）主要是保卫细胞的吸水膨胀和失水收缩。气孔运动与保卫细胞壁不均匀加厚有关，更与保卫细胞壁中径向排列的微纤丝（microfibril）密切相系（图 4-5）。当保卫细胞吸水膨胀后，膨压增加，细胞壁受到来自细胞内部的、与细胞壁垂直的、指向细胞外部的压力。较薄的外侧壁在压力作用下，沿纵轴方向伸展，由于向外扩展受到微纤丝的限制，通过微纤丝的传导，使得加厚的内侧壁受到的向外拉力大于向内的静水压力，于是内侧壁被拉离气孔口，气孔就开放。

关于解释气孔运动的机制主要有 3 种学说。

1. 淀粉-糖转化学说 淀粉-糖转化学说（starch-sugar conversion theory）认为保卫细胞内叶绿体在光照下会进行光合作用，消耗 CO_2，使细胞内 pH 升高（约由 5 变为 7），淀粉磷酸化酶（starch phosphorylase）趋向催化水解反应，使淀粉转变成 1-磷酸葡萄糖，以后又在相应酶催化下继续转变为 6-磷酸葡萄糖、葡萄糖与磷酸。保卫细胞内葡萄糖浓度增加，水势下降，副卫细胞的水分进入保卫细胞，膨压增加，气孔张开。在黑暗中，保卫细胞不能进行光合作用，而呼吸作用仍然进行，因而 CO_2 积累，pH 下降（约由 7 变为 5），这时淀粉磷酸化酶趋向催化合成反应，使 1-磷酸葡萄糖转化为淀粉，保卫细胞内葡萄糖浓度降低，水势升高，水分则从保卫细胞内排出，膨压降低，因而气孔关闭。

但人们对该学说的看法不一，一是认为保卫细胞内的淀粉与糖的转化是相当缓慢的，不能解决气孔的快速开闭。二是实验测定结果表明：早晨气孔刚开放时，淀粉明显消失，而葡萄糖却并未相应增多。实际上，淀粉的降解物磷酸烯醇式丙酮酸（PEP）为苹果酸的合成提供了骨架。还有人认为，淀粉水解需消耗磷酸，并不能使保卫细胞渗透势发生太大变化。

2. 无机离子泵学说　无机离子泵学说（inorganic ion pump theory）又称 K^+ 泵学说。有研究发现，在光照下漂浮于 KCl 溶液表面的鸭跖草表皮的保卫细胞中 K^+ 浓度显著增加，气孔就张开。人们用微型玻璃钾电极插入保卫细胞及其邻近细胞直接测定了 K^+ 浓度变化。照光或降低 CO_2 浓度时，K^+ 浓度由保卫细胞向外逐渐降低；而在黑暗时，K^+ 浓度则由保卫细胞向外围细胞逐渐增高（图 4-6）。

在光照下，保卫细胞中 K^+ 大量累积，溶质势下降，水分进入保卫细胞，气孔张开；在黑暗中，K^+ 由保卫细胞进入副卫细胞和表皮细胞，水势升高，保卫细胞失水，气孔关闭。研究表明，保卫细胞质膜上存在着 H^+-ATP 酶，它可被光激活，能水解保卫细胞中氧化磷酸化和光合磷酸化产生的 ATP，而提供自由能，将 H^+ 从保卫细胞分泌到周围细胞中，使得保卫细胞的 pH 升高，周围细胞的 pH 降低，保卫细胞的质膜超极化（hyperpolarization），即质膜内侧的电势变得更小，它驱动 K^+ 从周围细胞经过位于保卫细胞质膜上的内向 K^+ 通道（inward K^+ channel）进入保卫细胞，再进一步进入液泡，K^+ 浓度增加，水势降低，水分进入，气孔张开。

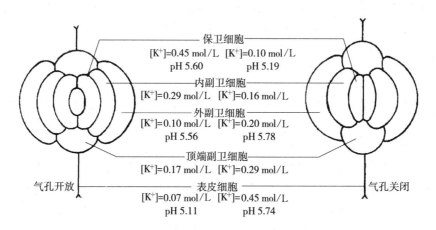

图 4-6　鸭跖草气孔开放和关闭时，气孔复合体细胞内 K^+ 的浓度和 pH 变化

实验还发现，在 K^+ 进入保卫细胞的同时，还伴随着等量负电荷的阴离子进入，以保持保卫细胞的电中性，也具有降低水势的作用。在黑暗环境中，光合作用停止，H^+-ATP 酶因得不到所需的 ATP 而停止做功，使保卫细胞的质膜去极化（depolarization），驱使 K^+ 经外向 K^+ 通道（outward K^+ channel）移向周围细胞，并伴随着阴离子的释放，导致保卫细胞水势升高，水分外移，而使气孔关闭。

3. 苹果酸代谢学说　20 世纪 70 年代初研究发现，在光照下，保卫细胞内的部分 CO_2 被利用时，pH 上升至 8.0～8.5，从而活化了磷酸烯醇式丙酮酸羧化酶（PEPC），它可催化由淀粉降解产生的 PEP 与剩余 CO_2 转变成的 HCO_3^- 结合形成草酰乙酸（OAA），并进一步被还原型辅酶Ⅱ（NADPH）还原为苹果酸（Mal）。苹果酸解离为 $2H^+$ 和苹果酸根，在 H^+/K^+ 泵的驱使下，H^+ 与 K^+ 交换，K^+ 浓度增加，水势降低；苹果酸根进入液泡与 K^+ 保持电荷平衡。同时，苹果酸也可作为渗透物，降低水势，促使保卫细胞吸水，气孔张开。当叶片由光下转入暗处时，该过程逆转。苹果酸代谢学说（malate metabolism theory）把淀粉-糖转化学说与无机离子泵学说结合在一起，较为合理地解释了光为什么能够诱导气孔开放，以及 CO_2 浓度降低与 pH 升高为什么促使气孔张开等问题（图 4-7）。

上述 3 种学说的本质都是渗透调节保卫细胞水势来控制气孔运动。最近的研究结果表明，蔗糖在保卫细胞渗透调节的某些阶段起着重要的渗透溶质的作用。其他还有玉米黄素假说等。

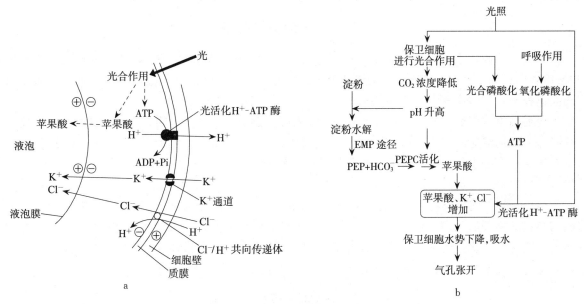

图 4-7 光下气孔开启的机制

a. 光照下保卫细胞液泡中的离子积累。由光合作用生成的 ATP 驱动 H^+ 泵（H^+-ATP 酶）向质膜外泵出 H^+，建立膜内外的 H^+ 梯度，在 H^+ 电化学势的驱动下，K^+ 经 K^+ 通道、Cl^- 经共向传递体进入保卫细胞。另外，光合作用生成苹果酸。K^+、Cl^- 和苹果酸进入液泡，降低保卫细胞的水势

b. 气孔开启机制

第五节　植物体内水分的运输

一、水分运输的途径

植物根系从土壤中吸收的水分，必须经过茎、叶和其他器官，供植物各种代谢的需要，其余大量水分蒸腾散失到大气中。水分运输途径是：土壤→根毛→皮层中柱→根的导管或管胞→茎的导管或管胞→叶的导管或管胞→叶肉细胞→叶肉细胞间隙→气孔下腔→气孔→大气。

水分在植物体内的运输可分为细胞外与细胞内两条途径。细胞外运输主要在根部进行，即水分从土壤进入根内后沿着质外体的自由空间扩散到内皮层，再进入细胞内；在叶内也存在细胞外运输，即从叶肉细胞经叶肉细胞间隙和气孔下腔至气孔，水分在这一段以气态形式扩散到大气中。水分在细胞外运输非常迅速并且便利。

根、茎、叶等部位都存在细胞内运输，这种运输又可分为两种。第一种，经过活细胞的短距离运输，实际上是共质体运输。短距离运输包括两段：一段是从根毛经皮层、内皮层、中柱鞘、中柱薄壁细胞到根导管；另一段是从叶脉末端到气孔下腔附近的叶肉细胞。其距离总共不过几毫米。水分进入共质体以后，便可通过胞间连丝，以渗透传导的方式，从一个细胞进入另一个细胞。共质体运输受到的阻力很大，所以距离虽短，运输速度却非常慢。第二种，经过死细胞的长距离运输，包括根、主茎、分枝和叶片的导管或管胞。裸子植物的水分运输途径是管胞，被子植物的是导管。成熟的导管与管胞是中空的长形死细胞，这种运输实际上是质外体运输。由于成熟的导管分子失去原生质体，相连的导管分子间的横壁形成穿孔，使导管成为一个中空的、阻力很小的通道。上下两个管胞分子相连的细胞壁并未打通而是形成纹孔，水分从一个管胞分子进入另一个管胞分子要经过纹孔，所以管胞的运输阻力要比导管大得多。与活细胞内的水分运输相比，在导管或管胞内，水分移动时受到的阻力很小，因此水分在导管或管胞内的运输速度很快。水分在导管和管胞内以液流方式运输。

水在茎中除了向上的纵向运输外，还能够旁侧运输。例如，将苹果树的某一侧根系切断，树冠两

边叶的含水量没有明显差异；在烈日下，断根一侧的树冠也无明显的萎蔫趋势。

二、水分运输的速度

植物种类不同，水分运输的速度也不同。裸子植物水分运输速度较慢，约 0.6 m/h；被子植物（如桉树和白蜡树）等木本植物水分运输速度较快，通常为 12～20 m/h，最高时达 45 m/h；草本植物体内流速稍慢，如烟草茎中水分运输速度为 1.3～4.6 m/h。

水分在植物体内运输途径不同，运输速度也不同。例如，共质体运输，由于活细胞的原生质是亲水性胶体，故运输速度很慢，约为 10^{-3} cm/h。质外体运输，水分受到的阻力较小，因而速度较快，尤其在导管或管胞中运输就更快，如散孔材的导管短且横隔多，水分运输速度为 5 cm/h，而环孔材的导管长且横隔少，水分运输速度为 45 cm/h。

环境因子也影响植物体内水分运输的速度。同一株植物，夜间水分运输速度慢，白天速度快，这可能与植物的生理活动强弱有关。白天蒸腾作用强烈，叶片急需补充水分，蒸腾拉力大，因而导管内的水分运输速度很快。土壤供水状况也直接影响水分运输速度，例如，当土壤中含水量降至 33%～36% 时，水分上升的速度可高达 18～25 m/min。

三、水分向上运输的机制

水分移动时方向是从高水势区向低水势区，土壤、植物与大气之间的水势差是植物体内水分运输的根本原因。根压和蒸腾拉力是水分沿植物导管或管胞上升的两种动力。

通常情况下植物的根压不超过 0.2 MPa，只能使水分沿导管上升 20 m 左右。对于较矮的植物，根压确实是水分运输的主要动力之一。但许多高大的乔木超过 40 m，如澳大利亚一株澳大利亚桉树（*Eucalyptus regnans*）高达 132.6 m，如此高大的树木只靠根压，其冠层就得不到足够的水分。只有在土壤温度高、水分充足、大气相对湿度大、蒸腾作用很小时，或者在夜晚以及幼苗和树木早春尚未展叶以前，根压对水分上升才起较大作用。

一般情况下，蒸腾拉力是水分上升的主要动力。蒸腾拉力是由于叶肉细胞蒸腾失水而降低的水势所引起的。叶肉细胞具有较低的水势，它可以从邻近叶脉的木质部吸取水分；叶肉细胞的细胞壁具有很强的亲水性，可以吸附水。这两种作用都可以使导管中产生负的压力，即拉力。蒸腾作用不断进行，使叶肉细胞的水分不断地扩散到大气中去。叶肉细胞的不断失水，维持了与导管的水势差，从而不断地从导管吸水，使导管始终处于负的压力，即处于拉力的作用下。

蒸腾拉力要使水分在茎内上升，导管中的水分必须成连续的水柱。如果水柱中断，蒸腾拉力便无法把下部的水分拉上去，那么导管内的水柱能否经受住这样的拉力而不中断呢？爱尔兰植物学家 H. H. Dixon 在前人研究的基础上，于 1914 年提出了内聚力学说（cohesion theory），又称为蒸腾流-内聚力-张力学说（transpiration - cohesion - tension theory）。该学说认为，在导管内，水柱的形成受到两种力的作用：一是水分子间的内聚力（cohesion force）；二是水柱的张力，由上端受到的蒸腾拉力和下端受到的重力而产生。二者相比，水分子间的内聚力（大于 30 MPa）远远大于水柱的张力（0.5～3.0 MPa），这就保证了导管内的水分能够形成连续的水柱。同时，由于导管是由纤维素、木质素和半纤维素等亲水性物质组成的，水分可对其产生附着力（adhesive force），使连续的水柱易于沿导管上升。此外，由于导管的次生壁上存在着环纹、孔纹、螺纹等不同形式的加厚，更增加其强韧程度，可防止导管因分子的附着而变形。这样，在上部蒸腾拉力（2～4 MPa）的作用下，水分沿导管不断上升。

导管中的气泡会不会使连续的水柱中断呢？导管溶液中溶解有气体，当水中张力增大时，溶解的气体从水中逸出进入气相的趋势增大，形成气泡。一旦水柱中形成气泡，在张力作用下它会不断扩大，使导管中的水柱中断。但植物通过一些方式可以消除导管中气泡产生的危害。当气泡在一个导管或管胞分子中形成后，它会被导管或管胞分子相连处的纹孔阻挡（气泡不能穿过很细的孔）。这样气泡便被局限在一条管道中。在气泡附近，水分可以进入相邻的导管或管胞分子而绕过气泡，形成一条旁路，这样仍可保持连续的水柱。水分上升并不需要全部的导管或管胞分子起作用，只要部分木质部输导组织畅通即可。另外，植物也可能除去木质部中的气泡。当夜间蒸腾作用降低时，木质部中的张力也随之降低，逸出的水蒸气或空气可能重新进入溶液，恢复连续水柱。

第六节　合理灌溉的生理基础

一、作物的需水规律

1. 不同作物对水分的需要量不同　不同作物种类的蒸腾系数有很大差异，C_3植物的蒸腾系数较C_4植物大，为450～950；C_4植物的蒸腾系数为250～350。以作物的生物产量乘以蒸腾系数，即为作物理论最低需水量。例如，某作物生物产量为15 000 kg/hm²，假定其蒸腾系数为500，则每公顷该作物的总需水量为7 500 000 kg，这可作为灌溉用水量的一种参考。实际应用时，还应考虑土壤保水能力的大小、降水量的多少以及生态需水等。因此，实际需要的灌水量要比上述数字大得多。

2. 同一作物不同生育期对水分的需要量不同　同一作物在不同生育时期对水分的需要量也有很大差别。在苗期由于蒸腾面积较小，水分消耗量不大，随着幼苗长大，水分消耗量亦相应增多，需水量也增加；植株进入衰老阶段后，蒸腾作用减弱，耗水量也降低，需水量减少。例如，早稻在苗期的水分消耗量不多，进入分蘖期后，蒸腾面积扩大，气温也逐渐升高，水分消耗量明显增多，到孕穗开花期蒸腾量达最大值，耗水量也最多，进入成熟期后，叶片逐渐衰老、脱落，根系活力下降，根系吸水量下降，水分消耗量逐渐减少。根据小麦一生中对水分需要的情况不同，大致可分为5个时期：①种子萌发到分蘖期，消耗水不多；②分蘖期到抽穗期，消耗水最多；③抽穗到开始灌浆，消耗水较多，缺水会造成减产；④开始灌浆到乳熟末期，消耗水较多，缺水会减产；⑤乳熟末期到完熟期，根系开始死亡，消耗水较少，此时，水多了反而有害。在农业生产上，根据作物不同生育时期对水分的需要量进行灌溉，既可节约用水，又可保证水分正常供应，为作物获得高产、稳产创造条件。

3. 作物的水分临界期　水分临界期（critical period of water）是指植物生活周期中，对水分缺乏最敏感、最易受害的时期。不同作物水分临界期不同。一般而言，植物的水分临界期多处于花粉母细胞四分体形成期，这个时期一旦缺水，就使性器官发育不正常，对产量影响较大。像小麦一生中就有两个水分临界期，第一个水分临界期是孕穗期，即从四分孢子到花粉形成阶段，这期间小穗分化，代谢旺盛，性器官的细胞质黏性与弹性均下降，细胞液浓度很低，抗旱能力最弱，如缺水，小穗发育不良，特别是雄性生殖器官发育受阻或畸形发展；第二个水分临界期是从开始灌浆到乳熟末期，这个时期营养物质从母体各部输送到籽粒。其他农作物也有各自的水分临界期，如大麦在孕穗期，玉米在开花至乳熟期，高粱、黍在抽花序到灌浆期，豆类、荞麦、花生、油菜在开花期，向日葵在花盘形成至灌浆期，马铃薯在开花至块茎形成期，棉花在开花结铃期。由于农作物在水分临界期缺水，对产量影响很大，因此，在作物水肥管理中，应当特别注意保证水分临界期的水分供应。

二、合理灌溉指标

合理灌溉需首先确定最适宜的灌溉时期。决定灌溉时期可依据气候特点、土壤墒情、作物的形态和生理性状加以判断。

1. 土壤指标　作物是否需要灌溉，依据土壤的湿度决定灌溉时期，是一种较好的方法。一般来说，适宜作物正常生长发育的根活动层（0～90 cm）土壤含水量为田间持水量的60%～80%，如果低于此含水量，应及时进行灌溉。但是由于灌溉的真正对象是作物，而不是土壤，因而该法还不是一个最可靠的办法。

2. 形态指标　根据作物在缺水条件下外部形态发生的变化来确定是否进行灌溉。作物缺水的形态表现为：幼嫩的茎叶在中午前后易发生萎蔫；生长速度下降，叶、茎颜色由于生长缓慢，叶绿素浓度相对增大而呈暗绿色；茎、叶颜色有时变红，这是因为干旱时糖类的分解大于合成，细胞中积累较多的可溶性糖，会形成较多的花色素，花色素在弱酸条件下呈红色。具体到某种作物来说，如棉花开花结铃时，棉叶呈暗绿色，叶片中午萎蔫，叶柄不易折断，棉株嫩茎逐渐变红，上部3～4节间开始变红时，就应灌水。根据作物形态指标灌水，要反复实践才能掌握得好。而且，从缺水到引起形态变化有一个滞后期，当形态上出现上述缺水症状时，生理上早已受到一定程度的伤害了。

3. 生理指标 当植物缺水时，生理指标可以比形态指标更及时、更灵敏地反映体内水分状况。植物叶片的细胞汁液浓度、渗透势、水势和气孔开度等均可作为灌溉的生理指标（表4-3）。植株在缺水时，叶片是反映植株体生理变化最敏感的部位，叶片水势下降，细胞汁液浓度升高，溶质势下降，气孔开度减小，甚至关闭。当有关生理指标达到临界值时，就应及时进行灌溉。例如，棉花花铃期时，倒数第4片功能叶的水势值达到-1.4 MPa时就应灌溉。

表4-3 不同作物几种灌溉生理指标的临界值

作物生育期	叶片渗透势/MPa	叶片水势/MPa	叶片细胞汁液浓度/%	气孔开度/μm
冬小麦				
分蘖—孕穗	-1.1～-1.0	-0.9～-0.8	5.5～6.5	
孕穗—抽穗	-1.2～-1.1	-1.0～-0.9	6.5～7.5	
灌浆	-1.5～-1.3	-1.2～-1.1	8.0～9.0	
成熟期	-1.6～-1.3	-1.5～-1.4	11.0～12.0	
春小麦				
分蘖—拔节	-1.1～-1.0	-0.9～-0.8	5.5～6.5	6.5
拔节—抽穗	-1.2～-1.0	-1.0～-0.9	6.5～7.5	6.5
灌浆	-1.5～-1.3	-1.2～-1.1	8.0～9.0	5.5
棉花				
花前期		-1.2		
花期—棉铃形成期		-1.4		
成熟期		-1.6		
蔬菜整个生长期			10	
茶整个嫩梢生长期		-0.9～-0.8		

作物灌溉生理指标可因作物种类、生育期、不同部位而异，在实际应用时，应结合当地情况，测定出临界值，以指导灌溉的实施。

小结

水是植物生命活动不可缺少的条件，是植物的主要组成成分。水除了直接或间接地参与生理生化反应外，还由于特殊的理化性质调节植物的体温和生态环境。植物体内的水分以自由水和束缚水两种形态存在，两者的比值与植物体代谢强度和抗逆性强弱有着密切的关系。

水分移动需要能量做功。每偏摩尔体积水的化学势差就是水势。典型植物细胞的水势由溶质势、压力势和衬质势组成，采用压强单位（MPa）。水分从水势高处通过半透膜移向水势低处，就是渗透作用。细胞吸水有渗透吸水和吸胀吸水两种方式。具有液泡的植物细胞以渗透吸水为主，其水势组成为溶质势和压力势。细胞与细胞之间的水分移动方向，取决于两者的水势差，水分总是从水势高的细胞流向水势低的细胞，直至两者水势差为0（$\Delta\Psi_w=0$）。

水通道蛋白使细胞对水的通透能力大大提高。水通道蛋白的发现完善了对水分运输的认识。水分子通过水通道蛋白进行跨膜长距离集流和快速运输。水通道蛋白参与植物叶片的伸长生长和开花授粉等生理活动，活性受到调控。

根系吸收水分最活跃的部位是根毛区。根系吸水可分为主动吸水和被动吸水。植物吸水动力分别为根压和蒸腾拉力。凡是影响根压形成和蒸腾速率的内外因素，都影响根系吸水。

蒸腾作用在植物生活中具有重要的作用。气孔蒸腾是蒸腾作用的主要方式。气孔开闭机制可以用无机离子泵学说和苹果酸代谢学说等解释。关键是保卫细胞中溶质增加，保卫细胞水势下降，向周围细胞吸水，气孔就张开；反之则关闭。

蒸腾拉力是水分上升的主要动力。蒸腾流-内聚力-张力学说是解释水分上升的重要学说。

要发挥灌溉的作用，就需要掌握作物的需水规律。作物需水量（蒸腾系数）因作物种类、生长发育时期不同而有差异。合理灌溉要以作物需水量和水分临界期为依据，参照生理指标制订灌溉方案。

复习思考题

1. 名词解释

自由水　束缚水　水势　渗透作用　吸胀作用　水通道蛋白　根压　小孔扩散定律　蒸腾拉力　蒸腾作用　蒸腾系数　蒸腾比率　水分临界期

2. 简述水分在植物生命活动中的作用。

3. 植物体内水分存在的形式与植物代谢和植物抗逆性有什么关系？

4. 植物细胞在水势的组分上有何特点？

5. 植物吸水有哪几种方式？

6. 为什么说水通道蛋白的发现是一场水分生理的革命？

7. 影响根系吸水的因素有哪些？

8. 从水分生理的角度，试述制糖醋蒜或咸菜的原理。

9. 试述植物气孔开闭的机制。

10. 谈谈水分在植物体内的运输途径和运输速度。

11. 简述水分运输的蒸腾流-内聚力-张力学说。

12. 合理灌溉在节水农业中有何意义？如何做到合理灌溉？

第 五 章 >>>

植物的矿质营养

　　植物在其自养生活中，除了从土壤中吸收水分外，还必须从土壤中吸收各种矿质元素来维持正常的生命活动。植物对矿物质的吸收、转运和同化作用称为植物的矿质营养（mineral nutrition）。

　　植物吸收的这些矿质元素既可作为植物体的重要组成成分，也可参与生理活动。由于矿质元素对植物的生命活动影响非常大，而土壤往往不能完全及时满足作物的需要，因此，施肥就成为提高作物产量和改进品质的主要措施之一。"有收无收在于水，收多收少在于肥"，这句话对水分代谢和矿质营养在农业生产中的重要性作了恰当的评价。

第一节　植物体内的必需矿质元素

一、植物体内的元素组成

　　植物体含有水分、各类有机物和无机物。把一定的新鲜植物材料在 105 ℃下烘 10～30 min（以使酶迅速失活，防止生化反应继续进行），然后再在 80 ℃下烘至恒量，可以测到水分占植物组织的 10%～95%，而干物质占 5%～90%。干物质中包括有机物和无机物。将干物质再于 600 ℃灼烧，有机物中的碳、氢、氧、氮以二氧化碳、水蒸气、分子态氮、氨和氮的氧化物等形式挥发掉，小部分硫以 H_2S 和 SO_2 的形式散失到空气中，其总量占干物质的 90%～95%；余下一些不能挥发的白色残渣称为灰分（ash），其总量占干物质的 5%～10%。灰分中的物质为各种矿质的氧化物及少量硫酸盐、磷酸盐、硅酸盐等。将构成灰分的元素称为灰分元素（ash element），由于它们直接或间接来自土壤，故又称为矿质元素（mineral element）。氮在燃烧过程中变为各种气体物质而挥发，不存在于灰分中，所以一般认为氮不是灰分元素。但是除了能依赖共生固氮菌自大气中直接获取氮素的植物种类外，其他大部分植物体内的氮素和灰分元素一样，都是从土壤中吸收的，所以通常将氮素和矿质元素一起讨论。

　　植物体内矿质元素的含量与植物的种类、同一植物的不同组织器官、植物的年龄及植物所处的环境条件等有关。一般水生植物的矿质含量只有干重的 1%左右，中生植物的占干重的 5%～10%，盐生植物的矿质含量很高，有时达 45%以上。同一植物的不同器官组织的矿质含量差异也很大，一般木质部约为 1%，种子为 3%，草本植物的根和茎为 4%～5%，叶为 10%～15%。就年龄而言，老年植株和老年细胞的矿质含量大于幼嫩的植株和幼嫩的细胞。气候干燥、土壤通气良好、土壤含盐量多等有利于植物吸收矿质的条件都能使植物的矿质含量增加。

　　迄今为止，自然界发现的元素达 118 种之多，而在植物中也已发现 70 多种。表 5-1 是测定不同植物所得的比较常见的 35 种元素的平均含量。

二、植物必需矿质元素及其研究方法

（一）植物必需的矿质元素

　　虽然在植物体内已发现有 70 种以上的元素，但这些元素并不都是植物正常生长发育所必需的。有些元素在植物体内含量很多，但在植物生活中可有可无，有些元素在植物体内含量较少却是植物所

表 5-1　植物体中部分化学元素含量

(引自武维华，2008)

元素	占干重的比例/%	元素	占干重的比例/%	元素	占干重的比例/%	元素	占干重的比例/%
氧	60~70	硫	约 0.005	铜	约 0.000 2	镍	约 0.000 05
氢	8~10	铁	约 0.02	钡	约 0.000 1	砷	约 0.000 03
碳	15~18	钠	约 0.02	钛	约 0.000 1	氟	约 0.000 01
钾	0.3~3	钙	约 0.02	锶	约 0.000 1	钼	约 0.000 01
氮	0.3~1	铝	约 0.02	钒	约 0.000 1	铯	约 0.000 01
磷	约 0.1	钴	约 0.02	锆	约 0.000 1	锂	约 0.000 01
锰	约 0.1	铬	约 0.000 5	铅	约 0.000 1	氯	约 0.000 01
硅	约 0.1	镓	约 0.000 5	硼	约 0.000 1	碘	约 0.000 01
镁	约 0.1	锌	约 0.000 3	镉	约 0.000 1		

必需的。所谓必需元素（essential element）是指植物正常生长发育必不可少的元素。国际植物营养学会规定了植物必需元素必须符合 3 条标准，即不可缺少性、不可替代性和直接功能性。不可缺少性是指该元素缺乏时，植物生长发育受阻，不能完成其生活史；不可替代性是指缺少该元素，植物表现为专一缺素症，且该症状只能通过加入该元素来预防或恢复，其他元素均不能代替该元素的作用；直接功能性是指该元素对植物生长发育的影响是由该元素的直接作用造成的，不是由该元素通过影响土壤的物理化学性质、微生物条件等原因而产生的间接效果。

根据上述标准，现已确定植物的必需元素有 17 种，即碳（C）、氢（H）、氧（O）、氮（N）、磷（P）、钾（K）、钙（Ca）、镁（Mg）、硫（S）、铁（Fe）、铜（Cu）、硼（B）、锌（Zn）、锰（Mn）、钼（Mo）、氯（Cl）、镍（Ni）。其中碳、氢、氧 3 种元素是植物从大气和水中摄取的非矿质必需元素，其他 14 种（包括氮素）为植物必需矿质元素。根据植物对必需元素的需求量，将其分为两大类：大量元素（macroelement，major element），C、H、O、N、P、K、Ca、Mg、S 共 9 种，此类元素占植物体干重的 0.01%~10%；微量元素（microelement，minor element，trace element），Fe、Cu、B、Zn、Mn、Mo、Cl、Ni 共 8 种，此类元素需用量很少，占植物体干重的 0.000 01%~0.01%，缺乏时植物不能正常生长，过量反而有害，甚至导致植物死亡。

此外，有些元素尚未证明是植物所必需的，但研究表明其对植物的生长发育有积极的影响，这些元素称为植物的有益元素（beneficial element）。常见的有钠（Na）、硅（Si）、钴（Co）、硒（Se）、钒（V）等。例如，Na 能部分地替代 K 参与保卫细胞的渗透调节，Si 对水稻具有良好的生理效应，并可提高植株对稻瘟病的抵抗能力。

需要指出的是，国际植物生理学界对植物必需元素种类的确定尚有一些分歧。有的学者认为钠（Na）、硅（Si）也是必需元素，这样植物的必需元素就有 19 种。这种不同意见的存在反映了在植物必需元素的确定方面仍有进一步深入研究的必要。

（二）确定植物必需矿质元素的研究方法

分析植物灰分中各种元素的组成并不能确定某种矿质元素是否为必需元素。要确定哪些元素是植物的必需元素，必须人为控制植物赖以生存的介质成分。土壤条件复杂，其中所含的各种元素很难人为控制，所以无法通过土培实验来确定必需元素。19 世纪 60 年代，植物生理学家萨克斯（J. Sachs）和克诺普（W. Knop）创立了溶液培养法，为必需元素的研究提供了有效的测定方法。

溶液培养法（solution culture method）亦称水培法（water culture method），是指在含有全部或部分营养元素的溶液中栽培植物的方法。适于植物正常生长发育的培养液叫完全培养液。完全培养液含有植物生长发育所必需的各种矿质元素，且各元素为植物可利用形态，元素间有适当的比例，培养液具有一定的浓度和 pH。

砂基培养法也称砂培法（sand culture method），是指在洗净的石英砂或玻璃球等基质中，加入含有全部或部分营养元素的溶液来栽培植物的方法，与溶液培养法并无实质性不同。

溶液培养法目前已被广泛应用到生产中，即植物的无土栽培。图 5-1 是几种常用的植物无土栽培装置示意图。

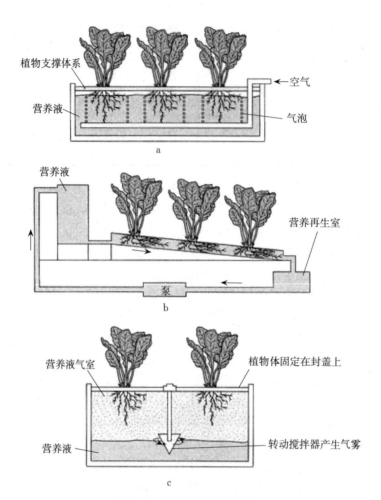

图 5-1　植物无土栽培装置

a. 培养液生长体系（将植物根系直接浸入营养液，利用气泵向营养液中通气以补充氧气）

b. 营养膜生长体系（将植物培养于一浅槽中，浅槽有一定倾斜度，利用水泵将营养液循环利用，被循环利用的培养液的 pH 和营养成分可通过自动控制装置不断予以调节和补充）

c. 气培生长体系（即有氧溶液培养装置。植物根系置于营养液上方，利用浸入营养液的电动旋转装置在培养槽中产生气雾被植物吸收）

（引自 Taiz 和 Zeiger，2006）

在进行溶液培养时，营养液中要含有植物生长发育所必需的各种元素，各元素间要有适当的比例，营养液的浓度不能太高，否则会造成"烧苗"，溶液的 pH 一般应为 5.5～6.0。因植物对离子的选择吸收和对水分的蒸腾，会导致溶液的浓度、溶液中离子之间的比例及溶液 pH 发生改变，故要经常调节溶液的 pH 和补充营养成分，或定期更换溶液。由于溶液的通气性差，因此每天要给溶液通气，另外还要防止光线对根系的直接照射等。表 5-2 是几种常用的营养液配方，其中以 Hoagland 营养液最为常用。

利用溶液培养法，要严格控制所使用的化学试剂的纯度，并可通过在配制的营养液中除去或添加某一元素，来观察植物的生长发育情况及其变化，以判断该种元素是否为植物的必需矿质元素。

表 5-2 几种常用营养液配方

(引自 Sinba，1995)

成分	Sachs 营养液/(g/L)	Knop 营养液/(g/L)	Hoagland 营养液/(g/L)
$Ca(NO_3)_2 \cdot 4H_2O$	—	0.8	1.18
NaCl	0.25	—	—
KNO_3	1.0	0.2	0.51
$Ca_3(PO_4)_2$	0.5	—	—
$CaSO_4$	0.5	—	—
K_2HPO_4	—	0.2	0.14
$MgSO_4 \cdot 7H_2O$	0.5	0.2	0.49
$FePO_4$	微量	—	—
$FeSO_4$	—	微量	—
$FeC_4H_4O_6$	—	—	0.005
H_3BO_3	—	—	0.002 9
$MnCl_2 \cdot 4H_2O$	—	—	0.001 8
$ZnSO_4$	—	—	0.000 22
$CuSO_4 \cdot 5H_2O$	—	—	0.000 08
H_2MoO_4	—	—	0.000 02

第二节　植物必需元素的生理功能及其缺素症

必需元素在植物体内的生理功能，概括起来分为以下几个方面：一是细胞结构物质的组成成分，如 C、H、O、N 是构成植物体的有机物（如糖类、蛋白质、核酸等）的重要组分；二是生命活动的调节者，如酶的成分或活化剂，参与酶反应，如 Fe、Cu、Zn、Mg 等；三是起电化学作用，即平衡离子浓度、稳定胶体与中和电荷等；四是参与能量转换和促进有机物运输，如 P、B、K 等。

有些大量元素同时具备上述作用，大多数微量元素只具有作为生命活动调节者的功能。

一、大量元素的生理功能及缺素症

1. 氮　植物吸收的氮素主要是铵态氮（NH_4^+）和硝态氮（NO_3^-），也可吸收利用有机态氮，如尿素等。氮在植物体内的含量为干物质的 $1\%\sim3\%$。

氮是蛋白质、核酸、磷脂的主要成分，而这三者又是原生质、细胞核和生物膜的重要组分，在细胞生命活动中具有特殊作用，因此氮元素被称为植物的生命元素。氮是许多辅酶和辅基（如 NAD^+、$NADP^+$、FAD 等）的组成成分，是植物激素（如生长素和细胞分裂素）、维生素（如维生素 B_1、维生素 B_2、维生素 B_6）、生物碱等的成分。氮还是叶绿素的重要组成成分，与光合作用关系密切。由于氮的上述功能，所以氮素的供应状况对细胞的分裂和生长影响很大。农业生产上，常用的氮肥包括人粪尿、尿素、硝酸铵、硫酸铵和碳酸氢铵等。当氮肥供应充分时，植物生长旺盛，叶大而鲜绿，叶片功能期延长，分枝、分蘖多，营养体健壮，花多，产量高。植物必需元素中，除碳、氢、氧外，氮的需要量最多，因此，在生产中要特别注意氮肥的供应。

缺氮时，蛋白质、核酸、磷脂等物质合成受阻，细胞的分裂生长减缓，导致植物生长矮小，分枝、分蘖少，叶片小而薄，花果易脱落。缺氮影响叶绿素合成，使枝叶变黄，由于植物体内氮的可移动性大，老叶中的含氮物质分解后可运到幼嫩组织中被重复利用，所以缺氮时叶片发黄，并由下部叶片开始逐渐向上发展，这是缺氮的典型症状。缺氮时糖类较少用于蛋白质等含氮化合物合成，这可使茎木质化，另外较多的糖类被用于花色素苷的合成，因而使某些植物（如番茄、玉米的一些品种等）的茎、叶柄、叶基部呈紫红色。

氮过多时，营养体徒长，叶片大而深绿，植株柔软披散，茎秆中机械组织不发达，开花和种子成熟期延迟，易造成倒伏和被病虫害侵袭等。不过对叶菜类作物多施一些氮肥，还是有好处的。

2. 磷　磷主要以 HPO_4^{2-} 或 $H_2PO_4^-$ 形式被植物吸收，植物吸收 HPO_4^{2-} 和 $H_2PO_4^-$ 的比例取决于土壤的 pH。当土壤偏酸性（pH<7）时，植物吸收 $H_2PO_4^-$ 较多，当土壤偏碱性（pH>7）时，植物吸收 HPO_4^{2-} 较多。HPO_4^{2-} 或 $H_2PO_4^-$ 被植物根系吸收并经木质部运到地上部分的组织器官后，大部分用于合成有机物（如磷脂、核苷酸等），一部分则以无机磷形式存在，与 ATP 和 ADP 之间的转换相关。

磷是核酸、核蛋白、磷脂的重要组成成分，所以磷是细胞质、细胞核和生物膜的重要组分。磷是许多辅酶（如 NAD^+、$NADP^+$ 等）的成分，它们可参与光合、呼吸过程。磷广泛地参与能量代谢，如 ATP、ADP、AMP 等都含有磷。磷还参与糖类的代谢和运输，如糖的合成、转化和降解大多是在磷酸化后才起作用。由于磷参与糖类的合成、转化和运输，对种子、块根、块茎的生长有利，故马铃薯、甘薯和禾谷类作物施磷后有明显的增产效果。磷对氮代谢也有重要作用，如硝酸盐还原有 NAD^+ 和 FAD 的参与，而磷酸吡哆醛和磷酸吡哆胺则参与氨基酸的转化。磷与脂肪转化也有关系，脂肪代谢需要 NADPH、ATP、CoA 和 NAD^+ 参与。另外，许多功能蛋白的活性调节是通过磷酸化和去磷酸化而实现的。

施磷能促进各种代谢正常进行，植株生长发育良好，同时提高作物的抗寒性及抗旱性，提早成熟。由于磷与糖类、蛋白质和脂类的代谢以及三者相互转变都有关系，所以不论栽培粮食、豆类作物或油料作物都需要磷肥。同时，由于磷与氮素供应关系密切，所以只有氮、磷配合使用，才能充分发挥磷肥效果。

缺磷时，蛋白质合成受阻，新的细胞质和细胞核形成较少，影响细胞分裂和生长；植株的幼芽和根部生长缓慢，分蘖、分枝减少，花果脱落，成熟延迟；蛋白质合成下降，糖的运输受阻，从而使营养器官中糖的含量相对提高，这有利于花色素的形成，故缺磷时，叶子呈不正常的暗绿色或紫红色。磷非常活跃地参与各种物质的合成和降解，在植物体内极易移动和被重复利用，故缺磷症状首先在下部老叶出现，并逐渐向上发展。

磷肥施用过多时，植株叶片会出现小焦斑，阻止水稻对硅的吸收，导致水稻染病。由于磷酸盐还可与土壤中的锌离子和钙离子结合，减少这些元素的有效性，因此磷酸盐施用过多可导致植株发生缺锌、缺钙症状。

3. 钾　钾在土壤中以 KCl、K_2SO_4 等盐类的形式存在，在水中解离呈 K^+ 而被根吸收。钾在植物体内几乎都呈离子状态，部分在细胞中处于吸附状态。钾主要集中在植物生命活动最活跃的部位，如生长点、幼叶、形成层等。

钾是细胞内 60 多种酶的活化剂，如丙酮酸激酶、果糖激酶、苹果酸脱氢酶、琥珀酸脱氢酶、淀粉合成酶等，在糖类代谢、呼吸作用及蛋白质的代谢中起重要作用。

钾和糖类合成与转运密切相关，大麦和豌豆幼苗缺钾时，淀粉和蔗糖合成缓慢，导致单糖大量积累；而钾肥充足时，蔗糖、淀粉、纤维素和木质素含量较高，葡萄糖积累较少。钾也能促进糖类物质运输到储藏器官中，所以富含糖类的储藏器官（如马铃薯块茎、甜菜根和淀粉种子）中钾含量较多。钾是大多数植物细胞中含量最多的无机阳离子，因此也是调节植物细胞渗透势的最重要组分。钾对气孔开放有直接作用。由于钾能促进糖类的合成和运输，提高原生质体的水合程度，对细胞吸水和保水有很大作用，因而可以提高植物的抗旱和抗寒能力。

钾营养不足时，植物机械组织不发达，茎秆柔弱，易倒伏；同时蛋白质合成受阻，叶内积累氨，引起叶片等组织中毒而产生缺绿斑点，叶尖、叶缘呈烧焦状态，甚至干枯、死亡。钾是易移动可以被重复利用的元素，所以缺素症首先出现在下部老叶。

N、P、K 是植物需要量大，且土壤易缺乏的元素，因此生产中往往需要给作物补充这 3 种元素，故称它们为"肥料三要素"。

4. 钙 钙是以 Ca^{2+} 的形式被植物吸收的。Ca^{2+} 进入植物体后，一部分仍以离子状态存在，一部分形成难溶的有机盐类（如草酸钙等），还有一部分与有机物（如植酸、果胶酸、蛋白质）相结合。

钙是植物细胞壁胞间层中果胶钙的重要成分，因此缺钙时，细胞分裂不能进行或不能完成，而形成多核细胞。Ca^{2+} 能作为磷脂中的磷酸与蛋白质的羧基间联结的桥梁，具有稳定膜结构的作用。钙可以与植物体内草酸形成草酸钙结晶，消除过量草酸对植物（特别是一些含酸量高的肉质植物，如景天科植物）的毒害。钙还是一些酶的活化剂，如 ATP 水解酶、磷脂水解酶等。Ca^{2+} 是植物细胞信号转导过程中的重要第二信使。

钙对植物抵御病原菌的侵染有一定作用，许多作物缺钙时容易产生病害。苹果果实的疮痂病会使果皮受到伤害，但如果钙供应充足，则易形成愈伤组织以防止果肉进一步受害。

缺钙初期顶芽、幼叶呈淡绿色，继而叶尖出现典型的钩状，随后坏死；因其难移动，不能被重复利用，故缺素症状首先表现在上部幼茎、幼叶上，如大白菜缺钙时心叶呈褐色。番茄蒂腐病、莴苣顶枯病、芹菜裂茎病、菠菜黑心病等都是缺钙引起的。

5. 硫 硫主要以 SO_4^{2-} 的形式被植物吸收。SO_4^{2-} 进入植物体后，一部分保持不变，大部分被还原并进一步同化为含硫氨基酸（半胱氨酸、胱氨酸和甲硫氨酸）。这些含硫氨基酸是蛋白质的重要组成成分，特别是含硫氨基酸残基往往是功能蛋白的活性中心所在。一些功能蛋白的活性调控也往往是通过含硫氨基酸残基的二硫键（—S—S—）与巯基（—SH）之间的氧化还原转换来实现。辅酶 A 和维生素 B_1、生物素等维生素也含有硫，且辅酶 A 中的巯基具有固定能量的作用。硫还是硫氧还蛋白、铁硫蛋白与固氮酶的组分，因而在光合、固氮等反应中起重要作用。

硫在植物体内不易移动，缺硫时一般幼叶首先表现缺绿症状，新叶均衡失绿，呈黄白色并易脱落。缺硫情况在生产中很少遇到，因为土壤中有足够的硫供植物吸收利用。

6. 镁 镁以 Mg^{2+} 的形式被植物吸收。镁在植物体内一部分形成有机物，一部分以离子状态存在，主要存在于幼嫩器官和组织中，种子成熟时则集中于种子内。

镁是叶绿素的组成成分，植物体内约 20% 的镁存在于叶绿素中。镁又是 1,5-二磷酸核酮糖羧化酶、5-磷酸核酮糖激酶等的活化剂，对光合作用有重要作用。镁是葡萄糖激酶、果糖激酶、丙酮酸激酶、乙酰 CoA 合成酶、异柠檬酸脱氢酶、α酮戊二酸脱氢酶、苹果酸合成酶、谷氨酸半胱氨酸合成酶、琥珀酰 CoA 合成酶等的活化剂，与糖类的转化和降解以及氮代谢有关。镁还是核糖核酸聚合酶的活化剂，DNA、RNA 的合成以及蛋白质合成中氨基酸的活化过程都需要镁参与。镁能够稳定核糖体的结构，在蛋白质代谢中具有重要作用。

缺镁时叶绿素不能合成，叶片贫绿，其特点是从下部叶片开始，叶肉变黄而叶脉仍保持绿色，这是与缺氮病症的主要区别。缺镁的茎叶有时呈紫红色；若缺镁严重，则形成褐斑坏死。土壤中一般不缺镁。

二、微量元素的生理功能及缺素症

1. 铁 铁主要以 Fe^{2+} 的螯合物被吸收。铁进入植物体内之后就处于被固定状态而不易移动。铁在植物体内以二价（Fe^{2+}）和三价（Fe^{3+}）两种形式存在，二者之间的转换构成了活细胞内最重要的氧化还原系统，因此 Fe^{2+}/Fe^{3+} 是许多与氧化还原相关酶的辅基，如细胞色素氧化酶、过氧化物酶、过氧化氢酶和豆科植物根瘤菌中的血红蛋白等。Fe^{2+}/Fe^{3+} 也是光合作用和呼吸电子传递链中的重要电子载体，如细胞色素、铁硫蛋白、铁氧还蛋白等都是含铁蛋白。

铁是叶绿素合成所必需的，虽然其具体机制尚不清楚，但催化叶绿素合成的酶中有几个酶的活性表达需要 Fe^{2+}。近年来研究发现，铁对叶绿体结构的影响比对叶绿素合成的影响更大，如眼虫属（*Euglena*）生物缺铁时，在叶绿素分解的同时叶绿体也解体。

铁是不易移动的元素，因而缺铁最明显的症状是幼叶和幼芽缺绿发黄，甚至变为黄白色，而下部叶片仍为绿色。一般情况下，土壤中的含铁量能够满足植物生长发育的需要，但在碱性或石灰质土壤中，铁易形成不溶性化合物而使植物表现出缺铁症状。华北果树的黄叶病，就是植株缺铁所致。

2. 锰 锰主要以 Mn^{2+} 的形式被植物吸收。锰是光合放氧复合体的主要成分，缺锰时光合放氧受到抑制。锰也是形成叶绿素和维持叶绿体结构的必需元素。此外，锰是许多酶的活化剂，如三羧酸循环中的柠檬酸脱氢酶、草酰琥珀酸脱氢酶、α酮戊二酸脱氢酶、苹果酸脱氢酶、柠檬酸合酶等。锰还是硝酸还原酶的辅助因素，缺锰时硝酸盐被还原成氨的过程受到抑制。总之，锰与光合作用、呼吸作用、叶绿素和蛋白质的合成等重要代谢过程密切相关。

缺锰时叶绿素不能合成，叶脉间缺绿，但叶脉仍保持绿色，此为缺锰与缺铁的主要区别。

3. 硼 硼以硼酸（H_3BO_3）的形式被植物吸收。高等植物体内硼的含量较少，为 $2 \sim 95$ mg/L。植物各器官间硼的含量以花器官中含量最高，花中又以柱头和子房为最高。

硼参与糖类的运输，这是因为硼能与多羟基化合物形成复合物，后者易于通过细胞膜。硼有激活尿苷二磷酸葡萄糖焦磷酸化酶的作用，故能促进蔗糖的合成。硼还能促进根系发育，特别对豆科植物根瘤的形成影响较大，因为硼能影响糖类的运输，从而影响根对根瘤菌糖类的供应。硼与甘露醇、甘露聚糖、多聚甘露糖醛酸和其他细胞壁成分组成复合体，参与细胞伸长、核酸代谢等。

硼对植物生殖过程有重要影响，与花粉形成、花粉管萌发和受精关系密切，缺硼时，花药和花丝萎缩，绒毡层组织被破坏，花粉发育不良，受精不良，籽粒减少。小麦的"花而不实"、棉花的"蕾而不花"均为植株缺硼之故。

硼具有抑制有毒酚类化合物形成的作用，所以缺硼时，植株中酚类化合物（如咖啡酸、绿原酸）含量过高，侧芽和顶芽坏死，丧失顶端优势，分枝多，形成簇生状。甜菜的干腐病、花椰菜的褐腐病、马铃薯的卷叶病和苹果的缩果病等均为缺硼所致。

4. 锌 锌是以 Zn^{2+} 的形式被植物吸收的。锌是许多酶的组成成分，如乙醇脱氢酶、乳酸脱氢酶、谷氨酸脱氢酶、碳酸酐酶、超氧化物歧化酶、某些多肽酶等。

锌能促进生长素的合成。因生长素合成的前体——色氨酸是由吲哚和丝氨酸经色氨酸合成酶催化生成的，而锌是色氨酸合成酶的必要组分，故缺锌植物失去合成色氨酸的能力，植物体内生长素含量低，生长受阻，叶片扩展受到抑制，表现为小叶簇生，称为小叶病，北方果园易出现此病。

5. 铜 在通气良好的土壤中，铜多以二价离子（Cu^{2+}）的形式被吸收，而在潮湿缺氧的土壤中，则多以一价离子（Cu^+）的形式被吸收。

在光合作用中，铜是光合电子传递体质蓝素（PC）的组成成分，叶绿素的形成过程需要铜，铜还能增强叶绿素蛋白复合体的稳定性。在呼吸作用中，铜是细胞色素氧化酶、抗坏血酸氧化酶和多酚氧化酶的成分，参与氧化还原过程。铜有提高马铃薯抗晚疫病的能力，所以喷施硫酸铜对防治该病有良好效果。

缺铜时叶片生长缓慢呈现蓝绿色，幼叶缺绿，然后出现枯斑，最后死亡脱落。因植物所需铜很少，所以一般不存在缺铜问题。

6. 钼 钼是以钼酸盐（MoO_4^{2-}）的形式被植物吸收的。钼是硝酸还原酶的金属成分，植物吸收 NO_3^- 后，首先要被硝酸还原酶还原为亚硝酸盐（NO_2^-）后才能被进一步利用。因此以 NO_3^- 为主要氮源时，缺钼常表现出缺氮的症状。钼还是固氮酶中钼铁蛋白、黄嘌呤脱氢酶及脱落酸合成中的一个氧化酶的必需成分。钼对花生、大豆等豆科植物的增产作用显著。

缺钼时首先老叶叶脉间缺绿，进而向幼叶发展，并可出现坏死，在某些植物（如花生、花椰菜）中，不表现出缺绿，而是幼叶严重扭曲，最终死亡。缺钼也可抑制花的形成，或使果实在成熟前脱落。

7. 氯 氯于 1954 年被确定为必需元素。氯以 Cl^- 的形式被植物吸收，进入植物体后绝大部分仍然以 Cl^- 的形式存在，只有极少量的氯被结合进有机物，其中 4 -氯吲哚乙酸是一种天然的生长素类植物激素。大多数植物对氯的需要量较少，少于 10 mg/L，而盐生植物含氯相对较高，为 70～100 mg/L。

Cl^- 在光合作用水裂解过程中起着活化剂的作用，促进氧的释放。根和叶的细胞分裂需要氯。Cl^- 作为细胞内含量最高的无机阴离子，作为 K^+ 等阳离子的平衡电荷，与 K^+ 等一起参与渗透势的调节，与钾和苹果酸一起调节气孔的开放。

缺氯时，叶片萎蔫、失绿坏死，最后变为褐色；根系生长缓慢、加粗，根尖呈棒状。

8. 镍 镍在 1988 年才被确定为植物的必需元素，以 Ni^{2+} 的形式被植物吸收，含量在植物体内很低。

镍是脲酶的金属成分，脲酶的作用是催化尿素水解成 CO_2 和 NH_3。无镍时，脲酶失活，尿素在叶尖内积累，最终对植物造成毒害，出现坏死现象。镍也是氢化酶的成分之一，在生物固氮时氢的产生中起作用。镍还能提高过氧化物酶、多酚氧化酶活性。镍还可激活大麦 α 淀粉酶活性，增强萌发种子对氧气的吸收，加速呼吸，促进幼苗生长。

土壤中很少缺镍，但镍过多易发生叶片失绿，叶脉间出现褐色坏死等中毒症状。

三、植物缺乏必需元素的诊断方法

必需元素在植物生命活动中扮演着不可缺少的角色，植物缺乏上述必需元素中的任何一种时，体内的各种代谢活动都会受到影响，进而在外观上产生明显可见的缺素症状，这就是营养缺乏症（nutrient deficiency symptom），简称缺素症。引起缺素症的原因很多，可能是土壤中该营养元素的缺乏、营养成分之间的不平衡、土壤理化性质不良、气候条件不良或作物本身的原因等。及早发现缺素症状，可避免造成生产上的重大损失。

1. 植物外观诊断法 缺乏必需元素在植物的外观上都会引起特有的营养缺乏症，如缺素植物的叶片失绿黄化，或呈暗绿色、暗褐色，或叶脉间失绿，或出现坏死斑，果实的色泽、形状异常等。因此，生产中可利用植物的特定症状、长势长相及叶色等外观特性进行营养诊断（表 5 - 3）。总体而言，

表 5 - 3 植物缺乏必需矿质元素的症状检索表

（引自潘瑞炽，2012）

植物缺素症表现	缺乏元素
A_1 老叶病症	
B_1 病症常遍布整株，基部叶片干焦和死亡	
C_1 整株浅绿，基部叶片黄色，干燥时呈褐色，茎细而短 ·························	氮 N
C_2 整株深绿，常呈红或紫色，基部叶片黄色，干燥时暗绿色，茎细而短 ·······	磷 P
B_2 病症常限于局部，基部叶片不干焦但杂色或缺绿，叶缘杯状卷起或卷皱	
D_1 叶杂色或缺绿，有时呈红色，有坏死斑点，茎细 ·······················	镁 Mg
D_2 叶杂色或缺绿，在叶脉间或叶尖和叶缘有坏死斑点，叶小，茎细 ·········	钾 K
D_3 坏死斑点大而普遍出现于叶脉间，最后出现于叶脉，叶厚，茎细 ·········	锌 Zn
A_2 嫩芽病症	
E_1 顶芽死亡，嫩叶变形或坏死	
F_1 嫩叶初呈钩状，后从叶尖和叶缘向内死亡 ···························	钙 Ca
F_2 嫩叶基部浅绿，从叶基起枯死，叶捻曲 ····························	硼 B
E_2 顶芽仍活，但缺绿或萎蔫，无坏死斑点	
G_1 嫩叶萎蔫，无失绿，茎尖弱 ·································	铜 Cu
G_2 嫩叶不萎蔫，有失绿	
H_1 坏死斑点小，叶脉仍绿 ·······························	锰 Mn
H_2 无坏死斑点	
I_1 叶脉仍绿 ····································	铁 Fe
I_2 叶脉失绿 ····································	硫 S

移动性较大的元素，如 N、P、K、Mg，症状先从老叶开始；移动性较小的元素，如 S、Fe、Mn、B 等，症状先从幼嫩部分开始。

植物外观诊断法的优点是直观、简单、方便，不需要专门的测试知识和样品的处理分析，可以在田间直接做出较明确的诊断，给出施肥指导，所以在农业生产中普遍应用，这是目前我国农业上习惯采用的方法。但是，这种方法只能等植物表现出明显症状后才能进行诊断，因而不能进行预防性诊断，起不到主动预防的作用；且由于此种诊断需要丰富的经验积累，又易与病虫害、不良环境或机械及物理损伤的影响相混淆，特别是当几种元素盈缺造成相似症状的情况下，更难做出正确的判断，所以在实际应用中有很大的局限性和延后性。

2. 土壤分析诊断法 土壤分析是应用化学分析方法来诊断植物体营养状况的方法，可提供土壤的理化性质及土壤营养元素的组成和含量等诸多信息，判断土壤环境是否适宜根系生长活动，从而使营养诊断更具有针对性，还可做到提前预测。该方法具有诊断速度快、费用低、适用范围广等优点。分析土壤中营养元素的含量，虽然对确定施肥方案有重要参考价值，然而土壤矿质元素含量与植物体内元素含量之间并没有明显的相关关系，因而土壤分析并不能完全解答施肥多少的问题，应与其他分析方法相结合，才能发挥应有的作用。

3. 生理、生化与组织化学分析 由于营养失调一般总在植物生理生化及组织内发生一些典型变化，因此运用现代生物技术及实验手段，通过生理生化及组织形态分析，可以判断植物的营养平衡状况。

生理指标分析可采用直接在田间对所怀疑对象的叶片喷施某种元素的溶液，有助于说明是否缺乏该种元素。这种方法适用于微量元素铁、锰、锌的缺乏症分析，特别是缺铁症。这种方法还可以在控制培养条件下，把某种元素缺乏或逆境胁迫所导致的生理反应，以及对植物补充所缺元素后发生的反应作为诊断依据。

在生化指标方面，Brown 和 Hendricks 最先提出以酶活性强弱为指标。酶学诊断法具有灵敏度高、相关性好、酶促反应变化早于植物形态变化等优点，常用于微量元素缺乏的诊断。例如，测定过氧化物酶活性诊断铁营养、测定硝酸还原酶活性诊断钼营养、测定碳酸酐酶活性诊断锌营养和测定多酚氧化酶活性诊断铜营养等。

在组织化学方面，可利用蔬菜叶栅栏组织、海绵组织分化，叶肉细胞内叶绿体体积大小、数量及维管形成层细胞活动来检测钾、磷和锌的营养水平。

第三节　植物对矿质元素的吸收

一、植物细胞对矿质元素的吸收

植物细胞是构成植物体的基础。要了解植物体对矿物质的吸收，首先要了解植物细胞对矿物质是如何吸收的。植物细胞所吸收的矿物质既可来自细胞生存的外部环境，也可来自细胞周围的组织。细胞与其环境之间以细胞膜相隔，物质交流必须通过细胞膜来进行。细胞对矿质元素的吸收，主要通过溶质的跨膜传递来完成。

（一）细胞膜中的运输蛋白

矿质离子因带有电荷而具有极强的亲水性，很难透过磷脂双分子层。在生物膜中含有大量的蛋白质，可以协助离子越过膜。生物膜中执行溶质跨膜运输过程的功能蛋白称为运输蛋白或转运蛋白（transport protein）。根据其结构及跨膜运输溶质方式的不同，一般将转运蛋白分为离子通道（ion channel）、载体（carrier）和离子泵（ion pump）3 类（图 5 - 2）。

1. 离子通道 离子通道是细胞质膜中由内在蛋白构成的孔道，横跨膜的两侧。孔道的大小、形状和孔内电荷密度等使得孔道对离子运输有选择性。离子通道的构象会随环境条件的改变而发生改变：处于某种构象时，其中间形成孔道，允许离子通过；处于另外的构象时，孔道关闭，不允许离子

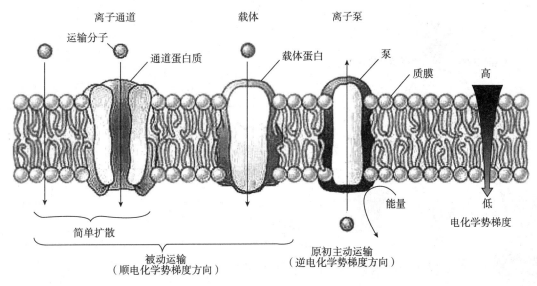

图 5-2 3种离子跨膜转运蛋白
(引自 Taiz 和 Zeiger，2006)

通过。根据离子通道对运送离子的选择性、运送离子的方向、通道开放与关闭的调控机制等可将其分为多种类型。①根据对运送离子的选择性，离子通道有 K^+ 通道、Cl^- 通道和 Ca^{2+} 通道等。②根据运送离子的方向，离子通道有内向型整流通道（inward rectifying channel，IRC）和外向型整流通道（outward rectifying channel，ORC），如保卫细胞膜上的 K^+ 通道可以分为内向 K^+ 通道和外向 K^+ 通道。③根据其开闭机制的不同，离子通道又可以分为以下几种：对跨膜电势梯度发生反应的，称为电压门控型离子通道（voltage-gated ion channel）；对光、激素等刺激发生反应的，即受药物调节的，称为配体门控型离子通道（ligand-gated ion channel）；另外还有受张力调节的张力控制型离子通道（stretch-activated ion channel）和光门控型离子通道（light-gated ion channel）等。

图 5-3 是电压门控型 K^+ 通道的结构模型示意图。通道由带正电荷的氨基酸构成"门控结构"，门控结构在膜电位的调控下控制通道蛋白的构象变化而使通道开放或关闭。对于一些受胞内特殊调节因子（如 cAMP 或其他核苷酸、激素、Ca^{2+} 等）调控的离子通道，调节因子特异性地与通道的调节亚基或特异性氨基酸序列结合而调控通道的活性。

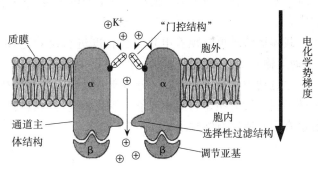

图 5-3 电压门控型 K^+ 通道结构模型
(引自 Taiz 和 Zeiger，1998)

由离子通道进行的运转是一种简单的扩散作用，是被动运输方式，即被运转物质顺其化学势或电化学势梯度经过通道进行扩散。

膜片钳技术（patch-clamp technique）是采用玻璃微电极来测量离子跨膜转移所产生的电流的技术，该项技术是研究离子通道的主要手段。其要点是用酶解法或激光去除全部或部分细胞壁，用一个尖端直径约 1 μm 的玻璃微电极紧贴膜表面，电极玻璃管内装入盐溶液，电极与高分辨率的放大器连接，电极抽出时可根据需要制成膜外面向外或膜内面向外的膜片（图 5-4）。根据记录到的电信号，可推测离子通道的开关情况（图 5-5）。该项技术发明者 E. Neher 和 B. Sakmann 荣获 1991 年诺贝尔生理学或医学奖。应用膜片钳技术，已证实了质膜上有 K^+、Cl^- 和 Ca^{2+} 等通道的存在。从有机离子跨膜传递的事实来看，质膜上也存在着供有机离子通过的通道，在液泡膜上也有相应的离子通道。

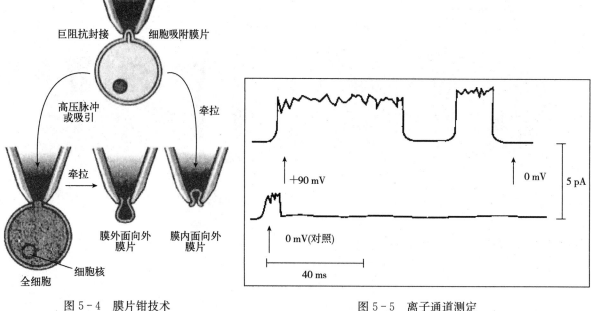

图 5-4　膜片钳技术

图 5-5　离子通道测定

图示气孔保卫细胞质膜上 K$^+$ 通道被 90 mV 电流激活，0 mV 为对照

（注意：脉冲电流结束前通道有一个短暂的关闭与开启）

（引自 Hopkins，1999）

2. 载体　载体也是一类膜内在蛋白，与离子通道不同，载体的跨膜区域并不形成明显的孔道结构，而是由载体转运的物质首先与载体蛋白的活性部位结合，结合后载体蛋白产生构象变化，将被运转物质暴露于膜的另一侧，并释放出去（图 5-6）。载体蛋白对被转运物质的结合及释放，与酶促反应中酶与底物的结合及对产物的释放情况相似，所以载体又称为透过酶，其动力学符合用于描述酶促反应的米氏方程。当被运送的离子或溶质的浓度较高时，离子载体运送离子或溶质的速率表现出饱和效应。

载体运输既可以顺着电化学势梯度进行跨膜运输（被动运输），也可以逆着电化学势梯度进行（主动运输）。载体运输每秒可运输 $10^4 \sim 10^5$ 个离子。

通过动力学分析，可以区分溶质是经通道还是经载体进行运转：经通道进行的运转是一种简单的扩散过程，没有明显的饱和现象，经载体进行的运转依赖于溶质与载体特殊部位的结合，因结合部位数量有限，所以有饱和现象（图 5-7）。

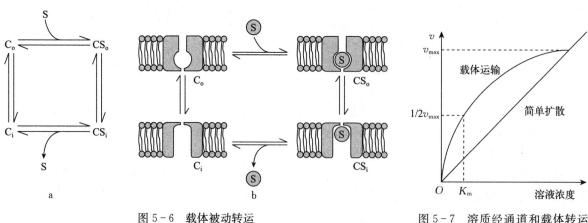

图 5-6　载体被动转运

a. 动力学模型　b. 物理学模型

图 5-7　溶质经通道和载体转运

的动力学分析

（引自 Taiz 和 Zeiger，2006）

多数植物所必需的矿质营养元素是以离子的形式经植物细胞膜上的离子载体运送进入细胞的，如 NH_4^+、NO_3^-、$H_2PO_4^-$、SO_4^{2-} 等，部分 K^+、Cl^- 等离子除了经离子通道运输外，也可经离子载体进行运输。除了无机离子外，一些呈离子状态的有机代谢物也是经载体执行其跨膜运输的，如一些氨基酸、有机酸等。

3. 离子泵　严格地讲，离子泵也是离子载体的一种，可以利用水解 ATP 或焦磷酸时释放的能量，把某种离子逆着其电化学势梯度进行跨膜运转。ATP 酶（ATPase）是主要的离子泵，它催化 ATP 水解释放能量，驱动离子的跨膜运转。植物细胞膜上的 ATP 酶主要有 H^+-ATP 酶和 Ca^{2+}-ATP 酶。

图 5-8 表示一种 ATP 酶水解 ATP 运转阳离子的过程。ATP 酶上有一个与阳离子 M^+ 相结合的部位，还有一个与 ATP 的 Pi 结合的部位。当未与 Pi 结合时，M^+ 的结合部位对 M^+ 有高亲和力，它在膜内侧与 M^+ 结合，同时与 ATP 末端的 Pi 结合（称为磷酸化），并释放 ADP。当磷酸化后，ATP 酶处于高能态，其构象发生变化，将 M^+ 暴露于膜外侧，同时对 M^+ 的亲和力降低，而将 M^+ 释放出去，并将结合的 Pi 水解释放回膜内侧，ATP 酶恢复原来的构象，开始下一轮循环。

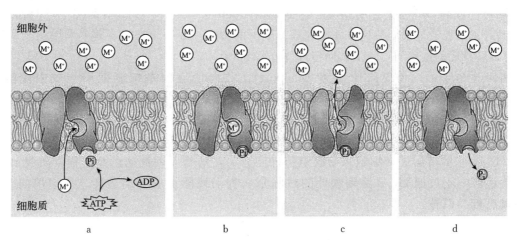

图 5-8　ATP 酶水解 ATP 运转阳离子的过程
a. ATP 酶与胞内的阳离子和 ATP 结合　b. ATP 水解，ATP 酶磷酸化
c. ATP 酶构象变化，开口向胞外释放阳离子　d. ATP 酶去磷酸化又恢复原状
（引自 Taiz 和 Zeiger，2006）

（二）植物细胞吸收溶质的方式

植物细胞对溶质的吸收主要分为两种类型：被动吸收和主动吸收，另外还有胞饮作用。

1. 被动吸收　被动吸收（passive absorption）是指由于扩散作用或其他物理过程而进行的顺电化学势梯度吸收矿质元素的过程。被动吸收不需要由代谢提供能量，又称非代谢性吸收。被动吸收包括扩散和协助扩散等方式。

（1）扩散。扩散（diffusion）是指分子或离子沿着化学势梯度或电化学势梯度转移的现象。电化学势梯度包括化学势梯度和电势梯度两方面。分子扩散取决于其化学势梯度即浓度梯度，而离子的扩散取决于其电化学势梯度。

（2）协助扩散。协助扩散（facilitated diffusion）是指溶质分子或离子经膜转运蛋白顺浓度梯度或电化学势梯度进行的跨膜运转。协助扩散是一种特殊的扩散作用，溶质分子或离子也是顺着浓度梯度或电化学势梯度从膜的一侧移动到膜的另一侧，只是溶质分子或离子单独不能越过膜，必须经膜上的转运蛋白（离子通道或载体）的协助才能越过膜。

2. 主动吸收　主动吸收（active absorption）是指细胞利用呼吸代谢产生的能量，逆电化学势梯度吸收矿质元素的过程，又称为代谢吸收。少数离子可以经 ATP 酶逆电化学势梯度跨膜运转，如 H^+ 和 Ca^{2+}，但大多数离子不能直接经 ATP 酶运转。溶质的主动吸收可以用化学渗透假说来解释。

质膜 H^+ - ATP 酶是质膜上的插入蛋白质，其水解 ATP 的部分在质膜的细胞质内侧，ATP 水解产生的能量把细胞质中的 H^+ 泵到膜外，使膜外介质中的 H^+ 浓度增加，同时导致膜电位的过极化，因此质膜 H^+ - ATP 酶又称致电的质子泵 ATP 酶（图 5-9）。通常把 H^+ - ATP 酶泵出 H^+ 的过程称为初级共转运（primary cotransport），或称为原初主动运输（primary active transport），在能量形式上的变化是化学能转变为渗透能。

H^+ - ATP 酶活动产生的跨膜质子电化学势梯度是推动其他溶质越过膜的动力。这种以跨膜质子电化学势梯度为驱动力来进行离子转运的方式称为次级共转运（secondary cotransport），或称为次级主动运输（secondary active transport），这需要通过膜上传递体才能完成。膜上的传递体是具有运转功能的蛋白质，包括共向传递体（symport）、

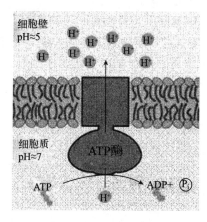

图 5-9 质膜 H^+ - ATP 酶水解
ATP 泵出 H^+

反向传递体（antiport）和单向传递体（uniport）。共向传递体是指能把离子或中性溶质（如 Cl^-、K^+、NO_3^-、NH_4^+、PO_4^{3-}、SO_4^{2-}、氨基酸、肽、蔗糖、己糖等）随着 H^+ 一同转运进入细胞的传递体，反向传递体则是指能把 H^+ 转运进入细胞的同时，把阳离子（如 Na^+、Ca^{2+} 等）排出细胞的传递体（图 5-10）。单向传递体转运中，阳离子（如 Fe^{2+}、Zn^{2+}、Mn^{2+}、Cu^{2+}、K^+ 和 NH_4^+ 等）的转运进入细胞只与膜电势梯度有关，这是一种被动运输过程，质膜 ATP 酶也是单向传递体，不过把 H^+ 分泌到膜外的过程是一种消耗能量的主动运转。所以单向传递体可分为主动、被动两种。

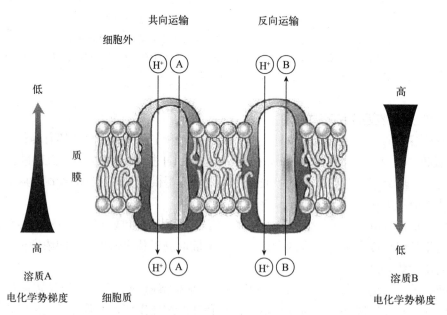

图 5-10 共向运输和反向运输
（引自 Taiz 和 Zeiger，2006）

现将植物细胞膜和液泡膜离子跨膜运输机制概括为图 5-11。

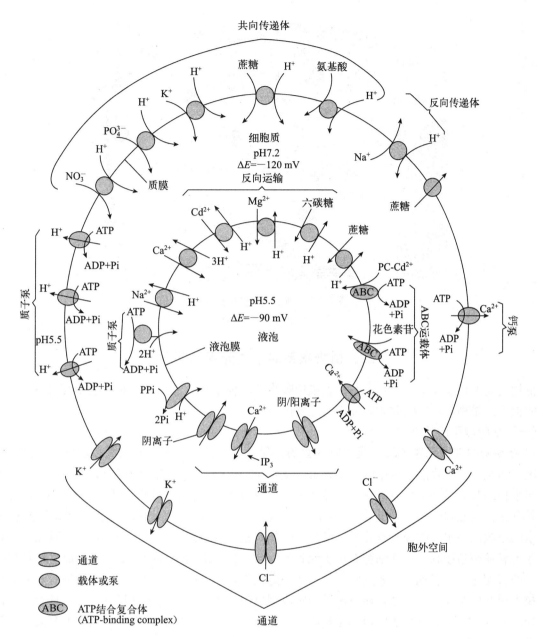

图 5-11　植物细胞膜和液泡膜离子跨膜运输机制

(质膜和液泡膜上存在的水通道蛋白等未做标注。植物细胞中最常见的共向运输是与质子跨膜运输相偶联的溶质运
输，如 H^+/K^+、H^+/NO_3^-、H^+/PO_4^{3-}、$H^+/$ 蔗糖和 $H^+/$ 氨基酸等，图中还显示 Ca^{2+}-ATP 酶，即钙泵)

(引自武维华，2008)

3. 胞饮作用　细胞通过膜的内折从外界直接摄取物质进入细胞的过程，称为胞饮作用（pinocy-tosis）。胞饮作用是植物细胞吸收液体和大分子物质的一种特殊方式。当胞外物质被吸附在质膜上后，感受外界刺激的部分质膜会向内凹陷，逐渐将液体和物质包围并形成囊泡。囊泡向原生质内部转移，囊泡内的物质转交给细胞有两种方式：一是囊泡在转移过程中，囊泡膜逐渐自溶消失，其内的液体和物质便留在细胞基质中；二是有些囊泡可直达液泡膜，并与其融合，将液体和物质释放到液泡中（图5-12）。胞饮作用具有非选择性吸收的特点，但该过程可受细胞松弛素和氧化磷酸化抑制剂抑制，因此与微管和 ATP 有关，是一个需要代谢能量的过程。它在吸收水分的同时，把水分中的物质，如各种盐类和大分子物质甚至病毒一起吸收进来。番茄和南瓜的花粉母细胞、蓖麻和松的根尖细胞中都有胞饮现象。

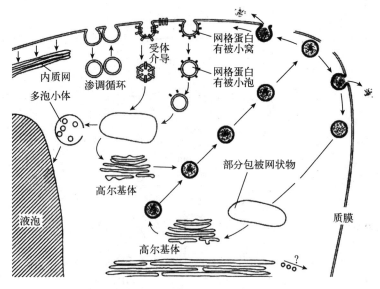

图 5-12　胞饮作用和胞出作用

(引自郝建军等，2013)

二、植物根系对矿质元素的吸收

植物所需的矿质元素主要是根系从土壤中吸收的。根系吸收矿质元素的部位和吸水的部位相似，根尖的根毛区是植物根部吸收矿质元素的主要部位。

(一)根吸收矿质元素的特点

1. 根系吸收矿质元素的过程是相对独立的过程　尽管根系吸收矿质元素和水分的主要部位都是根毛区，而且主要吸收溶于水中的矿质元素，蒸腾作用也促进根对矿质元素的吸收，但矿质元素的吸收量与水分的吸收量并不呈直线关系。实验证明，离体根在无蒸腾的情况下，同样可以吸收矿质元素，甘蔗在白天吸水速率比晚上大 10 倍左右，而白天吸收磷速度只比晚上稍大一些，因此植物对矿质元素的吸收既与水分的吸收有联系，又是一个相对独立的过程。两者相关表现为矿质元素只有溶于水，才更容易被根吸收，而活细胞对矿质元素的吸收导致了细胞水势的降低，从而促进植物细胞吸收水分。两者相对独立表现为二者的吸收并不成一定比例，二者吸收机制也不同，植物对水分的吸收以蒸腾拉力引起的被动吸水为主，而对矿质的吸收则以消耗代谢能量的主动吸收为主，具有选择性和饱和效应。此外，两者的分配去向也不尽相同，水分主要被运送到叶片，而矿质元素主要被运送至当时的生长中心。

2. 离子的选择性吸收　植物对各种矿质元素的吸收表现出明显的选择性。植物对离子的选择性吸收（selective absorption）是指植物对同一溶液中不同离子吸收的比例不同的现象。根系对土壤溶液中矿质离子的吸收存在着植物种类差异。如土壤中含大量的 Si，但植物中除水稻等禾本科植物外，一般很少吸收 Si。又如海水中含大量的 Cl^- 和 Na^+，但大叶法囊藻却选择吸收大量的 Cl^- 和 K^+，而很少吸收 Na^+。

根对离子的选择性吸收还表现在对同一盐类的阴阳离子吸收量存在着差异。例如，若供给植物 $(NH_4)_2SO_4$，植物对其阳离子（NH_4^+）的吸收大于阴离子（SO_4^{2-}），在吸收 NH_4^+ 的同时，根细胞会向外释放 H^+，使介质 pH 下降，故称这种盐为生理酸性盐（physiologically acid salt），如多种铵盐。同理，供给 $NaNO_3$，植物对其阴离子（NO_3^-）的吸收大于阳离子（Na^+），由于细胞内总的正负电荷数量必须保持平衡，因此，常常伴有 H^+ 的吸收或 OH^-（或 HCO_3^-）的排出，从而使介质 pH 升高，故称这种盐为生理碱性盐（physiologically alkaline salt），如多种硝酸盐。当供给 NH_4NO_3 时，植物对其阴阳离子吸收较为平衡，而不改变周围介质的 pH，所以称其为生理中性盐（physiologically neutral salt）。显然，生理酸性盐和生理碱性盐是植物对矿质离子选择吸收的结果，与盐类化学上的酸碱性完全无关。如果在土壤中长期使用某一种化学肥料，就可能引起土壤酸碱度的改变，从而破坏土壤结构，所以施化肥时应注意肥料类型的合理搭配。

3. 单盐毒害和离子拮抗 任何植物，假若培养在某一单盐溶液中（即溶液中只含有单一盐类），不久便呈现不正常状态，最后死亡，这种现象称为单盐毒害（toxicity of single salt）。无论是必需元素还是非必需元素组成的单一盐类都可引起单盐毒害。如将植物培养在较稀的 KCl 溶液中，植物将迅速积累 K^+，很快达到毒害水平致使植物死亡。即使溶液浓度很低也会发生单盐毒害，如将海生植物培养在只有海水中 NaCl 浓度 1/10 的 NaCl 溶液中，植物会很快受到毒害。

在发生单盐毒害的溶液中，加入少量其他盐类，即能减弱或消除这种毒害作用。如在 KCl 溶液中加入少量钙盐，则毒害现象便会消失。这种离子间能相互减弱或消除毒害作用的现象称为离子拮抗（ion antagonism）。一般元素周期表中不同族的元素间存在拮抗作用，同族元素间不存在拮抗作用。所以植物只有在含有适当比例的多种盐的溶液中才能正常生长发育，这种溶液称为平衡溶液（balanced solution）。土壤溶液中一般含有多种盐类，对陆生植物而言是平衡溶液，但并非理想的平衡溶液，施肥的目的就是使土壤中各种矿质元素达到平衡，以利于植物的正常生长发育。

（二）根系吸收矿质元素的过程

植物根系吸收矿质元素大致经过以下步骤：①土壤溶液中以离子形式存在的矿质元素先吸附在根组织表面；②吸附在根组织表面的矿质元素经质外体途径或共质体途径进入根组织维管束的木质部导管；③进入木质部导管的矿质元素随蒸腾流进入植物的地上部分。

1. 矿质元素吸附在根组织细胞表面 矿质元素主要以离子形式被根系吸收。如氮主要以 NH_4^+ 或 NO_3^-，磷主要以 $H_2PO_4^-$，钾、钙、镁等以 K^+、Ca^{2+}、Mg^{2+} 等被吸收。根部细胞吸收离子，首先是通过离子交换，将离子吸附于根部细胞的表面。根部细胞的表面吸附的阴、阳离子主要是 H^+ 和 HCO_3^-，这些离子主要是由根呼吸过程中放出的 CO_2 与水形成的 H_2CO_3 解离的。根细胞表面吸附的 H^+ 和 HCO_3^- 可分别与土壤溶液中的阴离子和阳离子进行等量的交换，从而使土壤中的盐类离子被吸附在根细胞表面。这种吸附离子的方式具有交换性质，称为交换吸附。交换吸附不需要代谢能量，吸附速率很快，当吸附表面形成单分子层时即达到极限，吸附速率与温度也无关，因此，它是属于非代谢性的。

除了离子交换的方式外，由于根组织活细胞质膜内侧呈负电状态，因此土壤中的阳离子在静电作用下也可被吸附在根组织细胞表面。

2. 矿质元素进入根部导管 吸附在根组织表面的各种矿质元素（主要是各种无机离子）可以通过根组织的质外体途径或共质体途径进入根部导管。

（1）质外体途径。土壤溶液中的各种矿质元素可顺着电化学势梯度自由扩散进入根的质外体空间，故有时又将质外体空间称为自由空间（free space，FS）。自由空间的大小通常无法直接测定，但可以通过某种离子的扩散平衡实验来估算，这个估算值称为相对自由空间（relative free space，RFS）。相对自由空间是指自由空间总体积占组织总体积（V）的百分数，也称自由空间率。估算的方法是：将根系放入一已知浓度、体积的溶液中，待根内外离子达到扩散平衡时，再测定溶液中的离子浓度和进入组织内自由空间的离子总数，用下式可计算出相对自由空间。

$$RFS = \frac{自由空间体积}{根组织总体积} \times 100\% = \frac{进入组织自由空间的溶质数（\mu mol）}{外液溶质浓度（\mu mol/mL）\times 组织总体积（mL）} \times 100\%$$
$$FS = RFS \times V$$

在研究中比较准确地测定质外体或自由空间体积的方法一般是用放射性标记的物质来进行。将活组织置于含有 ^3H 标记的水和 ^{14}C 标记的山梨糖醇（或甘露糖醇）的溶液中，由于水分子能自由出入活细胞，因此利用被测组织中 ^3H 标记的水的数量可以计算出组织的总体积；而 ^{14}C 标记的山梨糖醇（或甘露糖醇）则只能扩散进入质外体（自由空间），利用被测组织中 ^{14}C 标记的山梨糖醇（或甘露糖醇）的数量可计算出质外体空间的体积。据测定，大部分植物活组织的相对自由空间为5%～20%。

各种离子通过扩散作用进入根部自由空间，但是内皮层细胞上有凯氏带，离子和水分都不能通过，因此自由空间运输只限于根的内皮层以外，离子和水分只有转入共质体后才能进入维管束组织。不过根的幼嫩部分，其内皮层细胞尚未形成凯氏带，离子和水分可以经过质外体到达导管。另外，在内皮层有个别细胞（通道细胞）的细胞壁不加厚，也可作为离子和水分的通道。

（2）共质体途径。离子通过自由空间到达原生质表面后，可通过主动吸收或被动吸收的方式进入原生质。在细胞内离子可以通过内质网及胞间连丝从表皮细胞进入木质部薄壁细胞，然后再从木质部薄壁细胞释放到导管中。释放的机制可以是被动的，也可以是主动的，具有选择性。木质部薄壁细胞质膜上有ATP酶，推测这些薄壁细胞在分泌离子运向导管中起积极的作用。离子进入导管后随蒸腾流被运至地上部分。

图5-13显示了K^+、Cl^-在玉米根部的电化学势分布情况。

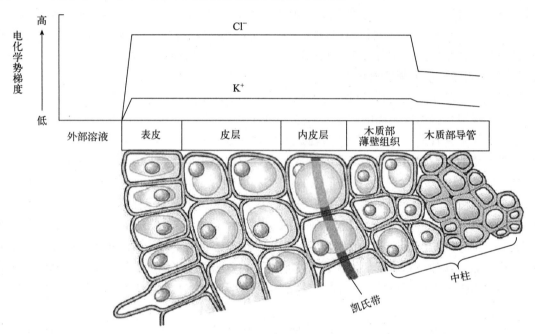

图5-13　K^+、Cl^-在玉米根部的电化学势分布
（引自 Taiz 和 Zeiger，2006）

三、外界条件对根系吸收矿质元素的影响

根系的发达程度及其代谢强弱，以及地上部分的生长发育和代谢等内部因素，都会制约着根系对矿质元素的吸收。这里主要介绍外界条件对根部吸收矿质元素的影响。

1. 土壤温度　在一定范围内，根部吸收矿质元素的速度随土壤温度的增高而加快，但超过一定温度时吸收速度反而下降（图5-14）。这是因为土壤温度一方面能通过影响根系的呼吸而影响根对矿质元素的主动吸收；另一方面温度也影响酶的活性，在适宜的温度下，各种代谢活动加强，需要矿质元素的量也增多，根吸收也相应增多。温度还可以影响原生质胶体的状况和溶质扩散的速度，在适宜的温度下，原生质黏性降低，透性增加，溶质在溶液中扩散的速度较快，根对离子的吸收增多。

温度过高可使根吸收矿质元素的速度下降，其原因可能是高温使酶钝化，从而影响根部代谢；高温还导致根尖木栓化加快，减少吸收面积；高温也使细胞透性增大，使被吸收的矿质元素渗漏到环境中去。

温度过低，根吸收矿质元素量也减少。因低温时，呼吸代谢弱，主动吸收慢；细胞质黏性也增大，离子进入困难。

2. 土壤通气状况 土壤通气状况良好，氧分压高，CO_2 浓度较低，有利于根系生长和呼吸，促进根系对离子的主动吸收。土壤通气不良，一方面，氧气供应不足，CO_2 积累，呼吸作用下降，为主动吸收提供的能量少；另一方面，土壤中的还原性物质（如 H_2S 等）增多，对根系产生毒害作用，降低根对矿质元素的吸收。此外，土壤通气状况还会影响矿质元素的形态和土壤微生物的活动，从而间接地影响植物对养分的吸收。农业生产中，常采用开沟排渍、中耕晒田等措施改善土壤的通气状况，以利于根对矿质元素的吸收。

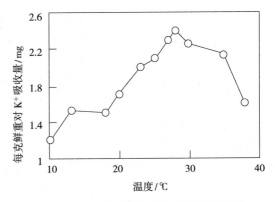

图 5-14 温度对小麦幼苗吸收钾的影响

3. 土壤溶液浓度 当土壤溶液中矿质元素浓度较低时，根吸收矿质元素的速度随溶液浓度的增高而加快，当土壤中矿质元素的含量达到一定浓度时，再增加离子浓度，根系对离子的吸收速度不再加快，这与载体的结合部位已达饱和有关。如果土壤溶液浓度过高，离子的吸收速度反而会下降，因为土壤溶液浓度过高，其水势过低，对植株产生渗透胁迫，严重时引起根组织乃至整个植株失水而出现"烧苗"现象。因此向土壤中施用化肥过量会对植物造成伤害。

4. 土壤 pH 土壤酸碱度（pH）对矿质元素吸收的影响因离子性质不同而异。在一定 pH 范围内，一般阳离子的吸收速度随土壤 pH 升高而加速，而阴离子的吸收速度则随土壤 pH 升高而下降。

pH 对阴阳离子吸收影响不同的原因与组成细胞质的蛋白质为两性电解质有关。当环境 pH 小于 pI 时，蛋白质带正电荷，根易吸收外界溶液中的阴离子；当环境 pH 大于 pI 时，蛋白质带负电荷，根易吸收外部的阳离子（图 5-15）。

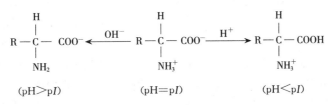

图 5-15 不同 pH 条件下蛋白质带电情况

一般认为土壤溶液 pH 对矿质营养吸收的间接影响比直接影响大得多。首先土壤 pH 影响矿质元素的存在状态，即有效性。如在土壤溶液碱性逐渐加强时，铁、PO_4^{3-}、钙、镁、铜和锌等逐渐形成不溶解状态，能被植物利用的量便减少。在酸性环境中，PO_4^{3-}、钾、钙、镁等易溶解，但植物来不及吸收，易被雨水淋失，因此酸性土壤（如红壤）往往缺乏磷、钾、钙、镁这 4 种元素。在酸性环境中（如咸酸田，一般 pH 可达 2.5～5.0），铝、铁和锰等的溶解度加大，植物受害。另外，土壤溶液 pH 也影响土壤微生物的活动。在酸性土壤中，根瘤菌会死亡，自生固氮菌失去固氮能力；在碱性土壤中，对农业有害的细菌（如反硝化细菌）发育良好，这些变化都不利于植物的氮素营养。

一般作物最适生长的 pH 为 6～7，但有些植物喜稍酸性环境，如茶、马铃薯、烟草等，还有一些植物喜偏碱性环境，如甘蔗、甜菜等。栽培作物或溶液培养时应考虑外界溶液的酸碱度，以获得良好效果。

5. 离子间的相互作用 离子间的相互作用也影响植物对矿质元素的吸收。溶液中某些离子的存在会影响其他元素的有效性，有的表现出促进作用，如磷、钾促进植物对氮的吸收。这种一种离子的存在促进植物对另一种离子的吸收和利用称为协同作用（synergistic action）。有些离子的存在或过多会抑制植物对其他离子的吸收，如溴和碘使氯的吸收减少，钾、铷、铯三者竞争，这与相似离子竞争载体上的结合位点有关。另外，磷过多会抑制植物对铁、锌和镁的吸收。因 PO_4^{3-} 与铁、锌和镁形成了难溶解的化合物，降低了其有效性，故在磷过多时，常表现出缺绿症状。

除以上因素外，光照、水分及土壤微生物活动等因素对矿质元素的吸收也有明显影响。

第四节　矿质元素在植物体内的运输和分布

根部吸收的矿质元素，有一部分留存在根内，大部分运输到植物体的其他部分。叶片吸收的矿质元素的去向也是如此。

一、矿质元素运输的形式和途径

根吸收的氮素，一部分在根部被还原并用于氨基酸（如天冬氨酸、天冬酰胺、谷氨酸、谷氨酰胺，以及少量丙氨酸、缬氨酸和甲硫氨酸）及含氮有机化合物的合成，然后以氨基酸或其他有机物的形式随蒸腾流运往地上部分，也有一部分以 NO_3^- 的形式运往地上部分，在地上部分同化。根吸收的磷主要以 PO_4^{3-} 的形式向上运输，但也有部分在根部转变为有机磷化合物（如磷酰胆碱、甘油磷酰胆碱等），然后才向上运输。硫的运输形式主要是 SO_4^{2-}，但有少数是以甲硫氨酸及谷胱甘肽之类的形式运输的。金属离子则以离子状态运输。

矿质元素以离子形式或其他形式进入导管后，随着蒸腾流一起上升，也可以顺着浓度梯度而扩散。根系吸收的无机离子主要通过木质部向上运输，同时可从木质部活跃地横向运输到韧皮部。矿质元素在植物体内的运输速度为 $30\sim100\ \mathrm{cm/h}$。

二、矿质元素在植物体内的分布

矿质元素经过导管运输到地上部分后，其在植物体的分布因元素的种类而异。有些元素（如氮、磷、镁）主要形成不稳定的化合物，这些化合物不断分解，释放出的离子又转移到其他需要的器官去；有些元素（如钾）被吸收后始终呈离子状态，这两类元素在植物的不同发育时期，始终可被幼嫩器官等代谢旺盛部位反复利用，称为参与循环的元素，或再利用元素。还有一些元素在细胞中形成难溶解的稳定化合物，如硫、钙、铁、锰、硼等，特别是钙、铁、锰，称为不参与循环的元素，或不可再利用元素。

参与循环的元素都能再利用，不参与循环的元素则相反。在能够被再利用的元素中，以氮和磷最典型；不能再利用的元素中以钙最典型。当然能否循环再利用并没有截然的界限，主要反映的是其再利用的难易程度。

矿质元素在植物体内的分布还存在着组织器官差异。参与循环的元素大部分分布在生长点、嫩叶等代谢较旺盛的部位，以及发育中的果实、种子和地下储藏器官中，因而参与循环的元素缺素症状首先发生在老叶上。不参与循环的元素被植物地上部吸收后，即被固定住而难以移动，因而器官越老含量越大，不参与循环的元素缺素病症都先出现于嫩叶。

第五节　植物对氮、硫、磷的同化

高等植物能够把从周围环境中吸收的简单无机物转化为复杂的有机物，该过程称为同化作用（assimilation）。自然界中许多物质只有被植物同化后才能被进一步利用，如硝酸盐、磷酸盐和硫酸盐。

一、硝酸盐的同化

高等植物不能直接利用空气中的氮气，植物的氮源主要是无机氮化合物，而无机氮化合物中又以铵盐和硝酸盐为主，它们占土壤含氮量的 $1\%\sim2\%$。植物从土壤中吸收铵盐后，可直接利用它去合成氨基酸。如果吸收硝酸盐，则必须经过由硝态氮向铵态氮转化的代谢还原（metabolic reduction）才能被利用，因为蛋白质的氮呈高度还原态，而硝酸盐的氮则呈高度氧化态。

（一）硝酸盐还原为亚硝酸盐

一般认为硝酸盐还原是按下列几个步骤进行的，每个步骤增加两个电子。第一步骤是硝酸盐还原为亚硝酸盐，中间两个步骤（次亚硝酸和羟胺）仍未肯定，最后还原成氨（铵）。

$$\overset{(+5)}{NO_3^-} \xrightarrow{+2e^-} \overset{(+3)}{NO_2^-} \xrightarrow{+2e^-} [\overset{(+1)}{N_2O_2^{2-}}] \xrightarrow{+2e^-} [\overset{(-1)}{NH_2OH}] \xrightarrow{+2e^-} \overset{(-3)}{NH_4^+}$$

硝酸盐　　亚硝酸盐　　次亚硝酸盐　　羟胺　　氨

硝酸盐还原成亚硝酸盐的过程是由硝酸还原酶（nitrate reductase，NR）催化完成的，它主要存在于高等植物的根和叶片的细胞质中，是一种可溶性的钼黄素蛋白（molybdoflavoprotein）。从酶的结构组成来看，NR 是一种同型二聚体（homodimer），相对分子质量为 $2\times10^5\sim5\times10^5$。每个单体由 FAD、细胞色素（cyt b_{557}）和钼辅因子（molybdenum cofactor，MoCo）等组成，3 种辅基在酶促反应中起着电子传递体的作用。在还原过程中，电子从 NAD(P)H 传至 FAD，再经 cyt b_{557} 传至 MoCo，然后将硝酸盐还原为亚硝酸盐（图 5-16）。

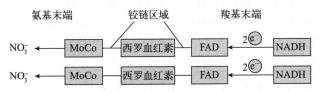

图 5-16　硝酸盐还原酶还原硝酸盐的过程
（引自 Taiz 和 Zeiger，2006）

整个酶促反应可表示为：

$$NO_3^- + NAD(P)H + H^+ + 2e^- \longrightarrow NO_2^- + NAD(P)^+ + H_2O$$

NR 是一种诱导酶。诱导酶是指植物本来不含某种酶，但在特定外来物质的诱导下，可以生成这种酶，这种现象就是酶的诱导形成（或适应形成），所形成的酶便称为诱导酶（inducible enzyme）或适应酶（adaptive enzyme）。

（二）亚硝酸盐还原为氨

NO_3^- 被还原为 NO_2^- 后，即被迅速转运进根中的前质体（proplastid）或叶片的叶绿体中，由其中的亚硝酸还原酶（nitrite reductase，NiR）把 NO_2^- 进一步还原成 NH_4^+。在叶绿体中还原所需的电子有还原态的铁氧还蛋白（ferredoxin，Fd）（Fd_{red}）提供，其酶促过程如下：

$$NO_2^- + 6Fd_{red} + 8H^+ + 6e^- \rightarrow NH_4^+ + 6Fd_{ox} + 2H_2O$$

从绿色组织中分离出的 NiR 含有两个辅基，一个是铁-硫簇（Fe_4S_4），另一个是西罗血红素，相对分子质量为 $6\times10^4\sim7\times10^4$。它们与亚硝酸盐结合，直接还原亚硝酸盐为氨（铵）（图 5-17）。在非绿色组织中 NO_2^- 还原所需的中间电子传递体尚不清楚。

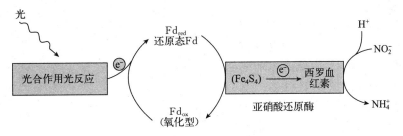

图 5-17　亚硝酸还原酶还原亚硝酸的过程
（引自 Taiz 和 Zeiger，2006）

与 NR 类似，NiR 的活性也依赖于硝酸盐（NO_3^-）诱导，光照可促进亚硝酸盐的还原过程，这可能与光照时植物生成 Fd 有关。此外，亚硝酸盐的还原还需要氧，缺氧时该过程受阻。

（三）氨的同化

植物吸收的铵或者由硝酸盐还原成的铵被同化为氨基酸的过程称为氨的同化。游离氨（NH_3）的量稍为多一点，即毒害植物，因为氨可能抑制呼吸过程中的电子传递系统，尤其是 NADH。氨的同化包括谷氨酰胺合成酶、谷氨酸合酶和谷氨酸脱氢酶等途径。

1. 谷氨酰胺合成酶途径　在谷氨酰胺合成酶（glutamine synthetase，GS）作用下，以 Mg^{2+}、Mn^{2+} 或 Co^{2+} 为辅因子，氨与谷氨酸结合，形成谷氨酰胺。这个过程是在细胞质、根部细胞的质体和叶片细胞的叶绿体中进行的。

$$L\text{-谷氨酸}+ATP+NH_3 \xrightarrow{GS} L\text{-谷氨酰胺}+ADP+Pi$$

研究表明，GS 普遍存在于植物组织中，其在绿色组织中定位于叶绿体和细胞质，在非绿色组织中则定位于质体。对氨的亲和力很高（K_m 为 $10^{-5}\sim10^{-4}mol/L$），能有效防止氨积累而造成的毒害作用。

2. 谷氨酸合酶途径　谷氨酸合酶（glutamate synthase）又称谷氨酰胺-α酮戊二酸转氨酶（glutamine-α-oxoglutarate aminotransferase，GOGAT），它有 NADH-GOGAT 和 Fd-GOGAT 两种类型，分别以 $NAD(P)H+H^+$ 和还原态的 $Fd(Fd_{red})$ 为电子供体，催化谷氨酰胺与 α酮戊二酸结合，形成 2 个分子的谷氨酸。此酶多存在于非绿色组织的前质体中。

$$L\text{-谷氨酰胺}+\alpha\text{酮戊二酸}+[NAD(P)H+H^+ \text{或} Fd_{red}] \xrightarrow{GOGAT} 2L\text{-谷氨酸}+[NAD(P)^+ \text{或} Fd_{ox}]$$

3. 谷氨酸脱氢酶途径　氨也可以和 α酮戊二酸结合，在谷氨酸脱氢酶（glutamate dehydrogenase，GDH）作用下，以 $NAD(P)H+H^+$ 为氢供给体，还原为谷氨酸。GDH 存在于线粒体和叶绿体中。

$$\alpha\text{酮戊二酸}+NH_3+NAD(P)H+H^+ \xrightarrow{GDH} L\text{-谷氨酸}+NAD(P)^+ +H_2O$$

由于 GDH 对 NH_4^+ 的亲和力很低，只有在体内 NH_4^+ 浓度较高时才起作用，因此，该途径在植物氮同化中不太重要。

4. 氨基交换作用　植物体内通过氨同化途径形成的谷氨酸和谷氨酰胺，可以在细胞质、叶绿体、线粒体、乙醛酸体和过氧化物酶体中通过氨基交换作用（transamination）形成其他氨基酸或酰胺。例如，谷氨酸与草酰乙酸结合，在天冬氨酸转氨酶（aspartate aminotransferase，ASP-AT）催化下，形成天冬氨酸和谷氨酰胺；又如，谷氨酰胺与天冬氨酸结合，在天冬酰胺合成酶（asparagine synthetase，AS）作用下，合成天冬酰胺和谷氨酸。

$$L\text{-谷氨酰胺}+L\text{-天冬氨酸}+ATP \xrightarrow{AS} L\text{-天冬酰胺}+L\text{-谷氨酸}+ADP+Pi$$

以上分析表明，在植物体对无机态的氨的同化过程中，需要 ATP 提供能量，而转氨基过程也需要还原力 [NAD(P)H]，所以植物对氨的同化与光合作用和呼吸作用关系密切。现将植物细胞的硝酸盐代谢与氨的同化过程概括为图 5-18。

（四）酰胺的生理功能

谷氨酰胺和天冬酰胺是植物体内最主要的两种酰胺，酰胺对于植物生命活动具有重要意义。首先，酰胺是植物体内氮的原初固定形式，是氨基酸生物合成的氨供体；其次，酰胺的形成可降低游离氨的含量，减少氨的毒害；最后，酰胺还是植物体内氮素的主要运输形式，同时也是氨的主要储存形式。一般地，谷氨酰胺与植物的合成代谢和生长有关，而天冬酰胺则与蛋白质的降解等分解代谢有关，因而，谷氨酰胺的存在是植物健康的标志，天冬酰胺的存在则是植物不健康的征兆。

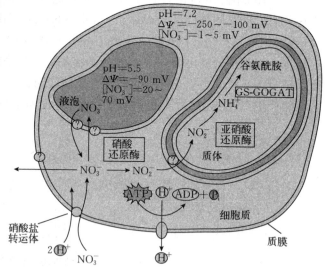

图 5-18　植物细胞的硝酸盐代谢与氨的同化
（引自 Buchannan 等，2000）

二、硫酸盐的同化

高等植物获得硫主要是通过根部从土壤中吸收硫酸根离子（SO_4^{2-}），也可以通过叶片吸收和利用空气中少量的二氧化硫（SO_2）气体。不过，二氧化硫要转变为硫酸根离子后才能被植物同化。硫酸盐既可以在植物根部同化，也可以在植物地上部分同化，其反应可用下面简式表示。

$$SO_4^{2-} + 8e^- + 8H^+ \longrightarrow S^{2-} + 4H_2O$$

1. 硫酸盐的活化 要同化硫酸根离子，首先要活化硫酸根离子。在 ATP-硫酸化酶（ATP-sulfurylase）催化下，硫酸根离子与 ATP 反应，产生腺苷磷酰硫酸（adenosine-5'-phosphosulfate，APS）和焦磷酸（pyrophosphate，PPi）。

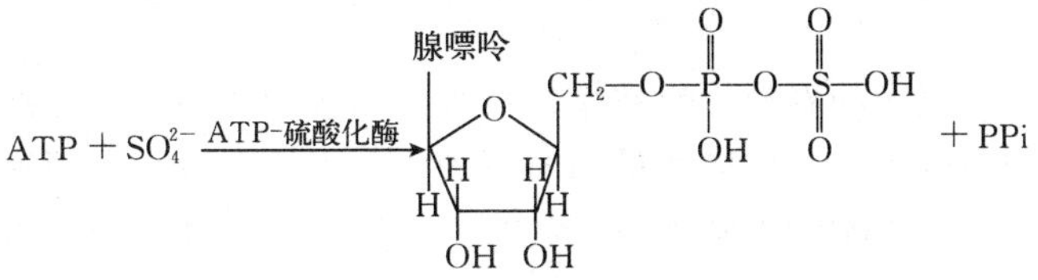

APS

2. 硫酸盐的进一步活化 APS 在 APS 激酶（APS kinase）催化下，与另一个 ATP 分子作用，产生 3'-磷酸腺苷-5'-磷酰硫酸（3'-phosphoadenosine-5'-phosphosulfate，PAPS）。APS 和 PAPS 之间是可以相互转变的。这两种硫酸盐都是活化硫酸盐（activated sulfate），PAPS 是活化硫酸盐在细胞内积累的形式，APS 是硫酸盐还原的底物，两者都含有活化硫酸根。

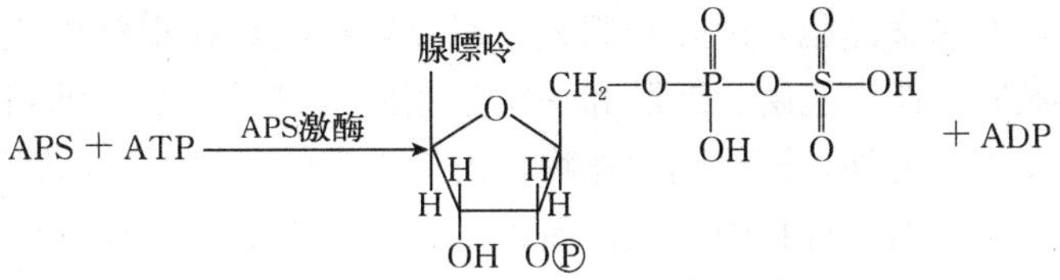

PAPS

3. 活化硫酸盐的还原 APS 与还原型谷胱甘肽（GSH）结合，在磺基转移酶（sulfotransferase）催化下，形成 S-磺基谷胱甘肽（S-sulfoglutathione）。S-磺基谷胱甘肽再与 GSH 结合形成亚硫酸盐。亚硫酸盐在亚硫酸还原酶（sulfite reductase）的作用下，以还原态 Fd 作为电子供体，还原为硫化物（S^{2-}）。最后，硫化物与由丝氨酸转变而来的 O-乙酰丝氨酸（O-acetylserine）结合，在 O-乙酰丝氨酸硫解酶（O-acetylserine thiolase）催化下，形成半胱氨酸（cysteine）。半胱氨酸进一步合成胱氨酸等其他的含硫氨基酸。

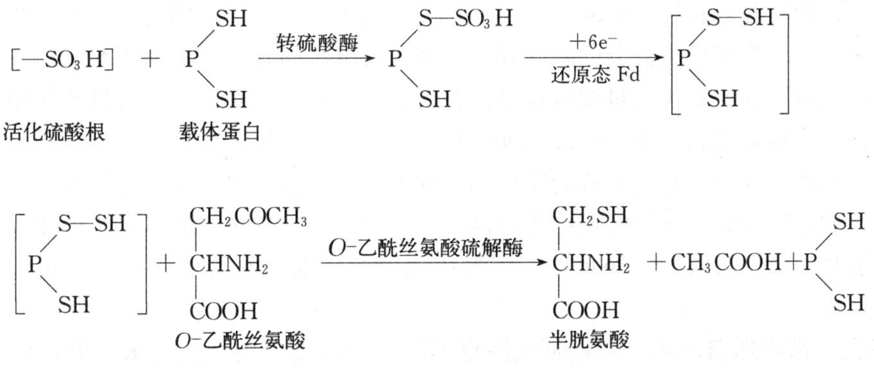

三、磷酸盐的同化

土壤中的磷酸盐被植物吸收以后，少数仍以离子状态存在于体内，大多数以正磷酸的形式被同化为有机物，如磷酸糖、磷脂和核苷酸等，最具有代表性的是 ADP 和 ATP。同化部位不限，在根和地上部位都可以进行。在线粒体中，磷酸盐通过氧化磷酸化使 NADH（或琥珀酸）氧化为 ATP；在叶绿体中,通过光合磷酸化也可形成 ATP。

除了在线粒体和叶绿体中进行这些反应以外,磷酸盐在细胞质溶质中也可以通过转磷酸作用形成 ATP。例如,在糖酵解中,3-磷酸甘油醛在3-磷酸甘油醛脱氢酶作用下,与 $H_2PO_4^-$ 结合,形成1, 3-二磷酸甘油酸,在磷酸甘油酸激酶催化下,1,3-二磷酸甘油酸的磷酸转移,形成3-磷酸甘油酸和 ATP。这就是底物水平的磷酸化反应。

第六节 合理施肥的生理基础及无土栽培

在农业生产中,由于土壤中的养分不断被作物吸收,而作物产品大部分被人们所利用,田地养分就逐渐不足,因此,施肥便成为提高作物产量和质量的一个重要手段。合理施肥,就是根据矿质元素对作物所起的生理作用,结合作物的需肥规律,适时适量地施肥,做到少肥高效。

一、作物的需肥规律

1. 不同作物或同一作物的不同品种需肥情况不同 虽然每种植物都需要各种必需元素,但不同作物对矿质元素的需要量和比例有别;人们对各种作物的需用部分(即作物的经济器官)不同,而各种元素的生理作用又不一样,所以对哪种作物多施哪种肥料需进行考查。例如,栽培禾谷类作物时,要多施一些磷肥,以利籽粒饱满;栽培块根、块茎类作物时,要多施钾肥,以促进地下部分积累糖类;栽培叶菜类作物时,要多施氮肥,使叶片肥大。对豆科植物,在根瘤形成之前,适量施用氮肥,当根瘤形成以后不再施氮肥,而增施磷、钾肥和一定量钼以促进其固氮。油料作物需镁较多,甜菜、苜蓿、亚麻对硼有特殊要求。另外,即使同一作物,由于生产的目的不同,施肥也应不同。如大麦作粮食时,灌浆前后增施氮肥可增加籽粒中的蛋白质含量;但若大麦供酿造啤酒用,则后期不宜追施氮肥,因籽粒中蛋白质含量增高反而不利于酿酒。

2. 同一作物在不同生育期需肥不同 同一作物在不同生育期,对矿质元素的吸收情况是不一样的。萌发期间,因种子本身储藏养分,一般不需要吸收外界肥料;随着幼苗长大,吸收矿质元素的量会逐渐增加;开花、结实时期,对矿质元素吸收量达高峰;以后,随着生长减弱,吸收量逐渐下降;至成熟期则停止吸收,衰老时甚至有部分矿质元素排出体外。但作物生长习性不同,元素的吸收情况也不同。稻、麦、玉米等作物,开花后营养生长基本停止,后期吸收很少,因此施肥应重在前、中期。而棉花开花后营养生长与生殖生长仍同时进行,对矿质元素的吸收前后期较为平均,所以开花后还应追肥。

必须指出,作物吸收肥料较少的时期,不一定对矿质养分的缺乏不敏感,如作物生长初期对矿质养分的吸收虽然较少,但对矿质养分的缺乏却非常敏感,这一时期如果养分不足就会显著地影响作物的生长发育,而且以后即使施用大量肥料也难以补偿。因此,作物对矿质养分缺乏最敏感的时期称为植物营养临界期,也称需肥临界期。一般苗期是作物的营养临界期。

除营养临界期外,作物不同的生育期中施用肥料的效果也有明显差别,其中有一个时期需要肥料最多,施肥生长的效果最好,这个时期称为最高生产效率期,又称植物营养最大效率期。作物的营养最大效率期一般是生殖生长时期,如水稻、小麦在幼穗形成期,油菜、大豆在开花期,农谚"菜浇花"就是这个道理。

3. 作物不同,需肥形态不同 施肥时应注意不同作物对肥料类型的要求不同,应选择有利于作物生长的肥料种类。烟草和马铃薯用草木灰等有机钾肥比氯化钾等无机钾肥的效果好,因为氯可降低烟草燃烧性和马铃薯淀粉含量(氯有阻碍糖运输的作用);水稻应施铵态氮而不是硝态氮,因为水稻体内缺乏硝酸还原酶,难以利用硝态氮。烟草既需铵态氮又需硝态氮,既需要有机酸来加强叶的燃烧性,又需要有香味,硝酸能使细胞内的氧化能力占优势,有利于有机酸的形成,铵态氮则有利于芳香油的形成。另外,黄花苜蓿、紫云英吸收磷的能力弱,以施用水溶性的过磷酸钙为宜;毛苕、荞麦吸磷能力强，施用难溶解的磷矿粉和钙镁磷肥也能被利用。

二、合理施肥的指标

为了满足作物对必需元素的需要，并做到适时施肥，增产效果显著，就需要根据各项施肥指标合理施肥。

（一）土壤营养丰缺指标

测定土壤中营养元素的含量对确定施肥方案有重要参考价值。由于各地的土壤、气候、耕作管理水平差别很大，而且不同作物对土壤中各种矿质元素的含量及比例也要求不同，所以施肥的土壤营养指标也因地、因作物而异。为提高化肥施用效率水平，缓解农业污染，实现增收节支，从 2005 年起，我国全面推广了测土配方施肥技术。测土配方施肥技术以土壤测试和肥料田间试验为基础，根据作物需肥规律、土壤供肥性能和肥料效应，在合理施用有机肥料的基础上，提出氮、磷、钾及微量元素等肥料的施用数量、施肥时期和施用方法。测土配方施肥技术的核心是解决作物营养需求与土壤营养供应之间的矛盾，可以有针对性地补充作物所需的营养元素，实现各种养分平衡供应，满足作物生长发育需要。

（二）形态指标

作物的外部形态是其内在特性和外界环境条件的综合反映。作物营养的亏缺情况会在茎叶的生长速度、形态、大小和颜色等方面表现出来，所以可以根据作物的形态特征判断矿质养分的供应状况。

作物相貌是一个很好的追肥形态指标。氮肥多，植物生长快，叶长而软，株型松散；氮肥不足，生长慢，叶短而直，株型紧凑。叶片颜色也是反映作物矿质养分供应状况的很好指标，叶色是反映作物体内营养状况（尤其是氮素水平）的最灵敏的指标。功能叶的叶绿素含量和含氮量的变化基本上是一致的。叶色深，氮和叶绿素含量均高；叶色浅，两者均低。生产上常以叶色作为施用氮肥的指标。

根据形态指标施肥简单易行，但是作物的缺素症状往往同病害以及其他不良生活条件所引起的外部症状发生混淆，不易区别。另外，作物的缺素症也多在某种元素非常缺乏时才表现出来，经诊断后再采取措施往往为时已晚。所以形态诊断还需要配合土壤营养丰缺诊断和生理诊断才能做出较准确的结论。

（三）生理指标

施肥的生理指标是指根据作物的生理状况来判断作物是否缺乏某种或某些矿质营养元素。常用的生理指标有植株体内的矿质元素、叶绿素、酰胺和淀粉含量等。利用生理指标能及早发现问题，只要及时地采取相应的施肥措施，就可以达到预期的目的。

1. 营养元素含量 叶片营养元素的含量在植物营养诊断中有较好的参考价值。作物组织中营养元素含量与作物的生长和产量间有一定的关系（图 5 - 19）。当养分严重缺乏时，产量甚低；养分适当时，产量最高；养分如继续增多，产量亦不再增加，浪费肥料；如养分再多，就会产生毒害，产量反而下降。在营养元素严重缺乏与适量两个浓度

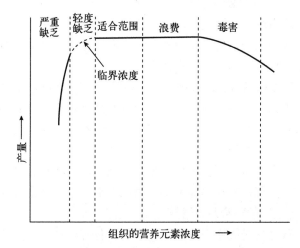

图 5 - 19 植物组织中矿质元素含量与作物生长的关系

之间有一个临界浓度（critical concentration），即获得最高产量的最低养分浓度。不同作物、不同生

育期、不同元素的临界浓度也各不同。

叶片元素分析最好与土壤分析结合起来，因为叶片分析仅了解组织的营养水平，对土壤营养水平，特别是阻碍吸收的因素不清楚。土壤分析可知土壤中全部养分和有效养分的储存量，但不知道作物从土壤中吸收养分的实际数量。土壤分析和叶片分析应该并用，相互补充，相辅为用。

2. 酰胺和淀粉含量 作物吸氮过多，就会以酰胺状态储存起来，以免游离氨毒害植株。

水稻植株中的天冬酰胺与氮的增加是平行的，可作为水稻植株氮素供应状态的良好指标。在幼穗分化期，测定未展开或半展开的顶叶内天冬酰胺的有无。如有，表示氮营养充足；如没有，说明氮营养不足。本法可作为穗肥的一个诊断指标。

水稻叶鞘中的淀粉含量也可作为氮素丰缺指标：氮肥不足，叶鞘内淀粉积累，叶鞘内淀粉愈多，表示氮肥愈缺乏。其测定方法是将叶鞘劈开，浸入碘液，如被碘液染成的蓝黑色深且占叶鞘面积的比例大，则表明土壤缺氮，需要追施氮肥。

3. 酶活性 作物体内有多种酶蛋白，其活性依赖于作为辅基或活化剂的矿质元素，当这些元素缺乏时，相应酶活性下降。如缺铜时多酚氧化酶和抗坏血酸氧化酶活性下降，缺钼时硝酸还原酶活性下降，缺锌时碳酸酐酶和核糖核酸酶活性下降，缺铁可引起过氧化氢酶和过氧化物酶活性下降等。因而可以根据某种酶活性的变化，来判断某一元素的丰缺情况。

三、无土栽培

无土栽培（soilless culture）是指不用天然土壤而用基质或仅育苗时用基质，在定植以后用营养液（化学肥料溶液）进行灌溉的栽培方法。古代缺乏土壤的地区已有利用水面栽培作物的记载。1860年 Sachs 和 Knop 相继应用 10 种无机盐配制成营养液，栽培植物获得成功，使溶液培养技术得以发展。1939 年美国在太平洋岛屿上用无土栽培技术生产蔬菜。1970 年以来，随着营养膜技术和岩棉技术的发展，蔬菜和花卉的无土栽培得到了快速发展。

（一）种类和设施

根据无土栽培所使用的基质，除了前面提到的溶液培养法和砂基培养法外，还包括沙砾栽培（gravel culture）、蛭石栽培（vermiculaponics）、岩棉栽培（rockwool culture），还有水耕（hydroculture）、深液流技术（deep flow technique）、雾培养（spray culture）、泥炭培养（peat culture）和锯木栽培（sawdust culture）等。

在生产上主要采用两种无土栽培设施，即营养膜技术系统和固体基质栽培系统。

1. 营养膜技术系统 营养膜技术（nutrient film technique，NFT）系统是一种营养液循环的液体栽培系统，该系统让流动的薄层营养液流经栽培槽中的植物根系来栽培植物。流动的薄层营养液除了可均衡供应植物所需的营养元素和水分外，还能充分供应根系呼吸所需的氧气。由于植物不断消耗养分和水分，因此要经常补充。

2. 固体基质栽培系统 固体基质栽培（solid substrate culture）系统是由固体物（如蛭石、珍珠岩、陶粒、岩棉、沙砾等）作为栽培基质，将植物栽培在固体物中。这种栽培系统也要由营养液供给植物营养和水分，它可以采用循环的营养液供应系统，也可采用营养液滴灌等的非循环方式，二者都能取得良好效果。

无土栽培属保护地栽培形式，除采用上述设施外，还需有与其配套的温室大棚等环境条件和计算机管理系统，使作物地上部分和地下部分都处于最佳状态，使之一年四季都能进行生产。

（二）营养液及其管理

营养液是无土栽培的核心，由含各种植物营养元素的化合物溶解于水配制而成，组成成分有水、含有营养元素的化合物及辅助物质。

1. 水 营养液中绝大部分是水，因使用目的不同，对水质的要求亦不同。在研究营养液新配方及某些营养元素的缺乏症时，需要使用蒸馏水或去离子水。在农业生产上可使用雨水、井水和自来水。

2. 营养元素化合物及辅助物质 营养液中含有植物必需的大量元素和微量元素的各种化合物，其营养液渗透势（Ψ_s）一般为$-0.15\sim-0.03$ MPa，较适中的浓度时 Ψ_s 约为-0.09 MPa。营养液中各种化合物浓度和比例应根据生理平衡和化学平衡原则来确定。针对不同的蔬菜、花卉品种，现已研制出大量营养液配方，其中以美国植物营养学家 Hoagland 等研究的营养液配方最为有名，许多实用配方都是参照该配方调整演变而来。日本研制了一种称为园艺配方的均衡营养液正被广泛使用。表 5-4 列出了这两种配方以作比较。

表 5-4 两种常用无土栽培均衡营养液配方

成分	Hoagland 等/(mg/L)	日本园艺配方/(mg/L)
$Ca(NO_3)_2 \cdot H_2O$	945	950
KNO_3	—	810
K_2SO_4	607	—
$MgSO_4 \cdot 7H_2O$	115	500
$(NH_4)_2HPO_4$	493	155
$FeC_4H_4O_6$	$20\sim40$	$15\sim25$
$FeSO_4 \cdot 7H_2O$	15	—
H_3BO_3	2.86	3
硼砂	4.50	—
Mn_2SO_4	2.13	2
$CuSO_4 \cdot 5H_2O$	0.05	0.05
$ZnSO_4$	0.22	0.22
H_2MoO_4 或 Na_2MoO_4	0.02	0.02

作物根系大部分生长在营养液中，并吸收其中的水分、养分和氧气，从而使其浓度、成分、pH、溶解氧等不断变化。同时根系也分泌有机物于营养液中，且有少量衰老的残根脱落于营养液中，致使微生物也会在其中繁殖。外界温度也时刻影响着液温。因此要采取措施对上述影响因素进行调控，如增氧、水分和养分的调整、pH 的调整，同时注意营养液温度随季节进行调整。

（三）无土栽培的特点及应用前景

无土栽培是将先进的科学技术应用于农业生产上的设施农业，它的兴起使农业、园艺和林木生产进入了新的技术发展阶段。无土栽培的优点可概括为作物长势强、产量高、品质好；省水、省肥、省力、省工；病虫害少，可以避免连作障碍；可以极大地扩展农业生产空间；有利于实现农业生产的现代化等。但也存在一些问题，如投资大、运行成本高；技术要求严格，管理不当，易发生某些病害的迅速传播等。随着科学技术的发展、提高，尤其是这项技术本身固有的优越性，已向人们显示了其无限广阔的发展前景。

小 结

通过溶液培养法，目前人们了解到植物生长发育的必需元素有碳、氢、氧、氮、磷、钾、硫、钙、镁、铁、锰、硼、锌、铜、钼、氯、镍 17 种，其中碳、氢、氧是由 CO_2 和 H_2O 提供的，其余 14 种元素由土壤等提供，称为矿质元素（氮不是矿质元素，但通常和矿质元素一起讨论）。根据植物需要量的多少，可以把必需元素分成大量元素和微量元素。

确定必需元素的标准有 3 个。必需元素的生理功能主要有：细胞结构物质的组成成分；生命活动的调节者，起电化学作用等。各种矿质元素都有其独特的生理功能，植物缺乏某种元素就会表现出独特的症状。

　　植物对矿质元素的吸收部位主要是根系，又以根毛区的吸收最活跃。根对矿质元素的吸收按其对代谢能的依赖可分为主动吸收和被动吸收两种过程。植物可以通过扩散、协助扩散等方式而被动吸收矿质离子。主动吸收是植物利用代谢能吸收矿质离子的过程，是根系吸收矿质养分的主要方式。矿质离子主动吸收与质膜 $H^+ - ATP$ 酶关系密切。矿质离子具有极强的亲水性，很难透过膜的脂双层，在膜上存在大量的运输蛋白可以协助矿质离子越过膜。土壤温度和通气状况等因素影响根对矿质元素的吸收。

　　矿质元素溶解在水中更易被植物吸收，然而植物对水和矿质元素的吸收存在相对的独立性。根系对同一溶液中的不同离子或同种盐中阴阳离子吸收速度也不同，即根对矿质元素的吸收具有选择性。

　　根系吸收的矿质元素可以通过质外体和共质体两条途径进入根部导管，随蒸腾流一起运至植物的地上部分，在向上运输的过程中也可以横向运输到韧皮部。

　　矿质元素在植物体内的分布因离子是否参与循环而异。氮和磷等参与循环的元素，多分布于代谢旺盛的部位；钙、铁等不参与循环的元素则主要分布于较老的部位。

　　栽培作物时应给作物根系创造最适的吸收养分的环境条件。要做到合理施肥，必须了解作物的需肥规律。不同作物和品种需肥特性不同，同一作物的不同生育期需肥特性也有差异。需肥临界期和植物营养最大效率期是作物施肥的两个关键时期。开展作物的营养诊断，了解矿质元素的丰缺情况，对指导合理施肥，改善作物营养条件具有重要意义。

　　根据所使用的基质的不同，可把无土栽培分为十余种，在生产上主要采用营养膜技术系统、固体基质栽培系统两种无土栽培设施。营养液是无土栽培的核心。在生产上要对营养液不断地进行增氧，并进行温度、pH、水分和养分的调整。

复习思考题

　　1. 名词解释

　　溶液培养　　主动吸收　　被动吸收　　协助扩散　　生理酸性盐　　生理碱性盐　　单盐毒害　　离子拮抗　平衡溶液　　植物营养临界期　　植物营养最大效率期　　无土栽培　　营养膜技术

　　2. 植物进行正常生命活动需要哪些矿质元素？用什么方法、根据什么标准来确定？

　　3. 植物根系吸收矿质元素有哪些特点？

　　4. 试述矿质元素是如何从膜外转运到膜内的。

　　5. 为什么水稻秧苗在栽插后有一个叶色先落黄后返青的过程？

　　6. 简述植物必需元素在植物体内的一般生理作用。

　　7. 试述氮、磷、钾"三要素"的生理作用和缺素症。

　　8. 简述植物细胞主动吸收矿质元素的机制。

　　9. 外界条件如何影响根系吸收矿质元素？

　　10. 简述无土栽培的优点和缺点。

第 六 章 >>>>

植物的光合作用

根据碳素营养方式的不同，可将植物分为自养植物（autophyte）和异养植物（heterophyte）两大类型。自养植物利用无机碳化合物合成有机物作营养，维持其生命活动；而异养植物则只能利用现成的有机物作营养。自养植物最为普遍，在自然界物质和能量循环中所起的作用也最大。

自养生物将 CO_2 转变为有机物的过程称为碳同化作用（carbon assimilation）。生物的碳同化作用包括细菌光合作用、绿色植物光合作用和化能合成作用 3 种类型，其中以绿色植物光合作用规模最大，范围最广，提供的有机物最多，与人类的关系最为密切。本章主要介绍绿色植物的光合作用。

第一节　光合作用概述

一、光合作用的概念

光合作用（photosynthesis）是指绿色植物吸收太阳的光能，利用光能将 H_2O 分解，放出 O_2，并同化 CO_2，合成有机物质，将光能转化成化学能并储藏在有机物质中的过程。光合作用的总反应式可用下式表示。

$$nCO_2 + 2nH_2O^* \xrightarrow[\text{绿色细胞}]{\text{光能}} (CH_2O)_n + nO_2^* + nH_2O$$

式中（CH_2O）代表合成的以糖类为主的有机物。用 ^{18}O 示踪的实验证明，光合作用所释放的 O_2 完全来自水。CO_2 是碳的高氧化状态，糖类是碳的高还原状态，CO_2 在光合作用中被还原到糖的水平。水中的氧是还原状态，氧气是一种氧化状态，在光合作用中水被氧化成分子态氧。由此可见，整个光合作用是一个氧化还原过程。

细菌光合作用中氢源不是水，反应也不放氧，而是用无机物或有机物作为氢源。例如，紫色硫细菌是以 H_2S 作为氢源，紫色非硫细菌是以异丙醇作为氢源等，在光下将 CO_2 还原为有机物。细菌无叶绿体，也不含高等植物的叶绿素，但含有细菌叶绿素，因此在比较绿色植物与细菌的光合作用后，光合生物光合作用的总反应通式可用下式表示。

$$nCO_2 + 2nH_2A^* \xrightarrow[\text{绿色细胞}]{\text{光能}} (CH_2O)_n + nA_2^* + nH_2O$$

二、光合作用的意义

绿色植物的光合作用是地球上唯一的大规模地将无机物转变为有机物，将光能转变为化学能的过程。目前人类面临着食物、能源、资源、环境和人口五大问题，这些问题的解决都和光合作用有着密切的关系。因此，深入探讨光合作用的规律，揭示植物利用太阳能机制，研究同化物的运输和分配规律，对于有效利用太阳能，提高农林生产中光能利用率，对整个生物界和人类的生存发展，以及保持自然界的生态平衡都具有极其重要的理论和实际意义。

1. 将无机物转变成有机物　自然界中的所有生物，包括绿色植物本身都消耗有机物来建造自身物质和能量。绿色植物的光合作用制造的有机物质是地球上有机物的最主要来源。光合作用制造的有机物质量是极其巨大的，据估计，地球上绿色植物每年通过光合作用要固定 $7.0 \times 10^{11} \sim 12.0 \times 10^{11}$ t

CO_2（折合成碳素为 $1.9 \times 10^{11} \sim 3.3 \times 10^{11}$ t），合成 $4.8 \times 10^{11} \sim 8.2 \times 10^{11}$ t 有机物；其中 40% 是由水生植物同化固定的，60% 是由陆生植物同化固定的。人们把绿色植物喻为合成有机物的"绿色工厂"，人类及动物界的全部食物（如粮、油、蔬菜、水果、牧草、饲料等）和许多工业原料（如棉、麻、橡胶、糖等）都是光合作用直接或间接的产物。

2. 将光能转变为化学能　光合作用是一个巨大的能量转换过程。绿色植物通过光合作用将太阳能转变为稳定的有机物中可储存的化学能，除供给人类及全部异养生物外，还提供了人类活动的能量。据估计，植物每年光合作用所储存的太阳能超过 3×10^{21} J，约为全球每年所需总能量的 10 倍。我们现在所用的煤炭、天然气、石油等能源都是远古植物光合作用所形成的。随着人类对化石能源的开采殆尽，人类会将目光转向通过光合作用解决能源问题。现在世界各国已开始利用植物材料发酵制作酒精，用作燃料代替汽油。同时，工业所用的氢气，也可通过光合放氢来生产。因此，人们也把绿色植物称为自然界巨大的太阳能转换站。

3. 维持大气中 O_2 和 CO_2 的相对平衡　所有生物（包括绿色植物）在呼吸代谢过程中均吸收 O_2，放出 CO_2，特别是人类的活动、工业生产、交通运输等消耗大量 O_2，并释放大量的 CO_2。据估计，全世界生物呼吸和燃烧所消耗的平均氧气量为 10 000 t/s，依这样的速度来计算，大气中的 O_2 只够用 3 000 年左右。地球上 O_2 和 CO_2 能基本保持一个相对稳定值，就是由于绿色植物的光合作用不断地固定吸收 CO_2，同时释放 O_2。在理想条件下，植物绿色部分光合作用速率为呼吸作用的 30 倍。绿色植物通过光合作用每年也释放出 5.35×10^{11} t O_2。所以绿色植物也是巨大的空气净化器，通过光合作用调节大气中的 CO_2 与 O_2 的含量，使之保持平衡状态。估计大气中 CO_2 每 300 年循环一次，而 O_2 通过光合作用每 2 000 年循环一次。但目前，由于人类对能源消耗的快速增长和大量砍伐森林，破坏了 CO_2 和 O_2 的动态平衡，使大气中 CO_2 浓度仍在加速上升，气温逐渐升高。世界范围内的大气 CO_2 及其他温室气体（如甲烷等）浓度的加速上升，将引起温室效应。温室效应将会对地球的生态环境造成怎样的影响，这是人类十分关注的问题。要消除人类的这一生存危机，一方面要削减能源消耗，另一方面更为重要的是要恢复森林植被，这是解决生态危机的唯一出路。

另外，光合作用的碳循环过程也带动了自然界其他元素的循环。在光合作用形成有机碳化合物的同时，也把土壤中吸收的氧化态氮、磷、硫等元素转变成植物体能利用的还原态元素，进一步参与有机物合成过程。据估计，每年进入碳循环的氮达 6.0×10^9 t，磷、硫达 8.5×10^9 t。

因此，对光合作用的研究在理论和生产实践上都具有重大意义。人们种植各种作物、蔬菜、果树和牧草的目的，其实质就是为了获得更多的光合产物，因构成产量的 90% 以上是来自光合作用。农林生产中的耕作制度、栽培管理措施、品种选育就是直接或间接地控制光合作用，让植物为人类生产更多更好的有机物，以提高产品数量和质量。光合作用是农林业生产的物质基础和重要的理论基础，当今世界范围内要迫切解决的粮食问题、能源问题和环境问题都与光合作用密切相关。

三、光合作用的度量

1. 光合速率　根据光合作用的总反应式，测定光合速率时可测定光合作用反应物 CO_2 的吸收量，也可测定光合产物有机物或 O_2 的生成量。由于植物吸收的水分绝大部分通过叶片蒸腾到大气中，所以，一般不测定水分的光合利用量。光合速率（photosynthetic rate）又称光合强度（photosynthetic intensity），常用单位时间内单位叶面积上光合作用吸收的 CO_2 量或放出的 O_2 量来表示，其单位是 $\mu mol/(m^2 \cdot s)$ 或 $\mu mol/(dm^2 \cdot h)$，或用光合产物的干物质积累量表示，单位是 $g/(m^2 \cdot h)$。

叶片进行光合作用的同时，也进行呼吸作用，所以我们所测的光合速率实际上是光合速率减去呼吸速率的差数，称为净光合速率（net photosynthetic rate，P_n）或表观光合速率（apparent photosynthetic rate）。叶片真正光合速率（true photosynthetic rate）或总光合速率（gross photosynthetic rate）等于净光合速率加上呼吸速率。

$$真正光合速率 = 净光合速率 + 呼吸速率$$

2. 光合生产率 植物光合生产率（photosynthetic produce rate）又称净同化率（net assimilation rate，NAR），是指植物在较长时间（一昼夜或一周）中单位叶面积生产的干重，单位是 $g/(m^2 \cdot d)$。可按下式计算：

$$光合生产率 = \frac{W_2 - W_1}{1/2(S_1 + S_2)d}$$

式中，W_1 和 W_2 分别代表前后两次测定的植株干重（g）；S_1 和 S_2 分别代表前后两次测定的植株叶面积（m^2）；d 代表前后两次测定相隔的天数。

第二节　叶绿体及光合色素

高等植物中叶片是光合作用的主要器官，而叶绿体（chloroplast）是光合作用的最重要细胞器。

一、叶绿体的结构与化学组成

（一）叶绿体的发育与形态

1. 发育 高等植物的叶绿体由前质体（proplastid）发育而来，前质体是近乎无色的质体，它存在于茎端分生组织中。当茎端分生组织形成叶原基时，前质体的双层膜中的内膜在若干处内折并伸入基质扩展增大，在光照下逐渐排列成片，并脱离内膜形成囊状结构的类囊体，同时合成叶绿素，使前质体发育成叶绿体。幼年期叶绿体能进行分裂。

2. 形态 高等植物的叶绿体大多呈扁平椭圆形，每个细胞中叶绿体的大小与数目依植物种类、组织类型以及发育阶段而异。一个叶肉细胞中有 10 至数百个叶绿体，其长 $3\sim7\,\mu m$，厚 $2\sim3\,\mu m$。据统计，每平方毫米的蓖麻叶就含有 $3\times10^7\sim5\times10^7$ 个叶绿体，所以叶绿体的总表面积比叶面积大得多，这有利于叶绿体吸收光能和 CO_2 的同化。

3. 分布 叶肉细胞中的叶绿体较多分布在与空气接触的质膜旁，在与非绿色细胞（如表皮细胞和维管束细胞）相邻处，通常见不到叶绿体。这样的分布有利于叶绿体同外界进行气体交换。

4. 运动 叶绿体在细胞中不仅可随原生质环流运动，而且可随光照的方向和强度而运动。在弱光条件下，叶绿体以扁平的一面向光以接受较多的光能；而在强光条件下，叶绿体的扁平面与光照方向平行，不致吸收过多的光能而引起结构的破坏和功能的丧失。

（二）叶绿体的结构

叶绿体由叶绿体被膜、基质和类囊体 3 部分组成（图 6-1）。

1. 叶绿体被膜 叶绿体被膜（chloroplast envelope）由两层膜组成，两膜间距 $5\sim10$ nm。被膜上无叶绿素，它的主要功能是控制物质的进出，维持光合作用的微环境。外膜（outer membrane）选择透性较差，相对分子质量小于 10 000 的物质，如蔗糖、核酸、无机盐等能自由通过。内膜（inner membrane）的选择透性严格，CO_2、O_2、H_2O 可自由通过；Pi、磷酸丙糖、双羧酸、甘氨酸等需经膜上的运转器（translocator）才能通过；蔗糖、$5\sim7$ 碳糖的二磷酸酯、$NADP^+$、PPi 等物质则不能通过。

2. 基质及内含物 被膜以内的基础物质称为基质（stroma），基质以水为主体，内含多种离子、低分子质量的有机物以及多种可溶性蛋白质等。基质是进行碳同化的场所，它含有还原 CO_2 与合成淀粉的全部酶系，其中 1,5-二磷酸核酮糖羧化酶/加氧酶（ribulose-1,5-bisphosphate carboxylase/oxygenase，Rubisco）占基质总蛋白的一半以上。此外，基质中还含有氨基酸、DNA、RNA、脂类（糖脂、磷脂、硫脂）、四吡咯（叶绿素类、细胞色素类）和萜类（类胡萝卜素、叶醇）等物质及其合成和降解的酶类，还原亚硝酸盐和硫酸盐的酶类以及参与这些反应的底物与产物，因而在基质中能进行多种复杂的生化反应。

基质中含有淀粉粒（starch grain）与质体小球（plastoglobulus），它们分别是淀粉和脂类的储藏

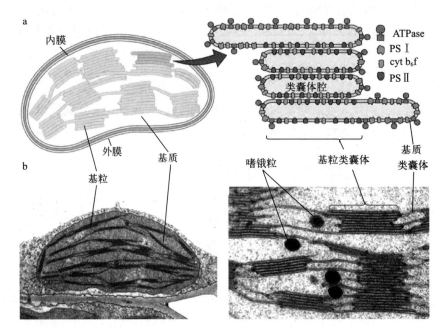

图 6-1 叶绿体的结构

a. 叶绿体的结构模式　b. 类囊体片层结构

（引自蒋德安，2011）

库。将照光的叶片研磨成匀浆离心，沉淀在离心管底部的白色颗粒就是叶绿体中的淀粉粒。质体小球又称脂质球或嗜锇粒（osmiophilic droplet），特别易被锇酸染成黑色，在叶片衰老时叶绿体中的膜系统会解体，此时叶绿体中的质体小球也随之增多、增大。

3. 类囊体　类囊体（thylakoid）是由单层膜围起的扁平小囊，膜厚度 5～7 nm，囊腔（lumen）空间为 10 nm 左右，片层伸展的方向为叶绿体的长轴方向。类囊体分为两类：一类是基质类囊体（stroma - thylakoid），又称基质片层（stroma lamella），伸展在基质中彼此不重叠；另一类是基粒类囊体（granum - thylakoid），又称基粒片层（granum lamella），可自身或与基质类囊体重叠，组成基粒（granum）。片层与片层互相接触的部分称为堆叠区（appressed region），其他部位则为非堆叠区（nonappressed region）。

（三）类囊体膜上的蛋白复合体

类囊体膜上含有由多种亚基、多种成分组成的蛋白复合体，主要有 4 类，即光系统Ⅰ（PSⅠ）、光系统Ⅱ（PSⅡ）、cyt b_6f 复合体和 ATP 酶（ATPase）复合体，它们参与了光能吸收、传递与转化，电子传递，H^+ 输送以及 ATP 合成等反应。由于光合作用的光反应是在类囊体膜上进行的，所以称类囊体膜为光合膜（photosynthetic membrane）。类囊体在基粒中呈垛叠排列，极大地增加了光能吸收面积，同时又便于光能的传递与分布。不同光照条件下，叶绿体内基粒的大小、基粒中类囊体的垛叠数量均发生较大变化。弱光下叶绿体中类囊体较大，基粒中类囊体数量较多，这种结构特征有利于吸收和储藏光能。

上述 4 类蛋白复合体在类囊体膜上的分布大致是：PSⅡ主要存在于基粒片层的堆叠区，PSⅠ与 ATPase 存在于基质片层与基粒片层的非堆叠区，cyt b_6f 复合体分布较均匀。PSⅡ中放氧复合体（oxygen - evolving complex，OEC）在膜的内表面，PSⅡ的原初供体位于膜内侧，原初受体靠近膜外侧，质体醌（plastoquinone，PQ）可以在膜的疏水区内移动，cyt b_6f 复合体在膜的疏水区。PSⅠ的电子供体 PC 在膜的内腔侧，而 PSⅠ还原端的 Fd、FNR 在膜的外侧。蛋白复合体及其亚基的这种分布，有利于电子传递、H^+ 的转移和 ATP 合成。

二、光合色素

在光合作用的光反应中吸收光能的色素称为光合色素（photosynthetic pigment），主要有 3 类，分别为叶绿素（chlorophyll）、类胡萝卜素（carotenoid）和藻胆素（phycobilin）。高等植物中含有前两类，藻胆素仅存在于藻类中（图 6 - 2）。

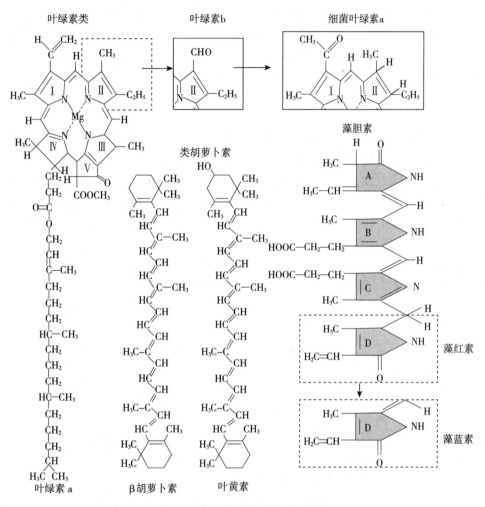

图 6 - 2 一些光合色素的分子结构

(引自 Taiz，2010)

（一）叶绿素

叶绿素是使植物呈现绿色的色素，约占绿叶干重的 1%。植物的叶绿素包括叶绿素 a、叶绿素 b、叶绿素 c、叶绿素 d 4 种。高等植物中含有叶绿素 a、叶绿素 b 两种，叶绿素 c、叶绿素 d 存在于藻类中，而光合细菌中则含有细菌叶绿素（bacteriochlorophyll）。叶绿素 a 和叶绿素 b 的分子结构很相似，当叶绿素 a 的第二个吡咯环上的一个甲基（—CH_3）被醛基（—CHO）所取代，即为叶绿素 b。

叶绿素 a(Chl a) 呈蓝绿色，叶绿素 b(Chl b) 呈黄绿色，相对分子质量分别为 892 和 906。叶绿素是双羧酸的酯，其中一个羧基被甲醇所酯化，另一个被叶绿醇所酯化。叶绿素的水溶性较差，但溶于有机溶剂，如酒精、丙酮、石油醚、乙醚、氯仿等物质中。叶绿素的分子式如下。

叶绿素 a $C_{55}H_{72}O_5N_4Mg$ 或 $C_{32}H_{30}ON_4Mg \left\langle \begin{array}{l} COOCH_3 \\ COOC_{20}H_{39} \end{array} \right.$

叶绿素 b　　　　　　$C_{55}H_{70}O_6N_4Mg$ 或 　$C_{32}H_{28}O_2N_4Mg\Big\langle\begin{array}{l}COOCH_3\\[4pt]COOC_{20}H_{39}\end{array}$

　　叶绿素分子含有 4 个吡咯环，它们和 4 个甲烯基（＝CH—）连接成 1 个大环，称为卟啉环（porphyrin ring）。镁原子居于卟啉环的中央。另外有 1 个含羰基和羧基的副环（同素环Ⅴ），羧基以酯键和甲醇结合。叶绿醇（植醇，phytol）则以酯键与在第Ⅳ吡咯环侧链上的丙酸相结合。在第Ⅳ吡咯环上存在的叶绿醇链是高分子质量的碳氢化合物，是叶绿素分子的亲脂部分，使叶绿素分子具有亲脂性。这条长链的亲脂"尾巴"对叶绿素分子在类囊体片层上的固定起着极其重要的作用。叶绿素分子的"头部"是金属卟啉环，镁原子带正电荷，而氮原子则偏向于带负电荷，呈极性，因而具有亲水性，可以和蛋白质结合。叶绿素分子的头部和尾部分别具有亲水性和亲脂性的特点，决定了它在类囊体片层中与其他分子之间的排列关系。具亲水特性的卟啉环位于膜的外表面，而亲脂的叶绿醇则插入到膜的内部。

　　由于叶绿素分子是由叶绿酸中的两个羧基分别与甲醇和叶绿醇酯化形成的，因此可发生皂化反应。叶绿素分子卟啉环中的镁原子可被 H^+、Cu^{2+} 和 Zn^{2+} 等置换。用酸处理叶片，H^+ 易进入叶绿体，置换镁原子形成去镁叶绿素（pheophytin，Pheo），叶片呈褐色。去镁叶绿素再与铜离子结合，形成铜代叶绿素，呈鲜绿色，且颜色稳定持久。人们常用醋酸铜处理来保存绿色植物标本。

　　绝大部分叶绿素 a 分子和全部叶绿素 b 分子具有收集和传递光能的作用，少数特殊状态的叶绿素 a 分子有将光能转换为电能的作用。

（二）类胡萝卜素

　　类胡萝卜素是含有 40 个碳原子、由 8 个异戊二烯形成的四萜，有一系列的共轭双键，分子的两端各有一个不饱和的环己烯，即紫罗兰酮环。它们不溶于水，但溶于有机溶剂中。叶绿体中的类胡萝卜素有两种，即胡萝卜素（carotene）和叶黄素（xanthophyll）。胡萝卜素呈橙黄色，叶黄素呈黄色。类胡萝卜素在光合作用过程中具有吸收和传递光能的作用，不参与光化学反应。全部的叶绿素和类胡萝卜素都包埋在类囊体膜中，并以非共价键与蛋白质结合在一起，组成色素蛋白复合体（pigment protein complex），各色素分子在蛋白质中按一定的规律排列和取向，以便于吸收和传递光能。同时，类胡萝卜素还可通过叶黄素循环吸收并耗散多余的光能，防止强光对叶绿素的破坏作用。

　　胡萝卜素是不饱和碳氢化合物，分子式为 $C_{40}H_{56}$，有 α、β 和 γ 3 种同分异构体。高等植物叶片中常见的是 β 胡萝卜素，它的两头分别具有一个对称排列的紫罗兰酮环，中间以共轭双键相连接。胡萝卜素在人类和动物体内水解后即转变成维生素 A。叶黄素是由胡萝卜素衍生的醇类，也称胡萝卜醇（carotenol），分子式是 $C_{40}H_{56}O_2$。通常叶片中叶黄素与胡萝卜素的含量之比约为 2∶1。

　　高等植物叶片中叶绿素与类胡萝卜素的比为 3∶1，所以正常的叶片为绿色。但由于叶绿素对环境胁迫和矿质元素缺乏比胡萝卜素敏感，在早春或晚秋以及缺素条件下，叶绿素被破坏，叶片呈黄色。

（三）藻胆素

　　藻胆素是藻类主要的光合色素，在蓝藻和红藻等藻类中，常与蛋白质结合形成藻胆蛋白（phycobiliprotein）。根据颜色的不同，藻胆蛋白可分为红色的藻红蛋白（phycoerythrin）和蓝色的藻蓝蛋白（phycocyanin）、别藻蓝蛋白（allophycocyanin）三类。藻胆蛋白生色团的化学结构与叶绿素分子中的卟啉环有极相似的地方，但不含镁和醇链，将卟啉环打开伸直并去掉镁原子，便形成了有 4 个吡咯环的直链共轭系统。它们的生色团与蛋白质以共价键牢固地结合，只有用强酸煮沸时，才能把它们分开。它们均溶于稀盐溶液中。藻蓝蛋白是藻红蛋白的氧化产物。藻胆素也具有收集和传递光能的作用。

　　由于类胡萝卜素和藻胆素吸收的光能可传递给叶绿素用于光合作用，因此它们称为光合作用的辅助色素（accessory photosynthetic pigment）。

（四）光合色素的光学特性

植物光合作用对光能的利用是从光合色素对光的吸收开始的。所以，研究光合色素的光学特性具有重要意义。

1. 光的特性 光具有波粒二象性。光是以波的形式传播的，太阳辐射到地面上的光波长为300～2 600 nm。不同能量的光以不同的波长传播。高等植物光合作用所吸收光的波长为400～700 nm，故此范围波长的光称为光合有效辐射（photosynthetic active radiation，PAR）。光又是一种运动着的粒子流，这些粒子称为光子（photon）或光量子（light quantum）。现在，人们一般用光量子密度（photo flux density）表示光能，单位为 $\mu mol/(m^2 \cdot s)$。不同波长的光所含能量不同，它们的关系如下：

$$E=Lh\nu=Lhc/\lambda$$

式中，E 代表每摩尔光子的能量（J/mol）；L 代表阿伏伽德罗常量（Avogadro's number）（$6.023 \times 10^{23} \, mol^{-1}$）；$h$ 代表普朗克常数（Planck constant）（$6.626 \times 10^{-34} \, J \cdot s$）；$\nu$ 代表辐射频率（s^{-1}）；c 代表光速（$3.0 \times 10^8 \, m/s$）；λ 代表波长（nm）。

从式中可以看出，由于 L、h、c 全为常数，光量子的能量取决于波长，光波越短所含能量越大；反之，光波越长所含能量越小。不同波长的光所含能量见表6-1。

表6-1 不同波长的光子所持的能量水平

光	波长/nm	能量/(kJ/mol)
紫外	<390	297
紫	390～430	289
蓝	430～470	259
绿	500～560	222
黄	560～600	209
橙	600～650	197
红	650～770	172

2. 光合色素的吸收光谱 光合色素对光能的吸收具有明显的选择性，将叶绿素溶液置于光源和三棱镜之间，可看到光谱中有些波长的光被吸收了，在光谱中呈现黑带或暗带，而有些光则没有被吸收，保持原来的光谱颜色。这就是叶绿素的吸收光谱（absorption spectrum），利用分光光度计可以方便地绘出叶绿素及其他色素的吸收光谱（图6-3）。叶绿素吸收光谱有两个强吸收区：一个在640～660 nm 红光部分，另一个在 430～450 nm 蓝紫光部分。在光谱的橙光、黄光和绿光部分也有很弱的吸收，但不明显，其中以对绿光的吸收最少，所以叶片和叶绿素溶液呈绿色。叶绿素 a 和叶绿素 b 的吸收光谱略有差异：与叶绿素 b 相比，叶绿素 a 在红光部分吸收高峰偏向长波方向，吸收带较宽，吸收峰较高；而在蓝紫光部分吸收高峰偏向短波方向，吸收带较窄，吸收峰较低。与叶绿素 a 相比，叶绿素 b 在红光部分吸收高峰偏

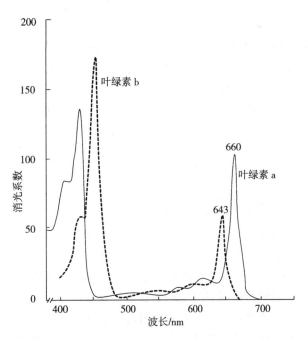

图6-3 叶绿素 a 和叶绿素 b 在乙醚溶液中的吸收光谱
（引自 Zscheile，1942）

向短波方向，在蓝紫光部分吸收高峰偏向长波方向。叶绿素 a 对蓝紫光的吸收为对红光吸收的 1.3 倍，而叶绿素 b 的则为 3 倍，说明叶绿素 b 吸收短波蓝紫光的能力比叶绿素 a 强。绝大多数的叶绿素 a 分子和全部的叶绿素 b 分子具有吸收光能的功能，并把光能传递给极少数特殊状态的叶绿素 a 分子，发生光化学反应。

一般阳生植物叶片的叶绿素 a/叶绿素 b 的值约为 3，而阴生植物的叶绿素 a/叶绿素 b 的值约为 2.3。叶绿素 b 含量的相对提高就有可能更有效地利用漫射光中较多的蓝紫光，所以叶绿素 b 有阴生叶绿素之称。

类胡萝卜素的吸收光谱与叶绿素不同，其最大吸收峰在 400～500 nm 的蓝紫光区，不吸收红光等其他波长的光。胡萝卜素和叶黄素两者的吸收光谱基本一致（图 6-4）。

藻胆素的吸收光谱与类胡萝卜素恰好相反，主要吸收橙红光和黄绿光。藻红蛋白和藻蓝蛋白两者吸收光谱的差异也较大，藻红蛋白的最大吸收峰在绿光和黄光部分，而藻蓝蛋白的最大吸收峰在橙光部分（图 6-4）。

类胡萝卜素和藻胆素均具有吸收和传递光能的作用。植物体内不同光合色素对光波的选择吸收是植物在长期进化中形成的对生态环境的适应，这使植物可利用各种不同波长的光进行光合作用。

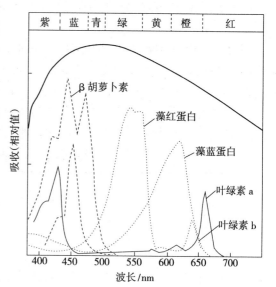

图 6-4　主要光合色素的吸收光谱
（吸收光谱上端显示地球上入射光的光谱）

3. 叶绿素的荧光现象和磷光现象　叶绿素溶液在透射光下呈绿色，在反射光下可以观察到叶绿素溶液反射出红色荧光，这种现象称为叶绿素荧光现象。荧光是激发态电子快速返回基态过程中产生的光。

是什么原因使叶绿素发射荧光呢？当叶绿素分子吸收光能后，就由最稳定的、低能量的基态（ground state）跃迁到一个不稳定的高能量的激发态（excited state）。被激发的电子如果是偶数的，电子的自旋方向相反，这时被激发的电子称之为第一单线态（first singlet state）。处于激发态的电子可以用放热、发光和光化学反应来消耗光能而回到基态。电子由第一单线态回到基态所发射的光称为荧光（fluorescence）。荧光波长长于被吸收光的波长。荧光的寿命很短，为 $10^{-9} \sim 10^{-8}$ s。由于叶绿素分子吸收的光能有一部分消耗于分子内部的振动上，发射出的荧光的波长总是比被吸收的波长要长一些。所以叶绿素溶液在入射光下呈绿色，而在反射光下呈红色。在叶片或叶绿体中发射的荧光很弱，肉眼难以观测出来，耗能很少，一般不超过吸收能量的 5%，因为大部分能量用于光合作用。色素溶液则不同，由于溶液中缺少能量受体或电子受体，在照光时色素会发射很强的荧光。胡萝卜素和叶黄素也有荧光现象。

第一单线态的电子如果自旋方向发生变化，并释放部分热量，会降至能级较低的第一三线态（first triplet state）。这时两个电子自旋方向相同，第一三线态的电子可用于光化学反应，也可以发光的形式散失光能回到基态。这种由第一三线态回到基态所发射的光称之为磷光（phosphorescence）。磷光的波长比荧光长，能量更低，但磷光寿命较长，为 $10^{-3} \sim 10^{-2}$ s，可用精密仪器在关闭光源后测出叶绿素磷光的延迟发光现象。

荧光现象和磷光现象是叶绿素分子吸收光能后，耗散光能的一种方式。在活体叶片中由于光能用于光化学反应，荧光很弱，但当叶片衰老或在胁迫环境条件下，发射荧光的量会增加。现在，人们用叶绿素荧光仪能精确测量叶片发出的荧光，而荧光的变化可以反映光合机构的状况。所以，叶片的荧光特性常作为探针用于了解光合作用状况。同时，叶绿素的荧光现象也有助于了解叶绿素分子的能量传递特性，以及色素分子在活体内的排列状况（图6-5）。

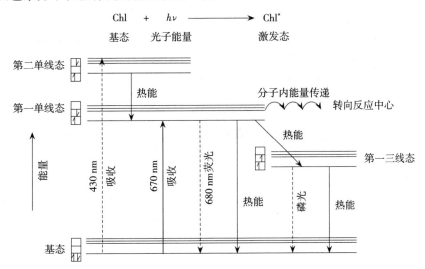

图6-5 色素分子对光能的吸收及能量的转变

（虚线表示吸收光子后所产生的电子跃迁或发光，实线表示能量的释放，箭头表示电子自旋方向）

（引自李合生，2002）

4. 叶绿素的生物合成及其与环境条件的关系 植物体内的叶绿素是不断地进行代谢的，有合成，也有分解，用^{15}N研究证明，燕麦幼苗在72 h后，叶绿素几乎全部被更新，而且受环境条件影响很大。

（1）叶绿素的生物合成。叶绿素是在一系列酶的作用下形成的（图6-6）。高等植物叶绿素的生物合成是以谷氨酸与α酮戊二酸作为原料的，然后合成δ氨基酮戊酸（δ - aminolevulinic acid，ALA）。2分子ALA脱水缩合形成1分子具有吡咯环的胆色素原；4分子胆色素原脱氨基缩合形成1分子尿卟啉原Ⅲ，合成过程按Ⅰ→Ⅱ→Ⅲ→Ⅳ环的顺序进行，尿卟啉原Ⅲ的4个乙酸侧链脱羧形成具有4个甲基的粪卟啉原Ⅲ。以上的反应是在厌氧条件下进行的。

在有氧条件下，粪卟啉原Ⅲ脱羧和脱氢生成原卟啉Ⅸ（protoporphyrin Ⅸ），原卟啉Ⅸ是形成叶绿素和亚铁血红素的分水岭。如果与铁结合，就生成亚铁血红素（ferroheme）；如果导入镁原子，则形成Mg-原卟啉（Mg-protoporphyrin）。由此可见，有机体中两大重要色素最初是同出一源的，以后在进化过程中，动植物分道扬镳，就使这两种色素的结构和功能都不一样了。Mg-原卟啉接受来自S-腺苷基甲硫氨酸（S-adenosyl methionine）的甲基，形成第Ⅴ个环即环戊酮环，生成原脱植基叶绿素a(protochlorophyllide a)。原脱植基叶绿素a与蛋白质结合，吸收光能，被还原成脱植基叶绿素a(chlorophyllide a)（这是叶绿素生物合成中最关键的需光过程）。最后，植醇（phytol，亦称叶绿醇）与脱植基叶绿素a的第Ⅳ个环的丙酸酯化，形成叶绿素a。叶绿素b是由叶绿素a演变过来的。

（2）影响叶绿素形成的条件。高等植物叶子中所含各种色素的数量与植物种类、叶片老嫩、生育期及季节有关。一般来说，正常叶子的叶绿素和类胡萝卜素比例约为3∶1，叶绿素a和叶绿素b也约为3∶1，叶黄素和胡萝卜素约为2∶1。由于绿色的叶绿素比黄色的类胡萝卜素多，占优势，所以正常的叶子总是呈现绿色。秋天、条件不正常或叶片衰老时，叶绿素较易被破坏或降解，数量减少，而类胡萝卜素比较稳定，所以叶片呈现黄色。至于红叶，因秋天降温，体内积累了较多糖分以适应寒冷，体内可溶性糖增多，形成较多的花色素苷（红色），叶子就呈红色。枫树叶子秋季变红，绿肥紫云英在冬春寒潮来临后叶茎变红，都是这个道理。花色素苷吸收的光不传递到叶绿素，不能用于光合作用。许多环境条件影响叶绿素的生物合成，从而也影响叶色的深浅。

① 光照。光是叶绿体发育和叶绿素合成必不可少的条件。从原叶绿酸酯转变为叶绿酸酯是需要

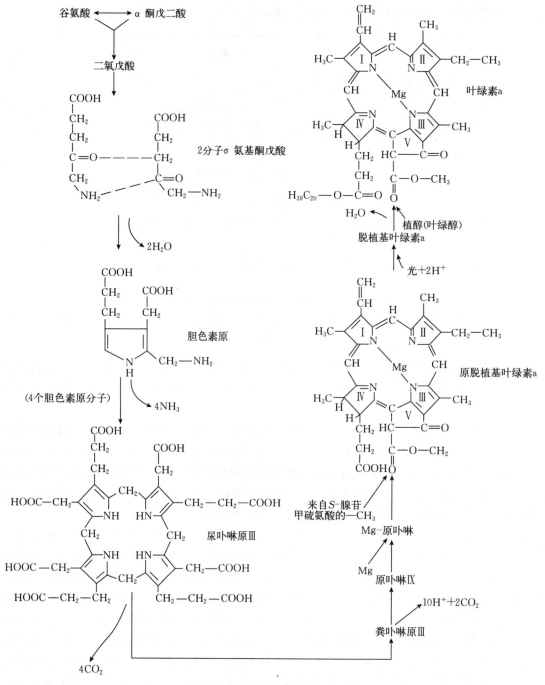

图 6-6 叶绿素 a 的生物合成途径

光的还原过程，如果没有光照，一般植物叶子会发黄，这种因缺乏某些条件而影响叶绿素形成，使叶子发黄的现象，称为黄化现象。然而，藻类、苔藓、蕨类和松柏科植物在黑暗中可合成叶绿素，柑橘种子的子叶和莲子的胚芽可在暗中合成叶绿素，其合成机制尚不清楚。

②温度。叶绿素的生物合成是一系列酶促反应，因此受温度影响很大。叶绿素形成的最低温度为 2～4 ℃，最适温度是 20～30 ℃，最高温度为 40 ℃左右。温度过高或过低均降低合成速率，原有叶绿素也会遭到破坏。秋天叶子变黄和早春寒潮过后秧苗变白等现象，都与低温抑制叶绿素形成有关。

③矿质元素。氮和镁是叶绿素的组成成分，铁、铜、锰、锌是叶绿素合成过程中酶促反应的辅因子。这些元素缺乏时不能形成叶绿素，植物出现缺绿症，其中尤以氮素的影响最大。

④ 水分。植物缺水会抑制叶绿素的生物合成，且与蛋白质合成受阻有关。严重缺水时，还会加速原有叶绿素的分解，而且是分解大于合成，所以干旱时叶片呈黄褐色。

⑤ 氧气。在强光下，植物吸收的光能过剩时，氧参与叶绿素的光氧化。缺氧会引起 Mg-原卟啉 Ⅸ 及 Mg-原卟啉甲酯积累，而不能合成叶绿素。

此外，叶绿素的形成还受遗传因素的控制。即使在条件适宜的情况下，水稻、玉米的白化苗以及花卉中的花叶仍不能合成叶绿素。

第三节　光合作用的机制

光合作用机制是复杂的，迄今仍然未完全查清楚。已有研究表明，光合作用的总反应包括一系列复杂的光化学反应和酶促反应过程。光合作用是能量转化和形成有机物的过程。在这个过程中首先是吸收光能并把光能转变为电能，进一步形成活跃的化学能，最后将活跃的化学能转变为稳定的化学能，储藏于糖类中。现代研究表明，整个光合作用的过程可大致分为三大步骤：①原初反应（主要是光能的吸收、传递和转换）；②电子传递和光合磷酸化（将电能转变为活跃的化学能）；③CO_2 的同化（将活跃的化学能转变为稳定的化学能）（表6-2）。

表6-2　光合作用的基本概况

项目	原初反应	电子传递与光合磷酸化	CO_2 的同化
能量的性质	光能→电能	电能→活跃的化学能	活跃的化学能→稳定的化学能
能量的载体	光量子、电子	电子、质子、ATP、NADPH	糖等
时间跨度/s	$10^{-15} \sim 10^{-9}$	$10^{-10} \sim 10$	$10 \sim 100$
反应的部位	类囊体膜	类囊体膜	基质
需光情况	需光	不一定，但受光促进	不一定，但受光、温度促进

光合作用并非每一步反应过程都需要有光。20世纪初英国的布莱克曼（F. Blackman）、德国的瓦伯格（O. H. Warburg）等人在研究光照度、温度和 CO_2 浓度对光合作用影响时发现，在弱光下增加光照度能提高光合速率，但当光照度增加到一定值时，再增加光照度则不再提高光合速率。这时要提高温度或 CO_2 浓度才能提高光合速率。据测定，在 $10 \sim 30$ ℃ 的范围内，如果光照度和 CO_2 浓度都适宜的话，光合作用的 $Q_{10} = 2 \sim 2.5$（Q_{10} 为温度系数，即温度每增加 10 ℃，反应速度增加的倍数）。按照光化学原理，光化学反应是不受温度影响的，或者说它的 Q_{10} 接近1；而一般的化学反应则和温度有密切关系，Q_{10} 为 $2 \sim 3$，这说明光合过程中有化学反应的存在。用藻类进行闪光实验，在光能量相同的前提下，一种用连续照光，另一种用闪光照射，中间隔一定暗期，发现后者光合效率是连续光下的 $200\% \sim 400\%$。这些实验表明了光合作用可以分为需光的光反应（light reaction）和不需光的暗反应（dark reaction）两个阶段。

1954年美国科学家阿农（D. I. Arnon）等在给叶绿体照光时发现，当向体系中供给无机磷、ADP 和 NADP$^+$ 时，体系中就会有 ATP 和 NADPH 产生。同时发现，只要供给了 ATP 和 NADPH，即使在黑暗中，叶绿体也可将 CO_2 转变为糖。由于 ATP 和 NADPH 是光能转化的产物，具有在黑暗中同化 CO_2 为有机物的能力，所以称为同化力（assimilatory power）。可见，光反应的实质在于产生同化力去推动暗反应的进行，而暗反应的实质在于利用同化力将无机碳（CO_2）转化为有机碳（CH_2O）。

进一步研究发现光、暗反应对光的需求不是绝对的。即在光反应中有不需光的过程（如电子传递与光合磷酸化），在暗反应中也有需要光调节的酶促反应。现在认为，光反应不仅产生同化力，而且产生调节暗反应中酶活性的调节剂，如还原性的铁氧还蛋白（Fd_{red}）。

一、原初反应

原初反应（primary reaction）是光合作用的第一步。它包括光能的吸收、传递和转换（即光化学反应）过程。其特点是反应速度快，在皮秒（ps，10^{-12}s）至纳秒（ns，10^{-9}s）内完成，且与温度无关，可在$-196\,℃$（液氮温度）和$-271\,℃$（液氦温度）下进行。由于反应速度快，散失的能量少，所以其量子效率接近1。

在研究光能转化效率时，需要知道光合作用中吸收一个光量子所能引起的光合产物量的变化（如放出的氧分子数或固定的二氧化碳分子数），即量子产额（quantum yield）或称量子效率（quantum efficiency）。量子产额的倒数称为量子需要量（quantum requirement），即释放1分子氧和还原1分子二氧化碳所需吸收的光量子数。

（一）光能的吸收与传递

每吸收与传递1个光量子到反应中心完成光化学反应所需起协同作用的色素分子数，称为光合单位（photosynthetic unit）。对光能的吸收与传递的一系列研究表明，原初反应是由光合单位完成的。光合单位是类囊体膜上能进行完整光反应的最小单位，包括两个反应中心的约600个叶绿素分子以及连接这两个反应中心的光合电子传递链。它能独立地捕获光能，导致氧的释放和NADP$^+$的还原。

光合色素按其中色素的功能分为两类：①聚光色素（light-harvesting pigment），又称天线色素（antenna pigment），它没有光化学活性，能吸收光能，并把吸收的光能传递到反应中心色素，包括绝大部分叶绿素a和全部的叶绿素b、胡萝卜素、叶黄素等。②反应中心色素（reaction center pigment，P）。反应中心色素是指具有光化学活性的色素，既能捕获光能，又能将光能转化为电能（称为"陷阱"）。因此，反应中心色素又称为光能的捕捉器和转换器，由一些特殊的叶绿素a分子构成。聚光色素位于光合膜上的色素蛋白复合体上，反应中心色素存在于反应中心（reaction center）。但二者是协同作用的，若干个聚光色素分子所吸收的光能聚集于1个反应中心色素分子而起光化学反应。一般来说，聚光色素与反应中心色素的比例为（250～300）：1。光合单位包括了聚光色素系统和光合反应中心两部分。可见光合单位实际上是结合于类囊体膜上能完成光能的吸收、传递和进行光化学反应的基本单位。

当波长范围为400～700 nm的可见光照射到绿色植物时，聚光色素分子吸收光量子而被激发，以激子传递（exciton transfer）和共振传递（resonance transfer）两种方式进行能量传递。激子是指由高能电子激发的量子，可以转移能量，但不能转移电荷。而共振传递则是依赖高能电子振动在分子间传递能量。能量可在相同色素分子之间传递，也可在不同色素分子之间传递，但总是沿着波长较长即能量水平较低的方向传递。

原初反应是从聚光色素对光能的吸收开始的。聚光色素吸收光能后色素分子由基态变成激发态。光能由聚光色素向反应中心以诱导共振方式进行传递。其传递可发生在不同色素分子间，但只能由吸收短波光的色素分子向吸收长波光的色素分子传递。所以色素分子的光谱吸收峰逐步向红端（长波）转移。到达反应中心色素分子时光的能量水平最低。类囊体片层上光合色素的排列很紧密（相隔10～50 nm），并与蛋白质分子结合在一起，形成色素蛋白复合体，有利于光能的高效传递。例如，类胡萝卜素所吸收的光能传递给叶绿素a或细菌叶绿素的效率高达90%，而叶绿素b和藻胆素所吸收的光能传递给叶绿素a的效率可达100%。聚光色素就像天线一样将吸收的光能聚集到反应中心的色素分子上（图6-7）。

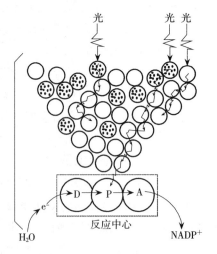

图6-7　光合作用原初反应的光能吸收、传递与转换

（引自潘瑞炽，2001）

（二）光能的转换

光化学反应是在光合反应中心进行的。光合反应中心是一个复杂的进行原初反应的最基本的色素蛋白复合体，它是由反应中心色素分子（P）（特殊状态的叶绿素 a 分子）、原初电子受体（primary electron acceptor，A）和原初电子供体（primary electron donor，D）以及维持这些电子传递体的微环境所必需的蛋白质组成。它们协同进行光化学反应，完成光能的转换功能。在光下，光合作用原初反应是连续不断地进行的，因此必须不断有最终电子供体和最终电子受体的参与，构成电子的"源"和"库"。高等植物的最终电子供体是水，最终电子受体是 $NADP^+$。光化学反应实质上是由光引起的反应中心色素分子与原初电子受体和次级供体之间的氧化还原反应。当聚光色素分子将吸收的光能传递到反应中心时，反应中心色素分子（P）被激发而成为激发态（P^*），激发态的色素分子（P^*）放出电子给原初电子受体（A），这样色素分子失去电子后成氧化态（P^+），留下一个电子空位，即"空穴"，成为"陷阱"（trap），它可从原初电子供体（D）得到电子来补充，得到电子的色素分子又恢复到原来的状态（P）。结果原初电子受体接受电子被还原（A^-），原初电子供体失去电子被氧化（D^+）。这就完成了光能转换为电能的过程（图 6-7）。

原初反应过程中，光能的吸收、传递和转换过程可大致概括如下：

$$D \cdot P \cdot A \xrightarrow{\text{光能}} D \cdot P^* \cdot A \longrightarrow D \cdot P^+ \cdot A^- \longrightarrow D^+ \cdot P \cdot A^-$$

基态反应中心　　　激发态反应中心　　　　　　电荷分离的反应中心

二、电子传递与光合磷酸化

在原初反应中，通过光引起的氧化与还原反应，电子供体被氧化，电子受体被还原，实现了将光能转变为电能的过程。但这种状态的电能极不稳定，生物体还无法利用，必须通过一系列电子传递体的传递，引起水的裂解放氧和 $NADP^+$ 还原，并通过光合磷酸化形成 ATP，使其转变为活跃的化学能。

（一）两个光系统

在 20 世纪 40 年代，美国学者爱默生（R. Emerson）及其同事们以藻类为材料研究不同波长光的光合效率，发现当用波长大于 685 nm 的远红光照射时，虽然光量子仍被叶绿素大量吸收，但光合效率大大降低，这种现象称为红降（red drop）效应（图 6-8）。

当时还无法解释其原因。直到 1957 年爱默生等重新用藻类做实验，他们在远红光（685 nm）照射时，再补充以红光（650 nm）照射，则量子效率大大增加，大于两者分别照射时量子效率的总和。两种波长的光同时照射，光合效率增加的现象称为双光增益效应（enhancement effect）或爱默生效应（Emerson effect）（图 6-9）。

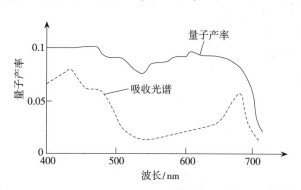

图 6-8　光合作用光反应的红降效应
（引自 Taiz，1991）

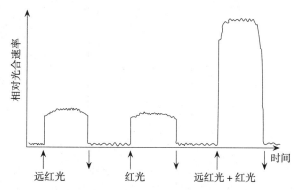

图 6-9　光合作用的双光增益效应
（向上和向下的箭头分别表示光照的开和关）
（引自 Taiz，1991）

人们从双光增益效应的现象中，推测植物体内存在两个光化学反应系统，它们协同作用完成电子传递和光合磷酸化过程。现在已从叶绿体光合片层中分离出了两个色素蛋白复合体颗粒，一个是吸收长波红光（700 nm）的光系统Ⅰ（photosystemⅠ，PSⅠ），另一个是吸收短波红光（680 nm）的光系统Ⅱ（photosystemⅡ，PSⅡ）。这两个光系统是以串联的方式协同作用的。

高等植物的两个光系统有各自的反应中心。PSⅠ和PSⅡ反应中心中的原初电子供体很相似，都是由两个叶绿素 a 分子组成的二聚体，分别用 P_{700}、P_{680} 来表示。这里 P 代表反应中心色素，700、680 则代表 P 氧化时其吸收光谱中变化最大的波长位置是近 700 nm 或 680 nm 处，即用氧化态吸收光谱与还原态吸收光谱间的差值最大处的波长来作为反应中心色素的标志。

PSⅡ主要分布在类囊体膜的垛叠部分，颗粒较大，直径为 17.5 nm。PSⅡ蛋白复合体至少含 12 种不同的多肽，多数为内在蛋白。PSⅡ是由核心复合体（core complex）、PSⅡ聚光复合体（PSⅡ light-harvesting complex，LHCⅡ）和放氧复合体（oxygen-evolving complex，OEC）组成。PSⅡ的反应中心色素就是 P_{680}。PSⅡ的功能是利用光能进行水的光氧化并将质体醌还原。这一过程发生在类囊体膜的两侧，在膜内侧进行水的光氧化，膜的外侧还原质体醌。

PSⅠ颗粒较小，直径为 11 nm，存在于基质片层和基粒片层的非垛叠区，PSⅠ复合体是由反应中心色素 P_{700}、电子受体和PSⅠ聚光色素复合体（LHCⅠ）3 部分组成。

（二）电子与质子传递

光合作用光反应过程中水被光解后产生电子和质子，最后传递到 $NADP^+$，这是由 PSⅡ和PSⅠ两个光系统进行各自光反应所驱动的。而连接两个光系统之间的电子传递（electron transport）是由一系列电子传递体完成的。这些电子传递体均为复杂的蛋白复合体，它们排列紧密，具有不同的氧化还原电位，根据氧化还原电势的高低，可排列形成侧写的 Z 形电子传递链。光合电子传递链又称为光合链（photosynthetic chain），指定位在光合膜上的，由多个电子传递体组成的电子传递的总轨道。

电子传递过程可概括如下（图 6 - 10）：①电子传递链主要由光合膜上的 PSⅡ、cyt b_6f、PSⅠ 3

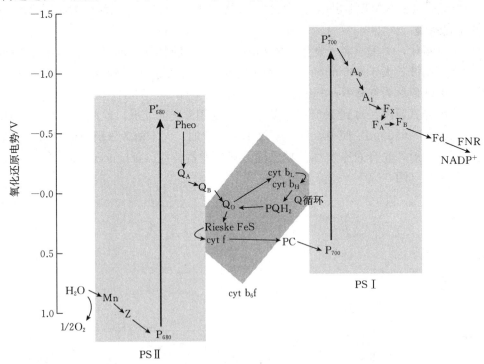

图 6 - 10　光合作用中光反应的 Z 形光合电子传递链

Z. PSⅡ次级电子供体　Pheo. 去镁叶绿素　Q_A、Q_B、Q_0. 质体醌

PQH. 还原型质体醌　PC. 质体蓝素　A_0、A_1. PSⅠ原初、次级电子受体

Rieske FeS. Rieske 铁硫蛋白　F_A、F_B、F_X. PSⅠ铁硫蛋白　Fd. 铁氧还蛋白

（引自 Shikanai，2007）

个复合体串联组成。②电子传递有 2 处是逆电势梯度，即 P_{680} 至 P_{680}^*、P_{700} 至 P_{700}^*，这种逆电势梯度的"上坡"电子传递均由聚光色素复合体吸收与传递的光能来推动，而其余电子传递都是顺电势梯度进行的。③水的氧化与 PSⅡ 电子传递有关，$NADP^+$ 的还原与 PSⅠ 电子传递有关。电子最终供体为水，水氧化时，向 PSⅡ 传交 4 个电子，使 $2H_2O$ 产生 1 分子 O_2 和 4 个 H^+。电子的最终受体为 $NADP^+$。④PQ 是双电子双 H^+ 传递体，它伴随电子传递，把 H^+ 从类囊体膜外带至膜内，连同水分解产生的 H^+ 一起建立类囊体内外的 H^+ 电化学势差，并以此而推动 ATP 生成。

1. PSⅡ 的电子传递 当 P_{680} 受光激发为 P_{680}^* 后，就将电子传递给 Pheo。Pheo 为原初电子受体，Pheo 将电子传递给质体醌 Q_A，Q_A 进一步将电子传递给另一种质体醌 Q_B，Q_B 与来自基质的 H^+ 结合形成还原型质体醌 PQH_2，释放到膜脂中。PQ 在膜脂中可进行扩散运动，是 PSⅡ 和细胞色素 b_6f（cyt b_6f）复合体之间的电子传递体。PQ 在类囊体膜上十分丰富，所以称之为 PQ 库（PQ pool）。PQ 既是电子传递体又是质子传递体，在质子跨膜梯度形成中具有重要作用。

P_{680}^* 失去电子后形成 P_{680}^+，从 Tyr（酪氨酸残基）获得电子，Tyr 为原初电子供体。失去电子的Tyr 又通过锰聚集体（Mn cluster）从水分子中获得电子，使水分子裂解（water splitting），同时放出 O_2 和质子。闪光诱导动力学研究表明，每释放 1 分子 O_2，要裂解 2 个 H_2O，同时可产生 4 个电子和 4 个质子，这一过程需要 4 个光量子。1969 年法国学者 P. Joliot 将已经暗适应的叶绿体以极快的闪光照射，每次闪光后放氧量是不均等的。第一次闪光无 O_2 的释放，第二次闪光有少量 O_2 释放，第三次闪光放氧量最多，第四次闪光放氧量次之。此后，每 4 次闪光出现一个放氧高峰。光量子需要量和闪光次数精确一致（图 6-11）。

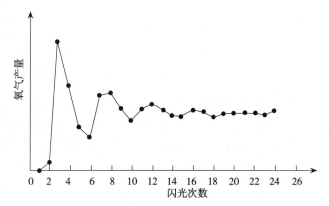

图 6-11 叶绿体闪光照射不同次数的放氧量
（引自 Taiz，1991）

随后在 1970 年 B. Kok 等提出了 H_2O 氧化机制模型。该模型认为：放氧复合体上的锰聚集体有 5 种形式，分别称为 S_0、S_1、S_2、S_3 和 S_4。S_0 为不带电荷状态，S_1 带一个正电荷状态，依次到 S_4 带 4 个正电荷状态。每次闪光后 PSⅡ 的反应中心色素 P_{680} 接受一个光量子就发射一个电子，它就有能力从 S_0 获得一个电子而复原。同时 S_0 就向前移动到 S_1，P_{680} 再接受一个光量子，再发生类似过程，产生 S_2。如此反复，直到形成 S_4，它一次从 2 分子 H_2O 中夺取 4 个电子，使 H_2O 氧化，释放 1 分子 O_2，然后 S_4 回到 S_0 位置。S_0 再在受光激发的 P_{680} 参与下逐级增加正电荷进行循环，分解 H_2O。该循环过程又称为水氧化分解钟（water oxidizing clock）或 Kok 钟（Kok clock）。该模型还认为，S_0 和 S_1 是稳定状态，S_2 和 S_3 在暗中又退回到 S_1，S_4 为不稳定状态。这样叶绿体在暗反应后，有 3/4 的锰聚集体处于 S_1 状态，1/4 处于 S_0 状态。所以最大放氧量出现在第三次闪光后（图 6-12）。

2. 细胞色素 b_6f 复合体的电子传递 细胞色素 b_6f 复合体（cytochrome b_6f complex，cyt b_6f）是位于 PSⅡ 和 PSⅠ 之间的膜蛋白复合体。但它并不直接从 PSⅡ 接受电子，也不直接将电子传递给 PSⅠ。在 cyt b_6f 复合体与 PSⅡ 和 PSⅠ 之间是通过可扩散的电子传递体来进行电子传递的。

在 PSⅡ 和 cyt b_6f 复合体之间的电子传递体是 PQ，还原态为 PQH_2。1 分子 PQH_2 可同时携带 2 个电子和 2 个质子。PQH_2 将电子传递给 cyt b_6f 复合体，同时将 H^+ 释放到类囊体膜腔内，建立跨膜质子浓度梯度。

在 cyt b_6f 复合体和 PSⅠ 之间的电子传递体是质体蓝素（plastocyanin，PC）。PC 是水溶性的含铜蛋白质，氧化时呈蓝色，故称质体蓝素。

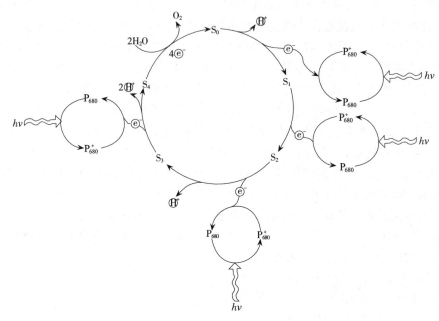

图 6-12　放氧系统的 5 种状态

cyt b_6f 复合体的作用是将 PQH_2 氧化，获得电子后将电子传递给 PC，使 PC 还原，在 PQH_2 和 PC 间传递电子。由于 PSⅡ 和 PSⅠ 在空间上是分离的，同时，cyt b_6f 复合体是较大的膜蛋白复合体，难以在膜脂中迅速扩散，因而在电子传递过程中，在膜蛋白复合体之间扩散的完成靠 PQ 或 PC。

3. PSⅠ 的电子传递　PSⅠ 核心复合体的 LHCⅠ 吸收光能后以诱导共振方式传递给反应中心 P_{700}，受光激发后的 P_{700}^* 将电子传递给原初电子受体 A_0（一种特殊的 Chl a）、次级电子受体 A_1，再通过 FeS 蛋白（F_X、F_A、F_B），最后传递给 Fd。Fd - $NADP^+$ 还原酶（ferredoxin-NADP$^+$ reductase，FNR）催化还原的 Fd 将电子传递给 $NADP^+$，完成非环式电子传递。Fd 也可将电子传回到 PQ，再经过 cyt b_6f 复合体和 PC，最后到 PSⅠ，形成围绕 PSⅠ 的循环电子传递。

4. 水的光解和放氧　水的光解（water photolysis）是希尔（R. Hill）于 1937 年发现的。他将离体的叶绿体加到具有氢受体（A）的水溶液中，照光后即发生水的分解而放出氧气。

$$2H_2O + 2A \xrightarrow[\text{叶绿体}]{\text{光}} 2AH_2 + O_2$$

此反应称为希尔反应（Hill reaction）。氢的接受体称为希尔氧化剂（Hill oxidant），如 2，6 -二氯酚靛酚、苯醌、$NADP^+$、NAD^+ 等。

水的光解反应是植物光合作用重要的反应之一。现已查明，在类囊体腔一侧有 3 条外周多肽，其中一条 33 ku 的多肽为锰稳定蛋白（manganese stablizing protein，MSP），它们与 Mn^{2+}、Ca^{2+}、Cl^- 等一起参与氧的释放，称为放氧复合体（oxygen-evolving complex，OEC）。

5. 光合电子传递的类型

（1）非环式电子传递。非环式电子传递（noncyclic electron transport）指水光解放出的电子经 PSⅡ 和 PSⅠ 两个光系统，最终传给 $NADP^+$ 的电子传递。

$$H_2O \rightarrow PSⅡ \rightarrow PQ \rightarrow cyt\ b_6f \rightarrow PC \rightarrow PSⅠ \rightarrow Fd \rightarrow FNR \rightarrow NADP^+$$

按非环式电子传递，每传递 4 个电子，分解 2 分子 H_2O，释放 1 个 O_2，还原 2 个 $NADP^+$，需要吸收 8 个光量子，量子产额为 1/8。同时运转 8 个 H^+ 进入类囊体腔。

（2）环式电子传递。环式电子传递（cyclic electron transport）指 PSⅠ 产生的电子传给 Fd，再到 cyt b_6f 复合体，然后经 PC 返回 PSⅠ 的电子传递。环式电子传递途径可能不止一条，电子可由 Fd 直接传给 cyt b_6f，也可经 FNR 传给 PQ，还可以经过 NADPH 再传给 PQ。

$$PS\ I \rightarrow Fd \rightarrow （NADPH \rightarrow PQ） \rightarrow cyt\ b_6f \rightarrow PC \rightarrow PS\ I$$

（3）假环式电子传递。假环式电子传递（pseduocyclic electron transport）指水光解放出的电子经 PSⅡ 和 PSⅠ 两个光系统，最终传给 O_2 的电子传递。由于这一电子传递途径是 A. H. Mehler 提出的，故亦称为 Mehler 反应。它与非环式电子传递的区别只是电子的最终受体是 O_2 而不是 $NADP^+$。

$$H_2O \rightarrow PS\ II \rightarrow PQ \rightarrow cyt\ b_6f \rightarrow PC \rightarrow PS\ I \rightarrow Fd \rightarrow O_2$$

因为 Fd 是单电子传递体，O_2 得到 1 个电子生成超氧自由基（O_2^-），它是一种活性氧。叶绿体中的超氧化物歧化酶（SOD）可清除 O_2^-。这一过程往往是在强光照射下，$NADP^+$ 供应不足的情况下发生的。这是植物光合细胞产生 O_2^- 的主要途径。

（三）光合磷酸化

1. 光合磷酸化的形式　叶绿体利用光能将无机磷酸和 ADP 合成 ATP 的过程，称为光合磷酸化（photophosphorylation）。由于光合磷酸化过程与光合电子传递相偶联，根据电子传递途径的不同可分为非环式光合磷酸化和环式光合磷酸化。

（1）非环式光合磷酸化。在非环式光合磷酸化中，PSⅡ 的放氧复合体将水光解后，PQH_2 将 H^+ 释放到类囊体膜腔内，形成跨膜 H^+ 浓度梯度，电子经由 PSⅡ 和 PSⅠ 构成的 Z 形传递途径最后传递到 $NADP^+$，形成 NADPH，同时释放氧气。

$$2ADP + 2Pi + 2NADP^+ + 2H_2O \longrightarrow 2ATP + 2NADPH_2 + O_2$$

在这一过程中，ATP 的形成与非环式电子传递相偶联。故称为非环式光合磷酸化（noncyclic photophosphorylation）。非环式光合磷酸化需要 PSⅡ 和 PSⅠ 两个光系统的参与，并伴随 NADPH 的形成和 O_2 的释放。

（2）环式光合磷酸化。在环式光合磷酸化中，PSⅠ 被光能激发后，经 A_0、A_1、FeS 蛋白将电子传递给 Fd，Fd 没有将电子传递给 $NADP^+$，而是传递给 PQ 和 cyt b_6f 复合体。然后经 PC 返回 PSⅠ，形成环式电子传递途径。在环式电子传递途径中，伴随形成类囊体膜内外质子浓度梯度将 Pi 和 ADP 合成 ATP 的过程，称为环式光合磷酸化（cyclic photophosphorylation）。环式光合磷酸化只由 PSⅠ 和 Z 形光合电子传递链的部分电子传递体组成，没有 PSⅡ 的参与，不伴随 $NADP^+$ 的还原和 O_2 的释放。

2. 光合磷酸化的机制　光合磷酸化的机制，可用 1961 年英国人 P. D. Mitchell 提出的化学渗透假说（chemiosmotic hypothesis）来解释。光合电子传递过程中，在 PSⅡ 中，水被光解产生 4 个电子和 4 个质子，质子进入类囊体腔，4 个电子经 2 次传递给 2 分子 PQ 后，2 分子 PQ 又从基质中获得 4 个 H^+，形成 2 分子 PQH_2。PQH_2 将电子传递给 cyt b_6f 复合体时，将质子释放到类囊体腔内。随着光合链的电子传递，H^+ 不断在类囊体腔内积累，于是产生了跨膜的质子浓度差（ΔpH）和电势差（ΔE），两者合称为质子动力势（proton motive force, pmf），即推动光合磷酸化的动力。当 H^+ 沿着浓度梯度返回到基质时，在 ATP 合酶（ATP synthase）的作用下，将 ADP 和 Pi 合成 ATP。

ATP 合酶位于基质片层和基粒片层的非垛叠区。它将光合链上的电子传递和 H^+ 的跨膜转运与 ATP 合成相偶联，所以也称为偶联因子（coupling factor, CF）。它由两种蛋白复合体构成：一种是突出于膜表面具有亲水特性的 CF_1 复合体；另一种是埋置于膜内的疏水性 CF_0 复合体。CF_1 是由 5 种多肽（α、β、γ、δ、ϵ）组成，它们的数目比为 3∶3∶1∶1∶1。CF_0 可能由 4 种多肽（a、b、b'、c_{12}）组成。CF_1 具有催化功能，呈球形结构，而 CF_0 则构成了 H^+ 的跨膜通道。CF_1 很容易被 EDTA 等螯合剂溶液洗脱，而 CF_0 则需要去污剂才能除去（图 6-13）。

非环式光合磷酸化能被 DCMU（二氯苯基二甲基脲，dichlorophenyl dimethylurea；商品名为敌草隆，diuron，一种除草剂）所抑制，而环式光合磷酸化则不被 DCMU 抑制。因为 DCMU 能抑制 PSⅡ 的光化学反应，却不抑制 PSⅠ 的光化学反应。

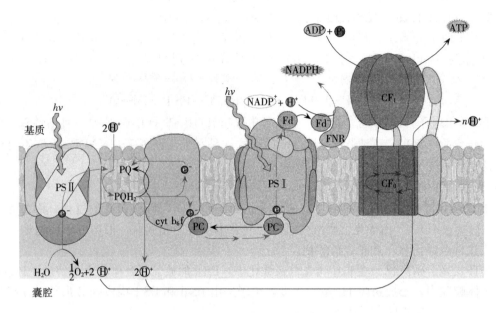

图 6-13　光合膜上的电子与质子传递及光合磷酸化

光合作用的光反应完成了将光能转变为活跃化学能的过程，形成了细胞内的能量通货 ATP，同时形成 NADPH。作为光合作用过程中的能量暂时储存化合物，ATP 和 NADPH 主要用于 CO_2 的同化作用，通过还原 CO_2，形成稳定的化学能。所以，ATP 和 NADPH 又称为同化力（assimilatory power）或还原力（reducing power）。

三、碳同化作用

光合作用的碳同化作用（carbon assimilation）是指利用光反应形成的同化力（ATP、NADPH）将 CO_2 还原，形成糖类物质的过程。光合碳同化作用是发生在叶绿体的基质中，由多种酶参与的一系列化学反应。高等植物中碳同化的途径有 3 条：C_3 途径（卡尔文循环）、C_4 途径和景天酸代谢途径，其中以 C_3 途径为碳同化的基本途径。

（一）C_3 途径

C_3 途径（C_3 pathway）是 20 世纪 50 年代卡尔文（M. Calvin）和他的学生本森（A. Benson）研究发现的。他们以单细胞的藻类作材料，饲喂$^{14}CO_2$，照光后从数秒到几十分钟的不同时间，用沸腾的酒精杀死材料以终止其生化反应，用双向纸层析方法分离^{14}C 同位素标记物，根据标记化合物出现的时间顺序来确定 CO_2 同化的生化步骤。经过 10 年的研究，总结出了 CO_2 同化的生化途径。由于该途径固定 CO_2 后形成的第一个稳定的产物是三碳化合物，故称为 C_3 途径，也称为卡尔文循环（Calvin cycle）或 C_3 光合碳还原循环（C_3 photosynthetic carbon reduction cycle，C_3 PCR 循环）。只用该途径进行碳同化的植物称为 C_3 植物（C_3 plant）。此项研究的主持人卡尔文因此获得了 1961 年诺贝尔化学奖。C_3 途径可分为 3 个阶段，即羧化阶段、还原阶段和再生阶段（图 6-14）。

1. 羧化阶段　羧化阶段（carboxylation phase）是指通过受体固定 CO_2 成羧酸的过程。C_3 途径的 CO_2 受体是五碳化合物——1，5-二磷酸核酮糖（ribulose-1，5-bisphosphate，RuBP）。由 1，5-二磷酸核酮糖羧化酶（RuBP carboxylase）催化，该酶又叫 1，5-二磷酸核酮糖羧化酶/加氧酶（ribulose-1，5-bisphosphate carboxylase /oxygenase，Rubisco），1 分子的 RuBP 接受 1 分子 CO_2 形成 2 分子的 3-磷酸甘油酸（3-phosphoglyceric acid，PGA）。Rubisco 是植物体内含量最丰富的酶，占叶中可溶蛋白质总量的 40% 以上，由 8 个大亚基（约 56 ku）和 8 个小亚基（约 14 ku）构成，活性部位位于大亚基上。大亚基由叶绿体基因编码，小亚基由核基因编码。

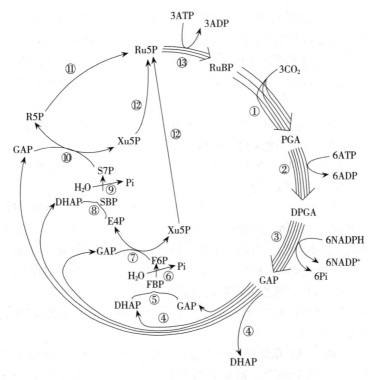

图 6-14　卡尔文循环

（每一条线代表 1 分子代谢物的转变。①是羧化阶段，②和③是还原阶段，其余反应是再生阶段）

$$3RuBP + 3CO_2 + 3H_2O \xrightarrow{\text{Rubisco}} 6PGA + 6H^+$$

2. 还原阶段　羧化阶段形成的 PGA 是一种呈氧化状态的有机酸，化合物的能量水平较低，需要消耗同化力将其还原到糖的水平，也就是利用 ATP 和 NADPH 将 PGA 的羧基还原成醛基。还原阶段（reduction phase）分两步反应，第一步反应是 PGA 在 3-磷酸甘油酸激酶（3-phosphoglycerate kinase，PGAK）的作用下，形成 1,3-二磷酸甘油酸（1,3-diphosphoglyceric acid，DPGA）。DP-GA 是一个非常活跃的高能化合物，很容易被 NADPH 还原。在磷酸甘油醛脱氢酶的作用下，DPGA 由 NADPH 提供的 H 还原形成 3-磷酸甘油醛（3-phosphoglyceraldehyde，GAP）。3-磷酸甘油醛是三碳糖，可进一步合成单糖及淀粉，也可由叶绿体输出到细胞质中进一步合成蔗糖。磷酸甘油酸转变为磷酸甘油醛的过程中，光合作用的同化力——ATP 和 NADPH 被消耗掉。

$$6PGA + 6ATP + 6NADPH + 6H^+ \longrightarrow 6GAP + 6ADP + 6NADP^+ + 6Pi$$

3. 再生阶段　再生阶段（regeneration phase）是 GAP 经过一系列转变，重新形成 CO_2 受体 RuBP 的过程。首先 GAP 在磷酸丙糖异构酶（phosphate triose isomerase）作用下，转变为磷酸二羟丙酮（dihydroxy acetone phosphate，DHAP）。GAP 和 DHAP 在 1,6-二磷酸果糖醛缩酶（fructose-1,6-biphosphate aldolase）的作用下形成 1,6-二磷酸果糖（fructose-1,6-biphosphate，FBP），FBP 在 1,6-二磷酸果糖磷酸酶（fructose-1,6-biphosphate phosphatase，FBPase）作用下释放磷酸，形成 6-磷酸果糖（fructose-6-phosphate，F6P）。F6P 进一步转化为 6-磷酸葡萄糖（glucose-6-phosphate，G6P）。G6P 可在叶绿体中合成淀粉，同时部分 F6P 进一步转变下去。

F6P 与 GAP 在转酮酶（transketolase）作用下，生成 4-磷酸赤藓糖（erythrose-4-phosphate，E4P）和 5-磷酸木酮糖（xylulose-5-phosphate，Xu5P）。这一反应由硫胺素焦磷酸（thiamine pyro-phosphate，TPP）和 Mg^{2+} 活化。在 1,6-二磷酸果糖醛缩酶催化下，E4P 和 DHAP 形成 1,7-二磷酸景天庚酮糖（sedoheptulose-1,7-bisphosphate，SBP）。SBP 脱去磷酸后成为 7-磷酸景天庚酮糖（sedoheptulose-7-phosphate，S7P），该反应由景天庚酮糖-1,7-二磷酸酶（sedoheptulose-

1，7 - bisphosphatase，SBPase）催化。

S7P 又与 GAP 在转酮酶的催化下，形成 5 - 磷酸核酮糖（ribulose - 5 - phosphate，R5P）和 Xu5P。在磷酸核酮糖异构酶的作用下，R5P 转变为 5 - 磷酸核酮糖（ribulose-5-phosphate，Ru5P）。Xu5P 在 5 - 磷酸核酮糖差向异构酶（ribulose-5-phosphate epimerase，ku5pk）作用下形成 Ru5P。Ru5P 在 5 - 磷酸核酮糖激酶（ribulose-5-phosphate kinase，Ru5PK）催化下又消耗 1 个 ATP，形成 CO_2 受体 RuBP。

$$5GAP + 3ATP + 2H_2O \longrightarrow 3RuBP + 3ADP + 2Pi + 3H^+$$

从以上反应过程可知 C_3 途径同化 CO_2 的总反应为：

$$3CO_2 + 5H_2O + 9ATP + 6NADPH \longrightarrow GAP + 6NADP^+ + 9ADP + 8Pi + 3H^+$$

可见，C_3 途径每同化 1 分子 CO_2 需要 3 个 ATP 和 2 个 NADPH。还原 3 个 CO_2 可输出 1 个磷酸丙糖（GAP 或 DHAP），固定 6 个 CO_2 可形成 1 个磷酸己糖（G6P 或 F6P）。形成的磷酸丙糖（triose phosphate，TP）可运出叶绿体，在细胞质中合成蔗糖或参与其他反应；形成的磷酸己糖则留在叶绿体中转化成淀粉而被临时储藏。若按每同化 1 mol CO_2 可储能 478 kJ，每水解 1 mol ATP 和氧化 1 mol NADPH 可分别释放能量 32 kJ 和 217 kJ 计算，则通过卡尔文循环同化 CO_2 的能量转换效率为 90%，即 478/(32×3+217×2)，其能量转换效率是非常高的。

4. C_3 途径的调节 在 20 世纪 60 年代以后，人们对光合碳同化途径的调节已有了较深入的了解。C_3 途径的调节有以下几方面。

（1）自动催化调节作用。CO_2 的同化速率在很大程度上取决于 C_3 途径的运转状况和中间产物的数量水平。将暗适应的叶片移至光下，最初阶段光合速率很低，需要经过一个滞后期（一般超过 20 min，取决于暗适应时间的长短）才能达到光合速率的稳态阶段。其原因之一是暗中叶绿体基质中的光合中间产物（尤其是 RuBP）的含量低。在 C_3 途径中存在一种自动调节 RuBP 水平的机制，即在 RuBP 含量低时，最初同化 CO_2 形成的磷酸丙糖不输出循环，而用于 RuBP 再生，以加快 CO_2 固定速率；当循环达到稳态后，磷酸丙糖才输出。这种调节 RuBP 等中间产物数量，使 CO_2 的同化速率处于某一稳态的机制，称为 C_3 途径的自动催化调节。

（2）光调节作用。碳同化亦称为暗反应。然而，光除了通过光反应提供同化力外，还调节着暗反应的一些酶活性。例如，Rubisco、PGAK、FBPase、SBPase、Ru5PK 属于光调节酶。在光反应中，H^+ 被从叶绿体基质中转移到类囊体腔中，同时交换出 Mg^{2+}。这样基质中的 pH 从 7 增加到 8 以上，Mg^{2+} 的浓度也升高，而 Rubisco 在 pH8 时活性最高，对 CO_2 亲和力也高。其他的一些酶，如 FBPase、Ru5PK 等的活性在 pH8 时比 pH7 时高，在暗中 pH≤7.2 时，这些酶活性降低，甚至丧失。Rubisco 活性部位中的一个赖氨酸残基的 $\varepsilon - NH_2$ 在 pH 较高时不带电荷，可以在光下由 Rubisco 活化酶（activase）催化，与 CO_2 形成带负电荷的氨基酸，后者再与 Mg^{2+} 结合，生成酶- $CO_2 - Mg^{2+}$ 活性复合体（ECM），酶即被激活。光还通过还原态 Fd 产生效应物——硫氧还蛋白（thioredoxin，Td）又使 FBPase 和 Ru5PK 的相邻半胱氨酸上的巯基处于还原状态，酶被激活；在暗中巯基则氧化形成二硫键，酶失活。

（3）光合产物输出速率的调节。光合作用最初产物磷酸丙糖从叶绿体运到细胞质的数量，受细胞质中 Pi 水平的调节。磷酸丙糖通过叶绿体膜上的 Pi 运转器运出叶绿体，同时将细胞质中等量的 Pi 运入叶绿体。当磷酸丙糖在细胞质中合成为蔗糖时，就释放出 Pi。如果蔗糖从细胞质的外运受阻，或利用减慢，则其合成速度降低，Pi 的释放也随之减少，会使磷酸丙糖外运受阻。这样，磷酸丙糖在叶绿体中积累，从而影响 C_3 途径的正常运转。

（二）C_4 途径

1. C_4 途径的概念 20 世纪 60 年代人们在用放射性同位素 $^{14}CO_2$ 对甘蔗、玉米进行标记时，发现 70%～80% 的 $^{14}CO_2$ 的固定产物为四碳化合物，而不是三碳化合物。研究表明，这个四碳化合物为四碳二羧酸。以 CO_2 固定的第一个稳定产物为四碳化合物的光合碳同化途径称为 C_4 途径（C_4 pathway），又称 C_4 双羧酸途径（C_4-dicarboxylic acid pathway），或 C_4 光合碳同化循环（C_4 photosynthetic carbon assimilation cycle，C_4 PCA 循环），由于这个途径是 M. D. Hatch 和 C. R. Slack 发现的，也称为 Hatch-Slack 途径。现在已证明被子植物中有 20 多个科近 2 000 种植物以 C_4 途径同化 CO_2。这种以 C_4 途径同化 CO_2 的植物又称为 C_4 植物（C_4 plant）。

2. C_4 植物叶片结构特点　与 C_3 植物相比，C_4 植物的栅栏组织和海绵组织分化不明显，叶片两侧颜色差异小。C_3 植物的光合细胞主要是叶肉细胞（mesophyll cell，MC），而 C_4 植物的光合细胞有两类：叶肉细胞和维管束鞘细胞（bundle sheath cell，BSC）。C_4 植物维管束分布密集，间距小（通常每个 MC 与 BSC 邻接或仅间隔 1 个细胞），每条维管束都被发育良好的大型 BSC 包围，外面又密接 1~2 层 MC，这种呈同心圆排列的 BSC 与周围的叶肉细胞层称为花环（Kranz，德语）结构。C_4 植物的 BSC 中含有大而多的叶绿体，线粒体和其他细胞器也较丰富。BSC 与相邻 MC 间的壁较厚，壁中纹孔多，胞间连丝丰富。这些结构特点有利于 MC 与 BSC 间的物质交换，以及光合产物向维管束的就近转运。

此外，C_4 植物的两类光合细胞中含有不同的酶类，MC 中含有磷酸烯醇式丙酮酸羧化酶（phosphoenol pyruvate carboxylase，PEPC）以及与四碳二羧酸生成有关的酶；而 BSC 中含有 Rubisco 等参与 C_3 途径的酶、乙醇酸氧化酶以及脱羧酶。在这两类细胞中进行不同的生化反应。

3. C_4 途径的反应过程　C_4 途径中的反应虽因植物种类不同而有差异，但基本上可分为羧化、还原或转氨、脱羧和底物再生 4 个阶段（图 6-15）。

（1）羧化阶段。C_4 途径的 CO_2 受体是叶肉细胞质中的磷酸烯醇式丙酮酸（phosphoenol pyruvate，PEP），催化的酶是 PEPC，形成的最初稳定产物是草酰乙酸（oxaloacetic acid，OAA）。CO_2 是以 HCO_3^- 形式被固定的。该反应发生在细胞质中。

（2）还原或转氨阶段。

① 还原反应。草酰乙酸由 $NADP^+$-苹果酸脱氢酶（malic acid dehydrogenase）催化还原为苹果酸（malic acid，Mal），该反应在叶绿体中进行。苹果酸脱氢酶为光调节酶。

② 转氨反应。也有一些植物不形成苹果酸，而是形成天冬氨酸（aspartic acid，Asp）。在天冬氨酸转氨酶（aspartate aminotransferase）作用下，草酰乙酸接受氨基酸的氨基，形成天冬氨酸，该反应在细胞质中进行。

（3）脱羧阶段。生成的苹果酸或天冬氨酸从 MC 经胞间连丝移动到 BSC，在那里脱羧。四碳二羧酸在 BSC 中脱羧形成 CO_2 和丙酮酸（pyruvic acid，Pyr）。形成的 CO_2 在 BSC 叶绿体中经 C_3 途径再次被固定。

（4）底物再生阶段。丙酮酸（或丙氨酸）再从 BSC 运回 MC。在 MC 叶绿体中，丙酮酸经丙酮酸磷酸双激酶（pyruvate phosphate dikinase，PPDK）催化，重新形成 CO_2 受体 PEP。

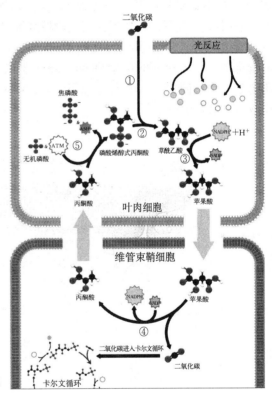

图 6-15　C_4 途径的基本反应在各部位进行
① 碳酸酐酶　② 磷酸烯醇式丙酮酸羧化酶
③ $NADP^+$-苹果酸脱氢酶　④ 苹果酸脱羧酶
⑤ 丙酮酸磷酸双激酶

$$丙酮酸 + ATP + Pi \xrightarrow{PPDK} PEP + AMP + PPi$$

$$AMP + ATP \rightarrow 2ADP$$

C_4 途径中，CO_2 在 MC 中固定形成四碳二羧酸，然后转移到 BSC 中脱羧释放 CO_2，使 BSC 中 CO_2 浓度比空气中高出 20 倍左右，这种循环相当于 CO_2 泵的作用，因为 PEPC 对 CO_2 的亲和力大于 Rubisco 对 CO_2 的亲和力（PEPC 对 CO_2 的 K_m 值为 7 $\mu mol/L$，Rubisco 对 CO_2 的 K_m 值为 450 $\mu mol/L$）。这样当环境 CO_2 浓度较低时，C_4 途径 CO_2 的同化速率远高于 C_3 途径。但由于丙酮酸转变为 CO_2 受体 PEP 的反应中要消耗 2 个 ATP，故 C_4 途径每固定 1 分子 CO_2 要比 C_3 途径多消耗 2 个 ATP。C_4 途径每固定 1 分子 CO_2 要消耗 5 个 ATP、2 个 NADPH。C_4 途径的酶活性受光、代谢物运输的调节。光可活化 C_4 途径中的 PEPC、$NADP^+$-苹果酸脱氢酶和丙酮酸磷酸双激酶（PPDK），在暗中这些酶则被钝化。苹果酸和天冬氨酸抑制 PEPC 活性，而 G6P、PEP 则增加其活性。Mn^{2+} 和 Mg^{2+} 是 C_4 植物 $NADP^+$-苹果酸酶、NAD^+-苹果酸酶、PEP 羧激酶的活化剂。

（三）景天酸代谢途径（CAM 途径）

干旱地区生长的景天科（Crassulaceae）植物，如八宝（*Hylotelephium erythrostictum*）和落地生根（*Bryophyllum pinnatum*），在长期干旱环境条件下，其形态结构已发生了明显的适应性变化，同时，也形成了一种特殊的 CO_2 固定方式：夜间气孔开张，吸收 CO_2，在 PEPC 的催化下，PEP 接受 CO_2 形成 OAA，还原为苹果酸后，储存于液泡中；白天气孔关闭，液泡中的苹果酸便进入细胞质，在苹果酸酶的作用下，氧化脱羧，放出 CO_2，进入卡尔文循环，形成淀粉等（图 6-16）。

同时，C_3 途径所产生的淀粉通过糖酵解过程，形成 PEP，再接受 CO_2 进入循环。这样植物体在夜间有机酸含量会逐渐增加，pH 下降，淀粉含量下降。白天有机酸含量逐渐减少，pH 增加，淀粉含量增加。白天和夜间植物体的绿色光合器官有机酸含量呈现有规律变化，这种光合 CO_2 固定途径称为景天酸代谢（crassulacean acid metabolism，CAM）。具有 CAM 途径同化 CO_2 的植物称为 CAM 植物（CAM plant）。

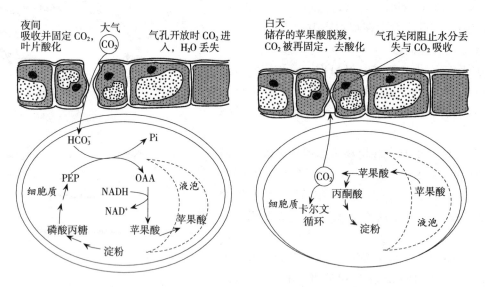

图 6-16　CAM 途径：夜间吸收并固定 CO_2，白天脱羧，CO_2 被再固定

（引自 Taiz，1991）

目前已知在近 30 个科 1 万多种植物中有 CAM 途径，主要分布在景天科、仙人掌科、兰科、凤梨科、大戟科、番杏科、百合科、石蒜科等植物中，其中凤梨科植物达 1 000 种以上，兰科植物达数千种，此外还有一些裸子植物和蕨类植物。CAM 植物起源于热带，往往分布于干旱的环境中，多为肉质植物（succulent plant），具有庞大的储水组织，然而肉质植物不一定都是 CAM 植物。常见的 CAM 植物有菠萝、剑麻、兰花、百合、仙人掌等。

CAM 植物与 C_4 植物固定与还原 CO_2 的途径基本相同，二者的差别在于：C_4 植物是在同一时间（白天）和不同的空间（叶肉细胞和维管束鞘细胞）完成 CO_2 固定（C_4 途径）和还原（C_3 途径）两个过程；而 CAM 植物则是在不同时间（黑夜和白天）和同一空间（叶肉细胞）完成上述两个过程的。

根据植物在一生中对 CAM 的专营程度，CAM 植物又分为两类：一类为专性 CAM 植物，其一生中大部分时间的碳代谢是 CAM 途径；另一类为兼性 CAM 植物，如冰叶日中花，在正常条件下进行 C_3 途径，当遇到干旱、盐渍和短日照时则进行 CAM 途径，以抵抗不良环境。

（四）不同类型植物光合特征比较

从 C_3、C_4 和 CAM 3 种光合碳代谢途径可以看出，植物的光合碳同化途径具有多样性，这也反映了植物对生态环境多样性的适应。但 C_3 途径是光合碳代谢的基本途径，只有此途径才能将 CO_2 还原为磷酸丙糖并进一步合成淀粉或输出到叶绿体外合成蔗糖。C_4 途径和 CAM 途径是对 C_3 途径的补充，是植物在低浓度 CO_2 条件和干旱条件下形成的光合碳代谢的特殊适应类型。

根据高等植物光合作用碳同化途径的不同，可将植物划分为 C_3 植物、C_4 植物和 CAM 植物。但研究发现，高等植物的光合碳同化途径也可随着植物的器官、部位、生育期以及环境条件而发生变化。例如，甘蔗是典型的 C_4 植物，但其茎秆叶绿体只具有 C_3 途径；高粱也是典型的 C_4 植物，但其开花后便转变为 C_3 途径；高凉菜在短日照下为 CAM 植物，但在长日照、低温条件下却变成了 C_3 植物。冰叶日中花，在水分胁迫时具有 CAM 途径，而水分状况适宜时，则主要依靠 C_3 途径进行光合作用。

到了 20 世纪 70 年代，又发现某些植物形态解剖结构和生理生化特性介于 C_3 植物和 C_4 植物之间，称为 C_3 - C_4 中间植物。迄今已发现在禾本科、粟米草科、苋科、菊科、十字花科及紫茉莉科等植物中有数十种 C_3 - C_4 中间植物，如黍属的 *Panicum milioides* 和弓果黍的变种瘤穗弓果黍 *Cyrtococcum patens* 等。然而，大多数 C_3 植物、C_4 植物、C_3 - C_4 中间植物及 CAM 植物的形态解剖结构和生理生化特性还是相对稳定的（表 6-3）。

表 6-3　C_3 植物、C_4 植物、C_3 - C_4 中间植物和 CAM 植物的结构、生理特征比较

特　征	C_3 植物	C_4 植物	C_3 - C_4 中间植物	CAM 植物
结构	BSC 不发达，不含叶绿体，其周围叶肉细胞排列疏松	BSC 含叶绿体，其周围叶肉细胞排列紧密成花环结构	BSC 含叶绿体，但 BSC 的壁较 C_4 植物的薄	BSC 不发达，不含叶绿体，含较多线粒体，叶肉细胞的液泡大
叶绿素 a/叶绿素 b	2.8 ± 0.4	3.9 ± 0.6	$2.8 \sim 3.9$	$2.5 \sim 3.0$
CO_2 补偿点/($\mu g/L$)	>40	5 左右	$5 \sim 40$	光照下，$0 \sim 200$；黑暗中，<5
光合固定 CO_2 的途径	只有 C_3 途径	C_4 途径和 C_3 途径	C_3 途径和有限的 C_4 途径	CAM 途径和 C_3 途径
CO_2 固定酶	Rubisco	PEPC，Rubisco	PEPC，Rubisco	PEPC，Rubisco
CO_2 最初接受体	RuBP	PEP	RuBP，PEP（少量）	光照下，RuBP；黑暗中，PEP
CO_2 固定最初产物	PGA	OAA	PGA，OAA	光照下，PGA；黑暗中，OAA
PEPC 活性/[$\mu mol/(mg \cdot min)$]	$0.30 \sim 0.35$	$16 \sim 18$	<16	19.2
最大净光合速率/[$\mu mol/(m^2 \cdot s)$]	$15 \sim 35$	$40 \sim 80$	$30 \sim 50$	$1 \sim 4$
光呼吸/[$mg/(dm^2 \cdot h)$]	$3.0 \sim 3.7$	≈ 0	$0.6 \sim 1.0$	≈ 0
同化产物分配	慢	快	中等	不等
蒸腾系数	$450 \sim 950$	$250 \sim 350$	中等	光照下，$150 \sim 600$；黑暗中，$18 \sim 100$

第四节 光 呼 吸

植物绿色细胞在光下吸收氧气，氧化乙醇酸，放出 CO_2 的过程，称为光呼吸（photorespiration）。由于植物细胞通常的呼吸作用在光下和暗中都能进行，为了便于与光呼吸区别（表 6-4），可将植物细胞通常的呼吸作用称为暗呼吸（dark respiration）。

表 6-4 光呼吸与暗呼吸的区别

项目	光呼吸	暗呼吸
氧化的底物	由 RuBP 加氧酶催化 RuBP 产生的乙醇酸	糖、脂肪和蛋白均可作为底物，但以葡萄糖为主。底物既可是新形成的，也可是储存物
代谢途径	乙醇酸代谢途径或称 C_2 途径	糖酵解、三羧酸循环、磷酸戊糖途径
发生部位	只发生在绿色光合细胞，由叶绿体、过氧化物酶体和线粒体 3 种细胞器协同作用完成	在所有生活细胞胞质和线粒体中进行
能量生成	不产生能量	产生大量能量
对 O_2 和 CO_2 浓度的反应	对 O_2 和 CO_2 浓度变化响应敏感，随着 O_2 浓度的增加而增加，高浓度的 CO_2 对光呼吸有抑制作用	对 O_2 和 CO_2 的响应不敏感（但影响代谢途径）
反应部位对光的要求	绿色细胞，只有在光下才能进行	生活细胞，光下和暗中都能进行

一、光呼吸的生化历程

光呼吸也是生物氧化过程，其被氧化的底物是乙醇酸（glycolic acid）。乙醇酸来自 RuBP 的氧化，催化此反应的酶是 RuBP 加氧酶（RuBP oxygenase）。现已知 RuBP 羧化酶和 RuBP 加氧酶是同一种酶。该酶具有双重催化功能，既能催化加氧反应，又能催化羧化反应，其全称为 RuBP 羧化酶/加氧酶（Rubisco），其催化的方向取决于 CO_2 和 O_2 的相对浓度。当 O_2 浓度低、CO_2 浓度高时，催化羧化反应，生成 2 分子 PGA，进入 C_3 途径；当 O_2 浓度高、CO_2 浓度低时，催化加氧反应，生成 1 分子 PGA 和 1 分子的磷酸乙醇酸，后者在磷酸乙醇酸酶的作用下，脱去磷酸形成乙醇酸。

光呼吸的过程是由叶绿体、过氧化物酶体（peroxisome）和线粒体 3 种细胞器协同作用完成的，是一个循环过程。光呼吸代谢途径实际上是乙醇酸的循环氧化过程，又称为 C_2 光呼吸碳氧化循环（C_2 photorespiration carbon oxidation cycle，C_2 PCO 循环），简称为 C_2 循环（C_2 cycle）（图 6-17）。

在叶绿体中形成的乙醇酸转运到过氧化物酶体。经乙醇酸氧化酶催化，乙醇酸被氧

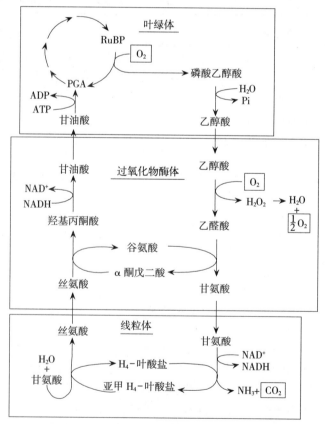

图 6-17 光呼吸代谢途径
（整个途径在 3 种细胞器中合作进行）

化为乙醛酸，同时形成 H_2O_2，H_2O_2 在过氧化氢酶催化下形成 H_2O 和 O_2。乙醛酸经转氨作用形成甘氨酸，进入线粒体。在线粒体中，2 分子甘氨酸通过氧化脱羧和转甲基作用形成 1 分子丝氨酸，此反应产生 NADH 和 NH_3，并释放出 CO_2。丝氨酸转回到过氧化物酶体并与乙醛酸进行转氨基作用，形成羟基丙酮酸。羟基丙酮酸在甘油酸脱氢酶的作用下，消耗 NADH 还原为甘油酸。甘油酸从过氧化物酶体转运回叶绿体，在甘油酸激酶的作用下，消耗 1 分子 ATP 形成 PGA，进入 C_3 途径。在 C_2 循环过程中，2 分子的乙醇酸循环一次释放 1 分子的 CO_2。O_2 的吸收一是叶绿体中的 Rubisco 加氧反应，二是过氧化物酶体中的乙醇酸氧化反应。脱羧反应（即 CO_2 的释放）则在线粒体中，2 个甘氨酸形成 1 个丝氨酸时脱下 1 分子 CO_2。

C_2 循环的反应总方程式为：

$$RuBP + 15O_2 + 11H_2O + 34ATP + 15NADPH + 10Fd_{red} \longrightarrow$$
$$5CO_2 + 34ADP + 36Pi + 15NADP^+ + 10Fd_{ox} + 9H^+$$

二、光呼吸的生理功能

从光呼吸的生化途径可以看出，光呼吸过程将光合固定的碳素转变为 CO_2 释放掉，同时也间接和直接地浪费了同化力 ATP 和 NADPH。据估计，在正常大气条件下，C_3 植物通过光呼吸要损失光合所固定碳素的 20%～40%。同时从能量的角度看，每释放 1 分子 CO_2 需要消耗 6.8 个 ATP 和 3 个 NADPH。显然，光呼吸是一种浪费。但许多研究结果认为，光呼吸具有下述生理意义。

1. 防止强光对光合器官的破坏 在强光照条件下，光反应过程中形成的同化力超过了光合 CO_2 同化的需要，叶绿体内 ATP 和 NADPH 过剩，$NADP^+$ 不足，由光能激发的电子会传递给 O_2，形成超氧自由基 O_2^-，O_2^- 对光合机构特别是光合膜系统有破坏作用。通过光呼吸作用消耗强光下产生的过多 ATP 和 NADPH，从而对光合机构起保护作用。

2. 消除乙醇酸的毒害 由于 Rubisco 具有羧化和加氧的双重特性，乙醇酸的产生是不可避免的。乙醇酸的积累会对细胞产生伤害作用，通过光呼吸消耗掉乙醇酸使细胞免受伤害。

3. 维持 C_3 途径的运转 当气孔关闭或外界 CO_2 供应不足时，光呼吸放出的 CO_2 可供 C_3 途径利用，以维持 C_3 途径的低水平运转。

4. 参与氮代谢 光呼吸代谢中涉及甘氨酸、丝氨酸和谷氨酸等的形成和转化，由此推测它可能是绿色细胞氮代谢的一个部分，或是一种氨基酸合成的补充途径。

第五节 影响光合作用的因素

一、内部因素

1. 叶片的发育和结构 植物叶片的光合速率受叶片厚度、单位叶面积细胞数目、气孔数目、RuBP 羧化酶、PEP 羧化酶和叶绿素含量等诸多生理生化指标的影响，并表现出品种间的差异特性。人们常用上述指标作为选择高光合能力品种和材料的依据。

叶片的光合速率与叶龄也有密切关系，刚产生的叶片由于光合器官发育不健全，叶绿体片层结构不发达，光合色素含量少，光合碳固定的酶含量少、活性弱，气孔开度小，以及呼吸代谢旺盛等，叶片光合速率较低。随着叶片面积、光合器官数量的增加，光合速率迅速增加，当叶片达最大面积和最大厚度时，光合速率也同时达到最大值。此后随着叶片的衰老和脱落，光合速率逐渐下降，最后停止。故光合速率随叶龄增长出现"低—高—低"的规律。

整株植物的光合作用则受叶面积、群体冠层结构的影响。在不同生育期中光合作用也发生明显变化，但一般以营养生长旺盛期为最强，开花及果实生长期下降。

2. 光合产物的积累和输出 叶片光合产物的积累和输出也是影响光合作用的重要因素。当植株去花或去果实，叶片光合产物输出受阻时，积累于叶片中的光合产物会使叶片光合速率下降；反之，去掉部分叶片，剩余叶片光合产物输出增多，积累减少，会刺激保留的叶片进行光合作用。

光合产物的积累和输出影响光合速率的原因是：①反馈抑制作用，如蔗糖的积累会抑制磷酸蔗糖合成酶的活性，使 F6P 增加，F6P 的增加又反馈抑制 1,6-二磷酸果糖酯酶的活性，使细胞质和叶绿体中磷酸丙糖含量增加，磷酸丙糖的积累又抑制 C_3 途径中磷酸甘油酸的还原，从而影响 CO_2 的固定。②淀粉粒的影响。叶肉细胞中蔗糖的积累会促进磷酸丙糖形成 6-磷酸葡萄糖，合成淀粉，并形成淀粉粒。过多过大的淀粉粒会压迫叶绿体内光合膜系统，造成膜损伤，同时，淀粉粒也有遮光作用，从而阻碍光合膜对光的吸收。

二、外界因素

（一）光照

1. 光照度-光合作用响应曲线　图 6-18 是光照度-光合速率关系的模式图。暗中叶片不进行光合作用，只有呼吸作用释放 CO_2（图 6-18 中的 O、D 为呼吸速率）。随着光照度的增高，光合速率相应提高，当到达某一光照度时，叶片的光合速率等于呼吸速率，即 CO_2 吸收量等于 CO_2 释放量，表观光合速率为零，这时的光照度称为光补偿点（light compensation point）。一般来说，阳生植物的光补偿点的光量子密度为 $9\sim18\ \mu mol/(m^2 \cdot s)$，而阴生植物的则小于 $9\ \mu mol/(m^2 \cdot s)$。在低光照度区，光合速率随光照度的增强而呈比例地增加（比例阶段，直线 A）；当超过一定光照度，光合速率增加就会转慢（曲线 B）；当达到某一光照度时，光合速率就不再增加，而呈现光饱和现象。开始达到光合速率最大值时的光照度称为光饱和点（light saturation point），此点以后的阶

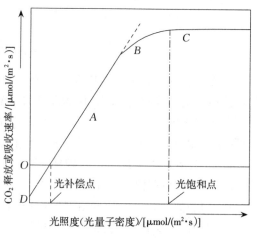

图 6-18　光照度与光合速率的关系
A. 比例阶段　B. 比例向饱和过渡阶段　C. 饱和阶段

段称饱和阶段（直线 C）。大体上，阳生植物叶片饱和光照度的光量子密度为 $360\sim450\ \mu mol/(m^2 \cdot s)$ 或更高，阴生植物的饱和光照度的光量子密度为 $90\sim180\ \mu mol/(m^2 \cdot s)$。比例阶段中主要是光照度制约着光合速率，而饱和阶段中 CO_2 扩散和固定速率是主要限制因素。用比例阶段的光照度-光合速率的斜率（表观光合速率/光照度）可计算表观量子产额（apparent quantum yield，AQY）。表观量子产额是衡量叶片光合作用状况的一个重要指标，当叶片衰老或在胁迫条件下，AQY 就呈下降趋势。

植物叶片光合作用的光补偿点和光饱和点，反映了植物叶片光合作用对光的利用能力。一般说来，草本植物的光补偿点和光饱和点高于木本植物；阳生植物（sun plant）的光补偿点和光饱和点高于阴生植物（shade plant）。就光合碳同化类型来说，C_4 植物的光饱和点大于 C_3 植物，这可能与 C_4 植物每固定 1 分子 CO_2 比 C_3 植物多消耗 2 分子 ATP 有关；同时，C_4 植物叶片较厚，细胞排列较致密，角质层发达也是其光饱和点高的原因。

在不同环境条件下，植物光合作用的光补偿点和光饱和点也发生变化。当 CO_2 浓度增加时，叶片光合作用的光补偿点会降低，而光饱和点会增加；当温度增加时，叶片呼吸作用加强，光补偿点也会增加。了解不同植物光合作用光补偿点和光饱和点的特性，对作物生产合理布局，选择间、混、套种的作物种类，确定作物的立体用光模式有重要的理论意义和实际意义。同时，在栽培实践中，还必须通过对温、光、水、肥的控制，尽可能降低光补偿点，提高光饱和点，增加作物的光能利用能力。

2. 光抑制现象　在超过光饱和点的强光照下，叶片光合作用速率和表观量子产额往往呈下降趋势。这种强光下光合作用活性降低的现象称为光合作用的光抑制（photoinhibition）。目前认为光抑制现象主要与光反应中心，特别是 PSⅡ 在强光下光合活性下降有关，C_3 植物比 C_4 植物表现较强的

光抑制作用,在温度和水分等胁迫条件下,会加剧光合作用的光抑制现象。

(二) 二氧化碳

1. CO_2-光合作用响应曲线 将光合作用对 CO_2 的响应曲线作图 (图 6-19),可以看出:在光下,通入被碱吸收后 CO_2 浓度为零的空气时,由于叶片呼吸作用放出 CO_2,使通过叶室的气体含有一定浓度的 CO_2。随着 CO_2 浓度的增加,当光合作用吸收的 CO_2 与呼吸作用释放的 CO_2 相等时,环境中的 CO_2 浓度称为 CO_2 补偿点 (CO_2 compensation point) (图 6-19 中 C 点)。

继续提高环境中的 CO_2 浓度,叶片光合速率随之不断增大,当 CO_2 增大到某一浓度时,光合速率达到最大值 (图 6-19 中 P_m),此后再增加 CO_2 浓度,叶片光合速率也不再增加,这时的 CO_2 浓度称为 CO_2 饱和点 (CO_2 saturation point) (图 6-19 中 S 点)。

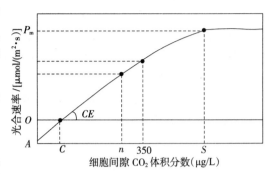

图 6-19 CO_2-光合作用响应曲线模式图

[曲线上 4 个点对应浓度分别为 CO_2 补偿点 (C)、空气浓度下细胞间隙的 CO_2 浓度 (n)、与空气浓度相同的细胞间隙 CO_2 浓度 (350 μL/L 左右) 和 CO_2 饱和点 (S)。P_m 为最大光合速率;CE 为比例阶段曲线斜率,代表羧化效率;OA 为光下叶片向无 CO_2 气体中的释放速率,可代表光呼吸速率]

(引自李合生,2002)

C_3 植物和 C_4 植物叶片光合作用的 CO_2 补偿点和饱和点存在明显差异。C_4 植物叶肉细胞中的 PEP 羧化酶的 K_m 低,对 CO_2 的亲和力高,光呼吸低,所以 CO_2 补偿点低。同时,由于 C_4 植物每同化 1 分子 CO_2 要比 C_3 植物多消耗 2 分子 ATP,在高 CO_2 浓度的空气中,叶片同化力和 CO_2 受体 PEP 供应将成为限制因子,所以 C_4 植物 CO_2 饱和点也低于 C_3 植物。

在低 CO_2 浓度的条件下,CO_2 是光合作用的限制因素,在一定范围内,光合作用速率与 CO_2 浓度呈线性变化关系。其直线的斜率受羧化酶的量和活性所限制。所以,斜率称为羧化效率 (carboxylation efficiency,CE)。CE 反映了叶片光合作用对 CO_2 的利用效率,是衡量叶片羧化酶数量和活性的一项重要指标。叶片衰老及在逆境条件下,CE 往往下降。

2. CO_2 的供应 陆生植物叶片光合作用对 CO_2 的利用还受 CO_2 扩散阻力的影响。光合速率与 CO_2 的浓度差呈正比,与阻力呈反比。要提高叶片的光合速率就必须提高 CO_2 的浓度差,减少扩散途径的阻力。在作物栽培实践中,通过改良作物的群体结构,便于通风透光,或增施 CO_2 肥料,均可达到提高作物光合速率增加产量的目的。由于 C_3 植物催化 CO_2 固定的酶为 RuBP 羧化酶,它对 CO_2 亲和力低于 C_4 植物的 PEP 羧化酶,以及 C_3 植物较强的光呼吸作用,C_3 植物有较高的 CO_2 补偿点和 CO_2 饱和点,因而对 C_3 植物进行 CO_2 施肥提高光合速率达到增产的效果大于 C_4 植物。

(三) 温度

温度影响光合碳同化有关酶的催化活性,是影响光合作用的重要因素,同时光合产物的转化、合成和输出也受温度影响。在强光和高 CO_2 浓度条件下,温度成为主要限制因素。温度对叶片光合作用和呼吸作用的影响也不相同,低温对光合作用的抑制作用大于呼吸作用,在高温下,叶片光合作用下降幅度也大于呼吸作用。研究表明,在温度胁迫条件下,叶绿体光合膜系统要比线粒体膜相对敏感,叶绿体光合膜系统更易受伤害。

在较大的温度范围内均可测得植物叶片的光合作用。不同温度条件下,植物叶片的光合作用呈单峰型曲线变化,分别为光合作用的最低温度、最适温度和最高温度,即光合作用的温度三基点。光合作用的最低温度 (冷限) 和最高温度 (热限) 是指该温度下表观光合速率为零,而能使光合速率达到最高的温度称为光合最适温度。不同植物类型和物种光合作用的温度响应有明显变化 (表 6-5)。耐寒植物的光合作用温度低限与细胞结冰温度相近;而起源于热带的喜温植物,如玉米、高粱、番茄、黄瓜、橡胶树等在温度低于 10 ℃时,光合作用即受到明显抑制。同时,生长环境的温度也影响光合作用的温度响应曲线,同一种植物在高温条件下光合作用的最适温度要高于低温条件下的最适温度。

低温抑制光合作用的原因主要是低温导致膜脂相变、叶绿体超微结构破坏以及酶的钝化。高温抑制光合作用的原因，一是膜脂和酶蛋白的热变性，二是高温下光呼吸和暗呼吸加强，净光合速率下降。C_4 植物的光合最适温度一般在 40 ℃左右，高于 C_3 植物的最适温度（25 ℃左右），这与 PEPC 的最适温度高于 Rubisco 的最适温度有关。温度对光合机构的影响涉及叶绿体膜的稳定性，而膜的稳定性与膜脂脂肪酸组成有关，膜脂不饱和脂肪酸的比例随生长温度的提高而降低。热带植物比温带植物的热稳定性高，因而其光合最适温度和最高温度均较高。

昼夜温差对光合净同化率有很大的影响。白天温度较高，日光充足，有利于光合作用进行；夜间温度较低，可降低呼吸消耗。因此，在一定温度范围内，昼夜温差大，有利于光合产物积累。

表6-5 在自然的 CO_2 浓度和光合条件下不同植物光合作用的温度三基点

	植物种类	最低温度/℃	最适温度/℃	最高温度/℃
草本植物	热带 C_4 植物	5～7	35～45	50～60
	C_3 农作物	−2～0	20～30	40～50
	阳生植物（温带）	−2～0	20～30	40～50
	阴生植物	−2～0	10～20	约40
	CAM 植物	−2～0	5～15	25～30
木本植物	春天开花植物和高山植物	−7～0	10～20	30～40
	热带和亚热带常绿阔叶乔木	0～5	25～30	45～50
	干旱地区硬叶乔木和灌木	−5～1	15～35	42～55
	温带冬季落叶乔木	−3～0	15～25	40～45
	常绿针叶乔木	−5～3	10～25	35～42

（四）水分

水分是光合作用的原料，缺水时光合作用下降。但水分对光合作用的影响主要是间接的，因为光合作用所利用的水分不到植物总用水量的 1%。缺水使幼叶和老叶的光合速率均降低，但幼叶光合降低受缺水影响更大。在轻度水分亏缺时灌水，光合能力还可以恢复；但如果水分亏缺较严重，供水虽可使叶水势恢复，光合速率、气孔导度等却难以恢复到原有程度。水分主要通过控制植物的其他生理过程而影响植物的光合作用。缺水对光合作用产生的影响主要可归纳为气孔因素与非气孔因素两个方面。

1. 气孔因素 气孔运动对水分缺乏最为敏感。在水分亏缺的情况下由于叶肉细胞产生脱落酸运输到保卫细胞，引起保卫细胞失水关闭，气孔开度下降，通过气孔进出的 H_2O、CO_2 等气体的量减少，气孔阻力迅速增大（图 6-20）。气孔阻力增大，气孔导度（气孔导度是气孔阻力的倒数）降低，空气中 CO_2 从叶表面通过气孔扩散到叶内气室及细胞间隙的量减少，光合作用底物减少，光合速率下降。这时光合速率的下降与气孔导度和胞间 CO_2 浓度分别呈线性正相关。这往往发生在轻度水分亏缺的情况下，而水分亏缺严重时，非气孔因素对光合作用的限制起决定作用。

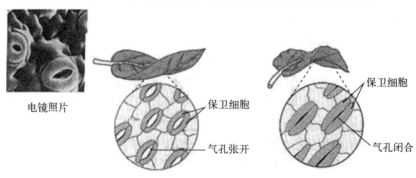

图 6-20 气孔的调节

2. 非气孔因素 非气孔因素的限制包括光合作用的 Rubisco 羧化限制和光化学限制。这时表面上看，光合速率下降，气孔导度也在下降，但胞间 CO_2 浓度却升高。在水分亏缺较严重时，羧化效率下降，这是 Rubisco 活性下降的结果。直接从缺水植物分离的 Rubisco 活性测定也表明，其活性降低。在水分亏缺较严重时，离体叶绿体的电子传递和光合磷酸化活力降低。例如，向日葵在水势降至 $-1.1\ MPa$ 时，光合电子传递活力和光合磷酸化活力已明显下降；到 $-1.7\ MPa$ 时，电子传递活力仅有对照的 30%，光合磷酸化已完全停止。近年来活体荧光探测技术表明，在水分严重亏缺的情况下，有 PSⅡ的失活或损伤。在 Rubisco 羧化限制和光化学限制之间，是否有先后或同时发生仍不清楚。

水分过多也会使光合作用下降。土壤水分过多时通气状况不良，根系有氧呼吸作用受阻，限制了根系的生长，间接地影响光合作用。地上部分水分过多，或大气湿度过大，会使叶片表皮细胞吸水膨胀，挤压保卫细胞，导致气孔关闭，从而限制 CO_2 的供应，使光合作用下降。

（五）矿质营养

矿质营养在光合作用中的功能极为广泛，归纳起来有以下几方面。

光合器官的组成成分，如 N 和 Mg 是叶绿素的组成成分；N、P、S 是光合膜和光合作用中酶的成分；Fe、Cu 是光合链电子传递体的成分；Zn 是碳酸酐酶的成分；Mn^{2+} 是 PSⅡ放氧复合体的成分。

参与酶活性的调节，如 K、Mg、Zn 是 RuBP 羧化酶和 PEPC 等许多碳同化酶的活化因子；Fe 是叶绿素合成中酶的辅助因子；Mn^{2+}、Cl^- 和 Ca^{2+} 与放氧有关。

参与光合磷酸化，如 Pi 直接与 ADP 生成高能磷酸键 ATP；Mg^{2+}、K^+ 作为 H^+ 的对应离子参与这一过程，有利 ATP 形成。

参与光合碳循环与产物运转，如 P 既是光合碳循环中各种糖磷酸酯的成分，又是磷酸丙糖输出叶绿体所必需的；K^+ 作为质子的对应离子，参与同化物在筛管分子-伴胞复合体中的装卸；B 在蔷薇科植物中形成 B-糖复合物参与糖的运输。

此外，K^+、Ca^{2+} 通过影响气孔运动而控制 CO_2 的进入。

（六）光合作用的日变化和季节变化

一般说来，植物叶片的光合作用随着日出而开始，并随着早晨光照的增加而增强，下午则随着日落，光照度减弱，光合作用下降，最后停止。由于一日中光照度、温度、水分和 CO_2 浓度都在不断地变化着，一日中叶片光合作用也呈复杂的日变化特性。

在水分供应充足、温度适宜的条件下，叶片光合速率随光照度的变化而表现相应的波动变化，呈单峰曲线形，即中午前后较高、上午和下午较低。在高温和强光条件下，叶片光合作用往往出现午休现象（midday depression），即在上午和下午各出现一个峰，其中上午的峰值要大于下午的峰值；若在高温、强光和缺水条件下，叶片光合作用仅在上午出现高峰，中午就开始下降，下午的峰值变小，严重时不出现高峰，呈持续下降变化。

植物叶片光合作用的日变化除了与外界环境条件的变化有关外，还受叶片内部生理状态的影响。首先是叶片的内生节律，如气孔的开闭，下午开度变小，限制了叶片对 CO_2 的吸收；其次是叶片光合产物的积累，有人发现水稻每平方米叶片积累 1 g 干物质，光合作用将下降 10%。这对解释植物叶片即使在适宜环境条件下，下午叶片的光合作用也低于上午的现象提供了理论依据。

关于光合午休现象的产生原因归纳起来有以下几种：①中午 CO_2 浓度过低；②中午温度过高，引起暗呼吸和光呼吸上升；③中午相对湿度过低，导致叶片失水过多，气孔关闭影响 CO_2 进入；④光合产物的积累对光合作用的反馈抑制；⑤光抑制引起作用中心活性降低；⑥光合碳同化有关酶活性降低；⑦内生节律的调节。由上述可见，光合午休现象是多种因素综合影响的结果。由光合午休造成的损失可达光合生产的 30% 以上，是作物产量形成的一大漏洞。在生产上要采取适当措施，如适时灌溉、选用抗旱品种等，避免或减轻光合午休现象。据报道，在大豆鼓粒期的干热天气下进行喷灌，可提高空气湿度，降低蒸气压亏缺和叶温，提高叶片含水量，并通过改善生理生态因子而增加气孔导度，减少气孔因素对光合作用的限制，控制非气孔因素限制的发生，减轻或克服光合午休，有明显的增产作用。

光合作用还存在着季节变化，这也是植物对环境因子的一种反应，它比日变化更为复杂，在树木等多年生植物中更为明显。落叶植物由于叶片季节性的脱落，光合作用自然会发生变化，即使常绿植物也存在季节变化。季节变化是由于温度、光照等因子影响了叶片的光合能力。常绿植物在受到一次零下低温影响后，即使气温回升，光合速率还要经过相当时间才能逐渐恢复。连续的低温将引起净光合作用消失。常绿植物在冬季的光合作用的能力，随树种和环境条件而定。

第六节　植物对光能的利用

作物产量的形成主要是通过光合作用。据估计，植物干物质有 90%～95% 是直接来自光合作用，只有 5%～10% 来自根系吸收的矿质。因此，如何使植物最大限度地利用太阳辐射能，制造更多的光合产物，是光合作用研究和农业生产的一个重大课题。

一、作物光能利用率

（一）光能利用率的概念

通常把单位地面上植物光合作用积累的有机物所含的能量占同一时间、同一地面上入射的日光能量的百分率称为光能利用率（efficiency for solar energy utilization，Eu）。

每同化 1 mol CO_2 需 8～12 mol 光量子，储藏于糖类中的化学能量是 478 kJ。不同波长的光，每摩尔光量子所具的能量不同，波长 400～700 nm 光量子所持的能量平均为 217 kJ/mol。以同化 1 mol CO_2 需要 10 mol 光量子计算，光量子的能量为 2 170 kJ，这样其光能利用率为 22%。若考虑到在全日光中光合有效辐射约占 45%，则最大光能利用率约为全日光的 10%。如果再把呼吸作用消耗的同化产物除去，那么光量子需要量还将增大，光能利用率更低，一般最高为 5%。

叶面上的太阳光能的散失和利用的大致情况如下：

$$落在叶面的太阳光能100\% \begin{cases} 不能吸收的波长，丧失能量60\% \\ 反射和透光，丧失能量8\% \\ 散热，丧失能量8\% \\ 代谢用，丧失能量19\% \\ 转化，储存于糖类的能量5\% \end{cases}$$

但实际上，作物光能利用率很低，即便高产田也只有 1%～2%，而一般低产田块的年光能利用率只有 0.5% 左右。现以年产量为 15 t/hm² 的吨粮田为例，计算其光能利用率。已知长江中下游地区年太阳辐射能为 5.0×10^{10} kJ/hm²，假定经济系数（经济产量与生物产量之比）为 0.5，那么每公顷生物产量为 30 t（3×10^7 g，忽略含水率），按糖类含能量的平均值 17.2 kJ/g 计算，光能利用率为：

$$光能利用率 = \frac{3 \times 10^7 \text{ g} \times 17.2 \text{ kJ/g}}{5.0 \times 10^{10} \text{ kJ}} \times 100\% \approx 1.03\%$$

按上述方法计算，光能利用率只有 1% 左右。在长江中下游地区，如果光能利用率达到 4%，每公顷土地年产粮食可达 58 t。

（二）光能利用率低的主要原因

目前生产上作物光能利用率低的主要原因如下：

1. 漏光损失　在作物生长初期，植株小，叶面积系数小，大部分日光直射于地面而损失掉。据估计，水稻、小麦等作物漏光损失的光能可达 50% 以上，如果前茬作物收割后不能马上播种，漏光损失将更大。

2. 光饱和浪费　夏季太阳有效辐射可达 1 800～2 000 μmol/(m²·s)，但大多数植物的光饱和点为 540～900 μmol/(m²·s)，有 50%～70% 的太阳辐射能被浪费掉。

3. 环境条件不适及栽培管理不当 在作物生长期间，经常会遇到不适于生长发育和光合作用进行的环境条件，如干旱、水涝、高温、低温、强光、盐渍、缺肥、病虫草害等，这些都会导致作物光能利用率的下降。

二、光合作用与作物产量的关系

（一）作物生产力的理论估算

作物产量可分为生物产量和经济产量两种。生物产量（biological yield）是指作物的全部干物质质量，相当于作物一生中通过光合作用生产的全部产物减去作物一生中所消耗的有机物（主要是通过呼吸作用）。经济产量（economic yield）是指作物中的收获部分（如籽粒、块茎等）的质量。经济产量与生物产量的比值称为经济系数（economic coefficient），生物产量×经济系数＝经济产量。各种作物的经济系数相差很大，一般禾谷类为 0.3～0.4，薯类为 0.7～0.85，棉花为 0.2～0.5，烟草为 0.6～0.7，大豆为 0.2，叶菜类有的可接近于 1。

若到达叶面的太阳辐射能为 900 J/(m² · s)，则其中转变为化学能的能量为 45 J/(m² · s)［162 kJ/(m² · h)］。按植物 1 g 有机干物质中含能量 17 kJ 计算，162 kJ 相当于 9.5 g 干物质所含的能量，即 1 m² 土地上的叶片 1 h 可净制造 9.5 g 干物质。在此基础上，从理论上可估计作物可能达到的最高产量。设每天按假设光能利用率进行 6 h 光合作用，生长期为 30 d，则生物产量为：

$$9.5 \times 6 \times 30 = 1\ 710 (g/m^2) = 17\ 100 (kg/hm^2)$$

以水稻为例，从抽穗到成熟大约 30 d，这期间的光合产物基本上都运进籽粒（即经济系数为 1）。那么其最高经济产量约为 16.5 t/hm²（若含水量为 12%，则产量约为 19.5 t/hm²），这是一季作物可能的最高生产力。当然，这种计算是很粗糙的，光辐射能、光能利用率、光合时间等都是粗略的估计值。而实际产量较低，即使达到 7.5 t/hm²，其光能利用率也只有 1.9% 左右，所以增产潜力还是很大。

（二）提高作物光能利用率的途径

要提高作物光能利用率，主要是通过延长光合时间、增加光合面积和提高光合效率等途径。

1. 延长光合时间 延长光合时间可通过提高复种指数、延长生育期及补充人工光照等措施来实现。

（1）提高复种指数。复种指数（multi‐cropping index）就是全年内农作物的收获面积与耕地面积之比。通过轮、间、套种等措施，可增加农作物收获面积，缩短田地空闲时间，减少漏光损失，更好地利用光能。

（2）延长生育期。大田作物可根据当地气象条件选用生长期较长的中晚熟品种，采取适时早播、地膜覆盖等措施。蔬菜或瓜类作物，可采用温室育苗，适时早栽，或者利用塑料大棚。在田间管理过程中，尤其要防止生长后期的叶片早衰，最大限度地延长生育期。

（3）补充人工光照。在小面积的栽培试验和设施栽培中，或在加速繁殖重要的植物材料时，可采用生物效应灯或日光灯作为人工光源，以延长光照时间。

2. 增加光合面积 光合面积即植物的绿色面积（主要是叶面积），常常以叶面积系数（leaf area index，LAI）加以衡量。叶面积系数是指单位土地面积上作物叶面积与土地面积的比值。在一定范围内，叶面积系数愈大，光合产物积累愈多，最后产量也愈高。

然而，叶面积系数并非愈大愈好。当超过一定限度之后，光合作用的增加赶不上呼吸作用的消耗，特别是严重的遮光使下层叶片的光照在光补偿点以下而成为消费器官，净光合速率和干物质积累下降（图6-21）。上述这个限度就是净光合速率最大时的叶面积，称为最适叶面积。一般当叶面积系数<2.5时，叶面积与产量成正比；当叶面积系数>2.5时，产量仍可增加，但与叶面积不成正比关系；当叶面积系数>4时，产量不再增加。各种作物最适叶面积系数是不同的，如小麦为5，水稻为7，大豆3.2。同一种作物在不同的生育期，叶面积系数也是在变化的，所以要有一个动态的概念。

在作物生长前期促进早发，使叶面积系数迅速增长；中期稳健生长，适当控制叶面积系数增长，如水稻群体结构达到封行不封顶，不披不散，下脚干净利索；到了生育后期，多是作物产量形成期，则要求保持一定的叶面积系数和光合速率，延长叶片功能期，早熟不早衰。作物的最适叶面积系数又与株型有关。直立叶型叶面积系数可以大一些，由于叶面反射出来的光多次折向群体内部，提高光能利用率，也改善株间特别是中下层叶片的光照条件，增加密植程度。

通过合理密植、改变株型等措施，可达到最适的光合面积。种植具有株型紧凑、矮秆、叶直而小且厚、分蘖密集等特征的品种可适当增加密度，提高叶面积系数，充分利用光能，能提高作物群体的光能利用率。

3. 提高光合效率 光合效率受作物本身的光合特性及外界光、温、水、气和肥等因素影响。在选育光合效率高的作物品种基础上，创造合理的群体结构，改善作物冠层的光、温、水、气条件，才能提高光合效率和光能利用率。例如，在地面上铺设反光薄膜，增加冠层下部的光照度；采用遮光措施，避免强光伤害；通过浇水、施肥调控作物的长势。CO_2 是光合作用的原料，空气中的 CO_2 浓度只有 $330 \mu L/L$ 左右，与光合作用最适 CO_2 浓度（约 $1\,000 \mu L/L$）相差甚远，因此，增加空气中的 CO_2 浓度，光合速率就会提高。大田作物田间的 CO_2 浓度目前虽然还难以人工控制，但可通过深施碳酸氢

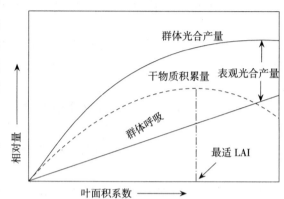

图 6-21 LAI 与群体光合作用和呼吸作用的关系

铵肥料（含 50% CO_2）、增施有机肥料、实施秸秆还田、促进微生物分解发酵等措施，来增加作物冠层中的 CO_2 浓度。在塑料大棚和玻璃温室内，则可通过 CO_2 发生装置，直接释放 CO_2。通过 CO_2 施肥，可显著提高光合速率，抑制光呼吸。在生产上保证田间通气良好，则可更好地为作物供应 CO_2，有利于光合速率的提高。以上措施都能提高光合效率，因而均有可能提高作物的光能利用率。

4. 减少有机物质消耗 正常的呼吸消耗是植物生命活动所必需的，生产上应注意提高呼吸效率，尽量减少浪费型呼吸。如 C_3 植物的光呼吸消耗光合作用同化碳素的 $1/4$ 左右，是一种浪费型呼吸，应加以限制。目前降低光呼吸主要从两方面入手：一是利用光呼吸抑制剂去抑制光呼吸。如乙醇酸氧化酶的抑制剂 α 羟基磺酸盐类化合物，可抑制乙醇酸氧化为乙醛酸；用 $100\,mg/L\,NaHSO_3$ 喷洒大豆，可抑制光呼吸 32.2%，平均提高光合速率 15.6%，$2，3$-环氧丙酸也有类似效果。二是增加 CO_2 浓度，提高 $[CO_2]/[O_2]$ 值，使 Rubisco 的羧化反应占优势，光呼吸得到抑制，光能利用率就能大大提高。此外，及时防除病虫草害，也是减少有机物消耗的重要措施。

5. 提高经济系数 经济系数又称收获指数。国内外许多研究证明，作物产量的增加有赖于经济系数的提高。如现代六倍体小麦与原始二倍体小麦相比，高产的主要原因是其经济系数较高。提高经济系数应从选育优良品种、调控器官建成和有机物运输分配、协调"源、流、库"关系入手，使尽可能多的同化产物运往收获器官。在粮油作物后期田间管理上，为防止叶片早衰，加强肥水时，要防徒长贪青，否则，光合产物大量用于形成营养器官，经济系数下降，会造成减产。

📖 小 结

碳同化作用有细菌光合作用、绿色植物光合作用和化能合成作用 3 种类型。绿色植物光合作用需要的条件（光、CO_2、水等）最为普遍，因此其规模最大，在有机物合成、太阳能的蓄积和环境保护等方面起很大作用，是农业生产的基础，在理论和实践上都具有重大意义。

叶片是光合作用的主要器官。叶绿体是进行光合作用的主要细胞器，其双层被膜（特别是内膜）

可调节不同物质的进出，其类囊体膜（光合膜）是吸收光能并将之转化为活跃化学能的场所，碳同化过程在其基质中进行。光合色素包括叶绿素（叶绿素 a 和叶绿素 b）、类胡萝卜素（胡萝卜素和叶黄素）及藻胆素等。叶绿素的吸收光谱、荧光和磷光现象，说明它可吸收光能、被光激发。

光合作用大致分为原初反应、电子传递和光合磷酸化、碳同化 3 个相互联系的步骤。原初反应包括光能的吸收、传递和转换，通过它把光能转变为电能。电子传递和光合磷酸化则指电能转变为 ATP 和 NADPH（合称同化力）这两种活跃的化学能。活跃的化学能转变为稳定化学能是通过碳同化过程完成的。碳同化有 3 条途径：C_3 途径、C_4 途径和 CAM 途径。根据碳同化途径的不同，把植物分为 C_3 植物、C_4 植物和 CAM 植物。C_3 途径是所有植物共有的、碳同化的主要形式，其固定 CO_2 的酶是 Rubisco，既可在叶绿体内合成淀粉，也可通过叶绿体被膜上的运转器，以磷酸丙糖形式运出叶绿体，在细胞质中合成蔗糖。C_4 途径和 CAM 途径最后都要再次把 CO_2 释放出来，参与 C_3 途径。C_4 途径和 CAM 途径固定 CO_2 的酶都是 PEP 和 Rubisco，PEPC 对 CO_2 的亲和力大于 Rubisco。C_4 途径起着 CO_2 泵的作用。CAM 途径的特点是夜间气孔开放，吸收并固定 CO_2 形成苹果酸，昼间气孔关闭，利用夜间形成的苹果酸脱羧所释放的 CO_2，通过 C_3 途径形成糖。这是在长期进化过程中形成的适应性。

光呼吸是绿色细胞吸收 O_2 放出 CO_2 的过程，其底物是 C_3 途径中间产物 RuBP 加氧形成的乙醇酸。整个乙醇酸途径依次在叶绿体、过氧化物酶体和线粒体中进行。C_3 植物有较高的光呼吸，C_4 植物光呼吸不明显。某些植物的形态解剖结构和生理生化特性介于 C_3 和 C_4 植物之间，称为 $C_3 - C_4$ 中间植物。

植物光合速率因植物种类品种、生育期、光合产物积累等的不同而不同，也受光照、CO_2、温度、水分、矿质元素等环境条件的影响。这些环境因素对光合作用的影响不是孤立的，而是相互联系、共同作用的。在一定范围内，各种条件越适宜，光合速率就越高。

目前植物光能利用率还很低。作物现有的产量与理论值相差甚远，所以增产潜力很大。要提高光能利用率，就应减少漏光等造成的光能损失和提高光能转化率，主要通过适当增加光合面积、延长光合时间、提高光合效率、提高经济系数和减少光合产物消耗等措施来实现。

复习思考题

1. 名词解释

碳同化作用 光合作用 光合速率 净光合速率 光合生产力 温度系数 类囊体 基粒 光合有效辐射 吸收光谱 荧光现象 磷光现象 原初反应 量子产额 量子需要量 光合单位 反应中心色素 聚光色素 红降现象 双光增益效应 光合电子传递链 放氧复合体 质体醌 光合磷酸化 偶联因子 同化力 C_3 途径 C_3 植物 C_4 途径 C_4 植物 CAM 途径 CAM 植物 光呼吸 光饱和点 光补偿点 光合作用的光抑制 CO_2 饱和点 CO_2 补偿点 光能利用率 生物产量 经济产量 经济系数 叶面积系数

2. 试述光合作用的意义。

3. 试述叶绿体的结构与功能的关系。

4. 叶绿素分子具有哪些化学性质？

5. 光合作用光反应存在两个光反应中心，是由谁用什么方法证明的？

6. 质体醌与一般光合电子传递体有何区别？

7. 试区别：环式光合磷酸化与非环式光合磷酸化，氧化磷酸化与光合磷酸化，PSⅠ与PSⅡ，光呼吸与暗呼吸，C_3 途径与 C_4 途径，C_4 植物与 C_3 植物。

8. C_3 途径分为哪 3 个主要阶段？各阶段的主要特征是什么？

9. 试述 C_4 植物光合碳代谢与叶片结构的关系。

10. C_4 途径和 CAM 途径有何异同点?

11. 试述植物光合碳代谢多样性的意义。

12. 光呼吸与暗呼吸有何区别?

13. 你认为光呼吸的生理功能是什么?

14. 什么是光能利用率? 一般作物光能利用率较低的原因有哪些?

15. 试述提高作物光能利用率的途径。

16. 光照、CO_2、温度如何影响光合作用?

17. 为什么要注意作物通风透光?

第 七 章 >>>>

植物的呼吸作用

生物的新陈代谢可以概括为两类反应：同化作用（assimilation）与异化作用（disassimilation）。同化作用把非生活物质转化为生活物质。光合作用将 CO_2 和 H_2O 转变为有机物，把太阳光能转化为可储存在体内的化学能，属于同化作用。异化作用是把生活物质分解成非生活物质。呼吸作用将体内复杂的有机物分解为简单的化合物，同时把储藏在有机物中的能量释放出来，属于异化作用。呼吸作用与作物的生长发育及其产品的储藏保鲜关系密切。了解植物呼吸作用的物质能量转变及调控过程以及呼吸作用的生理功能，对于调控植物生长发育，指导农业生产具有非常重要的意义。

第一节　呼吸作用的概念与生理意义

一、呼吸作用的概念

呼吸作用（respiration）是指生活细胞内的有机物在一系列酶的催化下逐步氧化分解并释放能量的过程。呼吸作用中被氧化的有机物称为呼吸底物（respiratory substrate）。生活细胞内的糖、有机酸、蛋白质和脂肪等都可作为呼吸底物。

依据过程中是否有氧气参与，一般将呼吸作用分为有氧呼吸（aerobic respiration）和无氧呼吸（anaerobic respiration）两大类型。

有氧呼吸是指在有氧气参与的情况下生活细胞内的有机物彻底氧化分解同时释放能量的过程。例如，生活细胞内的葡萄糖在有氧气参与的情况下可发生如下反应：

$$C_6H_{12}O_6 + 6H_2O + 6O_2 \rightarrow 6CO_2 + 12H_2O + 能量（2\ 870\ kJ/mol）$$

有氧呼吸是生活细胞呼吸作用的主要方式，通常所说的呼吸作用就是指有氧呼吸。

无氧呼吸是指在没有氧气参与的情况下生活细胞内的有机物分解成不彻底的氧化产物同时释放能量的过程。

在没有氧气参与的情况下，微生物生活细胞内的有机物可以分解成不彻底的产物同时释放能量，该过程通常称为发酵（fermentation）。例如，酵母菌在无氧条件下进行乙醇发酵（alcoholic fermentation），乳酸菌在无氧条件下进行乳酸发酵（lactic acid fermentation）。

$$C_6H_{12}O_6 \rightarrow 2C_2H_5OH + 2CO_2 + 能量（226\ kJ/mol）$$

$$C_6H_{12}O_6 \rightarrow 2CH_3CHOHCOOH + 能量（197\ kJ/mol）$$

同样的过程发生于高等植物细胞时，习惯上则称为无氧呼吸。

从进化的角度看，有氧呼吸是由无氧呼吸进化而来的。现今高等植物的呼吸主要是有氧呼吸，但仍保留着进行无氧呼吸的能力。例如，植物淹水时可进行短期的无氧呼吸以适应逆境条件；一些大型器官的组织深层（如苹果果实内部）以及稻种催芽时谷堆内部的谷芽由于局部缺氧常进行乙醇发酵；马铃薯块茎、甜菜块根、玉米胚也可发生乳酸发酵。

二、呼吸作用的生理意义

植物呼吸作用的生理意义主要表现在以下 3 个方面。

1. 为植物生命活动提供所需能量　植物的光合作用将光能转化为化学能并储存在所形成的有机物中，呼吸作用则通过一系列生物氧化过程，将储存在有机物中的化学能逐步释放出来，其中的一部分能量转移到 ATP 中。ATP 可以为植物细胞的分裂和伸长、有机物的合成和运输等提供所需的能量。

2. 为植物体内重要有机物的合成提供原料　呼吸作用过程中会产生一系列化学性质十分活跃的中间产物（丙酮酸和 α 酮戊二酸等）以及 NADH、NADPH，它们可用于合成蛋白质、脂肪、核酸等重要有机化合物。因此呼吸作用是植物体内有机物质代谢的中心。

3. 增强植物的抗病能力　植物受伤或受到病菌侵染时，可通过旺盛的呼吸促进伤口愈合，使伤口迅速木质化或栓质化，减少病菌的侵染；或氧化分解病菌所分泌的毒素，消除其毒性。呼吸作用的加强还可促进具有杀菌作用的绿原酸、咖啡酸等的合成，增强植物的抗病能力。

第二节　糖的无氧降解

糖的无氧降解是生物体取得能量的方式之一。生活细胞中糖无氧降解过程的主要部分是糖酵解（glycolysis）过程。

一、糖酵解的生化过程

糖酵解是指己糖经过一系列酶促反应步骤降解为丙酮酸的过程。在糖酵解的研究中，德国生物化学家 Gustav Embden、Otto Meyerhof 和 Jacob Parnas 的贡献最大，因此糖酵解过程又称为 Embden-Meyerhof-Parnas 途径，简称 EMP 途径（EMP pathway）。

糖酵解在细胞质中进行，其生化过程如图 7-1 所示。全过程可划分为 4 个阶段：己糖的磷酸化、磷酸己糖的裂解、氧化脱氢及丙酮酸和 ATP 的生成。

（一）己糖的磷酸化

这一阶段包括 3 步反应：

1. 葡萄糖的磷酸化　葡萄糖被 ATP 磷酸化形成 6-磷酸葡萄糖（6-phosphate glucose），即第一个磷酸化反应，这个反应由己糖激酶（hexokinase）催化。己糖激酶是从 ATP 转移磷酸基团到各种六碳糖上去的酶，该酶是糖酵解过程中的第一个调节酶，催化的这个反应不可逆。

2. 6-磷酸果糖的生成　这是磷酸己糖的同分异构化反应，由磷酸葡萄糖异构酶（glucose phosphate isomerase）催化 6-磷酸葡萄糖异构化为 6-磷酸果糖（6-phosphate fructose），即醛糖转变为酮糖。

3. 1，6-二磷酸果糖的生成　6-磷酸果糖被 ATP 磷酸化形成 1，6-二磷酸果糖，即第二个磷酸化反应。这个反应由磷酸果糖激酶（phosphate fructose kinase，PFK）催化，是糖酵解过程中的第二个不可逆反应。磷酸果糖激酶是一种变构酶，此酶的活力水平严格地控制糖酵解的速率。

在这一阶段中，通过两次磷酸化反应，消耗 2 分子 ATP，葡萄糖活化为 1，6-二磷酸果糖，为裂解成 2 分子磷酸丙糖做好了准备，是耗能的糖活化阶段。

（二）磷酸己糖的裂解

第二阶段反应是 1，6-二磷酸果糖裂解为 2 分子磷酸丙糖以及磷酸丙糖的相互转化。此阶段包括 2 步反应。

1. 1，6-二磷酸果糖的裂解　1，6-二磷酸果糖裂解为 3-磷酸甘油醛和磷酸二羟丙酮，反应由醛缩酶（aldolase）催化。醛缩酶的名称取自其逆向反应的性质，即醛醇缩合反应。

2. 磷酸丙糖的同分异构化　磷酸二羟丙酮不能进入糖酵解途径，但它可以在磷酸丙糖异构酶的催化下迅速异构化为 3-磷酸甘油醛，3-磷酸甘油醛可以直接进入糖酵解的后续反应。所以 1 分子 1，6-二磷酸果糖形成 2 分子 3-磷酸甘油醛。

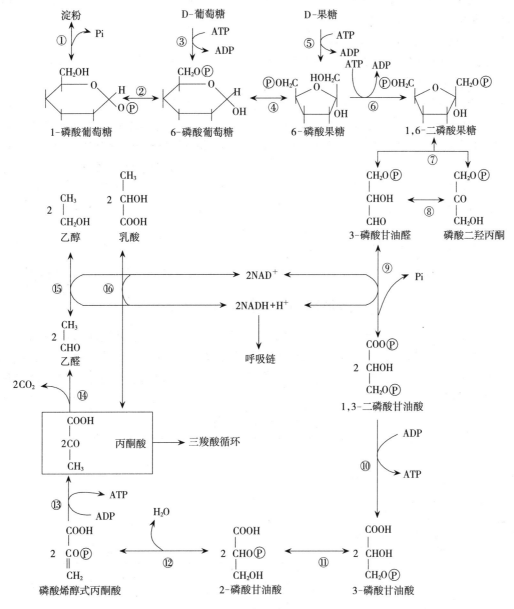

图 7-1 糖酵解的反应

①淀粉磷酸化酶 ②磷酸葡萄糖变位酶 ③己糖激酶 ④磷酸葡萄糖异构酶 ⑤果糖激酶
⑥磷酸果糖激酶 ⑦醛缩酶 ⑧磷酸丙糖异构酶 ⑨磷酸甘油醛脱氢酶 ⑩磷酸甘油酸激酶
⑪磷酸甘油酸变位酶 ⑫烯醇酶 ⑬丙酮酸激酶 ⑭丙酮酸脱羧酶 ⑮乙醇脱氢酶 ⑯乳酸脱氢酶

(引自潘瑞炽，2012)

（三）氧化脱氢

在第三阶段中，3-磷酸甘油醛氧化脱氢，释放能量，产生 ATP，包括 2 步反应。

1. 1,3-二磷酸甘油酸的生成 在有 NAD^+ 和 H_3PO_4 存在时，3-磷酸甘油醛被磷酸甘油醛脱氢酶催化，氧化脱氢，生成 1,3-二磷酸甘油酸。该反应是糖酵解中唯一的一次氧化还原反应，同时又是磷酸化反应。在这步反应中产生了一个高能磷酸化合物，同时 NAD^+ 被还原为 NADH。

2. 3-磷酸甘油酸和 ATP 的生成 在磷酸甘油酸激酶的催化下，1,3-二磷酸甘油酸转变为 3-磷酸甘油酸，与此同时 1,3-二磷酸甘油酸 C_1 上的高能磷酸基团转移到 ADP 上生成 ATP。3-磷酸甘油醛氧化产生的高能磷酸化合物将其高能磷酸基团直接转移给 ADP 生成 ATP，这是糖酵解中第一次产生 ATP 的反应，而且这种 ATP 的生成方式是底物水平磷酸化（substrate level phosphorylation）。

1分子葡萄糖分解为2分子的三碳糖，在该步反应中通过底物水平磷酸化一共产生2分子ATP。

(四) 丙酮酸和ATP的生成

第四阶段包括3个步骤，最后生成丙酮酸和ATP。

1. 3-磷酸甘油酸异构化为2-磷酸甘油酸 在磷酸甘油酸变位酶催化下，3-磷酸甘油酸C_3上的磷酸基团转移到C_2原子上，生成2-磷酸甘油酸。

2. 磷酸烯醇式丙酮酸的生成 在有Mg^{2+}或Mn^{2+}存在的条件下，烯醇酶（enolase）催化2-磷酸甘油酸脱去1分子水，生成磷酸烯醇式丙酮酸（PEP）。这一脱水反应使分子内部能量重新分布，C_2上的磷酸基团转变为高能磷酸基团。因此，磷酸烯醇式丙酮酸是高能磷酸化合物，而且很不稳定。

3. 丙酮酸和ATP的生成 在Mg^{2+}或Mn^{2+}的参与下，丙酮酸激酶催化磷酸烯醇式丙酮酸的高能磷酸基团转移到ADP上，生成烯醇式丙酮酸和ATP。这步反应是糖酵解的第三个不可逆反应。烯醇式丙酮酸很不稳定，迅速重排形成丙酮酸。此处ATP的生成方式也属于底物水平磷酸化，这是糖酵解过程中第二次产生ATP的反应。

糖酵解的总反应式为：

$$C_6H_{12}O_6 + 2NAD^+ + 2ADP + 2Pi \rightarrow 2CH_3COCOOH + 2NADH + 2H^+ + 2ATP + 2H_2O$$

二、糖酵解的能量转化与生物学意义

糖酵解只将己糖分解为三碳化合物，释放的能量少，通过底物水平磷酸化形成的ATP也少。1分子己糖形成1，6-二磷酸果糖之前，在糖酵解过程的起始阶段消耗2分子ATP，以后在1，3-二磷酸甘油酸及磷酸烯醇式丙酮酸反应中各生成2分子ATP。因此相当于1分子己糖在糖酵解过程中净产生2分子ATP（表7-1）。

表7-1　糖酵解中ATP的消耗和产生

反　　应	酵解1分子葡萄糖的ATP变化
葡萄糖→6-磷酸葡萄糖	-1
6-磷酸果糖→1，6-二磷酸果糖	-1
2×1，3-二磷酸甘油酸→2×3-磷酸甘油酸	$+2$
2×磷酸烯醇式丙酮酸→2×丙酮酸	$+2$
	净变化：$+2$

通过糖酵解，生物体可以获得生命活动所需的部分能量。生物体处在相对缺氧的环境中时，糖酵解是糖分解的主要形式，也是获得能量的主要方式。

糖酵解过程中形成的许多中间产物可作为合成其他物质的原料，如磷酸二羟丙酮可转变为甘油，丙酮酸可转变为丙氨酸或乙酰CoA，后者是脂肪酸合成的原料，这样就使糖酵解与蛋白质代谢及脂肪代谢联系起来。

糖酵解在生物体中普遍存在，并且在无氧、有氧条件下都能进行，因此是糖有氧和无氧分解的共同代谢途径。

第三节　糖的有氧降解

生活细胞内的糖一般是在有氧气参与的情况下彻底氧化分解并产生大量ATP。糖的有氧降解是生物体获取能量的主要方式。

一、三羧酸循环

在有氧条件下，糖酵解过程生成的丙酮酸通过一个包括三羧酸的循环而逐步氧化分解，这个循环称为三羧酸循环（tricarboxylic acid cycle，TCA 循环）。这个循环最早由英国生物化学家 Krebs 于 1937 年提出，因而又称为 Krebs 循环（Krebs cycle）。这个循环的第一个产物是柠檬酸，所以又称柠檬酸循环（citric acid cycle）。这是生物化学领域中一项经典性成就，Krebs 因此于 1953 年获得诺贝尔奖。

催化三羧酸循环各步反应的酶类存在于线粒体的基质（matrix）中，因此三羧酸循环进行的场所是线粒体。

在有氧条件下，糖酵解的产物丙酮酸先脱氢和脱羧生成乙酰 CoA，乙酰 CoA 再进入三羧酸循环被彻底氧化分解。该反应本身不属于三羧酸循环，而是连接糖酵解与三羧酸循环的桥梁与纽带。广义的三羧酸循环则包括了该反应。

三羧酸循环如图 7-2 所示。

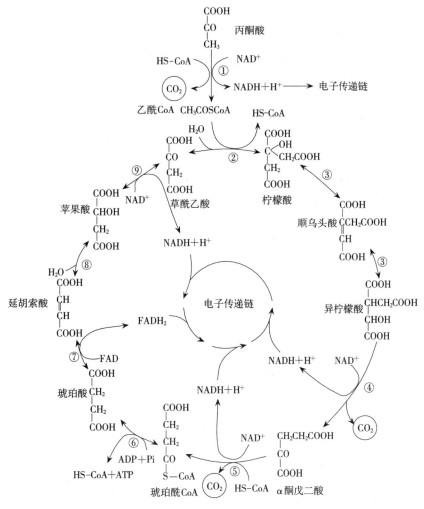

图 7-2　三羧酸循环的反应

①丙酮酸脱氢酶系　②柠檬酸合酶　③顺乌头酸酶　④异柠檬酸脱氢酶

⑤α酮戊二酸脱氢酶系　⑥琥珀酸硫激酶　⑦琥珀酸脱氢酶　⑧延胡索酸酶　⑨苹果酸脱氢酶

（引自李合生，2012）

（一）三羧酸循环的生化过程

1. 丙酮酸氧化脱羧生成乙酰 CoA　丙酮酸的氧化脱羧由丙酮酸脱氢酶系（pyruvate dehydrogenase complex）催化，生成乙酰 CoA，是一个不可逆反应。该反应既脱氢又脱羧，故称氧化脱羧。脱氢辅酶是 NAD^+。

2. 乙酰 CoA 与草酰乙酸缩合生成柠檬酸　在柠檬酸合酶（citrate synthase）催化下，乙酰 CoA

与草酰乙酸缩合生成柠檬酰 CoA，然后高能硫酯键水解形成 1 分子柠檬酸并释放 CoA－SH，放出大量能量使反应不可逆。

3. 柠檬酸异构化生成异柠檬酸 柠檬酸先脱水生成顺乌头酸，然后再加水生成异柠檬酸。反应由顺乌头酸酶（aconitase）催化。

4. 异柠檬酸生成 α 酮戊二酸 这一反应可分 2 段。

（1）异柠檬酸氧化脱氢生成草酰琥珀酸。在异柠檬酸脱氢酶的催化下，异柠檬酸被氧化脱氢，生成草酰琥珀酸和 NADH。

（2）草酰琥珀酸脱羧生成 α 酮戊二酸。中间物草酰琥珀酸是一个不稳定的 α 酮酸，迅速脱羧生成 α 酮戊二酸。

5. α 酮戊二酸氧化脱羧生成琥珀酰 CoA 该反应由 α 酮戊二酸脱氢酶系催化，释放出大量能量，为不可逆反应，产生 1 分子 NADH＋H$^+$ 和 1 分子 CO$_2$。

α 酮戊二酸脱氢酶系与丙酮酸脱氢酶系的结构和催化机制相似，由 α 酮戊二酸脱氢酶、转琥珀酰酶和二氢硫辛酸脱氢酶 3 种酶组成；都是氧化脱羧反应；也需要 TPP（硫胺素焦磷酸，thiamine pyrophosphate）、硫辛酸、CoA－SH、FAD、NAD$^+$ 及 Mg^{2+} 6 种辅助因子的参与；并同样受产物 NADH、琥珀酰 CoA 及 ATP、GTP 的反馈抑制。

6. 琥珀酰 CoA 生成琥珀酸 琥珀酰 CoA 含有一个高能硫酯键，是高能化合物。在琥珀酸硫激酶催化下，高能硫酯键水解释放的能量使 GDP 磷酸化生成 GTP，同时生成琥珀酸。这是三羧酸循环中唯一的底物水平磷酸化反应。植物细胞此处生成 ATP。

7. 琥珀酸氧化生成延胡索酸 在琥珀酸脱氢酶的催化下，琥珀酸被氧化生成延胡索酸，脱下的氢原子被酶的辅基 FAD 接受生成 FADH$_2$。丙二酸、戊二酸等是琥珀酸脱氢酶的竞争性抑制剂。

8. 延胡索酸加水生成苹果酸 在延胡索酸酶的催化下，延胡索酸水化生成苹果酸。

9. 苹果酸氧化生成草酰乙酸 在苹果酸脱氢酶的催化下，苹果酸氧化生成草酰乙酸，脱下的氢原子被 NAD$^+$ 接受生成 NADH。

至此，草酰乙酸得以再生，又可接受乙酰 CoA 分子进行下一轮循环。

三羧酸循环的总反应式为：

$$CH_3COCOOH＋4NAD^+＋FAD＋ADP＋Pi＋2H_2O \rightarrow 3CO_2＋4NADH＋4H^+＋FADH_2＋ATP$$

（二）三羧酸循环的特点

1. 氧化彻底 乙酰 CoA 进入三羧酸循环后，两个碳原子被氧化成 CO$_2$ 离开循环。加上丙酮酸的氧化脱羧，每一次循环意味着丙酮酸的 3 个碳原子被彻底氧化成 CO$_2$。

2. 水的消耗 整个循环消耗了 2 分子水，其中 1 分子用于合成柠檬酸，另 1 分子用于延胡索酸的水合作用。在琥珀酸硫激酶催化的反应中，GDP 磷酸化所释放的水也用于高能硫酯键的水解。水的加入相当于向中间物加入了氧原子，促进了还原性碳原子的氧化。

3. 脱氢反应 循环共脱下 5 对氢原子，其中的 4 对交给 NAD$^+$，另 1 对交给 FAD。

4. 底物水平磷酸化 琥珀酰 CoA 生成琥珀酸时，通过底物水平磷酸化生成 1 分子 GTP（植物中为 ATP），能量来自琥珀酰 CoA 的高能硫酯键。

5. 辅酶需进一步氧化 循环过程中产生的 NADH＋H$^+$ 和 FADH$_2$ 还需被 O$_2$ 氧化。

（三）三羧酸循环的生物学意义

动物、植物和微生物都存在三羧酸循环，所以三羧酸循环具有普遍的生物学意义。

1. 三羧酸循环是生物体获得能量的最有效方式 在糖代谢中，糖经此途径氧化产生的能量远远超过糖酵解。

2. 三羧酸循环是物质代谢的枢纽 一方面循环的中间产物如草酰乙酸、α 酮戊二酸、丙酮酸、乙酰 CoA 等是合成糖、氨基酸、脂肪等的原料。另一方面该循环是糖、蛋白质和脂肪彻底氧化分解的共同途径。蛋白质水解产物，如谷氨酸、天冬氨酸、丙氨酸等脱氨形成的碳架要通过三羧酸循环才能被彻底氧化；脂肪分解后的产物脂肪酸经 β 氧化生成的乙酰 CoA 及甘油也要经过三羧酸循环被彻底氧化。

在植物体内，三羧酸循环中间产物（如柠檬酸、苹果酸等）既是生物氧化基质，也是一定生长发育时期特定器官中的积累物质，如柠檬、苹果分别积累柠檬酸和苹果酸。

二、磷酸戊糖途径

通过三羧酸循环进行糖的有氧降解是植物体内糖分解代谢的主要途径，但不是唯一途径。20 世纪 50 年代，人们还发现了磷酸戊糖途径（pentose phosphate pathway，PPP），该途径中的主要中间产物是磷酸戊糖。由于起始物是 6 - 磷酸葡萄糖，磷酸戊糖途径又称磷酸己糖支路（hexose monophosphate pathway，HMP）。

磷酸戊糖途径的主要特点是葡萄糖直接氧化脱氢和脱羧，不经过糖酵解和三羧酸循环，脱氢酶的辅酶是 $NADP^+$ 而不是 NAD^+（图 7 - 3）。

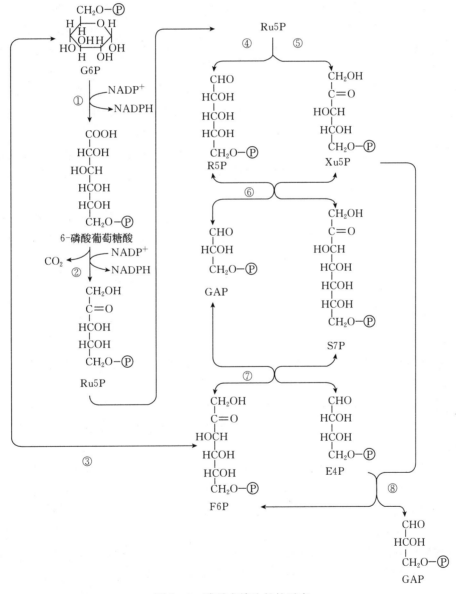

图 7 - 3 磷酸戊糖途径的反应

①6 - 磷酸葡萄糖脱氢酶 ②6 - 磷酸葡萄糖酸脱氢酶 ③磷酸己糖异构酶 ④磷酸戊糖异构酶
⑤磷酸戊糖表异构酶 ⑥转酮醇酶 ⑦转醛酶 ⑧转酮醇酶

（引自潘瑞炽，2012）

（一）磷酸戊糖途径的生化过程

磷酸戊糖途径在细胞质基质和质体中进行，整个途径可分为氧化阶段和非氧化阶段。氧化阶段从 6 -磷酸葡萄糖氧化开始，直接氧化脱氢脱羧形成 5 -磷酸核酮糖。非氧化阶段是磷酸戊糖分子在转酮醇酶和转醛酶的催化下互变异构及重排，产生 6 -磷酸果糖和 3 -磷酸甘油醛，此阶段产生中间产物 3 碳糖、4 碳糖、5 碳糖、6 碳糖和 7 碳糖。

1. 不可逆的氧化脱羧阶段　这一阶段包括 2 步反应。

（1）脱氢反应。在 6 -磷酸葡萄糖脱氢酶（glucose - 6 - phosphate dehydrogenase）催化下，以 $NADP^+$ 为辅酶，6 -磷酸葡萄糖脱氢，生成 6 -磷酸葡萄糖酸及 NADPH。

（2）脱氢脱羧反应。在 6 -磷酸葡萄糖酸脱氢酶（6 - phosphogluconate dehydrogenase）的催化下，以辅酶 $NADP^+$ 为氢受体，6 -磷酸葡萄糖酸氧化脱羧同时脱氢，生成 5 -磷酸核酮糖、1 分子 CO_2 和 1 分子 NADPH。

2. 可逆的非氧化分子重排阶段　这一阶段包括异构化、转酮和转醛反应，使糖分子重新组合。

（1）磷酸戊糖的异构化反应。磷酸戊糖异构酶（pentose phosphate isomerase）催化 5 -磷酸核酮糖转变为 5 -磷酸核糖，而磷酸戊糖表异构酶（pentose phosphoate epimerase）催化 5 -磷酸核酮糖转变为 5 -磷酸木酮糖。

（2）转酮反应。转酮醇酶（transketolase）催化 5 -磷酸木酮糖上的乙酮醇基（羟乙酰基）转移到 5 -磷酸核糖的第一个碳原子上，生成 3 -磷酸甘油醛和 7 -磷酸景天庚酮糖。在此，转酮醇酶转移一个二碳单位，二碳单位的供体是酮糖，受体是醛糖。

（3）转醛反应。转醛酶（transaldolase）催化 7 -磷酸景天庚酮糖上的二羟丙酮基转移给 3 -磷酸甘油醛，生成 4 -磷酸赤藓糖和 6 -磷酸果糖。转醛酶转移一个三碳单位，三碳单位的供体也是酮糖，受体也是醛糖。

（4）转酮反应。转酮醇酶催化 5 -磷酸木酮糖上的乙酮醇基（羟乙酰基）转移到 4 -磷酸赤藓糖的第一个碳原子上，生成 3 -磷酸甘油醛和 6 -磷酸果糖。此步反应与第二步相似，转酮醇酶转移的二碳单位供体是酮糖，受体是醛糖。

（5）磷酸己糖的异构化反应。6 -磷酸果糖经异构化形成 6 -磷酸葡萄糖。

磷酸戊糖途径的总反应式为：

$$6G6P + 12NADP^+ + 7H_2O \rightarrow 5G6P + 6CO_2 + Pi + 12NADPH + 12H^+$$

（二）磷酸戊糖途径的生物学意义

1. 为细胞的各种合成反应提供还原力　磷酸戊糖途径产生的 NADPH 是脂肪酸合成、非光合细胞中硝酸盐还原、氨同化以及丙酮酸羧化还原成苹果酸等反应所必需的还原力。

2. 为细胞中许多化合物的合成提供原料　如 5 -磷酸核糖是合成核苷酸的原料，也是 NAD^+、$NADP^+$、FAD 等的组分。4 -磷酸赤藓糖可与糖酵解产生的磷酸烯醇式丙酮酸合成莽草酸，最后合成芳香族氨基酸。

3. 为细胞的生命活动提供 ATP　植物线粒体内膜外侧有 NADPH 脱氢酶，细胞质磷酸戊糖途径产生的 NADPH 也可通过内膜上的电子传递链将电子传给 O_2，并通过氧化磷酸化合成 ATP。

4. 与光合作用有密切关系　在磷酸戊糖途径的非氧化重排阶段中，一系列中间产物及酶类与光合作用中卡尔文循环的大多数中间产物和酶相同，因而可以和光合作用联系起来，相互沟通。

磷酸戊糖途径在植物呼吸中所占的比例因植物种类、器官、年龄不同而不同，一般情况下占到总呼吸的 $10\%\sim25\%$。植物组织衰老或遭遇逆境时，该途径活性增强。

第四节　电子传递与氧化磷酸化

在细胞中各种生理活动所使用的基本能量形式是磷酸化的形式，其中最重要的是 ATP。在三羧酸循环中，氧化过程所获得的能量以 NADH 和 $FADH_2$ 形式储存，它们必须转化为 ATP 的形式才能用于细胞活动。这个过程在线粒体内膜上通过一系列的电子传递过程来实现。

一、生物氧化的概念

生物氧化（biological oxidation）是发生在生物体内的氧化还原反应，有别于体外的直接氧化。体外燃烧或纯化学的氧化，一般是在高温、高压、强酸、强碱条件下短时间内完成，伴随着大量能量的急剧释放。生物氧化则是在常温、常压、pH 近中性和有水的环境中完成，有酶、辅酶等参与，氧化反应分阶段进行，能量也逐步释放。生物氧化过程中释放的能量通常被偶联的磷酸化反应所利用，暂时储存在高能磷酸化合物（如 ATP、GTP 等）中。

二、电子传递链

有氧呼吸过程中脱下的氢原子中的电子需要经过一系列传递体的传递才能交给氧分子。这一系列传递体按照一定的规则排列组成电子传递链（electron transport chain，ETC），又称呼吸链（respiratory chain）。

（一）组成电子传递链的传递体

电子传递链主要由 5 类传递体组成，分别是烟酰胺脱氢酶类、黄素脱氢酶类、铁硫蛋白类、细胞色素类及辅酶 Q，它们都是疏水性分子。除脂溶性辅酶 Q 外，其他组分都是结合蛋白质，通过其辅基的可逆氧化还原传递电子。

1. 烟酰胺脱氢酶类 烟酰胺脱氢酶类（nicotinamide dehydrogenases）以 NAD^+ 和 $NADP^+$ 为辅酶，共有 200 多种。这类酶催化脱氢时，其辅酶 NAD^+ 或 $NADP^+$ 与代谢物脱下的氢原子结合而还原成 NADH 或 NADPH。当有更强的受氢体存在时，NADH 或 NADPH 上的氢可被脱下而氧化为 NAD^+ 或 $NADP^+$。

2. 黄素脱氢酶类 黄素脱氢酶类（flavin dehydrogenases）是以 FMN 或 FAD 作为辅基。FMN 或 FAD 与酶蛋白结合较牢固。这些酶将底物脱下的一对氢原子直接传递给 FMN 或 FAD 而形成 $FMNH_2$ 或 $FADH_2$。其传递氢的机制是 FMN 或 FAD 异咯嗪环上第 1 位及第 10 位的两个氮原子能反复地进行加氢和脱氢反应，因此 FMN、FAD 同 NAD^+、$NADP^+$ 的作用一样，也是氢传递体。

3. 铁硫蛋白类 铁硫蛋白类（iron-sulfur proteins）的分子中含非卟啉铁与对酸不稳定的硫（酸化时放出硫化氢，也除去铁），二者成等量关系，排列成硫桥，然后再与蛋白质中的半胱氨酸连接。因其活性部分含有两个活泼的硫和两个铁原子，故称为铁硫（Fe-S）中心，又称作铁硫桥。铁硫中心以铁的可逆氧化还原反应传递电子。

4. 辅酶 Q 类 辅酶 Q（coenzyme Q，CoQ）是一类脂溶性化合物，因广泛存在于生物界又名泛醌（ubiquinone，UQ）。其分子中的苯醌结构能可逆地加氢和脱氢，故也属于氢传递体。

5. 细胞色素类 细胞色素（cytochrome，cyt）是一类以铁卟啉衍生物为辅基的结合蛋白质，因有颜色，所以称为细胞色素。细胞色素的种类主要有 b、c_1、c、a 和 a_3。在典型的线粒体电子传递链中，细胞色素的排列顺序依次是 cyt b→cyt c_1→cyt c→cyt aa_3，其中仅最后一个 cyt a_3 可被分子氧直接氧化，但现在还不能把 cyt a 和 cyt a_3 分开。cyt aa_3 分子除铁卟啉外还含有两个铜原子，依靠其化合价的变化把电子从 cyt a_3 传到氧。

（二）电子传递的细胞色素系统途径

高等植物有氧呼吸的电子传递具有多条途径，细胞色素系统途径是主路途径。构成该途径的电子传递体按照标准氧化还原电位 E_0（E_0 在 pH 7.0 的生物系统中用 E'_0 表示）由小到大的顺序在线粒体内膜上依次排列，但不是均匀分布。除 UQ 和 cyt c 外，其他电子传递体相对集中地分布于复合体 I、II、III、IV 当中（图 7-4）。

1. 复合体 I 复合体 I（complex I）又称 NADH 脱氢酶（NADH dehydrogenase），由结合紧

膜间隙

内膜外表面上的(鱼藤铜不敏感的)NAD(P)H脱氢酶能直接接受胞质中产生的NAD(P)H上的电子

泛醌(UQ)库中的UQ能自由地在内膜里扩散,可以从脱氢酶传递电子到复合体Ⅲ或交替氧化酶

细胞色素c是一种外在蛋白,将复合体Ⅲ的电子传递到复合体Ⅳ

解偶联蛋白(UCP)直接转运H⁺通过内膜

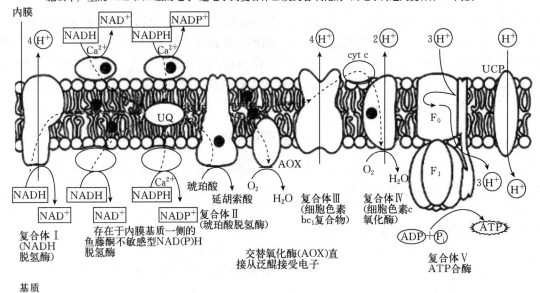

图 7-4 植物线粒体内膜上的电子传递链和 ATP 合酶
(引自潘瑞炽,2012)

密的辅因子 FMN 和几个 Fe-S 中心组成。其作用是氧化三羧酸循环产生的 NADH,将电子传递给 UQ。复合体 Ⅰ 还具有质子泵的功能,每传递 1 对电子,会将 4 个 H^+ 从线粒体基质转移到线粒体外膜与内膜之间的膜间隙(intermembrane space)中。

2. 复合体Ⅱ 复合体Ⅱ(complex Ⅱ)又称琥珀酸脱氢酶(succinate dehydrogenase),由 FAD 和 3 个 Fe-S 中心组成。其作用是氧化三羧酸循环产生的 $FADH_2$,将电子传递给 UQ。此复合体不转移 H^+。

3. 复合体Ⅲ 复合体Ⅲ(complex Ⅲ)又称细胞色素 bc_1 复合体(cytochrome bc_1 complex,cyt bc_1),由细胞色素 b 和细胞色素 c_1 组成,还有 1 个 Fe-S 中心和 2 个 b 型细胞色素(b_{565} 和 b_{560})。其作用是氧化还原态的 UQ,将电子传递给细胞色素 c。复合体Ⅲ有质子泵的功能,每传递 1 对电子,会将 4 个 H^+ 从线粒体基质转移到膜间隙中。

4. 复合体Ⅳ 复合体Ⅳ(complex Ⅳ)又称细胞色素 c 氧化酶(cytochrome c oxidase),含铜、cyt a 和 cyt a_3。其作用是将电子传递给 O_2,使得到电子的 O_2 与基质中的 H^+ 结合形成 H_2O。复合体Ⅳ每传递 1 对电子,会将 2 个 H^+ 从线粒体基质转移到膜间隙中。

三羧酸循环过程中脱下、被 NAD^+ 接受的氢原子中的电子从复合体Ⅰ处进入电子传递链,电子分别经过复合体Ⅰ、UQ、复合体Ⅲ、细胞色素 c 和复合体Ⅳ,最后传递给 O_2。与该过程同时发生的是复合体Ⅰ、复合体Ⅲ和复合体Ⅳ将 H^+ 从线粒体基质转移到膜间隙中。

三羧酸循环过程中脱下、被 FAD 接受的氢原子中的电子从复合体Ⅱ处进入电子传递链,电子分别经过复合体Ⅱ、UQ、复合体Ⅲ、细胞色素 c 和复合体Ⅳ,最后传递给 O_2。与该过程同时发生的是复合体Ⅲ和复合体Ⅳ将 H^+ 从线粒体基质转移到膜间隙中。

糖酵解过程形成的 NADH 以及磷酸戊糖途径形成的 NADPH 先透过线粒体外膜进入膜间隙,然后被线粒体内膜膜间隙侧的 NADH 脱氢酶或 NADPH 脱氢酶催化,氢原子中的电子分别经过 UQ、复合体Ⅲ、细胞色素 c 和复合体Ⅳ,最后传递给 O_2。与该过程同时发生的是复合体Ⅲ和复合体Ⅳ将 H^+ 从线粒体基质转移到膜间隙中。

细胞色素系统途径可在多处被多种抑制剂阻断，这些抑制剂称为电子传递抑制剂（表 7 - 2）。

表 7 - 2　电子传递抑制剂及其抑制部位

电子传递抑制剂	抑制部位
鱼藤酮、安密妥	$NADH \rightarrow UQ$
丙二酸	琥珀酸 $\rightarrow$ 复合体 II
抗霉素 A	复合体 III
氰化物、叠氮化物、CO	复合体 IV $\rightarrow O_2$

（三）交替途径

许多高等植物，如玉米、豌豆、绿豆的种子和马铃薯的块茎等在用 KCN、NaN_3、CO 处理时，呼吸作用并未被完全抑制，仍表现出一定程度的氧吸收。这种在氰化物存在条件下仍运行的呼吸作用称为抗氰呼吸（cyanide resistant respiration）。抗氰呼吸可以在某些条件下与电子传递主路交替运行，因此又称为交替途径（alternative pathway）。

抗氰呼吸的电子传递经过复合体 I 和 UQ 后，电子直接传递给交替氧化酶（alternative oxidase，AOX），再直接传递到 O_2，不经过复合体 III、细胞色素 c 和复合体 IV。

抗氰呼吸所释放的自由能多以热能的形式散发，这可能是抗氰呼吸的生理意义之一。抗氰呼吸产生热量，提高组织温度，使植物芳香腺里的胺或吲哚挥发，用于引诱昆虫传粉，有助于植物在低温条件下开花。最著名的抗氰呼吸例子是天南星科植物的佛焰花序，其呼吸速率可达 $15\,000 \sim 20\,000\ \mu L/(g \cdot h)$，比一般植物快 100 倍以上，放出的热能使组织温度比环境高出 $10 \sim 20\ ^\circ C$。因此，抗氰呼吸又称为放热呼吸（thermogenic respiration）。

三、氧化磷酸化作用

伴随着呼吸电子传递的进行，线粒体基质中发生由 ADP 和磷酸合成 ATP 的过程。这个过程偶联于生物氧化，称为氧化磷酸化作用（oxidative phosphorylation）。

1. 氧化磷酸化的机制　关于呼吸电子传递和磷酸化偶联的机制，与光合磷酸化类似，目前被人们普遍接受的是英国生物化学家 Mitchell 于 1961 年提出的化学渗透假说（chemiosmotic hypothesis）。

线粒体内膜上存在 ATP 合酶（ATP synthase），由"基部" F_0 和"头部" F_1 两部分组成，也称为 $F_0 F_1$ - ATP 合酶。"基部" F_0 穿过线粒体内膜，能形成 H^+ 转移的通道。"头部" F_1 位于线粒体基质侧，具有 ATP 合酶活性（图 7 - 4）。

存在于线粒体内膜上的电子传递链传递电子时，复合体 I、III、IV 将线粒体基质中的 H^+ 转移至膜间隙。内膜对 H^+ 的透性小，转移至膜间隙的 H^+ 不能自由返回膜内侧，于是建立起跨线粒体内膜的 H^+ 浓度梯度和电位梯度。H^+ 浓度梯度和电位梯度合在一起称为电化学势梯度（electrochemical potential gradient），是 H^+ 返回基质的动力。膜间隙中的 H^+ 在该电化学势梯度推动下经过并激活 ATP 合酶，使 ADP 与无机磷酸合成 ATP。

ATP 合酶将呼吸电子传递和磷酸化偶联起来，是偶联因子（coupling factor）。

2. 氧化磷酸化的 P/O 比　有氧呼吸过程中脱下的氢原子经电子传递链氧化后与氧原子结合成水，该过程偶联 ADP 磷酸化生成 ATP 的反应。P/O 比（P/O ratio）是指氧化磷酸化过程中每消耗 1 个氧原子所形成的 ATP 的数目。

根据离体测定，三羧酸循环产生的 NADH 经电子传递链氧化时，其 P/O 比是 $2.4 \sim 2.7$；由琥珀酸产生的 $FADH_2$ 和糖酵解过程产生的 NADH 经电子传递链氧化时，其 P/O 比是 $1.6 \sim 1.8$。由于影响 P/O 比实验的因素复杂，理论上一般认为上述两种 P/O 比分别为 2.5 和 1.5。

3. 有氧呼吸的能量储存 呼吸作用放出的能量，一部分以热的形式散失于环境中，其余部分则通过形成 ATP 等高能磷酸键的形式储存起来。有氧呼吸形成 ATP 的方式有两种：一种是氧化磷酸化，是主要方式；另一种是底物水平磷酸化，形成的 ATP 少。

1 分子葡萄糖通过三羧酸循环途径彻底氧化时，一共形成 30 分子 ATP（表 7 - 3）。

表 7 - 3　1 分子葡萄糖完全氧化时形成 ATP 的分子数

反应阶段	反应名称	P/O 比	生成 ATP 分子数
糖酵解 （细胞质中）	葡萄糖的磷酸化		−1
	6 - 磷酸果糖的磷酸化		−1
	2 分子 3 - 磷酸甘油醛脱氢生成 2 分子 NADH	1.5	+3
	2 分子 1，3 - 二磷酸甘油酸去磷酸化		+2
	2 分子磷酸烯醇式丙酮酸去磷酸化		+2
三羧酸循环 （线粒体中）	2 分子丙酮酸脱氢生成 2 分子 NADH	2.5	+5
	2 分子异柠檬酸脱氢生成 2 分子 NADH	2.5	+5
	2 分子 α - 酮戊二酸脱氢生成 2 分子 NADH	2.5	+5
	2 分子琥珀酰 CoA 底物水平磷酸化		+2
	2 分子琥珀酸脱氢生成 2 分子 $FADH_2$	1.5	+3
	2 分子苹果酸脱氢生成 2 分子 NADH	2.5	+5
			合计：+30

在标准状态下，1 mol 葡萄糖彻底氧化所释放的自由能是 2 870 kJ，1 mol ATP 水解释放的自由能是 31.8 kJ。由此可知，葡萄糖彻底氧化时，能量利用率约为 33.2%。

4. 氧化磷酸化的解偶联 解偶联（uncoupling）是指呼吸电子传递与磷酸化的偶联遭到破坏的现象。氧化所释放的能量通过磷酸化作用储存，磷酸化依赖于氧化作用。

2，4 - 二硝基苯酚（2，4 - dinitrophenol，DNP）等可使呼吸电子传递与磷酸化的偶联遭到破坏，称为解偶联剂（uncoupling agent）。解偶联剂使氧化过程释放的能量不用于合成 ATP，成为"徒劳"的呼吸。干旱、低温或缺钾等逆境也导致植物氧化磷酸化解偶联。

四、末端氧化酶系统

有氧呼吸过程中脱下的氢原子的氧化在一系列氧化酶的催化下完成。位于电子传递链末端的氧化酶称为末端氧化酶（terminal oxidase）。位于线粒体内膜上的细胞色素氧化酶和交替氧化酶即属于末端氧化酶。

线粒体外面也有末端氧化酶，如多酚氧化酶、抗坏血酸氧化酶和乙醇酸氧化酶等，它们与 ATP 的生成无关，但具有其他重要的生理功能。

1. 细胞色素氧化酶 细胞色素氧化酶（cytochrome oxidase）是植物体内最主要的末端氧化酶，定位于线粒体内膜上。该酶包括 cyt a 和 cyt a_3，含有两个铁卟啉和两个铜原子，将 cyt a_3 电子传给 O_2，生成 H_2O，承担细胞内约 80% 的耗氧量。该酶在植物组织中普遍存在，以幼嫩组织中比较活跃。该酶与 O_2 的亲和力极高，受氰化物、CO 的抑制。

2. 交替氧化酶 如前所述，高等植物中存在交替途径，其末端氧化酶是交替氧化酶（alternative oxidase，AOX）（图 7 - 5）。交替氧化酶也定位于线粒体内膜上，是一种含铁的酶，Fe^{2+} 是交替氧化酶活性部位的金属。AOX 的功能是将 UQH_2 的电子经黄素蛋白（FP）传给 O_2 产生 H_2O_2，H_2O_2 再被线粒体内的过氧化氢酶转变成 H_2O 和 O_2。该酶对氧的亲和力比细胞色素氧化酶低，但比非线粒体末端氧化酶要高；易被水杨基氧肟酸（salicylhydroxamic acid，SHAM）所抑制，对氰化物不敏感。

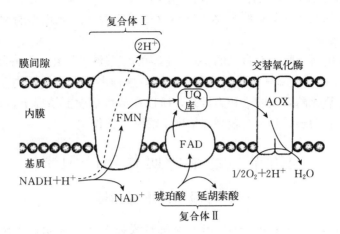

图7-5 交替途径和交替氧化酶

(引自潘瑞炽，2012)

3. 多酚氧化酶 多酚氧化酶（polyphenol oxidase）是含铜的末端氧化酶，存在于细胞的质体和微体中，正常情况下在细胞质中与底物是分隔开的。细胞受到伤害后或解体时，酶与底物接触，催化多酚（如对苯二酚、邻苯二酚、邻苯三酚）氧化为棕褐色的醌，这样便构成以多酚氧化酶为末端的氧化还原系统。

马铃薯块茎、苹果、梨及茶叶中都富含多酚氧化酶。块茎、果实削皮后出现褐色，荔枝果皮变为褐色以及叶片受机械损伤后的褐变都是多酚氧化酶作用的结果。茶叶中的多酚氧化酶活力很高。制红茶时，须通过搓茶揉破细胞，使多酚氧化酶与茶叶中的儿茶酚和单宁接触，将这些酚类化合物氧化并聚合成红褐色的色素。而制绿茶时，须将采下的新鲜茶叶立即焙火杀青，破坏多酚氧化酶，以保持茶叶的绿色。

多酚氧化酶与植物的愈伤反应有密切关系。植物组织受伤后呼吸作用增强，这部分呼吸称为伤呼吸（wound respiration）。伤呼吸把伤口处释放的酚类氧化为醌类，醌类对微生物是有毒的，可避免感染。

4. 抗坏血酸氧化酶 抗坏血酸氧化酶（ascorbic acid oxidase）也是一种含铜的氧化酶，它催化抗坏血酸氧化为脱氢抗坏血酸，其过程常与谷胱甘肽、NADPH（或 NADH）的氧化还原相偶联，形成一个以抗坏血酸氧化酶为末端的氧化还原系统。

抗坏血酸氧化酶在植物中普遍存在，蔬菜和果实（特别是葫芦科果实）中较多，主要分布于细胞质中。该酶与植物的受精过程有密切关系，并且有利于胚珠的发育。

抗坏血酸氧化酶促进代谢底物氧化并消耗分子氧生成水，也被认为是一种呼吸电子传递途径，但以该酶为末端的电子传递过程不与 ADP 磷酸化相偶联，不生成 ATP。

植物组织感染病菌后，抗坏血酸氧化酶活力增高，呼吸增强，耗氧量增加，三者呈平行关系。如植物组织感染病菌后，磷酸戊糖途径中的 6-磷酸葡萄糖脱氢酶和 6-磷酸葡萄糖酸脱氢酶的活力明显增高，并与抗坏血酸氧化酶活力增高呈平行关系。抗坏血酸氧化酶可能与植物的抗病性有关。

此外，抗坏血酸氧化酶可以防止含巯基蛋白质的氧化，延缓衰老进程。

5. 乙醇酸氧化酶 乙醇酸氧化酶（glycolate oxidase）不含金属，辅基为黄素蛋白，存在于过氧化物酶体中，能催化乙醇酸氧化为乙醛酸并产生 H_2O_2，还与甘氨酸的合成有密切关系，在光呼吸中及水稻根部的氧化还原反应中起重要作用。

6. 过氧化物酶和过氧化氢酶 过氧化物酶（peroxidase，POD）是含铁卟啉的蛋白，它可以催化 H_2O_2 对多种芳香族胺类或酚类化合物的氧化作用。过氧化氢酶（catalase，CAT）也是含铁卟啉的蛋白，它可以催化 2 分子的 H_2O_2 进行反应，生成 1 分子的 O_2 和 2 分子的 H_2O。

H_2O_2 是很强的氧化剂，对细胞有严重的破坏作用。如 H_2O_2 可以使蛋白质失去活性，使膜内磷脂发生氧化破坏细胞膜的结构，破坏线粒体使能量代谢受阻等。过氧化物酶和过氧化氢酶可以促进 H_2O_2 的分解，消除其毒害。

由前述可知，植物的有氧呼吸有自己的特点。植物的三羧酸循环在进行底物水平磷酸化时直接形成 ATP，其电子传递途径和末端氧化酶则具有多样性。这种多样性能使植物在一定范围内适应各种外界条件。如细胞色素氧化酶对氧的亲和力极高，所以在低氧浓度的情况下，仍能发挥良好的作用，而多酚氧化酶对氧的亲和力弱，则可在较高氧浓度下顺利发挥作用。

第五节 影响呼吸作用的因素

一、呼吸作用度量指标

1. 呼吸速率 呼吸速率（respiratory rate）又称呼吸强度（intensity of respiration），是最常用的代表呼吸强弱的生理指标，可用单位时间内单位质量（干重、鲜重）的植物组织放出 CO_2 的量或吸收 O_2 的量来表示。常用单位有 $\mu mol/(g \cdot h)$、$\mu L/(g \cdot h)$ 等。

2. 呼吸商 呼吸商（respiratory quotient，RQ）是表示呼吸底物的性质和氧气供应状态的一种指标。植物组织在一定时间（如 1 h）内，放出 CO_2 的量与吸收 O_2 的量的比称为呼吸商。

$$RQ = \frac{\text{放出的 } CO_2 \text{ 的量}}{\text{吸收的 } O_2 \text{ 的量}}$$

当呼吸底物是糖类（如葡萄糖）而又完全氧化时，呼吸商是1。如果呼吸底物是一些富含氢的物质，如脂类或蛋白质，则呼吸商小于1。如果呼吸底物是一些比糖类含氧多的物质，如已局部氧化的有机酸，则呼吸商大于1。以上各例是只有某一类物质，事实上植物体内的呼吸底物是多种多样的，糖类、蛋白质、脂类或有机酸都可以被呼吸利用。

氧气供应状况对呼吸商影响也很大。在无氧条件下发生酒精发酵，只有 CO_2 释放，无 O_2 的吸收，则呼吸商无穷大。植物体内发生合成作用，呼吸底物不能完全被氧化，呼吸商增大；如有羧化作用发生，则呼吸商减小。

二、内部因素对呼吸速率的影响

不同植物具有不同的呼吸速率。一般而言，生长快的植物呼吸速率快，生长慢的植物呼吸速率慢。如细菌和真菌繁殖较快，其呼吸速率比高等植物快；在高等植物中，小麦的呼吸速率又比仙人掌快得多。

同一植株不同的器官，因为新陈代谢不同，与氧气接触程度不同，呼吸速率有很大差异。生长旺盛、幼嫩的器官的呼吸速率较生长缓慢、年老的器官的快。死细胞少的器官（草本茎）较死细胞多的器官（木本茎）的呼吸强。生殖器官的呼吸比营养器官的强，花的呼吸速率比叶片的要快3～4倍。

同一器官的不同组织，在呼吸速率上彼此也不相同。在花中，雌雄蕊的呼吸比花瓣及萼片的都强得多，雌蕊比雄蕊强，雄蕊中以花粉的呼吸最强烈。若按组织的单位鲜重计算，形成层的呼吸速率最快，韧皮部次之，木质部则较慢。

同一器官在不同的生长阶段，呼吸速率也有大的变化。以叶片来说，幼嫩时呼吸较快，成长后下降。叶片进入衰老期后，氧化磷酸化开始解偶联，P/O 比明显下降，呼吸上升；到衰老后期，蛋白质分解，呼吸则极其微弱。

三、外界条件对呼吸速率的影响

1. 温度 温度主要是影响呼吸酶的活性。在最低点与最适点之间，呼吸速率总是随温度的增高而加快。超过最适点，呼吸速率则会随着温度的增高而下降（图 7-6）。

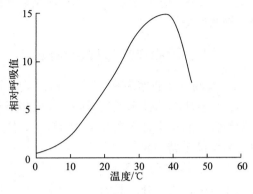

图 7-6 呼吸强度与温度的关系

(引自蒋德安，2011)

一般来说，接近 0 ℃时，植物的呼吸速率很小。呼吸作用的最适温度是 25～35 ℃，最高温度是 35～45 ℃。植物呼吸作用的最低温度和最高温度与种类和生理状态有关。在冬天，木本植物的越冬器官（如芽和针叶）在－25 ℃仍未停止呼吸；在夏季，温度降低到－5～－4 ℃，针叶便会停止呼吸。一个温度是不是最适于呼吸，必须考虑到作用时间因素。能较长期维持最快呼吸速率的温度才算是最适温度，那些使呼吸速率短时期上升以后就急剧下降的温度不能算是最适温度。

2. 氧气浓度　氧气浓度影响呼吸速率和呼吸性质。环境中氧气浓度下降时，有氧呼吸降低，无氧呼吸则增高。

短期的无氧呼吸对植物的伤害还不大，但无氧呼吸时间一长，植物就会受伤死亡。其原因有 3 个方面：①无氧呼吸产生酒精，酒精使细胞的蛋白质变性；②无氧呼吸利用葡萄糖产生的能量很少，植物要维持正常生理需要，就要消耗更多的有机物；③没有丙酮酸氧化过程，许多来自该过程中间产物的物质无法合成。

3. 二氧化碳浓度　二氧化碳是呼吸作用的最终产物。当外界环境中二氧化碳的浓度增加时，呼吸速率便会减慢。实验证明，二氧化碳的体积分数高于 5％时，呼吸作用明显被抑制。

4. 水分含量　植物组织的含水量与呼吸作用有密切的关系。在一定范围内，呼吸速率随组织含水量的增加而升高。

干燥种子的呼吸作用很微弱。种子吸水后，呼吸速率迅速增加。种子含水量是制约种子呼吸作用强弱的重要因素。对于整体植物来说，接近萎蔫时，呼吸速率有所增加，如萎蔫时间较长，细胞含水量则成为呼吸作用的限制因素。

5. 机械损伤　机械损伤会显著加快组织的呼吸速率，其原因是：①机械损伤使某些细胞转变为分生组织状态，形成愈伤组织去修补伤处，这些生长旺盛的细胞的呼吸速率比休眠或成熟细胞的呼吸速率快得多；②氧化酶与其底物在细胞中是隔开的，机械损伤使原来的间隔被破坏，酚类化合物迅速被氧化。因此，在采收、包装、运输和储藏多汁果实和蔬菜时，应尽可能防止机械损伤。

第六节　植物呼吸作用与生产实践

一、呼吸作用与作物栽培

呼吸作用作为作物的代谢中心，不仅影响作物对物质的吸收、运输、分配和转化，也影响作物的生长和发育。作物丰产栽培中的许多农艺措施都是为了直接或间接地保证作物呼吸作用的正常进行。

水稻浸种催芽时经常翻种的目的就是要让种子吸收到足够的氧气，进行有氧呼吸，顺利萌发并发育成壮秧。

在大田栽培中，适时中耕松土可改善根系的氧气供应，保证根系的正常呼吸机能。

水稻光合作用的最适温度比呼吸作用的最适温度低，早稻灌浆成熟期正处于高温季节，可以通过灌水降温等措施降低呼吸速率，提高产量。

二、呼吸作用与粮食储藏

油料种子含水量在 8％～9％、淀粉种子含水量在 12％～14％ 时，即是风干状态。风干种子中的水分都是束缚水，原生质已脱水，呼吸酶的活性降低到极限，呼吸极微弱，可以安全储藏。风干种子的水分含量称为安全含水量。淀粉种子的安全含水量高于油料种子，原因主要是淀粉种子中含淀粉等亲水物质多，干燥状态下束缚水的含量要高一些。

当油料种子含水量达 10％～11％、淀粉种子含水量达到 15％～16％ 时，呼吸作用会显著增强；如果含水量继续升高，呼吸速率几乎呈直线上升。原因是种子含水量增高后，种子内出现自由水，原生质由凝胶态变为溶胶态，呼吸酶活性大大增强，呼吸也就增强。

在粮食储藏中首要的问题是控制种子的含水量，不得超过安全含水量。否则，旺盛的呼吸不仅引起大量储藏物质消耗，而且粮堆温度提高后有利于微生物活动，会导致粮食变质，使种子丧失发芽力和食用价值。实践中应注意库房通风，以便散热和水分蒸发。

三、呼吸作用与果蔬储藏

与种子储藏不同，果蔬需要保持新鲜状态，不能干燥。

生长期的果实呼吸速率高，成熟期则低（图 7-7）。苹果、梨、香蕉等果实成熟到一定的时候，呼吸速率突然增高，然后又突然下降，这种现象称为呼吸跃变（respiratory climacteric）。发生呼吸跃变是这类果实完全成熟的标志。果实的呼吸跃变现象与安全储藏密切相关。

由前述可知，环境温度、环境气体种类和浓度等对呼吸速率影响很大。因此，现阶段人们采用两种方法来进行果蔬的储藏保鲜，一种是低温储藏法，一种是气调储藏法。

低温储藏法是指用低温冷库储藏新鲜果实和蔬菜的方法。苹果在 22.5 ℃ 储藏时，呼吸跃变出现早且显著；在 10 ℃ 下出现迟且不太显著；在 2.5 ℃下则几乎看不出来。

气调储藏法是指通过调控环境中气体的种类或浓度来储藏新鲜果实和蔬菜的方法。如先排除储藏环境里的空气再充以氮气等惰性气体；设法将储藏环境里氧气的体积分数降至 3％～4％；增加环境中二氧化碳的浓度；用乙烯吸附剂吸附果实释放的乙烯等。

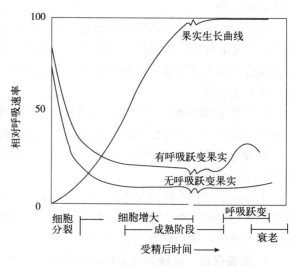

图 7-7　果实各时期的呼吸速率
（引自蒋德安，2011）

四、呼吸作用与切花保鲜

切花（cut flower）是指从植物体上采摘下的枝、叶、花、果等供装饰、观赏用的材料，是植物的离体器官。目前，切花占世界花卉产品的 50％左右。

切花在采后瓶插的过程中，仍进行着蒸腾作用、呼吸作用、物质运输和成熟衰老等生命活动。切花保鲜与这些生命活动关系密切，采取相应的技术措施才能延长切花的保鲜期。

组织含水量低加速切花衰老。在储藏切花时，为防止组织失水，通常将空气相对湿度保持为90％～95％。高湿环境可以降低蒸腾量，使切花免于干燥而起到保鲜作用。空气相对湿度降低 5％～

10%就会引起切花品质的大幅度下降。

切花的衰老速度通常与呼吸强度成正比。在采后储藏运输过程中，切花的呼吸热使储藏温度升高，加速切花衰老。月季比香石竹寿命短，香石竹比菊花寿命短，均是由于前者呼吸强度高。低温不仅可以降低呼吸速率和糖类的消耗量，而且还降低切花采后乙烯的产生量和作用。因此，切花在采后也应采用低温储藏或气调储藏。

小 结

呼吸作用是指生活细胞内的有机物氧化分解成简单物质并释放能量的过程。依据其中是否有氧气参与，呼吸作用分为有氧呼吸和无氧呼吸两大类型。

现今的高等植物主要进行有氧呼吸，但仍保留着进行无氧呼吸的能力。植物的呼吸作用为植物提供生命活动所需的能量，其中间产物又为其他有机物合成提供碳架，而且有助于植物抗病性的增强。

生活细胞中糖的无氧降解主要通过糖酵解进行。糖酵解只将己糖分解为三碳化合物，释放的能量少，形成的 ATP 也少。

有氧呼吸的主路途径是生活细胞中的糖先经过糖酵解过程转变为丙酮酸，然后经过三羧酸循环、呼吸电子传递和氧化磷酸化，彻底氧化分解并生成 CO_2、H_2O 和 ATP。磷酸戊糖途径被视为糖有氧呼吸的支路途径。

高等植物有氧呼吸的电子传递具有多条途径，细胞色素系统途径是主路途径。玉米、豌豆、绿豆的种子和马铃薯的块茎等具有交替途径。伴随着呼吸电子传递的进行，线粒体基质中发生氧化磷酸化作用，形成 ATP。1 分子葡萄糖通过三羧酸循环彻底氧化时，形成 30 分子 ATP。电子传递途径和末端氧化酶的多样性能使植物在一定范围内适应各种外界条件。

不同的植物种类、不同的器官以及不同的组织具有不同的呼吸速率。生长迅速的植物、器官、组织和细胞呼吸较旺盛。温度、氧气浓度、二氧化碳浓度和水分含量等外界条件对呼吸速率有很大影响，机械损伤会显著加快组织的呼吸速率。

呼吸是代谢的中心。作物栽培中应保证呼吸作用正常进行。呼吸消耗有机物并放热，对粮食、果蔬、花卉储藏来说，应该降低呼吸速率，以利安全储藏。粮食储藏中首要的问题是控制种子的含水量。果蔬与花卉的储藏保鲜可采用低温储藏或气调储藏。

复习思考题

1. 名词解释

呼吸作用 糖酵解（EMP） 三羧酸循环（TCA 循环） 磷酸戊糖途径（PPP） 生物氧化 电子传递 交替途径 氧化磷酸化 P/O 比 解偶联 末端氧化酶 呼吸商（RQ） 呼吸跃变

2. 植物的呼吸作用有何生理意义？

3. 糖酵解、三羧酸循环和磷酸戊糖途径各有何规律？

4. 有氧呼吸是一个耗氧的过程，氧是怎样被利用的？

5. 化学渗透假说是如何解释氧化磷酸化作用机制的？

6. 植物呼吸途径的多样性体现在哪些方面？

7. 简述抗氰呼吸及其生理意义。

8. 制作红茶和绿茶的原理是什么？

9. 现阶段果蔬的储藏保鲜一般都采用哪些方法？其生理依据是什么？

第八章 >>>>

有机物的转化和信息分子的表达

第一节　植物体内有机物的转化

有机物转化又称为有机物代谢（metabolism of organic compound），是指生物体内有机物的合成、分解以及相互转化的过程。植物在生长发育过程中，体内各种有机物不断地发生分解、合成和转化，并与周围环境进行物质交换和能量交换，也即新陈代谢。

一、糖类的转化

糖类是绿色植物光合作用的直接或间接产物，占植物干重的 50% 以上。其中，最普遍的单糖是葡萄糖和果糖，双糖是蔗糖，多糖则是淀粉。糖类代谢是植物体内有机物代谢的主干。各糖类间不仅能够相互转化，而且可以进一步转化为合成脂肪、蛋白质、核酸等物质的原料。

单糖的合成与分解，大多都在光合作用和呼吸作用中涉及，这里不再重复，仅对蔗糖、淀粉和纤维素的代谢简要介绍。

（一）单糖的活化

单糖在一般情况下，反应活性很低，比较稳定，在化学反应之前必须活化形成糖的磷酸酯或糖的核苷二磷酸酯以参加糖的互相转化或合成多糖。单糖首先转化为糖的磷酸酯，进一步再与核苷三磷酸（nucleoside triphosphate，NTP）作用形成糖的核苷二磷酸酯，如 ADPG（腺苷二磷酸葡萄糖，adenosine diphosphate glucose）、UDPG（尿苷二磷酸葡萄糖，uridine diphosphate glucose）、GDPG（鸟苷二磷酸葡萄糖，guanosine diphosphate glucose）等葡萄糖核苷二磷酸酯或其他单糖的核苷二磷酸酯。这些单糖的活化形式在参加糖类的合成反应中作为单糖的供体。

UDPG 和 ADPG 是生物体内最常用的活化单糖。UDPG 的生物合成，是由 UTP 和 1-磷酸葡萄糖（glucose-1-phosphate，G-1-P，G1P）在 UDPG 焦磷酸化酶（UDPG pyrophosphorylase）催化下形成。ADPG 的生物合成，是由 ATP 和 1-磷酸葡萄糖在 ADPG 焦磷酸化酶（ADPG pyrophosphorylase）催化下形成。

$$G1P + UTP \underset{}{\overset{UDPG\ 焦磷酸化酶}{\rightleftharpoons}} UDPG + PPi$$

$$G1P + ATP \underset{}{\overset{ADPG\ 焦磷酸化酶}{\rightleftharpoons}} ADPG + PPi$$

（二）蔗糖的生物合成和分解

在所有的双糖中，蔗糖最为重要，它由葡萄糖和果糖组成，是植物体内糖类的主要储藏和运输形式之一，甘蔗、甜菜和水果中含蔗糖较多。

1. 蔗糖的合成

（1）蔗糖合成酶途径。由 ADPG 或 UDPG 等作为葡萄糖的供体，在蔗糖合成酶（sucrose synthetase）的催化下与果糖缩合成蔗糖。蔗糖合成酶途径是非绿色组织（如储藏组织）中合成蔗糖的主要途径。

$$UDPG + 果糖 \underset{}{\overset{蔗糖合成酶}{\rightleftharpoons}} UDP + 蔗糖$$

（2）磷酸蔗糖合成酶途径。由 UDPG 作为葡萄糖供体，在磷酸蔗糖合成酶（sucrose phosphate synthetase，SPSase）的催化下，与 6-磷酸果糖（fructose-6-phosphate，F6P）作用生成磷酸蔗糖，然后在磷酸酯酶的作用下，水解生成蔗糖和磷酸。磷酸蔗糖合成酶是甘蔗、糖用甜菜等糖料作物和小麦、烟草叶片中合成蔗糖的酶。磷酸蔗糖的进一步水解是不可逆反应，故认为该途径是植物体中蔗糖合成的主要途径。

2. 蔗糖的分解 植物体广泛存在催化蔗糖水解的酶，称为蔗糖酶（sucrase），也称转化酶（invertase），它催化蔗糖水解为葡萄糖和果糖。

$$蔗糖+H_2O \xrightarrow{\text{蔗糖酶}} 葡萄糖+果糖$$

此外，蔗糖合成酶在植物体内也起着分解蔗糖的作用，如正在发育的谷类作物籽粒中，能将输入的蔗糖分解为 UDPG 或 ADPG，然后用以合成淀粉。

$$蔗糖+ADP \xrightleftharpoons{\text{蔗糖合成酶}} 果糖+ADPG$$

（三）淀粉的合成和分解

谷类、豆类、薯类作物的籽粒及其储藏组织都含有丰富的淀粉。淀粉有直链和支链两种，它们都是由葡萄糖单位通过 $\alpha-1,4$-糖苷键相连接而成的多糖，支链淀粉还有 $\alpha-1,6$-糖苷键，由此形成分支。淀粉的生物合成途径与分解途径是不同的。

1. 淀粉的生物合成

（1）直链淀粉的合成。直链淀粉的合成主要有 3 种方式。

① 淀粉磷酸化酶（P 酶）途径。淀粉磷酸化酶（amylophosphorylase）广泛分布于生物界，在植物、动物、酵母和某些细菌中都有此酶存在，它催化以下可逆反应：

$$G1P+n\,G（引物） \xrightleftharpoons{\text{淀粉磷酸化酶}} (n+1)G+Pi$$

引物的功能是 α 葡萄糖的受体，最小的引物是麦芽三糖。转移的葡萄糖残基就结合在引物葡聚糖链的非还原性末端的 C_4 羟基上，每次增加一个葡萄糖残基。但通常此反应朝淀粉降解方向进行。

② D 酶反应。D 酶（D-enzyme）是一种糖苷转移酶，作用于 $\alpha-1,4$-糖苷键上，它能将一个麦芽多糖的残余片段转移给葡萄糖、麦芽糖或其他 $\alpha-1,4$-糖苷键的多糖上，起着加成作用，故又称加成酶。在淀粉的生物合成中，引物的产生与 D 酶的作用密切相关。

$$麦芽三糖（供体）+麦芽三糖（受体） \xrightleftharpoons{\text{D酶}} 麦芽五糖+葡萄糖$$

③ 淀粉合成酶反应。现在普遍认为植物中淀粉的合成主要是由淀粉合成酶（starch synthetase）催化的，以 UDPG 中的葡萄糖基为供体，转移到葡聚糖引物的非还原端，反应一次加长一个葡萄糖单位。

$$UDPG（供体）+n\,G（引物受体） \xrightarrow{\text{淀粉合成酶}} (n+1)G+UDP$$

这个反应重复下去，可使淀粉链不断延长。最近研究指出，在植物和微生物中 ADPG 比 UDPG 更有效，用 ADPG 合成淀粉要比 UDPG 快 10 倍，反应如下：

$$ADPG+n\,G \xrightleftharpoons{\text{淀粉合成酶}} ADP+(n+1)G$$

用水稻、玉米做实验证明，该反应是合成淀粉的主要途径。

无论是淀粉合成酶，还是 D 酶、淀粉磷酸化酶，都只能催化 $\alpha-1,4$-糖苷键的生成，支链淀粉形成需由其他酶催化形成 $\alpha-1,6$-糖苷键。

（2）支链淀粉的合成。催化支链淀粉形成的酶称为 Q 酶（Q-enzyme），又称分支酶（branching enzyme）。Q 酶以直链淀粉为底物，该酶具有双重催化功能，既可催化 $\alpha-1,4$-糖苷键的断裂，又能催化 $\alpha-1,6$-糖苷键的形成。Q 酶首先从直链淀粉的非还原端切断一个长为 6~7 个糖残基的寡聚糖碎片，然后再催化此片段转移到同一直链淀粉链的或另一直链淀粉链的一个葡萄糖残基的 C_6 羟基处，这样就形成了一个 $\alpha-1,6$-糖苷键，即一个分支，在淀粉合成酶和 Q 酶共同作用下便合成了支链淀粉（图 8-1）。

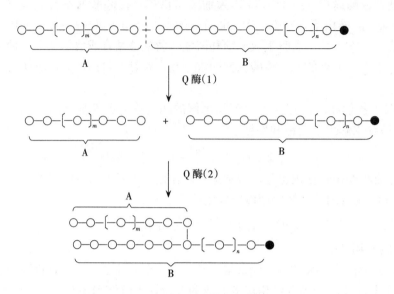

图 8-1 在 Q 酶作用下支链淀粉的形成

［在反应（1）中，Q 酶将直链淀粉在虚线处切断，生成 A、B 两段直链，

在反应（2）中，Q 酶将 A 直链以 α-1,6-糖苷键连接到 B 段直链上，形成分支。

○为葡萄糖残基；●为还原端葡萄糖残基；—示 1,4 连接；｜示 1,6 连接］

2. 淀粉的分解　当植物动用储藏的淀粉时，就把它分解为简单的化合物运到需要的部位去。淀粉的酶促降解有两种途径。

（1）淀粉的水解途径。催化水解淀粉的酶称为淀粉酶。淀粉酶可分为内切酶和端解酶（外切酶）。内切酶主要是 α 淀粉酶（α-amylase），它可在淀粉链内任意切割 α-1,4-糖苷链。外切酶主要是 β 淀粉酶（β-amylase），β 淀粉酶从淀粉链的非还原端开始，每次切割下一个麦芽糖单位。麦芽糖可在麦芽糖酶作用下分解为 2 分子葡萄糖。而切割 α-1,6-糖苷键，使支链淀粉脱支的酶称为脱支酶（debranching enzyme），植物中的 R 酶（R-enzyme）是脱支酶。淀粉在 α 淀粉酶、β 淀粉酶、R 酶和麦芽糖酶的共同作用下水解为葡萄糖。

（2）淀粉的磷酸解途径。淀粉在淀粉磷酸化酶的催化下，加磷酸分解为 G1P 的过程称为淀粉的磷酸解（phosphorolysis）。

$$n\,G（淀粉）+Pi \xrightarrow{\text{淀粉磷酸化酶}} (n-1)G+G1P$$

此反应反复进行，每次使淀粉减少一个葡萄糖残基，形成一个 G1P，最后直链淀粉完全分解为 G1P。反应生成的 G1P 可以在代谢中利用。

淀粉酶和淀粉磷酸化酶都可分解淀粉，但二者要求的最适温度不同，前者要求较高的温度，后者要求较低的温度。夏季香蕉变甜，是由于高温利于淀粉酶水解淀粉。在 0～9 ℃低温时，马铃薯块茎内淀粉含量降低，而可溶性糖和 G1P 的含量却增加，这是在低温下，淀粉通过淀粉磷酸化酶的作用而分解。甘薯块根、蔬菜等冬天变甜就是这个道理。

（四）纤维素的合成和分解

纤维素是细胞壁的主要成分，是地球上最丰富的有机物。纤维素是由许多 D-葡萄糖通过 β-1,4-糖苷键连接而成的不分支的长链。

目前认为纤维素的合成是由纤维素合成酶（cellulose synthetase）催化的，以 GDPG 作为葡萄糖的供体，受体是由 β-1,4-糖苷键连接起来的小分子多聚葡萄糖（纤维素糊精）。每反应一次纤维素链增加一个葡萄糖单位。

$$GDPG+纤维素糊精 \xrightarrow{\text{纤维素合成酶}} (n+1)G+GDP$$

纤维素的水解，首先在纤维素酶（cellulase）的催化下生成纤维二糖（双糖），然后在纤维二糖酶的催化下水解为两分子 β-D-葡萄糖。

纤维素酶多存在于某些细菌、真菌以及食草动物的胃中，在高等植物体内含量很少，目前仅在少数植物（如大麦、菠菜、玉米等）种子萌发时，发现有分解种皮中纤维素的纤维素酶。

二、脂类的转化

（一）脂肪的合成和降解

1. 脂肪的生物合成 脂肪（三酰甘油）是甘油和脂肪酸形成的酯，其合成的活化底物是脂酰 CoA 和 3-磷酸甘油。

（1）脂肪酸的生物合成。脂肪酸的从头合成所需的碳源完全来自乙酰 CoA，此外还需要两个酶系参加。

1）乙酰 CoA 羧化酶反应。乙酰 CoA 羧化酶（acetyl-CoA carboxylase）是含生物素的酶，大肠杆菌的乙酰 CoA 羧化酶含有 3 种成分，即生物素羧化酶、生物素羧基载体蛋白（biotin carboxyl carrier protein，BCCP）、转羧基酶，它们以乙酰 CoA 和 CO_2 为原料，在有能量（ATP）供应的情况下，生成乙酰 CoA 的活化形式丙二酸单酰 CoA。丙二酸单酰 CoA 是脂肪酸碳链延长的直接供体，其反应步骤如下：

① 羧化反应。

$$ATP + HCO_3^- + BCCP \xrightarrow{\text{生物素羧化酶，} Mg^{2+}} BCCP-CO_2 + ADP + Pi$$

② 转羧反应。

$$BCCP-CO_2 + 乙酰\ CoA \xrightarrow{\text{转羧基酶}} BCCP + 丙二酸单酰\ CoA$$

在线粒体中，丙酮酸氧化脱羧生成乙酰 CoA，而脂肪酸的合成是在细胞质中进行。乙酰 CoA 不能自由越膜，但乙酰 CoA 在线粒体内可与草酰乙酸结合为柠檬酸，柠檬酸可透过线粒体膜进入细胞质，在柠檬酸裂解酶的催化下再生为乙酰 CoA，并放出草酰乙酸。在乙酰 CoA 转运过程中，还可辅助产生脂肪酸合成的还原力 NADPH。

2）脂肪酸合成酶系反应。脂肪酸合成酶系（FAS）由 6 种酶和 1 种脂酰基载体蛋白（acyl carrier protein，ACP）组成（图 8-2）。

① 启动反应。这一步反应是由合成酶系中的乙酰 CoA-ACP 脂酰基转移酶（acetyl-CoA-ACP acyltransferase）催化完成，结果乙酰基从乙酰 CoA 转至 ACP，形成乙酰-ACP；乙酰基并不留在 ACP 上，而是立即转到另一个酶 β 酮脂酰-ACP 合酶（β-ketoacyl-ACP synthase）的—SH 上。

$$\underset{\text{乙酰 CoA}}{CH_3CO-S-CoA} + HS-ACP \Longleftrightarrow \underset{\text{乙酰-ACP}}{CH_3CO-S-ACP} + CoASH$$

$$\underset{\text{乙酰-ACP}}{CH_3CO-S-ACP} + HS-合酶 \Longleftrightarrow CH_3CO-S-合酶 + HS-ACP$$

② 丙二酸单酰基转移反应。在丙二酸单酰 CoA-ACP 转移酶（malonyl-CoA-ACP acyltransferase）催化下，丙二酸单酰 CoA 中的丙二酸单酰基转至 ACP 上，形成丙二酸单酰-ACP。

$$\underset{\text{丙二酸单酰 CoA}}{HOOC-CH_2-CO-SCoA} + ACP-SH \Longleftrightarrow \underset{\text{丙二酸单酰-ACP}}{HOOC-CH_2-CO-S-ACP} + CoASH$$

③ 缩合反应。此反应由 β 酮脂酰-ACP 合酶催化，酶上所连的乙酰基与 ACP 上所连的丙二酸单酰基反应，生成乙酰乙酰-ACP，放出 1 分子 CO_2。

$$CH_3CO-S-合酶 + \underset{\text{丙二酸单酰-ACP}}{HOOC-CH_2-CO-S-ACP} \longrightarrow \underset{\text{乙酰乙酰-ACP}}{CH_3CO-CH_2-CO-S-ACP} + HS-合酶 + CO_2$$

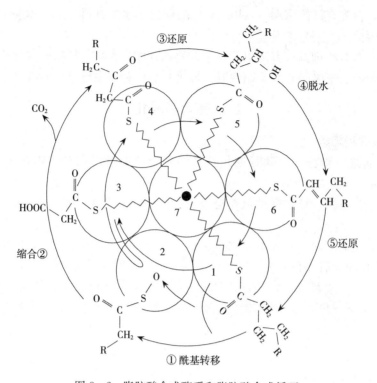

图 8-2 脂肪酸合成酶系和脂肪酸合成循环

1. 乙酰 CoA-ACP 脂酰基转移酶　2. 丙二酸单酰 CoA-ACP 转移酶　3.β 酮脂酰-ACP 合酶
4.β 酮脂酰-ACP 还原酶　5.β 羟脂酰-ACP 脱水酶　6. 烯脂酰-ACP 还原酶　7. 中央为 ACP

实验表明，这里放出的 CO_2 正是乙酰 CoA 羧化反应里引入的同一碳原子。因此可以认为 CO_2 在脂肪酸合成中起了一种催化剂的作用。

④ 第一次还原反应。乙酰乙酰-ACP 被 NADPH 还原生成 D 构型的 β 羟丁酰-ACP。催化这一反应的酶是 β 酮脂酰-ACP 还原酶（β-ketoacyl-ACP reductase）。

$$CH_3CO—CH_2—CO—S—ACP+NADPH+H^+ \longrightarrow CH_3—CHOH—CH_2—CO—S—ACP+NADP^+$$

　　　　乙酰乙酰-ACP 　　　　　　　　　　　　　　　　β 羟丁酰-ACP(D 型)

⑤ 脱水反应。β 羟丁酰-ACP 在 β 羟脂酰-ACP 脱水酶（β-hydroxyacyl-ACP dehydrase）作用下，在 α、β 碳原子间脱水，生成反式丁烯酰-ACP（即巴豆酰-ACP）。

$$CH_3—CHOH—CH_2—CO—S—ACP \longrightarrow CH_3CH=CH—CO—S—ACP+H_2O$$

　　　　β 羟丁酰-ACP 　　　　　　　　　　反式丁烯酰-ACP

⑥ 第二次还原反应。反式烯丁酰-ACP 在烯脂酰-ACP 还原酶（enoyl-ACP reductase）催化下，以 $NADPH+H^+$ 为还原剂，还原生成丁酰-ACP。

$$CH_3CH=CH—CO—S—ACP+NADPH+H^+ \rightleftharpoons CH_3CH_2CH_2CO—S—ACP+NADP^+$$

　　　反式丁烯酰-ACP 　　　　　　　　　　　　　　丁酰-ACP

生成的丁酰-ACP 再与丙二酸单酰-ACP 重复上述缩合、还原、脱水、再还原循环反应，又延长两个碳原子，生成己酰-S-ACP。如此反复循环 7 次，直到生成软脂酰-ACP 为止，以上合成的脂酰-ACP 可经硫酯酶（thioesterase）水解，生成脂肪酸并释放出 ACP。

$$脂酰—S—ACP+H_2O \xrightarrow{硫酯酶} 脂肪酸+ACP—SH$$

脂肪酸可经硫激酶催化，把脂酰基转移到 CoA 上生成脂酰 CoA。

$$脂肪酸+CoA—SH+ATP \xrightarrow{硫激酶} 脂酰—S—CoA+AMP+PPi$$

从乙酰 CoA 合成软脂酸全过程的总反应式如下：

$$8CH_3CO—SCoA+7ATP+14NADPH+14H^+ \longrightarrow$$
$$C_{15}H_{31}COOH+14NADP^++8CoASH+7ADP+7Pi+6H_2O$$

由于β酮脂酰-ACP合酶对软脂酰-ACP无活性，故此途径只能合成16碳以下的饱和脂肪酸。

生物体内碳链更长的脂肪酸，则是经由另外的延长系统在软脂酸羧基端连续增加二碳单位形成的。首先是缩合酶催化脂酰CoA与乙酰CoA缩合，生成β酮脂酰CoA，然后经还原、脱水、再还原，产生比原来多两个碳原子的脂酰CoA，如此重复加长碳链形成16碳以上的脂肪酸。

（2）磷酸甘油的生物合成。糖酵解途径的中间产物磷酸二羟丙酮在细胞质中经3-磷酸甘油脱氢酶催化，以NADH为辅酶使之还原为3-磷酸甘油（图8-3）。

另一种方式是细胞质中甘油磷酸化，即在甘油激酶催化下，由甘油和ATP反应而成，该反应为耗能的不可逆反应（图8-4）。

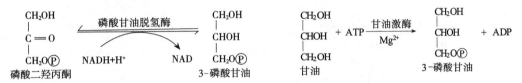

图8-3 磷酸甘油脱氢酶催化的3-磷酸甘油的合成　　图8-4 甘油磷酸化的3-磷酸甘油的合成

（3）三酰甘油（脂肪）的生物合成。3-磷酸甘油和脂酰CoA是合成三酰甘油的活化底物，在磷酸甘油转酰酶催化下，先形成磷脂酸；磷脂酸在磷酸酶催化下脱去磷酸后，形成二酰甘油，后者在二酰甘油转酰酶催化下再和1分子脂酰CoA反应，生成三酰甘油。

总反应式如下：

$$3\text{-磷酸甘油}+3\text{脂酰}CoA+H_2O \longrightarrow \text{三酰甘油（脂肪）}+3CoA—SH$$

2. 脂肪的降解

（1）脂肪的酶促水解。水解脂肪的酶称为脂肪酶（简称脂酶，lipase），广泛分布于生物界，它催化脂肪逐渐水解为甘油和脂肪酸（图8-5）。

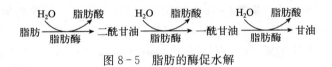

图8-5 脂肪的酶促水解

总反应式如下：

$$\text{脂肪}+3H_2O \longrightarrow 3\text{脂肪酸}+\text{甘油}$$

（2）甘油的降解与转化。甘油首先与ATP作用生成3-磷酸甘油，再氧化成磷酸二羟丙酮。磷酸二羟丙酮可转变为3-磷酸甘油醛，进入糖酵解途径生成丙酮酸，然后经三羧酸循环彻底氧化供能，也可逆糖酵解途径异生为糖（图8-6）。

图8-6 甘油的分解与转化

（3）脂肪酸的氧化。脂肪酸的氧化以β氧化为主。β氧化主要在线粒体中进行，植物还可以在乙醛酸体中进行。β氧化是指在脂肪酸碳链的β位碳原子上氧化，在C_2和C_β位之间断裂，产生二碳单位的乙酰 CoA 和少 2 个碳的脂肪酸的过程。偶数碳原子的脂肪酸最终全部分裂成乙酰 CoA。

脂肪酸在进行 β 氧化前必须先活化成脂酰 CoA。

$$RCH_2 \cdot CH_2COOH + CoA—SH + ATP \xrightarrow{\text{脂酰 CoA 合成酶}} RCH_2 \cdot CH_2CO \cdot SCoA + AMP + PPi$$

脂肪酸 脂酰 CoA

脂酰 CoA 氧化包括脱氢、加水、再脱氢和硫解 4 步反应，全程如图 8-7 所示。

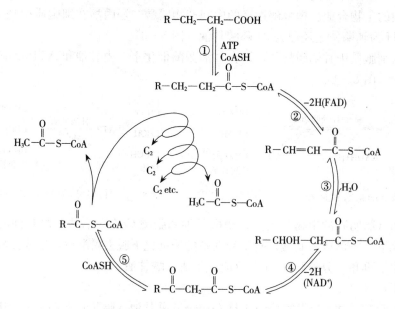

图 8-7 脂肪酸的 β 氧化作用
①脂酰 CoA 合成酶 ②脂酰 CoA 脱氢酶 ③烯脂酰 CoA 水合酶
④β 羟脂酰 CoA 脱氢酶 ⑤β 酮脂酰 CoA 硫解酶

① 脱氢反应。脂酰 CoA 经脂酰 CoA 脱氢酶（acyl-CoA dehydrogenase）催化，在 α 和 β 碳原子上脱氢生成 α，β-反烯脂酰 CoA。脂酰 CoA 脱氢酶以 FAD 为辅基，并作为氢受体生成 FADH$_2$，可进入电子传递链被氧化。

② 加水反应。α，β-反烯脂酰 CoA 在烯脂酰 CoA 水合酶（enoyl-CoA hydratase）的催化下，加水生成 L-β-羟脂酰 CoA。

③ 再脱氢反应。β 羟脂酰 CoA 在 β 羟脂酰 CoA 脱氢酶（β-hydroxyacyl-CoA dehydrogenase）催化下，脱去 β 碳原子与 β 羟基上的氢原子，生成 β 酮脂酰 CoA。该脱氢酶以 NAD$^+$ 为辅酶，NAD$^+$ 接受氢后生成 NADH+H$^+$，可以进入电子传递链被氧化。

④ 硫解反应。在 β 酮脂酰 CoA 硫解酶（β-ketoacyl-CoA thiolase）催化下，β 酮脂酰 CoA 再与 1 分子 CoA 作用，硫解生成 1 分子乙酰 CoA 和减 2 个 C 的脂酰 CoA，完成一轮循环，然后进入第二轮 β 氧化循环。

1 分子十六碳的软脂酸经 7 次 β 氧化，共产生 7 分子 NADH+H$^+$、7 分子 FADH$_2$、8 分子乙酰 CoA，以后进入三羧酸循环彻底氧化，可生成 108 分子 ATP。

$$C_{15}H_{31}COOH + 8CoA \cdot SH + 7FAD + 7NAD^+ + ATP + 7H_2O \xrightarrow{\text{7轮 β 氧化}}$$

$$8CH_3COSCoA + 7NADH + 7H^+ + 7FADH_2 + AMP + PPi$$

$$7FADH_2 = 7 \times 1.5ATP = 10.5ATP$$

$$7NADH = 7 \times 2.5ATP = 17.5ATP$$

$$8 \text{乙酰 CoA} = 8 \times 10ATP = 80ATP$$

考虑到脂肪酸活化时，反应中 ATP 生成 AMP 和 PPi 消耗掉两个高能键，相当于两个 ATP，故 1 分子软脂酸（棕榈酸）完全氧化分解成 CO_2 和 H_2O 时，共获得 106 分子 ATP，其能量利用率约为 33.1%。

(二) 乙醛酸循环

脂肪酸 β 氧化生成的乙酰 CoA，除可以进入三羧酸循环彻底氧化为 CO_2 和水并产生能量外，在油料种子萌发时，还可以通过另一循环转变为糖类，由于此循环中有一主要中间物乙醛酸，又在乙醛酸体上进行，所以称为乙醛酸循环（glyoxylate cycle）。

乙醛酸循环的多个反应与三羧酸循环相似并与三羧酸循环有密切联系，所以可看成三羧酸循环的支路（图 8-8）。

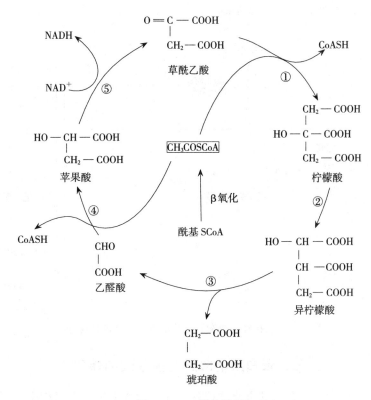

图 8-8 乙醛酸循环

①柠檬酸合酶 ②乌头酸酶 ③异柠檬酸裂解酶 ④苹果酸合酶 ⑤苹果酸脱氢酶

1. 乙醛酸循环中的主要反应 乙醛酸循环绕过 TCA 循环中的两个脱羧反应，因而无 CO_2 的生成。有两个关键性的酶促反应过程。

（1）异柠檬酸裂解酶反应。异柠檬酸裂解酶（isocitrate lyase）将异柠檬酸裂解为琥珀酸和乙醛酸。

$$异柠檬酸 \longrightarrow 琥珀酸 + 乙醛酸$$

（2）苹果酸合酶反应。苹果酸合酶（malate synthase）催化 1 分子乙酰 CoA 和乙醛酸加合为苹果酸。

$$乙酰 CoA + 乙醛酸 + H_2O \longrightarrow 苹果酸 + CoASH$$

苹果酸以后脱氢转变为草酰乙酸，再与乙酰 CoA 缩合为柠檬酸而构成环式反应。琥珀酸进入 TCA 循环转变为草酰乙酸。

乙醛酸循环总反应式如下：

$$2 乙酰 CoA + NAD^+ + 2H_2O \longrightarrow 琥珀酸 + 2CoASH + NADH + H^+$$

2. 脂类转变为糖 脂类转变为糖是糖的异生作用的一种形式。糖的异生作用（gluconeogenesis）是指非糖的前体物质，如氨基酸、脂肪酸、有机酸等转变为葡萄糖的过程。

脂肪转变为糖开始于脂肪酸β氧化产生的乙酰 CoA。乙酰 CoA 由线粒体进入乙醛酸体，经乙醛酸循环产生琥珀酸，然后琥珀酸进入线粒体，经三羧酸循环转变为草酰乙酸，草酰乙酸穿过线粒体膜进入细胞质，在磷酸烯醇式丙酮酸羧激酶催化下，由 GTP 供能，脱羧生成 PEP，PEP 逆糖酵解途径而异生为磷酸葡萄糖，可进一步转变为蔗糖。

油料种子萌发时，此过程强烈进行，油脂大量转变为糖，供种子萌发和幼苗生长所需。由此可知乙醛酸循环是脂肪与糖相互转变的桥梁（图 8-9）。

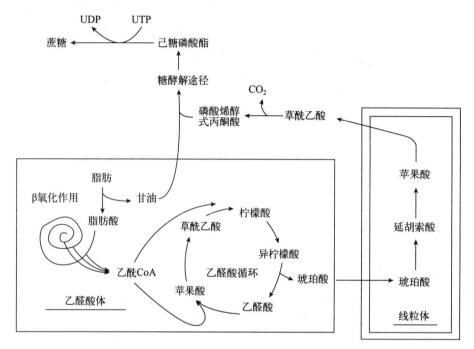

图 8-9　油料种子萌发时由脂肪转变为糖的代谢途径

三、蛋白质的降解与氨基酸的转化

蛋白质代谢在细胞代谢中具有极其重要的位置。在生物的生长发育过程中，蛋白质与氨基酸的合成、分解每时每刻都在进行。

（一）蛋白质的分解

蛋白质在体内的分解是在酶的催化下加水分解，使其肽键断裂，最后形成氨基酸。水解蛋白质的酶有两大类，即肽酶（peptidase）和蛋白酶（proteinase）。

肽酶作用于肽链的末端，作用于羧基末端的称为羧肽酶（carboxypeptidase），作用于氨基末端的称为氨肽酶（aminopeptidase），它们每次只能分解出一个氨基酸或二肽。肽酶又称为肽链外切酶（exopeptidase）或肽链端解酶。

蛋白酶作用于多肽链内部的肽键，产生长短不同的肽片段，从而暴露出许多末端，然后在肽酶作用下进一步分解成氨基酸。蛋白酶又称肽链内切酶（endopeptidase）。

蛋白酶和肽酶有不同程度的专一性，因此其中一些酶常用于测定多肽和蛋白质的一级序列。

（二）氨基酸的合成与分解

1. 氨基酸的合成

（1）谷氨酸和谷氨酰胺的合成。现已知无机态氮转变为有机态氮，主要是通过谷氨酸和谷氨酰胺的合成，因为谷氨酸上的氨基可以转移到任何一种 α 酮酸上去，生成各种相应的氨基酸，它是氨基的供体和转移站，所以在氨基酸合成中占有主要地位。

（2）转氨基作用。转氨基作用指把一种氨基酸的氨基转移到另一种酮酸上，以形成另一种氨基酸和酮酸的作用。这种转氨基作用由转氨酶（transaminase）催化，转氨酶的辅基是磷酸吡哆醛（胺）。转氨基作用的通式如图8-10所示。

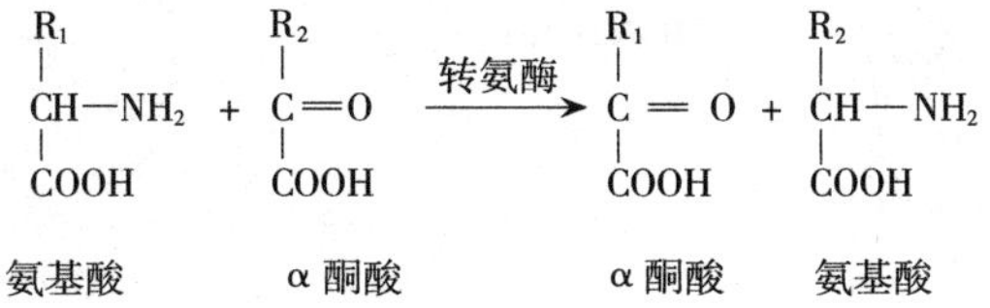

$$\underset{\text{氨基酸}}{\overset{R_1}{\underset{COOH}{CH-NH_2}}} + \underset{\text{α酮酸}}{\overset{R_2}{\underset{COOH}{C=O}}} \xrightarrow{\text{转氨酶}} \underset{\text{α酮酸}}{\overset{R_1}{\underset{COOH}{C=O}}} + \underset{\text{氨基酸}}{\overset{R_2}{\underset{COOH}{CH-NH_2}}}$$

图8-10 转氨酶催化的转氨基作用通式

重要的转氨反应有谷氨酸与丙酮酸、谷氨酸与草酰乙酸之间的转氨等。由转氨基作用可形成多种氨基酸，如甘氨酸、丙氨酸、天冬氨酸、丝氨酸、亮氨酸、异亮氨酸、苯丙氨酸、酪氨酸等。

2. 氨基酸的分解　各种氨基酸分子都含有氨基和羧基，因而它们的分解具有共同的途径，主要是脱氨基作用、脱羧作用以及脱氨脱羧后产物的转变。但由于各氨基酸的侧链基团不同，个别氨基酸有其特殊的代谢途径。

（1）脱氨基作用。氨基酸在酶的作用下脱去氨基的过程称为脱氨基作用（deamination），主要有氧化脱氨基、转氨基、联合脱氨基等作用方式。

① 氧化脱氨基作用。在L-谷氨酸脱氢酶等酶的催化下氨基酸脱氨生成酮酸，同时伴有氧化过程，称为氧化脱氨基作用（oxidative deamination）。

$$\alpha \text{氨基酸} + H_2O + NAD(P)^+ \longrightarrow \alpha \text{酮酸} + NH_3 + NAD(P)H + H^+$$

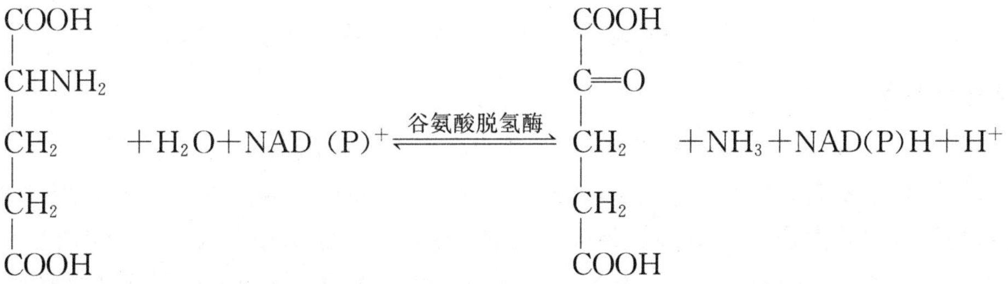

$$\underset{}{\overset{COOH}{\underset{COOH}{|\atop CHNH_2 \atop |\atop CH_2 \atop |\atop CH_2}}} + H_2O + NAD(P)^+ \underset{\text{谷氨酸脱氢酶}}{\rightleftharpoons} \underset{}{\overset{COOH}{\underset{COOH}{|\atop C=O \atop |\atop CH_2 \atop |\atop CH_2}}} + NH_3 + NAD(P)H + H^+$$

② 联合脱氨基作用。联合脱氨基作用（transdeamination）指由转氨基作用和氧化脱氨基作用相互配合的脱氨基过程（图8-11）。

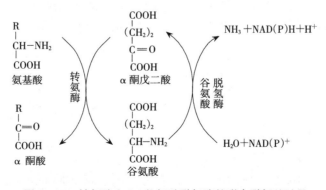

图8-11 转氨酶和L-谷氨酸脱氢酶的联合脱氨基过程

转氨酶和L-谷氨酸脱氢酶联合脱氨基作用在机体内广泛存在，在氨基酸的最终脱氨基代谢中起重要作用。除此外，在骨骼肌、心肌、脑组织等中存在以转氨酶和嘌呤核苷酸循环的联合脱氨基作用（图8-12）。

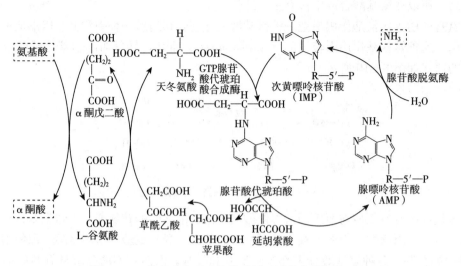

图 8-12　转氨酶和嘌呤核苷酸循环的联合脱氨基过程

（2）脱羧基作用。脱羧基作用（decarboxylation）指氨基酸在氨基酸脱羧酶的作用下，脱去羧基，生成胺（amine）的过程。反应通式如下：

$$R—CH—NH_2—COOH \xrightarrow{\text{脱羧酶}} R—CH_2—NH_2 + CO_2$$
$$\text{胺}$$

脱羧酶（decarboxylase）的辅酶也是磷酸吡哆醛，这种酶的专一性很高，一般一种脱羧酶只能对一种氨基酸起催化作用，在动植物体内普遍存在。

四、核酸的降解与核苷酸的转化

（一）核酸的降解

核酸是许多单核苷酸以 $3'$，$5'$-磷酸二酯键连成的高聚物。核酸分解的第一步就是水解其中的磷酸二酯键。作用于磷酸二酯键的水解酶称为核酸酶（nuclease），亦称磷酸二酯酶，据切割磷酸二酯键的方位不同把核酸酶分为核酸内切酶（endonuclease）和核酸外切酶（exonuclease）。内切酶从核酸多核苷酸链内部切断磷酸二酯键，外切酶则从核苷酸链的 $3'$ 末端或 $5'$ 末端逐个水解切下为单核苷酸。

根据核酸酶对底物的专一性将其分为 3 类：核糖核酸酶、脱氧核糖核酸酶和非特异性核酸酶。

1. 核糖核酸酶　只能水解 RNA 磷酸二酯键的酶称为核糖核酸酶（ribonuclease，RNase）。不同的 RNase 其专一性不同，如牛胰核糖核酸酶（RNase Ⅰ），它的作用位点是嘧啶核苷-$3'$-磷酸与其他核苷酸之间的连接键，而核糖核酸酶 T_1（RNase T_1）的作用位点是 $3'$-鸟苷酸与其他相邻核苷酸的 $5'$-OH 间的连接键（图 8-13）。

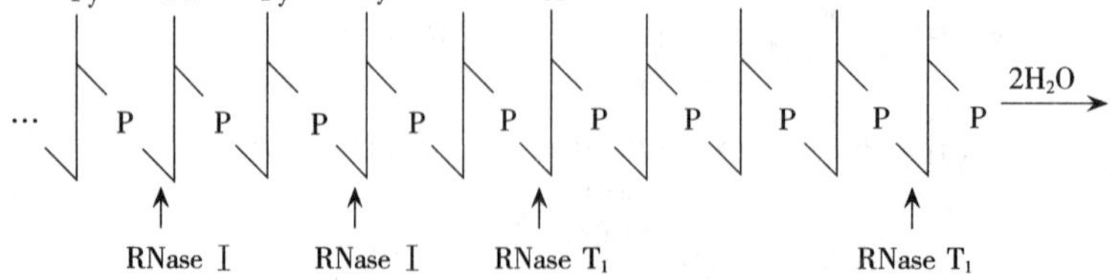

图 8-13　核糖核酸酶对 RNA 的水解位置
Py. 嘧啶碱　Pu. 嘌呤碱

2. 脱氧核糖核酸酶　只能水解 DNA 磷酸二酯键的酶称为脱氧核糖核酸酶（deoxyribonuclease，DNase）。如牛胰脱氧核糖核酸酶（DNase Ⅰ）可切割双链和单链 DNA，产物是以 $5'$-磷酸为末端的寡核苷酸，而牛脾脱氧核糖核酸酶（DNase Ⅱ）降解 DNA 则产生以 3′-磷酸为末端的寡核苷酸。

在原核生物中存在着一类能认识外源 DNA 双螺旋中 4～6 个碱基对所组成的特异序列，并在此序列的某位点水解 DNA 双螺旋链，这类酶称为限制性核酸内切酶（restriction endonuclease），简称限制酶（restriction enzyme）。限制酶在生物技术、生物工程、分子生物学等领域，分析染色体结构、DNA 分子测序、分离基因乃至创造新的 DNA 分子，是必不可少的工具。

3. 非特异性核酸酶 既可水解 RNA 磷酸二酯键又可水解 DNA 磷酸二酯键的核酸酶称为非特异核酸酶（non‐specific nuclease）。如微球菌核酸酶（micrococcal nuclease）是内切酶，可作用于 RNA 或变性 DNA，产生 3′-核苷酸或寡核苷酸，而蛇毒磷酸二酯酶（venom phosphodiesterase）则能从 RNA 链或 DNA 链的 3′-羟基末端逐个切割核苷酸，生成 5′-核苷酸。

（二）核苷酸的合成与分解

1. 核苷酸的合成 核苷酸在细胞内的合成有两条基本途径。一条是由氨基酸、核糖磷酸、CO_2 和 NH_3 合成核苷酸，称为从头合成（*de novo* synthesis）途径。另一条由核酸分解产生的碱基和核苷转变成核苷酸，这种转变可以通过各种不同的路线完成，一般把这种转变途径称为补救（salvage）合成途径（图 8‐14）。

2. 核苷酸的分解 核苷酸在核苷酸酶（nucleotidase）[又称磷酸单酯酶（phosphomonoesterase）]的作用下水解为磷酸和核苷。核苷酸酶广泛存在于生物体中，有两类：一类是非特异性核苷酸酶，对 2′、3′ 或 5′-核苷酸均可水解；另一类是特异性强的核苷酸酶，有 3′-核苷酸酶和 5′-核苷酸酶。

核苷经核苷酶（nucleosidase）作用后，产生嘌呤或嘧啶和戊糖。核苷酶也有两类：一类是核苷磷酸化酶

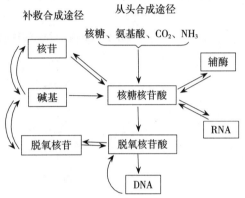

图 8‐14 核苷酸合成的两条途径

（nucleoside phosphorylase），它催化核苷磷酸解产生含氮碱基和磷酸戊糖；另一类是核苷水解酶（nucleoside hydrolase），它分解核苷产生含氮碱基（嘌呤或嘧啶）和戊糖。

$$核苷 + 磷酸 \xrightleftharpoons{核苷磷酸化酶} 含氮碱 + 磷酸戊糖$$

$$核苷 + H_2O \xrightarrow{核苷水解酶} 含氮碱 + 戊糖$$

核苷磷酸化酶广泛存在于生物体内，催化反应是可逆的。核苷水解酶主要存在于植物和微生物中，只作用于核糖核苷，对脱氧核糖核苷无作用，催化反应不可逆。核苷的降解产物嘌呤和嘧啶还可以继续分解成 CO_2 和 NH_3 等。

五、植物次生代谢物的转化

植物在新陈代谢过程中产生的蛋白质、核酸、脂肪、糖类等化合物，是光合作用、呼吸作用等生理过程初生代谢（primary metabolism）的产物，是维持植物生命活动所必需的，通常称为初生代谢物（primary metabolite）。此外，植物中还有一大类表面看来与植物生长发育没有直接关系的种类繁杂的小分子有机物，这些物质通常由糖类等有机物次生代谢衍生而来，称为次生代谢物（secondary metabolite），亦称次生产物（secondary product）或天然化合物（natural product）。

植物的初生代谢物与次生代谢物合成途径存在差别，但不能截然分开，因为两个代谢途径中有些共用的中间产物。植物次生代谢物的种类繁多，根据其化学结构和性质，可分为酚类、萜类和次生含氮化合物等类型。次生代谢物多储存在液泡或细胞壁中，是代谢的最终产物，除极少数外，大部分不再参加代谢活动。次生代谢物的产生和分布通常有种属、器官、组织以及生长发育时期的特异性，而初生代谢物存在于所有植物中。植物次生代谢物不仅可以用作药物以及工业原料使用，而且对植物生

命活动和生态环境适应性方面具有重要作用。

（一）酚类化合物

酚类（phenol）是芳香族环上的氢原子被取代后生成的化合物，其取代基包括羟基、羧基、甲氧基（methoxyl，—OCH₃）或其他非芳香环结构。酚类化合物种类繁多，广泛分布于高等植物、苔藓、地钱和微生物中，主要包括类黄酮、简单酚类和醌类等。

由莽草酸途径衍生而来的苯丙烷代谢途径是植物次生物质代谢的一条重要途径，含苯丙烷骨架的物质都是由该代谢途径直接或间接生成。在植物体中，通过莽草酸途径可将 4-磷酸赤藓糖（E4P）（来自 PPP 途径）与磷酸烯醇式丙酮酸（PEP）（来自 EMP 途径）结合形成莽草酸，通过分支酸、预苯酸、前酪氨酸，形成苯丙氨酸，进入苯丙烷代谢途径。苯丙氨酸解氨酶（PAL）、肉桂酸-4-羟基化酶（C4H）、4-香豆酰 CoA 连接酶（4CL）是苯丙烷类合成途径中的关键酶也是限速酶，查尔酮合成酶（CHS）和查尔酮异构酶（CHI）是类黄酮化合物合成的关键酶，植物中大多数酚类物质（如酚酸、木质素、类黄酮等）都是苯丙烷代谢途径的产物（图 8-15）。

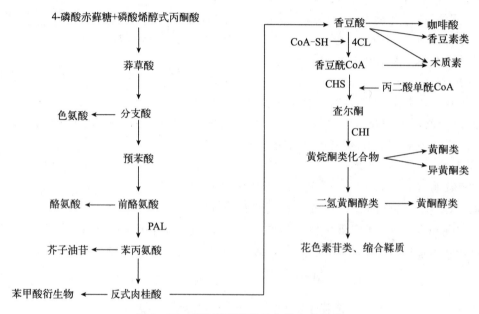

图 8-15　植物苯丙烷类的生物合成途径

（引自王莉，2007）

1. 类黄酮　类黄酮（flavonoid）是一类低分子质量的广泛存在于植物果实、花瓣和叶片中的多酚类物质。类黄酮主要指基本母核为 2-苯基色原酮（2-phenyl-chromone）的一类化合物，现在泛指 2 个具有酚羟基的苯环（A 环与 B 环）通过中央三碳链相连而成的一系列化合物。根据其三碳链的氧化程度、是否成环、B 环连接位置（2 位或 3 位）等特点可分为黄酮、黄酮醇、黄烷酮（二氢黄酮）、黄烷醇和花色素苷等种类（图 8-16）。由于类黄酮具有多个不饱和键，所以可吸收可见光，呈现各种颜色。自 1814 年白杨素（chrysin）被发现，目前类黄酮种类总数已超 8 000 种。生物类黄酮多以苷类形式存在，一般储存在细胞的中央大液泡内。

大部分黄酮和黄酮醇呈淡黄色或象牙白色，是植物的呈色物质。一些无色的黄酮和黄酮醇可以吸收紫外线，某些昆虫（如蜜蜂）可以看见部分紫外波段的光线，所以含黄酮和黄酮醇的花可以诱引这些昆虫采食传粉。这些物质还存在于叶片内，对动物起拒食剂的作用。黄酮和黄酮醇可以大量吸收紫外线，能够保护植物叶片不受长波紫外线的危害。胡桃醌和黄酮醇类化合物是核桃属植物重要的化感物质。在自然条件下，核桃叶中的黄酮醇类化合物很容易经雨水淋洗释放出来，影响周围其他生物生长，而起化感作用。

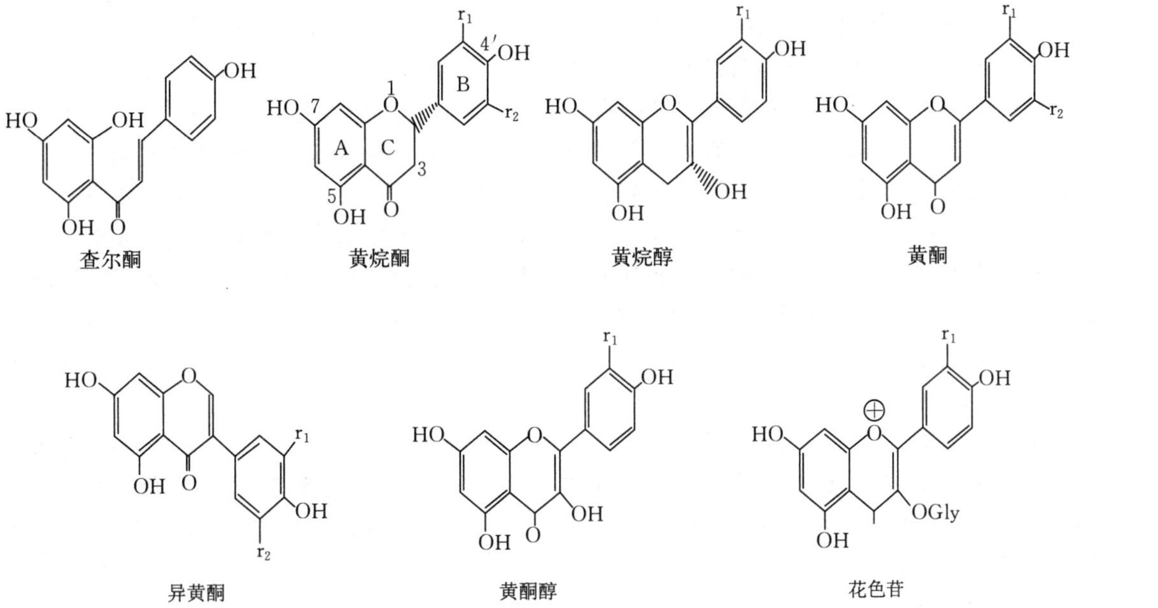

图 8 - 16　类黄酮化合物的基本结构

(引自 Taylor 和 Grotewold，2005)

查尔酮　　　黄烷酮　　　黄烷醇　　　黄酮

异黄酮　　　黄酮醇　　　花色苷

黄酮的同分异构体异黄酮存在某些植物品种中，尤其是蝶形花亚科豆荚属植物中大量存在。某些种类的异黄酮是种间化学物质，即对其他动植物具有排斥或诱引作用的化学物质。例如，鱼藤根中的鱼藤酮是一种异黄酮，是常用的一种杀虫剂。有些异黄酮是植保素，在植物受病菌感染后迅速产生，抑制病菌的进一步生长。

游离的花色素不稳定，在自然界的植物体内主要以较稳定的花色素苷形式存在。花色素苷是花色素与糖基以糖苷键结合而成的一类水溶性的有色类黄酮，存在于细胞液泡中。花色素苷广泛存在于植物的花、果实、叶片中，使其呈现红、蓝、紫和黄等五彩缤纷的颜色，特定条件下出现黑色。花色素苷能强烈吸收可见光而区别于其他天然黄酮类化合物。花色素苷的颜色受许多因素影响，与连接在母体 B 环上的羟基（—OH）和甲氧基（—OCH_3）的数目，以及细胞液的 pH 有关，一般细胞液呈酸性则偏红，细胞液呈碱性则偏蓝。如飞燕草表皮细胞液泡内的 pH 在衰老过程中从 5.5 上升到 6.6，其中的花色素苷则从紫红色变为蓝紫色。花色素苷的功能主要是作为诱引色，吸引昆虫或其他动物采食，协助传粉和传播种子。此外，花色素苷对植物适应和抵御不良环境具有重要意义，有利于保护植株免受强光、紫外线和低温的伤害，提高植株抗旱和抗病虫害侵袭能力。花色素苷还是一种天然食用色素和天然抗氧化剂。

2. 简单酚类　简单酚类是含有一个被羟基取代的苯环化合物，分布于植物各种组织、器官中。按其结构可分为 3 类：简单苯丙酸类，如肉桂酸、香豆酸、阿魏酸、咖啡酸等；苯丙酸内酯类，如香豆素等；苯甲酸衍生物类，如水杨酸、香兰素、绿原酸、没食子酸等。许多简单酚类化合物在植物防御食草昆虫和真菌侵袭中起重要作用，某些成分还具有调节植物生长的作用。

肉桂酸及其产生的香豆酸，以及进一步羟基化和甲基化产生的咖啡酸、阿魏酸和芥子酸，都是一些多聚体、木栓质、木质素以及其他一些防御机械损伤和病菌侵染的多酚类物质的结构元件，它们本身也具有一定的抗微生物特性，如香豆素是一类非常普遍存在的具有化感活性的物质，也具有抗微生物及防御植食性昆虫侵染的作用。香豆素可以转化为水杨酸，具有抗微生物和在病菌侵染过程中的信号传导作用。原儿茶酸、绿原酸能提高植物抵抗病菌感染的能力。对羟基苯甲酸、香豆酸、阿魏酸等是植物异株克生物质。

3. 木质素和鞣质　植物体中的木质素（lignin）数量很大，仅次于纤维素，居有机物的第二位。

本质素主要是由 3 种芳香醇（松柏醇、芥子醇和对香豆醇）形成的一种复杂酚类聚合物。木质素不仅是植物细胞壁的骨架物质，还具防御功能。坚硬的细胞壁有助于抗拒昆虫和动物采食，即使被采食也难以消化。木质素可以抑制真菌及其分泌的酶和毒素对细胞壁的穿透能力，感染部位周围细胞壁的木质化可抑制水分和养分向真菌扩散，以抑制真菌生长。此外，木质素合成过程中产生的活性自由基可以钝化真菌的细胞膜、酶和毒素。在植物酚类多聚体中具有防御功能的，除了木质素外，就是鞣质（tannin，俗名单宁），其相对分子质量大多数为 600～3 000。鞣质可分两类：缩合鞣质（condensed tannin）和水解鞣质（hydrolyzable tannin）。缩合鞣质是由类黄酮单位聚合而成，相对分子质量较大，是木本植物的组成成分，可被强酸水解为花色素。水解鞣质是不均匀的多聚体，含有酚酸（主要是没食子酸，gallic acid）和单糖，相对分子质量较小，易被稀酸水解。树干心材的鞣质丰富，能防止真菌和细菌侵染引起的心材腐败。鞣质还是一种收敛剂，使动物食后嘴唇发麻，而且可以抑制消化，借此防止动物采食。

4. 醌类 醌类是由苯式多环烃碳氢化合物（如萘、蒽等）衍生的芳香二氧化合物，根据其环系统可分为苯醌、萘醌和蒽醌。醌类是植物主要呈色因子之一，如紫草素是紫草（*Lithospermum erythrorhizon*）栓皮层中的萘醌类色素，也是重要的药品和化妆品原料。部分醌类具有抗菌、抗癌等功效，如胡桃醌和紫草宁。

（二）萜类化合物

萜类化合物（terpenoid）是由异戊二烯（5 碳）单元 [$(C_5H_8)_n$] 组成的化合物及其衍生物，也称为异戊间二烯化合物（isoprenoid）、萜烯类化合物（terpenoid）、萜烯（terpene）。目前在植物中已发现了数千种萜类化合物，根据异戊二烯单元数量不同，萜类可分为半萜（hemiterpene，5 碳，即含一个异戊二烯单位，$n=1$）、单萜（monoterpene，10 碳，$n=2$）、倍半萜（sesquiterpene，15 碳，$n=3$）、双萜（diterpene，20 碳，$n=4$）、三萜（triterpene，30 碳，$n=6$）、四萜（tetraterpene，40 碳，$n=8$）、多萜（polyterpene，40 碳以上，$n>8$）等。萜类化合物的生物合成过程从属于异戊二烯代谢途径。植物异戊二烯的生物合成有 2 条途径：甲羟戊酸途径（mevalonic acid pathway）在植物的细胞质中进行，3 -羟基- 3 -甲基戊二酸单酰 CoA 还原酶（MHG - CoA 还原酶）为第一个限速酶，该途径合成甾体类、倍半萜类化合物；3 -磷酸甘油醛/丙酮酸途径（3 - phosphate glyceraldehyde / pyruvate pathway）在植物特有的细胞器——质体中进行，1 -去氧木糖-5 -磷酸合成酶和 1 -去氧木糖-5 -磷酸还原酶是两个限速酶，该途径合成单萜、双萜、多萜等化合物（图 8 - 17）。

单萜往往是植物气味（如花香）的主要成分，有时可以占到植物干重的 5% 左右。单萜作为香料和调味品在工业上有重要的应用。一些单萜类物质在植物与其他生物间的关系中发挥作用，包括具有一定抗菌作用的薄荷醇、含有芳香成分的柠檬醛和香叶醇、有驱虫作用的香茅醛、吸引黄蜂的芳樟醇等。倍半萜是植物挥发油的成分，同时作为植物保护素（phytoalexin，植保素）参与植物对微生物侵染的防御机制，植物也通过倍半萜对昆虫起到拒食作用。双萜包括植醇（phytol，叶绿素的侧链）、赤霉素等，一些双萜也是植保素。脱落酸虽然只含有 15 个碳，但是从双萜化合物衍生而来的。三萜包括油菜素内酯、皂苷和甾类等，楝科（Meliaceae）植物中的三萜类化合物具有广谱的抗病杀菌作用。四萜包括类胡萝卜素等。多萜包括作为电子载体的质体醌、泛醌等。

许多含 10～15 碳的萜烯称为植物精油，它们通常具有挥发性和较强的气味。如橘皮中就存在 71 种挥发性的植物精油，其中大部分是单萜，主要是柠檬油精。最知名的一种植物精油是存在于松属（*Pinus*）植物的松节油，其中含有大量的单萜类化合物。植物精油是香料和香精制造中的重要原料。植物花朵中的精油还有诱引昆虫采蜜、协助授粉的功能。在松属植物中，柠檬油精是昆虫拒食剂；与此相反，α 蒎烯是松树吸引昆虫聚集的信息素。因此，柠檬油精含量高而 α 蒎烯含量低的松树不易受到松节虫的侵害。

植物体内释放的挥发性精油（包括异戊二烯本身）的量是非常惊人的。据测算，每年地球上植物释放出的挥发性物质大约有 14 亿 t，其中大部分为碳氢类萜烯化合物。在美国田纳西州、北

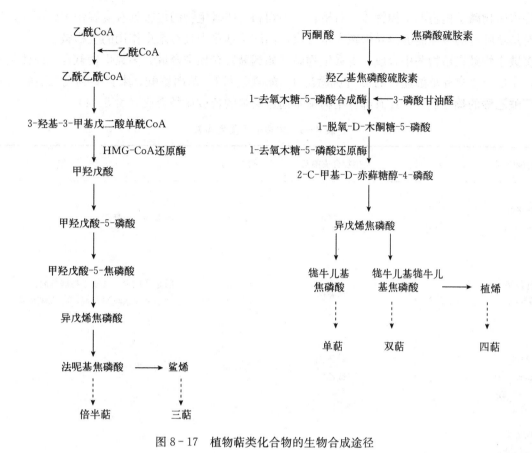

图 8-17 植物萜类化合物的生物合成途径

（虚线表示由多步反应完成）

（引自王莉，2007）

卡罗来纳州以及澳大利亚等地区经常形成蓝色山雾，就是由空气中的萜烯类化合物颗粒对蓝光的散射造成的。

　　树脂是 10～30 碳萜烯的混合物，广泛存在于针叶植物和许多热带被子植物中。树脂在一种特殊的叶片上皮细胞中合成，通过相连的导脂管聚集、分泌、保护植物抗御昆虫侵害。橡胶含有 3 000～6 000 个异戊二烯单元组成的无分支长链，是分子质量最大的异戊二烯类化合物。天然橡胶是一种热带大戟属植物三叶胶树分泌的一种乳状的细胞原生质，胶乳中大约含 1/3 的纯橡胶。目前世界上发现大约 2 000 种产胶植物，很多被用作橡胶原料植物。

（三）次生含氮化合物

　　大多数次生含氮化合物（nitrogen-containing compound）是从普通氨基酸合成的，主要有生物碱、胺类、非蛋白氨基酸、生氰苷和芥子油苷，多具有防御作用。

　　生物碱（alkaloid）属含氮有机次生代谢物中的最大一族，在植物中广泛存在。其分子结构中具有多种含氮杂环，分子中的氮原子具有结合质子的能力，所以呈碱性。生物碱多为白色晶体，味苦，具有水溶性。

　　自然界 20％左右的维管植物含有生物碱，其中大多数是草本双子叶植物，单子叶植物和裸子植物很少含生物碱。目前，已经分离到 12 000 余种生物碱，其中许多种类是药用植物的有效成分。如黄连中的小檗碱（berberine）有抗菌效果，麻黄中的麻黄碱（ephedrine）有平喘作用，喜树（*Camptotheca acuminata*）中的喜树碱为一种有效的抗癌药物，罂粟（*Papaver somniferum*）中的可待因具有止痛、镇咳功效，金鸡纳树（*Cinchona ledgerinan*）中的奎宁为传统的抗疟疾药物，用来消除对其他抗疟疾药物产生的抗性，长春花（*Catharanthus roseus*）中长春花碱为抗肿瘤药物，可用于治疗淋巴瘤等。

许多生物碱是植物的防御物质，对植食性动物和一些微生物的侵害具有应答作用。例如，植食性动物对烟草叶片的破坏能够诱导烟碱大量合成，烟碱是烟草中具有杀虫作用的生物碱。

多数生物碱在植物茎中合成，少数生物碱（如烟碱）在根中合成。多数生物碱合成前体是一些氨基酸，主要有来自莽草酸途径的 L-色氨酸、L-酪氨酸和 L-苯丙氨酸，来自 α 酮戊二酸的鸟氨酸和来自草酰乙酸的赖氨酸等。还有部分生物碱是通过萜烯的合成途径合成（表 8-1）。

表 8-1 主要的几类生物碱

生物碱组别	结　构	生物合成前身	例　子	医　用
吡咯烷 （pyrrolidine）		鸟氨酸	烟碱	兴奋剂、镇静剂
莨菪烷 （tropane）		鸟氨酸	阿托品 可卡因	阻止肠痉挛，其他毒物解毒剂 中枢神经系统兴奋剂，局部麻醉剂
哌啶 （piperidine）		赖氨酸 （或乙酸）	毒芹碱	毒物（麻痹运动神经）
吡咯嗪 （pyrrolizidine）		鸟氨酸	倒千里光碱	无
喹嗪 （quinolizidine）		赖氨酸	羽扇豆碱	恢复心律
异喹啉 （isoquinoline）		酪氨酸	可卡因 吗啡	止痛药、止咳药 止痛药
吲哚 （indole）		色氨酸	利血平 马钱子碱	治疗高血压、精神病 毒鼠药、治疗眼疾

胺类是 NH_3 中的氢的不同取代物，通常由氨基酸脱羧或醛转氨而产生，在植物中分布广泛，常存在于花部，具臭味。有些胺类与植物的生长发育有关，如离体条件下多巴胺能促进石斛提前开花。

非蛋白氨基酸是不组成植物蛋白的氨基酸，常有毒，多存在于豆科植物中。因与蛋白氨基酸相似，易被错误掺入蛋白质，多为代谢拮抗物。

生氰苷是一类由脱羧氨基酸形成的 O-糖苷，是植物的防御物质。其本身无毒性，当含生氰苷的植物被损伤后，会释放出有毒的氢氰酸（HCN）气体。现已鉴定结构的生氰苷达 30 种左右，如苦杏仁苷和亚麻苦苷，存在于多种植物内，最常见的有豆科植物、蔷薇科植物等。植物中的糖苷酶和羟腈裂解酶是催化生氰苷释放 HCN 的两种酶。一般情况下，植物体内的这些酶与生氰苷存在的位置不同,如高粱中的生氰苷存在于表皮细胞的液泡内,而上述裂解酶存在于叶肉细胞内,只有当植物叶片被损伤时(如被动物嚼食)才会使生氰苷与裂解酶混合发生反应,产生 HCN,呼吸被抑制。

(四)植物次生代谢物的作用

植物次生代谢是植物在长期进化中与环境(生物的和非生物的)相互作用的结果。环境的多样性形成了次生代谢物的多样性、生物学功能的多样性,对植物的生态适应性具有重要作用。如酚类化合物包括黄酮类、花色素、木质素等在植物忍受环境胁迫中具有重要生理调节作用;类萜和酚类是植物释放的主要化感物质,实现对种群内部和物种间植物的防御,包括相生或克生作用(化感作用),有利于种群的持续繁衍;以单萜和倍半萜为主的萜类能有效保护植物免受植食性昆虫或病原体的侵害;生物碱、生氰苷等是植物防御动物的重要手段;植保素是植物受到感染后诱导产生的一些酚类、类萜及含氮有机化合物的总称,如苯甲酸、红花醇、绿原酸、蚕豆素、菜豆素等,这些物质能够提高植物的抗病能力,增强免疫能力。此外,次生代谢物还可以诱引昆虫和其他动物进行传粉和种子传播。

次生代谢物在植物生命活动的许多方面起着重要作用。如吲哚乙酸、赤霉素直接参与生命活动的调节;木质素为细胞次生壁的重要组成成分;叶绿素、类胡萝卜素作为光合色素参与光合作用过程;水杨酸和茉莉酸在植物抗虫抗病反应的信号转导中起重要作用。

植物次生代谢物也是人类生活不可缺少的重要物质,为医药和工业生产提供了宝贵的原料。具有生物活性功能的次生代谢物有防治疾病的作用,如青蒿素(抗疟)、天麻素(镇静、安眠)、强心苷(治疗心脏病)、丁止藤碱(治疗青光眼)、高三尖杉酯碱和红豆杉紫杉醇(抗癌)、葛根素、人参皂苷和银杏黄酮(保健)等。从天然产物中寻找防治肿瘤、艾滋病、抗病毒、溶栓等药物的研究已成为人们解决现代疾病的一条重要途径。类黄酮具有调节血脂、扩张血管、抗氧化、抗肿瘤、抗病毒等多种生理功能,在保健品、医药、食品等领域具有广阔的应用前景。许多植物次生代谢物是食品工业和化学工业的重要原料,如花色素作为食用色素,香兰素作为食品调味剂,辣椒素用作食品添加剂,紫草素用作化妆品颜料,漆树上产生的次生代谢物漆酚是生漆工业的重要原料,天然橡胶是橡胶工业的重要原料。

第二节　信息分子的复制和表达

一、遗传信息的流动

遗传信息(genetic information)是指生物复制与自己相同的东西、由亲代传递给子代或各细胞每次分裂时由细胞传递给细胞的信息。DNA 是生物遗传信息的载体。生物体的遗传特征是由 DNA 中特定的核苷酸序列所决定的。生物体在亲代 DNA 双链的每一条链上,按碱基配对方式准确地形成一条互补链,结果生成两个与亲代相同的 DNA 链的方式称为复制(replication)。生物体用碱基配对的方式合成与 DNA 核苷酸序列相对应的 RNA 的过程称为转录(transcription)。生物体的 RNA 分子都是通过转录过程合成的。其中信使 RNA 可以指导蛋白质的合成,即根据 mRNA 分子上每 3 个核苷酸决定一种氨基酸(三联体密码)的规则合成具有特定氨基酸序列的肽链,此过程称为翻译(translation)。

在细胞分裂过程中,通过 DNA 的复制把遗传信息由亲代传递给子代,在子代的个体发育中,遗传信息通过转录由 DNA 传递给 RNA,再由 RNA 通过翻译形成相应的蛋白质多肽链上的氨基酸序列,由蛋白质执行各种各样的生物学功能,使子代表现出与亲代相似的遗传特征。

在 RNA 病毒中,RNA 是遗传信息的携带者,可以自我复制,并同时作为 mRNA 指导病毒蛋白质的合成。在致癌 RNA 病毒中,RNA 还以反向转录(或称逆转录)(reverse transcription)的方式将遗传信息传递给 DNA 分子。上述遗传信息的流动规则称为中心法则(central dogma),它是由 F.

Crick 在 1958 年最初提出，其后又得到不断补充和完善（图 8 - 18）。

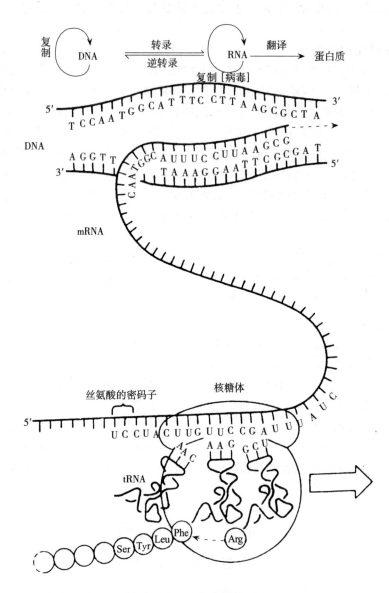

图 8 - 18　遗传的中心法则

二、脱氧核糖核酸的合成

（一）DNA 的半保留复制

Watson 和 Crick 在提出 DNA 双螺旋结构的基础上又提出了 DNA 半保留复制假说。他们推测 DNA 复制时两条链分开，然后用碱基配对方式按照单链 DNA 的核苷酸序列合成新链以组成新 DNA 分子。这样新形成的两个 DNA 分子与原来 DNA 分子的碱基序列完全一样。每个子代分子的一条链来自亲代 DNA，另一条链是新合成的。这种复制方式称为半保留复制（semiconservative replication）（图 8 - 19）。

1958 年 Meselson 和 Stahl 首次用实验直接证明了 DNA 的半保留复制。他们先使大肠杆菌长期在以 $^{15}NH_4Cl$ 为唯一氮源的培养基中生长，使 DNA 全部变成 ^{15}N - DNA。然后再将细菌转入普通培养基（含 $^{14}NH_4Cl$）中，并将各代的细菌 DNA 抽提出来进行氯化铯密度梯度离心（CsCl density gradient centrifugation）。此法是用每分钟数万转的高速长时间离心使离心管内的氯化铯溶液因离心作用与扩散作用达到平衡而形成密度梯度（即其密度从管底部向上逐渐变小）。同时，溶液中的 DNA 就逐渐聚集在与其密度相同的氯化铯位置处形成区带。

由于 ^{15}N - DNA 比 ^{14}N - DNA 的密度大，离心时就形成位置不同的区带。Meselson 和 Stahl 发现 ^{15}N 培养基中细菌 DNA 只形成一条 ^{15}N - DNA 区带。移至 ^{14}N 培养基经过一代后，所有 DNA 的密度都在 ^{15}N - DNA 和 ^{14}N - DNA 之间，说明形成了一半 ^{15}N - DNA 和一半 ^{14}N - DNA 的杂交分子。实验证明第二代 DNA 正好一半为此杂交分子，一半为 ^{14}N - DNA 分子。第三代以后 ^{14}N - DNA 成比例地增加，整个变化与半保留复制预期的完全一样（图 8 - 20）。此后，对细菌、动植物细胞及病毒进行了许多实验研究，都证明了 DNA 复制的半保留方式。

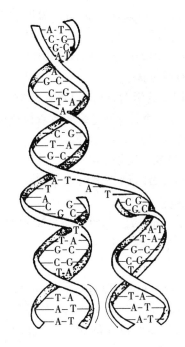

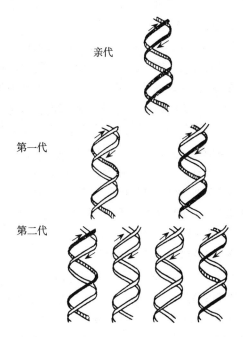

图 8 - 19　Watson 和 Crick 提出的
双链 DNA 的复制模型

图 8 - 20　Meselson 和 Stahl 的 DNA 半保留复制实验
（黑链表示含 ^{15}N 的 DNA 链，白链表示含 ^{14}N 的 DNA 链）

（二）原核生物 DNA 合成的相关因子

DNA 由脱氧核糖核苷酸聚合而成，其合成的总反应可用下式表示：

$$n_1\,\text{dATP} + n_2\,\text{dGTP} + n_3\,\text{dCTP} + n_4\,\text{dTTP} \underset{\overrightarrow{}}{\xrightarrow{\substack{\text{模板 DNA、}\\ \text{DNA 聚合酶、Mg}^{2+}}}} \text{DNA} + (n_1 + n_2 + n_3 + n_4)\text{PPi}$$

该反应式表明，在有模板 DNA 和 Mg^{2+} 存在时，在 DNA 聚合酶的催化下，在 4 种脱氧核糖核苷酸之间形成 $3',5'$-磷酸二酯键，生成多脱氧核糖核苷酸长链（DNA），同时释放焦磷酸。所合成的 DNA 具有与天然 DNA 同样的化学结构和物理化学性质。dATP、dGTP、dCTP 和 dTTP 4 种脱氧核糖核苷酸缺一不可，它们不能被相应的脱氧核苷二磷酸或脱氧核苷一磷酸所取代，也不能被核糖核苷酸所取代。DNA 合成过程很复杂，需要一系列酶和多种蛋白质因子参加。现将 DNA 合成有关的酶和蛋白质因子介绍如下。

1. 引物酶　引物酶（primase）以 DNA 为模板，以 4 种核糖核苷酸（ATP、GTP、CTP 和 UTP）为原料，合成一小段 RNA，这段 RNA 作为合成 DNA 的引物（primer），它是 DNA 合成所必需的。

2. 原核生物 DNA 聚合酶　在原核生物中已发现了 3 种 DNA 聚合酶，其中 DNA 聚合酶 I 是一种多功能酶，它的主要功能有 3 种。

（1）催化 DNA 链沿 $5'→3'$ 方向延长。将脱氧核糖核苷酸逐个地加到具有 $3'-OH$ 末端的多核苷酸链（RNA 引物或 DNA）上，形成 $3',5'$-磷酸二酯键。

（2）具有 $3'→5'$ 外切酶活力。能识别和切除错配的核苷酸末端，而对双链 DNA 不起作用。

（3）具有 $5'→3'$ 外切酶活力。它只作用于双链 DNA，从 $5'$ 末端切下单个核苷酸或一段寡核苷酸，在 DNA 损伤的修复中起重要作用。此外，它起着将 RNA 引物切除并填补其留下的空隙的作用。

DNA 聚合酶 Ⅱ 也具有催化 DNA 沿 $5'→3'$ 方向合成和 $3'→5'$ 外切酶活力，但无 $5'→3'$ 外切酶活力。其活力很低，主要在修复由紫外线辐射引起的 DNA 损伤方面起作用。

DNA 聚合酶 Ⅲ 和 DNA 聚合酶 Ⅰ 一样，也是一种多功能酶，能催化 DNA 沿 $5'→3'$ 方向延长，具有 $5'→3'$ 和 $3'→5'$ 外切酶活力，其含量为 DNA 聚合酶 Ⅰ 的 1/40，但其活力很高，为后者的 15 倍，是催化 DNA 合成的主要酶。

3. DNA 连接酶　DNA 连接酶（ligase）的作用是催化 DNA 双链中的一条单链缺口处游离的 $3'-OH$ 末端和 $5'$-磷酸基末端形成 $3',5'$-磷酸二酯键，把两条链连接起来。

4. DNA 旋转酶　DNA 旋转酶（gyrase）兼有内切酶和连接酶的活力，可在 DNA 双链多处切断，释放出超螺旋应力，变构后又在原位点将其连接起来。因此能迅速使 DNA 超螺旋或双螺旋的紧张状态变为松弛状态，便于 DNA 解链。它在转录、重组等生物过程中也起重要作用。

5. DNA 解链酶　能使 DNA 双链中的氢键松开的酶称为解链酶（helicase）。

6. 单链结合蛋白　由 DNA 解链酶解开的 DNA 单链，立即被单链结合蛋白（single strand binding protein，SSB）所结合，防止解开的单链 DNA 重新形成双链。

7. dnaB 蛋白　dnaB 蛋白也称可移动的启动子（mobile promoter）。它的功能是识别 DNA 合成的起始位置，与引物酶及一些其他蛋白组成复合体，启动 RNA 引物链的合成，开始 DNA 定点复制。

（三）原核生物的 DNA 合成过程

DNA 复制是一个很复杂的过程，研究较多的是大肠杆菌的 DNA 复制过程，简述如下。

1. DNA 复制的起始　已知 DNA 复制是从一个固定的起始点开始，通常是从起始点向两个相反方向延伸复制，即双向复制。DNA 复制的起始（initiation）包括起始位点的识别、模板 DNA 的解链、引物链的合成等步骤。

（1）DNA 解链与复制叉形成。dnaB 蛋白识别起始位点，在 ATP 供能及 Mg^{2+} 参与下，与一些蛋白及引物酶组装成引发体（primosome）并结合于模板 DNA 起始部位；DNA 解链酶 rep 蛋白与旋转酶共同作用于此部位，使模板链局部解开，暴露出起始位点的碱基，同时 SSB 立即与解开的 DNA 链紧密结合以防止它们重新结合成双螺旋。此时在电子显微镜下观察犹如"眼睛"形状，称为复制眼。继续解链，则在复制眼的两端，两股 DNA 链呈 Y 状，称为复制叉。一个复制眼形成两个复制叉。

（2）引物的合成。已知的 DNA 聚合酶都不能启动新链的合成，只能催化已有链的延长反应，因此需要引物。通常引物是以 DNA 为模板，在引物酶催化下合成的一小段 RNA，其长度为 50～100 个核苷酸。在引物的 $5'$ 端含有 3 个磷酸残基，$3'$ 端为游离的羟基。

2. DNA 链的合成与延长

（1）DNA 连续链的延伸。所有已知的 DNA 聚合酶都只能催化 DNA 链沿 $5'→3'$ 方向合成，而不能催化 $3'→5'$ 方向的合成。因此合成引物之后，DNA 聚合酶可按照 $3'→5'$ 模板链上的碱基序列，在引物 $3'-OH$ 末端按 $5'→3'$ 方向催化互补的 dNTP 发生聚合反应，连续地合成一条 $5'→3'$ 方向的 DNA 新链，此连续链称为先导链（leading strand）。

（2）DNA 不连续链的合成。以 $5'→3'$ 模板链合成新链时，DNA 聚合酶不能催化 $3'→5'$ 新链的合成，那么这条链如何形成呢？1968 年日本人冈崎（Okazaki）发现这条链是不连续合成的，称为随后链（lagging strand）。它是以 DNA $5'→3'$ 链为模板，RNA 引物酶沿着与复制叉前进的反方向，催化合成许多 RNA 引物，提供 3′- OH 末端，而且 DNA 聚合酶Ⅲ于其后沿 5′→3′ 方向分别合成许多约 1 000 个核苷酸的 DNA 片段，称为冈崎片段（Okazaki fragment）。此后，RNA 聚合酶Ⅰ行使 5′→3′ 外切酶的功能切去引物，再催化冈崎片段延长，以填补切去引物之缺口（gap）。最后由连接酶将各延长后的冈崎片段连接成完整的新链即随后链。大肠杆菌 DNA 在一个复制叉内的合成过程见图 8 - 21。可见新链 DNA 中一条是连续合成（先导链），另一条是不连续合成（随后链），因此，DNA 分子的复制是半不连续复制（semidiscontinuous replication）。

3. DNA 链合成的终止 DNA 链合成的终止（termination）是随着复制的进行，大肠杆菌环状 DNA 的两个复制叉最终相遇而完成。随后链合成完成以后，两条新链与各自的 DNA 模板链组成两个双股螺旋分子。每个分子含有一条新链和一条亲代 DNA 链，这就是 DNA 的半保留半不连续复制。

DNA 的合成主要在细胞核中进行，特别是在细胞分裂前期其合成速度非常快。

（四）真核生物的 DNA 合成

真核生物 DNA 分子比原核生物 DNA 分子大得多，植物细胞 DNA 分子大约由 10^{10} 个碱基对组成，相当于细菌 DNA 的 1 000 倍。生物体内能独立进行复制的单位称为复制子（replicon）。细菌 DNA 由一个复制子组成，而真核生物 DNA 则由 1 000 个以上的复制子组成。

真核生物 DNA 聚合酶和细菌 DNA 聚合酶的性质相似，也以 4 种脱氧核糖核苷酸为底物，聚合反应的进行需要 Mg^{2+}、引物和 DNA 模板参与，链的延长方向为 5′→3′ 方向。

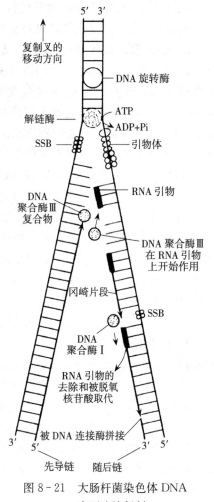

图 8 - 21　大肠杆菌染色体 DNA
半不连续复制

真核细胞中也有冈崎片段（100～200 核苷酸长度），需要 RNA 引物（通常核苷酸数少于 10）、DNA 连接酶、各种有关于 DNA 双螺旋分子解旋的酶和蛋白质参与。真核生物可在一条染色体 DNA 链上有许多个复制起始位点。虽然真核细胞的复制速度比原核细胞慢，但由于真核细胞是多点复制，其总速度反而比原核细胞快。此外，和原核细胞一样，真核细胞复制的方向也是以双向为主，但也有单向复制。

三、核糖核酸的合成

在 DNA 指导下的 RNA 合成称为转录。RNA 的转录从 DNA 模板的一个特定位点开始，到另一个位点处终止。此转录区域称为转录单位。一个转录单位可以是一个基因，也可以是多个基因。DNA 的启动子（promoter）控制转录的起始，而终止子（terminator）控制转录的终止。转录是在 DNA 指导下的 RNA 聚合酶催化下进行的，现已分离纯化了该酶。RNA 合成的总反应如下：

$$n_1 ATP + n_2 GTP + n_3 CTP + n_4 UTP \xrightarrow{\text{模板 DNA、RNA 聚合酶、} Mg^{2+}} RNA + (n_1 + n_2 + n_3 + n_4) PPi$$

（一）原核生物的 RNA 聚合酶

大肠杆菌聚合酶全酶（holoenzyme）相对分子质量约为 46 万，由 5 个亚基组成：2 个 α 亚基、1 个 β 亚基、1 个 β′ 亚基和 1 个 σ 因子，还含有 2 个锌原子，它们与 β′ 亚基相联结。没有 σ 亚基的酶叫核心酶（core enzyme）。核心酶有催化聚合反应的活性。σ 亚基有识别起始位点的功能，因此称 σ 亚基为起始因子。此外，在全酶制剂中还存在一种相对分子质量较小的 ω 亚基，核心酶则没有。

（二）原核生物的 RNA 合成过程

由 RNA 聚合酶催化的转录过程分为 4 个步骤。

1. RNA 聚合酶与 DNA 模板的结合 在起始合成前，RNA 聚合酶与 DNA 模板相结合，DNA 双链中只有一条链作为模板进行 RNA 的合成，故称为不对称转录（asymmetrical transcription）。转录的模板 DNA 链称为模板链或反义链（antisense strand），另一条链称为有义链（sense strand）。RNA 聚合酶在模板链的启动子部位与之结合。启动子是指 RNA 聚合酶识别、结合和开始转录的一段 DNA 序列。σ 因子起着识别启动子部位的作用，核心酶（无 σ 亚基）也能与 DNA 结合，但它与 DNA 模板链所有的区域具有同样的亲和力。在 σ 因子作用下，RNA 聚合酶对启动子的亲和力大大提高，能够迅速结合到启动子的特殊部位，并局部打开 DNA 双螺旋，然后开始转录。

与全酶结合的启动子部位，常有高 AT 含量的区域，此处熔点（T_m）较低，双链容易打开。RNA 聚合酶在此与 DNA 形成复合物，并沿模板链 $3' \rightarrow 5'$ 方向转动。

2. 转录的起始 实验表明，在新合成的 $5'$ 末端均为三磷酸腺苷或三磷酸鸟苷，故可能在转录起始时，由全酶中 β 亚基催化 RNA 的第一个核苷酸（一般是 ATP 或 GTP）的磷酸二酯键的形成。一旦 ATP 或 GTP 接上去后，σ 因子便脱离下来，这样可降低酶对启动子的亲和力，剩下的核心酶与 DNA 结合松弛，有利于核心酶沿模板链移动，催化 RNA 链的延长。游离的 σ 因子与另一分子的核心酶结合，又可启动一个新 RNA 链的合成。

3. 链的延长 链的延长由核心酶催化。核心酶沿着 DNA 模板链 $3' \rightarrow 5'$ 方向滑动，同时根据模板链的核苷酸序列，将相应的核苷酸加到不断延长的 RNA 链的 $3' - OH$ 末端释放出 PPi，RNA 链合成方向是 $5' \rightarrow 3'$ 方向。正在转录的区域，DNA 双链解开使新进入的核苷酸与 DNA 链配对，已转录完的 DNA 链则重新形成双螺旋。链的延长见图 8-22。

4. 转录的终止 当 RNA 聚合酶沿着 DNA 链移动到一个基因的末端时，在基因末端的碱基序列便起着终止信号的作用，使转录终止。提供转录停止信号的 DNA 序列称为终止子。帮助 RNA 聚合酶识别终止信号的辅助因子（蛋白质）则称

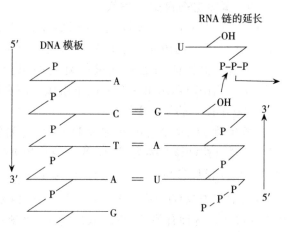

图 8-22 DNA 指导的 RNA 合成

为终止因子（termination factor），如 ρ 因子。这时由终止因子 ρ 与 RNA 聚合酶结合，并识别 DNA 链上的终止信号，阻止 RNA 聚合酶继续向前移动，于是转录终止，释放出已转录完成的 RNA 链。大肠杆菌中 RNA 聚合酶合成 RNA 的过程见图 8-23。

（三）真核生物的 RNA 聚合酶

真核生物的转录比原核生物复杂得多，它有 3 类 RNA 聚合酶。RNA 聚合酶 I 合成 rRNA，RNA 聚合酶 II 合成 mRNA，RNA 聚合酶 III 合成 5S RNA 和 tRNA 等小分子 RNA。除了上述细胞核 RNA 聚合酶外，高等植物的叶绿体内也分离出 RNA 聚合酶，相对分子质量约 500 000。线粒体内也发现存在 RNA 聚合酶，为一条肽链，相对分子质量为 64 000～68 000，它们的结构简单，能催化所有种类的 RNA 的生物合成，并被原核生物 RNA 聚合酶的抑制剂利福平等抑制。

（四）RNA 的转录后加工

RNA 聚合酶合成的原初转录产物（primary transcript）往往需经过一系列的变化，包括链的裂解、$5'$ 端与 $3'$ 端的切除和特殊结构的形成、碱基的修饰和糖苷键改变以及拼接等过程，才能变为成熟的 RNA 分子，这个过程称为转录后加工（post-transcription processing）。

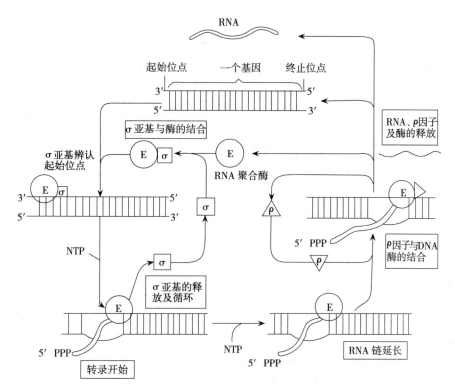

图 8-23 大肠杆菌转录过程

四、蛋白质的合成

蛋白质的生物合成是以 mRNA 为模板，合成具有特定氨基酸序列的多肽链的过程。在此过程中除需要能量和氨基酸外还需多种因子参加。在真核细胞中，需要 300 多种不同的生物大分子协同工作才能合成多肽。蛋白质合成所需能量约占一个细胞全部生物合成所需化学能的 90%。

（一）蛋白质合成体系

1. mRNA 与遗传密码　mRNA 是蛋白质生物合成的模板，mRNA 分子中的核苷酸序列决定蛋白质中多肽链氨基酸的序列。mRNA 分子中每 3 个相邻的核苷酸编为一组，决定一个氨基酸，这一组核苷酸称为三联体密码或密码子（codon），即遗传密码。因此 4 种核苷酸共可编成 $4^3 = 64$ 个密码子。遗传密码与氨基酸间的关系见表 8-2。

表 8-2　氨基酸的三联体密码

第一个核苷酸（5′端）	第二个核苷酸				第三个核苷酸（3′端）
	U	C	A	G	
U	UUU 苯丙（Phe）	UCU 丝（Ser）	UAU 酪（Tyr）	UGU 半胱（Cys）	U
	UUC 苯丙（Phe）	UCC 丝（Ser）	UAC 酪（Tyr）	UGC 半胱（Cys）	C
	UUA 亮（Leu）	UCA 丝（Ser）	UAA 终止密码	UGA 终止密码	A
	UUG 亮（Leu）	UCG 丝（Ser）	UAG 终止密码	UGG 色（Trp）	G
C	CUU 亮（Leu）	CCU 脯（Pro）	CAU 组（His）	CGU 精（Arg）	U
	CUC 亮（Leu）	CCC 脯（Pro）	CAC 组（His）	CGC 精（Arg）	C
	CUA 亮（Leu）	CCA 脯（Pro）	CAA 谷酰胺（Gln）	CGA 精（Arg）	A
	CUG 亮（Leu）	CCG 脯（Pro）	CAG 谷酰胺（Gln）	CGG 精（Arg）	G

（续）

第一个核苷酸 (5'端)	第二个核苷酸				第三个核苷酸 (3'端)
	U	C	A	G	
A	AUU 异亮（Ile）	ACU 苏（Thr）	AAU 天酰胺（Asn）	AGU 丝（Ser）	U
	AUC 异亮（Ile）	ACC 苏（Thr）	AAC 天酰胺（Asn）	AGC 丝（Ser）	C
	AUA 异亮（Ile）	ACA 苏（Thr）	AAA 赖（Lys）	AGA 精（Arg）	A
	AUG 甲硫（Met）	ACG 苏（Thr）	AAG 赖（Lys）	AGG 精（Arg）	G
G	GUU 缬（Val）	GCU 丙（Ala）	GAU 天冬（Asp）	GGU 甘（Gly）	U
	GUC 缬（Val）	GCC 丙（Ala）	GAC 天冬（Asp）	GGC 甘（Gly）	C
	GUA 缬（Val）	GCA 丙（Ala）	GAA 谷（Glu）	GGA 甘（Gly）	A
	GUG 缬（Val）	GCG 丙（Ala）	GAG 谷（Glu）	GGG 甘（Gly）	G

注：①AUG 也作为起始密码；②密码子阅读方向为 5'→3'。

密码子具有以下特点：

（1）编码性。在 64 个密码子中，有 61 个为 20 种氨基酸编码，余下的 UAA、UAG 和 UGA 为终止密码（termination codon），不为任何一个氨基酸编码。AUG 为起始密码（initiation codon）。

（2）通用性。此 64 个密码子对所有的生物均适用，不论生物进化的高低和种类，但也有个别例外。

（3）简并性。20 种氨基酸占有 61 个密码子，除甲硫氨酸和色氨酸只有一个密码子外，其余 18 种氨基酸均有多于一个的密码子，这种编码同种氨基酸的多个密码子称为同义密码子（synonym codon）或简并密码子，这种现象称为简并性（degeneracy）。在简并密码子中，第一、二位碱基是固定的，第三位碱基是可变动的，称为摆动性（wobble）。密码子的这种性质能适应突变的发生，对保证生物种的稳定性具有一定意义。

（4）非重叠性。mRNA 中各密码子互相连接，一个接一个而不互相重叠，各密码子之间没有间隔，即没有中断。因此在相同的碱基序列上，从不同碱基开始，可解读出不同的密码子。如果在此碱基序列中间插入或缺失一个碱基，便会在此处之后发生错读，这称为移码（frame shift）。

（5）兼职性。密码子 AUG 具有特殊的功能，它既可作为起始氨基酸甲酰甲硫氨酰- tRNA 或甲硫氨酰- tRNA 的密码子，又可作肽链内甲硫氨酸的密码子而具有兼职性。

2. tRNA 与氨基酸的转移运输　tRNA 的主要功能是凭借其反密码子环上的反密码子识别 mRNA 上相应的密码子，在 3'- OH 末端携带与密码子对应的氨基酸，并将其转运到核糖体中，合成蛋白质。

在 tRNA 的反密码子环上，有 3 个碱基组成的反密码子（anticodon），它能以互补匹配的方式识别 mRNA 上相应的密码子（图 8-24）。tRNA 中还含有较多的稀有碱基，某些反密码子中含有 I（次黄苷酸），I 可以与密码子中的 A、U、C 配对，而使反密码子的第一位碱基具有可变性，有更大的能力阅读 mRNA 的密码子。

tRNA 的氨基酸臂 3'末端具 C- C- A 碱基序列，氨基酸就结合在腺苷酸的 3'- OH 上，每个氨基酸均有一个或多个 tRNA，tRNA 可识别特异的氨酰- tRNA 合成酶，有利于形成氨酰- tRNA 而将氨基酸运入核糖体，合成多肽。

3. rRNA 与核糖体　核糖体是核酸与蛋白质形成的核蛋白体，其中 rRNA 占 60%，所以又称核糖核蛋白体，是蛋白质合成的场所。它由大小两亚基组成，小亚基有供 mRNA 结合的部位，可容纳两个密码子的位置。大亚基有供 tRNA 结合的两个位点即肽酰基 P 位和氨酰基 A 位，反密码子与小亚基结合，肽基转移酶在大亚基中（图 8-25）。

（二）蛋白质的合成过程

1. 氨基酸活化　作为蛋白质构件分子的氨基酸在掺入蛋白质之前必须活化，并与相应的 tRNA 结合成氨酰- tRNA 才能参加反应。氨基酸的活化是由氨酰- tRNA 合成酶催化完成的。其过程如下：

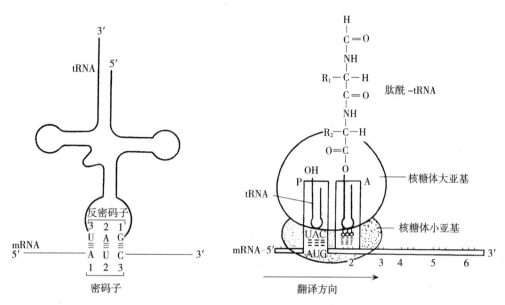

图 8-24 密码子与反密码子的配对关系
（两种 RNA 是反向平行的）

图 8-25 蛋白质在核糖体上合成

$$氨酰\text{-}tRNA\ 合成酶＋氨基酸＋ATP \longrightarrow 氨酰\text{-}tRNA\ 合成酶\text{-}氨酰\text{-}AMP＋PPi$$

$$氨酰\text{-}tRNA\ 合成酶\text{-}氨酰\text{-}AMP＋tRNA \longrightarrow 氨酰\text{-}tRNA＋AMP＋酶$$

可见，氨基酸活化消耗掉两个高能键，相当于两个 ATP。

2. 多肽链的合成 肽链的合成可分为起始、延长和终止 3 个阶段。

（1）起始复合物的形成。核糖体、mRNA 及起始氨酰-tRNA 相互结合形成起始复合物（图 8-26）。起始 tRNA 进入核糖体的 P 位，起始 tRNA 的反密码子与 mRNA 上的 AUG 起始密码互补配对结合。

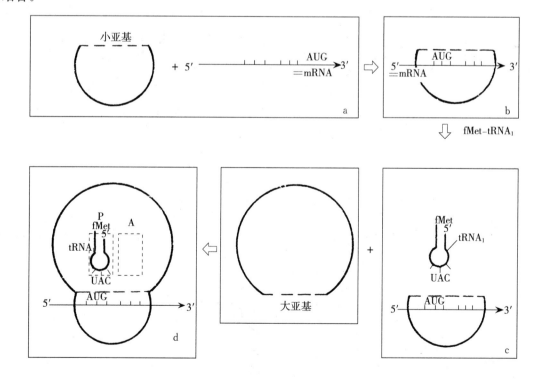

图 8-26 多肽链起始复合物的形成过程
（a～d 示形成过程）

（2）肽链的延长。肽链的延长又可分为进位、转肽、脱落、移位 4 步。

① 进位。第二个氨酰-tRNA 通过其反密码子与 mRNA 上的第二个密码子互补结合，进入 A 位。这一步要消耗 1 个分子的 GTP（图 8-27a 和图 8-27b）。

② 转肽（转位）。在转肽酶的催化下，P 位点的起始氨酰-tRNA₁ 上所携带的氨基酸（甲酰甲硫氨酰基或甲硫氨酰基）转移到 A 位点，以其羧基与 A 位点上的氨酰-tRNA₂ 中的氨酰基的氨基结合成肽键，形成二肽酰-tRNA₂，从而使肽链延伸了一个氨基酸（图 8-27c）。

③ 脱落。P 位点上的起始氨酰-tRNA₁ 通过转肽脱去起始氨基酸以后，成了空载 tRNA。这时从 mRNA 上脱落，并移出核糖体，P 位点便空出来了（图 8-27d）。

④ 移位。核糖体在 mRNA 上沿 5′→3′ 方向，向右移动一个密码子位置（或 mRNA 链向左移动），原在 A 位点的二肽酰-tRNA₂ 便移至左边，占据了 P 位点；而右边新进入的第三个密码子位置成空着的 A 位点，以便进入新的氨酰-tRNA₃，进行下一次肽键延长的循环（图 8-27e）。这一步消耗 1 分子的 GTP。

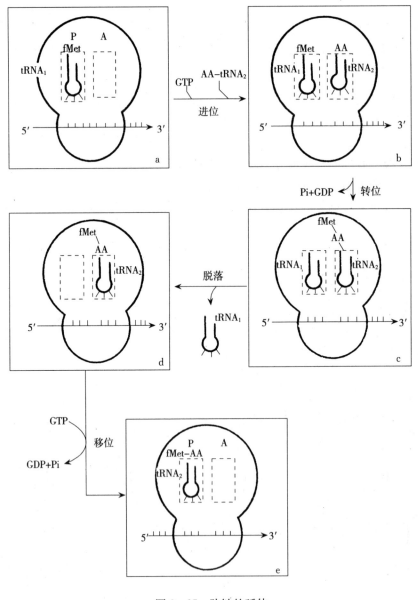

图 8-27　肽链的延伸

（a～e 示延伸过程）

如此反复循环，直至肽链延长到一定的长度。在蛋白质合成中，每形成一个肽键，要消耗 2 个 ATP（用于氨基酸的活化）和 2 个 GTP（一个用于进位，一个用于移位）。

（3）肽链合成的终止。当核糖体沿 mRNA 的 $5'\rightarrow 3'$ 方向移位到 A 位点出现终止密码 UAG、UGA 或 UAA 中的任何一个时，任何一种携带氨基酸的 tRNA 都不能与此密码子结合，不能进入核糖体，只有几种蛋白因子——终止因子（termination factor，TF）或释放因子（release factor，RF），可以识别这些终止密码。当终止因子或释放因子进入核糖体后，便可水解多肽链和 tRNA 之间的酯键，使新合成的肽链脱离核糖体。核糖体、mRNA、tRNA 结合形成的复合物便解体，准备为下一条多肽链的合成进行再循环时使用。

在蛋白质合成中往往是多个核糖体同时附着在一条 mRNA 链上，共同参加多肽链的合成。这种多个核糖体附着于同一条 mRNA 链上的结构称为多聚核糖体。在多聚核糖体中，每个核糖体都可合成一条多肽链，因此可以在有限的时间内，能更有效地利用一条 mRNA 链合成多条肽链。

3. 多肽链合成后的折叠与加工　新生肽链合成后必须经过折叠与加工方能成为有生物活性的蛋白质。

（1）新生肽链的折叠。新生肽链的折叠包括多肽链从核糖体上合成出来直到成熟成为具有特定三维结构和全部生物活性的功能蛋白质的全过程。多肽链在合成期间或合成以后有的能够自发地折叠成它的天然构象，使蛋白质分子内的氢键、范德华力、离子键及疏水键达到最大程度。

在肽链合成期间，刚合成的一段肽链（30～40 个氨基酸残基）仍在核糖体内部，一旦露出核糖体，便立即开始折叠。当肽链合成完毕，折叠也几乎完成。

现代分子生物学研究发现，新生肽链的折叠多半都需要一些蛋白质的帮助才能完成，包括分子伴侣和折叠酶两大类。分子伴侣（molecular chaperone）可帮助多肽进行非共价组装，折叠酶（foldase）催化共价化学反应，二者帮助新生肽链折叠成有功能的蛋白质。

（2）蛋白质的加工修饰。新生肽链在合成期间及合成以后均能被修饰。翻译后的修饰方式大致有下列几种。

① 肽链末端的修饰。在细菌中，所有新生肽链的 N 端都是 N-甲酰甲硫氨酸残基，在真核生物中是甲硫氨酸残基。这些甲酰基、甲硫氨酸残基能够被酶切除。

此外，多肽链 N 端和 C 端的其他一些氨基酸有时也要被加工切除。

在真核生物中，约有 50％的蛋白质在合成以后其 N 端的氨基被乙酰化，C 端的氨基酸残基有时也要被修饰。

② 信号序列的切除。在有些蛋白质中，N 端有一个由 15～30 个氨基酸残基组成的序列负责引导该蛋白质到达它最后作用的部位，这个序列称为信号序列（signal sequence），又称信号肽（signal peptide）。信号序列最后要被特殊的肽酶切除掉。

③ 二硫键的形成。真核细胞中，一些输送到胞外的蛋白质在它们折叠后，位于同一肽链或不同肽链的两个半胱氨酸残基之间可以形成链内或链间二硫键。它们对于维持蛋白质分子的三级结构起着重要作用，可防止这些蛋白质因细胞外的环境剧烈变化而引起变性。

④ 部分肽段的切除。许多蛋白质，如蛋白水解酶（胰蛋白酶、胰凝乳蛋白酶等），它们最初被合成出来的是较大的无生物活性的前体。这些前体必须经过蛋白水解作用进行修剪，才能变成有生物活性的形式。

⑤ 其他加工。如一些氨基酸的磷酸化、羧化、甲基化、乙酰化、羟化，糖基侧链的添加，辅基的加入等。

五、基因工程

1. 基因工程的概念　人们认识了信息分子的结构和功能的基本规律，就有可能利用这些规律来改造信息分子。DNA 重组技术（DNA recombination technology）是指利用分子生物学的方法分离目的基因，并对目的基因进行剪切，将剪切好的基因片段与载体连接，然后引入宿主细胞进行复制和表达的生物技术。

基因工程（genetic engineering）就是 DNA 重组技术，它采用类似工程技术的方法，将不同生物或人工合成的 DNA 按照设计方案在体外进行改造和重新组合，再导入宿主细胞进行无性繁殖，使重组基因在生物体内得到表达，从而改变生物遗传特性或创造新类型的生物。基因工程是当代生物工程的重要内容。通过基因工程，不仅可以从理论上研究植物发育过程中的基因表达及其调节控制的规律，还可借此方式培育出具有优良特性的新品种。

基因工程是分子水平上的操作，细胞水平上的表达。它的基本过程包括目的基因的制备、载体的构建、目的基因与基因载体的重组、重组体导入宿主细胞进行扩增、目的基因的表达等一系列复杂的过程（图 8 - 28）。

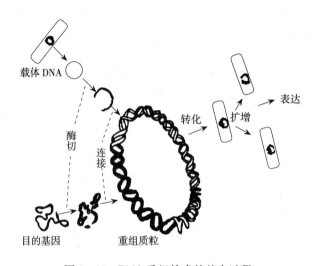

图 8 - 28　DNA 重组技术的基本过程

2. 目的基因的制备　插入到载体内的基因为外源基因。已被分离或者欲分离、改造、扩增或表达的基因或 DNA 片段，称为目的基因（target gene）。

高等植物的单倍体基因组为 $10^8 \sim 10^{10}$ bp，可利用限制性内切酶将基因组 DNA 有选择地或部分降解，从而得到大量长短不等、含有不同基因的 DNA 片段。也可用物理学方法（如超声波）处理，所产生的 DNA 片段是完全随机的，然后利用梯度离心、琼脂糖凝胶电泳或分子筛柱层析等方法，把不同长度的 DNA 片段分开，从中回收所需要的一定长度的 DNA 片段备用。也可用 mRNA 逆转录法获得所需要的目的基因，对于 DNA 分子质量小的基因也可采用化学合成法获得。

3. 载体的选择与改造　基因载体（vector）的作用是将目的基因运转进入细胞中去。目前所利用的载体主要是噬菌体（bacteriophage）、质粒（plasmid）和病毒（virus）三类。这几类载体在分子质量大小、结构、特性和用途上存在着较大差异，但作为载体都必须具有下列性质：①能自我复制；②分子质量要小，易于从宿主细胞中分离和纯化；③具有适当的限制性内切酶位点，最好是单一酶切位点；④具有能供选择的遗传标记，可以借助这些标记容易地把重组 DNA 分子与非重组 DNA 分子所转化的细胞区分开。

4. 目的基因与基因载体的重组　目的基因和载体 DNA 的重组是在基因工程工具酶、限制性内切酶和 DNA 连接酶的作用下，于体外连接成一个重组（recombination）的 DNA 环状分子，然后再转入宿主细胞。这样可降低细胞对重组 DNA 分子的降解，大大提高转化（transformation）的效率。

5. 重组体 DNA 的转化、筛选和鉴定

（1）重组体 DNA 的转化。上述重组体 DNA 必须转入活细胞才能进行复制、转录和翻译，此活细胞称为受体细胞，目前常用的受体细胞是大肠杆菌（宿主细胞）。一般的转入方法是用 $CaCl_2$ 处理宿主细胞，增大它的细胞膜透性，再与重组体一起保温，使重组体透入宿主细胞。随着宿主细胞的繁殖，重组体也在其内进行复制。因而导致宿主细胞某些特性的改变，这种外源 DNA 进入受体细胞并使它获得新遗传特性的过程称为转化。重组体如果是噬菌体 DNA，它导入受体细胞引起的转化称为转染（transfection）。

（2）筛选和鉴定。由于细胞转化频率很低，必须从大量的宿主细胞中筛选出带有目的基因（已结合进重组体）的细胞，通常是根据重组载体的表型特征来进行筛选。外源基因进入植物细胞后，可能出现两种状态：一是整合在核外的细胞器上，这种外源基因易随着细胞分裂会逐渐消失。另一种是整合在核染色体上，它可能将外源 DNA 的遗传信息进行复制和表达，但并非所有的基因都能表达。由于高等植物细胞是分化的，所以还要考虑表达所在的器官和组织的特异性，如种子储藏蛋白的基因，应在种子中表达，而不会在叶或根中表达，这种特异的位置效应，实质上是基因的调控。

6. 基因工程的应用 植物基因工程在植物育种、抗病虫害、改造种子蛋白等各方面的研究已取得可喜的成果。例如，比利时植物基因系统公司将只特异性地对许多昆虫表现毒害而对人体无害的苏云金杆菌杀虫蛋白 *cry 1* 基因通过农杆菌 Ti 质粒转入烟草细胞，得到的转基因烟草对烟草天蛾的毒杀率在 3 d 内可达 95%～100%。但是杀虫蛋白的基因在这些转基因植物中表达水平太低，其表达量仅占叶子可溶性总蛋白量的 0.001% 左右，对高敏感的天蛾、菜青虫等有效，但对棉铃虫、玉米螟均无效。美国蒙桑托公司的研究人员将此杀虫蛋白基因进行修饰，也是通过农杆菌 Ti 质粒转入棉花，得到的转基因棉花中杀虫蛋白基因的表达量可提高 50～100 倍，从而有效地控制了棉铃虫和甲虫。

转基因黄金水稻（golden rice）能缓解因维生素 A 缺乏症导致的夜盲症。水稻未成熟胚乳能够合成 β 胡萝卜素的早期中间产物牻牛儿基牻牛儿基焦磷酸，它能在八氢番茄红素合酶（phytoene synthase，PSY）的作用下形成无色的八氢番茄红素，经八氢番茄红素脱饱和酶（phytoene desaturase，PDS）（原核生物的 PDS 有两种类型，CrtI 和 CrtP）的作用形成番茄红素，再经番茄红素 β 环化酶（lycopene β - cyclase，lcy - β）的作用产生 β 胡萝卜素及其他类胡萝卜素。利用源于细菌的 *crtI* 基因，以及源于黄水仙的 *psy* 和 *lcy* 基因，以不同的基因组合插入 3 种载体中，*crtI* 受 CaMV 35S 启动子的控制，*psy* 和 *lcy* 受胚乳专一性的水稻谷蛋白启动子控制。应用农杆菌进行转化，转基因粳稻台北 309 所结种子的胚乳中类胡萝卜素达 1.6 $\mu g/g$，以 β 胡萝卜素为主，呈现金黄色，因此称为金米。

通过基因工程方法，在作物中转入各种特定基因，如抗植物病虫害基因（Bt 基因、病毒外壳蛋白基因、干扰素基因、几丁质酶基因、杀菌肽基因等）获得了各种抗虫、抗病作物新品种，转入抗逆境胁迫的基因（耐除草剂基因、抗冻蛋白基因、脯氨酸合成酶基因、甜菜碱合成酶基因等）可提高作物抗逆能力，转入改良作物产品质量的基因和特定药用功能蛋白的基因。植物基因工程将在作物改良、植物药物生产等方面显示巨大的应用价值。

小 结

有机物的转化又称有机物代谢，是生物体内有机物的合成和分解以及相互转化的过程。

单糖在参加化学反应前须经活化成为糖的磷酸酯或糖的核苷二磷酸酯。蔗糖的合成有蔗糖合成酶途径以及磷酸蔗糖合成酶途径。蔗糖的分解主要由转化酶催化水解。直链淀粉的合成由 P 酶、D 酶和淀粉合成酶所催化，支链淀粉的合成还需要 Q 酶的参与。淀粉由 α 淀粉酶、β 淀粉酶、脱支酶和麦芽糖酶共同水解为葡萄糖，淀粉也可经磷酸解途径形成磷酸葡萄糖。

脂肪酸的合成由乙酰 CoA 羧化酶和脂肪酸合成酶系催化，反复进行缩合、还原、脱水、再还原的循环反应而成，最后与甘油合成脂肪（三酰甘油）。脂肪酸降解的主要途径是 β 氧化，反复经脱氢、加水、再脱氢、硫解而完成，生成的乙酰 CoA 可经三羧酸循环彻底氧化分解或经乙醛酸循环转化为糖类。异柠檬酸裂解酶和苹果酸合成酶是乙醛酸循环的关键酶。

氨基酸可由谷氨酸途径和转氨基作用形成，氨基酸的分解包括脱氨基作用和脱羧基作用，形成 α

酮酸和胺类。蛋白质的分解由肽酶（肽链外切酶）和蛋白酶（肽链内切酶）共同作用完成。核酸的分解由核糖核酸酶、脱氧核糖核酸酶和非特异性核酸酶催化完成。

植物的次生代谢是植物在长期进化中与环境相互作用的结果，次生代谢物具有多种复杂的生物学功能。植物体内酚类化合物主要通过苯丙烷代谢途径合成，萜类化合物由异戊二烯代谢途径合成，次生含氮化合物（如生物碱）主要从氨基酸合成而来。次生代谢物在植物生命活动的许多方面起重要作用，也是医药和工业生产宝贵的原料。

遗传的中心法则表明遗传信息的传递是由 DNA 到 RNA 再到蛋白质；在致癌 RNA 病毒中，RNA 还以逆转录的方式将遗传信息传递给 DNA 分子。

DNA 的复制是半保留半不连续复制，需 DNA 聚合酶等一系列酶和蛋白质因子参与，包括复制的起始、DNA 链的合成和延长、DNA 链合成的终止几个阶段。每个子代 DNA 分子含有一条新链和一条亲代 DNA 链。

RNA 的转录通常以 DNA 双链中一条链的某片段为模板，称为不对称转录，包括 RNA 聚合酶与 DNA 模板的结合、转录的起始、链的延长与转录的终止 4 个步骤。转录后的 RNA 需经过加工才能变为成熟的 RNA 分子。

DNA（或 mRNA）中的核苷酸序列与蛋白质中氨基酸序列之间的对应关系称为遗传密码。相邻的 3 个核苷酸（三联体）编码一种氨基酸，称为密码子。遗传密码具有通用性、简并性等特点。

翻译是在核糖体上进行的。mRNA 是多肽链合成的模板，tRNA 是活化氨基酸的接受体。蛋白质的生物合成包括氨基酸的活化，肽链合成的起始、延长、终止和释放，肽链合成后的折叠与加工等过程。

基因工程即 DNA 重组技术，包括目的基因的制备、载体的构建、目的基因与载体的连接重组、重组体转入受体细胞以及目的基因的表达等。通过基因工程可改良植物遗传性状，培育植物新品种。

复习思考题

1. 名词解释

β 氧化作用　乙醛酸循环　糖的异生作用　转氨基作用　脱氨基作用　肽酶　蛋白酶　非特异性核酸酶　限制性核酸内切酶　复制　冈崎片段　转录　翻译　先导链　随后链　不对称转录　反义链　有义链　遗传密码　反密码子　简并性　信号肽　启动子　终止子

2. 试述蔗糖、淀粉的生物合成与降解过程。

3. 合成脂肪需要哪些原料？它们分别来自哪些代谢途径？

4. 用简图表示油料种子萌发时脂肪转变为葡萄糖的过程。

5. 什么是植物次生代谢物？主要种类有哪些？

6. 植物次生代谢的主要作用有哪些？

7. 什么是遗传的中心法则？

8. 为什么说 DNA 复制是半保留半不连续复制？

9. 试比较 DNA 复制与 RNA 转录的特点。

10. 何谓基因工程？讨论其基本过程和应用价值。

11. 试述原核生物蛋白质合成过程。

12. 假设在细胞内以葡萄糖彻底氧化成 CO_2 和 H_2O 生成的能量为蛋白质合成的能源，试问：每消耗 1 分子葡萄糖最多可有多少分子的氨基酸残基掺入正在合成的肽链中？

13. 1 分子软脂酸经过 β 氧化、TCA 循环和电子传递链，完全氧化成 CO_2 和 H_2O，可生成多少分子 ATP？

14. 粗略计算含 1 000 个核苷酸的 mRNA 所编码的蛋白质的相对分子质量（氨基酸残基的平均相

对分子质量以 120 计)。

15. 某 DNA 的一段链从 $5'{\rightarrow}3'$ 方向阅读序列为 $5'$TCG TCG ACG ATG ATC ATC GGC TAC TGA $3'$。试写出：

(1) 互补 DNA 链的序列。

(2) 假设已知的此 DNA 链从左到右转录，其中哪一条是有义链？请写出相应的 mRNA 序列。

(3) 该 mRNA 翻译成蛋白质的氨基酸序列。

16. 写出下列符号的中文名称。

UDPG ADPG NADPH ACP CH_3CO - SCoA RNase DNase tRNA SSB NTP

第 九 章 >>>>

有机物的运输分配与植物的信号转导

高等植物器官有各自特异的结构和明确的分工，叶片是植物进行光合作用合成有机物的场所，植物各器官、组织所需的有机物都需叶片供应。显然，从有机物产生地到消耗或储藏地之间必然有一个运输过程。细胞组织之间之所以能互通有无，制造或吸收器官与消耗或储藏器官之所以能共存，植物体之所以能保持一个统一的整体，都依赖着有效的运输机构。植物体内有机物的运输和分配，如同人与动物体内的血液流动一样是保证机体生长、发育的命脉。另外，植物体的新陈代谢和生长发育还受遗传信息及环境信息的调节控制。遗传基因规定个体发育的潜在模式，其实很大程度上受控于环境信息。因此，植物各部位间的协调发展最终离不开细胞间的沟通：物质的转移和信息的传递。

生产实践中，有机物运输是决定产量高低和品质好坏的一个重要因素。因为，即使光合作用形成大量有机物，生物产量较高，但人类所需要的是较有经济价值的部分，如果这些部分产量不高，那就没有达到高产的目的。从较高生物产量变成较高经济产量就存在一个光合产物运输和分配的问题。

第一节　有机物运输的途径

高等植物体内的运输包括短距离运输系统（short distance transport system）和长距离运输系统（long distance transport system）。短距离运输是指细胞内以及细胞间的运输，距离在微米与毫米之间，主要靠物质本身的扩散和原生质的吸收与分泌来完成。长距离运输是指器官之间、源与库之间运输，距离从几厘米到上百米。两者虽然都是物质在空间上的移动，但在运输的形式和机制上有许多不同。

一、短距离运输系统

（一）胞内运输

胞内运输指细胞内、细胞器间的物质交换，有分子扩散、原生质的环流、细胞器膜内外的物质交换，以及囊泡的形成与囊泡内含物的释放等。如光呼吸途径中，磷酸乙醇酸、甘氨酸、丝氨酸、甘油酸分别进出叶绿体、过氧化物酶体、线粒体；叶绿体中的磷酸丙糖经磷酸转运器从叶绿体转移至细胞质，在细胞质中合成蔗糖进入液泡储藏；细胞质中的磷酸则经磷酸转运器转移至叶绿体；在内质网和高尔基体中合成的成壁物质由高尔基体分泌小泡运输至质膜，小泡内含物释放至细胞壁中等过程均属胞内运输。

（二）胞间运输

胞间运输指细胞之间经短距离的质外体、共质体以及质外体与共质体间的物质运输。

1. 质外体运输　物质在质外体中的运输称为质外体运输（apoplastic transport）。由于质外体没有外围的保护，其中的物质容易流失到体外。

2. 共质体运输　物质在共质体中的运输称为共质体运输（symplastic transport）。由于共质体中原生质的黏度大，故运输的阻力大。在共质体中的物质有质膜保护，不易流失至体外。共质体运输受胞间连丝状态控制，胞间连丝多、孔径大，胞间物质浓度梯度大，则有利于共质体的运输。

3. 质外体与共质体间的运输 质外体与共质体间的运输指物质进出质膜的运输。物质进出质膜有 3 种方式：①顺浓度梯度的被动转运（passive transport），包括自由扩散、经过通道或载体的协助扩散；②逆浓度梯度的主动转运（active transport），含一种物质伴随另一种物质进出质膜的伴随运输；③以小囊泡方式进出质膜的膜动吞排（cytosis），包括内吞（endocytosis）、外排（exocytosis）和出胞等。

植物体内物质的运输常不局限于某一途径。如共质体运输的物质可有选择地穿过质膜而进入质外体运输；质外体运输的物质在适当的场所也可通过质膜重新进入共质体运输。这种物质在共质体与质外体间交替进行的运输也称共质体-质外体交替运输。

在共质体-质外体交替运输过程中常涉及一种特化细胞，起转运过渡作用，这种特化细胞称为转移细胞（transfer cell，TC）。它在结构上的特征是细胞壁及质膜内突生长，形成许多折叠结构，从而扩大了质膜的表面积，增加了溶质内外转运的面积。另外，质膜折叠可有效地促进囊泡的吞并，加速了物质分泌或吸收。

二、长距离运输系统

一段不过 1～2 cm 的茎，两端物质转移和信息传递若要在细胞间进行，就要通过成百上千个细胞才行，数量和速度都受到很大限制。这样，植物只能长得矮小匍匐在沼泽地域。随着高等植物向广阔大陆迁居，植物躯体不断变得高大，体内物质运输距离拉长，在长期进化过程中，植物体内的某些细胞与组织发生了特殊分化，逐步形成了专行运输功能的输导组织——维管束（vascular bundle）系统。

1. 维管束的组成 维管束系统贯穿于植物的周身，通过维管组织的多级分支，形成了一个网络密布、结构复杂、功能多样的通道，为物质运输和信息传递提供了方便。维管束系统的发育状况对植物的生长与器官的发育和成熟具有重要的意义，维管组织的损伤或堵塞，会立即引起植物组织的衰败或死亡。

一个典型的维管束外面被维管束鞘包围，内部可以分为 3 个部分：①以导管为中心，富有纤维组织的木质部（xylem）；②以筛管为中心，周围有薄壁组织伴联的韧皮部（phloem）；③多种组织的集合穿插、包围在两部分中间（图 9-1）。两个管道——筛管与导管可以分别看作是由共质体与质外体进一步特化、转变而来。运输的物质是以水溶液的形式在导管和筛管中流动。

维管束系统的功能是多种多样的，包括植物的汁液运输、信息传递、横向生长、营养储备、机械支持等。

2. 木质部运输 被子植物木质部的输导组织（conducting tissue）主要是导管（vessel），也有少量管胞（tracheid），裸子植物则全部是管胞。导管和管胞是由分生组织（meristem）逐渐分化形成的，当这些细胞能执行运输功能时，已失去了细胞质的有生命活动的成分，而成为死细胞。这些细胞在整个茎中形成连续的管状系统，导管端壁消失，管胞在细胞之间的壁上产生大区域穿孔，从而不再被细胞膜阻碍，大量的水溶液沿植物体内的自由空间运动。

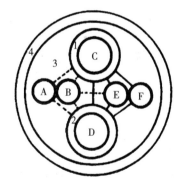

图 9-1 维管束的组成与功能
1. 以导管为中心的木质部
2. 以筛管为中心的韧皮部
3. 多种组织的集合 4. 维管束鞘
A. 电波 B. 激素 C. 无机营养
D. 有机营养 E. 加工储藏 F. 径向生长
（实线表示物质交换，虚线表示信息交换）

既然木质部中的导管和管胞是死细胞，那么通过什么来控制其内部液流的内含物呢？这是通过木质部内薄壁组织木射线的活细胞来完成的。这些薄壁组织散布在管胞和导管之间，进行溶质的横向运输，使木质部运输流移出溶质或加入溶质。木质部是进行单向运输的系统，主要将水分、无机物及根部合成的有机物向上运输，其运输的速度、机制、动力在有关矿质和水分代谢的章节已讨论。

3. 韧皮部运输 韧皮部是光合产物运输的主要途径。被子植物的韧皮部主要由筛管（sieve tube）、伴胞（companion cell）与韧皮部薄壁细胞组成。筛管由筛管细胞首尾相连而成，筛管细胞也称筛管分子（sieve element，SE）。

成熟的筛管分子缺少一般活细胞所具有的某些结构成分，在发育过程中失去了细胞核及液泡膜，没有微丝、微管、高尔基体和核糖体，保留质膜、线粒体、质体、平滑内质网，不能合成蛋白质，也不能独立生活。成熟筛管分子已分化为专门适应同化物运输的特化细胞。它的主要特点是细胞壁的一些部位具有小孔，称为筛孔（sieve pore），筛孔的直径 $0.5 \sim 1.5\ \mu m$。这些具筛孔的凹陷区域称为筛域（sieve area）（图 9-2）。被子植物筛管分子的端壁分化为筛板（sieve plate），筛板上有筛孔，一般筛孔面积占筛板面积的 50% 左右。目前主要倾向认为筛孔是开放式的，筛管分子内存在 P 蛋白，即韧皮蛋白（phloem protein），是被子植物筛管分子所特有的。P 蛋白呈管状、线状或丝状，有收缩功能，能使筛孔扩大，有利于同化物的长距离运输。

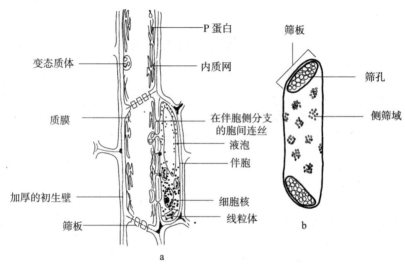

图 9-2　成熟筛管分子的结构

a. 筛管分子的纵切面，并示伴胞（通常在小叶脉中，伴胞比筛管分子大；
在大叶脉和茎、根中，伴胞比筛管分子小）　b. 筛管分子的侧面观

（引自 Taiz，1991）

伴胞是一个具有全套细胞器的完整生活细胞，伴胞的细胞核大，原生质浓密，其中含大量的核糖体和线粒体，线粒体的分布密度约 10 倍于分生细胞，含有高浓度的 ATP、过氧化物酶、酸性磷酸酶等。大量的胞间连丝将筛管分子与伴胞联系在一起，组成筛管分子-伴胞复合体（sieve element-companion cell complex，SE-CC）。筛管分子临近死亡，伴胞即解体。伴胞有如下生理功能：可为筛管分子提供结构物质——蛋白质，提供信使 RNA，维持筛管分子间的渗透平衡，调节同化物向筛管的装载与卸出。

第二节　韧皮部运输

一、韧皮部运输的物质和速度

（一）物质运输的途径

1. 研究物质运输途径的方法 环割实验（girdling experiment）可以证明同化物运输（assimilate transportation）的途径是韧皮部。将树木枝条环割一圈，深度以到形成层为止，剥去圈内树皮，经过一段时间可见到环割上部枝叶正常生长，但割口上端膨大或成瘤状，下端却呈萎缩状态（图 9-3）。

这是因为环割中断了韧皮部同化物向下运输，同化物只能聚集在割口上端引起树皮组织生长加强而形成粗大的愈伤组织；同时下端因得不到同化物，不能正常生长而萎缩。环割并未影响木质部，因此，根系吸收的水分和矿质营养仍能沿导管正常向上输送，保证了枝叶正常生长的需要。

如果环割不宽，过一段时间，这种愈伤组织可以使上下树皮再连接起来，恢复有机物向下运输的能力。如果环割较宽，上下树皮连接不上，环割口的下端又长不出枝条，时间一长，根系原来储存的有机物消耗完毕，根部就会饿死。"树怕剥皮"就是这个道理。果树生产上常利用环割原理来增加产量或发根，如在开花期适当环割树干，可使地上部分的同化物在环割时间内集中于花果；北方的枣树、南方的菠萝蜜等果树栽培，都应用此法作为增产技术。又如，某些果树（柑橘、荔枝、龙眼等）的高空压条繁殖，也是环割枝条，使养分集中于切口上端，有利发根。

同位素示踪实验可以直接证明物质运行的通道。如从根部施入^{32}P、^{35}S等标记的矿质盐，从叶片饲喂$^{14}CO_2$，而后通过放射自显影技术，或者将茎秆内的树皮与木质部中间插入一层蜡纸作为屏障，把二者分开，而后分别观察物质经木质部与韧皮部运输的情况（图9-4）。用$^{14}CO_2$饲喂叶片进行光合作用之后，在叶柄或茎的韧皮部发现含^{14}C的光合产物，因此可确认同化物的运输途径是韧皮部。

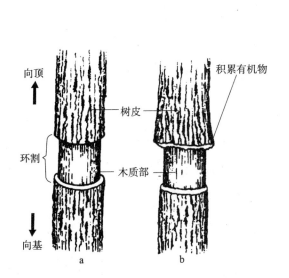

图9-3 木本植物枝条的环割实验

a. 刚环割 b. 环割后一段时间形成瘤状

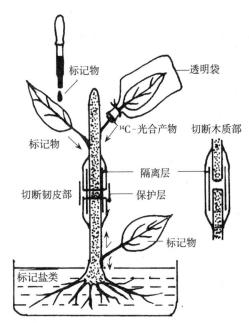

图9-4 植物体内运输途径实验

（将韧皮部和木质部剥离后插入蜡纸或胶片等不通透的薄物制造屏障，以防止两通道间物质的侧向运输）

2. 物质运输的一般规律 经大量研究，得到有关物质运输途径和方向的一般结论：无机营养在木质部向上运输；无机营养在韧皮部通常向下运输，也可双向运输（bidirectional transport）；有机物在韧皮部可向上和向下运输；有机氮和激素等可在木质部向上运输，也可经韧皮部向下运输；在春季叶片尚未展开前，有机物质可沿木质部向上运输；物质在组织之间，包括木质部与韧皮部之间可进行侧向运输。

（二）韧皮部运输的物质

1. 运输形式 研究有机物运输形式较理想的方法是蚜虫吻刺法和同位素示踪法。蚜虫口器的吻针十分锐利，能刺入韧皮部组织吸取汁液。当蚜虫吸取汁液时，用CO_2麻醉蚜虫，从下唇处切除虫体，留下吻针，筛管汁液便从切口处不断流出，可持续几小时，收集汁液进行分析。

近年来，新技术已广泛应用到韧皮部运输的研究中，如利用共聚焦激光扫描显微镜（confocal

laser scanning microscope，CLSM）直接观察完整植株体内韧皮部同化物运输（包括韧皮部装卸）的影像；利用空种皮技术（empty seed coat technique，empty-ovule technique）研究同化物韧皮部卸出机制和调节；利用微注射法（microinjection technique）将少量激素等化学物质注入正在生长的种子中，观察与测定激素等化学物质对种皮卸出同化物的影响；应用分子生物学技术将编码绿色荧光蛋白（green fluorescent protein，GFP）的基因导入病毒基因组内，可直接观察病毒蛋白在韧皮部的运输。

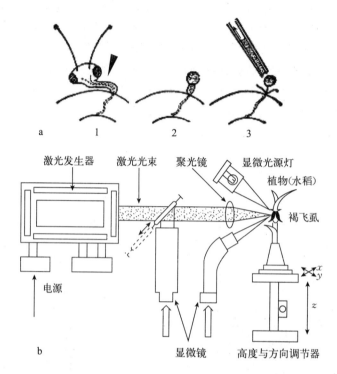

图 9-5　用蚜虫吻刺法收集筛管汁液

a. 用蚜虫口器收集筛管汁液　b. 用激光切断飞虱口针的装置

（用显微镜观察与聚焦，当焦点聚在飞虱口针时，开启激光器，随即口针被烧断）

1. 蚜虫的吻针连同下唇一起切下　2. 切口溢出筛管汁液　3. 用毛细管收集溢泌液

　　大量研究表明，植物筛管汁液中干物质含量占 10%～25%，其中 90% 以上为糖类。在大多数植物中，蔗糖是糖类的主要运输形式。某些植物含有其他糖类，如棉子糖、水苏糖、毛蕊花糖等，但这些糖都是由 1 个蔗糖分子与若干个半乳糖分子结合形成的非还原糖。被运输的糖醇包括甘露醇和山梨醇等，氮素主要以氨基酸和酰胺的形式运输，特别是谷氨酰胺和天冬酰胺。当叶片衰老时，韧皮部中含氮化合物水平非常高。木本植物逐渐衰老的叶片向茎输出含氮化合物以供储藏，草本植物通常向种子输入有机物。另外韧皮部运输物中还有维生素、激素等生理活性物质，这些物质的运输量极小，但非常重要。

　　蔗糖成为同化物的主要运输形式是植物长期进化而形成的适应特征。因为蔗糖是光合作用最主要的直接产物，是绿色细胞中最常见的糖类；蔗糖的溶解度很高，在 0 ℃时，100 mL 水中可溶解蔗糖 179 g，100 ℃能溶解 487 g；蔗糖是非还原糖，其非还原端可保护葡萄糖不被分解，使糖能稳定地从源向库转运；蔗糖含的自由能高，与葡萄糖相比，1 mol 蔗糖和 1 mol 葡萄糖虽具有相同的渗透势，但前者含的碳原子比后者高一倍，水解产生的能量也比后者多；蔗糖的运输速度很高，适合长距离运输。以上原因决定了蔗糖是同化物运输的主要形式。

　　2. 运输速度　运输速度指单位时间内被运输物质分子所移动的距离。用放射性同位素示踪法可观察到同化物运输的一般速度是 20～200 cm/h。不同植物的同化物运输速度是有差异的，如大豆

84～100 cm/h，南瓜 40～60 cm/h，马铃薯 20～80 cm/h，甘蔗 270 cm/h。同一作物，由于生育期不同，同化物运输的速度也有所不同，如南瓜幼龄时，同化物运输速度快（72 cm/h），老龄则渐慢（30～50 cm/h）。

同化物运输速度是韧皮部物质运输的一个重要指标，然而，人们往往对其中运输的物质的量更感兴趣，因此提出了比集运率的概念。有机物在单位时间内通过单位韧皮部横截面积运输的数量，称为比集运率（specific mass transfer rate，SMTR），多数植物韧皮部的比集运率为 1～13 g/(cm² · h)，最高可达 200 g/(cm² · h)。

二、韧皮部运输的机制

同化物的运输是一个在活细胞内进行的依赖能量的生理过程，不是一个简单的空间转移过程，因此，同化物的运输机制是十分复杂的。研究证明，韧皮部运输的关键是同化物怎样从"源"细胞装载入筛管分子，以及怎样从筛管分子把同化物卸出到消耗或储存的"库"细胞。显然，韧皮部的装载是同化物运输的第一步。

1. 韧皮部装载 韧皮部装载（phloem loading）是指同化物从合成部位通过共质体和质外体进行胞间运输，最终进入筛管的过程。这一过程需要经过 3 个步骤：第一步，叶肉细胞光合作用形成的磷酸丙糖从叶绿体运到细胞质，合成蔗糖。第二步，叶肉细胞的蔗糖运到叶脉末梢的筛管分子附近，这一运输途径属于短距离运输。第三步，蔗糖主动转运到 SE - CC 复合体，最终进入筛管分子（图 9 - 6）。一般认为，同化物从韧皮部周围的叶肉细胞装载到韧皮部 SE - CC 复合体的过程存在两条途径——共质体途径和交替运输途径。

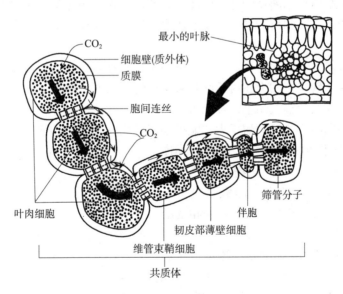

图 9 - 6　源叶中韧皮部装载途径
（图中粗箭头示共质体途径，细箭头示质外体途径）
（引自 Taiz，1991）

2. 筛管运输的机制 同化物装载进入韧皮部筛管后能向需要的部位定向运输。已知蔗糖在筛管中的运输速度高达 100 cm/h，而蔗糖在水中的扩散速度只有 0.02 cm/h，显然蔗糖在筛管中的运输不会是扩散。那么蔗糖在筛管中运输的机制是什么？

1930 年明希（E. Münch）提出了解释韧皮部同化物运输的压力流动假说（pressure - flow hypothesis）。该假说的基本论点是，同化物在筛管内是随液流流动的，而液流的流动是由输导系统两端的压力势差引起的（图 9 - 7）。

自该假说提出以来，许多学者都在致力于能更完整正确地解释光合同化物韧皮部运输的现象，曾

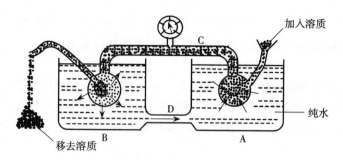

图 9-7 压力流动模型

（A、B 两水槽中各有一个装有半透膜的渗透计，水可以自由出入，而溶质
则不能透过。将溶质不断加到渗透计 A 中，浓度升高，水势降低，水分进入，压力势增大，静水压力将水和溶质一同
通过 C 转移到渗透计 B。B 中溶质不断地卸出，压力势降低，水分再通过 D 回流到 A 槽）

（引自 Bidwell，1974）

提出过多种假说，如简单扩散作用、细胞质环流、电渗、离子泵等假说。目前广为接受的是在明希最初提出的压力流动假说基础上经过补充的新的压力流动假说。该假说认为，同化物在筛管内运输是由源库两侧筛管分子-伴胞复合体内渗透作用所形成的压力梯度所驱动（图 9-8）。压力梯度的形成是由于源端光合同化物不断向筛管分子-伴胞复合体装入，和库端同化物从筛管分子-伴胞复合体不断卸出以及韧皮部和木质部之间水分的不断再循环所致。即光合细胞制造的光合产物在能量的驱动下主动装载进筛管分子，从而降低了源端筛管内的水势，筛管分子从邻近的木质部吸收水分，引起筛管的膨压增加；与此同时，库端筛管中的同化物不断卸出进入周围的库细胞，筛管内水势提高，水分流向邻近的木质部，从而库端筛管内的膨压降低。因此，只要源端光合同化物的韧皮部装载和库端光合同化物的卸出过程不断进行，源库间就能维持一定的压力梯度，在此梯度下，光合同化物可源源不断地由源端向库端运输。

压力流动假说是最能解释同化物在韧皮部运输现象的一种理论。当然，该理论还有许多方面需要深入研究，许多问题尚未解决：①上述讨论的是被子植物的情况，而裸子植物韧皮部的结构与被子植物有很大的差异，因此，其运输机制也将存在很大的不同；②此假说不能很好地解释有机物的双向运输；③源库之间是否确实存在如此大的压力，能推动有机物从源向库运输。

3. 韧皮部卸载 同化物从源器官经筛管运到库器官后，还要从筛管中运出来。同化物从库器官的筛管中转运出去的过程称为韧皮部卸载（phloem unloading）。库端的卸载与源端的装载是两个相反的过程。

韧皮部卸载首先是蔗糖从筛管分子卸出，然后通过短距离运输途径运到库细胞，在此储藏或参与代谢。韧皮部卸载可发生在植物任何部位的成熟韧皮部，如幼嫩根、茎、叶、果实、种子等。卸出的蔗糖有多种去向，有的转变为己糖进入糖酵解途径，有的以淀粉形式储藏，还有的储存在韧皮部薄壁细胞的液泡里。这样，卸出的蔗糖就不断地被移走，促使库端不断地卸出，也促使源端的同化物不断地装载入筛管。

同化物卸出途径有两条：共质体途径和质外体途径。一般在营养器官（如根和叶）中同化物主要通过共质体途径卸出。在幼叶、幼根里，同化物通

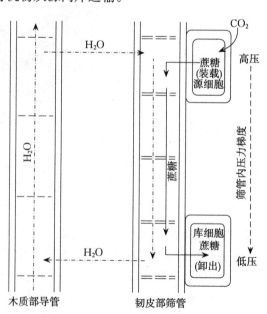

图 9-8 压力流动假说

（虚线箭头为水流，实线箭头为同化物流）

过共质体的胞间连丝到达生长细胞和分生细胞，在细胞质溶质中进行代谢。同化物卸到生殖器官（如发育着的玉米和大豆种子）时，是通过质外体途径。因为母体和胚之间没有胞间连丝，同化物必须通过质外体，然后才进入胚。同化物卸到储存器官（如甜菜根、甘蔗茎时，也是通过质外体途径。通过质外体卸出时，在有些植物（如玉米和甘蔗茎）中蔗糖被细胞壁中的蔗糖酶分解为葡萄糖和果糖之后进入接受细胞，而在甜菜根和大豆种子中蔗糖通过质外体时并不水解，而是直接进入储藏部位（图 9-9）。

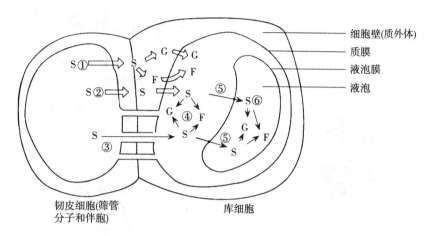

图 9-9 蔗糖卸出到库组织的可能途径

［蔗糖（S）在进入库细胞前先进入质外体①②，或从胞间连丝③进入细胞。蔗糖进入细胞前
分解为葡萄糖（G）和果糖（F）①，也可以不变②，有些蔗糖是在细胞质中水解为果糖和葡萄糖④，
有些蔗糖则进入液泡后可以不发生转变⑤，也可分解为葡萄糖和果糖⑥，又可再合成蔗糖，储存在液泡中］

第三节 有机物的分配

一、代谢源与代谢库

1. 源和库的概念 有机物运输的方向取决于提供同化物的器官与利用同化物的器官的相对位置。源（source）即代谢源（metabolic source），是产生或提供同化物的器官或组织，如功能叶、萌发种子的子叶或胚乳。库（sink）即代谢库（metabolic sink），是消耗或积累同化物的器官或组织，如根、茎、果实、种子等。

应该指出的是，源、库的概念是相对的、可变的。如幼叶是库，它必须从功能叶中获得营养，但当叶片长大时，它就成为源。有的器官同时具有源和库的双重特点。如绿色的茎、鞘、果、穗等，它们既需从其他器官输入养料，同时其本身又可制造养料或者加工养料后再输入到需要的部位。有些两年生植物的储藏组织在第一个生长季是库，当第二个生长季开始时，它又成了源，向新的枝叶输出其所储藏的同化物。

2. 源-库单位 同化物从源器官向库器官的输出存在一定的区域化，即源器官合成的同化物优先向其邻近的库器官输送。例如，在稻、麦灌浆期，上层叶的同化物优先输往籽粒，下层叶的同化物优先向根系输送，而中部叶形成的同化物则既可向籽粒也可向根系输送。玉米果穗生长所需的同化物主要由果穗叶和果穗以上的二叶提供。通常把在同化物供求上有对应关系的源与库及其输导系统称为源-库单位（source-sink unit）。如菜豆某一复叶的光合同化物主要供给着生此叶的茎及其腋芽，则此功能叶与着生叶的茎及其腋芽组成一个源-库单位（图 9-10）。又如结果期的番茄植株，通常每隔三叶着生一个果穗，此果穗及其下三叶便组成一个源-库单位（图 9-11）。源库会随生长条件而变化，并可人为改变。例如，番茄植株通常是下部三叶向其上果穗输送光合同化物，当把此果穗摘除后，这三叶制造的光合同化物也可向其他果穗输送。源-库单位的可变性是整枝、摘心、疏果等栽培技术的生理基础。

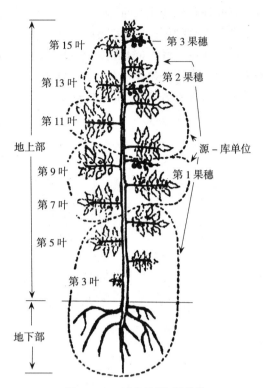

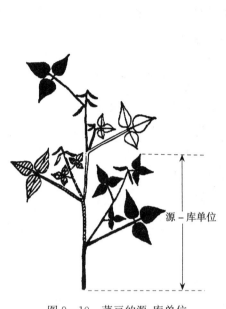

图 9-10 菜豆的源-库单位　　　　　　　图 9-11 番茄的源-库单位

3. 源-库关系　源是库的供应者，而库对源具有调节作用。源库两者相互依赖，相互制约。

源为库提供光合产物，控制输出的蔗糖浓度、时间以及装载蔗糖进入韧皮部的数量；而库能调节源中蔗糖的输出速度和输出方向。一般来说，充足的源有利于库潜势的发挥，接纳能力强的库则有利于源的维持。

可用源强与库强来衡量源器官输出或库器官接纳同化物能力的大小。源强（source strength）是指源器官同化物形成和输出的能力。库强（sink strength）是指库器官接纳和转化同化物的能力。库强对光合产物向库器官的分配具有极其重要的作用。表观库强（apparent sink strength）可用库器官干物质净积累速率表示。

源和库内蔗糖浓度的高低直接调节同化物的运输和分配。源叶内高的蔗糖浓度短期内可促进同化物从源叶的输出速度，如短时期增加光照度或提高 CO_2 浓度可提高源叶内蔗糖的浓度，从而加快同化物从这些叶片内的输出速度。但从长期看源叶内高的蔗糖浓度则抑制光合作用和蔗糖的合成。只有在库器官不断吸收与消耗蔗糖时，才能长期维持高的同化能力。

二、同化物分配规律

植物体内同化物分配的总规律是从源到库，即从某一源合成的同化物流向与其组成源-库单位的库。

1. 同化物优先向生长中心分配　在植物不同的生长发育时期，存在着一个生长占优势的部位，即生长中心。生长中心对于同化物具有强烈的吸引力，当时叶片形成的同化物主要向此运输。例如，水稻分蘖期，同化物主要分配到水稻的分蘖节上，供其分蘖所需养分；分蘖期过后，同化物就不再以分蘖节为主要运输点，而向新生长中心运输分配。小麦的同化物分配也有类似规律。可见，生长中心不是不变的，而是随生育期的不同而转向别处。但需要指出的是，一个时期只有一个生长中心。植物存在生长中心，对栽培管理是有利的，可以根据需要通过调节同化物的运输来调控植物的生长。

2. 就近供应　同化物有就近供应的规律，即叶片制造的同化物首先满足其自身生命活动的需要，用不完的供给其邻近部位。如大豆结荚期，当各节都出现荚时，同化物只能由每个叶片进入叶腋中的荚内，只有在某节上摘除豆荚或豆荚受害的情况下该节叶片的同化物才分配到其邻荚中去。

3. 同侧运输 植物上部某处叶片合成的同化物往往向同侧器官分配较多。这是由植物的解剖结构决定的，因为同侧维管束交叉联系要比横跨茎轴到另一侧直接得多。但在另一侧嫩叶缺乏养料供给时，也可引起同化物沿茎轴横向分配到原来不属于它分配的嫩叶去。

4. 已分配的同化物可进行再分配 植物体内同化的物质，除了构成像细胞壁这样的骨架物质已定型固定外，其他物质不论是有机物还是无机物，包括细胞的各种内含物（细胞器以及永久或暂时储藏的物质）都可以进行再度分配及再度利用。

同化物的再分配和再利用（redistribution and reutilization of assimilate）也是器官之间营养物质内部调节的主要特征。当叶片衰老时，大量的有机养分和无机养分都要撤离并重新分配到就近的新器官。尤其在生殖生长时，营养器官细胞的内含物会分解并向生殖器官转移。如小麦籽粒生长达到最终饱满度的 25% 时，植株对 N、P 的吸收已完成了 90%，籽粒在以后的 75% 的充实生长中，主要由营养体将这些元素再度转移来供应它的需要。据分析，小麦叶片衰老时，叶中 85% 的 N 和 90% 的 P 都要转移到穗部。

作物成熟期间，茎叶中的有机物即使是在收割后的储藏期还可以继续转移。例如，我国北方农民为了避免秋季早霜危害或提前倒茬，在预计严重霜冻来临之前，将玉米连根带穗提前收获，竖立成垛，茎叶中的有机物仍能继续向籽粒中转移，这称为蹲棵，可以增产 5%～10%。又如花瓣在开花授粉后，其细胞的原生质迅速解体，N、P、K 等矿质元素与有机物大部分撤退到果实，而后花瓣凋萎脱落。

在果实、鳞茎、块茎、根茎等储藏器官发育成熟时，营养体一生积累的精华物质几乎都转移给了这些器官，故而出现"麦熟一晌，枝叶枯黄"的景象；蒜结球时，蒜皮干薄如纸也是这个道理。可见营养体的日渐衰老正是同化物撤离的必然结果。实验证明，如将番茄新坐果实——摘下，切断再分配的去路，营养体寿命将可延续很久。

值得注意的是同化物不能由一片成熟叶进入另一片成熟叶，甚至当其中的一片叶子由于遮光而遭受"饥饿"的情况下，也是如此。各幼叶从成熟叶得到同化物仅是在它达到成熟之前。

第四节 高等植物的信号转导

一、信号转导概述

生命活动中的信号（signal）是指生物在生长发育过程中生物体或细胞所受到的各种改变它们生理、形态和生长状态的刺激。信号的主要作用是承载信息（information），使信息在细胞间或细胞内传递，引发生物体特异的生理生化反应。植物的新陈代谢和生长发育主要受遗传信息和环境信息的调节控制。遗传基因规定个体发育的潜在模式，其实现在很大程度上受控于环境信息。对植物细胞而言，环境信息包括植物外界环境（如光、温、气等）和体内环境（如激素、电波等）两方面的信息。植物体要正常生长，就需要正确辨别和接受各种信息并做出相应的反应。

植物感受到各种物理或化学的信号，然后将相关信息传递到细胞内，调节植物的基因表达或酶活性的变化，或其他代谢变化，从而做出反应，这种信息的传递和反应过程称为植物的信号转导（signal transduction）。表 9-1 举了一些常见的植物信号转导事例。

表 9-1 一些常见的植物信号转导事例

（引自王忠，2009）

生理现象	信 号	受体或感受部位	相应的生理生化反应
植物向光性反应	蓝光	向光素	茎受光侧生长素浓度比背光侧低，受光侧生长速率低于背光侧
光诱导的种子萌发	红光/远红光	光敏色素	红光促进种子萌发/远红光抑制萌发

（续）

生理现象	信 号	受体或感受部位	相应的生理生化反应
光诱导的气孔运动	蓝光/绿光	蓝光受体/玉米黄素	蓝光促进气孔开放/绿光抑制开放
干旱诱导的气孔运动	干旱	细胞壁和/或细胞膜	脱落酸合成与气孔关闭
根的向地性生长	重力	根冠柱细胞中淀粉体	根向地侧生长素浓度比背地侧高，向地侧生长速率低于背地侧
含羞草感震运动	机械刺激、电波	感受细胞的膜	离子的跨膜运输，叶枕细胞的膨压变化，小叶运动
光周期诱导植物开花	光周期	光敏色素和隐花色素	相关开花基因表达，花芽分化
低温诱导植物开花	低温	茎尖分生组织	相关开花基因表达，花芽分化
乙烯诱导果实成熟	乙烯	乙烯受体	纤维素酶、果胶酶等编码基因表达，膜透性增加，储藏物质的转化、果实软化
根通气组织的形成	乙烯、缺氧	中皮层细胞	根皮层细胞发生程序化死亡
植物抗病反应	病原体产生的激发子	激发子受体	抗病物质（植保素、病原相关蛋白等）合成
豆科植物的根瘤	根瘤菌产生结瘤因子	凝集素	促进根皮层细胞大量分裂导致根瘤形成

　　植物细胞的信号分子按其作用和转导范围可分为胞外信号分子和胞内信号分子。多细胞生物体受刺激后，胞外产生的信号分子又称为初级信使（primary messenger），即第一信使（first messenger），如各种植物激素；胞内信号分子常称为第二信使（second messenger）。

　　对于细胞信号转导的分子途径，可划分为胞外信号感受、跨膜信号转换、以胞内信号传递及蛋白质可逆磷酸化组成的胞内信号转导（图 9-12）。通过细胞信号转导系统可使环境刺激信号和胞间信号级联放大，最终影响酶的活性和合成，导致一系列生理生化反应，从而引起植物生长发育的变化。

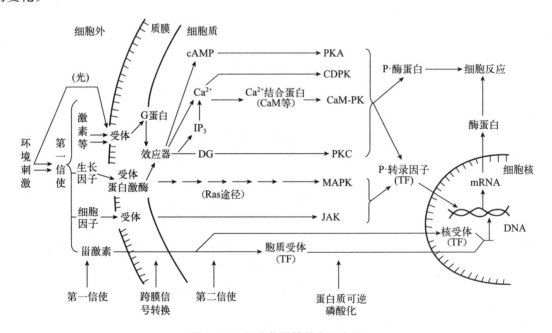

图 9-12　细胞信号转导主要途径

IP₃. 三磷酸肌醇　DG. 二酰甘油　PKA. 依赖 cAMP 的蛋白激酶 A　PKC. 依赖 Ca^{2+} 与磷脂的蛋白激酶 C
CaM-PK. 依赖 Ca^{2+}-CaM 的蛋白激酶　CDPK. 钙依赖型蛋白激酶　MAPK. 有丝分裂原蛋白激酶
JAK. 一种蛋白激酶　TF. 转录因子　Ras 途径. 一种小 G 蛋白介导的细胞分子信号转导途径

二、胞外信号及其传递

当环境刺激作用位点与效应位点处在植物体的不同部位时，就必须有胞外信号（external signal）分子传递信息。例如，重力作用于根冠细胞造粉体，使根的伸长区产生反应并由生长素传递信息；土壤干旱引起地上部叶片气孔关闭时，由脱落酸（ABA）等传递信息；叶片被虫咬伤引起周身性防御反应可能由寡聚糖等传递信息。

（一）胞外信号的分类

植物体内的胞外信号可分为两类：化学信号和物理信号。

1. 化学信号 化学信号（chemical signal）是指细胞感受刺激后合成并传递到作用部位引起生理反应的化学物质。现已发现的化学信号有几十种，主要包括植物激素类、寡聚糖类、多肽类等。也有人认为 Ca^{2+}、H^+（pH 梯度）可以作为胞外信号分子。

如当植物根系受到水分亏缺胁迫时，根系细胞迅速合成 ABA，ABA 通过木质部蒸腾流输向地上部分，引起叶片生长受抑和气孔导度的下降。而且 ABA 的合成和输出量随水分胁迫程度的加剧而显著增加。一般认为，植物激素尤其是 ABA 充当了植物体重要的胞外化学信号。

当植物的一张叶片被虫咬伤后，会诱导本叶和其他叶产生蛋白酶抑制物（proteinase inhibitor，PI）等，以阻碍病原菌或害虫进一步侵害。如伤害后立即除去受害叶，其他叶片不会产生 PI。但如果将受害叶细胞壁水解片段（主要是寡聚糖）加到正常叶片中，又可模拟伤害反应诱导 PI 的产生，从而认为寡聚糖是由受伤叶片释放并经维管束转移，诱导 PI 基因活化的信号物质。化学信号主要通过韧皮部长距离传递，也可以集流的方式在木质部中传递。

2. 物理信号 物理信号（physical signal）是指细胞感受到刺激后产生的能够起传递信息作用的电信号和水信号等。电、光、磁场等可在生物体内器官、组织、细胞之间或其内部起信号分子的作用。如光质中包含光照方向、光质和光周期等光信息，当植株不同部位的光受体接收光信号携带的光信息后，可分别导致向光性（如叶绿体运动、叶和芽的向光性生长）、光周期诱导（如花芽分化）等反应。

电信号（electrical signal）是指能够传递环境信息的电位波动。电信号传递是植物体内长距离传递信息的一种重要方式，是植物体对外部刺激的最初反应。植物电波（electrical ware）传递时的电位变化可分为动作电位（action potential，AP）和变异电位（variation potential，VP）（图 9 - 13a 和图 9 - 13b）。一般来说，植物中 AP 的传递仅用短暂的冲击（如机械震击、电脉冲或局部温度的升降）就可以激发出来，而且受刺激的植物不受伤害，不久便恢复原状。若用有伤害的局部刺激（如切伤、挫伤或烧伤），植物会引起 VP 的传递。

AP 和 VP 的出现都是细胞质膜电位去极化的结果，而且伴随化学物质的产生（如乙酰胆碱）。各种电波传递都可以产生生理效应。如对植物进行烧伤刺激，可引起气孔运动和叶片伸展生长的抑制，而且刺激与两种生理效应之间都必须有电波传递的参与；如果阻断电波的传递，则其生理效应就不会产生。

实验证明，一些敏感植物或组织（如含羞草的茎叶、攀缘植物的卷须等），当受到外界刺激，发生运动反应（如小叶闭合下垂、卷须弯曲等）时伴有电波的传递。当给平行排列的轮藻细胞中的一个细胞以电刺激引起 AP 后，可以传递到相距 10 mm 处的另一个细胞而且引起同步节奏的 AP。

研究人员在对含羞草小叶片切伤刺激的研究中还发现主叶柄上有复合电波的传递，即前端的 AP 拖带着 VP（图 9 - 13c）。此外，将植物在弱光、干旱等逆境下锻炼一段时间，它们的敏感性也可能增强，用无伤害刺激就会测到 AP 的传递，甚至有时连续几小时内会出现周期性的电波振荡（图 9 - 13d）。我国著名植物生理学家娄成后教授指出，电波信息传递在高等植物中是普遍存在的。他认为植物为了对环境变化做出反应，既需要专一的化学信息传递，也需要更快速的电波传递。

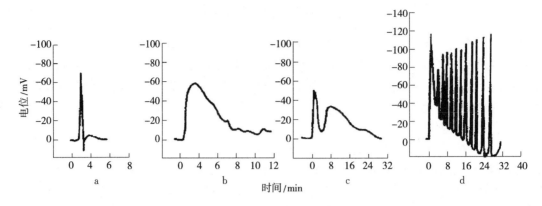

图 9-13 高等植物体内的电波传递
a. 动作电位（AP） b. 变异电位（VP） c. AP-VP复合波 d. 电波振荡

水信号（hydraulic signal）是指能够传递逆境信息，进而使植物做出适应性反应的植物体内水流或水压的变化，有人也将其称为水力学信号。近年来，人们开始注意植物体内静水压变化在环境信息传递中的作用。由于水的压力波传播速度特别快，在水中可达 1 500 m/s，因此静水压变化的信号比水流变化的信号要快得多，这有利于解释某些快速反应（如气孔运动、生长运动等）现象。有证据表明植物细胞对水信号（水压的变化）很敏感，如玉米叶片木质部张力的降低几乎立即引起气孔开放，反之亦然。

（二）胞外信号的传递途径

当环境信号刺激的作用位点与效应位点处在植物不同部位时，胞外信号就要作长距离的传递，高等植物胞外信号的长距离传递主要有以下几种。

1. 易挥发性化学信号在体内气相的传递 易挥发性化学信号可通过在植株体内的气腔网络（air space network）中的扩散而迅速传递，通常这种信号的传递速度可达 2 mm/s 左右。植物激素乙烯和茉莉酸甲酯（JA-Me）均属此类信号，而且这两类化合物在植物某器官或组织受到刺激后可迅速合成。在大多数情况下，这些化合物从合成位点迅速扩散到周围环境中，因此它们在植物体内信号的长距离传递中的作用不大。然而，若植物生长在一个密闭的条件下，这些化合物可在植物体内积累并迅速到达作用部位而产生效应。自然条件下发生涝害或淹水时植株体内就经常存在这类信号的传递。

2. 化学信号的韧皮部传递 韧皮部是同化物长距离运输的主要途径，也是化学信号长距离传递的主要途径。植物体内许多化学信号物质，如 ABA、JA-Me、寡聚半乳糖、水杨酸等都可通过韧皮部途径传递。一般韧皮部信号传递的速度为 0.1～1 mm/s，最高可达 4 mm/s。

3. 化学信号的木质部传递 化学信号通过集流的方式在木质部内传递。植物在受到土壤干旱胁迫时，根系可迅速合成并输出某些信号物质，如 ABA。根系合成 ABA 的量与其受的胁迫程度密切相关。合成的 ABA 可通过木质部蒸腾流进入叶片，并影响叶片中的 ABA 浓度，从而抑制叶片的生长和气孔的开放。

4. 电信号的传递 植物电信号的短距离传递需要通过共质体和质外体途径，而长距离传递则是通过维管束。对草本非敏感植物来讲，AP 的传播速度为 1～20 mm/s；但对敏感植物而言，AP 的传播速度高达 200 mm/s。

5. 水信号的传递 水信号是通过植物体内水连续体系中的压力变化来传递的。水连续体系主要是通过木质部系统而贯穿植株的各部分，植物体通过这一连续体系一方面可有效地将水分运往植株的大部分组织，同时也可将水信号长距离传递到连续体系中的各部分。

<h2 style="text-align:center">三、跨膜信号转换</h2>

1. 膜受体 胞外信号与引起胞内信号放大之间必然有一个中介过程，这个中介过程涉及接收胞

外信号所必需的受体以及胞外信号转换成胞内信号的转换系统。胞外的刺激信号（如植物激素和某些环境因素等）只有少部分可以直接跨过细胞膜系统引起生理反应，大多数需经膜系统上的受体识别后，通过膜上信号转换系统转变为胞内信号，才能调节细胞代谢反应及生理功能。跨膜信号转换（transmembrane transduction）系统由受体、G 蛋白、效应酶或离子通道等组成。受体感受外界刺激或与胞间信号结合后，使 G 蛋白活化，活化的 G 蛋白诱导效应酶或离子通道产生胞内信号。

受体（receptor）是指在膜上能与信号物质特异性结合，并引发产生胞内次级信号的特殊成分。受体可以是蛋白质，也可以是一个酶系。受体和信号物质的结合是细胞感应胞外信号，并将此信号转变为胞内信号的第一步。通常一种类型的受体只能引起一种类型的转导过程，但一种胞外信号可同时引起不同类型表面受体的识别反应，从而产生两种或两种以上的信使物质。受体与胞外信号的反应具有几个重要特点：①特异性，信号与受体特异识别；②高度亲和性，二者结合迅速而灵敏，使细胞能够觉察低浓度信号的轻微改变；③可逆性，两者以非共价的离子键、氢键、范德华力等结合；④饱和性，由于受体蛋白在膜上的数量有限，反应可达到饱和。在跨膜信号转换系统中，受体位于质膜外侧。有关植物细胞中接收激素和光等的受体将在相关章节中介绍。

2. G 蛋白　在受体接收信号与信号的产生之间往往需要信号转换，G 蛋白（GTP-binding regulatory protein，GTP 结合调节蛋白）又称偶联蛋白或信号转换蛋白，是跨膜信号转换的主要传递体。G 蛋白的信号偶联功能是靠 GTP 的结合或水解产生的变构作用完成的。当 G 蛋白与受体结合而激活时，它就同时结合上 GTP，继而触发效应器，把胞外信号转换成胞内信号；而当 GTP 水解为 GDP 后，G 蛋白就回到原初构象，失去转换器的功能。现已证明在高等植物中普遍存在 G 蛋白，也已初步证明 G 蛋白在植物跨膜离子运输、气孔运动、植物形态建成等生理活动的信号转导过程中具有重要调节作用。

3. 效应酶和离子通道　效应酶和离子通道是细胞的膜蛋白，如腺苷酸环化酶、磷脂酶 C 和钙离子通道等。它们受 G 蛋白活化，可产生胞内信号。

四、胞内信号

胞内信号（internal signal）是由跨膜信号转换系统产生的、有生理调节活性的细胞内因子，又称细胞信号转导过程中的次级信号或第二信使（second messenger）。

（一）肌醇磷脂信号系统

肌醇磷脂（inositol phospholipid）是一类由磷脂酸与肌醇结合的脂质化合物，分子中含有甘油、脂酸、磷酸和肌醇等基团，主要以 3 种形式存在于植物质膜中：磷脂酰肌醇（phosphatidyl inositol，PI）、4-磷酸磷脂酰肌醇（PIP）和 4，5-二磷酸磷脂酰肌醇（PIP_2）。

1. 双信号系统　以肌醇磷脂代谢为基础的细胞信号系统，是在胞外信号被膜受体接收后，以 G 蛋白为中介，由质膜中的磷脂酶 C(phospholipase C，PLC) 水解 PIP_2 而产生 1，4，5-三磷酸肌醇（inositol-1，4，5-triphosphate，IP_3）和二酰甘油（diacylglycerol，DG，DAG）两种信号分子。因此，该系统又称双信号系统（double signal system）。在双信号系统中，IP_3 通过调节 Ca^{2+} 浓度，而 DG 则通过激活蛋白激酶 C(protein kinase C，PKC) 来传递信息。

2. 三磷酸肌醇　IP_3 作为信号分子，在植物中一般认为它作用的靶器官为液泡。IP_3 作用于液泡膜上的受体后，将膜上 Ca^{2+} 通道打开，使 Ca^{2+} 从液泡中释放出来，引起胞内 Ca^{2+} 水平的增加，从而启动胞内 Ca^{2+} 信号系统，即通过依赖 Ca^{2+}、钙调素的酶类活性变化来调节和控制一系列的生理反应。

3. 二酰甘油　在正常情况下，细胞膜上不存在自由的 DG，它只是细胞在受外界刺激时肌醇磷脂水解而产生的瞬间产物。PKC 是一种依赖于 Ca^{2+} 和磷脂的蛋白激酶 C，它可催化蛋白质的磷酸化。当有 Ca^{2+} 和磷脂存在时，DG、Ca^{2+}、磷脂与 PKC 分子相结合，使 PKC 激活，从而对某些底物蛋白或酶类进行磷酸化，最终导致一定的生理反应。当胞外刺激信息消失后，DG 首先从复合物上解离下来而使酶钝化，与 DG 解离后的 PKC 可以继续存在于膜上或进入细胞质而钝化。

（二）钙信号系统

1. Ca^{2+} 转移系统　几乎所有不同的胞外刺激信号都可能引起胞内游离 Ca^{2+} 浓度的变化，如光照、触摸、重力和温度等各种物理刺激和各种植物激素、病原菌诱导因子等化学因子。而植物细胞内游离 Ca^{2+} 浓度的微小变化可能显著影响细胞的生理生化活动。细胞内的 Ca^{2+} 浓度主要与细胞膜系统上各种 Ca^{2+} 的转移系统有关。

质膜上存在依赖 ATP 的 Ca^{2+} 转移系统，它是在 Ca^{2+} - ATP 酶作用下，由水解 ATP 提供能源，将 Ca^{2+} 泵出细胞液，以维持胞内一定的 Ca^{2+} 浓度。反过来，当 Ca^{2+} 通过质膜转移到细胞内时是通过 Ca^{2+} 通道的，而通道的开闭受膜电位的控制，Ca^{2+} 向胞内的转移是一种被动扩散过程。

内质网也是植物细胞的一个钙库，其膜上可能也存在钙泵，它也依赖 ATP 把细胞液中的 Ca^{2+} 泵入内质网中。线粒体膜上存在与电子传递链相偶联的钙泵，利用电子传递产生的电化学势将 Ca^{2+} 主动泵入线粒体内。

液泡膜上的 Ca^{2+} 转移系统是较完整的系统。液泡膜上有 Ca^{2+}/H^{+} 反向传递体，利用已建立的质子电化学势去驱动 Ca^{2+} 与 H^{+} 的跨膜交换。有人用燕麦根细胞中分离的液泡作材料，表明 IP_3 可诱发 Ca^{2+} 从液泡中释放出来，液泡可作为肌醇磷脂信号系统中 IP_3 的靶结构，在胞内 Ca^{2+} 动员中起重要作用。

2. 钙调素　植物细胞的钙信号受体蛋白之一是钙结合蛋白，它与 Ca^{2+} 有很高的亲和力与专一性。钙结合蛋白中分布最广，了解最多的是钙调素（calmodulin，CaM）。

CaM 只有与 Ca^{2+} 结合才有生理活性，而 CaM 对 Ca^{2+} 的亲和力正是它感受信息的基本特性，CaM 能感受到 Ca^{2+} 浓度的变化从而引起相应的变化。这个过程可能涉及很多因素，其中有 CaM 量的差异，每个 CaM 结合 Ca^{2+} 数目的不同，CaM 翻译后修饰与否以及 CaM 靶酶的多样性等因素。

CaM 可以两种方式发挥其作用：一种是 CaM 直接和靶酶结合，诱导靶酶的活性构象变化而调节靶酶的活性；另一种是 CaM 首先使依赖 Ca^{2+}、CaM 的蛋白激酶活化，然后在蛋白激酶的作用下，使一些靶酶磷酸化，而影响其活性。属第一种作用方式的有质膜 Ca^{2+} - ATP 酶、NAD^{+} 激酶；属第二种作用方式的有奎尼酸 NAD^{+} 氧化还原酶、质子泵、Rubisco 小亚基等。

（三）环核苷酸信号系统

受动物细胞信号的启发，人们最先在植物中寻找的胞内信号是环腺苷酸（cyclic AMP，cAMP）（图 9 - 14）。腺苷酸环化酶是一个跨膜蛋白，它被激活时可催化胞内的 ATP 分子转化为 cAMP 分子，细胞内微量 cAMP（仅为 ATP 的 1/1 000）在短时间内迅速增加数倍以至数十倍，从而形成胞内信号。细胞溶质中的 cAMP 分子浓度增加往往是短暂的，信号的灭活机制随之将其减少，cAMP 信号在 cAMP 特异的环核苷酸磷酸二酯酶（cAMP specific cyclic nucleotide phosphodiesterase，cAMP - PDE）催化下水解，产生 $5'$ - AMP，将信号灭活。

大量研究表明 cAMP 信号系统还在转录水平上调节基因表达。cAMP 通过激活依赖 cAMP 的蛋白激酶 A（protein kinase A，PKA）而对某些特异的转录因子进行磷酸化，这些因子再与被调节的基因特定部位结合，从而调控基因的转录。在这些转录因子中，有一种 cAMP 响应元件结合蛋白（cAMP response element binding protein，CREB）。CREB 被磷酸化后与其被调节的基因在特定部位结合，从而调节这些基因的表达。在植物中已检测出 cAMP、合成 cAMP 的腺苷酸环化酶以及分解 cAMP 的磷酸二酯酶活性。

有实验证明叶绿体光诱导的花色素苷合成过程中环鸟苷酸（cyclic GMP，cGMP）参与受体 G 蛋白之后的下游信号转导过程。环核苷酸信号系统与 Ca^{2+} - CaM 信号传递系统在合成完整叶绿体过程中起协同作用。

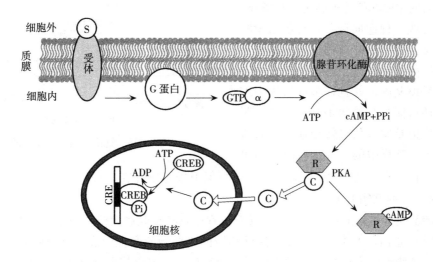

图 9-14 cAMP 信号转导途径

（胞外刺激信号 S 激活质膜上受体 R，受体激活与其偶联的下游 G 蛋白，激活的 G 蛋白 α 亚基作用于质膜
连接的腺苷环化酶，cAMP 被合成。cAMP 作用于 PKA，被激活的 PKA 的催化亚基 C 和调节亚基 R
相互分离。C 亚基进入细胞核，催化 cAMP 响应元件结合蛋白 CREB 的磷酸化，磷酸化后的 CREB 与
染色体 DNA 上的 cAMP 响应元件 CRE 结合，调控基因的表达）

五、蛋白质的可逆磷酸化

细胞内多种蛋白激酶和蛋白磷酸酶是前述几类胞内信号进一步作用的靶子，也即胞内信号通过调节胞内蛋白质的磷酸化或去磷酸化过程而进一步传递信号。

蛋白激酶（protein kinase，PK）催化 ATP 或 GTP 的磷酸基转移到底物蛋白质的氨基酸残基上，使蛋白质磷酸化。蛋白质的去磷酸化由蛋白磷酸酶（protein phosphatase，PP）催化。蛋白质可逆磷酸化的整个反应过程可用下式表示：

$$蛋白质 + nNTP \xrightarrow{\text{蛋白激酶}} 蛋白质\text{-}P_n + nNDP$$

$$蛋白质\text{-}P_n + nH_2O \xrightarrow{\text{蛋白磷酸酶}} 蛋白质 + nPi$$

式中，NTP 代表三磷酸核苷，NDP 代表二磷酸核苷，P_n 代表与底物蛋白质氨基酸残基连接的磷酸基团及数目。

蛋白激酶是一个大家族，植物中有 2%~3% 的基因编码蛋白激酶。目前已从植物中分离到 70 多个蛋白激酶基因，鉴定出许多蛋白激酶。蛋白激酶可分为丝氨酸/苏氨酸激酶、酪氨酸激酶和组氨酸激酶 3 类，它们分别将底物蛋白质的丝氨酸/苏氨酸、酪氨酸和组氨酸残基磷酸化。有的蛋白激酶具有双重底物特异性，既可使底物蛋白质的丝氨酸或苏氨酸残基磷酸化，又可使底物蛋白质的酪氨酸残基磷酸化。

钙依赖型蛋白激酶（calcium dependent protein kinase，CDPK）属于丝氨酸/苏氨酸激酶，是植物细胞中特有的蛋白激酶家族，大豆、玉米、胡萝卜、拟南芥等植物中都存在 CDPK。从拟南芥中已发现了 34 种左右的 CDPK 基因，机械刺激、激素和胁迫都可引起 CDPK 基因表达。一般来说，CDPK 在其氨基端有一个激酶催化区域，在其羧基端有一个类似 CaM 的结构区域，其活性直接受 Ca^{2+} 调节，不需要 CaM 参与，在这两者之间还有一个抑制区域（图 9-15）。类似 CaM 结构区域的 Ca^{2+} 结合位点与 Ca^{2+} 结合后，抑制被解除，酶就被活化。现已知的可被 CDPK 磷酸化的作用靶（或底物分子）有细胞骨架成分、膜运输成分、质膜上的质子 ATP 酶等。如从燕麦中分离出与质膜成分相结合的 CDPK 成分可将质膜上的质子 ATP 酶磷酸化，从而调节跨膜离子运输。

蛋白磷酸酶的主要功能是逆转蛋白磷酸化，是一个终止信号或一种逆向调节，与蛋白激酶有同等重要意义。在单子叶植物玉米和双子叶植物矮牵牛、拟南芥、油菜、苜蓿、豌豆中已克隆到蛋白磷酸酶基因，并且在多种植物中发现其活性，其还可能参与植物细胞分裂素、脱落酸、病原、胁迫及发育信号转导途径。有研究表明，胡萝卜、豌豆中的一种蛋白磷酸酶可

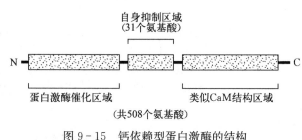

图 9-15　钙依赖型蛋白激酶的结构

能与植物细胞的有丝分裂过程的调控有关，在豌豆保卫细胞中存在一种依赖 Ca^{2+} 的蛋白磷酸酶，它与 K^+ 的转移和气孔的开闭有关。

蛋白质的磷酸化和去磷酸化在细胞信号转导过程中具有级联放大信号的作用，外界微弱的信号可以通过受体激活 G 蛋白，产生第二信使，激活相应的蛋白激酶和促使底物蛋白磷酸化等一系列反应得到级联放大。植物细胞中约有 30% 的蛋白质是磷酸化的。拟南芥中目前估算有 1 000 个基因编码蛋白激酶，300 个基因编码蛋白磷酸酶，约占其基因组的 5%。

蛋白质可逆磷酸化是细胞信号传递过程中的共同环节，也是中心环节。胞内第二信使产生后，其下游的靶分子一般都是细胞内的蛋白激酶或蛋白磷酸酶，激活的蛋白激酶和蛋白磷酸酶催化相应蛋白的磷酸化或去磷酸化，从而调控细胞内酶、离子通道、转录因子等的活性。

例如，cAMP 可以通过蛋白激酶 A(protein kinase A，PKA) 作用使下游的蛋白质磷酸化；Ca^{2+} 可以通过与 CaM 结合活化 Ca-CaM 依赖的蛋白激酶使蛋白质磷酸化，也可以激活 CDPK 使蛋白质磷酸化。

信号分子也可直接作用于由有丝分裂原活化蛋白激酶（mitogen activated protein kinase，MAPK）、MAPK 激酶（MAPKK）和 MAPKK 激酶（MAPKKK）3 个激酶组成的 MAPK 信号转导级联体，通过一系列的蛋白质磷酸化反应，每次反应就产生一次放大作用，调控转录因子对基因的表达。在植物细胞中，MAPK 级联途径可参与生物胁迫、非生物胁迫、植物激素和细胞周期等信号的转导，被认为是一个普遍的信号转导机制。

虽然磷酸化或去磷酸化的过程本身是单一反应，但多种蛋白质的磷酸化和去磷酸化的结果是不同的，很可能与实现细胞中各种不同刺激信号的转导过程有关。事实上，正是蛋白质磷酸化的可逆性为细胞的信息提供了一种开关作用。在有外来信号刺激的情况下，通过去磷酸化或磷酸化再将之关闭，这就使得细胞能够有效而经济地调控对内外信息的反应。

信号转导的最终结果是导致一系列细胞的生理生化反应，如代谢反应、分裂分化等，从而引起植物生长发育的变化。

小　结

高等植物有机物的运输系统包括短距离运输系统和长距离运输系统。短距离运输包括：胞内运输，即细胞内、细胞器间的物质运输；胞间运输，即细胞之间短距离的质外体运输、共质体运输以及共质体与质外体间的运输。共质体和质外体间的交替运输常涉及特化的转移细胞。

维管束系统是高等植物长距离运输的通道。木质部的输导组织主要包括导管和管胞，韧皮部运输主要是由筛管承担。用环割实验、同位素示踪等方法可以证明木质部主要是将水分和无机养分向上运输，韧皮部则可双向运输同化物。

筛管汁液的干物质主要是糖类，其中蔗糖是主要运输形式。物质运输速度一般为 20～200 cm/h。韧皮部运输过程包括源细胞的同化物装载和同化物卸出到消耗或储存的库细胞。解释韧皮部同化物运输机制的学说主要是压力流动假说。

代谢源是产生或提供同化物的器官或组织，代谢库是消耗或积累同化物的器官或组织。源和库的概念是相对的、可变的。将同化物供求上有对应关系的源与库称为源-库单位。用源强和库强来衡量器官输出或输入同化物的能力大小。

同化物分配规律包括优先向生长中心分配、就近供应、同侧运输等，且还存在着再分配的特性。

高等植物信号转导的分子途径可划分为胞外信号感受、跨膜信号转换、以胞内信号传递及蛋白质可逆磷酸化组成的胞内信号转导，最终导致一系列生理生化反应，引起植物生长发育的变化。

胞外的化学信号包括植物激素、寡聚糖、多肽等物质，物理信号中最重要的是电信号，包括动作电位和变异电位。胞外信号的长距离传递是通过维管束系统进行的。G蛋白是主要的跨膜信号传递体。植物的胞内信号包括肌醇磷脂信号系统、钙信号系统及环核苷酸信号系统。蛋白质的磷酸化和去磷酸化是细胞内信号进一步转导的重要方式。

复习思考题

1. 名词解释

短距离运输系统　长距离运输系统　转移细胞　P蛋白　代谢源　代谢库　源-库单位　源强　库强　化学信号　物理信号　G蛋白

2. 简述长距离运输系统的特点。

3. 如何证明高等植物同化物长距离运输是通过韧皮部途径的？

4. 同化物分配有何特点？

5. 试述同化物运输的压力流动假说。

6. 代谢源和代谢库是怎样影响同化物运输、分配的？

7. 维管束系统的功能有哪些？

8. 为什么"树怕剥皮"？

9. 你如何理解植物的信号转导？

10. 环境刺激或胞外信号是如何调节细胞发育的？

11. 分析 Ca^{2+} 信号产生的生理意义。

12. 说明 IP_3 信号途径的生理作用。

13. 试述蛋白质可逆磷酸化的重要作用。

第 十 章 >>>>

植 物 生 长 物 质

植物生长发育过程中，除了需要水分、矿质元素和各种有机物作为细胞生命的结构和营养物质外，还需要微量的生长物质参与调控植物体内的各种代谢过程，来适应植物体内、外界不断变化的环境。植物生长物质（plant growth substance）是指能调节植物生长发育的微量化学物质，包括植物激素和植物生长调节剂。

第一节　植物激素和生长调节剂的概念

植物激素（plant hormone，phytohormone）是指在植物体内合成的、通常从合成部位运往作用部位、对植物的生长发育产生显著调节作用的微量（1 μmol/L 以下）小分子有机物。因此，植物激素的特点是内生的、能在植物体内运转的、极低浓度就有调节效应的有机物质。据国际植物生长物质研究专家的建议，要确定一个植物内源物质的激素地位，除了满足上述定义外，还应符合下列 3 个条件：①该物质在植物中广泛分布，而不是特定植物所具有；②是植物完成基本的生长发育及生理功能所必需的，并且不能被其他物质代替；③必须和相应的受体蛋白结合才能发挥作用，这是作为激素的一个重要特征。

生长素（auxin）、赤霉素（gibberellin）、细胞分裂素（cytokinin）、脱落酸（abscisic acid）、乙烯（ethylene）和油菜素内酯（brassinolide）是六大类植物激素。近年，也有许多学者将茉莉素（jasmonates）、水杨酸类（salicylates）和独脚金内酯类（strigolactones）归入植物激素中。

植物体内的激素含量甚微，如 7 000～10 000 株玉米幼苗顶端只含有 1 μg 生长素。植物激素虽然能调节控制个体的生长发育，但本身并非营养物质，也不是植物体的结构物质。由于在调控植物生长发育中广泛、有效的生理效应，从植物激素发现伊始便开始有人想到将其用于农业生产。但植物体内植物激素含量很少，难以提取，无法大规模在农业生产上应用。随着研究的深入，已经人工合成（或从微生物中提取）了许多与植物激素有相似生理作用的物质，称为植物生长调节剂（plant growth regulator），包括生长促进剂、生长抑制剂和生长延缓剂。

植物激素与植物生长调节剂这两个名词常易混淆。植物激素是内生的、能从合成部位运往作用部位且在极低浓度（1 μmol/L）下即可调节植物生理过程的有机化合物。而植物生长调节剂不仅指人工合成的具有生理活性的有机化合物，也包括一些天然的有机化合物甚至植物激素在内。当天然植物激素被提取出来，并施用于其他植物，来诱导生理反应时就成为生长调节剂了。因此，生长调节剂中包含一些分子结构和生理效应与植物激素相同或类似的有机化合物，如吲哚丙酸、吲哚丁酸、赤霉酸等；还有一些结构与植物激素完全不同，但具有类似生理效应的有机化合物，如萘乙酸、矮壮素、乙烯利、多效唑等。此外，生长调节剂与农药之间也没有截然的界限。例如，有些化合物（如 2,4 -二氯苯氧乙酸）在高浓度时起除草剂作用，但在低浓度时有调节植物生理过程的作用；有些杀虫剂（如西维因）和杀菌剂（如甲基氨基甲酰）也有类似生长调节剂的作用。所以，植物生长调节剂是由多种化合物组成的并无明确范围的一类化合物，只是因为当它们以低浓度施用于植物时，具有调节植物生长发育的作用，才被人们称为生长调节剂。

植物生长调节剂已广泛应用于农林业生产，如促进种子萌发、促进插条生根、促进开花、促进结实、疏花疏果、保花保果、防止脱落、促进果实成熟、延缓衰老、防除杂草等，并发挥了巨大的作用。

第二节 生长素类

一、生长素的发现

生长素（auxin）是最早被发现的植物激素，是植物存活所必需的物质。英国科学家达尔文（Darwin）父子利用金丝雀虉草的胚芽鞘进行向光性实验。他们发现在单方向光照射下，胚芽鞘发生向光弯曲现象；如果切去胚芽鞘的尖端或在尖端套以锡箔小帽，单侧光照胚芽鞘不会向光弯曲；如果单侧光线只照射胚芽鞘尖端而不照射胚芽鞘下部，胚芽鞘还是会发生向光弯曲（图 10 - 1a）。他们在 1880 年编写的《植物运动的本领》一书中指出：胚芽鞘产生向光弯曲是由于幼苗尖端在单侧光照下产生某种影响，并将这种影响从上部传到下部，造成背光面生长速度快于向光面。博伊森和詹森（Boysen 和 Jensen）在向光或背光的胚芽鞘一面插入不透物质的云母片，他们发现只有当云母片放入背光面时，向光性才受到阻碍。如在切下的胚芽鞘尖和胚芽鞘切口间放上一明胶薄片，其向光性仍能发生（图 10 - 1b）。帕尔（Paál）发现，将燕麦胚芽鞘尖切下，把它放在切口的一边，即使不照光，

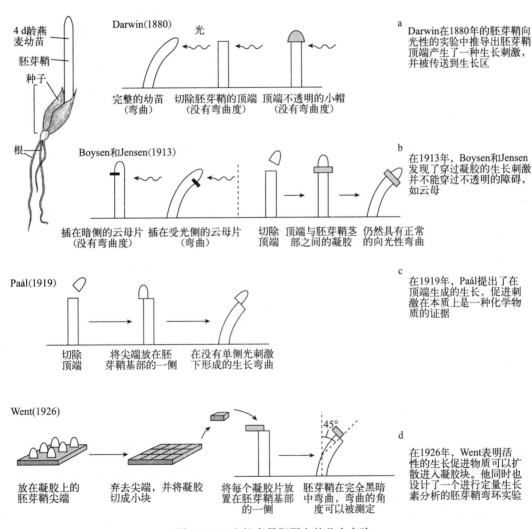

图 10 - 1 生长素早期研究的几个实验

（引自 Taiz 和 Zeiger，2009）

胚芽鞘也会向一边弯曲（图 10-1c）。荷兰的温特（F. W. Went）把燕麦胚芽鞘尖端切下，放在琼胶薄片上，约 1 h 后，移去胚芽鞘尖端，将琼脂切成小块，然后把这些琼脂小块放在去顶胚芽鞘一侧，置于暗处，胚芽鞘就会向放琼脂的对侧弯曲（图 10-1d）。如果放纯琼脂块，则不弯曲，这证明促进生长的作用可从鞘尖传到琼脂块，再传到去顶胚芽鞘，这种作用是某种促进生长的化学物质引起的。温特将这种物质称为生长素（auxin）（希腊语，促进的意思）。根据这个原理，他创立了植物激素的第一种定量的生物测定法——燕麦胚芽鞘弯曲实验法（Avena curvature test），以此相对的定量测定生长素含量，推动了植物激素的研究。

1934 年，荷兰的郭葛（F. Kogl）等从人尿、根霉、麦芽中分离和纯化了一种刺激生长的物质，经鉴定为吲哚乙酸（indole-3-acetic acid，IAA），其分子式为 $C_{10}H_9O_2N$，相对分子质量为 175.19。此后，大量的实验证明 IAA 在高等植物体内广泛存在，是植物体内主要的生长素，它是第一个被发现的植物激素。因此 IAA 成为生长素类物质的代表与缩写符号。

除 IAA 外，还在大麦、番茄、烟草及玉米等植物中先后发现苯乙酸（phenylacetic acid，PAA）、4-氯吲哚乙酸（4-chloroindole-3-acetic acid，4-Cl-IAA）及吲哚丁酸（indole-3-butyric acid，IBA）等其他生长素类物质（图 10-2）。以后人工合成了多种生长素类的植物生长调节剂，如 2,4-二氯苯氧乙酸（2,4-dichlorophenoxyacetic acid，2,4-D）、α 萘乙酸（α-naphthalene acetic acid，NAA）等。

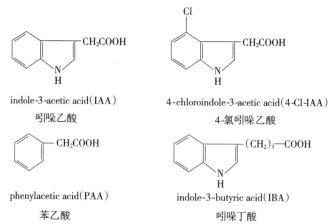

图 10-2 几种天然存在的生长素的分子结构

尽管生长素类的化学结构不同，但有活性的生长素具有共同的结构特征，就是芳香环与羧基间具有相同的分子距离，都是 0.5 nm。

二、生长素的分布与运输

（一）生长素的分布

植物体内生长素的含量一般为 10~100 ng/g。各种器官中都有生长素的分布，但在生长旺盛的部位含有的更多，如正在生长的茎尖和根尖（图 10-3），正在展开的叶片、胚、幼嫩的果实和种子，禾谷类的居间分生组织等。而在衰老的组织或器官中生长素的含量则是降低趋势。

寄生和共生的微生物也可产生生长素，并对寄主的生长有影响。如豆科植物根瘤的形成就与根瘤菌产生的生长素有关。其他一些植物肿瘤的形成也与能产生生长素的病原菌的入侵有关，如致病农杆菌导致的植物冠瘿病。

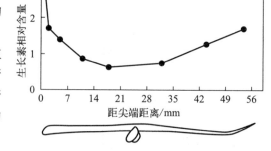

图 10-3 黄化燕麦幼苗中生长素的分布

（二）生长素的运输

生长素在植物体内的运输具有极性的特点，即生长素只能从植物的形态学上端向下端运输，而不能向相反的方向运输，这称为生长素的极性运输（polar transport）。把含有生长素的琼脂小块放在一段切头去尾的燕麦胚芽鞘的形态学上端，把另一块不含生长素的琼脂小块接在下端，过些时间，下端的琼脂中即含有生长素。但是，假如把这一段胚芽鞘颠倒过来，把形态学的下端向上，作同样的实验，生长素则不能向下运输（图10-4）。这是生长素独有的运输特点，其他植物激素则无此效应。

生长素的极性运输是一种可以逆浓度梯度的主动运输过程，因此，缺氧会严重地阻碍生长素的运输。另外，一些抗生长素类化合物，如2,3,5-三碘苯甲酸（2,3,5-triiodobenzoic acid，TIBA）和萘基邻氨甲酰苯甲酸（naphthyphthalamic acid，NPA）等也能抑制生长素的极性运输。

生长素的极性运输与植物的发育有密切的关系，如向性运动、扦插枝条不定根形成时的极性和顶芽产生的生长素向基部运输所形成的顶端优势等。对植物茎尖用人工合成的生长素处理时，生长素在植物体内的运输也是极性的，且生长素活性越强，极性运输也越强。

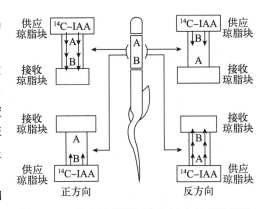

图10-4 燕麦胚芽鞘切段内 IAA 的极性运输

（引自李合生，2012）

除了极性运输方式之外，在植物体中还存在被动的、在韧皮部中无极性的生长素运输现象，如成熟叶子合成的 IAA 大多是通过韧皮部进行非极性的被动运输。大部分生长素结合物的运输也是通过韧皮部进行的，如萌发的玉米种子中生长素结合物就是通过韧皮部从胚乳运输到胚芽鞘顶端的。

生长素极性运输的速度为 $2\sim20$ cm/h，比扩散的要快，但比在韧皮部运输的速度要慢。

三、生长素的代谢

（一）生长素的生物合成

植物体中生长素的合成发生于细胞分裂旺盛和生长快速的部位，一般以茎端分生组织、嫩叶和发育中的种子为主。合成生长素的前体主要是色氨酸（tryptophan）。色氨酸转变为生长素时，其侧链要经过转氨、脱羧、氧化等反应，其合成的途径如图10-5所示，有以下几条支路。

1. 吲哚丙酮酸途径（IPA 途径） 色氨酸通过转氨作用，形成吲哚丙酮酸（indole pyruvic acid，IPA）再脱羧形成吲哚乙醛（indole acetaldehyde），后者经过脱氢变成IAA。许多高等植物组织和组织匀浆提取物中都发现上述各步骤的酶，特别是将色氨酸转化为吲哚丙酮酸的色氨酸转氨酶。本途径在高等植物中占优势。

2. 色胺途径（TAM 途径） 色氨酸脱羧形成色胺（tryptamine，TAM），再氧化转氨形成吲哚乙醛，最后形成IAA。本途径在植物中占少数，而大麦、燕麦、烟草和番茄枝条中则同时进行上述两条途径。

3. 吲哚乙腈途径（IAN 途径） 许多植物，特别是十字花科植物中存在着吲哚乙腈（indole acetonitrile，IAN）。吲哚乙腈也由色氨酸转化而来，在腈水解酶的作用下吲哚乙腈转变成IAA。

4. 吲哚乙酰胺途径（IAM 途径） 色氨酸转化为吲哚乙酰胺（indole acetylamine，IAM），然后经水解反应生成IAA，此途径主要存在于形成根瘤和冠瘿瘤的植物组织中。

锌是色氨酸合成酶的组分，缺锌时，由吲哚和丝氨酸结合形成色氨酸的过程受阻，使色氨酸含量下降，从而影响IAA的合成。

此外，近年来在玉米、拟南芥中还发现非色氨酸合成途径的存在。

（二）生长素的结合与降解

1. 束缚型和游离型生长素 植物体内的IAA可与细胞内的糖、氨基酸等结合而形成束缚型生长素（bound auxin），反之，没有与其他分子以共价键结合的、易从植物中提取的生长素叫游离型生长素（free auxin）。束缚型生长素是生长素的储藏或钝化形式，占组织中生长素总量的50%～90%。束缚型生长素无生理活性，在植物体内的运输也没有极性，当束缚型生长素再度水解成游离型生长素

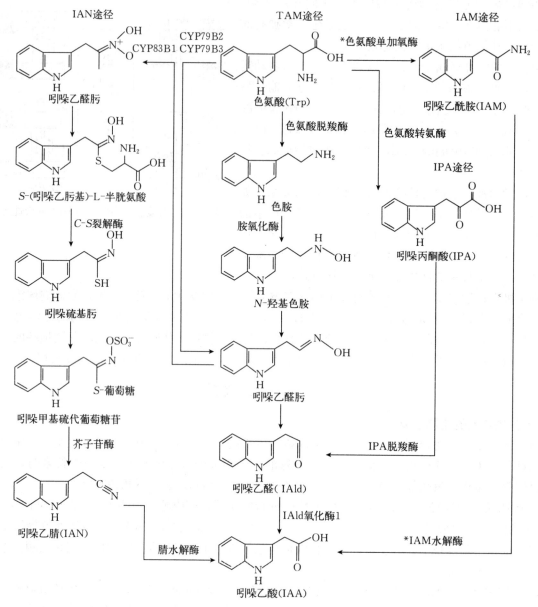

图 10-5　IAA 的色氨酸依赖合成途径

（其中带星号的酶只存在微生物中）

（引自 Taiz 和 Zeiger，2006）

时，又表现出生物活性和极性运输。

生长素结合物包括低分子质量的结合物（甲基、葡萄糖、酰胺等）和高分子结合物（葡聚糖、多肽、糖蛋白等）。

植物体内的生长素通常都处于比较适宜的浓度，以保持植物体在不同发育阶段对生长素的需要。束缚型生长素在植物体内的作用可能有下列几个方面：作为储藏形式、运输形式，解毒，防止氧化，调节游离型生长素含量。

2. 生长素的降解　IAA 的降解有两条途径，即酶氧化降解和光氧化降解。酶氧化降解是 IAA 的主要降解过程，催化降解的酶是吲哚乙酸氧化酶（IAA oxidase），它是一种含 Fe 的血红蛋白。

IAA 的酶氧化包括释放 CO_2 和消耗等摩尔的 O_2。IAA 氧化酶的活性需要两个辅助因子，即 Mn^{2+} 和一元酚化合物，邻二酚则起抑制作用。植物体内天然的 IAA 氧化酶辅助因子有对香豆酸、4-

羟苯甲酸等；抑制剂有咖啡酸、绿原酸、儿茶酚等。IAA 氧化酶在植物体内的分布与生长速度有关。一般生长旺盛的部位 IAA 氧化酶的含量比老组织中少，而茎中又常比根中少。

IAA 的光氧化产物和酶氧化产物相同，都为亚甲基氧代吲哚（及其衍生物）和吲哚醛。IAA 的光氧化过程需要相对较大的光剂量。在配制 IAA 水溶液或从植物体提取 IAA 时要注意光氧化问题。

人工合成的生长素类物质，如 α-NAA 和 2,4-D 等不受 IAA 氧化酶的降解，能在植物体内保留较长时间，比外用 IAA 有较大的稳定性。所以，在生产中一般不用 IAA 而施用人工合成的生长素类生长调节剂。

由此可见，植物体内的游离型生长素水平是通过生物合成、生物降解、运输、结合和区域化等途径来调节，以适应生长发育的需要。

生长素的含量和鉴定可以通过质谱、酶联免疫吸附测定等方法进行分析。

四、生长素的生理效应

生长素在植物生长发育的很多过程中起调节作用，包括细胞分裂、伸长和分化，营养器官和生殖器官的生长、成熟和衰老的调控等方面。

（一）促进生长

温特曾经说过"没有生长素，就没有生长"，可见生长素对生长的重要作用。生长素最明显的效应就是在外用时可促进茎切段和胚芽鞘切段的伸长生长，其原因主要是促进了细胞的伸长。在一定浓度范围内，生长素对离体的根和芽的生长也有促进作用。此外，生长素还可促进马铃薯和菊芋的块茎、组织培养中愈伤组织的生长。

生长素对生长的作用有 3 个特点。

1. 双重作用 生长素在较低浓度下可促进生长，而高浓度时则抑制生长。从图 10-6 可以看出，在低浓度的生长素溶液中，根切段的伸长随浓度的增加而增加；当生长素浓度大于 10^{-10} mol/L 时，对根切段伸长的促进作用逐渐减少；当浓度增加到 10^{-8} mol/L 时，则对根切段的伸长表现出明显的抑制作用。生长素对茎和芽生长的效应与根相似，只是浓度不同。因此，任何一种器官，生长素对其促进生长时都有一个最适浓度，低于这个浓度时称亚最适浓度，这时生长随浓度的增加而加快，高于最适浓度时称超最适浓度，这时促进生长的效应随浓度的增加而逐渐下降。当浓度高到一定值后则抑制生长，这是由于高浓度的生长素诱导了乙烯的产生。

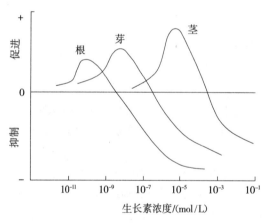

图 10-6 植物不同器官对生长素的反应

2. 不同器官对生长素的敏感性不同 从图 10-6 可以看出，根对生长素的最适浓度大约为 10^{-10} mol/L，茎的最适浓度为 $2×10^{-5}$ mol/L，而芽则处于根与茎之间，最适浓度约为 10^{-8} mol/L。由于根对生长素十分敏感，所以浓度稍高就超过最适浓度而起抑制作用。

不同年龄的细胞对生长素的反应也不同，幼嫩细胞对生长素反应灵敏，而老的细胞敏感性则下降。高度木质化和其他分化程度很高的细胞对生长素都不敏感。黄化茎组织比绿色茎组织对生长素更为敏感。

3. 对离体器官和整株植物效应有别 生长素对离体器官的生长具有明显的促进作用，而对整株植物往往效果不太明显。

（二）促进插条不定根的形成

生长素可以有效促进插条不定根的形成，这主要是刺激了插条基部切口处细胞的分裂与分化，诱导了根原基的形成。用生长素类物质促进插条形成不定根的方法已在苗木的无性繁殖上广泛应用。

（三）对养分的调运作用

生长素具有很强的吸引与调运养分的效应。从天竺葵叶片进行的实验中（图 10-7）可以看出，^{14}C 标记的葡萄糖向着 IAA 浓度高的地方移动。因此，用 IAA 处理，可促使子房及其周围组织膨大而获得无籽果实。

（四）促进开花和雌花分化

生长素可以促进菠萝开花和黄瓜雌花的分化，这与生长素诱导乙烯的生成有关。生产中生长素常用来促进茄科、葫芦科以及柑橘等植物的坐果和诱导单性结实。

（五）促进维管组织分化

生长素促进维管组织的分化，而且生长素的浓度也影响木质部和韧皮部的相对比例。

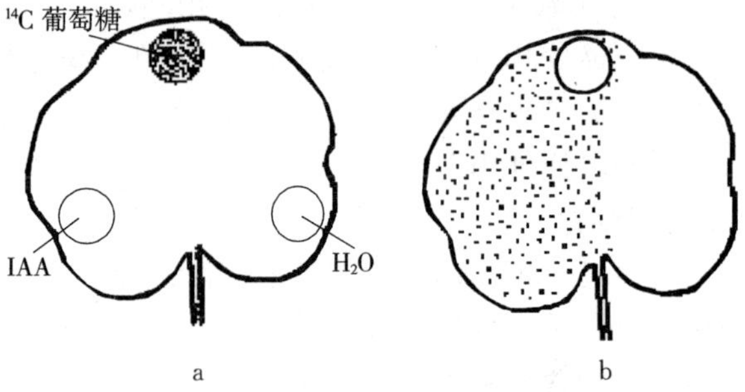

（六）生长素的其他效应

生长素还广泛参与许多其他生理过程。如引起顶端优势、促进形成层细胞向木质部细胞分化、促进光合产物的运输、叶片的扩大等。此外，生长素还可抑制花脱落、叶片老化，并与植物向性有关等。

图 10-7　生长素调运养分的作用

a. 在天竺葵的叶片不同部位滴上 IAA、H_2O 和 ^{14}C 葡萄糖

b. 48 h 后同一叶片的放射性自显影，原来滴加 ^{14}C 葡萄糖的部位已被切除，以免放射自显影时模糊

（引自 M. Penot，1978）

五、生长素的作用机制

植物激素作用于细胞时，须首先与其受体结合，经过一系列信号转导过程，才能发挥其生理生化作用。对生长素的作用机制先后提出了酸生长理论和基因活化学说。目前已有足够的证据证明这两种假说的合理性。

（一）激素受体

激素受体（hormone receptor）是指能与激素特异结合，并能引发特殊生理生化反应的蛋白质。然而，能与激素结合的蛋白质却并非都是激素受体，只可称其为某激素的结合蛋白（binding protein）。激素受体的一个重要特性是激素分子和受体结合后能激活一系列的胞内信号转导，从而使细胞做出反应。不同激素有不同的受体。

生长素结合蛋白大多位于质膜、内质网或液泡膜上，它们的功能主要是使质膜上的质子泵将膜内的质子泵到膜外，引起质膜的超极化。如已被确认为生长素受体的生长素结合蛋白 1（auxin-binding protein，ABP1），由 M. A. Venis 最先从玉米胚芽鞘中提取，其相对分子质量为 40 000，含两个亚基。也有研究发现位于细胞核中的生长素受体，已确定的是 TIR1/AFB，可调节基因的表达，这是基因活化学说的基础。

（二）酸生长理论

雷（P. M. Ray）将燕麦胚芽鞘切段放入一定浓度生长素的溶液中，研究生长素和 H^+ 对切段伸长的影响，结果发现生长素和低 pH 溶液对切段伸长有显著的促进效应。基于上述结果，雷利和克莱兰（Rayle 和 Cleland）于 1970 年提出了生长素作用机制的酸生长理论（acid growth theory）。其要点：①原生质膜上存在着非活化的质子泵（H^+-ATP 酶），生长素作为泵的变构效应剂，与泵蛋白结合后使其活化。②活化了的质子泵消耗能量（ATP）将细胞内的 H^+ 泵到细胞壁中，导致细胞壁基质溶液的 pH 下降。③在酸性条件下，H^+ 一方面使细胞壁中对酸不稳定的键（如氢键）断裂，另一方面（也是主要的方面）使细胞壁中的某些多糖水解酶（如纤维素酶）活化或增加，从而使连接木葡聚糖与纤维素微纤丝之间的键断裂，细胞壁松弛。④细胞壁松弛后，细胞的压力势下降，导致细胞的水势下降，细胞吸水，体积增大而发生不可逆增长。

由于生长素与 H^+ - ATP 酶的结合和随之带来的 H^+ 的主动分泌都需要一定的时间，所以生长素引起伸长的滞后期（10～15 min）比酸引起伸长的滞后期（1 min）长。

现在，也有人认为水解酶不参与细胞的酸生长过程，而是细胞壁中的扩展蛋白（膨胀素，expansin）起着疏松细胞壁的作用，其作用原理是它在酸性条件下可以弱化细胞壁多糖组分间的氢键。

（三）基因活化学说

生长素作用机制的酸生长理论虽能很好地解释生长素所引起的快速反应，但许多研究结果表明，在生长素所诱导的细胞生长过程中不断有新的原生质成分和细胞壁物质合成，且这种过程能持续几个小时，而完全由 H^+ 诱导的生长只能进行很短时间。由核酸合成抑制剂放线菌素 D（actinomycin D）和蛋白质合成抑制剂亚胺环己酮（cycloheximide）的实验得知，生长素所诱导的生长是由于其促进了新的核酸和蛋白质的合成。进一步用 5 - 氟尿嘧啶（抑制除 mRNA 以外的其他 RNA 的合成）实验证明，新合成的核酸为 mRNA。基因活化学说认为，生长素的长期效应是其诱导了相关基因的活化，在转录和翻译水平上促进核酸和蛋白质的合成而引起生长的反应。

应用 DNA 重组技术，已经提取和鉴定了若干受生长素特异调节的 DNA 序列，即 AUX 响应基因（auxin - response gene）。根据转录因子的不同，生长素诱导基因可分为两类。

1. 早期基因 早期基因（early gene）又称初级反应基因（primary response gene）。早期基因表达时间不一，从几分钟到几小时。如 *AUX/IAA* 基因家族编码的短命转录因子，加入生长素 5～60 min 后，大部分 *AUX/IAA* 就表达。

2. 晚期基因 晚期基因（late gene）又称次级反应基因（secondary response gene）。某些早期基因编码的蛋白质能够调节晚期基因的转录。晚期基因转录对激素是长期反应。因为晚期基因需要重新合成蛋白质，所以其表达被蛋白质合成抑制剂阻遏。

根据实验得到生长素调节基因表达的机制模型见图 10 - 8。

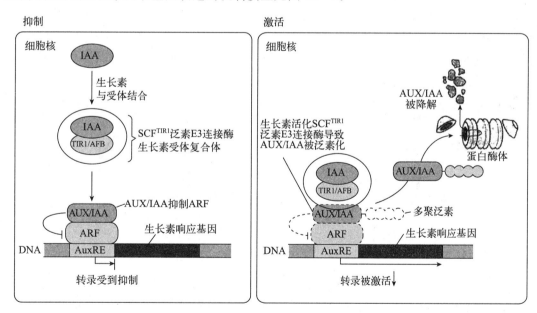

图 10 - 8 生长素调节基因表达的机制模型

（引自 Taiz 和 Zeiger，2006）

第三节 赤霉素类

一、赤霉素的发现

赤霉素（gibberellin，GA）是在研究水稻恶苗病时被发现的，它是指具有赤霉烷骨架，能刺激细胞分裂和伸长的一类化合物的总称。

20 世纪初日本已经发现引起水稻恶苗病的是一种真菌，这种真菌的有性世代是赤霉菌。1926 年，黑泽英一用灭过菌的赤霉菌培养滤液处理未受感染的水稻植株，也能刺激稻苗徒长，揭示该症状是赤霉菌所分泌的某种物质引起的。

1935 年日本科学家薮田从诱发恶苗病的赤霉菌中分离得到了能促进生长的非结晶固体，并称之为赤霉素。1938 年薮田和住木又从赤霉菌培养基的过滤液中分离出了两种具有生物活性的结晶，命名为赤霉素 A 和赤霉素 B。但由于 1939 年第二次世界大战的爆发，该项研究被迫停顿。

直到 20 世纪 50 年代初，英、美科学家从真菌培养液中首次获得了这种物质的化学纯品，英国科学家称为赤霉酸（1954），美国科学家称为赤霉素 X(1955)。后来证明赤霉酸和赤霉素 X 为同一物质。1955 年日本东京大学的科学家对他们的赤霉素 A 进行了进一步的纯化，从中分离出了 3 种赤霉素，即赤霉素 A_1、赤霉素 A_2 和赤霉素 A_3。通过比较发现赤霉素 A_3 与赤霉酸和赤霉素 X 是同一物质。1957 年东京大学的科学家又分离出了一种新的赤霉素 A，叫赤霉素 A_4。此后，对赤霉素 A 系列（赤霉素 A_n）就用缩写符号 GA_n 表示。后来又发现了几种新的 GA，并在未受赤霉菌感染的高等植物中也发现了许多与 GA 有同样生理功能的物质。1959 年克罗斯（B. E. Cross）等测出了 GA_3、GA_1 和 GA_5 的化学结构。

二、赤霉素的化学结构与活性

赤霉素的种类虽然很多，但都是以赤霉烷（gibberellane）为骨架的衍生物。赤霉素是一种双萜，由 4 个异戊二烯单位组成，有 4 个环，其碳原子的编号如图 10-9 所示。A、B、C、D 4 个环对赤霉素的活性都是必要的，环上各基团的种种变化就形成了各种不同的赤霉素，但所有有活性的赤霉素的第 7 位碳均为羧基。赤霉素类有相似的化学结构，但生物活性却有很大差别。

根据赤霉素分子中碳原子的不同，可分为 C_{20} 赤霉素和 C_{19} 赤霉素（图 10-9）。前者含有赤霉烷中所有的 20 个碳原子（如 GA_{15}、GA_{24}、GA_{19}、GA_{25}、GA_{17} 等），而后者只含有 19 个碳原子，第 20 位的碳原子已丢失（如 GA_1、GA_3、GA_4、GA_9、GA_{20} 等）。19 个碳的赤霉素在数量上多于 20 个碳赤霉素，且活性也高。

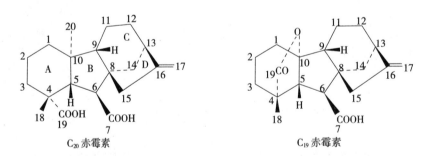

图 10-9　C_{20} 赤霉素和 C_{19} 赤霉素的结构

商品赤霉素主要是通过大规模培养遗传上不同的赤霉菌的无性世代而获得的，其产品有 GA_3 及 GA_4 和 GA_7 的混合物等。GA_3 是目前商品化使用最广的，GA_1 和 GA_{20} 是到目前看来活性最强的赤霉素。

三、赤霉素的生物合成与运输

（一）赤霉素的生物合成

赤霉素的生物合成发生在植物的许多部位，包括萌发的胚、幼苗、茎尖和发育的种子。

种子植物中赤霉素的生物合成途径，根据参与酶的种类和在细胞中的合成部位，大体分为 3 个阶段（图 10-10）。

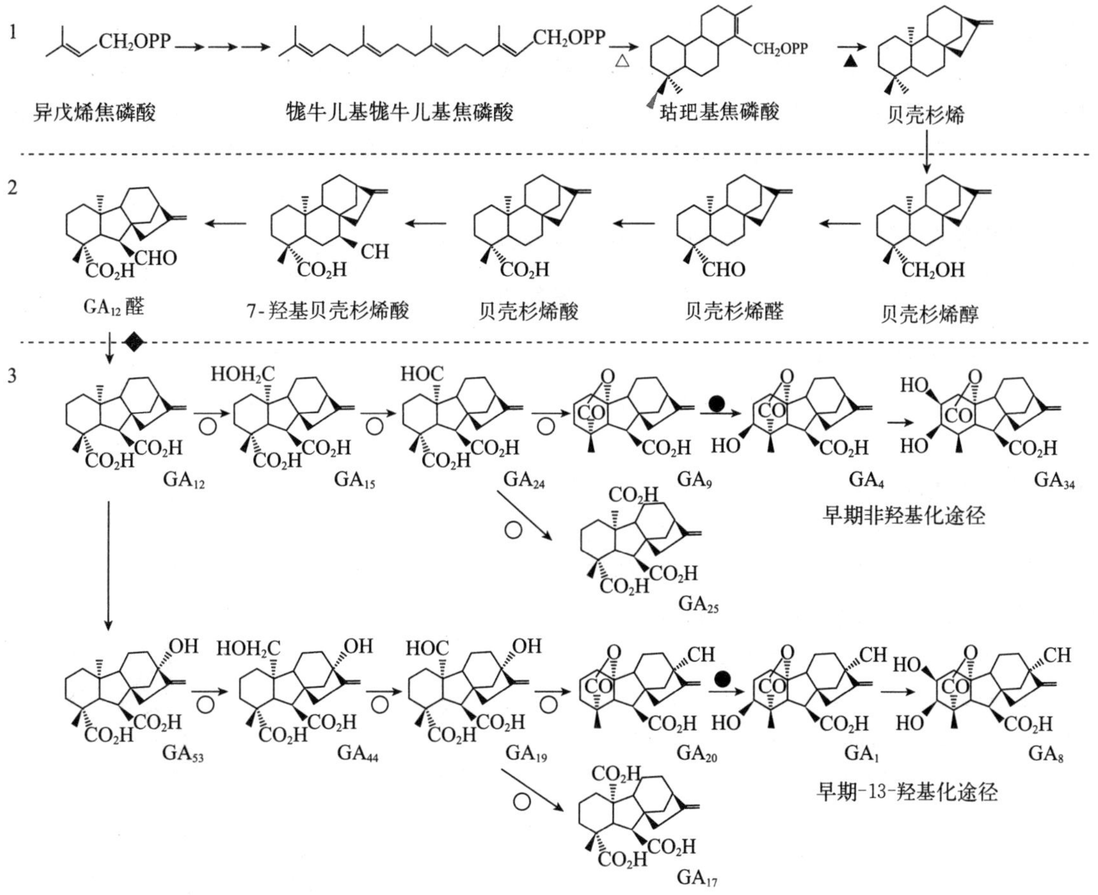

图 10-10 种子植物赤霉素生物合成的基本途径

[1、2、3 阶段分别在质体、内质网和细胞质中进行；△为珂钯基焦磷酸合成酶（CPS），
▲为贝壳杉烯合成酶（KS），◆为 7-氧化酶，○为 20-氧化酶，●为 3β 羟化酶]

1. 从异戊烯焦磷酸（isopentenyl pyrophosphate）**到贝壳杉烯**（ent-kaurene）**阶段** 此阶段在质体中进行，异戊烯焦磷酸是由甲瓦龙酸（mevalonic acid，MVA）转化来的，而合成甲瓦龙酸的前体物为乙酰 CoA。

2. 从贝壳杉烯到 GA_{12} 醛（GA_{12}-aldehyde）**阶段** 此阶段在内质网上进行。

3. 由 GA_{12} 醛转化成其他 GA 的阶段 此阶段在细胞质中进行。GA_{12} 醛第 7 位上的醛基氧化生成 C_{20} 的 GA_{12}；GA_{12} 进一步氧化可生成其他 GA。GA_{12} 或 GA_{53} 之后是两条平行途径，其中有 3 种重要的加氧酶，分别是 GA_{20} 加氧酶、GA_3 加氧酶和 GA_2 加氧酶。其中，GA_2 加氧酶可以钝化有生物活性的 GA。

各种 GA 之间还可相互转化，所以大部分植物体内都含有多种 GA。

植物体内合成 GA 的场所是顶端幼嫩部分，如根尖和茎尖，也包括生长中的种子和果实，其中正在发育的种子是 GA 的丰富来源。一般来说，生殖器官中所含的 GA 比营养器官中的高，前者每克鲜组织含 GA 几微克，而后者每克鲜组织只含 1~10 ng。在同一种植物中往往含有多种 GA，如在南瓜与菜豆种子中至少分别含有 20 种与 16 种 GA。

（二）赤霉素的运输

GA 在植物体内的运输没有极性，可以双向运输。根尖合成的 GA 通过木质部向上运输，而叶原基产生的 GA 则是通过韧皮部向下运输，其运输速度与光合产物相同，为 50~100 cm/h。

（三）赤霉素的结合

植物体内的 GA 除了可以相互转化外，还可通过结合和降解来消除过量的 GA。GA 合成以后在体内的降解很慢，然而却很容易转变成无生物活性的束缚型 GA（conjugated gibberellin），植物主要通过结合方式来调控有活性的 GA 的含量。

植物体内的束缚型 GA 主要有 GA 葡萄糖酯和 GA 葡萄糖苷等。束缚型 GA 是储藏和运输形式。在植物的不同发育时期，游离型与束缚型 GA 可相互转化。如在种子成熟时，游离型 GA 不断转变成束缚型 GA 而储藏起来；而在种子萌发时，束缚型 GA 又通过酶促水解转变成游离型 GA，进而发挥其生理调节作用。

质谱技术能从少量的组织中准确地分离和定量各种不同的 GA。

四、赤霉素的生理效应

（一）促进茎的伸长生长

GA 最显著的生理效应就是促进植物的生长，这主要是因为它能促进细胞的伸长。GA 促进生长具有以下特点。

1. 促进整株植物生长　用 GA 处理，可显著促进植株茎的生长，尤其是对矮生突变品种的效果特别明显（图 10-11）。但 GA 对离体茎切段的伸长没有明显的促进作用，而 IAA 对整株植物的生长影响较小，却对离体茎切段的伸长有明显的促进作用。

GA 促进矮生植株伸长的原因是矮生种内源 GA 的生物合成受阻，使得体内有效 GA 含量比正常品种低。所以对矮生变种外源施用 GA，其效果特别明显。

2. 促进节间的伸长　GA 主要作用于已有的节间伸长，而不是促进节数的增加。在叶茎类植物，如芹菜、莴苣、韭菜、牧草、茶、苎麻的生产上，都可以使用 GA 来增加产量。

3. 植物间差异　不同植物品种对 GA 的反应有很大差异。

（二）诱导开花

GA 对植物开花的诱导效应视不同植物反应类

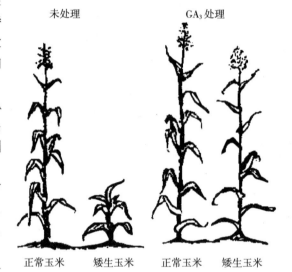

图 10-11　GA₃ 对矮生玉米的影响
（GA₃ 对正常植株的效应较小，但可促进
矮生植株长高，达到正常植株的高度）

型而异。某些高等植物花芽的分化是受日照长度（即光周期）和温度影响的。例如，对于二年生植物，需要一定日数的低温处理（即春化）才能开花，否则表现出莲座状生长而不能抽薹开花。若对这些未经春化的植物施用 GA，则不经低温过程也能诱导开花，且效果很明显。此外，GA 也能代替长日照诱导某些长日植物开花，但 GA 对短日植物的花芽分化无促进作用。对于花芽已经分化的植物，GA 对其花的开放具有显著的促进效应。如 GA 能促进甜叶菊、铁树及柏科、杉科植物开花。

不同植物种类的成花诱导也可能需要不同的 GA，如 $GA_{4/7}$ 促进松柏科植物花芽分化，$GA_{1/3}$ 促进杉科植物花芽分化，GA_5 促进十字花科油菜花芽分化。

（三）打破休眠

用 $2\sim3\ \mu g/g$ 的 GA 处理休眠状态的马铃薯块茎能使其很快发芽，从而可满足一年多次种植马铃薯的需要。对于需光和需低温才能萌发的种子，如莴苣、烟草、紫苏、李和苹果等的种子，GA 可代替光照和低温打破休眠，这是因为 GA 可诱导 α 淀粉酶、蛋白酶和其他水解酶的合成，催化种子内储藏物质的降解，以供胚的生长发育所需。在啤酒制造业中，用 GA 处理萌动而未发芽的大麦种子，可诱导 α 淀粉酶的产生，加速酿造时的糖化过程，并降低萌芽的呼吸消耗，从而降低成本。

（四）促进雄花分化

对于雌雄同株异花的植物，用 GA 处理后，雄花的比例增加；对于雌雄异株植物的雌株，如用 GA 处理，也会开出雄花。GA 在这方面的效应与 IAA 和乙烯相反。

（五）促进果实的形成和诱导单性结实

GA 可以促进坐果和果实的生长。GA 也能诱导单性结实。在葡萄（*Vitis vinifera*）生产中应用 GA₃ 处理无核葡萄，可促进果实膨大。

（六）其他生理效应

GA 还可加强 IAA 对养分的动员效应，促进花粉发育和花粉管的生长，延缓叶片衰老等。此外，GA 也可促进细胞的分裂和分化，GA 促进细胞分裂是由于缩短了 G_1 期（DNA 合成准备期）和 S 期（DNA 合成期）。但 GA 对不定根的形成却起抑制作用，这与 IAA 又有所不同。

五、赤霉素的作用机制

（一）赤霉素与酶的合成

关于 GA 与酶合成的研究主要集中在 GA 如何诱导禾谷类种子 α 淀粉酶的形成上。实验证明糊粉层细胞是 GA 作用的靶细胞。大麦种子内的储藏物质主要是淀粉，籽粒在萌发时，储藏在胚中的束缚型 GA 水解释放出游离的 GA（图 10-12①），通过胚乳扩散到糊粉层（图 10-12②），并诱导糊粉层细胞合成 α 淀粉酶（图 10-12③），酶扩散到胚乳中催化淀粉水解（图 10-12④），水解产物供胚生长需要（图 10-12⑤）。GA 促进无胚大麦种子合成 α 淀粉酶具有高度的专一性和灵敏性，现已用来作为 GA 的生物鉴定法。

GA 的受体定位于糊粉层细胞质膜的外表面，GA 与其受体结合，形成 GA 受体复合物。它与膜上异源三聚体 G 蛋白相互作用，诱发出两条信号传递链：环鸟苷酸（cGMP）途径（不依赖 Ca^{2+} 信号转导途径）和钙调素及蛋白激酶途径（依赖 Ca^{2+} 信号转导途径），调节 α 淀粉酶和其他水解酶的基因表达及其生物合成（图 10-13）。

（二）赤霉素调节生长素水平

许多研究表明，GA 可使内源 IAA 的水平增高。这是因为：①GA 降低了 IAA 氧化酶的活性；②GA 促进蛋白酶的活性，使蛋白质水解，IAA 的合成前体（色氨酸）增多；③GA 还促进束缚型 IAA 释放出游离型 IAA。以上 3 个

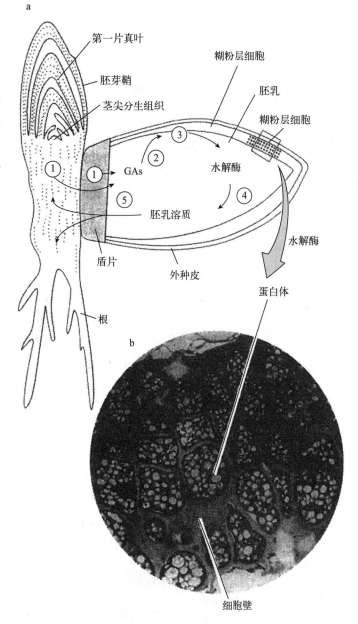

图 10-12　大麦种子的结构及各部分组织在萌发过程中的作用

a. GA 在促进种子萌发中的作用　b. 糊粉层细胞的超微结构

（引自 Hopkins，2004）

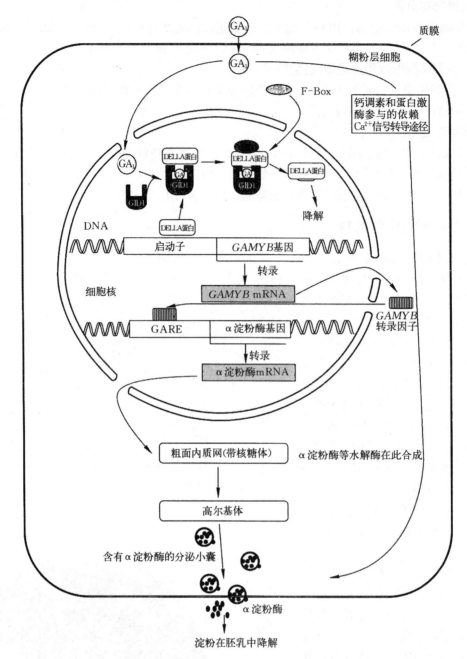

图 10 - 13　赤霉素诱发大麦糊粉层 α 淀粉酶合成

(引自 Taiz 和 Zeiger，2010)

方面都增加了细胞内 IAA 的水平，从而促进植物生长。所以，GA 和 IAA 在促进生长、诱导单性结实和促进形成层活动等方面都具有相似的效应。

GA 往往并不单独起作用，它与其他激素在许多不同的途径中协调起作用。

第四节　细胞分裂素类

一、细胞分裂素的发现和种类

（一）细胞分裂素的发现

细胞分裂素（cytokinin，CTK）是以促进细胞分裂为主要功能的一类植物激素。

1948 年，斯库格（F. Skoog）等在组织培养过程中，寻找能促进细胞分裂的物质，发现生长素存在时腺嘌呤具有促进细胞分裂的活性。1954 年，雅布隆斯基（J. R. Jablonski）和斯库格发现烟草髓组织在只含有生长素的培养基中细胞不分裂而只长大，如将髓组织与维管束接触，则细胞分裂。后来他们发现维管组织、椰子乳汁或麦芽提取液中都含有诱导细胞分裂的物质。

1955 年，米勒（C. O. Miller）和斯库格等偶然将存放了 4 年的鲱鱼精细胞 DNA 加到烟草髓组织的培养基中，发现也能诱导细胞的分裂，且其效果优于腺嘌呤，但用新提取的 DNA 却无促进细胞分裂的活性，如将其在 pH<4 的条件下进行高压灭菌处理，则又可表现出促进细胞分裂的活性。他们分离出了这种活性物质，并命名为激动素（kinetin，KT）。1956 年，米勒等从高压灭菌处理的鲱鱼精细胞 DNA 分解产物中纯化出了激动素结晶，并鉴定出其化学结构为 6 - 呋喃氨基嘌呤（N^6 - furfurylaminopurine），分子式为 $C_{10}H_9N_5O$，相对分子质量为 215.2，接着又人工合成了这种物质（图 10 - 14）。

激动素并非 DNA 的组成部分，它是 DNA 在高压灭菌处理过程中发生降解后的重排分子。激动素只存在于动物体内，在植物体内尚未发现。

尽管植物体内不存在激动素，但实验发现植物体内广泛分布着能促进细胞分裂的物质。1963 年，莱撒姆（D. S. Letham）从未成熟的玉米籽粒中分离出了一种类似于激动素的细胞分裂促进物质，命名为玉米素（zeatin，ZT），1964 年确定了其化学结构，其分子式为 $C_{10}H_{13}N_5O$，相对分子质量为 219.2（图 10 - 14）。玉米素是最早发现的植物天然细胞分裂素，其生理活性远强于激动素。

（二）细胞分裂素的种类和结构特点

1965 年，斯库格等提议将来源于植物的、其生理活性类似于激动素的化合物统称为细胞分裂素。目前在高等植物中已至少鉴定出了 30 种细胞分裂素。

细胞分裂素都为腺嘌呤的衍生物，是腺嘌呤 6 位和 9 位上氮原子以及 2 位碳原子上的氢被取代的产物（图 10 - 14）。

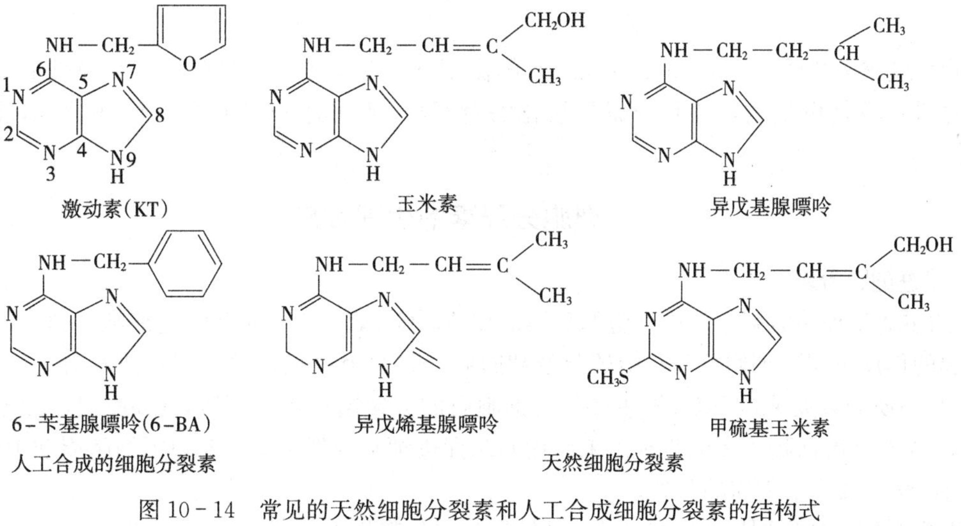

图 10 - 14 常见的天然细胞分裂素和人工合成细胞分裂素的结构式

腺嘌呤环对细胞分裂素的活性是必需的，环结构成分有微小变化（如以 C 代替 N，或以 N 代替 C），则其活性降低。对于与环连接的原子，只有在 N_6 位上取代的化合物活性最高，其他部位上取代的化合物活性很低或无活性。

天然细胞分裂素可分为两类，一类为游离态细胞分裂素，除最早发现的玉米素外，还有玉米素核苷（zeatin riboside）、二氢玉米素（dihydrozeatin）、异戊烯基腺嘌呤（isopentenyladenine，iP）等。另一类为结合态细胞分裂素，结合态细胞分裂素有异戊烯基腺苷（isopentenyl adenosine，iPA）、甲硫基异戊烯基腺苷、甲硫基玉米素等，它们结合在 tRNA 上，构成 tRNA 的组成成分。

常见的人工合成的细胞分裂素有激动素（KT）、6-苄基腺嘌呤（6-benzyl adenine，6-BA）（图 10-14）和四氢吡喃苄基腺嘌呤（tetrahydropyranyl benzyladenine，又称多氯苯甲酸）等。在农业和园艺上应用得最广的细胞分裂素是激动素和 6-苄基腺嘌呤。有的化学物质虽然不具腺嘌呤结构，但具有细胞分裂素的生理作用，如二苯脲（diphenylurea）。

二、细胞分裂素的分布与代谢

（一）细胞分裂素的含量与运输

在高等植物中 CTK 主要存在于可进行细胞分裂的部位，如茎尖、根尖、未成熟的种子、萌发的种子和正在生长的果实等。一般而言，CTK 的含量为 1～1 000 ng/g。从高等植物中分离出的 CTK，大多数是玉米素或玉米素核苷。

一般认为，CTK 的合成部位是根尖，然后经过木质部运往地上部产生生理效应。在植物的伤流液中含有 CTK。随着实验研究的深入，发现根尖并不是 CTK 合成的唯一部位，茎顶端也能合成 CTK。此外，萌发的种子和正在生长的果实也可能是 CTK 的合成部位。

（二）细胞分裂素的代谢

1. 游离态细胞分裂素的合成 CTK 的主要合成途径是从头生物合成途径。由底物异戊烯基焦磷酸（isopentenyl pyrophosphate，iPP）和 AMP 开始，在异戊烯基转移酶（isopentenyl tansferase）的催化下，形成异戊烯基腺苷-5′-磷酸盐，进而在水解酶作用下形成异戊烯基腺嘌呤。异戊烯基腺嘌呤如进一步氧化，就能形成玉米素。

2. 由 tRNA 合成细胞分裂素 生物体内某些 tRNA 上有一些修饰的碱基含有 CTK。tRNA 降解时，其中的 CTK 游离出来。但这种方式产生的 CTK 较少，不是 CTK 合成的主要途径。

3. 细胞分裂素的结合与分解 CTK 有游离态和结合态两种存在形式。前者如玉米素、二氢玉米素和异戊烯基腺苷等，具有生理活性；后者是指 CTK 与其他有机物形成的结合体，如与糖类或氨基酸形成结合物，其中以细胞分裂素葡糖苷在植物中最普遍。结合态 CTK 性质较为稳定，适于储藏或运输。

在细胞分裂素氧化酶（cytokinin oxidase）的作用下，玉米素、玉米素核苷和异戊烯基腺嘌呤等可转变为腺嘌呤及其衍生物，细胞分裂素氧化酶对 CTK 不可逆分解可防止 CTK 积累过多，产生毒害。

三、细胞分裂素的生理效应

（一）促进细胞分裂

CTK 的主要生理功能就是促进细胞的分裂。IAA、GA 和 CTK 都有促进细胞分裂的效应，但它们各自所起的作用不同。细胞分裂包括核分裂和胞质分裂两个过程，IAA 只促进核分裂（促进 DNA 合成），而与胞质分裂无关，而 CTK 主要是对细胞质的分裂起作用。所以，CTK 促进细胞分裂的效应只有在 IAA 存在的前提下才能表现出来。而 GA 促进细胞分裂主要是缩短了细胞周期中的 G_1 期和 S 期的时间，从而加速了细胞的分裂。

近期发现在细胞分裂周期中，IAA 和 CTK 通过对依赖周期素（cyclin）的蛋白激酶（cyclin-dependent protein kinase，CDK）活性的调节来调节细胞周期。

（二）促进芽的分化

促进芽的分化是 CTK 最重要的生理效应之一。1957 年，斯库格和米勒在进行烟草的组织培养时发现，CTK（激动素）和 IAA 的相互作用控制着愈伤组织根、芽的形成。当培养基中 [CTK]/[IAA] 的值高时，愈伤组织形成芽；当 [CTK]/[IAA] 的值低时，愈伤组织形成根；如二者的浓度相等，则愈伤组织保持生长而不分化。所以，通过调整二者的比值，可诱导愈伤组织形成完整的植株。

（三）促进细胞扩大

CTK 可促进一些双子叶植物，如菜豆、萝卜的子叶或叶圆片扩大。这种扩大主要是因为 CTK 促进了细胞的横向增粗。由于 IAA 只促进细胞的纵向伸长，而 GA 对子叶的扩大没有显著效应，所以 CTK 这种对子叶扩大的效应可作为 CTK 的一种生物测定方法。

（四）促进侧芽发育，消除顶端优势

CTK 能解除由 IAA 所引起的顶端优势，促进侧芽生长发育。这是由于 IAA 诱导了乙烯的生成，乙烯抑制了侧芽的生长而表现出顶端优势，而 CTK 能抑制乙烯的产生，从而解除侧芽抑制，消除顶端优势。

（五）延缓叶片衰老

离体叶片会很快变黄，蛋白质降解。如在离体叶片上局部涂以激动素，则在叶片其余部位变黄衰老时，涂抹激动素的部位仍保持鲜绿（图 10-15a 和图 10-15b）。这不仅说明了激动素有延缓叶片衰老的作用，而且说明了激动素在一般组织中是不易移动的。

CTK 延缓衰老是由于 CTK 能够延缓叶绿素和蛋白质的降解速度，稳定多聚核糖体，抑制 DNA 酶、RNA 酶及蛋白酶的活性，保持膜的完整性等。此外，CTK 还可调动多种养分向处理部位移动（图 10-15c），因此有人认为 CTK 延缓衰老的另一原因是促进了物质的积累，现在有许多资料证明激动素有促进核酸和蛋白质合成的作用。CTK 可抑制与衰老有关的一些水解酶（如纤维素酶、果胶酶、核糖核酸酶等）的 mRNA 的合成，所以，CTK 可能在转录水平上起延缓衰老的作用。

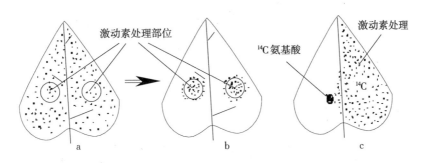

图 10-15 激动素的保绿作用及对物质运输的影响
a. 离体绿色叶片（圆圈部位为激动素处理区）　b. 几天后叶片衰老变黄，但激动素处理区仍保持绿色（黑点表示绿色）　c. 放射性氨基酸被移动到激动素处理的一半叶片（黑点表示有 ^{14}C 氨基酸的部位）

（六）打破种子休眠

需光种子，如莴苣和烟草等在黑暗中不能萌发，用 CTK 则可代替光照打破这类种子的休眠，促进其萌发。

四、细胞分裂素的作用机制

（一）细胞分裂素受体

在拟南芥中，目前已鉴定了 3 个编码 CTK 受体的基因，分别为 *CRE1*（cytokinin receptor 1 gene）、*AHK2*（arabidopsis histidine kinase 2 gene）和 *AHK3*（arabidopsis histidine kinase 3 gene），其中最先发现的 *CRE1* 是因为其功能缺失型突变体的外植体在含有适当浓度的 CTK 和 IAA 时不能形成绿色愈伤组织和不定芽而被分离鉴定到的。它们编码的蛋白都是 CTK 的受体，为二聚体，具有典型的组氨酸蛋白激酶结构特征，其 N 末端激酶结构域含有一个保守的组氨酸残基。

（二）信号转导

近年来的研究表明，在植物体内 CTK 是利用了一种类似于细菌中双元组分系统的途径将信号传递至下游元件的。在拟南芥中，首先是 CTK 与 *CRE1* 二聚体结合，激活了其上的组氨酸激酶（arabidopsis histidine kinase，AHK）磷酸化，并将磷酸基团（P）由激酶区的组氨酸（H）转移至受区

结构域（D）的天冬氨酸残基上。转移到天冬氨酸上的磷酸基团又被传递到胞质中的拟南芥组氨酸磷酸转运蛋白（arabidopsis histidine-phosphotransfer protein，AHP）上。磷酸化的 AHP 进入细胞核并将磷酸基团转移到 A 型和 B 型拟南芥反应调节因子（arabidopsis response regulator，ARR）上，进而调节下游的细胞分裂素反应。ARR 有两种类型，其中 B 型 ARR（BARR）是一类转录因子，作为 CTK 的正调控因子起作用，可激活 A 型 ARR 基因的转录；A 型 ARR（AARR）作为 CTK 的负调控因子可以抑制 B 型 ARR 的活性，从而形成了一个负反馈。两种 ARR 与各种效应物相互作用，导致细胞功能的改变（图 10-16）。

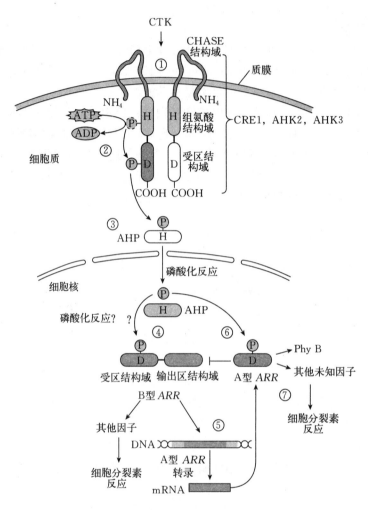

图 10-16　拟南芥中 CTK 信号转导途径模式

①CTK 与 CRE1、AHK2 或 AHK3 二聚体的胞外结构域——CHASE 结构域结合　②CTK 与受体结合激活了其组氨酸激酶活性，将磷酸根转移到下游受区结构域（D）上的天冬氨酸残基　③然后磷酸根又被转移到 AHP 蛋白组氨酸残基上　④被磷酸化激活的 AHP 蛋白进入细胞核内，再将磷酸根转移到 B 型 ARR 蛋白受区结构域的天冬酸残基上　⑤B 型 ARR 的转录激活区（输出区结构域）被磷酸化激活，诱导编码 A 型 ARR 的基因转录　⑥A 型 ARR 可能被 AHP 蛋白磷酸化　⑦磷酸化的 A 型 ARR 与其他因子相互作用，介导一系列的细胞分裂素反应

（引自 Taiz 和 Zeiger，2006）

和其他激素信号转导途径的情况类似，Ca^{2+} 作为第二信使也是 CTK 信号转导途径的重要组分。例如，在葫芦藓芽分化的研究中，发现 CTK 处理可以大幅度增加丝状细胞内的 Ca^{2+} 浓度，同时促进芽的分化；如果在无 Ca^{2+} 的基质上，芽的分化会受到抑制。Ca^{2+} 载体处理可以代替 CTK 促进芽的分化。CTK 可以调节质膜上的 Ca^{2+} 通道对 Ca^{2+} 的通透性。这些实验说明，在 CTK 信号转导途径中，Ca^{2+} 是非常重要的信使，它可能与细胞内的钙调素一起发挥生理调节作用。

第五节 脱 落 酸

一、脱落酸的发现

脱落酸（abscisic acid，ABA）是能引起芽休眠、叶子脱落和抑制生长等生理作用的植物激素。它是人们在研究植物体内与休眠、脱落和种子萌发等生理过程有关的生长抑制物质时发现的。

1961 年，Liu 等在研究棉花幼铃的脱落时，从成熟的干棉壳中分离纯化出了促进脱落的物质，并命名这种物质为脱落素［后来阿迪柯特（F. T. Addicott）将其称为脱落素 Ⅰ］。1963 年大熊和彦（K. Ohkuma）和阿迪柯特等从 225 kg、4～7 d 龄的鲜棉铃中分离纯化出了 9 mg 具有高度活性的促进脱落的物质，命名为脱落素 Ⅱ（abscisin Ⅱ）。

在阿迪柯特领导的小组研究棉铃脱落的同时，英国的韦尔林（P. F. Wareing）和康福思（J. W. Cornforth）领导的小组正在进行着木本植物休眠的研究。几乎就在脱落素 Ⅱ 发现的同时，伊格尔斯（C. F. Eagles）和韦尔林从桦树叶中提取出了一种能抑制生长并诱导旺盛生长的枝条进入休眠的物质，他们将其命名为休眠素（dormin）。

1965 年，康福思等从 28 kg 秋天的干槭树叶中得到了 260 μg 的休眠素纯结晶，通过与脱落素 Ⅱ 的分子质量、红外光谱和熔点等的比较鉴定，确定休眠素和脱落素 Ⅱ 是同一物质。

1967 年，在渥太华召开的第六届国际植物生长物质会议上，这种生长调节物质正式定名为脱落酸。

二、脱落酸的化学结构

ABA 是以异戊二烯为基本单位的倍半萜羧酸，分子式为 $C_{15}H_{20}O_4$，相对分子质量为 264.3（图 10-17）。

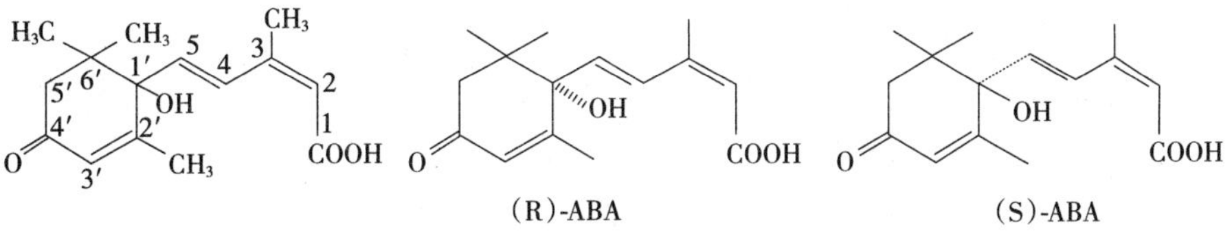

图 10-17 脱落酸的化学结构

ABA 环 $1'$ 位上为不对称碳原子，故有两种旋光异构体。植物体内的天然形式主要为右旋 ABA 即（+）-ABA，又写作（S）-ABA；它的对映体为左旋，以（-）-ABA 或（R）-ABA 表示。（S）-ABA 和（R）-ABA 都有生物活性，但后者不能促进气孔关闭。人工合成的 ABA 是（S）-ABA 和（R）-ABA 各半的外消旋混合物，无旋光性，以（RS）-ABA 或（±）-ABA 表示。

ABA 的主链有 2 个双键，因此也存在顺式和反式立体异构体。天然的 ABA 为 2-顺-4-反异构体。

三、脱落酸的分布与代谢

（一）脱落酸的分布与运输

ABA 的合成部位主要是根冠和萎蔫的叶片，在茎、种子、花和果实等器官中也能合成 ABA。目前认为细胞内合成 ABA 的主要部位是质体。ABA 是弱酸，而叶绿体的基质呈高 pH，所以 ABA 以离子化状态积累在叶绿体中。

ABA 的运输没有极性，既可通过韧皮部运输，也可通过木质部运输，但主要是韧皮部运输。叶片内的 ABA 运输主要依赖韧皮部，而根系合成的 ABA 主要依赖木质部运输到茎叶部。ABA 主要以游离态的形式运输，也有部分以脱落酸糖苷的形式运输。ABA 在植物体的运输速度很快，在茎或叶柄中的运输速度大约是 20 mm/h。

ABA 是一种根对干旱胁迫响应的信号物质，但不是全部木质部运输的 ABA 都可以到达保卫细胞，因为许多木质部 ABA 会被叶肉细胞吸收和代谢掉。然而，在水分胁迫早期，木质部汁液 pH 从 6.3 升到 7.2，这种碱化有利于形成游离态的 ABA。它不易跨过膜进入叶肉细胞，而较多随蒸腾流到达保卫细胞。因此，木质部汁液 pH 升高也作为促进气孔早期关闭的信号。

(二) 脱落酸的生物合成

ABA 生物合成的途径主要有两条：一是以甲瓦龙酸（MVA）为前体，经过法呢基焦磷酸（farnesylpyrophosphate，FPP）直接合成 ABA 的过程，此途径亦称为 ABA 合成的直接途径（图 10-18）；二是由类胡萝卜素氧化分解生成 ABA 的途径，亦称为 ABA 合成的间接途径。从图 10-18 可见，法呢基焦磷酸经过玉米黄质（zeaxanthin）、黄质醛（xanthoxin）、脱落酸醛（ABA-aldehyde）等最终形成 ABA。两条途径的最终前体都是甲瓦龙酸，通常认为在高等植物中，主要以间接途径合成 ABA。

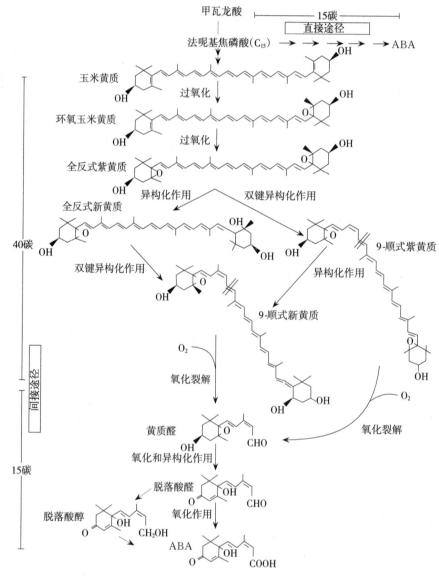

图 10-18 高等植物中生物合成脱落酸的可能途径

[直接途径是指从 15 碳化合物（FPP）直接合成 ABA 的过程；
间接途径则是指从 40 碳化合物经氧化分解生成 ABA 的过程]

ABA 和 GA 生物合成的前体相同，从法呢基焦磷酸开始分道扬镳，在长日照条件下合成 GA，在短日照条件下合成 ABA。除受光周期调节外，逆境（特别是水分亏缺）会加强 ABA 的合成，使保卫细胞中的 ABA 显著增加，导致气孔关闭，降低蒸腾。

ABA 的定量分析运用高效气相、液相色谱或免疫测定技术，灵敏度和特异性都很高。

（三）脱落酸的钝化与氧化

ABA 可与细胞内的单糖或氨基酸以共价键结合而失去活性。而结合态的 ABA 又可水解重新释放出游离态的 ABA，因而结合态 ABA 是 ABA 的储藏形式。但干旱所造成的 ABA 迅速增加并不是来自结合态 ABA 的水解，而是重新合成的。

ABA 的氧化产物是红花菜豆酸（phaseic acid）和二氢红花菜豆酸（dihydrophaseic acid）。红花菜豆酸的活性极低，而二氢红花菜豆酸无生理活性。

四、脱落酸的生理效应

（一）促进休眠

外用 ABA 时，可使旺盛生长的枝条停止生长进入休眠，这是它最初被称为"休眠素"的原因。这种休眠可用 GA 有效地打破。在秋天的短日条件下，叶中甲瓦龙酸合成 GA 的量减少，而合成 ABA 的量不断增加，使芽进入休眠状态以便越冬。

ABA 对维持种子休眠具有重要作用。如桃、蔷薇的休眠种子的外种皮中存在 ABA，所以只有通过层积处理，ABA 水平降低后，种子才能正常发芽。某些生态型的拟南芥种子有一定的休眠性，但其 ABA 缺陷型突变体（aba）种子没有休眠性，拟南芥的 ABA 不敏感型突变体 abi1 和 abi3 休眠性也很弱。

ABA 通过抑制 α 淀粉酶 mRNA 的转录，从而抑制依赖 GA 诱导的水解酶的合成。

ABA 对种子休眠的调控作用还可以从一种特殊的生理现象——胎萌现象（vivipary）的研究中得到证实。所谓胎萌现象，是指种子在未脱离母体前就开始萌发的现象。例如，玉米的若干种胎萌突变体，种子在穗上就开始发芽，这些突变体都是与 ABA 有关的突变体，有些是 ABA 合成缺陷型，有些是 ABA 不敏感型。ABA 合成缺陷型突变体的胎萌现象可以用外源 ABA 处理加以抑制。

（二）促进气孔关闭，增加抗逆性

ABA 可引起气孔关闭，降低蒸腾，这是 ABA 最重要的生理效应之一。科尼什（K. Cornish，1986）发现在水分胁迫下叶片保卫细胞中的 ABA 含量是正常水分条件下含量的 18 倍。ABA 促使气孔关闭的原因是它使保卫细胞中的 K^+ 外渗，造成保卫细胞的水势高于周围细胞的水势而使保卫细胞失水。ABA 还能促进根系的吸水，增加其向地上部的供水量。因此，ABA 是植物体内调节蒸腾的激素，可作为抗蒸腾剂使用。

一般来说，干旱、寒冷、高温、盐渍和水涝等逆境都能使植物体内 ABA 迅速增加，同时抗逆性增强。如 ABA 可显著降低高温对叶绿体超微结构的破坏，增强叶绿体的热稳定性；ABA 可诱导某些酶的重新合成而增加植物的抗冷性、抗涝性和抗盐性。因此，ABA 又称为应激激素或胁迫激素（stress hormone）。

（三）抑制生长

ABA 能抑制细胞的分裂和伸长，因而抑制整株植物或离体器官的生长，也能抑制种子的萌发。ABA 的抑制效应比植物体内的另一类天然抑制剂酚类要高千倍。酚类物质是通过毒害发挥其抑制效应的，是不可逆的，而 ABA 的抑制效应则是可逆的，一旦去除 ABA，枝条的生长或种子的萌发又会立即开始。

（四）促进脱落衰老

ABA 是在研究棉花幼铃脱落时被发现的。ABA 促进器官脱落主要是促进了离层的形成。将 ABA 溶液涂抹于去除叶片的棉花外植体叶柄切口上，几天后叶柄就开始脱落，此效应十分明显，已被用于 ABA 的生物鉴定（图 10-19）。

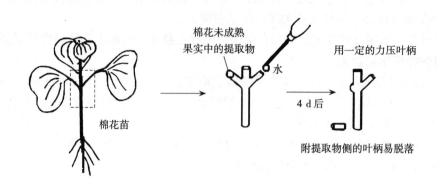

棉花未成熟
果实中的提取物

用一定的力压叶柄

水

4 d后

棉花苗

附提取物侧的叶柄易脱落

图 10-19　促进落叶物质的鉴定法

虽然 ABA 最初是被当作脱落诱导因子分离提纯的，但后来证明其仅在少数几种植物中促进器官脱落，大多数植物中控制脱落的主要激素是乙烯。虽然如此，有证据表明 ABA 在叶片的衰老过程中起重要的调节作用，由于 ABA 促进了叶片的衰老，增加了乙烯的生成，从而间接地促进了叶片的脱落。

研究离体燕麦切段的衰老过程中，发现 ABA 作用在衰老过程的早期，起一种启动和诱导的作用；而乙烯作用在衰老的后期。

（五）生理促进作用

ABA 通常被认为是一种胁迫型激素。ABA 改善了植物对逆境的适应性，增强了生长活性，所以在许多情况下表现出有益的生理促进作用。ABA 的这种特殊的生理性质，对于正确理解其生理意义十分重要，同时对 ABA 的实际应用也具有启发意义。

五、脱落酸的作用机制

在植物体内，ABA 不仅存在多种抑制效应，还有多种促进效应。ABA 所参与的生理过程的调节，既有类似种子成熟等长期过程，也有类似气孔关闭等短期过程。对于长期过程，肯定有 ABA 诱导基因的参与；而快速的生理反应可能是 ABA 诱导的质膜两侧离子流动的结果。但是无论是对基因诱导还是对离子流控制，都需要 ABA 的信号转导。

（一）脱落酸受体

ABA 与受体的结合是其信号转导的第一步。脱落酸受体蛋白的结合位点可能是多元的，可以在质膜外侧，也可以在细胞内部。将 ABA 分别注射到鸭跖草保卫细胞和大麦糊粉层细胞，不能使气孔关闭，也不能抑制 GA 诱发 α 淀粉酶的合成，表明 ABA 受体在质膜外表面。但有人用膜片钳技术把 ABA 直接注入蚕豆气孔的胞质溶胶，抑制了内向 K^+ 通道，气孔就不开放；还有实验向鸭跖草保卫细胞注射 ABA，若以紫光照射，ABA 即放出，于是气孔关闭，这些实验表明 ABA 的受体在胞内。

（二）脱落酸调节气孔运动的分子机制

经过长期研究，已经对 ABA 调控植物气孔关闭的信号转导途径有了深入的了解，图 10-20 就是这个信号转导途径。

当 ABA 与保卫细胞质膜上受体相结合以后（图 10-20①），诱导细胞内产生 ROS（活性氧），如过氧化氢和超氧自由基（图 10-20②），它们作为第二信使激活质膜的 Ca^{2+} 通道，使胞外 Ca^{2+} 流入胞内（图 10-20③）；同时，ABA 还使细胞内的 cADPR（环化 ADP 核糖）（图 10-20④）和 IP_3（图 10-20⑤）水平升高，它们又激活液泡膜上的 Ca^{2+} 通道，使液泡向胞质释放 Ca^{2+}（图 10-20⑥）；另外，胞外 Ca^{2+} 的流入还可以启动胞内发生 Ca^{2+} 振荡并促使 Ca^{2+} 从液泡中释放出来。Ca^{2+} 的升高会阻断 K^+ 流入的通道（图 10-20⑦），促使 Cl^- 通道开放，Cl^- 流出而质膜产生去极化（depolarization）（图 10 - 20⑧）；胞内 Ca^{2+} 的升高还抑制质膜上的质子泵（图 10 - 20⑨），细胞内 pH 升高，进一步发生去极化作用。去极化导致外向 K^+ 通道活化（图 10 - 20⑩）；K^+ 和 Cl^- 先从液泡释放到胞质溶胶（图 10 - 20⑪），进而又通过质膜上的 K^+ 和 Cl^- 通道向胞外释放，导致气孔的关闭。

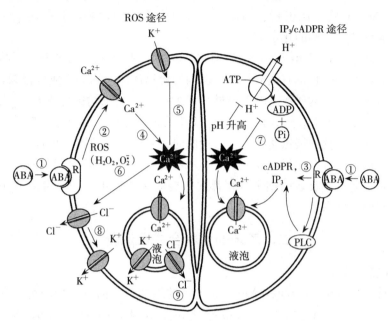

图 10 - 20　气孔保卫细胞中 ABA 信号转导的简单模式

（引自 Taiz 和 Zeiger，2010）

气孔保卫细胞可同时响应多种信号而发生气孔关闭，说明有多种受体和重叠交叉的信号转导途径。研究表明，在拟南芥中 NO 及磷脂酶 Da1(PLDa1) 也参与了 ABA 对气孔调控信号转导途径。在 ABA 信号转导途径中，蛋白质磷酸化和去磷酸化起着重要的作用。

（三）脱落酸对基因表达的调控

目前发现的受 ABA 诱导的基因大多数在种子后熟期或对逆境胁迫做出响应时表达。在种子发育的中晚期，ABA 水平升高，同时伴随一些 ABA 诱导基因的表达和积累。例如，与种子抗脱水能力相关的 LEA 蛋白、DHN 蛋白基因的表达增加。在种子成熟的中晚期表达的一些基因，如凝集素基因、储藏蛋白基因、酶抑制剂基因等，也受 ABA 的诱导。外源 ABA 处理也可以促使这些基因提前表达。

逆境条件可以诱导植物组织内 ABA 水平的升高，同时诱导和逆境相关基因的表达。外源 ABA 往往也能诱导这些抗性基因的表达。从功能上 ABA 所诱导表达的抗性基因可以分为两大类：第一大类是功能蛋白，包括水通道蛋白、渗透调节分子（如蔗糖、脯氨酸和甜菜碱）的合成酶、保护大分子以及膜蛋白结构和功能的保护蛋白（如 LEA 蛋白、抗冻蛋白、分子伴侣、mRNA 结合蛋白）等。这类蛋白分子直接参与到植物对胁迫环境的应答反应和修复过程中，是直接保护植物细胞免受胁迫环境伤害的效应分子。第二大类是调节蛋白，包括蛋白激酶、转录因子、磷脂酶等，这类蛋白是通过参与到植物胁迫信号转导途径或通过调节其他效应分子的表达和活性而起作用的。

第六节　乙　烯

一、乙烯的发现

乙烯（ethylene，ETH）是植物激素中分子结构最简单的一种，其化学结构为 $CH_2 = CH_2$，是一种不饱和烃，在正常条件下呈气态。

早在 19 世纪中叶（1864）就有关于燃气街灯漏气会促进附近的树落叶的报道，但到 20 世纪初

（1901）俄国的植物学家奈刘波（Neljubow）才首先证实是照明气中的乙烯在起作用，他还发现乙烯能引起黄化豌豆苗的三重反应。第一个发现植物材料能产生一种气体并对邻近植物材料的生长产生影响的人是卡曾斯（Cousins，1910），他发现橘子产生的气体能催熟同船混装的香蕉。

虽然 1930 年以前人们就已认识到乙烯对植物具有多方面的影响，但直到 1934 年甘恩（Gane）才获得植物组织确实能产生乙烯的化学证据。

由于以上的研究成果，1935 年美国的克罗克（Clerk）等提出乙烯可能是一种内源激素，它促进果实的后熟，对营养器官的生长也有调节作用。但因为植物体内乙烯的生成量极微，加之当时测量方法的限制，所以影响了对乙烯的研究。随着测试技术的改进，测试精度的提高，到了 1959 年，伯格（S. P. Burg）等应用气相色谱技术测出了未成熟果实中有极少量的乙烯产生，随着果实的成熟，产生的乙烯量不断增加。这一研究进展迅速吸引了大量的研究者进入该领域。此后几年，在乙烯的生物化学和生理学研究方面取得了许多成果，并证明高等植物的各个部位都能产生乙烯，还发现乙烯对许多生理过程，包括从种子萌发到衰老的整个过程都起重要的调节作用。1965 年，在伯格的提议下，乙烯才被公认为是植物的天然激素。

二、乙烯的生物合成及运输

（一）乙烯的生物合成

实验表明，甲硫氨酸（methionine，Met）是乙烯的生物合成前体。1979 年，华裔科学家杨祥发及其同事发现 1-氨基环丙烷-1-羧酸（1-aminocyclopropane-1-carboxylic acid，ACC）是乙烯合成过程中的直接前体。后来证实乙烯的合成是一个甲硫氨酸的代谢循环，此循环命名为杨氏循环（The Yang cycle）（图 10-21）。

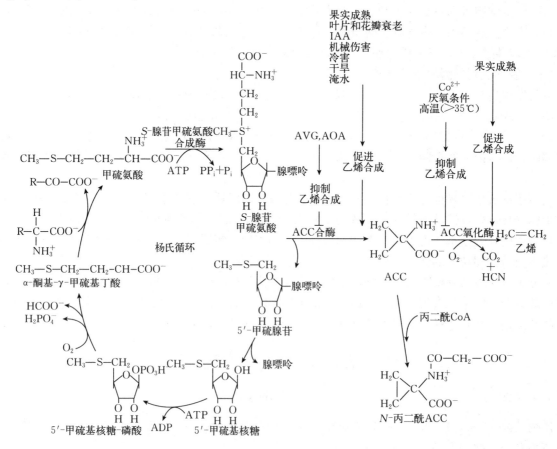

图 10-21　乙烯的生物合成途径

（引自 Taiz 和 Zeiger，2006）

在杨氏循环中，甲硫氨酸首先转化为 S-腺苷甲硫氨酸（S-adenosyl methionine，SAM），以后形成 5′-甲硫腺苷（5′-methylthioadenosine，MTA）和 ACC，前者通过循环再生成甲硫氨酸，而 ACC 则在 ACC 氧化酶（ACC oxidase）的催化下氧化生成乙烯（图 10-21）。在植物的所有活细胞中都能合成乙烯。

ACC 的合成是乙烯生物合成途径的限速步骤，催化生成 ACC 的酶是 ACC 合酶（ACC synthase）。该酶存在于细胞质中，半衰期短，含量极低且不稳定。多种植物的 ACC 合酶基因得到了克隆，此酶由多基因编码，如在番茄中至少有 9 个基因，每个基因受不同的环境和发育因素调控。

乙烯生物合成的最后一步由 ACC 氧化酶催化，在液泡膜内表面，在 O_2 同时存在条件下，把 ACC 氧化为乙烯。此酶活性极不稳定，依赖于膜的完整性。和 ACC 合酶一样，ACC 氧化酶也由多基因家族编码，其转录受多种内外因素的调节。

植物组织中甲硫氨酸含量较低，但总是维持在一个比较稳定的水平。在乙烯发生量较高的情况下就需要持续不断的甲硫氨酸供应。植物组织靠杨氏循环持续不断地供应乙烯合成需要的甲硫氨酸。

使用气相色谱法可以快速、灵敏地检测乙烯的含量。

（二）乙烯生物合成的调节

乙烯的生物合成受到许多因素的调节，这些因素包括发育因素和环境因素。

在植物正常生长发育的某些时期，如种子萌发、果实后熟、叶的脱落和花的衰老等阶段都会诱导乙烯的产生。对于具有呼吸跃变的果实，当后熟过程一开始，乙烯就大量产生，这是 ACC 合酶和 ACC 氧化酶的活性急剧增加的结果。

IAA 也可促进乙烯的产生。IAA 诱导乙烯产生是通过诱导 ACC 的产生而发挥作用的，这可能与 IAA 从转录和翻译水平上诱导了 ACC 合酶的合成有关。

影响乙烯生物合成的环境条件有 O_2、AVG（氨基乙氧基乙烯基甘氨酸，aminoethoxyvinyl glycine）、AOA（氨基氧乙酸，aminooxyacetic acid）、某些无机离子和各种逆境。从 ACC 形成乙烯是一个双底物（O_2 和 ACC）反应的过程，所以缺 O_2 将阻碍乙烯的形成。AVG 和 AOA 能通过抑制 ACC 合酶的活性来抑制乙烯的形成。所以在生产实践中，可用 AVG 和 AOA 来减少果实脱落，抑制果实后熟，延长果实和切花的保存时间。在无机离子中，Co^{2+}、Ni^{2+} 和 Ag^+ 都能抑制乙烯的生成。

各种逆境，如低温、干旱、水涝、切割、碰撞、射线、虫害、真菌分泌物、除草剂、O_3、SO_2 和一定量 CO_2 等均可诱导乙烯的大量产生，这种由于逆境所诱导产生的乙烯称为逆境乙烯（stress ethylene）。

水涝诱导乙烯的大量产生是由于在缺 O_2 条件下，根中及地上部分 ACC 合酶的活性被增强。虽然根中由 ACC 形成乙烯的过程在缺 O_2 条件下受阻，但根中的 ACC 能很快地转运到叶片，在叶中大量形成乙烯。

ACC 除了形成乙烯以外，也可转变为非挥发性的 N-丙二酰 ACC（N-malonyl-ACC，MACC），此反应是不可逆反应。当 ACC 大量转向 MACC 时，乙烯的生成量则减少，因此 MACC 的形成有调节乙烯生物合成的作用。

（三）乙烯的运输

乙烯在植物体内运输性差，短距离运输可以通过细胞间隙扩散。此外，乙烯还可穿过被电击死的茎段。这些都证明乙烯的运输是被动的扩散过程，但其生物合成过程一定要在具有完整膜结构的活细胞中才能进行。

一般情况下，乙烯就在合成部位起作用。乙烯的前体 ACC 可溶于水溶液，因而推测 ACC 可能是乙烯在植物体内远距离运输的形式。

三、乙烯的生理效应

（一）改变生长习性

乙烯对植物生长的典型效应是：抑制茎的伸长生长、促进茎或根的横向增粗及茎的横向生长（即使茎失去负向重力性），这就是乙烯所特有的三重反应（triple response）（图 10 - 22a～c）。

乙烯促使茎横向生长是由它引起的偏上生长造成的。所谓偏上生长，是指器官的上部生长速度快于下部的现象。乙烯对茎与叶柄都有偏上生长的作用，从而造成了茎横生和叶下垂（并非缺水萎蔫所致）（图 10 - 22d）。

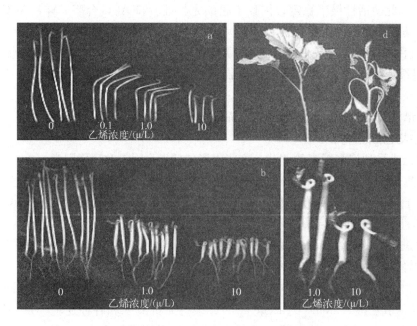

图 10 - 22　乙烯的三重反应（a～c）和偏上生长（d）

a～c. 不同乙烯浓度下黄化豌豆幼苗生长的状态

d. 用 10 μL/L 乙烯处理 4 h 后番茄苗的形态，由于叶柄上侧的细胞伸长大于下侧，使叶片下垂

（二）促进成熟

催熟是乙烯最主要和最显著的效应，因此也称乙烯为催熟激素。乙烯对果实成熟、棉铃开裂、水稻的灌浆与成熟都有显著效果。

在实际生活中我们知道，一旦箱里出现了一只烂苹果，如不立即除去，它会很快使整箱苹果都烂掉。这是由于腐烂苹果产生的乙烯比正常苹果的多，触发了附近的苹果也产生大量乙烯，使箱内乙烯的浓度在较短时间内剧增，诱导呼吸跃变，很快达到完全成熟，进而快速腐烂。又如柿子，即使在树上已成熟，但仍很涩口，不能食用，只有经过后熟才能食用。由于乙烯是气体，易扩散，故散放的柿子后熟过程很慢，放置十天半月后仍难食用。若将容器密闭（如用塑料袋封装），果实产生的乙烯就不会扩散掉，再加上自身催化作用，后熟过程加快，一般几天后就可食用了。

根据乙烯生物合成和代谢途径，近年来利用生物技术方法成功制备了耐储存转基因番茄。其原理是将 ACC 合酶或 ACC 氧化酶的反义基因导入植物，抑制果实内这两种酶的 mRNA 翻译，并且加速 mRNA 的降解，从而完全抑制乙烯的生物合成，这样的转基因番茄不出现呼吸高峰，不变红，不能正常成熟，只有经过外施乙烯处理才能成熟。

（三）促进脱落

尽管 ABA 也促进脱落，但实际上乙烯才是控制叶片脱落的主要激素。这是因为乙烯能促进降解细胞壁的酶——纤维素酶和多聚半乳糖醛酸酶（PG）的合成，并且控制纤维素酶和多聚半乳糖醛酸酶由原生质体释放到细胞壁中，从而促进细胞衰老和细胞壁的分解，引起离区的细胞分离或溶解，从而促进叶片、花或果实脱落。

叶片内的 IAA 可以抑制脱落的发生，但是高浓度的 IAA 反而会诱导乙烯的发生，促进脱落。所以一些生长素类调节剂可以作为脱叶剂使用。

（四）促进开花和雌花分化

乙烯可促进菠萝和一些其他植物开花，还可改变花的性别，促进黄瓜雌花分化，并使雌雄同株异花的雌花着生节位下降。乙烯在这方面的效应与 IAA 相似，而与 GA 相反，现在知道 IAA 增加雌花分化就是 IAA 诱导产生乙烯的结果。

（五）乙烯的其他效应

乙烯还可诱导茎段、叶片、花茎甚至根上的不定根的形成，促进根的生长和分化，促进花的衰老，打破种子和芽的休眠，诱导次生物质（如橡胶树的乳胶、漆树的漆等）的分泌，增加产量等。

四、乙烯的作用机制

乙烯受体由多基因家族编码。乙烯与内质网上的受体 ETR1 结合之后，使对乙烯响应途径有阻遏作用的 CTR1 钝化。CTR1 的失活使 *EIN2*（乙烯不敏感 2）基因得以活化，EIN2 继而将信号传递到细胞核中，激活转录因子 EIN3。EIN3 二聚体与乙烯响应因子 ERF1 的启动子结合并诱导 *ERF1* 的表达，随后又调控其他乙烯响应基因组的表达而引起细胞反应。

第七节　油菜素内酯

一、油菜素内酯的发现和种类

（一）油菜素内酯的发现

1970 年，美国的米切尔（Mitchell）等发现在油菜花粉中有一种新的生长物质，它能引起菜豆幼苗节间伸长、弯曲、裂开等异常生长反应，并将其命名为油菜素（brassin）。1979 年，格罗夫（Grove）等从 227 kg 油菜花粉中提取得到 10 mg 的高活性结晶物，因为它是甾醇内酯化合物，故将其命名为油菜素内酯（brassinolide，BR）。此后油菜素内酯及多种结构相似的化合物纷纷从植物中被分离鉴定。

1998 年，在第十六届国际植物生长物质年会上已正式确认将油菜素内酯列为植物的第六类激素。油菜素内酯是含多羟基的甾醇类激素，在调节植物生长发育中具有重要作用，BR 在植物体内含量极少，但生理活性很强。

目前，BR 以及多种类似化合物已被人工合成，用于生理生化及田间试验，这一类化合物的生物活性可用水稻叶片倾斜以及菜豆幼苗第二节间生长等生物测定法来鉴定。

（二）油菜素内酯的种类

已从植物中分离得到 60 多种油菜素内酯，分别表示为 BR_1、BR_2、…、BR_n。

最早发现的油菜素内酯 BR_1 的活性最高，其熔点 $274\sim275\ ℃$，分子式 $C_{28}H_{48}O_6$，相对分子质量 475.65（图 10-23）。BR 的基本结构是一个甾体核，在核的 C_{17} 上有一个侧链。根据其 B 环中含氧的功能团的性质，已发现的各种天然 BR 可分为 3 类，即内酯型、酮型和脱氧型（还原型）。

BR 用碱处理时，其活性丧失；若再用酸处理，则活性可恢复，这与 B 环内酯结构的破坏与形成有关。可

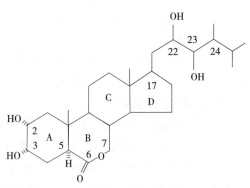

图 10-23　油菜素内酯（BR_1）的结构

见内酯环是 BR 活性表现的重要结构因素。

二、油菜素内酯的合成及分布

（一）油菜素内酯的生物合成

BR 的合成途径：先是由甲瓦龙酸（MVA）转化为异戊烯基焦磷酸，经系列反应后先形成菜油甾醇（campesterol），再经多个反应，最后经栗木甾酮（castasterone）才生成 BR。催化从菜油甾醇到 BR 代谢途径中的多个反应酶的基因已经得到克隆。

（二）油菜素内酯的分布

BR 在植物界中普遍存在，如双子叶植物的油菜、白菜、栗、茶、扁豆、菜豆、蚊母树、牵牛，单子叶植物的香蒲、玉米、水稻，裸子植物的黑松、云杉等。从分布的器官看，涉及花粉、雌蕊、果实、种子、根、茎、叶等。油菜花粉是 BR_1 的丰富来源，BR_1 也存在于其他植物中。

BR 虽然在植物体内各部分都有分布，但不同组织中的含量不同。通常 BR 的含量是：花粉和种子 $1\sim1\,000$ ng/kg，枝条 $1\sim100$ ng/kg，果实和叶片 $1\sim10$ ng/kg。某些植物的虫瘿中 BR 的含量显著高于正常植物组织。

三、油菜素内酯的生理效应及应用

（一）促进细胞伸长和分裂

用 10 ng/L 的 BR 处理菜豆幼苗第二节间，便可引起该节间显著伸长弯曲，细胞分裂加快，节间膨大，甚至开裂，这一综合生长反应可用于 BR 的生物测定。BR_1 促进细胞的分裂和伸长，其原因是增强了 RNA 聚合酶活性，促进了核酸和蛋白质的合成；BR_1 还可增强 ATP 酶活性，促进质膜分泌 H^+ 到细胞壁，使细胞伸长。

BR 还可促进整株的生长。用油菜素处理菜豆幼苗第二节间后，在数天内可使节间增长；几星期后，即可促进全株的生长，包括株高、株重、荚重、芽数等均比对照组显著增加。

（二）促进光合作用

BR 可促进小麦叶 RuBP 羧化酶的活性，提高光合速率。BR_1 处理花生幼苗后 9 d，叶绿素含量比对照高 $10\%\sim12\%$，光合速率加快 15%。用 $^{14}CO_2$ 示踪实验，表明 BR_1 处理有促进叶片中光合产物向穗部运输的作用。

（三）提高抗逆性

水稻幼苗在低温阴雨条件下生长，若用 10^{-4} mg/L BR_1 溶液浸根 24 h，则株高、叶数、叶面积、分蘖数、根数都比对照高，且幼苗成活率高，地上部干重显著增多。此外，BR_1 也可使水稻、茄子、黄瓜幼苗等抗低温能力增强。

除此之外，BR 还能通过对细胞膜的作用，增强植物对干旱、病害、盐害、药害等逆境的抵抗力，因此有人将其称为逆境缓和激素。

（四）促进花粉管生长

1 nmol/L 浓度的 BR 可促进欧洲甜樱桃、山茶和烟草花粉管的生长。BR 可诱导雌雄同株异花的西葫芦雄花花序开出两性花或雌花。

（五）其他生理效应

表油菜素内酯（epibrassinolide）对绿豆下胚轴切段有保幼延衰的作用，促进黄瓜下胚轴伸长。BR 对黄瓜子叶硝酸还原酶（NR）活性有明显提高作用。

BR 促进木质部分化，同时抑制韧皮部的分化。BR 也促进种子萌发。

BR 主要用于增加农作物产量，减轻环境胁迫，有些也可用于插枝生根和花卉保鲜。随着对 BR 研究的深入和低成本的人工合成类似物的出现，BR 在农业生产上的应用越来越广泛。

第八节 其他天然植物生长物质

植物体内除了上述六大类激素外,还有很多微量的有机化合物对植物生长发育表现出特殊的调节作用。如茉莉素(jasmonates,JAs)、水杨酸类(salicylates)、独脚金内酯类(strigolactones)、多胺(polyamine,PA)、三十烷醇(triacontanol,TRIA)、寡糖素(oligosaccharin)、膨压素(turgorin)、系统素(systemin)和小分子多肽类(small peptides)等。此外,植物体内还有一些生长抑制物质,主要是植物的次生化合物,如酚类物质中的酚酸和肉桂酸族,苯醌中的胡桃醌等,它们对植物的生长发育起着抑制作用。这些存在于植物中的物质,在调节植物生长发育过程中起着不可忽视的作用。随着研究的深入,人们将更深刻地了解这些物质在植物生命活动中的生理功能。

一、茉 莉 素

(一)茉莉素的种类和分布

茉莉素(jasmonates,JAs)是广泛存在于植物体内的一类化合物,茉莉酸(jasmonic acid,JA)和茉莉酸甲酯(methyl jasmonate,JA-Me)是其中最重要的代表(图10-24)。

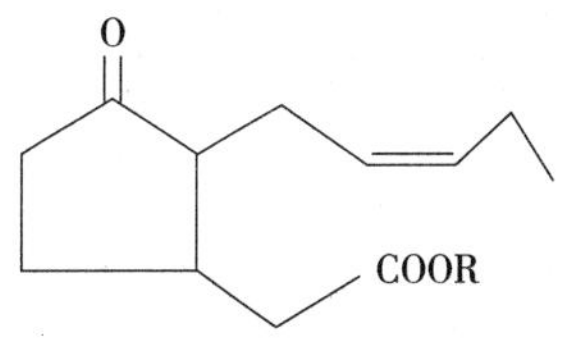

游离的茉莉酸首先是在1971年从真菌培养滤液中被分离鉴定,对植物生长有抑制作用,后来发现许多高等植物中都含有JA。而JA-Me则是1962年从茉莉属(*Jasminum*)的素馨花(*J. grandiflorum*)中分离出来作为香精油的有气味化合物。

茉莉素的生物合成前体是来自膜脂中的亚麻酸(linolenic acid),目前认为JA的合成既可在细胞质中,也可在叶绿体中。

图10-24 茉莉酸和茉莉酸甲酯结构
(JA,R=H;JA-Me,R=CH_3)

JAs广泛分布于各种植物,已经在160多个科的206种植物(包括藻类、蕨类、藓类和菌类)中发现,被子植物中JAs分布最普遍。通常JA在茎端、嫩叶、未成熟果实、根尖等处含量较高,生殖器官特别是果实比营养器官(如叶、茎、芽)的含量丰富。

JAs通常在植物韧皮部中运输,也可在木质部及细胞间隙运输。

(二)茉莉素的生理效应及应用

1. 抑制生长和萌发 JAs通过抑制细胞周期相关蛋白的表达抑制细胞分裂,从而抑制植物叶片的生长。JA能显著抑制水稻幼苗第二叶鞘长度、莴苣幼苗下胚轴和根的生长以及GA_3对它们伸长的诱导作用;JA-Me可抑制珍珠稗幼苗生长、离体黄瓜子叶鲜重增加、叶绿素的形成以及CTK诱导的大豆愈伤组织的生长。用10 μg/L和100 μg/L的JA处理莴苣种子,45 h后萌发率分别只有对照的86%和63%。茶花粉培养基中外加JA,则能强烈抑制花粉萌发。

2. 促进生根 JA-Me能显著促进绿豆下胚轴插条生根,$10^{-8} \sim 10^{-5}$ mol/L处理对不定根数目无明显影响,但可增加不定根干重(10^{-5} mol/L处理的根重比对照增加1倍);$10^{-4} \sim 10^{-3}$ mol/L处理则显著增加不定根数(10^{-3} mol/L处理的根数比对照增加2.75倍),但根干重未见增加。JAs虽然可以抑制拟南芥幼苗叶片的生长及主根的伸长,但是却诱导侧根和根毛的产生。

3. 促进衰老 从苦蒿中提取的JA-Me能加快燕麦叶片切段叶绿素的降解。用高浓度乙烯利处理后,JA-Me能促进豇豆叶片离层的产生。JA-Me还可使郁金香叶片中的叶绿素迅速降解,叶黄化,叶形改变,加快衰老进程。这可能与JA诱导乙烯的生物合成有关。

4. 提高抗性 昆虫侵害和病原菌侵染都可迅速诱导植物组织中JAs的合成,而JAs合成缺失突变体和信号转导突变体丧失对昆虫和病原的抗性。经JA-Me预处理的花生幼苗,在渗透逆境下,植物电导率降低,干旱对其质膜的伤害程度变小。JA-Me预处理也能提高水稻幼苗对低温(5～7℃,3 d)和高温(46℃,24 h)的抵抗能力。

5. 其他效应 JAs 在植物生殖器官发育中起重要作用，如调控花粉的发育和花芽分化，在烟草培养基中加入 JA 或 JA‐Me 可抑制外植体花芽形成；是机械刺激（包括昆虫咬食）的有效信号分子；能诱导蛋白酶抑制剂的产生和攀援植物卷须的盘曲反应；能抑制光和 IAA 诱导的含羞草小叶的运动，抑制红花菜豆培养细胞和根端切段对 ABA 的吸收；诱导气孔关闭；促进花色素等物质的积累，调控植物的次生代谢。

JAs 与 ABA 结构有相似之处，其生理效应也有许多相似的地方，如抑制生长、抑制种子和花粉萌发、促进器官衰老和脱落、诱导气孔关闭、促进乙烯产生、抑制含羞草叶片运动、提高抗逆性等。但是，JA 与 ABA 也有不同之处。如在莴苣种子萌发的生物测定中，JA 不如 ABA 活力高；JA 不抑制 IAA 诱导燕麦胚芽鞘的伸长弯曲，不抑制含羞草叶片的蒸腾。

二、水 杨 酸

1763 年，英国的斯通（E. Stone）首先发现柳树皮有很强的收敛作用，可以治疗疟疾和发热。后来发现这是柳树皮中所含的大量水杨酸糖苷在起作用，于是经过许多药物学家和化学家的努力，医学上便有了阿司匹林（aspirin）药物的问世。阿司匹林即乙酰水杨酸（acetylsalicylic acid），在生物体内可很快转化为水杨酸（salicylic acid，SA）（图 10 ‐ 25）。20 世纪 60 年代后，人们开始发现了 SA 在植物中的重要生理作用。

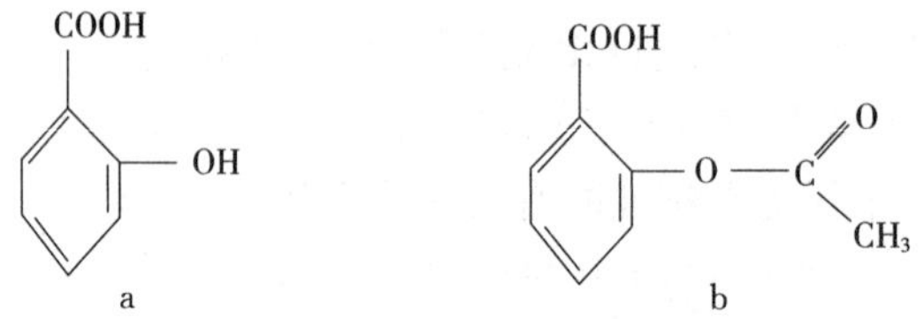

图 10 ‐ 25　水杨酸（a）与乙酰水杨酸（b）

（一）水杨酸的分布和代谢

SA 在植物体中的分布一般以产热植物的花序中较多，在不产热植物的叶片等器官中也含有 SA。植物体内 SA 的合成来自反式肉桂酸（*trans* ‐ cinnamic acid），即由莽草酸（shikimic acid）途径形成的反式肉桂酸经 β 氧化产生苯甲酸，再经过羟化形成 SA。

SA 能溶于水，易溶于极性的有机溶剂。植物组织中的 SA 除了游离形式外，还可以葡萄糖苷的形式存在。

（二）水杨酸的生理效应和应用

1. 生热效应 在呼吸作用一章提到天南星科植物佛焰花序的生热现象，其原因是佛焰花序开花前，雄花基部产生 SA，激活抗氰的非磷酸化途径，导致剧烈放热。在严寒条件下花序产热，保持局部较高温度，有利于开花结实；此外，高温有利于花序产生具有臭味的胺类和吲哚类物质的蒸发，以吸引昆虫传粉。可见，SA 诱导的生热效应是植物对低温环境的一种适应。

2. 增强抗性 SA 最受关注的效应是其与植物的抗病性相关。一些抗病植物受病原侵染后，会诱发 SA 的形成，进一步形成病原相关蛋白（pathogenesis related protein，PR 蛋白），抵抗病原，提高抗病能力。实验证明，抗性烟草植株感染烟草花叶病毒（TMV）后，产生的系统抗性与 9 种 mRNA 的诱导活化有关，施用外源 SA 也可诱导这些 mRNA 合成。进一步研究表明，病原的侵染或外源 SA 的施用能使本来处于不可翻译态的 mRNA 转变为可翻译态。因此，内源 SA 可能在激活 PR 蛋白基因以及建立过敏反应和系统获得性抗性（SAR）的信号转导途径中扮演着关键的角色。

3. 其他应用 SA 还抑制蒸腾、抑制 ACC 转变为乙烯，被用于切花保鲜；抑制大豆的顶端生长，促进侧芽生长，增加分枝数量、单株结荚数及单荚重；诱导浮萍开花等。

三、独脚金内酯

（一）独脚金内酯的特点与代谢

早在 1952 年有研究发现，一些寄生植物的种子萌发需依赖寄主植物的存在，如独脚金（*Striga asiatica*）、列当（*Orobanche coerulescens*）等，如果没有寄主植物分泌的萌发刺激物，即使有适宜的外部条件，它们的种子也将长期保持休眠状态。1966 年有学者从植物根系中分离出能促进寄生植物独脚金种子萌发的物质，称为独脚金醇（strigol）。1972 年鉴定了其基本化学结构，属于萜类类胡萝卜素衍生物，命名为独脚金内酯（strigolactone，SL）（图 10 - 26）。现已从植物中分离出多种独脚金内酯类物质，如高粱内酯（sorgolactone）、列当醇（orobanchol）等。独脚金内酯类物质具有多种生理功能，在植物中普遍存在，故被称为新型植物激素。目前，已有人工合成

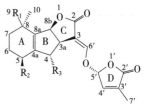

图 10 - 26　独脚金内酯

的独脚金内酯的类似物 GR（germination releaser）系列，如 GR24、GR27 等，其中 GR24 活性最高，被广泛应用。

SL 由植物根部产生，可向上运输产生各种生理效应。天然的 SL 和 ABA 类似，来源于类胡萝卜素生物合成途径。SL 的合成在质体中进行，由 β 类胡萝卜素在 β 类胡萝卜素异构酶（β - carotene - 9 - isomerase）、类胡萝卜素裂解双加氧酶（carotenoid cleavage dioxygenase，CCD）等酶的催化下，合成一种结构类似的内酯（lactone），然后在细胞色素 P_{450} 的催化下，转化成 5 - 脱氧独脚金醇，进而转化成 SL 和其他独脚金内酯类物质。目前已经从不同植物中克隆到了 4 个 SL 合成途径中的基因。

（二）独脚金内酯的生理作用和应用

1. 诱导种子萌发　SL 对寄生植物种子的萌发具有很强的诱导活性，在 10^{-12} g 水平就可诱导种子萌发。目前从多种寄主植物根中分离出萌发刺激物，研究表明这些萌发刺激物都是独脚金内酯类化合物，寄生植物通过感知 SL 来使自己的根朝寄主生长。生产上可利用 SL 控制杂草，通过人工合成的 SL 类似物诱导寄生杂草种子萌发，这些萌发的杂草如果一周内未找到寄主植物就会死亡。

2. 抑制侧枝与分蘖发生　SL 能够抑制双子叶植物（如拟南芥）分枝或单子叶植物（如水稻）分蘖的形成。通过对豌豆 *rms* 和矮牵牛 *dad* 多分枝突变体的研究发现，除 IAA、CTK 之外，植物根部还可合成一种可向上运输的物质，可控制地上部的分枝/分蘖。现已证实这种能够抑制植物分枝/分蘖发生的信号物质就是 SL。对水稻、大豆、豌豆等粮食作物，可通过喷施 SL 人工合成类似物（如 GR24）抑制无效分枝或分蘖，塑造高产优质的理想株型。

3. 促进丛枝菌根真菌菌丝分枝和养分吸收　SL 可促进植物根系与真菌之间的互惠共生，刺激与植物共生的丛枝菌根真菌菌丝分枝，从而帮助植物吸收土壤中的营养元素。研究发现植物界有超过 80% 的陆生植物根可以将 SL 分泌到周边环境中与丛枝菌根真菌形成共生关系。

4. 其他生理作用　SL 还有许多其他生理效应。如可促进叶片衰老，矮牵牛的 SL 合成缺陷突变体 *dad* 具有延缓叶片衰老、滞绿等突变表型，这也证明了 SL 能够促进衰老；调控植物初生根、侧根发育以及根毛延长；参与调控小立碗藓（*Physcomitrella patens*）丝状体的分枝和菌落的扩展过程。

四、多　　胺

多胺（polyamine，PA）是生物代谢过程中产生的一类具有生物活性的低分子质量、脂肪族含氮碱化合物。长期以来，多胺一直不为人们所重视，被认为是末端代谢产物的废物。20 世纪 60 年代人们发现多胺具有刺激植物生长和防止衰老等作用，能调节植物的多种生理活动。

（一）多胺的种类、分布和代谢

根据氨基数目的不同，多胺可以分为二胺、三胺、四胺等，一般把它们统称为多胺。通常胺基数目越多，生理活性越强。高等植物含有的多胺主要有 5 种，二胺有腐胺（putrescine，Put）和尸胺（cadaverine，Cad）等，三胺有亚精胺（spermidine，Spd），四胺有精胺（spermine，Spm）（表 10 - 1）。

表 10 - 1 高等植物中的游离二胺和多胺

胺类	结构	来源
二氨丙烷	$NH_2(CH_2)_3NH_2$	禾本科植物
腐胺	$NH_2(CH_2)_4NH_2$	普遍存在
尸胺	$NH_2(CH_2)_5NH_2$	豆科植物
亚精胺	$NH_2(CH_2)_3NH(CH_2)_4NH_2$	普遍存在
精胺	$NH_2(CH_2)_3NH(CH_2)_4NH(CH_2)_3NH_2$	普遍存在
鲱精胺	$NH_2(CH_2)_4NHCNH_2$ $\parallel$ NH	

高等植物的多胺不但种类多，而且分布广泛。多胺的含量在不同植物间及同一植物不同器官间、不同发育状况下差异很大。通常，细胞分裂最旺盛的部位也是多胺生物合成最活跃的部位。

多胺生物合成的前体物质为 3 种氨基酸，其中精氨酸转化为腐胺，并为其他多胺的合成提供碳架；甲硫氨酸向腐胺提供丙氨基而逐步形成亚精胺与精胺；赖氨酸脱羧则形成尸胺。值得注意的是，亚精胺与精胺的合成与 S -腺苷甲硫氨酸（S - adenosyl methionine，SAM）有关，因此多胺与乙烯合成相互竞争 SAM。多胺在细胞内可通过氧化脱氨而降解生成醛或其衍生物、NH_3 和 H_2O_2。植物中至少已发现 3 种多胺氧化酶。

（二）多胺的生理作用

1. 促进生长 休眠菊芋的块茎是不进行细胞分裂的，但如果在培养基中加入多胺，则块茎的细胞能进行分裂和生长，并刺激形成层的分化与维管组织的形成。亚精胺能够刺激菜豆不定根数的增加和生长的加快。有证据表明多胺能影响核酸代谢，促进蛋白质合成，从而促进生长。

2. 延缓衰老 置于暗中的燕麦、豌豆、菜豆、油菜、烟草、萝卜等植物的叶片，在被多胺处理后均能延缓衰老进程。而且前期多胺能抑制蛋白酶与 RNA 酶活性的提高，减慢蛋白质的降解速率，后期则延缓叶绿素的分解。多胺和乙烯有共同的生物合成前体 S -腺苷甲硫氨酸，多胺通过竞争 S -腺苷甲硫氨酸而抑制乙烯的生成，从而起到延缓衰老的作用。

3. 增强抗性 高等植物体的多胺对各种不良环境十分敏感，即在各种胁迫条件（水分胁迫、盐分胁迫、渗透胁迫、pH 变化等）下，多胺的含量水平均明显提高，这有助于植物抗性的提高。例如，绿豆在高盐环境下根部腐胺合成加强，由此可维持阳离子平衡，保护质膜稳定以适应渗透胁迫。

多胺还可调节与光敏色素有关的生长和形态建成，调节植物的开花过程，并能提高种子活力和发芽力，促进根系对无机离子的吸收等。

第九节 植物生长调节剂

植物激素在体内含量甚微，因而其应用受到限制，生产上施用的主要是人工合成的生长调节剂。根据对生长的效应，可以将植物生长调节剂分为 3 类：①生长促进剂（growth promoter）。这些生长调节剂可以促进细胞分裂、分化和伸长生长，也可促进植物营养器官的生长和生殖器官的发育，如吲哚丙酸、萘乙酸、激动素、6 -苄基腺嘌呤、二苯基脲（DPU）、长孺孢醇等。②生长抑制剂（growth inhibitor）。它们抑制植物顶端分生组织的生长，使茎顶端分生组织细胞的核酸和蛋白质合成受阻，影响分生组织细胞的伸长和分化，从而消除顶端优势，植株生长矮小，但侧枝数目增加。外施生长素等可以逆转这种抑制效应，而外施赤霉素则无效，因为这种抑制作用不是由于缺少赤霉素而引起的。常见的生长抑制剂有三碘苯甲酸、青鲜素、整形素等。③生长延缓剂（growth retardant）。它们抑制植物亚顶端分生组织的伸长生长，使节间缩短，叶和节数不变，株型紧凑、矮小，生殖器官不受影响或影响不大。由于赤霉素在这里起主要作用，而该类抑制剂能抑制赤霉素的生物合成，所以外施赤霉素往往可以逆转这种效应。这类物质包括矮壮素、多效唑、比久（B_9）等。生长抑制剂和生长延缓剂统称为植物生长抑制物质。此外，植物生长调节剂还包括乙烯释放剂。

上述分类方法通常是以使用目的而定的。同一种调节剂由于浓度不同，对生长的作用也可能不同。如生长素类调节剂 2,4-D，低浓度时促进植物生长，而高浓度时则会抑制生长，甚至杀死植物成为除草剂。即使是同一种浓度的生长调节剂施用于不同植物、不同器官或生长发育的不同时期，生理效应也可能不同。如可用 2,4-D 控制单子叶植物中的双子叶杂草。

一、生长促进剂

（一）生长素类

1. 与生长素结构类似的吲哚衍生物 这类吲哚衍生物有吲哚丙酸（indole propionic acid，IPA）和吲哚丁酸（indole butyric acid，IBA）。

2. 萘酸衍生物 这类萘酸衍生物有萘乙酸（α-naphthalene acetic acid，NAA）、萘乙酸钠、萘乙酰胺等。

3. 氯化苯衍生物 这类氯化苯衍生物有 2,4-二氯苯氧乙酸（2,4-dichlorophenoxyacetic acid，2,4-D）、2,4,5-三氯苯氧乙酸（naphthoxyacetic acid，2,4,5-T）、4-碘苯氧乙酸（4-iodophenoxyacetic acid）等。

生长素类调节剂在农业上应用最早。有些人工合成的生长素类物质，如萘乙酸、2,4-D 等，由于原料丰富，生产过程简单，可以大量制造。此外，它们不像 IAA 那样在体内会受吲哚乙酸氧化酶的破坏，因而效果稳定，在农业上得到了广泛的推广使用。但因其浓度和用量的不同，对同一植物组织会有完全不同的效应，使用时必须注意用药浓度、剂量、使用时期及植物的生理状态等。

（二）赤霉素类

生产上应用和研究最多的赤霉素类物质是 GA_3，此外也有应用 GA_{4+7}（为 30% GA_4 和 70% 的 GA_7 混合物）和 GA_{1+2}（GA_1 和 GA_2 的混合物）的，都是从赤霉菌培养过滤液中提取而来。

（三）细胞分裂素类

常用的细胞分裂素类物质有激动素（KT）和 6-苄基腺嘌呤（6-BA），此外还有 CPPU［N-（2-氯-4-吡啶基）-N-苯基脲］及玉米素等，但因其价格昂贵，主要用于组织培养。

二、乙烯释放剂

由于乙烯在常温下呈气态，所以即使在温室内，使用起来也十分不便。为此，科学家们研制出了各种乙烯释放剂，这些乙烯释放剂被植物吸收后，能在植物体内释放出乙烯。其中以乙烯利（ethephon）的生物活性较高，被应用得最广。乙烯利是一种水溶性的强酸性液体，其化学名称为 2-氯乙基膦酸（2-chloroethyl phosphonic acid，CEPA），在 pH<3 的条件下稳定，当 pH>4 时，可以分解放出乙烯，pH 愈高，产生的乙烯愈多。

乙烯利易被茎、叶或果实吸收。由于植物细胞的 pH 一般大于 5，所以乙烯利进入组织后可水解放出乙烯（不需要酶的参加），对生长发育起调节作用。

三、生长抑制剂

1. 三碘苯甲酸 三碘苯甲酸（2,3,5-triiodobenzoic acid，TIBA）的分子式为 $C_7H_3O_2I_3$。它可

以阻止生长素运输，抑制顶端分生组织细胞分裂，使植物矮化，消除顶端优势，增加分枝。生产上 TIBA 多用于大豆，开花期喷施浓度 125 μL/L，能使豆梗矮化，分枝和花芽分化增加，结荚率提高，增产显著。

2. 整形素 整形素（morphactin）常用于禾本科植物，它能抑制顶端分生组织细胞分裂和伸长、茎伸长和腋芽滋生，使植株矮化成灌木状，常用来塑造木本盆景。整形素还能消除植物的向地性和向光性。

3. 青鲜素 青鲜素也称马来酰肼（maleic hydrazide，MH），分子式为 $C_4H_4O_2N_2$，化学名称是顺丁烯二酸酰肼，其抑制茎的伸长。MH 的结构类似尿嘧啶，进入植物体后可以代替尿嘧啶，阻止 RNA 的合成，干扰正常代谢，从而抑制生长。MH 可用于控制烟草侧芽生长，抑制鳞茎和块茎在储藏中发芽。据报道，较大剂量的 MH 可以引起实验动物的染色体畸变和致癌，建议使用时注意适宜的剂量范围和安全间隔期，且禁止施用于食用作物。

四、生长延缓剂

1. PP₃₃₃ PP₃₃₃ 又名氯丁唑，是英国一家公司于 20 世纪 70 年代推出的一种新型高效生长延缓剂，国内也称多效唑（MET）。PP₃₃₃ 的生理作用主要是阻碍赤霉素的生物合成，同时加速体内生长素的分解，从而延缓、抑制植株的营养生长。PP₃₃₃ 广泛用于果树、花卉、蔬菜和大田作物，可使植株根系发达，植株矮化，茎秆粗壮，并可以促进分枝，增穗增粒，增强抗逆性等，另外还可用于海桐、黄杨等绿篱植物的化学修剪。然而，PP₃₃₃ 的残效期长，影响后茬作物的生长，目前有被烯效唑取代的趋势。

2. 矮壮素 矮壮素又名 CCC，是 2-氯乙基三甲基氯化铵的简称，属于季铵型化合物。矮壮素能抑制赤霉素的生物合成过程，所以是一种抗赤霉素剂。它与赤霉素作用相反，可以使节间缩短，植株变矮、茎变粗，叶色加深。CCC 在生产上较常用，可以防止小麦等作物倒伏，防止棉花徒长，减少蕾铃脱落，也可促进根系发育，增强作物抗寒、抗旱、抗盐碱能力。

3. Pix Pix 在国内俗称缩节胺、助壮素、皮克斯等，它与 CCC 相似。生产上主要用于控制棉花徒长，使其节间缩短，叶片变小，并且减少蕾铃脱落，从而增加棉花产量。

4. 比久 比久是二甲胺琥珀酰胺酸的俗称，也称 B₉。B₉ 可抑制赤霉素的生物合成，抑制果树顶端分生组织的细胞分裂，使枝条生长缓慢，抑制新梢萌发，因而可代替人工整枝。同时 B₉ 有利于花芽分化，增加开花数和提高坐果率。B₉ 可防止花生徒长，使株型紧凑，荚果增多。B₉ 残效期长，影响后茬作物生长，且有致癌的危险，因此不宜用在食用作物上，不要在临近收获时施用。

部分植物生长抑制物质结构式如图 10-27 所示。

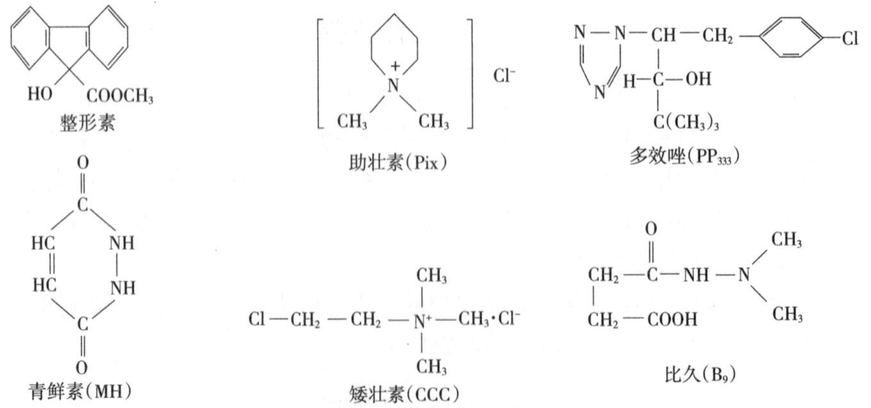

图 10-27 部分植物生长抑制物质

5. 烯效唑 烯效唑又名 S - 3307、优康唑、高效唑，能抑制赤霉素的生物合成，有强烈抑制细胞伸长的效果，有矮化植株、抗倒伏、增产、除杂草和杀菌（黑粉菌、青霉菌）等作用。

五、植物生长调节剂的应用

（一）植物生长调节剂的应用效果

由于植物激素广泛参与调控植物生长发育、代谢以及植物与外界环境的相互作用等，因此自从发现植物激素以来，对其研究几乎涉及植物生物学的各个领域。植物生长调节剂因其成本低、收效快、效益高、节省劳动力等优点，自从 20 世纪 40 年代问世以来，已在粮食和经济作物、果树、蔬菜、林木、花卉、食用菌以及植物组织培养等方面有了广泛的应用，并获得了显著的效益。其主要调节功能有：调节植物内部的化学组成或果实的颜色；启动或终止种子、芽及块茎的休眠；促进发根和根的生长；控制植株或器官大小；提前、推迟或阻止开花；诱导或控制叶片或果实的脱落；调节坐果率及果实的进一步发育；促进植株从土壤中吸收矿质营养；改变作物发育的起始时间；增强植物的抗逆性等。

1. 调节作物生长发育 在田间条件下施用植物生长调节剂，可调节作物生长发育的各个环节，以提高作物产量和改善产品品质，如调节花期、组织培育中的器官分化、苗速生繁殖、壮苗培育等。

2. 提高经济系数 如生长延缓剂用于植物矮化、改良农作物和果树栽培方式等，以增加农产品的经济产量。

3. 调控农产品（包括果品、蔬菜、块根、块茎等）**的成熟保鲜储藏** 如调节种子、延存器官的萌发和休眠，果蔬的催熟、保鲜、安全储藏和运输等。

4. 增强作物抗逆性 在各种逆境条件下通过外施生长调节剂，可改变植物内源激素的平衡状态，增强抗逆性。

5. 辅助基因工程和品种选育 植物激素和生长调节剂可以改变植物体内的核酸和蛋白质代谢，诱导染色体变化、倍性变异、性别转变等，可为选育高产、优质、抗逆性强的新品种提供丰富的、有价值的育种材料。

（二）植物生长物质间的相互关系

各种植物生长物质间的关系十分复杂，了解这些关系，对于正确运用植物生长调节剂非常重要。

1. 激素间的增效作用与拮抗作用 植物体内同时存在数种植物激素。它们之间可相互促进增效，也可相互拮抗抵消。在植物生长发育进程中，任何一种生理过程往往不是某一激素的单独作用，而是多种激素相互作用的结果。

（1）增效作用。一种激素可加强另一种激素的效应，此种现象称为激素的增效作用（synergism）。如生长素和赤霉素对于促进植物节间的伸长生长，表现为相互增效作用。又如生长素促进细胞核的分裂，而细胞分裂素促进细胞质的分裂，二者共同作用，从而完成细胞核与胞质的分裂。脱落酸促进脱落的效果可因乙烯而得到增强；细胞分裂素与赤霉素通过二者之间的互作调控细胞分裂、细胞生长而促进植物生长；细胞分裂素可通过调控乙烯合成关键酶 ACC 合酶的活性而诱导乙烯的合成。

（2）拮抗作用。拮抗作用（antagonism）亦称对抗作用，指一种物质的作用被另一种物质所阻抑的现象。激素间存在拮抗作用，如赤霉素诱导 α 淀粉酶的合成和对种子萌发的促进作用，因脱落酸的存在而受到拮抗。

赤霉素与脱落酸的拮抗作用表现在许多方面，如生长、休眠等。它们都来自甲瓦龙酸，且通过同样的代谢途径形成法呢基焦磷酸（farnesyl pyrophosphate）。在光敏色素作用下，长日照条件形成赤霉素，短日照条件形成脱落酸。因此，夏季日照长，产生赤霉素使植株继续生长；而冬季来临前日照短，则产生脱落酸使芽进入休眠。

生长素推迟器官脱落的效应会被同时施用的脱落酸所抵消；而脱落酸强烈抑制生长和加速衰老的

进程又可能会被细胞分裂素所解除。细胞分裂素抑制叶绿素、核酸和蛋白质的降解，从而抑制叶片衰老；而脱落酸抑制核糖、蛋白质的合成并提高核酸酶活性，从而促进核酸的降解，使叶片衰老。脱落酸和细胞分裂素还可调节气孔的开闭，这些都证明脱落酸与生长素、赤霉素以及细胞分裂素间的拮抗关系会直接影响某些生理效应。

生长素与赤霉素、细胞分裂素虽然对生长都有促进作用，但也有拮抗的一面。例如，生长素能促进插枝生根而赤霉素则抑制不定根的形成；生长素抑制侧芽萌发，维持植株的顶端优势，而细胞分裂素却可消除顶端优势，促进侧芽生长。此外，多胺和乙烯都有共同的生物合成前体甲硫氨酸，因而乙烯诱导衰老的效应可以被多胺所抵消。

2. 激素间的比值对生理效应的影响 由于每种器官都存在着数种激素，因而决定生理效应的往往不是某种激素的绝对量，而是各激素间的相对含量。

在组织培养中生长素与细胞分裂素不同的比值影响根芽的分化。烟草茎髓部愈伤组织的培养实验证明，当细胞分裂素与生长素的比值高时，愈伤组织就分化出芽；比值低时，愈伤组织分化出根；当二者比值处于中间水平，愈伤组织只生长而不分化，这种效应已被广泛应用于组织培养中。

赤霉素与生长素的比例控制形成层的分化，当赤霉素与生长素的比值高时，有利于韧皮部分化，反之则有利于木质部分化。

植物激素对性别分化亦有影响，如赤霉素可诱导黄瓜雄花的分化，但这种诱导可为脱落酸所抑制。黄瓜茎端的脱落酸和赤霉素含量与花芽性别分化有关，当脱落酸与赤霉素的比值较高时有利于雌花分化，较低时则利于雄花分化。

在自然情况下，植物根部与叶片中形成的激素间是保持平衡的，因此雌性植株与雄性植株出现的比例基本相同。由于根中主要合成细胞分裂素，叶片主要合成赤霉素，用雌雄异株的菠菜或大麻进行试验时发现，当去掉根系，叶片中合成的赤霉素直接运至顶芽并促其分化为雄花；当去掉叶片时，则根内合成细胞分裂素直接运至顶芽并促其分化雌花。可见，赤霉素与细胞分裂素间的比值可影响雌雄异株植物的性别分化。

3. 植物对激素的敏感性及其影响因素 植物对激素的敏感性（sensitivity）是指植物对一定浓度的激素的响应程度。在很多情况下，植物激素作用的强弱与其浓度关系不大，植物细胞对激素的敏感性才是激素作用的控制因素。植物对激素的敏感性可能由激素受体的数目、受体与激素的亲和性（affinity）、植物反应能力（response capacity）等因素所决定。

如在植物体内，高浓度或低浓度的脱落酸很可能对生长发育的调节作用是相反的。在各种实验系统中，它的最适浓度可跨 4 个数量级（$0.1 \sim 200\ \mu mol/L$）。对于不同组织，它可以产生相反的效应。它可促进保卫细胞的细胞液 Ca^{2+} 水平上升，却诱导糊粉层细胞的细胞液 Ca^{2+} 水平下降。通常把这些差异归因于各种组织与细胞的脱落酸受体的性质与数量的不同。

此外，外源生长调节剂的作用效果还受植物细胞的吸收效率、生长调节剂在植物体内的运输与代谢以及其他内源激素浓度变化等影响。因此，在植物离体实验时往往需要施加高浓度的激素才能获得显著的生理反应。

（三）应用植物生长调节剂的注意事项

植物生长调节剂在生产实践中得到了广泛的推广和应用，成功的例子很多，但失败的教训也时有发生，这主要是对生长调节剂的特性认识不够和使用不当所造成的。以下几点事项应引起重视：

1. 了解植物生长调节剂的相互关系 如上所述，首先要明确各种类型的植物生长调节剂的相互关系，促进增效作用，防止拮抗抵消的发生。

2. 明确植物生长调节剂的性质 要明确植物生长调节剂不是营养物质，也不是万灵药，更不能代替其他农业措施。只有配合水、肥等管理措施施用，方能发挥其效果。

3. 要根据不同对象（植物或器官）和不同的目的选择合适的植物生长调节剂 如促进插枝生根宜用萘乙酸和吲哚丁酸，促进长芽则要用激动素或 6-苄基腺嘌呤；促进茎、叶的生长用赤霉素；提高作物抗逆性用油菜素内酯；打破休眠、诱导萌发用赤霉素；抑制生长时，草本植物宜用矮壮素，木本植物则最好用比久；葡萄、柑橘的保花保果用赤霉素，鸭梨、苹果的疏花疏果则要用萘乙酸。

研究发现，两种或两种以上植物生长调节剂混合使用或先后使用，往往会产生比单独施用更佳的效果，这样就可以取长补短，更好地发挥其调节作用。此外，植物生长调节剂施用的时期也很重要，应注意把握。

4. 正确掌握植物生长调节剂的浓度和剂量 植物生长调节剂的使用浓度范围极大，可从 0.1 μg/L 到 5 000 μg/L，这就要视植物生长调节剂种类和使用目的而异。剂量是指单株或单位面积上的施药量，而实践中常发生只注意浓度而忽略了剂量的偏向。正确的方法应该是先确定剂量，再定浓度。浓度不能过大，否则易产生药害，甚至起反作用；但也不可过小，过小又无药效。药剂的剂型，有水剂、粉剂、油剂等，施用方法有喷洒、点滴、浸泡、涂抹、灌注等，不同的剂型配合合理的施用方法，才能收到满意的效果。此外，还要注意施药时间和气象因素等。

5. 先试验，再推广 为了保险起见，应先做单株或小面积试验，再中试，最后才能大面积推广，不可盲目草率，否则一旦造成损失，将难以挽回。

小 结

植物生长物质是指能调节植物生长发育的微量化学物质，包括植物激素和植物生长调节剂，前者是植物体内天然产生的，后者是人工合成的或外用于植物的。

生长素类中的吲哚乙酸是首先被发现的植物激素，它能促进细胞的分裂和伸长，主要由前体色氨酸合成。生长素具有极性运输的特征，有促进插枝生根、抑制器官脱落、性别控制、延长休眠、顶端优势、单性结实等作用。酸生长理论和基因活化学说可用于解释生长素促进细胞的伸长生长。属于生长素类的植物生长调节剂有吲哚丁酸、萘乙酸、2,4-D 等。

赤霉素是迄今发现种类最多的一类激素，具有赤霉素烷环的基本结构，最常见的是 GA_3。赤霉素的生物合成分 3 个步骤，分别为环化反应生成贝壳杉烯、氧化反应生成 GA_{12} 醛、由 GA_{12} 醛形成赤霉素。赤霉素的主要作用是加速细胞的伸长生长。赤霉素能诱发禾谷类糊粉层细胞 α 淀粉酶的生物合成，G 蛋白和 cGMP 为 α 淀粉酶基因表达的信号转导链的成员。赤霉素还有促进营养生长、诱导开花、防止脱落、打破休眠等作用。

细胞分裂素是以促进细胞分裂为主的一类激素，为腺嘌呤的衍生物，主要合成部位是根尖分生组织。天然存在的细胞分裂素有玉米素、玉米素核苷和异戊烯基腺苷等；人工合成的有激动素和 6-苄基腺嘌呤（6-BA）等。拟南芥中发现的细胞分裂素受体有 CRE1、AHK2 和 AHK3，具有典型的组氨酸蛋白激酶结构特征，其信号转导是利用了一种类似于细菌中双元组分系统的途径将信号传递至下游元件的。细胞分裂素有促进细胞分裂和扩大、诱导芽的分化、延缓叶片衰老等作用。

脱落酸是种子成熟和抗逆信号的激素，为倍半萜化合物，高等植物中主要由间接途径合成。脱落酸除具有抑制细胞分裂和伸长的作用，还有促进脱落和衰老、促进休眠和提高抗逆能力等作用。脱落酸的受体在保卫细胞的质膜外侧和细胞内部，活性氧、钙离子、NO 等参与了脱落酸调控气孔关闭的信号转导途径。

乙烯是一种气体激素，是促进衰老和成熟的植物激素。其生物合成的前体是甲硫氨酸，ACC 是其合成的直接前体。乙烯受体类似细菌双元组分组氨酸蛋白激酶，由多基因编码。植物生长的三重反应和促进果实成熟是乙烯重要的生理作用，其还有促进衰老、脱落、次生物质分泌，影响分化、开花等作用。

油菜素内酯可促进植物生长、细胞伸长和分裂，促进光合作用，增强抗性。

除了上述 6 大类激素以外，植物其他内源生长物质还包括茉莉素、水杨酸、独脚金内酯、多胺等。

植物生长抑制物质包括生长抑制剂和生长延缓剂。前者如三碘苯甲酸、整形素等，抑制植物顶端分生组织的生长，使株型发生变化，外施生长素等可以逆转这种抑制效应；后者如PP₃₃₃、CCC等，抑制茎亚顶端分生组织的生长，使节间缩短，外施赤霉素等可以逆转这种抑制效应。

植物生长物质已广泛应用于农业生产，应用前景广阔。使用时必须了解调节剂之间的相互关系，注意用药浓度、药量、使用时期及植物的生长状态等。

复习思考题

1. 名词解释

植物生长物质　植物激素　植物生长调节剂　极性运输　酸生长理论　三重反应　激素受体　植物生长延缓剂　植物生长抑制剂　IAA　NAA　GA　GA₃　CTK　6-BA　ABA　ETH　JA　JA-Me　PA　SA　SL　BR　PP₃₃₃　CCC　ACC　IBA　2,4-D　B₉　KT　Pix　MH

2. 相对于动物激素，植物激素有哪些特点？

3. 如何证明 IAA 是极性运输的？

4. 为什么切去顶芽会刺激腋芽的发育？如何解释 IAA 抑制腋芽生长而不抑制产生 IAA 的顶芽的生长？

5. 试述 IAA 促进植物细胞伸长的机制。

6. GA 如何诱导禾谷类糊粉层细胞 α 淀粉酶的生物合成？如何证明？

7. ABA 如何诱导气孔关闭？

8. CTK 如何延缓植物衰老？

9. 乙烯是如何形成的？哪些因素促进或抑制其合成？它如何诱导果实的成熟？

10. 简述 BR、JA、SA、SL 和 PA 的生理功能。

11. 举例说明激素信号转导在植物发育调节中的作用。

12. 植物激素间在合成和生理作用方面有何相互关系？

13. 植物生长延缓剂和植物生长抑制剂有何区别？

14. 植物生长物质在农业生产中有哪些方面的应用？应注意些什么？

第十一章 >>>

植物的生长生理

第一节 生长、分化和发育概述

一个生物体从发生到死亡所经历的过程称为生命周期（life cycle）。种子植物的生命周期，要经过胚胎形成、种子萌发、幼苗生长、营养体形成、生殖体形成、开花结实、衰老和死亡等阶段。通常把生命周期中呈现的个体及其器官的形态结构的形成过程，称为形态发生或形态建成（morphogenesis）。伴随形态建成，植物体发生着生长、分化和发育等变化。

一、生长、分化和发育的概念

1. 生长 生长（growth）是指生物体在生命周期中，细胞、组织、器官及有机体的数目、体积与质量的不可逆增加，是一种量的变化。它通过原生质的增加、细胞分裂与扩大得以实现。例如，根、茎、叶、花、果实和种子的体积扩大或干重增加都是典型的生长现象。其中，根、茎、叶等营养器官的生长，称为营养生长（vegetative growth）；花、果实、种子等繁殖器官的生长称为生殖生长（reproductive growth）。

2. 分化 分化（differentiation）是指来自同一合子或遗传上同质的细胞转变为形态结构、机能以及化学组成上异质细胞的过程，是一种反映不同细胞之间区别的质的变化。分化是一切生物所具有的特性，是差异性生长的体现。

植物的分化可以在细胞、组织、器官等不同水平上得以表现。例如，从受精卵细胞分裂转变成胚；从生长点转变成叶原基、花原基；从形成层转变成输导组织、机械组织、保护组织等。正是由于这些不同水平上的分化，植物的各个部分才具有了异质性，即具有不同的形态结构与生理功能。由于细胞与组织的分化通常是在生长过程中发生的，因此，分化又可看作变异生长。

3. 发育 发育（development）是指生物体在生命周期中，组织、器官或整体在形态结构或功能上的有序变化过程。例如，从叶原基的分化到长成一片成熟叶片的过程是叶的发育；受精后的子房膨大、果实形成和成熟则是果实的发育等。上述发育的概念是广义上的，泛指生物的发生与发展；而狭义的发育概念，通常是指生物从营养生长向生殖生长的有序变化过程，其中包括性细胞的出现、受精、胚胎形成以及新的繁殖器官的产生等。

二、生长、分化和发育的关系

通常，生长、分化和发育密切相关，有时交叉或重叠在一起。例如，在茎的分生组织转变为花原基的发育过程中，既有细胞的分化，又有细胞的生长。但三者的关系通常表现为：生长是量变，是基础；分化是质变；而发育则是器官或整体有序的一系列的量变与质变。一般认为，发育包含了生长和分化。如花的发育，包括花原基的分化和花器官各部分的生长；果实的发育包括了果实各部分的生长和分化等。发育只有在生长和分化的基础上才能进行。所以，没有营养物质的积累、细胞的增殖、营养体的分化和生长，就没有生殖器官的分化和生长，也就没有花和果实的发育。同时，生长和分化又受发育的制约，植物某些部位的生长和分化往往要在通过一定的发育阶段后才能开始。例如，水稻必须生长到一定数目的叶片以后，才能接受光周期诱导；水稻幼穗的分化和生长必须在通过光周期的发育阶段之后才能进行；油菜、白菜、萝卜等在抽薹前后长出不同形态的叶片，也表明其不同发育阶段有不同的生长数量和分化类型。

　　植物的发育是其遗传信息在内外条件影响下有序表达的结果：在时间上有严格的顺序，如种子发芽、幼苗生长、开花结实、衰老死亡，都是按一定的时间顺序发生；在空间上有巧妙的布局，如茎上叶原基的分布有一定的规律，形成叶序；花原基的分化通常由外向内，依次产生萼片原基、花瓣原基、雄蕊原基、雌蕊原基等。

第二节　植物的生长与分化

一、植物生长与分化的类型

　　植物与动物一样都是通过生长和分化来完成其生活周期。但在发育的进程上，二者又不完全相同。新生的动物，外形已定，器官齐全，只是个体的长大和内部调节系统的发育，各个器官几乎均衡生长；而一粒种子则需要经过发芽、成苗、枝叶生长、开花结实、衰老脱落直至死亡等一系列有序的形态变化才能走完它的一生。其主要原因是植物器官的发育是受控于植物体上某些特定的部位，只有局部区域的细胞才具有分裂伸长的能力。例如，枝叶的出现、个体的长高，源于顶芽；茎秆增粗则始于形成层；而扦插、嫁接成苗又与枝条受伤部位的再生作用有关。

（一）顶端生长与分化

　　高等植物是直立不动的生物，其发育过程中一个最突出的特点就是在茎和根的尖端始终保持着一团胚胎状态的分生组织，它们对整株植物的发育起着绝对的控制作用。

　　1. 茎尖的生长与分化　茎尖的生长锥是高等植物营养器官（茎、叶、芽、分枝）和生殖器官（花、果实、种子）的最初发源地，营养体向生殖体的转变也发生在这里。茎的尖端生长，在进入花芽分化之前，可以维持无限生长。植株的分枝取决于茎尖对下面侧芽或侧枝生长的控制。植物的顶芽生长占优势而抑制侧芽生长的现象称为顶端优势。

　　关于茎尖顶端分生组织的描述，主要有两种学说：原套-原体学说和细胞组织学分区学说（图 11-1）。原套-原体学说比较注重茎端分生组织中的细胞分层现象。原套细胞形状规则，大小均一，主要进行垂周分裂（垂直于器官表面的细胞分裂），可有 2～3 层（分别记为 L1、L2 及 L3）；原体细胞形状大小变化较大，排列无规律。垂周分裂会促使植株长高，叶面扩大，根系扩展。细胞组织学分区学说比较强调茎端分生组织区域内细胞之间的衍生关系，该学说将茎端分生组织分为原分生组织（中心区）(CZ)、周围分生组织（边丝区）(PZ) 和肋状分生组织（肋区）(RZ)3 个区。植物的茎、枝、叶、芽和花等就是由上述各种分生组织衍生而来的。

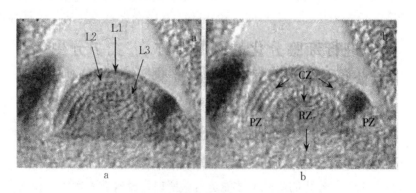

图 11-1　关于茎端分生组织结构的两种描述方式

a. 原套-原体学说　b. 细胞组织学分区学说

（引自白书农，2003）

大量实验研究表明，茎端分生组织的形态发生是受多个基因共同作用下的程序化过程。例如，*KN1*、*STM* 及其同类基因对维持分生细胞的非决定态（无确定分化方向）特性具有决定作用。

2. 根尖的生长与分化　　根的顶端与茎尖既有相似又有区别：根尖生长点只进行单一的尖端生长，不形成任何侧生器官，也没有节和节间，但有根冠，可保护根尖分生组织。根的形态建成具有 3 个特点：一是根的基本结构形成在先，而其分生组织形成在后。根分生组织的功能主要是维持根在其基本结构上的延伸。二是根的基本结构形成与激素的调控密切相关。提高生长素的浓度，会使侧根的发生密度大大增加。三是根细胞的命运具有很大的可塑性。很多情况下，茎叶组织中均可形成不定根，而根的细胞也会表现出茎叶细胞的特征。

根尖分化过程中，不均等分裂是根的皮层和内皮层细胞分化的必要条件。

（二）次生生长与分化

植物除茎、根尖端之外，其他部位还分布着一些生长区域。例如，侧生、居间和基生生长区，都是由尖端生长锥分化出来，并保持其分生状态而被分割与保留在成长器官中，因此称为次生分生组织。这些内部的生长区域平时大多潜伏不动，只有到适当时机或受到一定的刺激时才活跃起来，恢复旺盛的分裂活动。例如，禾谷类作物的茎节基部有居间分生组织，对茎秆的伸长具有重要意义。树木和草本双子叶植物的茎内有侧生分生组织（形成层），当植物长到一定时期才开始活动，细胞进行旺盛分裂，形成输导组织和机械组织，使树干和枝条加粗并增加机械强度。

（三）再生生长与分化

植物体内有些长成的薄壁组织平时不具有分生本领，但在特殊环境中，其细胞仍可以恢复分裂而使其生长。如受伤后伤口的愈合，茎和根的皮层在植物长粗时被胀破后有周皮的形成等，都是再生分生组织活动的结果。植物的离体器官（根、茎、叶等）在适当条件下能恢复细胞分裂，把缺欠的部分再生出来，从而形成一个新植株的过程，称为再生作用（regeneration）。再生作用常被用于农业生产实践，如再生稻的培育、苗木的扦插繁殖等。

（四）极性与分化

极性（polarity）是指植物器官、组织或细胞的形态学两端在生理上具有的差异性（即异质性）。例如，柳树枝条在潮湿的环境中，无论是正挂还是倒置，其总是形态学的上端分化出芽，形态学的下端分化出根（图 11-2）。植物的极性在受精卵中既已形成，并延续给植株。由于极性的存在，受精卵的第一次分裂就表现为不均等分裂，形成一个基细胞和一个顶细胞，基细胞进一步分化成幼根原基，而顶细胞则进一步分化成茎的生长点。可见，极性是分化的第一步，没有极性就没有分化。极性一经形成，就十分稳定。

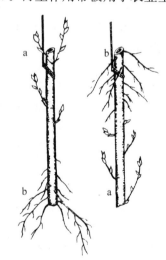

图 11-2　柳树枝条的极性生长
a. 形态学上端　b. 形态学下端

有关极性产生的原因，尚不完全清楚，但大多数人认为主要与生长素的极性运输有关。生长素在茎中极性运输，使形态学下端生长素含量较高，促进下端生根，上端发芽。极性在生产上的应用很早就受到了注意，例如，在扦插、嫁接及组织培养时，应将其形态学的下端向下，上端朝上，避免倒置，以防影响成活。

二、种子萌发与幼苗生长

（一）种子萌发的概念

种子是由受精胚珠发育而来的种子植物所特有的延存器官。实际上植物个体的生命周期是从受精卵分裂形成胚开始的，但人们习惯上还是以种子萌发作为个体发育的起点。从形态学角度讲，种子萌发（seed germination）是指具有生活力的种子吸水后，胚生长突破种皮并形成幼苗的过程。通常以胚根突破种皮作为萌发的标记。从生理角度看，萌发是无休眠或解除休眠的种子吸水后由相对静止状态转为生理活动状态，呼吸作用增强，储藏物质被分解并转化为可供胚利用的物质，引起生长的过程。从分子生物学角度看，萌发的本质是水分、温度等因子使种子的某些基因表达和酶活化，引发一系列与胚生长有关的反应。

种子萌发过程大致可分为 3 个步骤：种子吸水萌动、内部物质与能量转化和胚根突破种皮形成幼苗。

种子萌发必须具备两方面的条件，一是种子本身具有生活力并完成了休眠；二是有适当的外界条件，如水分、温度、气体和光照等。

（二）种子的寿命

种子从完全成熟到丧失生活力所经过的时间称为种子的寿命（seminal longevity）。种子的寿命因植物种类及其所处环境的不同而有差异。根据现有资料，可划分为 3 种类型。

1. 短命种子 短命种子的寿命在几小时至几周。例如，酢浆草的种子从荚果放出后，只有新鲜时才能发芽，干燥后就失去生活力；柳树种子成熟后只在 12 h 内有发芽能力；杨树种子的寿命一般只有几个星期。

2. 中命种子 中命种子的寿命在几年至几十年。大多数农作物种子在此范围内。例如，落花生种子寿命 1 年；水稻、小麦、大麦、大豆、菜豆等种子的寿命为 2 年；玉米种子的寿命 2～3 年；烟草种子的寿命 4～5 年；蚕豆、绿豆种子的寿命较长，为 6～11 年。

3. 长命种子 长命种子的寿命可达百年至千年。例如，地下埋藏几百年甚至千年的莲子仍有萌发能力，并能开花结实。

据美国加利福尼亚州立大学报道，种子寿命在 10 年以上的植物有 700 多种，在 100 年以上的有60 多种，500 年以上的有 20 多种。迄今为止，寿命超过千年的种子大概只有莲子。

然而，种子寿命的长短并不是绝对的。例如，小麦种子寿命一般为 2 年，但如果在干燥、低温条件下保存，则可延长到 10 年；杨树、柳树的种子，暴露在空气中通常几小时、几星期即丧失萌发力，但如将其放在相对湿度 13％的冰箱内，则寿命可延长至几年。可见，种子寿命的长短除受其自身遗传基因决定外，还与种子的储藏条件密切相关。一般来说，在干燥、低温条件下，种子的寿命较长；反之，高温、潮湿的环境（湿、热环境使种子呼吸加强，储藏物消耗加快，同时放出热量，加快病菌繁殖、害虫滋生，使种子发霉变质），则易使种子丧失生活力。

（三）种子的生活力及其测定

种子的生活力是指种子发芽的潜在能力，即发芽力。种子生活力的大小通常是通过测定种子的发芽率来反映的。种子发芽率是指在最适宜的条件下种子发芽的百分率，它是鉴定种子品质的主要依据，对确定播种量亦具有重要的指导作用。但是，测定种子的发芽率需时较长，在应急情况下不便使用，而且也无法预知种子是否处于休眠状态，因而常采用以下间接方法，快速测定种子生活力。

1. 利用组织还原力 生活的种子具有呼吸作用，其呼吸底物经脱氢酶催化所释放的氢可将无色的氯化三苯基四氮唑（2,3,5 - triphenyltertazdiumehloride，TTC）还原为红色的三苯甲腙，使种胚染为红色；而死种子的胚因没有呼吸作用则不着色。

2. 利用原生质的着色能力 生活细胞的原生质膜具有选择透性，能阻止某些染料透过质膜。因而若用某种染料浸染种子，即可依照胚的着色与否来判断种子的生活力。例如，用 0.1％靛蓝洋红或酸性苯胺红溶液浸泡种子，胚被染色的种子即是不具生活力的种子。

3. 利用细胞中的荧光物质 蛋白质、核酸等有机大分子具有荧光特性。失去生活力的种子，其酶蛋白及辅酶遭到破坏，故可利用紫外荧光灯照射纵切的种子来判断种子的生活力。生活的种子能发出蓝色、蓝紫色、紫色或蓝绿色的荧光，而丧失生活力的种子则为黄色、褐色或无色，并带有褐色或黑色斑点。

三、影响种子萌发的环境条件

种子的萌发只有在合适的条件下才能进行。足够的水分、适宜的温度和充足的氧气是种子萌发必不可少的条件。此外，有的种子萌发还需要一定的光照条件。

1. 水分 水分是种子萌发的先决条件，种子只有吸收一定量的水分才能萌发。风干种子的含水量一般为5%～13%，原生质处于凝胶状态，代谢活动缓慢。随着水分的增加，原生质从凝胶状态转变为溶胶状态；种子内部的激素及酶系统也从钝化状态变为活化状态，促进了储藏物质的转化与运输；加之水能膨胀软化种皮，使氧气易于透过，呼吸加强，细胞代谢水平提高；细胞吸水膨胀产生的压力，也有利于胚芽突破种皮。在种子萌发过程中，胚细胞的生长也是在充足的水分供应下进行的。

不同植物种子萌发时的吸水量各不相同。一般种子吸水达到风干种子质量的30%～70%即可萌发，而蛋白质含量高的种子则需要吸收更多的水，因为蛋白质具有较大的亲水性。例如，水稻种子萌发时要求最低吸水量为风干物质量的35%～40%，小麦为60%，而大豆则要求120%。

种子的吸水速率不仅与种子内储藏物质的种类有关，还受土壤含水量、土壤溶液浓度及土壤环境温度的影响。土壤含水量小而温度较高时，会使种子已经吸收的水分外渗；土壤水分过多又会造成通气不良，限制种子萌发，甚至使种子闷死、腐烂，故播种后如连续下雨，则应注意及时排除土壤中过多的水分。通常，土壤含水充足，土壤溶液浓度较低，环境温度较高，均是促进种子吸水的好条件。

此外，种皮的结构与成分对种子吸水也有一定影响，如致密而坚实的种皮或种皮外有蜡质及种皮富含脂类等，都会成为种子吸水的障碍。

2. 氧气 种子萌发是非常活跃的生命活动，需要旺盛的呼吸作用提供能量，因而环境中氧气的浓度直接影响种子的萌发。环境缺氧（如土壤板结、水分过多、播种太深等），则萌发种子进行无氧呼吸。长时间的无氧呼吸消耗过多的储藏物，同时产生大量酒精，致使种子中毒，因而不利于种子萌发。

一般种子正常萌发需要空气的含氧量在10%以上，但因种子类型不同，萌发时需氧量也不尽相同。含脂肪较多的种子（如大豆、花生）萌发时，较淀粉种子（如麦类、玉米）需氧量大。若空气含氧量降到5%以下时，多数植物的种子都不能萌发。但也有些植物种子（马齿苋和黄瓜）在含氧量达到2%时亦可萌发；而水稻对缺氧有特殊的适应本领，可在无氧条件下萌发，不过缺氧时幼苗生长不正常，芽鞘迅速伸长，而根系生长受阻或不发根。据测定，土壤气体含氧量常在20%以下，并随土层深度和土质黏重程度的增加而逐渐降低。所以，播种时既要注意土壤环境，又要考虑种子自身的特点。含脂肪多的种子宜浅播，淀粉种子可适当深播。土壤水分较多、通气性较差的黏土，可适当浅播，而沙性大的土壤可适当深播。为了提高播种质量，生产上常采用深耕松土、平整土地、改良土壤、及时排水等措施来增加土壤中的氧含量。

3. 温度 种子萌发是在一系列酶参与下的生理生化过程，因而受温度影响很大，因为温度能影响酶的活性，从而影响储藏物质的转化和运输。此外，温度还会影响种子的吸水速度和气体交换，所以，只有在适宜的温度下种子才能顺利萌发。温度过高、过低种子均不能萌发。在短时间内使种子萌发率达到最高的温度称为最适温度。能使种子萌发的最高温度、最低温度以及最适温度称为种子萌发的温度三基点。种子萌发的温度三基点因植物种类及原产地不同而有很大差异（表11-1）。原产于南方低纬度地区的植物（如水稻、玉米等），温度要求较高；原产于北方高纬度地区的植物（如麦类等），温度要求较低。了解植物种子萌发的最适温度，对于确定播种期具有重要参考价值。春季播种过早常会遇到突然降温天气，造成幼胚不能萌发及烂籽、烂秧，或因出土时间相应延长，此时气温已高，呼吸加快，消耗储藏物较多，致使幼苗弱小，易受病虫害侵袭。一般来说，播种期以稍高于最低温度为宜。近年来，生产上常采用地膜覆盖、温床育苗等措施来控制温度，提前播种，收到了良好的效果。

表11-1 几种作物种子萌发的温度三基点

作物种类	最低温度/℃	最适温度/℃	最高温度/℃
冬小麦、大麦	0～5	20～28	31～40
玉米	5～10	32～35	40～44

（续）

作物种类	最低温度/℃	最适温度/℃	最高温度/℃
水稻	10～13	30～35	38～42
黄瓜	15～18	31～37	38～40
番茄	15	25～30	35
棉花	12～15	25～30	40
大豆	6～8	30	40

实验表明，变温处理（通常低温 16 h，高温 8 h，变温幅度大于 10 ℃）有利于种子萌发，而且还可提高幼苗的抗寒力。自然界中的种子大都是在变温情况下萌发的。

4. 光照　不同种类植物的种子萌发对光的需求不同，据此可将种子分为 3 种类型：一是中性种子，萌发时对光无严格要求，在光下或暗中均能萌发，大多数种子属于此类；二是需光种子（light seed），萌发时需要光照，如烟草、莴苣、胡萝卜、紫苏等，又称喜光种子；三是需暗种子（dark seed），萌发时有光受抑制，只能在黑暗处萌发，如茄子、番茄、韭菜、瓜类等，又称嫌光种子。

实验表明，需光种子的萌发受红光（660 nm）促进，被远红光（730 nm）抑制，两种光的作用效果可以相互逆转。如果用红光和远红光多次交替照射处理，种子萌发状态则取决于最后照射的是红光还是远红光（表 11-2）。光对种子萌发的影响是通过光敏色素实现的。

表 11-2　红光（R）和远红光（FR）对莴苣种子萌发的控制

照光处理	种子萌发率/%
R	70
R＋FR	6
R＋FR＋R	74
R＋FR＋R＋FR	6
R＋FR＋R＋FR＋R	76
R＋FR＋R＋FR＋R＋FR	7
R＋FR＋R＋FR＋R＋FR＋R	81
R＋FR＋R＋FR＋R＋FR＋R＋FR	7

种子萌发对光的需要是一种自身保护作用。某些特别小的种子（如鬼针草、洋地黄），如果在土壤深层（暗中）萌发，当幼芽长出地面时储藏物质几乎完全耗尽；而见光才能萌发，就保证了种子只能在地表或靠近地表萌发，并迅速转为自养生活，这对植物本身是一种有益的特性。

四、幼苗的形成

从种子萌发到根、芽形成，植株将会发生一系列的生理生化变化。

1. 种子吸水变化　种子萌发是从吸水开始的，整个吸水过程可分为急剧吸水、迟滞吸水和胚根长出后的重新迅速吸水 3 个阶段（图 11-3）。第一、第二阶段的吸水，是由于亲水物质吸水膨胀引起的吸胀吸水，与代谢活动无关；第三阶段吸水，是由于胚的迅速生长及细胞体积增大而引起的渗透性吸水，与代谢活动密切相关。因此，死种子、休眠种子与具有萌发力的种子一样，具有吸水的第一、第二阶段，但只有具萌发力的种子才进入第三阶段。

2. 呼吸作用的变化　种子萌发过程中呼吸作用和吸水过程相似，也分为 3 个阶段（图 11-3）。种子吸水的第一阶段，呼吸作用也迅速增加，这主要是由已经存在于干种子中并在吸水后活化的呼吸酶及线粒体系统完成的。在吸水的迟滞期，呼吸作用也停滞在一定水平，这一方面是因为干种子中已有呼吸酶、线粒体系统已经活化，而新的呼吸酶和线粒体还没有大量形成；另一方面，此时胚根还没有突破种皮，氧气的供应也受到一定限制。吸水的第三阶段，呼吸作用又迅速增加，因为胚根突破种皮后，氧气供应得到改善，而且此时新的呼吸酶和线粒体系统已经大量形成。

在吸水的第一和第二阶段，CO_2 的产生大大超过 O_2 的消耗，$RQ>1$，而第三阶段，O_2 的消耗则大大增加。这说明种子萌发初期的呼吸作用主要是无氧呼吸，而随后进行的是有氧呼吸。

3. 种子萌发时的物质转化 种子中储藏有大量的大分子有机物，如淀粉、脂肪、蛋白质等，这些大分子有机物在酶的作用下分解为简单的、便于转运的小分子化合物，如淀粉水解为单糖，蛋白质分解为氨基酸等，供给正在生长的幼胚，一方面作为呼吸底物进一步分解，释放能量，供生命活动需要；另一方面作为新建器官的各种原料（图 11-4）。

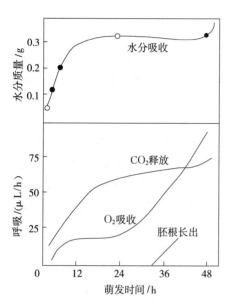

图 11-3 豌豆种子萌发时吸水和呼吸的变化

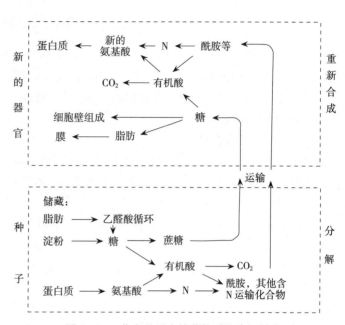

图 11-4 萌发种子中储藏物质的降解转化

（1）糖类的转化。禾谷类种子的胚乳内储藏有大量的淀粉（淀粉种子）。种子萌发后，在淀粉酶作用下淀粉被水解为可溶性糖。萌发初期主要靠 β 淀粉酶，该酶在干种子中呈束缚态，吸水后活化。随种子的萌发又逐渐形成 α 淀粉酶，将淀粉水解为麦芽糖，麦芽糖再进一步水解为葡萄糖。

此外，在豌豆等种子内的淀粉水解，主要是靠淀粉磷酸化酶的作用。

研究表明，大多数干种子的胚或胚轴中含有一定量的蔗糖，也有一些含有棉子糖、水苏糖等寡糖，可用作萌发早期时的呼吸底物。

（2）脂肪的转化。油料作物的种子（含脂肪较多）萌发时，在脂肪酶的作用下，将脂肪水解为甘油和脂肪酸。脂肪酸能提高脂肪酶的活性，因而脂肪酶的作用具有自动催化的性质。

脂肪酸经 β 氧化作用分解为乙酰 CoA，再经乙醛酸循环转变为蔗糖。甘油则在酶的催化下转变成磷酸甘油，再转变成磷酸二羟丙酮参加糖酵解反应，或进一步经糖异生途径转变为葡萄糖、蔗糖，转运至胚轴供生长用。

（3）蛋白质的转化。萌发的种子在能利用根吸收氮素以前，靠种子中储藏的蛋白质来满足幼苗对氮素的需要。种子中普遍含有蛋白质，尤以豆类种子含量较高。

种子萌发时，储藏蛋白质在蛋白酶的作用下，分解为游离氨基酸，并主要以酰胺（谷氨酰胺和天冬酰胺）的形式运输到胚轴供生长用。在豌豆种子萌发过程中，高丝氨酸可能担负着氨基的运输作用。蛋白质水解产生的氨基酸，除了可作为再合成蛋白质的原料，也可以通过脱氨基作用转变为有机酸或游离的氨（NH_3）。有机酸可以进入呼吸代谢途径，也可作为形成氨基酸的碳架。氨对细胞有毒害作用，通常不在细胞内积累，而是迅速转变为酰胺的形式储存。需要时，酰胺可在酶的作用下释放

出 NH_3，供新的氨基酸合成用。

（4）植酸的变化。种子萌发时，植酸（肌醇六磷酸，常与钙和镁形成复盐）在植酸酶的作用下，分解为肌醇和磷酸，并释放钙和镁。磷酸参与能量代谢，肌醇可参与细胞壁的形成，钙和镁可供种胚生长用。

4. 植物激素的变化 种子萌发过程中有许多激素的参与。未萌发的种子通常不含游离态的生长素，萌发初期种子内束缚态的生长素转为自由态，并且合成新的生长素。落叶松种子经层积处理后，种子吸水萌发时，生长抑制剂含量逐渐下降，而赤霉素含量逐渐升高。大麦种子萌发时胚细胞的赤霉素浓度增加，赤霉素从胚细胞分泌到糊粉层细胞诱导 α 淀粉酶和其他酶的形成。此外，在种子萌发早期，细胞分裂素和乙烯都有所增加，而脱落酸和其他抑制剂则明显下降。

五、植物的组织培养

组织培养（tissue culture）是指在无菌条件下将离体的植物器官（如根、茎、叶、花、果等）、组织（如形成层、胚乳等）、细胞（如大、小孢子及体细胞）以及原生质体，在人工控制的培养基上培养，使其生长、分化并形成完整植株的技术。从植物体上分离下来，用于离体培养的器官、组织及细胞团等材料称为外植体（explant）。

（一）组织培养的原理

组织培养的理论基础是植物细胞具有全能性（totipotency），即每个具核的活细胞都有着与母体合子类似的全部遗传信息，在适宜条件下能发育成一完整有机体的特性。外植体在培养基上经诱导，逐渐失去原来的分化状态，形成结构均一的愈伤组织（callus）的过程，称为脱分化（dedifferentiation）。愈伤组织是指具有分生能力的细胞团。处于脱分化状态的细胞或细胞群，再度分化形成不同类型的细胞、组织、器官，乃至最终再生成完整植株的过程，称为再分化（redifferentiation）。通常，愈伤组织的再分化有两种类型：一是器官发生型，即直接分化形成芽与根，从而获得小植株；二是胚胎发生型，即分化形成了一些类似胚胎结构的细胞（或细胞群），称为胚状体（embryoid），胚状体的一端分化形成芽原基，另一端分化形成根原基，进而获得小植株。

外植体的分化或进一步再分化，一方面受其内部基因的控制，另一方面受激素的调控。在培养基中加入不同种类和比例的生长调节剂，可使已经分化的组织脱分化形成愈伤组织，愈伤组织进一步再分化出根或芽，最终发育成小植株（图 11-5）。

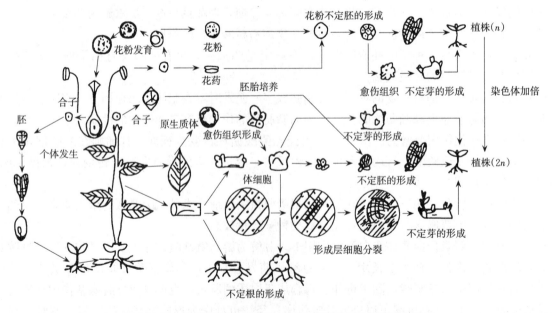

图 11-5　由高等植物的细胞、组织和器官培养成植株的过程

（引自王忠，2000）

（二）组织培养的步骤

1. 培养基的准备 培养基是指人工配制的含有营养物质供培养物生长分化的介质。不同的外植体、不同的培养方法、不同的培养目的等，都要求采用不同的培养基。目前已有的培养基十几种，但其主要成分基本相同，都是由无机营养物（大量元素和微量元素）、有机碳源（1%～4%蔗糖）、生长调节剂（IAA、2,4-D、NAA、KT、6-BA等）及有机附加物（维生素、甘氨酸、水解酪蛋白、肌醇、椰子汁等）等几类物质组成。常见的几种培养基见表11-3。

根据培养目的需要，可选择一种或几种适当的生长调节剂添加到培养基中，以诱导愈伤组织分化成芽或根，或其他特殊用途。

表 11-3　植物组织培养常用培养基配方

单位：mg/L

	组　成	MS	N$_6$	H	B$_5$	Nitsch	White
大量元素	NH$_4$NO$_3$	1 650	463	720			
	(NH$_4$)$_2$SO$_4$				134		
	KNO$_3$	1 900	2 830	950	2 500	125	80
	Ca(NO$_3$)$_2$·4H$_2$O					500	300
	CaCl$_2$·2H$_2$O	440	166	166	150		
	MgSO$_4$·7H$_2$O	370	185	185	250	125	720
	KH$_2$PO$_4$	170	400	68		125	
	Na$_2$SO$_4$						200
	NaH$_2$PO$_4$·H$_2$O				150		16.5
	KCl						65
	KI	0.83	0.8		0.75		
微量元素	H$_3$BO$_3$	6.2	1.6	10	3	0.5	1.5
	MnSO$_4$·H$_2$O				10		
	MnSO$_4$·4H$_2$O	22.3	4.4	25		3	7
	MoO$_3$						0.000 1
	ZnSO$_4$·7H$_2$O	8.6	1.5	10	2	0.05	3
	Na$_2$MoO$_4$·2H$_2$O	0.25		0.25	0.25	0.025	
	CuSO$_4$·5H$_2$O	0.025		0.025	0.025	0.025	0.001
	CoCl$_2$·6H$_2$O	0.025			0.025		
	Na$_2$·EDTA	37.3	37.3				
	FeSO$_4$·7H$_2$O	27.8	27.8				
有机附加物	肌醇	100		100	100		100
	烟酸	0.5	0.5	0.5	1		0.3
	盐酸硫胺素	0.1	1.0	0.5	10		0.1
	盐酸吡哆胺（醇）	0.5	0.5	0.5	1		0.1
	甘氨酸	2.0	2.0	2			3
	叶酸			0.5			
	生物素			0.05			
碳源	蔗糖	30 000	50 000	20 000	20 000	20 000	20 000
	pH	5.7	5.8	5.5	5.5	6.0	5.6

2. 消毒灭菌　组织培养是在无菌条件下进行的，因此，所用材料、设备和培养基都必须严格消毒灭菌。一般的设备可用甲醛熏蒸、乙醇（70%）擦拭或紫外灯消毒；植物材料常用次氯酸钠（5%～10%）、氯化汞（0.1%～1%）等消毒；培养基装瓶后高压蒸汽灭菌，冷却后备用。

3. 接种　接种是指把消毒好的外植体在无菌的条件下切成小块并放入培养基的过程。接种时要求严格做到无菌操作，一般在接种室、接种箱或超净工作台中进行。

4. 培养　将已接种有外植体的培养瓶（皿）放入培养室或培养箱内培养。培养温度一般为25～27℃，并保持适当湿度；如果是诱导分化出芽、成苗，则给以适当光照。

组织培养方式有固体培养和液体培养。固体培养是在培养基中加入凝固剂（如琼脂），液体培养则不加凝固剂。液体培养又分静止培养和振荡培养两类，振荡培养需摇床等设备。

5. 移栽　在培养瓶中分化获得的试管苗，经壮根、炼苗后，移栽到经消毒处理的蛭石或珍珠岩中，直至获得健壮植株。

（三）组织培养的应用

组织培养技术是研究器官分化和形态建成等的有效手段，对离体器官的代谢及胚胎学、细胞学和病理学方面的研究也有重要意义。近年来，随着分子生物学、分子遗传学、细胞生物学与植物组织培养技术的结合，推动了遗传工程、基因工程的研究。利用植物组织培养技术，可以把带有遗传信息的分子、特异的基因、片段、颗粒、细胞器等引入受体植株中，从而改造和创造出新的植物品种。随着组织培养技术的普及与深入，这种技术在生产实践中的应用日益增多，并取得了可喜的成绩。

1. 新品种的选育　花粉培养是单倍体育种的成功方法，该法既可获得纯系，又可加速育种进程。我国已育出小麦、水稻等多种花粉植株，其中小麦'花粉一号'和烟草'单育一号'等优良品种已广泛应用于生产。通过组织培养诱发基因突变，选择具有某种优良性状的理想亲本或品系，进而获得新品种。目前已获得抗病、抗盐、高赖氨酸、高蛋白、矮秆高产的突变体。通过组织培养（原生质体融合等）克服杂交不亲和性，扩大杂交育种的途径与范围。此外，将外源基因导入植物细胞，并通过组织培养而育成转基因植物，也是发展很快的分子育种途径，已成功地获得了一些抗病、抗虫和抗特定除草剂的植株。

2. 快速繁殖大量种苗　许多国家已用组织培养技术来快速、大量繁殖各种植物，实现了试管植物商品化，繁殖植物工业化。早在1960年，兰花的快速繁殖就已成功。一些靠营养繁殖的经济作物（如甘蔗等），也实现了试管苗繁殖，既节省了材料又提高了效率，同时还能节省土地、劳动力，不受环境条件等限制。近年来，对人工种子（artificial seed）（将植物组织培养产生的胚状体、芽体及小鳞茎等包裹在含有养分的胶囊内，可像种子一样直接播种到大田用于生产的颗粒）的研究又为大量、快速繁殖优良品种，特别是通过遗传工程创造出新型植物，开辟了一条新途径。

3. 获得无病毒植株　利用茎尖培养可以复壮被病毒侵染的蔬菜、果树和花卉（除茎尖生长锥外，其他部位都带有病毒），获得无病毒植株。目前，已有马铃薯等50余种植物通过茎尖培养获得了无病毒植株。

4. 植物产品工厂化生产　通过组织培养使植物细胞像微生物一样，在大容积发酵罐中进行发酵培养以生产次生代谢产物已成为可能。1983年日本首次实现了植物细胞培养的商业化应用（生产紫草素）；我国的人参细胞培养，以及利用青蒿发根培养生产青蒿素，也都进入了商业化生产。目前，利用植物细胞培养技术生产药物、香精、香料、色素及调味品等天然产物，已展现出了广阔的前景。

第三节　植物的生长特性与植物运动

一、生长曲线与生长大周期

在植物的生长过程中，细胞、器官及整个植株的生长速率都表现出"慢—快—慢"的基本规律，即开始时生长缓慢，以后逐渐加快，至最高点再逐渐减慢，最后停止生长。我们把生长的这3个阶段总称为生长大周期（grand period of growth）。

如果以时间为横坐标，以植株的净增长量变化（生长速率）为纵坐标作图，可得到一条抛物线；若以植株的生长积量（如株高）为纵坐标作图，则得到一条 S 形的生长曲线（图 11-6）。生长曲线反映了植物生长大周期的特征，由 3 部分组成：对数期（logarithmic phase）、直线期（linear phase）和衰老期（senescence phase）。

植物生长大周期的产生与细胞生长过程有关，因为器官或整个植株的生长都是细胞生长的结果，而细胞生长的 3 个时期，即分生期、伸长期、分化期呈"慢—快—慢"的生长规律。另一方面，从整个植株来看，初期植株幼小，合成干物质少，生长缓慢；中期产生大量绿叶，光合能力加强，制造大量有机物，干重急剧增加，生长加快；后期因植物的衰老，光合速率减慢，有机物积累减少，同时还有呼吸消耗，使得干重非但不增加，甚至还会减少，表现为生长转慢或停止。图 11-6 所示的生长曲线，是模式化的曲线，由于生长过程的复杂和多变，以及环境条件的影响，实际的生长曲线常与此有一定的偏离。曲线变异的产生，很大程度上取决于植物的发育情况。

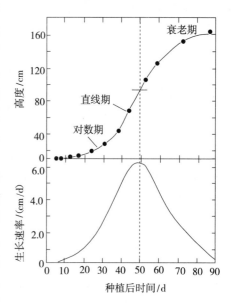

图 11-6　玉米的生长曲线
（引自李合生，2006）

认识生长大周期对农业生产有指导意义。首先，由于植物生长是不可逆的，为促进植物生长，必须在生长速率最快期到来之前采取措施才有效，如果生长速率已开始下降，器官和株型已形成时才采取措施，往往效果很小甚至不起作用。例如，要控制水稻和小麦的徒长，可在拔节前使用矮壮素或节制水肥供应，如果在拔节后采取相应措施，则达不到目的。其次，同一植物不同器官生长大周期的各时期不尽相同，在控制某一器官生长时，还应注意到对其他器官的影响。例如，推迟给水稻、小麦的灌溉拔节水不宜太晚，否则会影响幼穗分化和生长，造成穗小而减产。总之，农业生产上应根据生长规律确定正确的栽培措施，适时灌溉、施肥，确保作物丰收。

二、植物生长的周期性

（一）植物生长周期性的概念

植物体或植物器官的生长速率受昼夜或季节的影响而发生有规律的变化，这种现象称为植物生长的周期性（growth periodicity）。

（二）植物生长周期性的类型

1. 生长的昼夜周期性（温周期性）　地球自转引起昼夜交替，导致光照、温度、水分等发生昼夜周期性变化，因而使植物的生长呈现出昼夜的周期性。植物生长随着昼夜交替变化而呈现有规律的周期性变化的现象，称为植物生长的昼夜周期性（daily periodicity）。影响植物昼夜生长的温度、水分和光照等诸因素中，以温度的影响最明显，所以，通常把植物的生长速率按温度的昼夜周期发生有规律变化的现象，称为植物生长的温周期性（thermoperiodicity of growth）。一般来说，在夏季，植物生长速率白天较慢，夜晚较快。因为白天温度高，光照强，蒸腾量大，植物易缺水，此外，强光会抑制植物细胞的伸长；晚间温度降低，呼吸作用减弱，物质消耗减少，积累增加，较低的夜温还有利于根系的生长以及细胞分裂素的合成，从而有利于植物的生长。但在冬季，夜晚的温度太低，植物的生长受阻，所以植物白天的生长速率比夜晚快。

2. 生长的季节周期性　植物的生长在一年中随着季节的变化而发生有规律的周期性变化，称为植物生长的季节周期性（seasonal periodicity of growth）。植物生长的季节周期性总是与其原产地的季节变化相符合。温带多年生木本植物春季芽的萌发，夏季的繁茂生长，秋冬的落叶、休眠等现象，主要受四季的温度、水分、日照等条件的影响而通过内部自身因素的控制来实现的。这种周期性变化在长期的环境条件与植物相互作用下，形成了植物的遗传本性而被固定下来，因而是植物长期适应环境的结果。例如，树木秋冬的休眠是对冬季寒冷的适应，在日照逐渐缩短（冬季来临的信号）的秋末时，便停止生长，进行越冬的准备：叶片脱落并形成越冬芽（叶片内产生脱落酸），枝条和越冬芽中的储藏物质增多，淀粉转化为糖和脂肪，含水量减少，原生质由溶胶状态变为凝胶状态，代谢强度显著降低，枝条表面的保护组织增厚，这样在寒冷的冬季来临时植株就不会被冻死。木本植物进入休眠有一个由秋天到冬天逐步加深，而由冬天到初春（解除休眠）逐步变浅的过程。植株休眠很深时，对不利环境条件的抵抗力最强。例如，针叶树在冬季可以忍耐$-40\sim-30$ ℃的严寒，而在夏季若处于人为的-8 ℃低温下，便会被冻死。春季，气温回升，日照延长，休眠解除（脱落酸含量降低，内源赤霉素增多），休眠芽开始萌动，进而长出茎、叶；夏季，温度与日照进一步回升和延长，水分较为充足，植株进行旺盛生长；秋季，植株又逐渐进入休眠。

植物的年轮就是由于形成层在不同季节所形成的次生木质部在形态上的差异而造成的。在每年生长季节的早期，由于气候温和，雨量充足、均匀，形成层的活动旺盛，所形成的木质部细胞较大，且细胞壁较薄，因而材质显得疏松，称为早材（early wood）；在生长季节的晚期，由于气候逐渐干冷，形成层活动逐渐减弱以至停止，所形成的木质部细胞小而细胞壁薄，材质显得紧密，称为晚材（late wood）。前一年的晚材和第二年的早材界限分明，即年轮线。

三、植物的运动

植物的某些器官或部位，在有限的空间内产生的位置移动，称为植物运动（plant movement）。它不同于动物的整体移动。植物的运动按其与外界刺激的关系可分为向性运动和感性运动；按其运动的机制可分为生长运动和膨压运动。

（一）向性运动

向性运动（tropic movement）是指外界因素对植物器官单方向刺激所引起的定向生长运动。根据刺激因素不同，向性运动可分为向光性（phototropism）、向重力性（gravitropism）、向触性（thigmotropism）、向化性（chemotropism）和向水性（hydrotropism）等。向性运动一般包括 3 个步骤：感受刺激（perception）、信号转导（transduction）和运动反应（motor response）。所有的向性运动都是由器官的不均衡生长引起的。

1. 向光性　植物器官向着光的方向而弯曲的现象，称为向光性。根据植物向光弯曲的部位不同，可将植物向光性分为 3 种类型：茎向光源方向弯曲，称为正向光性（positive phototropism），如向日葵的花盘及落花生、棉花等植物的叶片，以及栽培在室内窗台上的花卉等都表现出明显的正向光性；某些植物的根具有背向光生长的现象，称为负向光性（negative phototropism），如芥菜、常春藤、水稻等的根；叶片通过叶柄扭转使其处于光线合适的位置，称为横向光性（diaphototropism）。向光性在植物生活中具有重要意义，它有利于植物吸收更多的光能。所以，向光性反应是植物器官适应环境，向有利方向生长的一种良好的生物学特性。

实验表明，引起向光性的光是蓝光，而红光则无效。近年来的研究发现，植物体内存在蓝光信号的光受体——向光素（phototropin），它是黄素蛋白（FMN）类物质，这是植物向光性的作用光谱与核黄素的吸收光谱相似的原因。研究表明，在相对高光照度的蓝光 $[100 \, \mu\text{mol}/(\text{m}^2 \cdot \text{s})]$ 下，向光素和隐花色素协同作用使植物的向光性反应减弱；而在相对低光照度的蓝光 $[<1.0 \, \mu\text{mol}/(\text{m}^2 \cdot \text{s})]$ 下，两者协同作用使植物的向光性反应增强。说明植物在不同光照环境中，是由体内不同的蓝光受体协同作用而调节其向光性反应强度的。植物根的负向光性也受蓝光受体控制。

关于植物向光性运动的机制有两种假说：一种是 Cholodny - Went 提出的生长素假说；另一种是 Brusium - Hasegawa 提出的抑制物假说。

生长素假说指出，单侧光照射燕麦胚芽鞘导致其背光侧生长素浓度高于向光侧，而使胚芽鞘背光侧生长快于向光侧，因而使茎发生了向光弯曲。但后来人们采用比生物鉴定法更精确的方法检测，发现向光侧和背光侧的生长素含量并没有显著差别。相反，却发现向光侧的生长抑制物含量多于背光侧，因此，提出了抑制物假说。抑制物假说指出，单方向光照导致生长抑制物在向光一侧积累，胚芽鞘向光一侧的生长受到抑制，因而向光弯曲。但抑制物的种类尚不确定，引起胡萝卜下胚轴向光性的抑制物可能是萝卜宁（raphanusanin）和萝卜酰胺，引起向日葵下胚轴向光性的抑制物可能是黄质醛（xanthoxin）。这也表明，植物的向光性反应可能不是单一物质或单一机制所控制的。

2. 向重力性 植物受重力的影响保持一定方向生长的特性，称为向重力性。植物根顺着重力的方向向下生长，称为正向重力性（positive gravitropism）；茎背离重力方向向上生长，称为负向重力性（negative gravitropism）；地下匍匐茎垂直于重力方向水平生长，称为横向重力性（dia gravitropism）。作物倒伏后，茎会弯曲向上生长；水平放置的幼苗，一定时间后根向下弯曲，茎向上弯曲等现象，都是植物向重力性的表现。太空实验证明，在无重力作用的条件下，植物的根和茎都不会发生弯曲。

人们将细胞感受重力的物质称为平衡石（geotropism）。植物体内充当平衡石的是淀粉体（amyloplast）。当植物器官位置改变时（如横放或斜放），淀粉体将沿重力方向"沉降"至与重力垂直的一侧，这一过程将对原生质造成一定的压力，并被细胞所感受。一般认为，向重力性导致的弯曲生长也与生长素的不均匀分布有关。综合平衡石及生长素的作用，有人提出了植物向重力性的机制：根横放时，平衡石沉降到细胞下侧的内质网上，产生压力，诱发内质网释放 Ca^{2+} 到细胞基质，Ca^{2+} 与钙调素结合，激活细胞下侧的钙泵和生长素泵，导致细胞下侧积累较多钙和生长素，而根对生长素敏感，积累浓度高导致了根的下侧生长受到抑制。

3. 向化性与向水性 向化性是由于某些化学物质在植物周围分布不均而引起的向性生长。植物的根总是向着肥料较多的土壤中生长。生产上采用深层施肥，就是为了使根向深处生长，从而吸收更多的养分。在种植香蕉时，常采用以肥引芽的方法，把肥料施在人们希望它长苗的空旷地，以达到调整香蕉植株分布均匀的目的。

向水性是指当土壤中水分分布不均匀时，根总是趋向较湿润的地方生长的特性。生产上常用根的向水性适当控制水分供应，使作物的根向下深扎。

（二）感性运动

感性运动（nastic movement）是指由没有一定方向的外界刺激而引起的运动，运动的方向与外界刺激无关。根据外界刺激的种类可分为感夜性、感热性和感震性等。有些感性运动是由生长不均匀引起的，如感热性；另一些感性运动则是由细胞膨压的变化引起的，因而也称为紧张性运动（turgor movement）或膨胀性运动，如感震性。

1. 感夜性 感夜性（nyctinasty）是指一些植物的叶片白天张开、晚上合拢或下垂（如大豆、花生、合欢等），以及花白天开放、晚上闭合（如蒲公英）或晚上开放、白天闭合（如烟草、紫茉莉）的现象。感夜运动主要是由昼夜光暗变化引起的叶柄基部叶枕细胞发生周期性膨压变化引起的。感夜运动的叶片其叶枕或小叶基部上下两侧细胞体积、细胞壁薄厚及细胞间隙的大小都不同，当细胞质膜和液泡膜因感受光的刺激而改变其透性时，两侧细胞的膨压变化不同，使叶柄或小叶朝一定方向弯曲。白天叶片合成的生长素向叶柄下侧运输，K^+ 和 Cl^- 也运到生长素浓度高的地方，水势下降，水分进入叶枕，细胞膨胀，导致叶片高挺。晚上生长素合成和运输量均减少，进行相反过程，叶片下垂。光敏色素在接受光暗变化的刺激中起重要作用。

2. 感震性 植物的感震性运动（seismonasty movement）是由机械刺激而引起的与生长无关的植物运动。含羞草的叶片运动就是由细胞内膨压的变化而引起的紧张性运动。当部分小叶受到震动或其他刺激（如灼烧、骤冷、电流等）时，小叶立刻成对合拢，若刺激较强，则会将刺激迅速传到其他部位，使全株小叶合拢，复叶下垂。经一段时间后，整个植株又可恢复原状。

含羞草叶子下垂的机理，是由复叶叶柄基部的叶枕中细胞紧张度的变化引起的。从解剖上看，叶枕上半部细胞壁厚，细胞间隙小，而下半部细胞壁薄，细胞间隙大。受到刺激时，叶枕下部细胞的细胞膜透性增加快，细胞内水分排入细胞间隙，细胞膨压降低，组织疲软，引起叶柄下垂（图11-7）。小叶的运动机理与此相同，只是小叶叶枕的上半部和下半部组织中细胞的构造，正好与复叶叶柄基部叶枕的细胞构造相反，所以当受震膨压改变时，上部组织疲软，小叶即成对合拢起来。

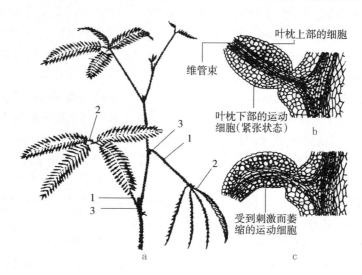

图 11 - 7　含羞草的感震运动
a. 一片叶子受到刺激后下垂　b. 总叶柄的叶枕结构（未受到刺激）
c. 受到刺激后叶子下垂的机制
1. 总叶柄　2. 小叶柄　3. 叶枕
（引自 B. B. Полевой，1989）

含羞草叶片感受到震动刺激后，是如何改变细胞膨压变化的呢？目前有两种观点，一种观点认为，叶片受到震动刺激后产生了动作电位，引起细胞透性改变，即电信号诱发感震运动；另一种观点认为，是化学信号引发了感震运动，有人已提取获得了一类与叶枕细胞膨压改变有关的膨压素（turgorin）。从感震反应速度来看，似乎动作电位更可能是刺激感受的传递信号。

感震运动不是由于生长的不均匀所致，而是由细胞膨压变化引起的，因而是一种可逆性的运动。

3. 感热性　由温度变化而使器官两侧不均匀生长引起的运动，称为感热性运动（thermonasty movement）。例如，番红花和郁金香花的开放或关闭受温度变化的影响，在温度升高时，花朵开放；温度下降时，花瓣合拢。将番红花和郁金香从较冷处移至温暖处后，很快就会开花。花瓣的感热运动是花瓣上下组织生长速度不同所致，因此是不可逆的过程。水稻开花也受温度影响，因此进行人工授粉时，可采用温汤浸花的措施，促使其内稃张开，便于授粉。

（三）近似昼夜节奏——生理钟

植物的一些生理活动具有周期性或节奏性，而这种周期是一个不受环境影响，以近似昼夜周期的节律（22~28 h）自由运行的过程，称为近似昼夜节奏（circadian rhythm），也称为生理钟（physiological clock）或生物钟（biological clock）。菜豆叶片在白天呈水平方向伸展，而晚间呈下垂状态的运动，就是一种典型的近似昼夜节律（图11-8）。这种周期性运动即使在连续光照或连续黑暗以及恒温的条件下仍能持续进行，其特点是：不受温度的影响；可以自动调拨。此外，气孔的开闭、蒸腾速率的变化、膜的透性等也都具有近似昼夜节律的特征。生理钟有明显的生态意义。如有些花在清晨开放，为白天活动的昆虫提供了花粉和花蜜；菜豆、酢浆草、三叶草等叶片在白天呈水平位置，这对吸收光能有利。

生理钟的节奏周期能被外界光信号重拨和调相。光对生理钟的节奏周期有启动和校正的作用。若将通常在夏季夜间开放的昙花放在日夜颠倒的条件下约1周，可使昙花在白天盛开。接收光信号的受体可能是光敏色素或隐花色素，一些豆科植物叶片的昼夜节奏性运动对红光敏感；气孔运动的内源节

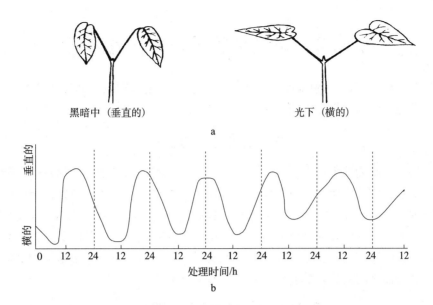

黑暗中（垂直的）　　　　　　光下（横的）

a

b

图 11-8　菜豆叶片在恒定条件（微弱光，20 ℃）下的运动

a. 菜豆叶子的位置　b. 在连续弱光下菜豆叶的睡眠运动

（b 中高点代表垂直的叶片，低点代表横的叶片）

（引自潘瑞炽，2001）

奏是蓝光反应，由隐花色素作为光受体。

对生理钟的分子机制研究发现，一种受到昼夜节律控制的周期蛋白（period protein，PER）会在夜晚积累并在白天降解，即 PER 的水平存在 24 h 的周期性起伏，与昼夜节律相一致。PER 的作用是抑制节律基因的活动，它可通过一条抑制反馈回路阻止自身的合成，从而在一个连续的昼夜周期中形成节律。研究表明，细胞核内 PER 的含量在夜间上升，与第二种节律基因产生的恒在蛋白（timeless protein，TIM）相互结合而进入细胞核并发挥作用，抑制节律基因的活动并关闭抑制反馈回路（图 11-9）。另一种基因编码的双倍时间蛋白（doubletime protein，DBT）能够延缓 PER 积累，从而调控 PER 积累的周期，使其尽可能接近 24 h。杰弗里·霍尔（Jeffrey C. Hall）、迈克尔·罗斯巴什（Michael Rosbash）及迈克尔·杨（Michael W. Young）因发现了调控昼夜节律的分子机制于 2017 年获得诺贝尔生理学或医学奖。

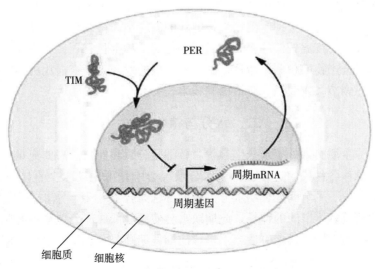

图 11-9　生理钟基因表达的负反馈调控

PER. 周期蛋白　TIM. 恒在蛋白

第四节　影响植物生长的环境因素

植物的生长发育是内部遗传基因和外界环境条件综合作用的结果。幼苗出土后，要在适宜的温度、光照、水分和肥料等条件下才能成长为健壮的植株。

一、温度与植物生长

植物的生长是以一系列的生理生化活动为基础的，而这些活动又受温度的影响，例如，水分和矿质元素的吸收与运输、蒸腾作用、光合作用、呼吸作用、有机物运输等。所以，植物的正常生长要在一定的温度范围内（一般为 0~35 ℃）才能进行，在此范围内，随着温度升高，生长加快。每种植物的生长都有温度三基点，即生长的最低温度、最适温度和最高温度。生长的最适温度是指植物生长最快的温度。植物生长的温度三基点与植物的原产地有关，原产热带及亚热带地区的植物，其温度三基点较高，而原产温带地区的植物，其温度三基点则较低（表 11-4）。

表 11-4　几种农作物生长的温度三基点

作物种类	最低温度/℃	最适温度/℃	最高温度/℃
水稻	10~12	20~30	40~44
大麦、小麦	0~5	25~31	31~37
向日葵	5~10	31~37	37~44
玉米	5~10	27~33	44~50
大豆	10~12	27~33	33~44
南瓜	10~15	37~44	44~50
棉花	15~18	25~30	30~38

就同一种植物来说，其温度三基点也是随生育期的不同而变化的。植物的不同器官，由于长期适应环境的结果，也各有不同的生长最适温度，如根系生长的最适温度一般低于地上部分生长的最适温度。了解这些，对于适时播种及保证引种成功尤为重要。

应该指出，植物生长的最适温度，并不是植物生长最健壮的温度，因为植物生长最快时，物质消耗也多，结果比在较低温度下生长的植株纤弱，抗性也差。生产上为培育健壮的植株，常常要在比最适温度略低的温度条件下进行，这种使植物生长健壮的温度称为协调最适温度。

实验表明，日温较高、夜温较低的周期性温度变化对植物生长有利。因为夜温下降可减少有机物的呼吸消耗，有利于光合产物的积累，而且低温有利于根的发育，使根冠比提高。因此，在温室或大棚栽培作物时，应注意调节昼夜变温，使植株健壮生长。

二、水分与植物生长

植物正常生长，原生质必须处于水分饱和状态；细胞分裂和伸长也需要充足的水分，且细胞伸长对缺水更为敏感；植物体各种代谢过程也都受水分状况影响。可见缺水会直接或间接地影响植物生长。生产上常用控制第二、三节间伸长期水分供应的办法来控制小麦、水稻茎秆过度伸长而抗倒伏。小麦、水稻抽穗，主要是穗下节间的伸长，此期缺水会使穗全部或部分包藏在叶鞘内并影响产量。所以，小麦、水稻第二、三节间伸长期应适当干旱，而抽穗期则要有充足的水分供应。

三、光照与植物生长

光是植物生长的必需条件之一。一方面，光通过光合作用制造有机物为植物生长发育提供物质和能量基础，间接影响植物的生长；另一方面，光还可以作为一种重要的环境信号调节植物基因的表达，直接影响植物的形态建成。

1. 光照度　光照度直接影响植物组织的分化。在足够的光照下，植物生长得粗壮结实，结构紧密，形成的叶片较厚。光线不足时，叶片较薄，机械组织分化较差，茎秆脆弱，易倒伏，易受病虫害侵袭。如果植株完全处于黑暗中，只要有足够的养料，也能够生长，而且比在光下长得快，但与正常光照下生长的植株有较大的差异（图 11-10）。在黑暗中生长的幼苗，茎细长脆弱，机械组织不发达，节间长，茎尖端呈钩状弯曲，侧枝不发育，叶片小且不展开，缺乏叶绿素而呈黄白色，这种幼苗称为黄化幼苗，这种现象称为黄化现象（etiolation）。在黑暗中植物器官长得特别快，可以使植物从土壤或黑暗处很快地伸到有光处，以利于光合作用的进行，这对植物适应环境具有重要意义。

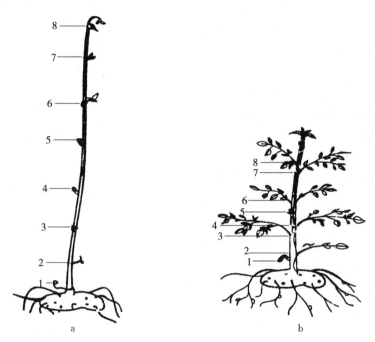

图 11-10　光对马铃薯生长的影响
a. 黑暗中　b. 正常光照下（1~8 指茎节的顺序）

由于黄化苗的组织分化差，植株柔嫩多汁，所以，黄化现象被广泛应用于蔬菜栽培中，如用遮光、培土等方法来栽培韭黄、蒜黄、豆芽和葱白等。农业生产中也常因植株群体过密，以致光线不足，组织分化较差，造成倒伏而减产。因此，要合理密植，加强水肥管理，使株间通风透光，防止黄化现象的出现。

2. 光质　不仅光照度对植物生长发育有很大影响，而且不同波长的光对植物生长速度和形态建成的作用也不相同。用能量相同而波长不同的光线照射黑暗中生长的黄化幼苗，结果红光促进叶片伸展，抑制茎的过度伸长，促使黄化苗恢复正常；蓝紫光也抑制茎生长，使苗矮小。这是因为红光提高了 IAA 氧化酶的活性，降低了 IAA 的水平；紫外光的抑制作用更强，不仅能提高 IAA 氧化酶的活性，还能抑制淀粉酶的活性，阻碍淀粉的利用。高山上大气稀薄，紫外光易透过，因此高山上的植株长得比较矮小。生产上用有色塑料薄膜（红、绿、蓝色）覆盖育出的秧苗，比用无色薄膜育出的苗苗壮且分蘖多，主要原因就在于有色薄膜可吸收部分光能，提高棚内温度，同时利于透过蓝紫光，使苗矮壮。

光照条件对植物的形态，如高矮、株型、叶片大小、颜色以及生长特征的影响，称为光范型作用。这种由光所调控的形态建成也称光形态建成（photomorphogenesis）。研究表明，光形态建成是由光敏色素系统所控制的低能反应。生长在黑暗中的菜豆幼苗经很短时间的红光照射之后（即使光源很弱），其黄化状态即可被解除；如果红光照射后立即又用远红光处理，或只用远红光照射，则幼苗仍将保持其黑暗中生长的黄化状态。被远红光逆转的红光反应还能再次为红光所恢复，且这种反应可以反复进行。

目前已知植物体内至少存在 4 种光受体：①光敏色素（phytochrome），感受红光和远红光；②隐花色素或蓝光/紫外线-A 受体（cryptochrome 或 blue/UV-A receptor），感受蓝光和近紫外光（紫外光 A）；③紫外线-B 受体（UV-B receptor），感受较短波长的紫外线（紫外线 B）；④向光素（phototropin），感受蓝光。其中光敏色素是发现最早、研究最为深入的一种光受体。蓝光和紫外光引起的抑制植物生长，分别与隐花色素和紫外线-B 受体有关；而向光素则参与调节植物的运动。

3. 光敏色素

（1）光敏色素的结构与性质。光敏色素是一种易溶于水的色素蛋白，由生色团（chromophore）和脱辅基蛋白（apoprotein）两部分组成。生色团由 4 个线性排列的吡咯环构成，相对分子质量为 612，具有独特的吸光特性；脱辅基蛋白单体的相对分子质量约 1.3×10^5，通过多肽链上的半胱氨酸以硫醚键与生色团相连（图 11-11）。脱辅基蛋白是多基因家族，拟南芥中至少有 5 个基因成员，分别为 *PHYA*、*PHYB*、*PHYC*、*PHYD*、*PHYE*，它们编码的产物与生色团结合形成 5 种光敏色素（phyA、phyB、phyC、phyD、phyE），各自执行不同的生理功能。

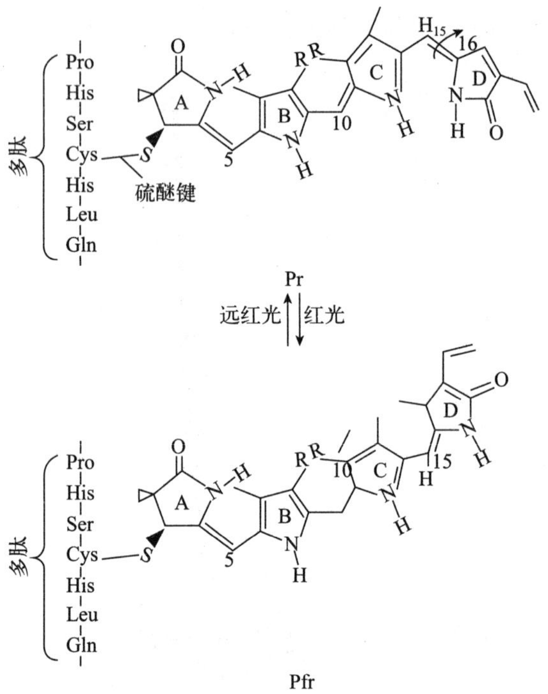

光敏色素有两种类型：红光吸收型（red light-absorbing form，Pr）和远红光吸收型（far-red light-absorbing form，Pfr）。Pr 的最大吸收峰为 660 nm，Pfr 的最大吸收峰为 730 nm，两者可以相互转换，其中 Pfr 为生理活跃型。当 Pr 吸收 660 nm 的红光后，可转变为 Pfr；Pfr 吸收 730 nm 的远红光后，可转变为 Pr。黑暗中 Pfr 可自发逆转为 Pr。

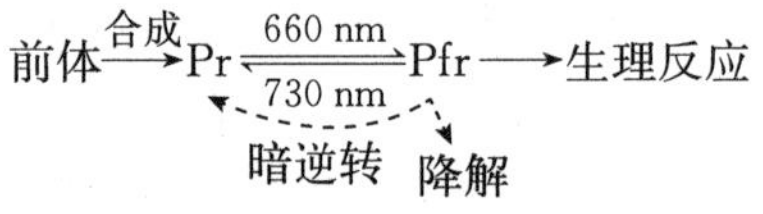

图 11-11 光敏色素 Pr 和 Pfr 生色团的结构及与肽链的连接

（2）光敏色素的作用机制。光敏色素的生理作用极为广泛，从种子萌发到植物生长、开花、结果及衰老，影响着植物一生的形态建成：种子萌发、弯钩张开、叶片展开、节间伸长、小叶运动、偏上生长、叶片脱落、色素形成、性别表现、节律现象、块茎形成、质体形成、肉质化、花诱导、膜透性、向光敏感性、光周期现象、根原基展开。

光敏色素接受光刺激引发的生理反应可分为快反应和慢反应两种类型。快反应以分秒计，如转板藻叶绿体的趋光运动等；慢反应以小时或天计，如种子萌发或植物开花等。

随着参与光敏色素介导的光信号转导因子被成功分离和鉴定，对光敏色素作用机制的认识逐步清楚。现已明确，光敏色素本身是一种受光调节的蛋白激酶，具有光受体和激酶双重性质。光敏色素接收光信号后，其 N 端丝氨酸残基发生磷酸化而被激活，同时将信号传递给下游的 X 组分（图 11-12）。X 组分有多种类型，由 X 所引起的信号转导途径也各不相同。细胞核中的 X 组分多为转录因子，与 Pfr 相互作用调节基因表达；细胞质中 X 组分可以是 G 蛋白、钙调素和 cGMP 等胞内信号。光敏色素可以通过调节膜上离子通道和质子泵等来影响离子的流动，进而调节快反应过程；光敏色素调节慢反应涉及基因的表达。

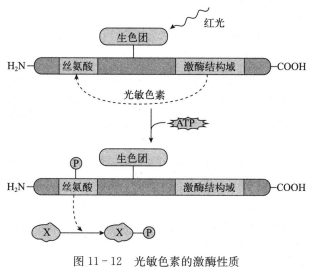

图 11-12 光敏色素的激酶性质
（引自 Taiz L. 和 Zeiger E.，2010）

第五节 植物生长的相关性

高等植物是由各种器官组成的统一的有机体。构成植物体的各个部分，既有精细的分工，又有密切的联系，既相互协调又相互制约。植物体各部分间相互协调与制约的现象称为相关性（correlation）。这种相关性是通过植物体内的营养物质和信息物质在各部分之间的相互传递或竞争来实现的。生产上常利用肥水管理、合理密植及修剪、摘心等措施来调整各部分生长的相互关系，使作物合理生长，达到农产品高产优质的目的。

植物生长的相关性包括地下部分与地上部分的相关、主茎与侧枝的相关、营养生长与生殖生长的相关等。

一、地下部与地上部的相关性

（一）地下部与地上部的相关表现

地下部是泛指植物的地下器官，包括根、块茎、鳞茎等，而地上部是指植物的地上器官，包括茎、叶、花和果等。地下部与地上部的相关常用根冠比（root/top ratio，R/T）来表示，即植物地下部与地上部质量（干重或鲜重）的比值。根冠比是一个相对值，不能表明根与地上部绝对量的大小，但可以反映栽培作物的生长情况及环境条件对作物根与冠的不同影响。

人们在生产实践中总结出的"根深叶茂""本固枝荣""育秧先育根"等宝贵经验，就是正确地概括了地上部与地下部之间生长的相关性。根长得好有利于地上部的生长，是因为植物地上部生长所需要的水分和矿物质主要由根系供应，根系还能合成氨基酸、植物碱（如烟草叶中的烟碱）、细胞分裂素、赤霉素、脱落酸等微量活性物质，向地上部输送。同时，根等地下部的生长和活动又有赖于地上部所提供的光合产物、生长素（IAA）和维生素等。可见，地下部和地上部的生长是相互促进、相互协调的。

然而，当环境条件不利时（主要表现在对水分、营养的争夺上），则地下部和地上部的生长就会表现出相互制约的一面，并可从根冠比的变化上反映出来。

对于一定的植物体或一定的生长发育阶段，根冠比的数值保持一定。影响根冠比的因素很多，主要有以下几方面。

1. 土壤水分　植物根和地上部的生长都需要水，通常土壤中有一定的可用水，根系很容易满足对水分的需要；而地上部则是靠根系供水，加之其蒸腾作用会导致大量失水。所以，当土壤水分不足时根系的生长就会抑制地上部的生长，使根冠比增大。反之，土壤水分过多，通气不良，限制了根系活动和生长；而地上部则可得到良好的水分供应，保持旺盛生长，导致根冠比下降。农业生产上出现的"旱长根、水长苗"的现象，就是这个道理。

2. 光照度　在一定范围内，光照度大有利于形成更多的光合产物，促进根或冠的生长。通常光照度大，有利于根的生长，因为强光下增大了叶片的蒸腾，造成地上部水分不足，因而抑制植物地上部的生长，根冠比增大。光照不足时，地上部向下运送的光合产物少，影响根的生长，而地上部的生长相对受影响较小，所以根冠比下降。

3. 矿质元素　植物地上部需要的矿质元素主要由根系吸收并运送上去，当土壤中氮素缺乏时，地上部比地下部更缺氮，因而地上部的生长受到抑制，根冠比增加。氮素供应充足时，有利于根系形成更多的氨基酸并运往地上部，参与蛋白质的合成，用于枝叶生长，同时消耗较多糖类，使运送到地下部的糖类减少，因而根的生长受到抑制，根冠比下降。磷、钾肥利于有机物转化和运输，可促进光合产物向根部（或地下储藏器官）转移，使之生长加快，根冠比增大。

4. 温度　通常根系生长的最适温度比地上部生长的最适温度要低一些，所以，低温利于根冠比增加。在气温较低的秋末至早春时期，植物地上部的生长处于停滞期，而根系仍有生长，因此根冠比增大；气温升高时，地上部的生长加快，根冠比下降。

5. 生长调节剂　矮壮素、三碘苯甲酸、整形素、缩节胺、PP$_{333}$等生长抑制剂或生长延缓剂对茎的顶端或亚顶端分生组织的细胞分裂和伸长有抑制作用，使节间变短，可增大植物的根冠比。赤霉素、油菜素内酯等生长促进剂，能促进叶菜类（如芹菜、菠菜、芥菜等）茎叶的生长，使根冠比降低，从而提高作物产量。

在农业生产上，通过适当的水肥管理等措施来调控根冠比，促进收获器官的生长，可达到增产的目的。例如，以地下部为主要收获对象的甘薯、胡萝卜、甜菜、马铃薯等，生长前期保持充足的土壤水肥供应，以促进茎叶的生长，增加光合面积，多合成光合产物；而在生长后期应减少氮肥和水的供应，增施磷、钾肥，有利于根冠比的增大，促进光合产物向下运输并积累，从而提高这些作物的产量。

（二）地下部与地上部之间的信息传递

植物的地上部和地下部之间除了进行物质和能量交流外，还存在着类似于动物神经系统一样的信息传递系统。例如，当植物根系受到干旱胁迫时，根部会产生化学信号脱落酸，沿木质部导管运至地上部叶片，引起气孔导度下降，蒸腾减弱，影响植物生长。同时，地上部的变化又会反馈信息，沿维管束传至地下部（图11-13）。实验表明，正常情况下，根尖产生的乙酰胆碱也有信号作用，影响叶片的蒸腾作用。此外，也有

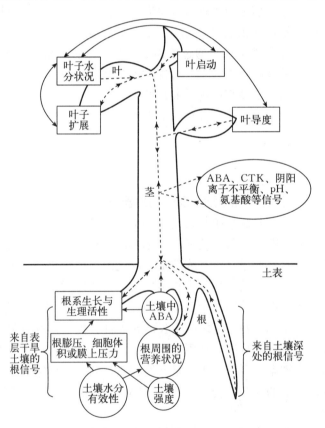

图11-13　土壤干旱时根中化学信号的产生以及根冠间的相关性

（◄---►表示化学信号传递；○表示土壤作用；

□表示植物生理过程；◯表示信号）

（引自 W. J. Davies 等，1991）

研究报道，根冠间有电信号的传递，相互影响其生理功能的表达。

二、主茎（顶芽）与侧枝（侧芽）的相关性

（一）顶端优势

植物的顶芽优先生长，并抑制侧芽（或侧根）生长的现象，称为顶端优势（apical dominance，terminal dominance）。

顶端优势现象普遍存在于植物界，但是不同植物顶端优势的强弱有所不同。草本双子叶植物向日葵、麻类，以及禾谷类作物玉米、高粱等的顶端优势非常显著。木本植物的杉树、柏类等的顶端优势也较明显，主茎顶芽生长很快，抑制侧芽生长，且距离顶端越近的侧芽，受到的抑制越强，因而树冠呈宝塔形。而灌木的顶端优势则通常较弱。

（二）顶端优势产生的原因

目前已有多种假说来解释顶端优势现象，一般都认为与营养物质的供应和内源激素的调控有关。

1. 营养假说　营养假说是 K. Goebel 于 1900 年提出的，该假说认为顶芽构成了"营养库"，垄断了大部分营养物质。顶端分生组织在胚中就已存在，因此它可以先于以后形成的侧芽分生组织，优先利用营养物质，优先生长，从而造成侧芽营养的缺乏，使侧芽生长受到抑制。从解剖结构来看，侧芽与主茎之间无维管束连接，不易得到充足的营养供应，而顶芽是生长中心，且输导组织发达，因而竞争营养的能力强。亚麻实验结果表明，在营养不足的情况下侧芽被抑制的现象更为明显。

2. 生长素假说　1934 年 K. V. Thimann 和 F. Skoog 提出的生长素假说认为，顶端优势是由生长素对侧芽的抑制作用产生的。植物顶芽产生的生长素向下极性运输到侧芽，而侧芽对生长素的敏感性强于顶芽，从而使侧芽生长受到抑制。距顶芽愈近的侧芽，生长素浓度愈高，其受到的抑制作用也就愈强。除去顶芽可使侧芽从顶端优势中解放出来；但去除顶芽的切口处如果涂上含有生长素的羊毛脂，则侧芽的生长又会被抑制，与顶芽存在时的情况相同（图 11 - 14）。

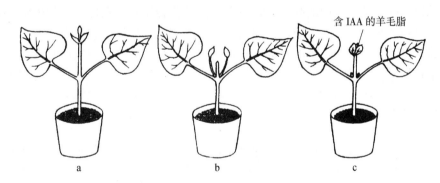

含 IAA 的羊毛脂

a　　　　　b　　　　　c

图 11 - 14　顶端优势
a. 具有顶端的植株　b. 去掉茎尖端后侧芽开始生长
c. 在茎尖切口处涂以含 IAA 的羊毛脂，侧芽仍不能生长

进一步研究表明，除生长素外，其他植物激素也与顶端优势有关，顶端优势的存在是某些特定基因控制的多种内源激素相互作用的结果。实验证明，用细胞分裂素处理侧芽，可解除顶端对侧芽的抑制作用，侧芽在有顶芽存在的情况下也可萌发生长。因此也有人认为，侧芽被抑制，是其缺少细胞分裂素所致。赤霉素有增强植物顶端优势的作用，用赤霉素处理顶芽，可加强对侧芽的抑制作用，但在顶芽被去除的情况下，赤霉素不能代替生长素来抑制侧芽的生长，相反会引起侧芽的强烈生长。

（三）顶端优势的应用

生产上可以根据不同的需要，利用顶端优势控制植物的生长，以达到增产目的。例如，松、杉等用材树需要高大笔直的茎干，因而要保持顶端优势；玉米、高粱、麻、向日葵及烟草等作物也需保持

顶端优势；而棉花、番茄等则常常需要摘心、打顶，果树则需修剪整枝，以消除顶端优势，增进侧枝分生，促进多开花多结果。在花卉栽培上，利用顶端优势的原理，可采取打顶或去蕾的方法来控制花的数量和质量。有时，也可利用植物生长调节剂代替打顶，如用三碘苯甲酸处理大豆，消除顶端优势，增加分枝，提高开花结荚率，从而增加产量。

植物的主根抑制侧根生长，也表现出顶端优势现象，只有在主根被切除或受损伤时，侧根的生长才加快。生产上移栽树苗、菜苗时切除主根，就是为了促进侧根的生长，利于水分和肥料的吸收。实验表明，根的顶端优势可能与细胞分裂素有关，根尖合成细胞分裂素并向上运输，抑制侧根生长。此外，脱落酸和黄质醛也能抑制侧根的生长，但要求的浓度较细胞分裂素高。

三、营养生长与生殖生长的相关性

营养器官的生长和生殖器官的生长表现出既相互依赖，又相互对立的关系。一方面营养生长为生殖生长奠定了物质基础，因为生殖器官的形成与生长主要依赖于营养生长积累的同化产物，所以，营养器官生长不好，生殖器官自然生长不好。很难想象一株根系、枝叶瘦小的植株能结出又大又多的果实来。另一方面营养器官生长过旺，消耗养分多，又会影响到生殖器官的生长。例如，小麦前期水分过多，造成茎叶徒长就会延缓幼穗分化过程，使空瘪粒增加；后期肥水过多，会造成贪青晚熟，影响粒重。又如，果树、棉花等枝叶徒长，往往不能正常开花结实，甚至花果严重脱落。

生殖器官的生长同样会影响营养器官的生长。一年、二年生作物及多年生一次结实的植物（如竹子），进入生殖生长便意味着植株即将死亡。多年生多次结实植物，一旦开花虽不能引起植物体衰老死亡，但如果一年结果过多，将会消耗大量的营养储备，造成植株体内养分积累不足，不但影响当年生长，还会影响第二年花芽的分化，使花果减少；反之，结果情况正好相反，即形成所谓"大小年"。

在生产实践中，适当控制水、肥管理，合理进行果树修剪及必要的疏花疏果，对于调整营养器官生长和生殖器官生长的关系，保证果实品质和丰产是十分必要的。对于以营养器官作为收获物的植物，如茶树、桑树、麻类及蔬菜中的叶菜类，就需要促进营养器官的生长，抑制生殖器官的生长，所以，常采取供应充足的水分、增施氮肥、摘除花或花芽等措施。如果以收获生殖器官为主，则在生育前期应促进营养器官的生长，为生殖器官的生长打下良好的基础，后期则应注意增施磷肥、钾肥，以促进生殖器官生长。

📖 小 结

植物生长与分化有3种类型，即顶端生长与分化、次生生长与分化和再生生长与分化。细胞分化是植物基因在时间和空间上顺序表达的结果。分化受内源激素、糖的浓度及外界光照、温度等环境因素的影响。极性是分化的第一步。

组织培养的理论基础是植物细胞具有全能性。培养基需要有矿质元素、碳源（蔗糖等）、生长调节剂和维生素等营养成分；严格的无菌条件和操作，是组织培养成功的关键。组织培养已在品种选育、快速繁殖、植物产品工厂化生产等方面的应用发挥了巨大的作用。

植物细胞、器官或整个植株的生长速率表现为慢—快—慢的规律，即具有生长大周期现象。植物体或植物器官的生长速率受昼夜或季节的影响发生有规律的变化，表现出生长的昼夜周期性和季节周期性。

植物器官在内外因素作用下能够发生运动。植物的运动按其与外界刺激的关系可分为向性运动和感性运动；按其运动的机制可分为生长运动和膨压运动。向性运动是由外界单方向刺激引起的器官不均衡生长，而导致的定向生长运动；感性运动是由没有一定方向的外界刺激而引起的运动。向性运动主要有向光性、向重力性和向化性等；感性运动主要有感夜性、感震性和感温性等。近似昼夜节奏——生理钟，也广泛存在于植物界。

种子萌发时需要足够的水分、适当的温度和充足的氧气，需光种子萌发还需要一定的光照，而需暗种子则必须避光。光敏色素参与需光种子萌发的调控。种子萌发过程中对水分的吸收可分为3个阶段，即急剧吸水、迟滞吸水和重新迅速吸水；呼吸速率变化与种子吸水过程相一致；种子萌发过程中，储藏的蛋白质、淀粉和脂肪等大分子有机物逐渐被分解为可溶性的小分子化合物，植酸水解释放钙、镁和无机磷；束缚态的激素转化为游离态，生长素、赤霉素、细胞分裂素含量升高，脱落酸含量下降。

植物的生长受温度、光照、水分和肥料等环境条件的影响。植物生长具有温度三基点和温周期现象，昼夜温差对植物的生长有利，在协调最适温度下生长的植株更健壮。光不仅是植物光合作用的能源，也可作为信号直接影响植物的形态建成。植物体内有4种光受体，即光敏色素、隐花色素、向光素和紫外线-B受体，分别吸收红光、蓝紫光、蓝光和紫外光B的信号，调控植物形态建成。光敏色素有两种类型：红光吸收型（Pr）和远红光吸收型（Pfr），其中Pfr为生理活跃型。

植物各部位的生长相互影响、相互制约，表现出地下部与地上部相关、主茎与侧枝相关、营养生长与生殖生长相关等相关性。根冠比可以反映植物地上部与地下部生长的相关性，受土壤水分、光照、温度和矿质营养等因素调节；土壤缺水、增加光照、减少氮肥等措施能提高根冠比。顶端优势体现了植物主茎和侧枝生长的相关性，主要是由生长素的极性运输及营养物质的分配不均而引起的。

复习思考题

1. 名词解释

生长　分化　发育　再分化　脱分化　愈伤组织　生长大周期　生长相关性　根冠比　极性　再生作用　向性运动　感性运动　组织培养　外植体　向光性　向重力性　种子寿命　协调最适温度　黄化现象　光形态建成　光敏色素　Pr　Pfr　顶端优势　近似昼夜节奏

2. 影响植株生长和分化的因素有哪些？

3. 快速测定种子生活力的方法有哪些？原理如何？

4. 植物生长与分化的类型有哪些？

5. 影响种子萌发的外界条件有哪些？

6. 简述光对种子萌发的影响。

7. 种子萌发过程中发生了哪些生理生化变化？

8. 植物组织培养的理论基础是什么？简述植物组织培养的过程。

9. 简述植物顶端优势产生的原因及其应用。

10. 生理钟有何特点与生理作用？

11. 影响根冠比的因素有哪些？

12. 了解植物生长大周期有何意义？

13. 试用植物生理学知识解释："雨后春笋""旱长根、水长苗""根深叶茂"。

14. 试述光敏色素的作用机制。

第十二章 >>>

植物的成花和生殖生理

第一节 从营养生长到生殖生长的转变

高等植物从种子萌发开始到结实的整个过程称为生活周期或发育周期，一般需经过幼年期、成熟期、衰老期，最后直至死亡。在高等植物的生活周期中，最明显的变化是营养生长到生殖生长的转变，其转折点就是花芽分化（flower bud differentiation），即成花诱导之后，植物茎尖的分生组织（meristem）不再产生叶原基和腋芽原基，而分化形成花或花序的过程。营养生长到生殖生长的转变过程称为成花过程，此过程不仅仅是形态上的变化，在花芽分化之前，植物体内就已发生了一系列复杂的生理变化。

成花过程可分为3个阶段：首先是感受阶段，这一阶段称为成花诱导（flower induction）或成花转变（flowering transition），即适宜的环境刺激诱导植物从营养生长向生殖生长转变；然后是成花决定阶段，即成花启动（floral evocation），完成了成花诱导后，处于成花决定态的分生组织，经过一系列内部变化分化成形态上可辨认的花原基（floral primordia），此过程亦称为花的发端（initiation of flower）；最后是花的表达阶段，即花的发育（floral development）或花器官的形成。花芽分化、花器官形成和性别分化主要是由植物的基因型决定的，而适宜的环境条件是诱导成花的外因。植物成花过程如图12-1所示。

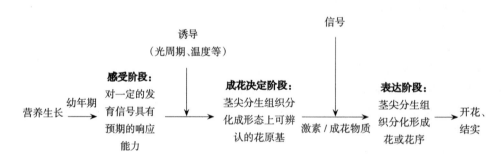

图12-1　植物从营养生长到花形成过程的3个阶段

（引自李合生等，2016）

大多数植物在开花之前要达到一定年龄或是达到一定的生理状态后才能在适宜的外界条件下开花。植物开花之前必须达到的生理状态称为花熟状态（ripeness to flower state）。植物在花熟状态之前的生长阶段称为幼年期（juvenile phase）。处于幼年期的植株，即使满足其成花所需的外界条件也不能成花；已经完成幼年期生长的植株，也只有在适宜的外界条件下才能开花。植物开花与温度和光照时间密切相关，许多植物总是在特定的季节开花，这与它们在进化过程中长期适应外界环境的周期性变化有关。因此在植物基本生长条件下，一定的幼年期、温度和日照时间是控制植物开花的3个重要因素。

高等植物幼年期的长短，因植物种类不同而有很大差异。草本植物的幼年期一般较短，只需几天或几周；果树为3～15年；而有些木本植物的幼年期可长达几十年，如银杏、云杉、冷杉等；也有些植物根本没有幼年期，在种子形成过程中已经具备花原基，如花生种子的休眠芽中已出现花原基。植物完成幼年期的营养生长阶段，进入花熟状态以后，其茎尖分生组织就具有感受适宜环境刺激的能力而被诱导成花，花芽分化是植物由营养生长转入生殖生长的标志。

第二节　春化作用

一、春化作用的概念及其条件

（一）春化作用的概念

早在 19 世纪人们就注意到低温对作物成花的影响。Anon（1839）给冬性品种的麦类进行低温处理，即使春播也能抽穗结实。Klippart（1857）将冬小麦种子浸水冷冻数月后，也能在春天播种而正常抽穗结实。1918 年 Gassner 对小麦和黑麦研究之后，将它们区分为需要秋播的冬性品种与适应春播的春性品种。冬性品种必须在秋冬季节播种，出苗越冬后，次年春夏季节才能开花；如果将冬性品种改为春播，则只长茎叶，不能顺利开花结实；而春性品种不需要经过低温过程就可开花结实。1928 年，苏联的李森科（Lysenko）将吸水萌动的冬小麦种子经低温处理后春播，发现其可在当年夏季抽穗开花，遂将这种方法称为春化，意指使冬小麦春麦化了。现在春化的概念不仅限于种子对低温的要求，还包括成花诱导中植物在其他时期对低温的感受。春化作用（vernalization）是指低温促进植物开花的作用。用低温诱导植物开花的处理称为春化处理（图 12-2）。当然植物

春　化　　　　未春化

图 12-2　天仙子春化处理成花效果

经过低温春化后，往往还要在较高温度和一定日照条件下才能完成开花结实过程。春化过程只对植物开花起诱导作用。

（二）春化植物类型

依植物对低温诱导感受的时期不同，可将需要低温诱导的植物划分为 3 个主要类型：冬性一年生植物、二年生植物和多年生植物。

1. 冬性一年生植物　常见的冬性一年生植物有冬性禾谷类植物，如冬小麦、冬黑麦、冬大麦等，在秋季播种，以幼苗越冬，经受冬季的自然低温诱导，第二年春末夏初抽穗开花。

2. 二年生植物　大多数二年生植物，如萝卜、胡萝卜、白菜、芹菜、甜菜、荠菜、天仙子等的开花也要求低温。它们在头一年秋季长成莲座状的营养植株，并以这种状态过冬，经过低温的诱导，于第二年春夏季抽薹开花。如果不经过一定天数的低温，就一直保持营养生长状态。

3. 多年生植物　许多多年生植物的开花要求每年冬天的低温诱导，如果没有冬季的低温条件就不开花，如紫罗兰、菊花的某些品种、紫菀、石竹、黑麦草等。有些春季开花的多年生植物，它们的开花也要求低温，如水仙、藏红花等，它们的花是在温暖的春季形成的，而花的发育则需经过冬季的低温，它们对低温的要求不是为了花诱导，而是打破花芽的休眠状态。

植物开花对低温诱导的依赖性程度也存在一定差异，一般分为两种类型：一类植物对低温的要求是绝对的，如果不经过一定天数的低温，就一直保持营养生长状态，绝对不开花。一般二年生和多年生植物属于此类，这类植物通常要在营养体达到一定大小时才能感受低温。另一类植物对低温的要求是相对的，如冬小麦等冬性植物，低温处理可促进它们开花，未经低温处理的植株虽然营养生长期延长，但最终也能开花。一般冬性一年生植物属于此种类型，这类植物在种子吸胀以后，就可感受低温。它们对春化作用的反应表现出量的需要，随着低温处理时间的加长，到抽穗需要的天数逐渐减少，而未经低温处理的，最终也能开花，只是达到抽穗的天数最长。

（三）春化作用的条件

1. 低温和低温持续的时间　低温是春化作用的主要条件之一，但植物种类或品种不同，对低温要求的范围以及低温持续的时间也不一样。大多数植物最有效的春化温度是 $1\sim7$ ℃。但只要有足够的持续时间，$-1\sim9$ ℃范围内都同样有效。

一般低于最适生长的温度对成花就具有诱导作用，但植物的原产地不同，通过春化时所要求的温度也不一样。如禾谷类植物的春化温度可低至 -6 ℃，而热带植物橄榄的春化温度则高达 $10\sim13$ ℃。根据原产地的不同，可将小麦分为冬性、半冬性和春性品种 3 种类型，通常冬性愈强，要求的春化温度愈低，春化的时间也愈长（表 12-1）。我国华北地区的秋播小麦多为冬性品种，黄河流域一带的多为半冬性品种，而华南一带的则多为春性品种。

表 12-1　不同类型小麦通过春化需要的温度及天数

类型	春化温度范围/℃	春化天数/d
冬性	0～3	40～45
半冬性	3～6	10～15
春性	8～15	5～8

不同类型的冬性植物通过春化时要求低温持续的时间也不一样，在一定期限内，春化的效应随低温处理时间的延长而加强。有些植物只要经过几天或约 2 周的低温处理后，其开花过程就受到明显促进，如 $1\sim2$ d 的低温处理就明显促进芹菜的开花。而强冬性植物通常需要 $1\sim3$ 个月的低温诱导才能通过春化。

植物在春化过程没完成之前，如将其置于较高温度下，低温诱导开花的效果会被减弱或消除。这种由于高温消除春化作用的现象，称为脱春化作用或去春化作用（devernalization）。一般脱春化的有效温度为 $25\sim40$ ℃，如冬黑麦在 35 ℃下 $4\sim5$ d 即可解除春化。植物经过低温春化的时间越长，春化的解除就越困难。一旦低温春化过程结束，春化效应就非常稳定，高温处理便不起作用。多数去春化的植物重返低温条件下，可重新进行春化，且低温的效应可以累加，这种去春化的植物再度被低温恢复春化的现象，称为再春化现象（revernalization）。

2. 氧气、水分和营养　植物春化时除了需要一定时间的低温外，还需要有充足的氧气、适量的水分和作为呼吸底物的糖分，这些是保证植物正常生长发育所必需的条件基础。春化期间细胞内某些酶活性提高，氧化还原作用加强，呼吸作用增强，表明氧气是植物完成春化的必要条件，植物在缺氧条件下不能完成春化。将已萌动的小麦种子失水干燥，当其含水量低于 40% 时，用低温处理种子也不能使其通过春化。此外，若将小麦的胚在室温下萌发至体内糖分耗尽时，再进行低温诱导，这样的离体胚不能完成春化；当添加 2% 的蔗糖后，则离体胚就能感受低温而通过春化，表明春化作用需要足够的有机营养。

3. 光照　光照与春化作用的关系较为复杂，因植物种类不同而存在差异。一般而言，充足的光照可以促进二年生和多年生植物的低温诱导效果，可能与充足的光照可促进植物生长、缩短幼年期、有利于糖类营养积累有关。某些冬性禾谷类品种中，如黑麦，短日照处理可以部分或全部代替春化处理，这种现象称为短日春化现象（short-day vernalization）。但大多数植物在春化之后，还需在长日条件下才能开花，如天仙子、月见草等，若在短日下生长，则不能开花，春化的效应逐步消失。但菊花是一个例外，它是需春化的短日植物。

二、春化作用的时期和感受部位

（一）感受低温的时期

不同植物感受低温的时期具有明显差异，大多数一年生冬性植物在种子吸胀以后即可接受低温诱导，但在苗期进行效果较好，其中以三叶期春化处理效果最佳，如冬小麦、冬黑麦等，这类植物属种子春化型。大多数需要低温的二年生和多年生植物只有当幼苗生长到一定生物量后才能感受低温，种子萌发状态下进行春化无效。如甘蓝幼苗茎的直径达 0.6 cm 以上，叶宽达 5 cm 以上时，才能感受低温的刺激而通过春化；月见草至少要有 6 片叶时，才能进行低温春化，这类植物属绿体春化型。

（二）春化作用感受部位

许多植物感受低温的部位是茎尖端的生长点。如栽培于温室中的芹菜，由于得不到春化所需的低温，不能开花结实。如果用通入 0 ℃冷水的橡胶管把芹菜茎的顶端缠起来，只让茎的生长点得到低温，就能通过春化而在温室开花结实。反之，如果将芹菜置于低温条件下，当给予茎尖 25 ℃左右的较高温度处理时，则植株不能开花。多种植物生长点局部进行温度处理实验都表明茎的尖端是接受春化的部位。

有的冬性一年生植物的萌动种子感受低温刺激进行春化的部位是胚（胚芽）。离体胚在适合的培养基上也可接受低温刺激进行春化。麦类植物的幼胚在母体的穗中发育时，也能接受低温的影响而进行春化，甚至是受精后 5 d 的胚也可进行春化。此外，茎尖端生长点周围的幼叶也能被春化，而成熟组织则无此反应。某些植物（如椴花的叶片）感受低温的部位是在可进行细胞分裂的叶柄基部，因为将其叶柄基部 0.5 cm 切除后再生的植株不能形成花茎。

上述事实说明植物在春化作用中感受低温的部位是分生组织和能进行细胞分裂的组织。

（三）春化产生的开花刺激物及其传导

实验表明完成春化作用的植株不仅能将这种刺激保持到植物开花，而且还能传递给同一植株后来长出的分蘖或分枝，这些分蘖或分枝不经春化仍能正常开花。嫁接实验也证明植物感受的低温刺激可以传递。将春化的二年生天仙子枝条或叶片嫁接到未经春化的同一品种的植株上，可诱导没有春化的植株开花；如果将已春化的天仙子枝条嫁接到没有春化的烟草或矮牵牛上，也同样引起后两种植物开花。

以上现象说明通过低温春化的植株可能产生某种可以传递的物质，这种物质可在植株的不同分枝间、同种或非同种植株间进行传递。Melcher(1939) 将这种刺激物质命名为春化素（vernalin）。多年来许多学者试图从已春化植株中提取春化素，但至今未能分离出这种物质。然而有些植物间这种低温刺激却不能传导，如菊花顶端给予局部低温处理，被处理的芽可以开花，但其他未被低温处理的芽仍保持营养生长而不能开花。

大量研究表明一些化学物质与开花诱导密切相关。

1. 赤霉素 Brain 认为赤霉素处理能代替某些植物所要求的低温。许多植物经过春化以后，体内赤霉素含量增加，如冬小麦、燕麦、油菜等。用外源赤霉素处理这些未经春化的莲座状植株，能诱导其开花；用赤霉素合成抑制剂处理冬小麦则会抑制其通过春化。但赤霉素的作用与春化作用是不同的，赤霉素处理莲座状植株时，茎先伸长形成营养枝，然后产生花芽；而春化的植株，花芽的形成与茎的伸长几乎同时出现或花芽出现在茎伸长之前。赤霉素对短日植物的成花并无诱导效应，在许多情况下仅可引起植物茎的伸长。因而通常认为低温下产生的春化素在长日下转变为赤霉素或诱导赤霉素合成，进而诱导成花；但赤霉素并不是春化素，两者之间的关系仍有待进一步研究（图 12 - 3）。

2. 玉米赤霉烯酮 孟繁静等（1995）发现，在冬小

图 12 - 3 低温和外施赤霉素对胡萝卜开花的效应
a. 对照 b. 未低温处理，但每天施用 10 μg GA
c. 低温处理 8 周
（引自王忠，2000）

麦越冬期间茎尖的玉米赤霉烯酮（zearalenone）含量与春化作用密切相关。在油菜春化过程中，玉米赤霉烯酮的含量也是逐步增加的，未春化植株的茎尖难以检测到玉米赤霉烯酮的存在，在春化植株中，玉米赤霉烯酮的累积量达到一定高峰值时，标志着春化作用的完成，随后玉米赤霉烯酮逐渐消失。玉米赤霉烯酮广泛存在于越冬的小麦、油菜、胡萝卜和芹菜的茎尖中，并测知是在低温下形成的。有人认为玉米赤霉烯酮可作为一种植物激素信号，启动某些酶系统，从而促进春化作用的通过。玉米赤霉烯酮与春化的关系还有待探明。

三、春化作用的机制

春化作用自发现以来，科学家们进行了数十年广泛的研究，但春化作用的机制还不明确。Melcher 和 Lang(1965) 根据二年生天仙子的嫁接及高温解除春化的实验提出如下假说：春化作用由两个阶段组成，第一阶段是春化作用的前体物在低温下转变为不稳定的中间产物，这种中间产物在高温下会遭到破坏或钝化（去春化）；第二阶段是在 20 ℃以下，中间产物转变为热稳定的最终产物（完成春化），从而促进春化植物的开花。但直至目前还不清楚前体物和中间产物具体是什么物质。

植物在通过春化作用的过程中，其开花部位的茎尖生长点并没有立刻发生形态上的明显改变，但在内部代谢方面发生了显著变化，包括呼吸速率、核酸和蛋白质含量以及激素水平等，这些变化涉及有关基因的表达。

（一）春化作用与呼吸作用

通过春化的冬小麦种子呼吸速率增高。用氧化磷酸化解偶联剂 2,4-二硝基苯酚（DNP）处理种子，发现 DNP 在抑制氧化磷酸化的同时也能抑制春化效果，且抑制效果在春化处理的前期最明显。联系到春化作用需要氧气和糖的参与，说明氧化磷酸化过程可能通过影响 ATP 的形成而对春化作用产生重要影响。同时，冬性禾谷类作物在春化过程中，其呼吸的末端氧化酶也表现出多样性，在春化前期以细胞色素氧化酶为主，伴随着低温处理时间的延长，细胞色素氧化酶活性逐渐降低，而抗坏血酸氧化酶和多酚氧化酶活性不断增高。这些酶活性的变化表明了在春化过程中呼吸代谢发生了复杂的变化。

（二）春化作用与基因表达

春化作用是低温诱导植物体内与成花诱导相关基因特异表达的过程。早在 20 世纪 40 年代，研究者就观察到低温处理的小麦种子中可溶性蛋白质含量增加。电泳分析表明，冬小麦和冬黑麦经春化之后，有特异蛋白质的出现；而将正在进行春化的冬小麦经高温脱春化处理以后，就观察不到特异蛋白质组分了。

春化过程中，核酸（特别是 RNA）含量增加，且 RNA 性质也发生变化。低温处理的冬小麦幼苗中可溶性 RNA 及 rRNA 含量提高；从经过 60 d 低温处理的冬小麦麦苗中提取出来的染色体，主要合成沉降系数大于 20S 的 mRNA，而常温下生长的冬小麦麦苗中的染色体，主要合成 9~20S 的 mRNA。这种低温诱导合成大分子质量的 mRNA 的现象，表明春化可诱导基因特异性表达，可能对冬小麦以后的成花起重要作用。这些低温下转录出的特异性 mRNA 翻译出特异的蛋白质。可见，春化作用作为一种外部条件调控了一些特异基因的启动、转录和翻译，从而导致一系列生理生化代谢过程的改变，最终进入花芽分化、开花结实。

近年研究发现，春化作用的分子与表观遗传控制机制在双子叶植物（如拟南芥）和单子叶植物（如小麦）中有别。在拟南芥（*Arabidopsis thaliana* L.）中发现至少有 5 个与春化反应直接相关的基因：*VRN1*、*VRN2*、*VRN3*、*VRN4*、*VRN5*。其中 *VRN2* 编码一个核定位锌指结构蛋白，可能参与转录的调控。在小麦和大麦等作物中，春化促进开花途径受 *VRN1*、*VRN2*、*VRN3* 和 *VRN-D4* 等春化基因的调控，其中 *VRN1* 编码一个类似 *FRUITFULL* 的 *MADS-box* 转录因子，在春化过程中起到至关重要的促进作用。在小麦中，春化调控基因 *VER2* 在春化过程中通过改变 RNA 结合蛋白

GRP2 的亚细胞定位，解除 GRP2 对 TaVRN1 前体 mRNA 可变剪接的抑制作用，促进小麦开花。在冬小麦中得到 4 个与春化相关的 cDNA 克隆：*verc17*、*verc49*、*verc54* 和 *verc203*。它们只在春化后的冬小麦体内表达，而在未春化和脱春化的植株中不表达。其中，*verc203* 和 *verc17* 相关基因可能参与春化过程，影响开花时间及花序的发育。*verc203* 与茉莉酸诱导基因有部分同源性，暗示该基因在春化诱导中的作用可能与茉莉酸参与的信号转导有关。

总之，近年在 DNA 甲基化、组蛋白甲基化、小 RNA 水平、基因调控网络、代谢网络等调控开花期方面有较多文章发表，探究春化作用的分子机制仍是基础研究的重要领域。

四、春化作用在生产上的应用

1. 人工春化处理，加速成花 农业生产上对萌动的种子进行人为的低温处理，使之完成春化作用的措施称为春化处理。经过春化处理的植物，开花诱导加速，提早开花、成熟，可有效缩短作物的生育期。中国农民创造了"闷麦法"，即将萌动的冬小麦种子闷在罐中，放在 $0\sim5\,^{\circ}\!C$ 低温下 $40\sim50\ d$，就可用于在春天播种或补种冬小麦；在育种工作中利用春化处理，可以在一年中培育数代冬性作物，加速育种过程；为了避免春季倒春寒对春小麦的低温伤害，可以对种子进行人工春化处理后，适当晚播，缩短生育期。同样在杂交育种中通过人工春化调节开花期可以使亲本花期相遇，提高杂交成功率。

2. 指导调种引种 不同纬度地区的自然气温有明显的差异，我国地理纬度跨度大，南北温度差异大。在南北方地区之间引种时，必须了解品种对低温的要求。北方的冬性品种引种到南方，就可能因当地温度较高而不能满足它对低温的要求，致使不能开花结实。掌握了不同品种的春化特性，就可在引种中免受损失。

3. 控制花期 在生产上，可以利用春化处理、去春化处理、再春化处理来控制营养生长和开花时期。以收获营养器官为主的植物可通过延长营养生长期来获得更高的经济价值，如洋葱鳞茎在春季种植前用高温处理以去春化，可防止其在生长期抽薹开花，从而获得较大的鳞茎。当归为二年生药用植物，当年收获的肉质根品质差，第二年又因开花降低根的药用价值。如果第一年冬前将根挖出，储藏在较高温度条件下使其不通过春化，便可减少次年的抽薹率，而获得质量更好的当归根，提高产量和药用价值。在花卉栽培中，若用低温处理，可使秋播的一、二年生草本花卉改为春播，在当年即可开花。

第三节 光周期现象

一、光周期现象的发现

在一天 24 h 的循环中，白天和黑夜时间长短总是随着季节不同而发生有规律的交替变化。一天之中光期和暗期的相对长度，称为光周期（photoperiod）。植物对白天（光期）和黑夜（暗期）相对长度的反应，称为光周期现象（photoperiodism）。光周期的昼与夜的相对长度因地理纬度和季节的变化而有严格的规律性：北半球纬度愈高的地区，夏季昼愈长，夜愈短，冬季则相反；春分和秋分时，各纬度地区昼夜长度相等，均为 12 h。自然条件下的植物开花具有明显的季节周期性，即使是需春化的植物在完成低温诱导后，也是在适宜的季节才能进行花芽分化和开花。而且同一地点不同播期的同一品种的植物往往在同一时期开花。

早在 1914 年法国 Tournois 就发现蛇麻草和大麻的开花受到光照长度的控制。从 1920 年开始，美国园艺学家 Garner 和 Allard 对光照长度与开花的关系进行了广泛研究。他们观察到美洲烟草在华盛顿附近地区夏季长光照下，株高达 $3\sim5\ m$ 时仍不开花，但在冬季温室中栽培时，株高不到 $1\ m$ 即可开花；而在冬季温室内补充人工光照延长光照时间后，则烟草保持营养生长状态而不开花；在夏季用黑布遮光，人为缩短光照长度后，这种美洲烟草就能开花。他们从这些实验中提出美洲烟草的花诱导决定于光照长度的理论（图 12-4）。后来，大量实验证明许多植物的开花与光周期有关，即这些植物必须经过一定时间的适宜光周期后才能开花，否则就一直处于营养生长状态。此外，不同植物的开花对光照长度有不同的反应，这是植物长期适应自然气候的规律性变化的结果。光周期现象的发现使人们认识到光不但为植物光合作用提供能量，而且还作为环境信号调节着植物的发育过程，尤其是对成花诱导起着重要的作用。

光周期反应不仅表现在诱导植物开花方面，我国学者还发现一些植物的雄性育性也受光周期诱导，已在水稻、玉米、高粱、谷子等多种植物上发现了对光周期敏感的雄性不育现象，即植物在不同光周期条件下表现出雄性不育或可育，不育条件下的植株可作为不育系应用，可育条件下可繁殖自身种子，以此为基础培育出了两系法杂交作物品种应用于生产，其中两系法杂交水稻已成功实现大面积生产应用。

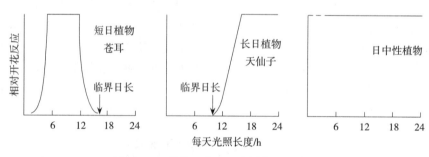

图 12-4　美洲烟草开花的光周期现象
（图中左边植株在短日处理下开花；
右边植株在长日处理下不开花）

二、植物对光周期反应的类型

（一）植物对光周期反应的类型

根据植物开花对光周期的反应不同，一般将植物分为 3 种主要类型：短日植物、长日植物和日中性植物（图 12-5）。

图 12-5　植物 3 种主要光周期反应类型

1. 短日植物　在 24 h 昼夜周期中，日照长度短于某一临界时数才能开花的植物称为短日植物（short day plant，SDP）。在昼夜周期中适当地缩短日照或延长黑暗期可促进短日植物提早开花，而延长日照时数，则延迟开花，若日照时数超过一定数值则不能开花。如苍耳、菊花、玉米、大豆、高粱、晚稻、大麻、日本牵牛、美洲烟草等，这类植物通常在秋季开花。当然，短日植物需要一定的日照时数维持正常生长发育水平，过短的光照条件下也无法完成生长和开花。

2. 长日植物　在昼夜周期中日照长度大于某一临界时数时才能开花的植物称为长日植物（long day plant，LDP）。延长日照长度、缩短暗期可促进长日植物开花，而延长暗期则推迟开花或不能开花。这类植物有小麦、大麦、黑麦、燕麦、油菜、菠菜、甜菜、天仙子、胡萝卜、芹菜、洋葱、莴苣等，它们通常在夏季开花。

3. 日中性植物　在任何日照长度条件下都能开花的植物称为日中性植物（day neutral plant，DNP）。这类植物开花对日照长度的要求不严格，对日照长度适应的范围很广，自然条件下的日照长度一般均能满足其开花的要求，只要温度适当，一年四季均能开花，如番茄、黄瓜、茄子、辣椒、四季豆、棉花、蒲公英、月季等四季花卉以及玉米、水稻的一些品种。

除上述 3 种典型的光周期反应类型外，还有些植物花诱导和花形成的两个过程分开的很明显，且要求不同的日照长度，这类植物称为双重日长（dual daylight）植物。如大叶落地生根、芦荟等，其花诱导过程需要长日照，但花器官的形成则需要短日照，这类植物称为长-短日植物（long short day plant，LSDP）。与之相反，风铃草、白三叶草、鸭茅等植物，其花诱导需短日照，而花器官形成需要长日照，这类植物称为短-长日植物（short long day plant，SLDP）。

还有一类只能在一定的中等长度的日照条件下才能开花，而在较长和较短的日照下均保持营养生长状态的植物称为中日性植物（intermediate-day plant，IDP）。如甘蔗只有在日长 11.5～12.5 h 的日照下才能开花。与中日性植物相反，有较少的植物在一定的中等长度的日照条件下保持营养生长状态，而在较长和较短的日照下都能开花的植物称为两极光周期植物（amphophotoperiodism plant），如狗尾草等。

（二）临界日长

临界日长（critical daylength）是指在昼夜周期中诱导短日植物开花所需的最长日照长度或长日植物开花所需的最短日照长度。大量实验表明，低强度的自然光照或人工光照均具有光周期诱导效应，这里的"日照长度"不一定指太阳直射光照，因此用"光照长度"更为确切。长日植物和短日植物是依其对临界日长的反应方向而划分的，长日植物只能在长于临界日长的条件下开花或促进开花，且光照越长开花愈早，光照长度短于临界日长时就不能开花或明显推迟开花；短日植物在短于临界日长的条件下开花或促进开花，而光照长度超过其临界日长时则不能开花或明显推迟开花，但光照长度过短也不能使短日植物开花，可能是因为光照时间不足而使植物缺乏营养物质造成的。如短日植物菊花，在光照长度只有 5～7 h 时，开花明显延迟。

不同植物开花对临界日长要求的严格性有差异。短日植物中当光照长度大于临界日长时，就绝对不能开花；长日植物中当光照长度短于其临界日长时，也绝对不能开花，这类植物分别称为绝对短日植物（absolute short-day plant）和绝对长日植物（absolute long-day plant）。多数植物对光照长度的要求并不十分严格，即使光照长度处于不适宜的光周期条件下，经过相当长的时间后，也能或多或少地开花，只是不适宜的光周期会明显推迟开花期，这些植物称为相对长日植物或相对短日植物，它们没有明确的临界日长。

不同植物开花时所需的临界日长不同（表 12-2），但这并不意味着植物一生中所必需的光照长度，而只是在发育的某一时期经一定数量的光周期诱导后才能开花。

表 12-2　一些短日植物和长日植物的临界日长

植物名称	24 h 周期中的临界日长/h	植物名称	24 h 周期中的临界日长/h
短日植物		厚叶高凉菜	12
菊花	15	长日植物	
苍耳	15.5	天仙子	11.5
大豆		白芥	约 14
曼德临（Mandarin）（早熟种）	17	菠菜	13
北京（Peking）（中熟种）	15	小麦	12
比洛克西（Biloxi）（晚熟种）	13～14	大麦	10～14
美洲烟草	14	燕麦	9
一品红	12.5	甜菜（一年生）	13～14
晚稻	12	拟南芥	13
红叶紫苏	约 14	意大利黑麦草	11
裂叶牵牛	14～15	毒麦	11
甘蔗	12.5	红三叶草	12
落地生根	12		

由此可看出，长日植物开花所需的光照长度并不一定长于短日植物所需要的光照长度，而短日植物的临界日长也不一定短于长日植物。如一种短日植物美洲烟草的临界日长为 14 h，若光照长度不超过此临界值就能开花。一种长日植物小麦的临界日长为 12 h，当光照长度超过此临界值时才开花。若将此两种植物都放在 13 h 的光照长度条件下，它们都开花。因而，长日植物与短日植物的区别重要的不是它们所受光照时数的绝对值，而是在于超过还是短于其临界日长时的反应。

植物的临界日长值因各种因素的变化而有所改变，同种植物的不同生态类型、不同品种、同株植株的不同年龄、植物生长的温度环境变化都会在一定程度上影响临界日长的改变。如烟草的有些品种为短日植物（美洲烟草），有些品种则是长日植物，还有些品种是日中性植物。通常早熟品种为长日植物或日中性植物，晚熟品种则为短日植物。

（三）植物光周期类型与地理起源的关系

植物的光周期反应类型和临界日长是植物进化中对原产地长期适应性的结果。在北纬地区的不同纬度昼夜长度的季节变化很有规律：夏至日照最长，冬至日照最短，春分和秋分的日照时数各为 12 h。低纬度地区日照时数的季节变化较小，随着纬度的升高，日照时数的季节变化亦逐步加大，即冬季是短日条件，夏季是长日条件（图12-6）。但冬季温度很低，植物不能正常生长，植物生长的季节是长日照条件的夏季。因此光周期和温度的高低共同决定了起源于高纬度地区的植物是长日植物，而起源于低纬度地区的植物是短日植物。中纬度地区，既有长日照条件，又有短日照条件，而且长日季节和短日季节的温度条件都适于植物生长，因此既有长日植

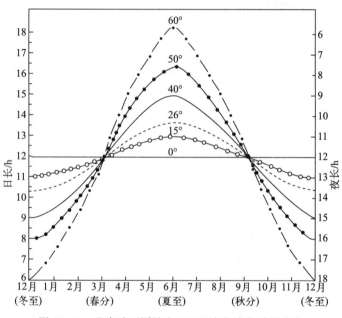

图 12-6 北半球不同纬度地区昼夜长度的季节变化

物又有短日植物。在温带地区，植物开花的季节在很大程度上取决于植物对光周期条件的反应和温度的高低。多数长日植物的自然开花是晚春和早夏；而大多数短日植物属喜温植物，在夏季的长日高温季节进行旺盛的营养生长，到夏末和秋初时开花。日中性植物由于对日照长度没有要求，在任何一个季节里都可以开花。

三、光周期诱导机制

（一）光周期诱导概念

达到一定生理年龄的植物需要一定天数适宜的光周期处理，然后即使处于不适宜的光周期下，仍然可以长期保持这种诱导效果而开花，即诱导与花芽的分化是分开进行的。适宜的光周期处理促使植物开花的现象称为光周期诱导（photoperiodic induction）。

诱导周期数是指植物完成开花诱导至少需要的适宜光周期天数。植物种类不同，其通过光周期所需的诱导周期数也有很大差别。短日植物中，如苍耳、日本牵牛等只要 1 个诱导周期数即可，其他短日植物如比洛克西大豆 3 d、大麻要 4 d、苎麻要 7 d、菊花要 12 d。长日植物中，油菜、菠菜、毒麦、白芥等也只需 1 个光周期诱导，天仙子要 2～3 d，而一年生甜菜需要 15～20 d。植物通过光周期诱导所需的时间与植株年龄以及温度、光照度等环境条件的变化有关。在诱导周期数的基础上增加光周期诱导天数，可使花芽分化和开花期提前，开花数量也增多。

　　在光周期诱导中3个最主要的因素是临界日长、诱导周期数和光的性质。光周期诱导是一种低能量反应，所需的光能量可远低于植物生长所需的光照度。

（二）光周期诱导的感受部位和传导

　　植物在适宜的光周期诱导后的成花部位是茎尖端的生长点，实验表明，感受光周期刺激的部位并不是茎尖的生长点，而是叶片。Knott(1934)首先在长日植物菠菜中观察到这种情况，随后在其他具有光周期反应的植物中得到证实。苏联学者柴拉轩（Chailakhyan）将短日植物菊花的叶片和茎尖分别进行光周期处理，发现若将菊花全株置于长日照条件下，则不开花而保持营养生长；置于短日照条件下，可开花。只要菊花的成年叶片处于短日光周期下，不论顶端是长日照还是短日照，都能开花；相反，如果成年叶片处于长日照下，生长点虽然接受短日照却不能开花（图12-7）。叶片对光周期的敏感性与叶片的发育程度有关。通常植株长到一定年龄后，叶片才能接受光周期的诱导，一般植株年龄越大，通过光周期诱导的时间越短。不同植物开始对光周期表现敏感的年龄不同，大豆是在子叶伸展期，水稻在七叶期左右，红麻在六叶期。一般幼小或衰老叶片的敏感性差，而叶片伸展至最大时敏感性最高，这时甚至叶片的很小一部分处在适宜的光周期下就可诱导开花，如苍耳的叶片完全展开达最大面积时，仅对 $2\ cm^2$ 的叶片进行短日照处理，即可导致花的发端。

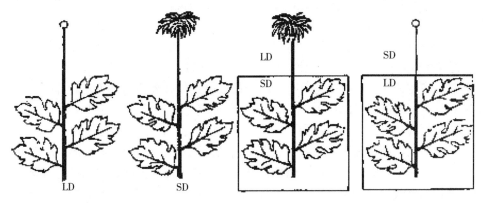

图 12-7　菊花叶片和生长点不同光周期处理的开花诱导效果

　　由于感受光周期的部位是叶片，而成花部位是茎尖的生长点，从而使人们想到叶片在光周期诱导下可能产生某种化学物质并向茎尖转移。20世纪30年代，柴拉轩将5株短日植物苍耳嫁接串联在一起，只要其中一株的一片叶接受了适宜的短日光周期诱导，即使其他植株都在长日照条件下，所有的植株也都能开花（图12-8）。这证明确实有刺激开花的物质通过嫁接在植株间传递并发挥作用。1937年，柴拉轩正式将这种开花刺激物称为成花素（florigen）。

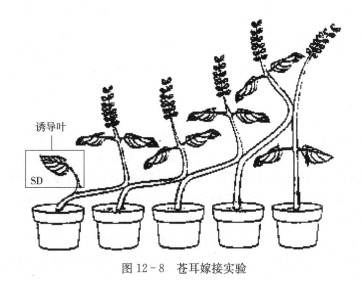

图 12-8　苍耳嫁接实验

此外，令人感兴趣的是不同光周期类型的植物嫁接后，在各自适宜的光周期诱导下，都能相互影响而开花。将长日植物天仙子和短日植物烟草嫁接，无论在长日照或短日照条件下两者都能开花。把未经诱导的短日植物高凉菜嫁接在经适宜光周期诱导后的长日植物大叶落地生根的断茎上，置于长日照下，高凉菜可大量开花；但若是大叶落地生根在嫁接前未经适宜光周期诱导，则高凉菜只能保持营养生长状态。由此，人们推测长日植物和短日植物的开花刺激物可能具有相同的性质。

利用环割、局部冷却、蒸汽热烫或麻醉剂处理叶柄或茎，干扰或阻止韧皮部的运输，可延迟或抑制开花，表明开花刺激物传导的途径是韧皮部。埃文斯（Evans）在短日植物苍耳植株接受暗期诱导刚结束时，立即去掉叶片，则植株不能成花；若在暗期结束数小时后再去叶，植株就能开花，并发现叶片在植株上保留 1～2 d，则可获得最好的开花效果，这说明开花刺激物的合成需要一定的时间。植物开花刺激物运输的速度因植物种类而不同，有的较慢，每小时只有几厘米，而有的较快，可达每小时几十厘米，接近于光合产物在韧皮部的运输速度。

（三）临界暗期与暗期间断

在自然条件下的一个光周期中，光期与暗期在 24 h 内交替出现，两者是互补的。植物的开花诱导需要一定的日长，也就对应一个夜长。大量人工光、暗期处理实验证明，短日植物要求长暗期才能诱导开花，并且这个长暗期要求是连续的，如果没有连续的长暗期，光期长度在临界日长内也不能实现开花诱导。

Hamner 和 Benner（1938）以短日植物苍耳为材料，在 24 h 的光周期中，发现只有当暗期长度超过 8.5 h 时，苍耳才能开花。若以 4 h 光期和 8 h 暗期处理时，苍耳不能开花；当以 16 h 光期和 23 h 暗期处理后，苍耳却能开花。这就表明只有当暗期超过一定的临界值时，苍耳才能发生成花反应。又以临界日长为 13～14 h 的短日植物大豆为材料，如果将光期长度固定为 16 h 或 4 h，在 4～20 h 范围内改变暗期长度，观察到只有当暗期长度超过 10 h 时才能开花。以上结果均表明，暗期长度比光期长度显得更为重要。因此，植物在开花诱导中需要一个临界暗期。临界暗期（critical dark period）是指在昼夜周期中长日植物能够开花的最长暗期长度或短日植物能够开花的最短暗期长度。可以说，短日植物实际上就是长夜植物（long night plant），而长日植物实际上是短夜植物（short night plant），特别是对于短日植物而言，其开花主要是受暗期长度的控制，而不是受光期长度的控制。

暗期间断对植物开花的影响表明临界暗期对植物开花的重要性。Hamner 等在苍耳的光、暗期实验中，当给予 16 h 暗期处理时，发现在暗期中间即使是短至 1 min 的照光处理（暗期间断），苍耳也会保持营养生长状态，不能完成短日、长夜条件下的开花诱导，而间断白昼则对其开花毫无影响。这说明用很短时间的光照间断了长暗期后的效果如同将苍耳置于长日照下一样，导致其不能进行花芽分化和开花。以其他短日植物为材料时，暗期间断同样能抑制其花芽分化。Borthwick 等以临界日长大于 12 h 的长日植物大麦为材料，给予 12.5 h 的暗期处理时，其开花受到明显抑制，暗期间断则显著促进其开花。暗期间断实验表明，暗期的长度是决定植物成花的决定因素，临界暗期对短日植物和长日植物的开花都十分重要（图 12-9）：若用短时间的暗期打断光期，并不影响光周期成花诱导，但如果用闪光处理中断暗期，则使短日植物不能开花，而继续营养生长，相反，却诱导了长日植物开花；若在光期中插入一短暂的暗期，对长日植物和短日植物的开花反应都没有什么影响。

虽然对植物的成花诱导来说，暗期长度起决定性的作用，但光期也是必不可少的条件。短日植物的成花诱导要求长暗期，但光期太短也不能成花。如大豆在固定 16 h 暗期和不同长度光期条件下，光期长度增加时，开花数也增加，但是光期长度大于 10 h 后，开花数反而下降，只有在适当的光暗交替条件下，植物才能正常开花。这表明花的发育需要光合作用提供足够的营养物质，因而光期的长度会影响植物成花的数量。

短日植物对暗期中的光非常敏感，暗期间断的光不要求很强，低强度（日光的 10^{-5} 或月光的 3～10 倍）、短时间的光（闪光）即有效，说明这是一种不同于光合作用的高能反应，涉及光信号诱导的

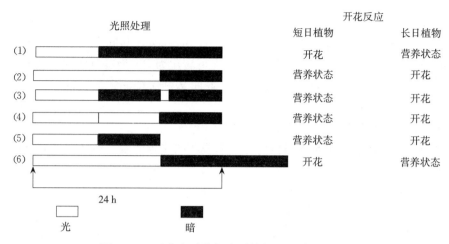

图 12 - 9　暗期与暗期间断对植物开花诱导的影响

低能反应。不同植物暗期间断发挥效果所需要的照光时间不同，像苍耳、大豆、紫苏和高凉菜这些敏感的短日植物，照光几分钟（最多不超过 30 min）就足以阻止成花；菊花则需要在暗期的中间连续数周大于 1 h 的照光才能生效，高强度的荧光灯照光几分钟也能抑制成花；某些长日植物，如天仙子、大麦、毒麦等，当长暗期被 30 min 或更短时间的光照间断时，成花反应就会得以促进。

长日植物天仙子在 16 h 光期中，若只给予对光合作用有效的红光，并不能开花，而当有远红光或蓝光配合时则开花，表明光在光周期反应中的作用不同于光合作用。用不同波长的光间断暗期的实验表明，无论是抑制短日植物开花，还是促进长日植物开花，都是以红光最有效，蓝光效果很差，绿光几乎无效。暗期间断的效果取决于最后一次照射的是红光还是远红光；对短日植物而言，红光阻止植株开花，远红光促进开花；对长日植物来说，红光促使植物开花，而远红光则阻止开花。植物成花反应存在对红光-远红光的可逆反应，表明光敏色素系统参与了成花诱导过程。

（四）光敏色素在成花诱导中的作用

让植物处于适宜的光照条件下诱导成花，并用各种单色光在暗期进行闪光间断处理以观察花原基的发生，结果表明阻止短日植物（大豆和苍耳）和促进长日植物（冬大麦）成花的作用光谱相似，都是以 600～660 nm 波长的红光最有效，但红光促进开花的效应又可被远红光逆转。这表明光敏色素参与了成花反应，其虽不是成花激素，但能影响成花过程。叶片中的光敏色素是植物光周期信号的主要接受体。一般认为光敏色素在植物成花过程中的作用与 Pr 和 Pfr 的可逆转化有关，成花作用不是取决于植物体内 Pr 和 Pfr 的绝对含量，而是取决于 Pfr/Pr 的相对比例。Pfr 到 Pr 的暗逆转犹如一个滴漏式计时器，植物以此来感受暗期长度。

对于短日植物而言，其开花要求相对较低的 Pfr/Pr 值，在光期结束时，体内光敏色素主要呈 Pfr 型，进入暗期后，Pfr 逐渐暗逆转为 Pr 型或 Pfr 因降解而减少，当 Pfr/Pr 值降到一定的阈值以下时，就促进短日植物开花。而对于长日植物来说，其开花则需要相对较高的 Pfr/Pr 值，因此，在暗期过长时，会抑制开花。如果用红光进行暗期间断，Pfr 型水平提高，Pr 型水平下降，Pfr/Pr 值提高，即使在长夜条件下，在暗期中间利用闪光将暗期间断后，仍可使长日植物开花，而抑制短日植物开花。

但近年来的研究表明，植物的成花反应并不完全受暗期结束时 Pfr/Pr 值所控制。如对许多短日植物来说，在光期结束时立即照射远红光，其开花并未受到促进，反而受到强烈抑制，其临界夜长也只是略微而不是大大缩短。在短日植物暗诱导的前期（3～6 h 内），体内保持较高的 Pfr 水平，有利于成花，而在暗诱导的后期，较低的 Pfr 水平促进成花。

因此，短日植物开花所要求的是暗期前期的"高 Pfr 反应"和后期的"低 Pfr 反应"；而长日植物开花要求的是暗期前期的"低 Pfr 反应"和后期的"高 Pfr 反应"，但长日植物对 Pfr/Pr 值的要求没有短日植物严格。

现已知道在光下生长的植物中存在两种不同类型的光敏色素：对光不稳定的类型Ⅰ光敏色素（PhyⅠ）和对光相对稳定的类型Ⅱ光敏色素（PhyⅡ），推测两者共同参与植物成花的光周期调控。PhyⅠ的Pfr负责检测由光到暗的转变，而PhyⅡ在光下转化为Pfr型后负责持续的Pfr反应。两种类型的光敏色素可使植物一方面感知光-暗转变，另一方面又可保持一定数量的Pfr，从而引起相应的生理反应。

（五）温度和光周期反应的关系

对光周期反应敏感的植物，虽然光照长度是影响成花的主导因素，但其他外界条件与光周期还存在相互作用，其中温度的影响最为显著，它不仅影响植物通过光周期所需的时间，还会改变植物对光周期的要求。大多数植物经过春化后在长日照条件下开花，即在春末和夏初开花。但有些长日植物经过低温处理后，可在短日照下开花。如苜蓿、黑麦、豌豆、甘蓝等长日植物在较低的夜温下会失去对日照长度的敏感而呈现出日中性植物的特征。甜菜通常只在长日照下成花，但在 $10\sim18\,℃$ 的较低夜温下，8 h日照也能开花。对短日植物来说，降低夜温也可以使其在较长日照下成花，如牵牛、苍耳、一品红等在较低温度下也表现出长日性。这些说明低温处理可部分代替植物对光周期的要求或改变植物的光周期反应类型。

（六）光周期诱导的成花物质

1. 开花刺激物——成花素　通过嫁接实验，证实在光周期诱导下产生的开花刺激物可以经韧皮部传递，柴拉轩（Chailakhyan）于1958年提出"成花素假说"来解释光周期诱导植物开花的机制，即植物在适宜的光周期诱导下，叶片产生一种类似植物激素性质的开花刺激物，即成花素（florigen），经韧皮部传递到茎尖的分生组织，从而引起开花反应。他认为成花素是由形成茎所必需的赤霉素和形成花所必需的开花素（anthesin）两种互补的活性物质所组成，开花素必须与赤霉素结合才表现活性。植物必须形成茎后才能开花，即植物体内必须同时存在赤霉素和开花素两种物质时，才能开花。

日中性植物本身具有赤霉素和开花素，在长、短日照条件下都能开花；而长日植物在长日照条件下、短日植物在短日照条件下，都具有赤霉素和开花素，因此都可以开花；但长日植物在短日照条件下缺乏赤霉素，而短日植物在长日照条件下缺乏开花素，所以都不能开花；冬性长日植物在长日照条件下具有开花素，但无低温条件时，缺乏赤霉素的形成，所以仍不能开花。

赤霉素是长日植物开花的限制因子，而开花素则是短日植物开花的限制因子。因此，用赤霉素处理处于短日照条件下的某些长日植物可使其开花，但赤霉素处理处于长日照条件下的短日植物则无效。

近几年科学界取得了一些新的进展，认为FT蛋白［由 *FLOWERING LOCUS T*（*FT*）基因编码］很可能就是人们一直以来要找的成花素。科学家们经过一系列设计精巧的实验证实了FT这种20 ku蛋白产生于叶片中，通过韧皮部运送到茎顶端发挥其成花诱导作用，其在开花植物中是普遍的和必需的，而且FT蛋白的高度保守性使其在不同植物、不同光周期类型中具有相似的结构或者性质。然而FT蛋白如何参与成花诱导过程仍需深入研究。

2. 开花抑制物　植物在诱导条件下，阻止了某些开花抑制物的产生，或者使开花抑制物降解，从而使花的发育得以进行，而在非诱导条件下由于存在开花抑制物而不能开花，如长日植物天仙子、短日植物草莓和藜在非诱导光周期条件下不能开花，但是去掉全部叶片并供给植物糖分时，在任何日长下都能开花。

此外，有的植物似乎既存在开花刺激物，又存在开花抑制物，如短日植物紫苏，处于长日照时，对一片叶片进行遮光短日照处理，植株并不能开花，但是如果把其他叶片去掉，仅留一片叶片进行短日照处理，则植株开花，这表明在非诱导条件下的叶片中存在开花抑制物，去除抑制物后，叶片中的开花刺激物能诱导开花。但是在非诱导条件下存在的开花抑制物的性质仍未能确定。

3. 甾类化合物　在植物中发现存在多种雌性激素、雄性激素等甾类化合物。近年来的研究证明甾类化合物在植物的成花诱导中起重要作用，如雌二醇能够促进甘蓝、菊苣、浮萍、西洋红等植物开花，并观察到菜豆花芽形成期间雌性激素开始出现，此后随着花的发育，其含量逐渐增加，至菜豆形成阶段又下降。在适宜的光周期条件下，短日植物白苏与红叶藜和长日植物天仙子的雌性激素含量都有所增加，说明雌性激素与植物成花诱导过程密切相关。此外，外用甾类化合物处理也能促使植物开花。从经过长日照处理的毒麦中提取甾类化合物饲喂给培养在试管中的藜芽，可促进其开花；而从经过短日照处理的毒麦中得到的提取物则无作用。施用甾类化合物的生物合成抑制剂也能抑制花芽形成。

4. 植物激素 虽然目前还没有充足的证据阐述清楚植物激素与植物成花诱导之间的真正关系，但已有的实验证据表明，植物激素至少能影响植物的成花过程。在几大类植物激素中，赤霉素影响成花的效应最大，可促进 30 多种长日植物在短日照条件下成花，并可代替 20 多种植物对低温的要求。

外施生长素可抑制短日植物成花，例如，将苍耳插条浸入生长素溶液中，则其由光周期诱导的成花反应受到抑制；但用生长素极性运输的抑制剂三碘苯甲酸处理时，则又促进苍耳开花。相反，生长素能促进一些长日植物（如天仙子、毒麦等）的成花。

细胞分裂素影响植物成花因植物种类而异，除了能促进藜属、紫罗兰属、牵牛属和浮萍等短日植物的成花，还能促进长日植物拟南芥的成花。

脱落酸可代替短日照促使一些短日植物在长日照条件下开花，如将脱落酸溶液喷于黑醋栗、牵牛、草莓和藜属的植物叶片上，可使它们在长日照下开花。但是，如果处于严格的非诱导条件下，脱落酸处理并不能促进短日植物发生成花反应。脱落酸处理会使毒麦、菠菜等长日植物的成花受到抑制，并且脱落酸抑制毒麦成花的时间是在花发育开始之时，抑制作用的部位是在茎尖而不是在叶片。

虽然已知的各类植物激素与植物的成花都有关系，但是到目前为止尚未发现一种激素可以诱导所有光周期特性相同的植物在不适宜的光周期条件下开花，因而植物的成花过程（包括花芽分化和发育）可能不是受某一种激素的单一调控，而是受几种激素以一定的比例在空间上（激素作用的部位）和时间上（花器官诱导与发育时期）的多元调控。植物的成花过程是分段进行的，在不同的阶段，可能有不同的激素起主导作用。因此，在不同的光周期条件下是通过刺激或抑制各种植物激素之间的协调平衡来控制植物成花的，在适宜的光周期诱导下或外施某种植物激素，可改变原有的激素比例关系而建立新的平衡。这种新的平衡可诱导与成花过程有关的基因的开启，合成某些特殊的 mRNA 和蛋白质，从而起到调节成花的作用。

5. 植物营养 Klebs 等在 20 世纪初通过大量实验证明植物体内糖类与含氮化合物的比值（即 C/N）高时，植株就开花；而比值低时，植株就不开花。为此，Klebs 提出控制植物开花的碳氮比（C/N）假说。但后来的研究却发现，C/N 高时，仅对那些长日植物或日中性植物的开花有促进作用，但对短日植物（如菊花、大豆等）而言，情况并非如此。因为长日照无一例外地会增加植物体内的 C/N，但却抑制短日植物开花。此外，在缩短光照时间的情况下，提高光照度，也能增加植物内的 C/N，但却不能使长日植物（如白芥）开花。

显然，碳氮比假说不能很好地解释植物成花诱导的本质，但是，植物开花过程的实现确实需要营养物质和能量物质作基础。同时碳氮比理论对农业生产实践也有一定的指导意义，即通过控制肥水的措施来调节植物体内的 C/N，从而适当调节营养生长和生殖生长。如水稻生育后期，肥水过大会引起 C/N 过小，则营养生长过旺，生殖生长延迟，从而导致徒长、贪青晚熟；如果在适当的时期，进行落干烤田，提高 C/N，可促使幼穗分化，提早成熟。在果树栽培中，也可用环状剥皮等方法，使上部枝条积累较多的糖分，提高 C/N，促进花芽分化，提高产量。

（七）成花诱导的途径

成花诱导是一个由多种因素相互作用的复杂过程，包括植物激素、某些植物生长调节物质及碳氮化合物等的相对含量都会影响成花过程。已有的研究成果表明成花诱导至少存在以下几条调控开花的信号转导途径。

1. 赤霉素途径 在赤霉素途径（gibberellin pathway）中，赤霉素可诱导长日植物在非诱导条件下开花，并且在长日植物中符合"成花素"的特征。有关赤霉素信号转导突变体的研究表明，赤霉素主要作为信号分子参与成花途径中基因表达的上调。当赤霉素被受体接受之后，通过自身的信号转导途径，促进基因 *SOC1*（整合因子基因）表达，诱导拟南芥开花。

2. 自主途径 要达到一定生理年龄的植株才可开花，称为自主途径（autonomous pathway）。*FLC* 是 *SOC1* 表达的抑制子。在自主途径中，*FCA*、*LD*、*FRI* 等基因的表达会抑制成花抑制基因 *FLC* 的表达从而诱导成花。

3. 春化途径 在春化途径（vernalization pathway）中，目前发现对低温春化诱导起主要作用的转录因子是 *VIN3*、*VRN1*、*VRN2* 等。*VIN3* 具有感受低温时程的特性，受低温诱导表达，它作为去乙酰化酶的协助蛋白能使 *FLC* 所在染色质的组蛋白 H3 去乙酰化，进而使 H3 再甲基化，*FLC* 的表达随即被抑制，从而促进开花。*VRN1* 和 *VRN2* 对植株春化效果的维持主要是通过对开花抑制因子 *FLC* 的持续抑制来实现的，但 *VRN1* 和 *VRN2* 并不能自发地激活对 *FLC* 表达的抑制，它们是在春化作用之后发挥功能，即 *VIN3* 蛋白激活 *FLC* 表达的抑制后，维持对 *FLC* 表达的持续抑制。*FLC* 作为一个共同的目的基因将春化途径和自主途径联系在一起。

4. 光周期途径 在光周期途径（photoperiodic pathway）中，叶片感受光信号，光敏色素和隐花色素作为光受体参与了该途径，不同光受体之间相互作用，通过生理钟基因 *CO* 的表达来诱导 *FT*、*LFY* 和 *SOC1* 而促进开花。*CO* 是第一个被鉴定的既受生理钟基因调节又能调控下游开花时间基因的桥梁基因。*FT* 是 *CO* 的早期激活目标基因，由光诱导的 *CO* 直接转录激活 *FT* 的表达。在长日照下拟南芥 *FT* 最初在叶片中表达，*FT* 的 mRNA 从叶片移动到顶端组织，翻译后的 FT 蛋白与在茎顶端分生组织特异表达的 FD 蛋白相互作用，共同影响 *SOC1* 促进下游成花基因 *AP1* 的表达，从而促进开花。

5. 糖类途径 糖类途径指依赖糖类或糖类浓度升高才能诱导成花的途径。该途径反映了植物的能量代谢状态。蔗糖是通过增加 *LFY* 基因表达而促进拟南芥开花，但尚不知其确切的信号转导过程。

此外，除了上述成花诱导途径之外，还提出了光质量途径（light quality pathway）、年龄途径（age pathway）、环境温度途径（ambient temperature pathway）等。它们都可直接通过激活或促进开花信号转导途径整合因子基因（如 *SOC1*、*FT*、*LFY* 等）的表达，促进开花。

四、光周期理论在生产中的应用

1. 指导引种和育种 当从外地引进新的农作物品种时，首先要了解被引品种的光周期特性。因为作物的不同品种之间光周期特性差异很大，如烟草既有短日性的品种，也有长日性和日中性的品种。如果没有考虑品种的光周期特性，则可能会因提早或延迟开花而造成减产，甚至颗粒无收。因此引种时必须了解所引品种的光周期特性，同时也要了解作物原产地与引种地生长季节的日照条件的差异。一般地说，光周期敏感程度弱的品种，适应性广些；光周期敏感性强的品种，由于它对日长的要求特别严格，适应性差些。因此在引种时一定要考虑本地区的光周期条件能否满足被引品种的需要。同纬度地区间的光周期相同或相近，引种容易成功；不同纬度地区间日照长度的差异较大，引种难度较大。短日植物南种北引，因光照长而生育期延长，会延迟开花，若所引品种是为了收获果实或种子，则应选用早熟品种；北种南引，生育期缩短，应选用晚熟品种。长日植物南种北引，生育期缩短，可选迟熟品种；北种南引，生育期延长，要选早熟品种。

通过人工光周期诱导，可以加速良种繁育、缩短育种进程。利用人工短光照或暗期间断处理可以促进短日植物提前开花，便于进行有性杂交和加代繁殖，培育新品种。同样也可通过人工调节光周期加速长日植物开花。我国地理纬度跨度大，可进行作物的南繁北育：短日植物水稻和玉米可在海南岛加快繁育种子；长日植物小麦夏季在黑龙江、冬季在云南种植，可以满足作物发育对光照和温度的要求，一年内可繁殖 2~3 代，加速了育种进程。

　　具有优良性状的某些作物品种间有时花期不遇，无法进行有性杂交育种。通过人工控制光周期，可使两亲本同时开花，便于进行杂交。

　　利用植物花粉育性的光周期反应特性，培育光周期敏感型雄性不育系，并在不同光周期条件或季节获得不育期和可育期，是两系法作物杂种优势利用的重要技术基础。

　　2. 控制开花期　在农作物和园艺植物的栽培中，常常由于某种特殊的目的需要提早或延迟植物的开花。通过人工控制光周期的办法可达到此目的。例如，菊花是短日植物，在自然条件下秋季开花，但若给予遮光缩短光照处理，则可提前至夏季开花；也可通过延长日照时数或用光进行暗期间断，使菊花延迟到元旦或春节期间开花。对杜鹃、茶花等长日植物进行人工延长光照处理，则可提早开花。

　　3. 调节作物营养生长和生殖生长　对以收获营养体为主的作物，可通过控制光周期来抑制其开花。如短日植物烟草，原产热带或亚热带，引种至温带时，可提前至春季播种，利用夏季的长日照及高温多雨的气候条件，促进营养生长，提高烟叶产量。对于短日植物麻类，通过延长光照或向长日照地区引种，使麻秆生长时间较长，提高纤维产量和质量，但种子不能及时成熟，可在留种地采用苗期短日处理来解决种子问题。有些叶菜类的蔬菜，通过增施氮肥、加强田间管理和调节播种期，也可收到增产效果。

第四节　花芽分化与性别分化

一、花芽分化与花器官形成

　　花芽分化（flower bud differentiation）包括花原基形成、花器官各部分形成与成熟的过程。

　　植物经过一定时期的营养生长后，就能感受外界低温和光周期等成花诱导信号产生开花刺激物，完成成花诱导过程。开花刺激物被运输到茎端分生组织，发生一系列成花反应，使分生组织进入一个相对稳定的状态，即成花决定态（floral determinated state）。此时植物就具备了分化花或花序的能力，在适宜的条件下就可以启动花的发育过程，实现由营养生长向生殖生长阶段的转变。成花反应的明显标志就是茎尖分生组织在形态上发生显著变化，从营养生长锥变成生殖生长锥，经过花芽分化过程，逐步形成花器官。它包括了成花启动和花器官形成两个阶段。

（一）生长锥形态变化

　　大多数植物的花芽分化都是从生长锥伸长开始的，但伞形科植物在花芽分化时，生长锥不是伸长而是变为扁平状。无论哪种情况，花芽分化时，生长锥的表面积都明显增大。小麦在春化作用结束后，经过光周期诱导，生长锥开始伸长，其表面的一层或数层细胞分裂加速，形成的细胞小、原生质浓，而中部的一些细胞分裂较慢，细胞变大，原生质变稀薄，有的细胞甚至发生液泡化，这样由外向内逐渐分化形成若干轮突起，在原来形成叶原基的位置，分别形成花被原基、雄蕊原基和雌蕊原基。短日植物苍耳在接受短日诱导后，生长锥由营养状态转变为生殖状态的形态变化过程如图12-10所示：首先是生长锥膨大，然后自基部周围形成球状突起并逐渐向上部推移，形成一朵朵小花。

（二）花芽分化中的生理生化变化

　　在开始花芽分化后，细胞代谢水平增高，有机物组成发生变化，如葡萄糖、果糖和蔗糖等可溶性糖含量增

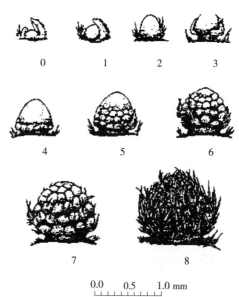

图12-10　苍耳接受短日诱导后生长锥的变化
（图中数字为发育阶段，0为营养生长阶段，
1~8为花芽分化各阶段）

加；氨基酸和蛋白质含量增加；核酸合成速率加快。此时若用 RNA 合成抑制剂或蛋白质合成抑制剂处理植物的芽，均能抑制营养生长锥分化成为生殖生长锥，这说明生长锥的分化伴随着核酸和蛋白质的代谢变化。花器官分化和发育受基因调控，在拟南芥等植物的成花中，已发现有多种基因参与调控。

（三）影响花器官形成的条件

1. 光照 光照对花器官形成的影响很大。植物完成光周期诱导之后，光照时间长和强度大有利于合成成花所需的有机物，特别是糖类的合成有利于成花。如果在花器官形成时期多阴雨，则营养生长延长，花芽分化受阻。在农业生产中，对果树的整形修剪、棉花的整枝打杈等，可以避免枝叶的相互遮阴，使各层叶片都得到较强的光照，有利于花芽分化。

2. 温度 一般植物在一定的温度范围内，随温度升高而花芽分化加快。温度主要通过影响光合作用、呼吸作用和物质的转化及运输等过程，间接影响花芽的分化。以水稻为例，温度较高时幼穗分化进程明显加快，而温度较低时明显延缓，甚至中途停止。花芽分化和花器官形成期如遇低温则会延缓花发育，严重者导致不能形成正常的花粉。一般而言，花发育的减数分裂期是对低温最敏感时期。如水稻减数分裂期在低温（如 17 ℃以下）下，花粉母细胞的发育受损伤，进行异常分裂，同时绒毡层细胞肿胀肥大，有机物不能向花粉粒输送，从而形成不育花粉粒。

3. 水分 不同植物的花芽分化对水分的需求不同。如稻、麦等作物在雌、雄蕊分化期和减数分裂期对水分要求特别敏感，如果此时土壤水分不足，则花的形成减缓，引起颖花退化。而夏季的适度干旱可提高果树的 C/N，有利于花芽分化。

4. 植物营养 以氮肥的影响最大。土壤氮不足，花的分化减慢，且花的数量明显减少；土壤氮过多，引起贪青徒长，由于营养生长过旺，养料消耗过度，花的分化推迟，且花发育不良。增施磷肥，可增加花的数量，缺磷则抑制花芽分化。只有在氮肥适中，氮、磷、钾均衡供应的情况下，才会促进花的分化、增加花的数目。此外，若微量元素（如钼、锰、硼等）缺乏也会引起花发育不良，造成花器官形态或功能上的不正常，导致不能形成种子，如十字花科植物在缺硼时会发生"花而不实"现象。

5. 植物生长调节物质 花芽分化受内源激素的调控，外施生长调节剂也同样影响花芽的分化和花器官的发育。细胞分裂素、吲哚乙酸、脱落酸和乙烯可促进多种果树的花芽分化。赤霉素可促进某些石竹科植物花萼、花冠的生长，生长素对柑橘花瓣的生长也有促进作用。而有些生长调节剂或化学药剂会引起花粉发育不良，如乙烯利可引起小麦花粉败育。

二、花的性别分化

（一）植物性别类型

植物经过适宜环境条件的诱导后，顶端分生组织在花芽分化过程中，同时进行着性别分化（sex differentiation）。大多数植物在花芽分化中逐渐在同一朵花内形成雌蕊和雄蕊的两性花，这类植物称为雌雄同花植物（hermaphroditic plant），如水稻、小麦、棉花、大豆等。有些植物的花是单性花，即同一花中只有雄性花器或雌性花器。在同一植株上有雄花和雌花两种花的植物称为雌雄同株植物（monoecious plant），如玉米、黄瓜、南瓜等；在同一植株上只具一种单性花的植物称为雌雄异株植物（dioecious plant），如银杏、大麻、杜仲、番木瓜、菠菜等。在一些雌雄异株植物中，如大麻、菠菜，在雌、雄株之间还有一些中间类型。对于单性花植物，人们希望有更多的雌性花收获高产量的种子或果实，但收获纤维的麻类等植物则以雄株的产量和品质更好，有些中药材的雌、雄株药用品质和药效相差较大，在应用中均有特定的选择。

（二）雌雄个体的代谢差异

雌雄异株的植物，两类个体间的代谢方面存在差异。在桑、大麻、番木瓜等植物中，雄株的呼吸速率高于雌株，过氧化氢酶的活性比雌株高 50%～70%；银杏、菠菜等植物雄株幼叶的过氧化物酶同工酶的谱带数少于雌株。许多植物雌株的糖类、胡萝卜素、叶绿素的含量和 RNA 含量都高于雄株。另外，雌、雄株中的内源激素含量也存在明显差异，如大麻雌株叶片中的生长素含量较高，而雄株叶片中赤霉素含量较高；玉米的雌穗原基中有较高的生长素水平和较低的赤霉素水平，但在雄穗原基中恰恰相反，有高水平的赤霉素和低水平的生长素；在雌雄异株的野生葡萄中，雌株的细胞分裂素含量高于雄株。在实际生产中，可以根据这些差异在早期对植物的性别加以鉴定以便进行有选择性的栽培，但若能从种子或幼苗期就鉴定出植物性别则是最为理想的，这方面的研究尚在进行中。

（三）植物性别的遗传基础

大多数雌雄同株异花或雌雄异株的植物，其花器官发育早期均为两性的，但在花器官原基分化过程中，一种性器官原基分化不能进行或中止，另一种性器官得到完全发育至成熟就形成了单性花。植物性别表现类型的多样性有其不同的遗传基础。

许多雌雄异株植物的性别是由性染色体决定的，其中有的植物和动物性别决定相同，雄性个体有 XY 型染色体，而雌性个体中为 XX 染色体。如大麻的染色体是 $2n=20$，其中 18 个是常染色体，2 个是性染色体。在雌雄同株异花植物中，同一植株上产生不同性别的花，是由相关的性别基因控制在何时何处产生雄花或雌花的结果。这些性别基因的表达具有时间和空间的顺序性，与植株年龄有关，通常雄花出现在植株发育的早期，然后才出现雌花。如玉米的雄花先抽出，然后在茎秆的一定部位出现雌花。黄瓜、丝瓜等瓜类植株雄花着生在较低的节位上，而雌花着生在较高的节位上。环境条件（如光周期、温度、营养条件）及生长物质水平也影响性别决定基因的表达，从而可在一定范围内调节花的性别与比例。

（四）花器官发育的基因调控

1. 经典 ABC 模型 花器官的形成依赖于器官特征基因在时间顺序和空间位置的正确表达。有时花的某一重要器官位置发生了被另一类器官替代的突变，如花瓣部位被雄蕊替代，这种遗传变异现象称为花发育的同源异型突变（homeotic mutation）。控制同源异型花的基因称为同源异型基因（homeotic gene）。现已克隆了拟南芥和金鱼草花结构的多数同源异型基因，这些基因控制花分生组织特异性、花序分生组织特异性和花器官特异性的建立。Coen 等提出了花形态建成遗传控制的经典 ABC 模型假说，认为双子叶植物典型的花器官具有 4 轮基本结构，从外到内依次为萼片、花瓣、雄蕊和心皮（雌蕊）。通过对花器官的同源异型突变体的研究，发现这些基因按功能可分为 A、B、C 3 组：A 组基因控制第一、二轮花器官的发育，其功能丧失会使第一轮萼片变成心皮，第二轮花瓣变成雄蕊；B 组基因控制第二、三轮花器官的发育，其功能丧失会使第二轮花瓣变成萼片，第三轮雄蕊变成心皮；C 组基因控制第三、四轮花器官的发育，其功能丧失会使第三轮雄蕊变成花瓣，第四轮心皮变成萼片。花的 4 轮结构萼片、花瓣、雄蕊和心皮分别由 A、AB、BC 和 C 组基因决定（图 12-11）。这 3 组基因中任一组突变都会影响花分化中花器官原基的分化与成熟，其中控制雄蕊和心皮形成的那些同

图 12-11 植物花器官发育的 ABC 基因控制模型

源异型基因是最基本的性别决定基因。在拟南芥中，*APETALA1*（*AP1*）和 *APETALA2*（*AP2*）属于 A 组基因，*APETALA3*（*AP3*）和 *PISTILLATA*（*PI*）属于 B 组基因，*AGAMOUS*（*AG*）属于 C 组基因。经典 ABC 模型指出：每一类型的同源异型基因作用于相邻的两轮，当基因突变时其所决定的花器官表型发生变化；花同源异型基因的联合作用决定器官的发育；A 组基因和 C 组基因的表达不相互重叠，而是相互抑制，当 C 组基因丧失功能后，A 组基因在花的整个发育时期表达，反之亦然。该模型较好地解释了花同源异型基因的表达模式，阐明了花器官突变的分子机制，并能够预测单突变、双突变和三重突变体花器官的表型，因此被广泛接受。

2. ABCDE 模型 随着研究的深入，发现 ABC 三重突变体的花器官除了叶片外仍含有心皮状结构，而不像经典 ABC 模型预测的那样不再含有任何花器官状组织，预示着除 A、B、C 3 组基因外还

存在能促进心皮发育的基因。

通过对矮牵牛中影响胚珠发育突变体的研究，发现 MADS-box 基因 *FLORAL BINDING PROTEIN7*（*FBP7*）和 *FBP11* 会影响胚珠种子的发育，若干扰 *FBP11* 的表达，则会在形成胚珠的地方发育出心皮状结构，由此使人们认识到还存在与 C 组基因功能部分重叠的 D 组基因。在拟南芥中与 *FBP11* 同源的 D 组基因还有 *STK*（原名 *AGL11*）及 *SHATTERPROOF1*（*SHP1*）与 *SHP2*，它们和 *AG*、*STK* 互为冗余地控制着胚珠的发育。

通过调控 ABC 基因可以人为操控每轮花器官的发育状态，但却无法使叶片转变成花器官，表明由营养器官向花器官转变还有另一类花特征基因参与。在寻找与 ABC 组基因相互作用的蛋白时发现了 E 组基因：*SEPALLATA1*（*SEP1*）、*SEP2*、*SEP3*、*SEP4* 等。它们和其他组基因互作可以完成营养器官向生殖器官的转变，如 *SEP3* 与 B、C 组基因联合表达能够使叶片转化成雄蕊。在拟南芥中，ABC 组基因与 *SEP* 基因联合表达可以使叶片转化成为完整的花器官，由此证明 ABCE 基因联合作用决定了花器官特征。研究表明 SEP 的蛋白复合体能够激活 *AG* 的下游基因 *SHP2* 来完成花器官的发育。

ABCDE 模型（图 12-12）的提出丰富了 ABC 模型。值得注意的是 A、B、C、D 和 E 组基因都是同源异型的 MADS-box 转录因子，但它们如何参与对目标基因的调控的问题仍有待进一步研究。

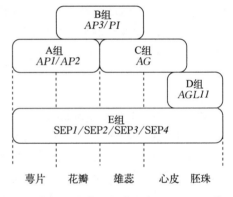

图 12-12　拟南芥花器官发育的 ABCDE 模型
（引自 Sangtae, 2005）

（五）环境对植物性别分化的影响

在雌雄同株异花植物中，一般是雄花先开，然后是两性花和雄花混合出现，最后才是单纯雌花，说明植株的性别分化会随植株年龄而发生变化。但环境条件，如光周期、温度、营养因素、植物激素等，往往也能改变植株雌、雄花的分化比例，即可影响植物的性别分化。

1. 光周期　经适宜光周期诱导的植物都能开花。但雌、雄花的比例却受诱导之后的光周期影响，总的来说，若植物继续处于诱导的适宜光周期下，会促进多开雌花；若处于非诱导光周期下，则多开雄花。如长日植物菠菜在经过长日诱导后，给以短日照处理，在雌株上可以形成雄花；短日植物玉米在光周期诱导后，继续处于短日照条件下则可在雄花序上形成果穗。

光周期不仅能调节开花，而且能控制性别表达和育性。光敏雄性核不育水稻是中国科学家发现的一种在短日照条件下可育，而在长日照条件下其花粉完全败育的水稻。这是一种自然发生的突变体，其特性取决于对日照长度敏感的一对隐性雄性核不育基因的表达。这种水稻的育性随光照长度变化而发生改变的现象称为育性转化。用经典的检测光敏色素作用的方法证明光敏色素是这种水稻接受光周期的光受体。光敏雄性核不育性的表现程度是一个依遗传特性、光周期性质和环境温度而变异的量值。

2. 温度　较大的昼夜温差条件与较低的夜温有利于许多植物的雌花发育。例如，较低的夜温促进南瓜、菠菜、大麻、葫芦等植物雌花的分化；番木瓜在低温下雌花占优势，在中温下雌雄同花的比例增加，而在高温下则以雄花为主。

3. 营养因素　一般土壤中水分和氮肥充足会促进雌花分化；而土壤干旱且氮少时，则促进雄花分化。在一些雌雄异株植物中，C/N 低时，可提高雌花的分化数目。

4. 植物激素　不同性别植株或性器官的植物激素含量有所不同。外施生长物质可以有效地控制植物的性别表现。生长素、细胞分裂素和乙烯可促进黄瓜雌花的分化，而赤霉素则促进雄花的分化。对于丝瓜、瓠瓜也是如此。因此在生产上使用的三碘苯甲酸（抗生长素）和马来酰肼（生长抑制剂）可抑制黄瓜雌花的分化，而抗赤霉素的矮壮素会抑制雄花的分化。农业生产中还常用烟熏来增加雌花数量，这是因为烟中具有不饱和气体（如 CO、乙烯等），CO 能抑制生长素氧化酶的活性，保持较高水平的生长素，因而促进雌花分化，但常会引起果实变小。同样的激素在不同植物中可能会起完全相反的作用，如赤霉素在玉米中促进雌花发育，而在黄瓜中却促进雄花发育，而且外施生长调节剂和内源激素的作用也不尽相同。但是植物激素参与性别调控的机制尚不清楚。

另外，伤害也会影响植株性别分化，如折伤番木瓜雄株地上部分或伤根，新产生的全是雌株；黄瓜断茎后长出的新枝也全开雌花。这可能与植物受伤后产生较多乙烯有关。

第五节　受精生理

有性生殖是由两性细胞结合形成合子再发育成子实的过程。有性生殖包括传粉、受精、果实与种子的发育和成熟等过程。这些过程涉及一系列生理生化变化，也是植物对环境影响的敏感时期。在生产中大多数农作物或果树都是以收获种子或果实为栽培目的，而种子或果实则是植物在受精后完成生殖生长的产物。植物在开花之后，经过花粉在柱头上萌发、花粉管伸长进入胚囊，完成雄性生殖细胞（精子）与雌性生殖细胞（卵细胞）融合的过程称为受精作用（fertilization）。受精与否，直接影响作物的经济产量，如水稻的空秕粒，玉米的"秃顶"，大豆和果树的落花，棉花的落蕾、落花、落果等，多是未完成受精造成的。

一、花粉萌发和花粉管生长

被子植物的花粉是在花药中产生的，花粉（pollen）是花粉粒（pollen grain）的总称，花粉粒是由小孢子发育而成的雄配子体。花药发育成熟后开裂，花粉粒散出。花药开裂后，成熟的花粉借助外力（重力、风、动物传播等）传到雌蕊柱头的过程称为传粉或授粉（pollination）。授粉是受精的前提，花粉传到同一花的雌蕊柱头上称为自花授粉（self-pollination）；而传到另一花的雌蕊柱头上称为异花授粉（allogamy），包括同株异花授粉及异株异花授粉。只有经异株异花授粉后才能发生受精作用的称为自交不亲和或自交不育。

（一）花粉和柱头生活力

成熟的花粉从花药中散发出来，在一定时间内有生活力，即有一定的寿命。一般刚散发出来的成熟花粉生活力最强，随时间延长花粉生活力下降。植物花粉生活力的大小，直接影响植物的受精效率和子实产量。自然条件下不同植物花粉的生活力存在很大差异。一般禾谷类作物花粉的生活力维持时间较短，如水稻花药开裂后，花粉的生活力在 5 min 后即下降 50% 以上；玉米花粉的生活力较长，但也只能维持 1～2 d；苹果、梨花粉的生活力可维持 70～210 d；向日葵花粉的生活力可保持 1 年。

花粉生活力保持时间长短也与环境条件有关。相对湿度在 20%～50%、温度控制在 1～5 ℃ 对大多数花粉储藏比较适合，因为这时花粉代谢强度较弱、呼吸作用较低、储藏物质消耗较少，有利于花粉较长时间保持生活力。如小麦花粉在 20 ℃ 时，只能存活 15 min 左右，在 0 ℃ 下可存活 48 h。此外，遮阴或黑暗及减小氧气分压条件下也有利于花粉的储藏。在杂交育种过程中，若遇亲本花期不遇，则需要先采集花粉，在适宜的条件下储藏以备用。干燥、低温、低氧的情况下有利于保持花粉的生活力。

柱头的生活力关系到花粉落到柱头上之后能否萌发、花粉管能否生长及受精能否成功，因此柱头的生活力与提高作物产量特别是杂交制种的产量和质量也有很大关系。柱头生活力持续时间的长短因植物种类而异。水稻柱头的生活力，一般情况下能维持 6～7 d，但其受精能力在开花后日趋下降，因此，以开花当日授粉较好。玉米雌穗花柱长度为当时穗长的一半时，柱头即开始有受精能力，花柱抽齐后 1～5 d 柱头受精能力最大，6～7 d 后开始下降，到第九天时急剧下降。在杂交水稻的制种中，如果以雄性不育系为母本，若能提高柱头的外露率和生活力，就能大幅度提高制种产量。

（二）花粉萌发和花粉管生长

具有生活力的花粉粒落在柱头上，被柱头表皮细胞吸附，并吸收表皮细胞分泌物中的水分而膨大，花粉内壁从外壁的萌发孔伸出成为花粉管，此过程称为花粉的萌发（图 12-13）。花粉萌发时，酶活性明显增强，呼吸速率剧增，蛋白质合成加快。

花粉管侵入柱头细胞间隙进入花柱的引导组织。花粉管在生长过程中，除耗用花粉粒本身的储藏物质外还从花柱介质中吸收营养供花粉管的生长和新壁的合成。花粉管的生长局限于顶端区。

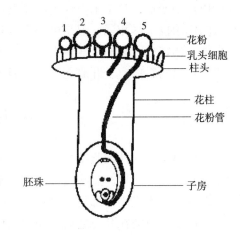

图 12-13　雌蕊的结构模式及花粉的萌发过程
1. 花粉落在柱头上　2. 吸水　3. 萌发
4. 侵入花柱细胞　5. 花粉管伸长至胚囊

花粉萌发需要适宜的水分（空气相对湿度）、温度等外部条件，同时对花粉本身、柱头的营养状态和化学成分也有严格要求。一般来说花粉成熟时，其大量的内含物经水解酶的作用分解为可溶性物质，具有较低的水势，花粉粒到达柱头后就能快速吸水。如果柱头细胞的水势低于花粉的水势，花粉就不易萌发。如果花粉外围的水势过高，花粉粒又易吸水过度而膨裂，导致原生质溢出而死亡。因此，空气过于干燥或相对湿度过高，都不利于花粉的萌发。此外，花粉萌发的温度最低点较高，如果开花期遇到低温，也会影响花粉萌发。如水稻开花期的适温为 30～35 ℃，若日平均气温低于 20 ℃，日最高气温持续低于 23 ℃，花药就不易开裂，授粉极难进行。如果温度过高，超过 40 ℃，则开颖后花柱易干枯，还易引起花粉失活，同样不利于受精。

一般认为是雌蕊组织中产生的向化性物质控制花粉管的可塑性，同时，由于雌蕊组织中的向化性物质分布的浓度不同，花粉管尖端就朝着向化性物质浓度递增的方向（胚珠）而定向延伸。Ca^{2+} 被认为是一种向化性物质，CaM 参与了花粉管生长的调控。生长的花粉管从顶端到基部存在着由高到低的 Ca^{2+} 浓度梯度，若破坏这种 Ca^{2+} 浓度梯度会导致花粉管生长异常或停滞。雌蕊中的助细胞与花粉管的定向生长也有关。如棉花的花粉管在雌蕊中生长时，花粉管中的信号物质（如赤霉素）会引起一个助细胞首先解体，并释放出大量的 Ca^{2+}，使花柱与珠孔间产生 Ca^{2+} 浓度梯度，因此，花粉管会朝 Ca^{2+} 浓度高的方向生长，最后穿过珠孔进入胚囊。硼能显著促进花粉萌发和花粉管的生长，一方面硼促进糖的吸收与代谢，另一方面硼参与果胶物质的合成，有利于花粉管壁的形成。在花粉培养基中加入硼和 Ca^{2+} 则有助于花粉的萌发。

花粉萌发和花粉管的生长与花粉密度有关，高密度的花粉量有利于花粉萌发和花粉管的生长，表现出群体效应（group effect），这可能是花粉本身带有激素和营养物质的缘故。因此，植物需要一定的花粉量才能获得较高的结实性。人工辅助授粉增加了柱头上的花粉密度，有利于花粉萌发群体效应的发挥，因此能提高受精率。

二、花粉与柱头的相互识别

（一）花粉与柱头的亲和性

植物通过花粉和雌蕊间的相互识别来阻止自交或排斥亲缘关系较远的异种、异属的花粉，而只接受同种的花粉。花粉落到柱头上后能否萌发，花粉管能否生长并通过花柱组织进入胚囊受精，取决于花粉与雌蕊间的亲和性（compatibility）和识别反应。

植物远缘杂交普遍存在不亲和。此外，被子植物中也存在较大比例的自交不亲和性（self-incompatibility，SI）现象，遗传学上自交不亲和性是受一系列复等位 S 基因控制，当雌雄双方具有相同的 S 等位基因时就表现不亲和。被子植物中存在两种自交不亲和类型：一种是配子体型不亲和（gamatophytic self-incompatibility，GSI），受花粉本身的基因控制，常见于豆科、茄科和禾本科的一些植物；另一种是孢子体型不亲和（sporphyric self‐incompatibility，SSI），受花粉亲本基因控制，多见于菊科、十字花科植物。两者发生不亲和的部位不同：GSI 可以发生在花柱组织内，也可以在花粉管与胚囊组织之间，有的甚至是花粉管释放的精子已达胚囊内，但仍不能与卵细胞结合；而 SSI 发生于柱头表面，表现为花粉管不能穿过柱头。远缘杂交不亲和性常会表现出花粉管在花柱内生长缓慢，不能及时进入胚囊等症状。

有研究指出，花粉与雌蕊柱头的亲和或不亲和，其生理学基础在于花粉壁中的糖蛋白与柱头乳突细胞表面的蛋白质薄膜和/或花柱介质中的蛋白质之间的相互作用。花粉的识别蛋白是由绒毡层产生的，存在于花粉外壁中。花粉粒落到柱头上后，即由花粉粒外壁释放蛋白质与柱头表面蛋白质薄膜相互作用，进行识别，从而决定了以后的一系列代谢过程。如果两者是亲和的，花粉内壁即释放角质酶前体，并被柱头蛋白质活化，蛋白质薄膜内侧的角质层溶解，花粉管便得以进入花柱。如果两者不亲和，便产生排斥反应，柱头的乳突细胞形成胼胝质阻碍花粉管进入，且花粉管尖端也被胼胝质封闭，花粉管无法继续生长；有时花粉根本不能萌发，致使无花粉管的形成。

远缘杂交不亲和性是植物保持种性的基本措施，而自交不亲和性是保障开花植物远系繁殖、克服自交退化的机制之一，有利于繁衍和进化。在植物杂交育种中，为了获得远缘杂交种子或自交种子，通过多种方法可克服这种不亲和性。

（二）克服不亲和性的途径

1. 蕾期授粉法 在蕾期雌蕊组织尚未成熟、不亲和因子尚未定型的情况下授粉，以克服不亲和性。在芸薹、矮牵牛等属的植物上采用此法已得到自交系的种子。

2. 花粉蒙导法 在授不亲和花粉的同时，混入一些失活的但保持识别蛋白的亲和花粉，从而蒙骗柱头，达到受精的目的。这种方法已使杨属与杨柳属、萝卜属与波斯菊属的属间杂交获得成功。

3. 重复授粉法 柱头上的识别物质是有一定数量的，也许只能抑制一定数量不亲和花粉萌发。如果用超量的花粉多次授予柱头，干扰识别反应，就有可能克服自交或异交不亲和性。

4. 物理化学处理法 采用变温、辐射、植物激素、盐溶液或抑制剂处理雌蕊组织，以打破不亲和性。因识别物质主要是糖蛋白，只要能引起蛋白质变性失活，就有可能解除不亲和性识别反应。如将柱头浸入 $32\sim60\ ^{\circ}\mathrm{C}$ 热水或在某个生育期将植株置于 $32\sim60\ ^{\circ}\mathrm{C}$ 的高温环境中，可解除黑麦、百合、番茄、樱桃、梨等植物的自交不亲和性。辐射改善亲和性的原因之一，可能是破坏了识别物质，如用强剂量（$0.516\ \mathrm{C/kg}$）的 X 射线处理牵牛花柱，可提高花粉在柱头上的萌发率。用生长素和萘乙酸处理花器，能抑制某些植物落花，这样就能使生长慢的不亲和花粉管在落花前到达子房，以部分克服不亲和性。用放线菌素 D 处理，可抑制花柱中 DNA 的转录，阻断识别蛋白的合成，亦可部分抑制花柱中自交不亲和的反应。

5. 增加染色体倍数 在甜樱桃、牵牛属及梨属等植物中，二倍体植株的自交往往不亲和，如将二倍体加倍成四倍体，就表现出自交亲和。

6. 细胞分子生物学手段 利用细胞杂交、原生质体融合、转基因技术及胚珠、子房等的离体培养，可克服植物原来自交不亲和性及种间或属间杂交的不亲和性。如把未受精的胚珠放在试管或培养皿中，授给花粉使之受精，这种试管授精法已使烟草、矮牵牛等植物的胚珠再生出植株。

三、授粉受精后的生理生化变化

花粉管经花柱进入子房后，多沿子房内壁生长。然后花粉管进入胚珠，在胚囊分泌的酶的作用下，引起尖端破裂，两个精细胞逸出，其中一个与卵细胞结合成合子，另一个与两个极核结合形成三倍体的初生胚乳核，从而完成双受精（double fertilization）过程。

从授粉到受精所需的时间，因植物种类而异。水稻在正常情况下，传粉后 30 min 花粉管就从珠孔进入胚囊，完成受精。小麦由于品种不同，授粉后 1～24 h 内开始受精。棉花在授粉后 36 h 左右花粉管进入胚囊。而有些植物从传粉到受精需要较长的时间，如兰花需几个星期乃至几个月。花粉管到达胚囊时间的长短，主要取决于花柱长度和花粉管的生长速度。

在花粉萌发和花粉管的生长过程中，除了花粉本身的呼吸剧增、物质合成加快以外，由于花粉不断地向花柱中分泌各种酶类，还会引起雌蕊组织代谢的剧烈变化。

传粉受精后，雌蕊组织的呼吸速率明显增加，比未传粉时增加 0.5～1 倍。同时吸收水分和无机盐的能力增强，糖类和蛋白质代谢加快。如玉米在传粉后，大量的磷由植株其他部位流入雌蕊，使雌蕊中的磷含量增加约 0.7 倍。

授粉后雌蕊的生长素含量明显提高，主要原因是花粉中含有能催化色氨酸转变为生长素的酶系，在花粉管生长过程中分泌到雌蕊组织中，在花柱和子房中合成大量的生长素，使柱头到子房中的生长素含量顺次递增。由于受精后雌蕊组织的生长素含量和呼吸速率剧增，使更多的水分、矿质和有机物向雌蕊组织中运输，子房便迅速生长发育成果实。

小 结

在高等植物的生活周期中，花芽分化是营养生长向生殖生长转变的转折点。完成幼年期生长的植株开花，还受到环境条件的影响，其中低温和光周期是成花诱导的主要外界条件。

一些二年生、多年生植物和冬性一年生植物的成花需要低温的诱导，即春化作用。不同类型的植物或品种通过春化所需的温度和时间不同。植物感受春化的部位是茎尖的生长点或其他能进行细胞分裂的组织。不同植物能接受春化的年龄不同，春化要求的温度和持续时间也不同。完成春化以后，植物能稳定保持春化刺激的效果，直至开花。在未完成春化过程之前，高温处理可引起去春化作用。

光周期对植物成花同样具有重要影响，植物对光周期的反应类型主要分为 3 类：短日植物、长日植物和日中性植物。感受光周期的部位是叶片。暗期长度对短日植物的成花诱导比日长更为重要。光敏色素参与了植物对光周期诱导的成花过程。

春化作用和光周期对控制花期和指导引种、育种与作物生产具有重要的应用价值。关于春化作用、光周期诱导作用的生物学机制还不十分明确，还存在深入探索的空间。

植物通过成花诱导以后，茎尖生长锥在形态和生理上发生较大变化形成生殖生长锥，经花芽分化形成花器官。花器官的数量、质量以及性别表现受到多种因素的影响。花的性别决定是遗传基因表达的结果，花器官形成的 ABCDE 模型说明花同源异型基因的相互作用最终影响花器官的形成。

花粉的生活力因植物种类有较大差别。花粉能否正常萌发和受精取决于花粉和柱头之间的亲和性。授粉和受精能引起雌蕊组织中生长素含量、呼吸速率增加，物质吸收与合成加快，进而使子房膨大形成果实。

复习思考题

1. 名词解释

花熟状态　去春化作用　再春化现象　光周期　短日植物（SDP）　长日植物（LDP）　日中性植物（DNP）　中日性植物（IDP）　长-短日植物（LSDP）　短-长日植物（SLDP）　两极光周期植物　临界日长　临界暗期　光周期诱导　雌雄异株植物　雌雄同花植物　自交不亲和　花粉蒙导法　花粉群体效应　ABC 模型　ABCDE 模型

2. 什么是春化作用？如何证实植物感受低温的部位是茎尖生长点？

3. 什么是光周期现象？举例说明植物的主要光周期类型。

4. 为什么说连续暗期长度对短日植物成花比光照长度更为重要？

5. 光受体如何参与光周期对植物的成花诱导过程？

6. 如何用实验证实植物感受光周期的部位以及光周期诱导开花刺激物的传导？

7. 春化和光周期理论在农业生产中有哪些应用？

8. 影响植物花器官形成的条件有哪些？

9. 研究植物的性别分化有何实际意义？影响植物性别分化的外界条件有哪些？

10. 简述花发育基因控制的 ABC、ABCDE 模型的主要内容。

11. 影响花粉生活力的外界条件有哪些？

12. 克服不亲和性的途径有哪些？

13. 植物受精过程中雌蕊组织中有哪些生理变化？

第十三章 ▶▶▶

植物的成熟和衰老生理

高等植物受精后，从受精卵开始，又进入了新一轮的个体发育，逐步发育形成种子和果实。其中受精卵发育成胚，胚珠发育成种子，子房壁发育成果皮，子房发育成果实。种子和果实在成熟过程中，不仅形态发生了很大的变化，而且其内部也发生了一系列复杂的生理生化变化。种子和果实发育的好坏，是下一代生长和发育的基础，也决定着作物产量的高低和品质的优劣。多数植物种子和某些植物的营养繁殖器官（如马铃薯块茎、洋葱鳞茎等）成熟后进入休眠状态，不能立即萌发，这是它们对环境的一种适应性。只有在适宜的条件下才能打破休眠，开始萌发。但为了生产的需要，可人为地破除休眠或延长休眠。伴随种子和果实的形成，植株渐趋于衰老，有些植株器官还会发生脱落。所以，了解种子和果实的成熟生理，研究和调控植物休眠、衰老和脱落，具有重要的理论和实践意义。

第一节　种子成熟时的生理生化变化

一、储藏物质的变化

种子发育到一定程度便达到成熟，在种子成熟过程中储藏物质的变化基本上与种子萌发时的变化相反，植株营养器官制造的养料以可溶性的小分子化合物（如葡萄糖、蔗糖、氨基酸等）的形式运往种子，在种子中逐渐转化为不溶性的高分子化合物（如脂肪、淀粉、蛋白质等），并储藏在子叶或胚乳中。

1. 糖类的变化　以淀粉为主要储藏物质的种子，称为淀粉种子，如水稻、小麦、玉米等禾谷类作物的种子，在其成熟过程中伴随可溶性糖含量的降低，同时不断积累淀粉。如小麦种子成熟时，胚乳中的蔗糖与还原糖（果糖和葡萄糖）的含量逐渐减少，而淀粉的含量急剧增加（图 13 - 1），这表明淀粉是由可溶性糖转化而来的。在形成淀粉的同时，这些可溶性糖也能形成构建细胞壁的不溶性物质，如纤维素、半纤维素等。水稻种子成熟过程中糖类的变化与小麦相似。禾谷类种子成熟要经过乳熟、糊熟、蜡熟和完熟（黄熟）4 个时期，淀粉的积累以乳熟和糊熟两个时期最快，因此该时期干重增加迅速。与糖类变化相关的催化淀粉合成的酶类，如 Q 酶、淀粉磷酸化酶等，其活性相应升高。

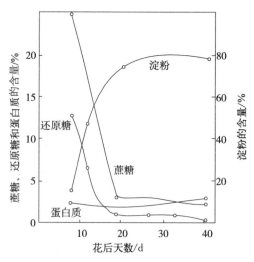

图 13 - 1　小麦种子成熟过程中胚乳主要糖类和蛋白质含量的变化

2. 蛋白质的变化　豆科植物种子大多富含蛋白质（占种子干重的 40％ 以上），称为蛋白质种子。成熟的禾谷类种子中也含有较多的蛋白质（占种子干重的 7％～16％）。蛋白质种子首先由叶片或其他营养器官的氮素以氨基酸或酰胺形式运至荚果，在荚皮中氨基酸或酰胺合成暂时储藏状态的蛋白质，然后分解，以酰胺态运至种子再转变为氨基酸，最后合成种子中的储藏蛋白。种子储藏蛋白的生物合成在种子发育的中后期开始，至种子干燥成熟阶段终止，其合成速度很快，并且不发生降解，因而积累也快。根据种子蛋白质的溶解性可分为清蛋白、球蛋白、谷蛋白和醇溶蛋白 4 类，大多数是储藏蛋白，没有明显的生理活性，主要功能是提供种子萌发时所需的氮和氨基酸。

3. 脂肪的变化　大豆、花生、油菜、蓖麻、向日葵等种子中脂肪含量很高，称为脂肪种子或油料种子。油料作物种子成熟过程中脂肪代谢的特点表现为：①随着种子的成熟，籽粒干重和脂肪含量不断升高，而淀粉和可溶性糖等糖类含量不断下降（图 13-2）。这说明脂肪是由糖类转化而来，并且种子发育初期很少合成，但随后有一个迅速合成的时期。②种子成熟初期先形成饱和脂肪酸，然后转化为不饱和脂肪酸，因此其碘值［中和 100 g 油脂所能吸收碘的质量（g）］随种子成熟度增加而提高。③种子成熟初期形成的脂肪中含有较多游离脂肪酸，随着成熟度的增加，游离脂肪酸含量逐渐减少，用于合成脂肪，使种子的酸价［中和 1 g 油脂中游离脂肪酸所需的 NaOH 质量（mg）］逐渐降低。未成熟的种子酸价高，所以这样的种子收获后，不但油脂含量低，而且油脂的质量也差。

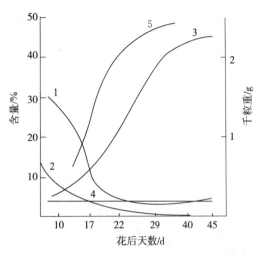

图 13-2　油菜种子成熟过程中各种有机物变化情况
1. 可溶性糖　2. 淀粉　3. 千粒重　4. 含 N 物质　5. 粗脂肪

4. 非丁的变化　肌醇六磷酸（植酸）是植物种子中磷酸的主要储藏物，占储藏磷酸总量的 50% 以上。当种子成熟脱水时，肌醇六磷酸常与钙、镁等结合，形成植酸钙镁，即非丁（phytin）。因此，随着种子的成熟，非丁的含量逐渐增加。很多植物种子中的无机磷都是以非丁的形式积累，例如水稻种子成熟时，80% 的磷以非丁的形式储藏于糊粉层中。当种子萌发时，在植酸酶的作用下，非丁分解释放出无机磷、钙和镁，供种胚生长。有人认为，非丁是禾谷类等淀粉种子中磷酸的储备库与供应源，是植物对无机磷含量的一种自动调控方式。

二、呼吸速率的变化

种子成熟过程是一个有机物合成与积累的过程，需要通过呼吸作用提供大量能量。因此，种子内有机物的积累与其呼吸速率存在着平行关系，即有机物质积累迅速时，呼吸速率亦高；有机物质积累缓慢（种子接近成熟）时，呼吸速率也逐渐降低。如水稻种子在成熟过程中，呼吸速率呈单峰曲线，即在种子形成初期（乳熟期）呼吸逐步增强，到糊熟期达到高峰，然后逐渐下降（图 13-3）。

三、含水量的变化

种子含水量的变化与其干物质的积累相反，但与呼吸作用的变化相似，即随着种子的成熟，其含水量逐渐降低（图 13-4）。种子成熟时幼胚中具有浓缩的原生质而无液泡，自由水含量很少，随着含水量的下降，种子的生命活动由活跃状态转入代谢微弱的休眠状态。

四、内源激素的变化

种子成熟过程受多种内源激素的调节控制，因此种子内源激素的种类和含量都在不断地发生变化。以小麦为例，胚珠受精前玉米素含量极低，受精末期达到最高，然后下降；受精后籽粒开始生长时 GA 浓度迅速升高，受精后第 3 周达到高峰，然后减少；胚珠内 IAA 含量极低，受精时略有增加，然后减少，籽粒膨大时再度增加，当籽粒鲜重最大时其含量最高，籽粒成熟时几乎测不出其活性；此

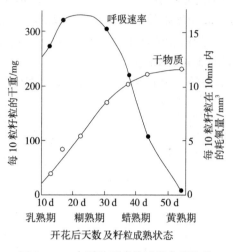

图 13-3　水稻种子成熟过程中干物质
及呼吸速率的变化

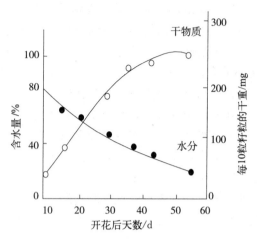

图 13-4　水稻种子成熟过程中干重
及水分的变化

外，籽粒成熟期间 ABA 含量大大增加。种子发育过程中，内源激素的出现有一定的顺序规律（图13-5），这种变化可能与这些激素的生理作用有关。首先出现的是 CTK，可能调节籽粒形态建成的细胞分裂过程；其次是 GA 与 IAA，可能调节有机物质向籽粒运输与积累的过程；最后是 ABA，可能与控制籽粒的休眠过程有关。

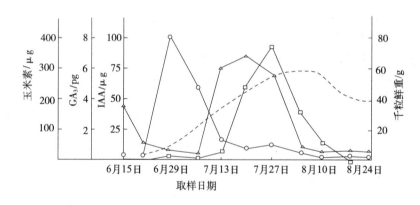

图 13-5　小麦籽粒发育过程中各类激素的动态变化

［1 000 粒籽粒中玉米素（○）、GA（△）、IAA（□）含量的变化，虚线表示千粒鲜重的变化］

第二节　种子及延存器官的休眠

一、休眠的概念和适应意义

多数植物的生长都会经历季节性的不良气候时期，如温带地区一年四季的光照、温度和降水量等差异十分明显，如果不存在某种防御机制，植物便会受到伤害或致死。休眠（dormancy）是指植物的整体或某一部分生长极为缓慢或暂时停止生长的现象，是植物抵御和适应不良自然环境的一种自身保护性的生物学特性。

植物的休眠有多种形式，如一、二年生植物大多以种子为休眠器官，即种子休眠；多年生落叶树以休眠芽过冬，多年生草本植物则以休眠的根系、鳞茎、球茎、块根、块茎等度过不良环境，即芽休眠。

无论种子休眠还是芽休眠，都是植物经过长期进化而获得的一种对环境条件及季节性变化的生物学适应性。例如，温带地区的植物在秋季形成种子后，通过休眠来避免冬季严寒的伤害。禾谷类作物种子由于具备短暂的休眠期，可以避免谷粒在穗上萌发（特别是在收获期遇上阴雨天气），不但保持了物种的延存，而且对人类生产也有益处。树木的叶片秋季脱落的地方形成不透水、不透气的芽，使其在不适宜生长的条件到来前，做好防御准备。这些都是适应环境的保护性反应。

此外，田间杂草种子具有复杂的休眠特性，萌发期参差不齐，由于陆续出土难于防治而给作物带来很大危害。对杂草种子休眠特性的研究，将有助于防除杂草，提高作物产量。

二、种子的休眠

（一）种子休眠的类型

根据休眠的深度和原因，通常将休眠分为强迫休眠（force dormancy）和生理休眠（physiological dormancy）两种类型。由生长的环境条件不适宜而引起的休眠称为强迫休眠，当外界条件适于生长时，植物能够立即解除休眠恢复生长。由植物自身内部原因造成的休眠称为生理休眠，也叫真正休眠。一般所说的休眠主要是指生理休眠。

（二）种子休眠的原因

1. 种皮限制 苜蓿、紫云英等豆科植物的种子，以及锦葵科、藜科、茄科等有些植物的种子，种皮较厚、结构致密，或附有角质和蜡质，致使种皮不能透水或透水性差，这些种子称为硬实或铁子。另有一些植物（如椴树）的种子，其种皮不透气，外界氧气不能进入，而种子中的二氧化碳又在内部积累，不能排出，从而抑制胚的生长。还有些植物的种子，如苋菜等，虽能透水、透气，但因种皮太硬或过厚，使胚不能正常穿出。

2. 种子未完成后熟 有些植物的种子采收后在形态上已经发育完全，但在生理上还未成熟，需继续进行一系列生理生化变化达到真正的成熟才能萌发，这种现象称为后熟作用（after ripening）。例如，一些蔷薇科植物（苹果、梨、桃、李、杏等）以及松柏类植物的种子必须经过一段后熟作用积累种子萌发所需要的物质，才能萌发。

一般认为，在后熟过程中，种子内的淀粉、蛋白质、脂类等有机物的合成作用加强，呼吸渐弱，酸度降低。经过后熟作用后，种皮透性增加，呼吸增强，有机物开始水解，ABA 含量下降，CTK 含量先上升，以后随着 GA 含量上升而下降。

3. 胚未完全发育 一般植物种子成熟时，胚已分化发育完全。但也有一些植物的种子，采收时从外部看已经成熟，但内部的胚还很幼小，其分化发育尚未完成，还需从胚乳中吸取养料，继续生长发育一段时间，直到完全成熟，才能萌发。如欧洲白蜡树种子（图 13-6）以及银杏、人参、冬青、当归等植物的种子都属这一类。

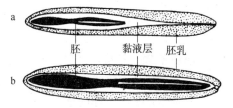

图 13-6 欧洲白蜡树的种子
a. 刚收获 b. 在湿土中储藏 6 个月

4. 抑制物的存在 有些植物的种子不能萌发，是由于果实或种子内存在抑制种子萌发的物质。萌发抑制物的种类较多，如氨（某些含氮物质在适当的酶作用下释放出来的）、氢氰酸（扁桃苷等释放的）、芳香油类、生物碱、有机酸（水杨酸、阿魏酸等）、酚类、醛类（乙醛、苯醛）、某些盐类（$NaCl$、$CaCl_2$、$MgSO_4$ 等）等。种子中只要含有足够量的抑制物即可抑制其萌发。此外，有些氨基酸（色氨酸、丙氨酸、甘氨酸等）也能抑制种子萌发。还有些种子的休眠是由于脱落酸的存在而引起的，如红松种子。

萌发抑制物的种类及其存在部位，因不同植物而异。例如，向日葵的萌发抑制物存在于花盘、果皮和种子的胚乳中；梨、苹果、番茄、黄瓜、西瓜、甜瓜、柑橘等抑制物存在于果肉、果汁中；水稻、大麦、荞麦、苍耳、甘蓝等抑制物存在于种皮内；鸢尾、莴苣等抑制物存在于胚乳中；菜豆等抑制物存在于子叶中；野燕麦等抑制物存在于稃壳中；而红松种子的抑制物在各部位都有。当种胚与抑制物所在部位彼此分开存在时，或在储藏过程中，经过后熟过程的生理生化变化，抑制物浓度下降后，即不再抑制种子萌发。

抑制物的存在具有重要的生态学意义。例如，沙漠中有些植物的种子存在抑制物，只有大量降雨将这些抑制物洗脱之后种子才能萌发，保证了已萌发的种子不致因缺水而枯死，从而适应干旱的沙漠环境。

三、芽休眠

芽休眠（bud dormancy）是指植物生活史中芽生长的暂时停顿现象。多年生木本植物遇到不良环境时，其节间缩短，芽停止抽出，并在芽的外层出现芽鳞等保护性结构，以便度过低温或干旱等环境。当逆境结束后，芽鳞脱落，新芽伸长，或抽出新枝（叶），或开出花朵（花芽）。由此可见，叶、枝、花等均是以芽的原始体形式通过休眠期（dormancy stage），这是一种良好的生物学特性。芽休眠不仅发生于植株的顶芽、侧芽和花芽，也发生于根茎、块茎、球茎、鳞茎，以及水生植物的休眠冬芽。

1. 日照长度与芽休眠　日照长度是诱发和控制芽休眠最重要的因素。木本植物的芽休眠已被证明是一种光周期现象，由短日照引起，并被长日照解除；而铃兰、洋葱等则相反，长日照诱发其休眠。日照诱发植物芽休眠具有临界日长现象，如板栗、苏合香等植物，需在短于其临界日长的日照长度下，才能引起休眠，长于临界日长的日照则不发生休眠。

前面已讲过与开花有关的光周期刺激是由叶片感受的，但是在很多情况下，树芽休眠时，叶片已脱落，此时芽可感受短日照而进入休眠（如山毛榉）；不过对另一些尚未落叶的植物来说，秋季的短日照仍然是由成熟叶片感受的。

2. 引起芽休眠的其他因素　短日照并不是促进休眠的唯一原因。有些树木对日照长度不很敏感，如苹果、梨和李等果树。研究表明，植物激素（如ABA、乙烯）、氨、芥子油、氰化氢、多种有机酸等都是芽休眠的促进物。短日照之所以能诱导芽休眠，就是因为短日照促进了ABA含量的增加。在休眠芽恢复生长时，其树木提取物中的CTK增加。

此外，水、营养元素缺乏（氮素缺乏更明显）等都会引起或加速芽休眠。

四、休眠的破除和延长

（一）种子休眠的破除

由于种子的休眠给生产带来不便，因此可根据其休眠原因的不同，采取相应的措施来解除休眠，促进萌发。

1. 机械破损　种皮厚、结构坚硬的铁子，在自然情况下，可由细菌和真菌分泌的酶类去水解其种皮中的多糖及其他组成成分，使种皮变软，易于水分和气体透过，但这样需要较长的时间。生产上一般采用物理方法促使种皮透水、透气，例如机械切割或削破种皮，碾磨擦破种皮等。紫云英、苜蓿和菜豆等种子常采用此法促进其萌发。

2. 低温湿沙层积处理（沙藏法）　需要完成后熟的种子，如苹果、梨、桃、白桦、山毛榉等，都用此法破除休眠。层积处理（stratification）的方法是将种子和湿沙分层铺埋（或相混埋放），置于$1\sim10\,℃$阴湿环境中$1\sim3$个月，即可有效解除休眠，完成后熟作用。在层积处理期间，种子内的抑制物含量下降，而GA和CTK含量增加。通常适当延长低温处理时间，能促进种子萌发。

3. 化学方法　用氨水（1∶50）处理松树种子或用98%浓硫酸处理皂荚种子1 h（此法必须注意安全），清水洗净，再用40℃的温水浸泡，可打破休眠，提高发芽率；用0.1%～0.2%的过氧化氢溶液浸泡棉籽24 h，能显著提高发芽率（过氧化氢分解释放的氧气可供给种子）；也可用有机溶剂除去蜡质或脂类种皮成分，以打破休眠，如用乙醇处理莲子，可增加其种皮的透性。此外，许多作物（如稻、麦、棉花）或经济植物（如龙胆、人参、银杏等）的种子亦可用GA_3（$5\sim50$ mg/L）处理，打破休眠，促进其萌发。

4. 清水冲洗　由于抑制物的存在而休眠的种子或器官，如番茄、甜瓜、西瓜等的种子，从果实中取出后，需用清水反复冲洗，以除去附着在种子上的抑制物，从而解除休眠、提高发芽率。

5. 日晒或高温处理　小麦、黄瓜和棉花等的种子，经日晒或 35～40 ℃温水处理，可打破休眠，促进萌发；油松和沙棘的种子在 70 ℃水中浸种 24 h，可增加其种皮透性，促进萌发。

6. 光照处理　这主要是对需光种子破除休眠的方法。不同的需光种子对光照的要求不同，有些需光种子一次性感光就能萌发，如泡桐种子；而有些种子则需经 7～10 d，每天 5～10 h 的光周期诱导才能萌发，如八宝树、榕树、团花等。

此外，X 射线、超声波、高低频电流、电磁场等物理方法，也有破除种子休眠的作用。

（二）芽休眠和延存器官休眠的破除

芽休眠破除主要由温度或长日照所控制。许多木本植物休眠芽需经历 260～1 000 h、0～5 ℃的低温才能破除休眠。芽休眠经受一定时期的低温后可以得到破除。有些未经低温处理的休眠植株给予长日照或连续光照，也可破除休眠。

高温突然降临，可提早打破休眠，将植株地上部分浸于 30～35 ℃的温水中，12 h 后即可破除芽休眠。应用此法可使丁香和连翘提早开花。外源施用 GA 可代替低温或长日照而打破休眠，如马铃薯块茎（GA 浓度为 0.5～1.0 μL/L）、葡萄枝条、桃树苗（GA 浓度为 4 000 μL/L）等。此外，用某些化学试剂如乙酸气熏、硫脲（5 g/L）浸泡等也可打破休眠，促进发芽。

（三）休眠的延长

在生产实践中，除需要打破休眠外，也有需要延长休眠防止发芽的情况。例如，小麦、水稻及花生等种子休眠期很短，成熟后若遇到阴雨天气，就会在穗上萌发（穗发芽）或土中发芽，影响产量和质量，造成损失。为此，可在种子成熟时喷施 PP_{333} 或烯效唑等植物生长延缓剂，延缓种子萌发。

马铃薯块茎及洋葱、大蒜鳞茎在长期储藏后，度过休眠期就要萌发，这会失去它的商品价值，同时，还会产生龙葵素等有毒物质，而不能食用，所以要设法延长其休眠。用 40％的萘乙酸甲酯粉（用泥土混制）处理马铃薯块茎及洋葱、大蒜鳞茎等延存器官，可安全储藏。

第三节　果实的生长和成熟

果实的生长和成熟过程是从受精后子房（及其花的其他部分）开始膨大到果实形成，由幼小果实发育成为成熟果实的整个过程。成熟的果实经过一系列的质变，达到最佳食用的阶段，称为果实的完熟（ripening）。通常所说的成熟也往往包含了完熟过程。

一、果实的生长

（一）果实的生长曲线

果实的生长与其他器官一样，是细胞分裂和扩大的结果，其体积和质量的增加也不是平均进行的。不同植物果实的生长周期性呈现出不同的特点。果实的生长曲线基本可分为 3 种类型。

1. 单 S 形生长曲线　肉质果实（如苹果、梨、香蕉、草莓、柑橘、番茄、甜瓜等）的生长一般和营养器官一样，呈单 S 形生长曲线（single sigmoid growth curve），即初期的生长速率较慢，以后逐渐加快，达到高峰后又逐渐减慢，最后停止生长（图 13 - 7）。这种慢—快—慢生长节奏的表现是与果实中细胞分裂、膨大（伸长）、分化及其成熟的节奏相一致的。

2. 双 S 形生长曲线　有些核果（如桃、李、杏、樱桃）及一些非核果（如葡萄、山楂、无花果、柿等）的生长曲线则呈双 S 形

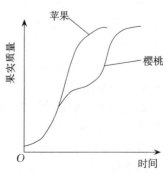

图 13 - 7　果实的生长曲线

（double sigmoid growth curve），即在果实生长的中期有一个缓慢生长期，表现出慢—快—慢—快—慢的生长节奏（图 13 - 7）。中期的缓慢生长期正是果肉暂停生长、内果皮木质化、果核变硬、珠心及珠被也停止生长，但幼胚迅速生长的时期。而第二个迅速生长期，主要是中果皮细胞的膨大和营养物质大量积累的时期。

3. 三 S 形生长曲线 已经发现猕猴桃果实的生长曲线是三 S 形的，在其果实生长过程中出现 3 个快速生长期，表现出慢—快—慢—快—慢—快—慢的生长节奏。

（二）单性结实

果实的生长与受精后子房中 IAA 含量增多有很大关系。在大多数情况下，植物通过受精作用，引起子房 IAA 含量增多，刺激子房膨大，形成含有种子的果实，但是也有不经受精作用而结实的现象。这种不经过受精作用，子房直接膨大而形成没有种子的果实的现象，称为单性结实（parthenocarpy）。所形成的果实，称为无籽果实（seedless fruit）。单性结实可分为 3 种类型。

1. 天然单性结实 不经授粉、受精或其他任何刺激而形成无籽果实的现象，称为天然单性结实（natural parthenocarpy）。如香蕉、菠萝和有些葡萄、柑橘、无花果、柿子、黄瓜等，个别植株或枝条发生突变，形成无籽果实（将突变枝条剪下来进行无性繁殖，可形成无核产品）。天然单性结实的原因，一方面与花粉败育有关；另一方面无核品种果实的子房中 IAA 含量高于有核品种，并在开花之前开始积累，促使子房不经受精作用而膨大。

2. 刺激性单性结实 在外界环境条件的刺激下而引起的单性结实，称为刺激性单性结实（stimulative parthenocarpy）。例如，较低温度和较高光照度可诱导番茄产生无籽果实；短光周期和较低夜温可引起瓜类作物单性结实；外源生长调节剂（如 2,4 - D、NAA 等）处理花蕾或花序，可诱导一些植物如番茄、茄子、辣椒、无花果及西瓜等单性结实。GA 也可以诱导单性结实，同时可促进果实增大。

3. 假单性结实 有些植物授粉受精后，由于某种原因而使胚停止发育，但子房或花托继续发育，亦形成无籽果实，这种现象称为假单性结实（fake parthenocarpy）。例如，无核柿子、无核白葡萄等。

二、果实呼吸跃变

随着果实的成熟，其呼吸速率发生着规律性的变化。一般来说，幼果期，细胞分裂迅速，呼吸速率很高；随着果实体积的不断增大，呼吸速率逐渐降低，然后急剧升高，最后又下降。果实在成熟之前发生的这种呼吸突然升高的现象称为呼吸跃变（respiratory climacteric）。根据果实成熟过程中有无呼吸跃变现象，可将果实分为两种类型，即跃变型果实和非跃变型果实。跃变型果实有苹果、梨、香蕉、番茄、桃等（图 13 - 8）；非跃变型果实有柑橘、柠檬、葡萄、草莓、凤梨等。

跃变型果实和非跃变型果实的主要区别是，前者含有复杂的储藏物质（淀粉或脂肪），在摘果后达到完全可食状态前，储藏物质强烈水解，呼吸加强，而后者并不如此。通常，跃变型果实成熟比较迅速，而非跃变型果实成熟比较缓慢。在跃变型果实中，香蕉的呼吸跃变出现较早，淀粉水解迅速，成熟较快；而苹果的呼吸跃变出现较迟，淀粉水解较慢，因此，成熟相对也慢一些。一般把呼吸跃变的出现作为果实成熟的生理指标，它标志着果实成熟达到可食用的最佳状态，同时也标志着果实已开始衰老，不耐储藏。

研究表明呼吸跃变正在进行或正要开始前，其内部乙烯的含量明显升高，呼吸跃变的出现是由果实内乙烯的产生而引起的。跃变型果实与非跃变型果实在乙烯生成的特性和对乙烯的反应效应方面都不同。跃变型果实成熟过程中既有系统 I 的作用，又有系统 II 的作用，乙烯释放效率很高。而非跃变型果实成熟过程中只有系统 I 作用，缺乏系统 II，乙烯生成速率低。对于跃变型果实，外源乙烯只在跃变前起作用，诱导呼吸上升，同时启动系统 II，形成乙烯自我催化，促进乙烯大量释放，但不改变呼吸跃变顶峰的高度，且与处理所用乙烯浓度关系不大，其反应是不可逆的。对于非跃变型果实，外源乙烯在整个成熟期间都起作用，可提高果实的呼吸速率，且呼吸速率增加与处理乙烯的浓度密切相关，其反应是可逆的，但外源乙烯不能促进非跃变型果实内源乙烯的增加。乙烯能促进呼吸跃变的机制在于：一方面，乙烯可增加果皮细胞的透性，加速气体交换，加强内部氧化过程，加速果实成熟；另一方面，乙烯可诱导呼吸酶mRNA 的合成，提高呼吸酶含量与活性，并能显著诱导抗氰呼吸，加速果实成熟与衰老。

生产上可控制呼吸跃变的来临，以提早或推迟果实的成熟。例如，降低温度和 O_2 的浓度（提高 CO_2 浓度或充氮气），延迟呼吸跃变的出现，可推迟果实成熟。反之，提高温度和 O_2 浓度，或施以乙烯，都可以刺激呼吸跃变早临，加速果实成熟。乙烯甚至可以诱导本来没有跃变的果实产生呼吸高峰，如橘和柠檬。

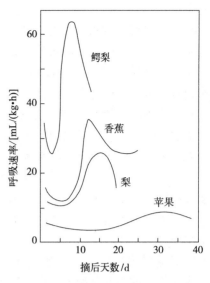

图 13 - 8　果实成熟过程中的呼吸跃变

果实催熟很早就引起了人们的注意，如温水浸泡柿子，酒喷青蜜橘，烟熏香蕉，乙烯利处理番茄、香蕉、柿子、棉花等传统技术已广泛使用；近年来采用的气控法、基因工程技术获得耐储番茄品种等例子，也愈加引起人们的广泛关注和应用。

三、肉质果实成熟时的生理生化变化

1. 淀粉转变为可溶性糖（果实变甜）　未成熟果实储存的糖类以淀粉为主，随着果实成熟度的增加或呼吸跃变的出现，淀粉逐渐被转化为葡萄糖、果糖、蔗糖等可溶性糖，并积累在液泡中，而淀粉含量越来越少，使果实甜度随之增加。例如，香蕉果实从绿到黄，淀粉可从占鲜重的 20% 以上降到 1% 以下，同时可溶性糖的含量上升到 15% 左右。果实的甜度与糖的种类有关，如以蔗糖甜度为 1，则果糖为 1.03～1.5，葡萄糖为 0.49。不同果实所含可溶性糖的种类不同，如苹果、梨含果糖多；桃含蔗糖多；葡萄含葡萄糖和果糖多，而不含蔗糖。通常，在日照充足、温度较高、昼夜温差大、降水量少的条件下，果实的含糖量高，这也是新疆吐鲁番哈密瓜和葡萄等水果特别甜的原因所在。

2. 有机酸的变化（酸味减少）　在未成熟果实的果肉液泡中，存在大量的有机酸，使果实带有酸味。例如，苹果、梨中主要含有苹果酸，葡萄主要含酒石酸，柑橘和菠萝中主要含柠檬酸，黑莓主要含异柠檬酸。随着果实的成熟，有机酸一方面作为呼吸底物，被氧化成 CO_2 和水；另一方面与 K^+、Ca^{2+} 等形成盐，或转变成糖。所以，酸味下降，甜味增加。图 13 - 9 是苹果成熟期淀粉转化为糖及有机酸含量降低的情况。

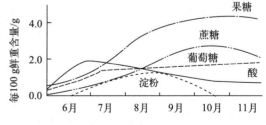

图 13 - 9　苹果成熟期有机物质的变化
（引自潘瑞炽，2004）

果实中糖和酸含量的比值，即糖酸比，是决定果实品质的重要因素之一。糖酸比越高，果实越甜。但一定的酸味往往能够体现一种果实的特色。

3. 单宁物质的变化（涩味消失）　未成熟的柿子、李子等果实有涩味，这是由于细胞液内含有单宁等物质。单宁属于多酚类物质，可以保护果实免于脱水及病虫侵染。果实成熟过程中，单宁被过氧化物酶氧化成无涩味的过氧化物，或活性单宁进一步浓缩成为不溶于水的胶状物，因此涩味消失。

4. 芳香物质的生成（香味产生） 果实成熟时能够产生一些具有香味的物质，主要是醇类、醛类、酯类、酚类、杂环化合物、萜类、碳氢化合物和含硫化合物等。例如，苹果的香味是乙基-2-甲基-丁酸，香蕉的香味是乙酸戊酯，橘子的香味是柠檬醛。还有些果实的香味物质可大量挥发，这些香味物质可决定果实的食感，也可作为果实开始成熟的标志。

5. 果胶物质的变化（果实变软） 果实软化是成熟的一个重要特征。引起果实软化的主要原因是细胞壁物质的降解。未成熟的果实生硬，是因为果肉细胞壁中层沉积着不溶于水的原果胶物质。果实成熟期间多种与细胞壁有关的水解酶活性上升，细胞壁结构成分及聚合物分子大小发生显著变化。随着果实的成熟，原果胶被原果胶酶分解，产生可溶性的果胶或果胶酸；果胶还可在果胶酶的作用下形成半乳糖醛酸。由于胞间层溶解，果肉细胞彼此分离。此外，纤维素酶降解纤维素，使纤维素长链变短。果实的果肉细胞中内含物由不溶状态变为可溶态（淀粉变为可溶性糖）。以上种种原因综合作用使果实变软。

6. 色素的变化（色泽变艳） 果实成熟时的颜色变化，是最熟悉和易观察的成熟标志之一。多数果实成熟时，绿的底色消失，变成黄色、橙色、红色、蓝色或其他鲜艳的颜色。果色的变化通常是由于叶绿素的降解和类胡萝卜素或花色素苷等其他色素稳定或不断合成积累的结果。苹果成熟时变黄，是胡萝卜素增加的结果，此时胡萝卜素合成超过叶绿素和叶黄素；柑橘成熟过程中类胡萝卜素增加；而柚和柠檬的浅色是类胡萝卜素减少的结果；番茄的红色是在其后熟期间番茄红素增多（提高10倍）的结果，所以常以番茄的颜色变化来判断其成熟度。光照可促进花色素苷的合成，因此树冠外围果实或果实的向阳面色泽鲜艳。糖类的积累与花色素苷的合成也具有密切关系，果实成熟期间，足够的可溶性糖的积累促进花色素苷的合成，因此在光照充足、昼夜温差较大的地区，果实形成花色素苷较多，利于果实着色。

四、果实成熟的机制及其调控

（一）果实成熟的机制

果实成熟是一个非常复杂的过程，有研究表明果实成熟与基因表达密切相关，并受到激素和环境因子的影响和调控。

果实的成熟过程是在多种内源激素协同作用下进行的。例如苹果，一般在幼果生长时期，IAA、GA、CTK 的含量增高，至果实成熟时，这些激素的含量都下降到最低点，而与此同时，乙烯和 ABA 含量则升高。其中乙烯对果实的成熟影响最大，一方面，乙烯诱导呼吸跃变的出现；另一方面，乙烯刺激水解酶类合成，促进不溶性物质水解为可溶性物质，使果实向着成熟的方向转化。

猕猴桃果实采后初期，ABA 含量迅速升高，在2～4 d 达到最大值，之后快速下降；在 ABA 下降过程中，乙烯进入跃变期，果实后熟进程加快。乙烯通过影响乙烯反应元件，如转录因子 EIN3 家族，调节乙烯反应基因的转录水平，提高纤维素酶、成熟相关基因水平，从而促进果实成熟。

多胺可负反馈调控脂氧合酶（LOX）途径的 LOX 自我活化，抑制 ACC 向乙烯转化，调节细胞膜脂过氧化作用和乙烯的生物合成，在果实的成熟衰老进程中发挥作用。LOX 途径是高等植物脂肪酸氧化的途径之一，产物直接或间接地促进植物组织衰老。有研究发现 LOX 的活性变化与猕猴桃果实软化呈极显著的负相关关系，丙二烯氧化合酶（alleneoxide synthase，AOS）与 LOX 的协同作用，可能是乙烯生物合成的调控因子之一。

磷脂酶可能通过分解磷脂，加剧细胞膜的降解和衰老，产生的游离自由基毒害细胞膜系统，激活其他脂氧合酶等一些与果实成熟衰老相关的酶，参与乙烯、ABA 等衰老因子的信号转导，促进果实的成熟衰老。

果实成熟是分化基因表达的结果。果实成熟过程中 mRNA 和蛋白质合成发生变化。有些蛋白的 mRNA 含量下降；另一些编码蛋白的 mRNA 含量增加，如多聚半乳糖醛酸酶（polygalacturonase，PG）的 mRNA，在番茄果实成熟时表现为增加。这些 mRNA 涉及色素的生物合成、乙烯的合成和细胞壁代谢。

反义 RNA 技术的应用为研究 PG 在果实成熟和软化过程中的作用提供了最直接的证据。获得的转基因番茄能表达 PG 反义 mRNA，使 PG 的活性严重受阻，转基因纯合子后代的果实中 PG 活性仅为正常的 1%，其果实中的果胶降解受到抑制，但乙烯、番茄红素的积累以及转化酶、果胶酶的活性未受到任何影响，并没有推迟软化或减轻软化程度。这说明，PG 虽然可降解果胶，但它不是影响果实软化的唯一因素。

从番茄、香蕉、甜瓜、梨等果实中分离到了许多与果实成熟的相关基因，这些基因涉及细胞壁降解（如多聚半乳糖醛酸酶、果胶甲酯酶）、乙烯生物合成与信号转导（如 ACC 合酶、ACC 氧化酶、乙烯受体蛋白）、类胡萝卜素合成（如原八氢番茄红素焦磷酸合成酶等的表达）。如番茄的 *E4* 基因、多聚半乳糖醛酸酶基因、*E8* 基因、ACC 氧化酶基因等都属于果实成熟调控类型基因。这些基因表达使得细胞壁结构发生变化及多糖（果胶、纤维素、半纤维素）降解，果实成熟软化。此外，还有大量编码参与调控果实成熟的转录因子的基因也被人们发现，这些基因与其下游因子一起构成一个调控网络，共同促进乙烯的生物合成以及其他与果实成熟相关的生化事件的发生。对番茄果实的研究发现果实成熟还受到表观遗传的控制，在果实成熟过程中伴随着成熟相关基因启动子 DNA 甲基化程度的下降，后者将导致基因表达水平的上升，这揭开了在果实成熟研究领域的一个尚未探索的领域。

（二）果实成熟的调控

基于对果实成熟机制的理解，人们可对果实成熟进行调控，从而具有明显的应用价值。

1. 基因工程技术　基因工程技术不仅在研究果实成熟及调控机制中发挥重要作用，而且在解决生产实际问题上也展示了广阔的前景。反义 RNA 技术是果实延熟的常用基因工程技术。一个成功的例子是 ACC 合酶反义转基因番茄，已投入商业生产。将 ACC 合酶 cDNA 的反义系统导入番茄，转基因植株的乙烯合成严重受阻。这种表达反义 RNA 的纯合子果实，放置三四个月不变红、不变软，也不形成香气，只有用外源乙烯处理，果实才能成熟变软，成熟果实的质地、色泽、芳香和可压缩性与正常果实相同。把 *pTOM13*（ACC 氧化酶基因）引入番茄植株，获得反义 ACC 氧化酶 RNA 转化植株，产生的乙烯只相当正常量的 5%。这些果实可以完全成熟，但不会过熟、变坏，而野生型则在同样条件下产生正常数量的乙烯，表现出过熟的症状。也可通过导入 S-腺苷甲硫氨酸水解酶基因使 S-腺苷甲硫氨酸（SAM）水解，减缓果实中的 ACC 和乙烯合成。

还可利用基因工程改变果实色泽，提高果实品质。如将反义 *pTOM5n* 导入番茄，转基因植株花呈浅黄色，成熟果实呈黄色，果实中检测不到番茄红素。调节花色素苷合成的关键酶查尔酮合成酶和苯丙氨酸解氨酶基因的表达，能有效地改变矮牵牛、烟草和菊花的花色，因此可用同样的方法能改变苹果等果实的色泽。

2. 环境和化学调控　CO_2 可以作为乙烯的拮抗剂，在低浓度乙烯条件下，有效抑制乙烯的作用，但当乙烯浓度超过 $1\ \mu L/L$ 时，效果消失。当空气中 O_2 的水平减少到 1%～3% 时，苹果中乙烯的产生减少 50%，因此，可通过气调法延长果实储藏时间。还可根据需要，选择降冰片二烯（norbornadiene，NBD）、Ag^+、丙烯类物质（如环丙烯、1-甲基环丙烯）等抑制乙烯活性。

热处理技术对延熟、减轻储藏冷害、抑制真菌和虫害也有较好效果。如以 38 ℃ 处理将绿熟的番茄果实 3 d，置于低温（2 ℃）后恢复室温，果实能够正常成熟，但比未经处理的成熟晚。其作用机制与抑制乙烯生成、抑制 PG 的积累和番茄红素的合成有关。

ABA 可作为跃变型和非跃变型果实成熟的共同调控因子，促进果实糖分积累、软化、着色。CTK 对大多数植物具有广泛的延缓衰老作用，外源 6-BA 处理对果实起到保鲜、延迟衰老的作用。IAA 可延迟成熟和衰老。较高浓度的 IAA 促进乙烯产生，但并不能促进果实成熟，可能是

IAA 影响了组织对乙烯的敏感性。用 IAA 类似物处理葡萄果实，使葡萄成熟延迟近 2 周，并使伴随成熟而发生的 ABA 含量增加也延迟，可能是通过影响与成熟有关的基因表达起作用。GA 可延迟衰老，阻止柑橘果皮叶绿素的分解延缓甜橙果肉变软和类胡萝卜素的积累，增加果实的新鲜度，减少枯蒂。

适当浓度钙能够降低呼吸强度，推迟呼吸跃变的出现，减缓果实硬度下降，推迟过氧化物酶、淀粉酶、多酚氧化酶（PPO）、过氧化氢酶等酶活性上升，明显减缓果实采后生理代谢活动，降低与衰老有关的膜微粒性增加，减少自由基对膜的伤害，延缓果实衰老进程。

第四节　植物的衰老

植物的衰老（senescence）是指细胞、组织、器官或整个植株的生命功能衰退，最终导致自然死亡的一系列恶化过程。衰老是受植物遗传控制的、主动的和有序的发育过程，它总是发生在一个器官或整株的死亡之前，因此，衰老可以看作生命周期的最后发育阶段，是植物发育的正常过程。但是，环境因素也可以诱导衰老，如秋季的短日照和低温就可以触发植物叶片衰老、脱落。

一、植物衰老的类型及生物学意义

（一）衰老的类型

根据植株与器官死亡的情况，将植物衰老分为 4 种类型。

1. 整体衰老　整体衰老（overall senescence）指一、二年生植物（如玉米、花生、冬小麦等）开花结实后，除留下种子外，整株都衰老死亡。

2. 地上部衰老　地上部衰老（top senescence）指多年生草本植物（如苜蓿、芦苇等）每年地上部器官都衰老死亡，而根系和其他地下部则可继续生存多年。

3. 落叶衰老　落叶衰老（deciduous senescence）指多年生落叶树木的叶片每年发生季节性同步衰老脱落，茎和根能生活多年。

4. 渐进衰老　渐进衰老（progressive senescence）指一些多年生常绿树木较老的组织和器官逐渐衰老退化，并被新的组织和器官取代。

事实上，同一植株不同部位的衰老节律也不同。如叶片以落叶型衰老；枝条以渐进型衰老；繁殖器官（如花和果实）有其各自特殊的成长和成熟类型，它们或者与叶片、植株衰老行为有联系，或者不相联系。由于植物具有无限生长的特性，因此器官的衰老过程实际上发生在植物生活周期的各个时期。

（二）衰老的生物学意义

衰老是植物在长期进化过程和自然选择过程中形成的一种不可避免的生物学现象，是正常的生理过程，因此不应该把衰老单纯看成消极的、导致死亡的过程。从生物学意义上说，没有衰老就没有新的生命开始。如叶片或子叶的衰老可促进幼苗及其他生长点的更好生长；一、二年生的植物成熟衰老时，其营养器官储存的物质降解，运转到发育的种子、块茎、块根等器官中，以利于新器官的生长发育；多年生植物秋天叶片衰老脱落之前，把大量营养物质运送到茎、芽、根中，以供再分配和再利用，便于主动适应不良的环境条件；花的衰老使刚刚授粉而产生的受精卵能正常发育；果实与种子成熟后的衰老与脱落，有利于借助其他媒介传播种子，便于种的生存，对物种的繁衍和人类的生产是有益的，等等。因此，植物衰老在生态适应以及营养物质再度利用等方面具有积极的生物学意义。但是，衰老又有其消极一面，如生产上由于措施不当或某些不良因素的影响，便会引起作物适应能力降低，生长不良，造成某些器官或植株早衰，籽粒不饱满，进而影响农产品的产量和质量。因此，在生产实践中应通过提高植物的抗衰老能力来克服这些负面影响。

二、衰老时的生理生化变化

植物的衰老过程可表现在分子、细胞、器官和整体等不同水平上，其中以叶片的衰老研究最为广泛。在叶片衰老的起始时期，细胞代谢发生变化，伴随着物质转化，光合作用开始下降，衰老的信号传递开始运行；在紧接着的退化时期，细胞组分、大分子物质（如蛋白质、核酸和脂类等）被降解；终止时期则是以细胞死亡诱导因子的积累、细胞完整性的破坏为特征，叶片脱落死亡。许多农作物的生育后期均可出现不同程度的叶片早衰现象，成为提高作物产量的限制因素。因此，研究植物叶片衰老生理具有重要意义。

1. 蛋白质含量下降　叶片衰老时，蛋白质合成能力降低，而分解加快，总体表现为蛋白质含量显著下降。在蛋白质分解的同时，伴随着游离氨基酸的积累，可溶性氮会暂时增加。在衰老过程中也有某些蛋白质的合成，主要是水解酶，如核糖核酸酶、蛋白酶、酯酶、纤维素酶的含量和活性增加，进而分解蛋白质、核酸和脂类等物质。分解形成的可溶性糖、核苷、氨基酸等小分子化合物由衰老叶片运至植物体的其他部位，进行物质的再分配和再利用。

2. 核酸含量降低　叶片衰老时，RNA 总量下降，尤其是 rRNA 的减少最为明显。其中以叶绿体和线粒体的 rRNA 对衰老最为敏感，而细胞质的 tRNA 衰退最晚。叶片衰老时 DNA 也下降，但下降速度比 RNA 小。如烟草叶片在 3 d 内 RNA 下降 16%，而 DNA 只减少 3%。虽然 RNA 总量下降，但某些酶（如蛋白酶、核酸酶、酸性磷酸酶、纤维素酶、多聚半乳糖醛酸酶等）的 mRNA 的合成仍在继续。这些酶的表达基因，以及与乙烯合成相关的 ACC 合酶和 ACC 氧化酶等基因，称为衰老相关基因（senescence associated gene，SAG），即在衰老过程中表达上调或增加的基因，也称为衰老上调基因（senescence up‑regulated gene，SUG）。而另一些编码与光合作用有关的多数蛋白质的基因，则随叶片衰老表达量急剧下降，这些降低表达的基因称为衰老下调基因（senescence down‑regulated gene，SDG）。

3. 光合速率下降　叶片衰老过程中，叶绿体被破坏，叶绿素降解，但类胡萝卜素相对稳定，降解较晚，因此叶片失绿变黄是叶片衰老最明显的外部特征。此外，伴随着水解酶活性的增强，Rubisco 分解，光合电子传递和光合磷酸化受到阻碍，这些都是光合速率下降的原因。

4. 呼吸速率的变化　叶片衰老时呼吸速率下降，但其下降速率比光合速率慢，因为叶片衰老过程中，线粒体的结构比叶绿体相对稳定。有些植物叶片在衰老开始时呼吸速率保持平稳，后期出现一个呼吸跃变，以后迅速下降。此外，叶片衰老时，氧化磷酸化逐步解偶联，产生的 ATP 数量减少，细胞内合成反应所需能量不足，进一步加剧衰老。

5. 生物膜结构的变化　叶片衰老过程中，膜脂的脂肪酸饱和程度逐渐增高，不饱和脂肪酸的含量减少，脂肪链加长，膜的流动性降低，使膜由液晶态逐渐转变为凝固态，磷脂尾部处于冻结状态，完全失去运动能力，导致生物膜结构受到破坏、选择透性功能丧失、透性加大、膜脂过氧化加剧、膜结构逐步解体。一些具有膜结构的细胞器也逐渐发生衰退、破裂甚至解体。

6. 内源激素的变化　在植物的衰老过程中，其内源激素也有明显的变化。通常表现为：促进生长的植物激素（如 IAA、CTK 和 GA 等）含量减少，而诱导衰老和成熟的激素（如 ABA 和乙烯等）含量逐步增加。

三、植物衰老的机制

有关植物衰老的原因曾有过多种解释，如自由基损伤学说、DNA 损伤学说、植物激素调节学说、营养亏缺学说、程序性细胞死亡理论等。

1. 自由基与衰老　自由基（free radical）是指具有不配对（奇数）电子的原子、原子团、分子或离子，其化学性质非常活跃，氧化能力极强。生物体内自身代谢产生的自由基，称为生物自由基，主要包括超氧自由基（O_2^-）、羟基自由基（·OH）、过氧化氢（H_2O_2）、脂质过氧化物（ROO·）和单线态氧（$^1O_2$）等氧化能力很强的含氧物质〔也称为活性氧（active oxygen）〕，以及非含氧自由基（如 CH_3^- 等）。这些自由基极易与周围物质发生反应，并能持续进行连锁反应，对细胞及生物大分子有破坏作用，对生物系统造成潜在危害，因此自由基有"细胞杀手"之称。自由基引起的代谢失调，及其在体内的积累是植物衰老的重要原因之一。

植物体内的自由基可以在多个部位通过多条途径产生，如叶绿体可通过光敏反应产生 $^1O_2$，也可通过 Mehler 反应产生 O_2^- 和 H_2O_2；线粒体能在消耗 NADH 的同时产生 O_2^- 和 H_2O_2；过氧化物酶体通过乙醇酸氧化产生 H_2O_2 等。正常情况下，由于植物体存在着自由基清除系统，保证了细胞内自由基的产生和清除处于动态平衡，使细胞内自由基水平保持较低，不会引起伤害。植物细胞中的自由基清除系统主要由保护酶和一些抗氧化物质组成。主要的保护酶有超氧化物歧化酶（superoxide dismutase，SOD）、过氧化物酶（peroxidase，POD）、过氧化氢酶（catalase，CAT）、谷胱甘肽过氧化物酶（glutathione peroxidase，GPX）等，其中 SOD 最为重要；主要的抗氧化物质有维生素 E、抗坏血酸（ascorbate）、还原型谷胱甘肽（glutathione，GSH）、类胡萝卜素（CAR）、巯基乙醇（β-mercaptoethanol，β-ME）等。

另外，脂氧合酶（lipoxygenase，LOX）催化膜脂中不饱和脂肪酸加氧，参与植物衰老调控过程，并催化脂质过氧化产生 $ROO^·$，而 $ROO^·$ 可自动转化为脂质内过氧化物产物丙二醛（malondiadehyde，MDA）。

衰老过程往往伴随着 SOD、POD、CAT 等酶活性的降低和 LOX 活性的升高，导致生物体内自由基产生与消除的平衡被破坏，以致积累过量的自由基，并伴随着丙二醛含量的上升，对细胞膜及许多生物大分子产生破坏作用，如加强酶蛋白的降解、促进脂质过氧化反应、加速乙烯产生、引起 DNA 损伤、改变酶的性质等，进而引发衰老。

对水稻、烟草、菜豆等植物叶片的衰老研究表明，叶片中 SOD 活性随衰老而呈下降趋势，O_2^- 等自由基随衰老而增加，脂类过氧化产物 MDA 迅速积累；而植物处于生长旺盛时期，SOD 活性则是随着生长的加速保持比较稳定的水平或有所上升，因此，SOD 活性的下降与植物体的衰老呈正相关。SOD 的主要功能是清除 O_2^-，将其歧化为 H_2O_2，H_2O_2 可进一步在过氧化物酶或过氧化氢酶作用下分解。

2. 核酸与衰老　Orgel 等人提出了与核酸有关的植物衰老的差误理论，认为植物衰老是基因表达在蛋白质合成过程中引起差误积累所造成的。当产生的错误超过一定阈值时，细胞机能失常，导致衰老。这种差误是 DNA 的裂痕或缺损导致错误的转录、翻译，使合成的蛋白质发生氨基酸序列错误或引起多肽链折叠错误，进而形成并积累无功能的蛋白质（酶），造成代谢紊乱，启动衰老。

研究表明叶片中蛋白酶基因的表达与叶片衰老过程相关，其中一些基因的表达具有衰老特异性。例如，在即将衰老的组织中，由于 RNA 酶活性上升而导致核酸（特别是 rRNA）的降解，从而影响了功能蛋白质的生物合成，造成组织衰老。因此认为 DNA 降解是衰老的主要原因之一。

另外，某些理化因子（如紫外线、电离辐射、化学诱变剂等）会引起 DNA 损伤、破坏 DNA 结构，导致蛋白质合成受阻或合成无功能蛋白，结果造成细胞衰老。例如，紫外线照射能使 DNA 分子中同一条链上两个胸腺嘧啶碱基之间形成二聚体，影响 DNA 双螺旋结构，使转录、复制和翻译等受到影响。

3. 激素与衰老　植物激素对衰老过程有重要的调节作用。CTK、低浓度的 IAA、GA、油菜素内酯、多胺等能延缓植物衰老，而 ABA、乙烯、茉莉酸、高浓度的 IAA 等则促进植物衰老，其中乙烯是典型的衰老促进剂。一般认为，衰老不仅受某一种内源激素的调节，而且是多种激素协同调控的过程。植物体或器官内各种激素的相对水平不平衡是引起衰老的原因。例如，低浓度的 IAA 可延缓衰老，但浓度升高到一定程度时，可诱导乙烯合成，从而促进衰老。GA 对衰老有一定的延缓作用。CTK 可通过影响 RNA 合成、提高蛋白质合成能力、影响代谢物的分配来推迟衰老进程。ABA 和乙烯对衰老有明显的促进作用。ABA 可抑制核酸和蛋白质的合成，加速叶片中 RNA 和蛋白质的降解，并能促使气孔关闭，从而引起叶片衰老。乙烯能增加膜透性，形成活性氧，导致膜脂过氧化以及抗氧呼吸速率增加、物质消耗过多，促进叶片衰老。茉莉酸可加快叶片中叶绿素的降解速率，促进乙烯合成，提高蛋白酶与核糖核酸酶等水解酶的活性，加速生物大分子的降解，因而促进植物衰老。

4. 营养与衰老 在自然条件下，一、二年生植物一旦开花结实后，全株就衰老死亡。其原因在于生殖器官作为主要的库，垄断了植株营养的分配，聚集了营养器官的养料，引起植物营养器官缺乏营养而衰老。但该学说不能说明下列问题：①即使供给已开花结实植株充足养料，也无法使植株免于衰老；②雌雄异株的大麻和菠菜，雄株开花后，不能结实，谈不上聚集养分，但雄株仍然衰老死亡。

5. 程序性细胞死亡与衰老 程序性细胞死亡（programmed cell death，PCD）是指细胞在生理或病理条件下，遵循自身的程序，主动结束其生命的生理性死亡过程，是受遗传控制的一种有规律的死亡过程，是基因程序性活动的结果。Kerr(1972) 将这种现象称为细胞凋亡（cell apoptosis）。细胞凋亡不同于受到外界刺激（物理、化学损伤等）而被动结束生命的坏死性或意外性死亡（necrosis，accidental death）。程序性细胞死亡是一种由内在因素引起的非坏死性变化，即包括一系列特有的细胞形态学（如质膜和核膜的囊泡化、DNA 裂解成寡核苷酸片段及凋亡小体的形成等）和生物化学变化，这些变化都涉及相关基因的表达和调控。

程序性细胞死亡在植物胚胎发育、细胞分化和形态建成过程中普遍存在。例如，植物性别发生过程中某些生殖器官的程序性细胞死亡，导致该器官的衰老败育，形成单性花。导管则是维管束系统部分细胞的主动程序性衰亡而形成的特殊组织。叶片衰老过程中包括大量有序事件的发生，如有些植物的叶片是按照其特有的发育顺序相继黄化、衰老、死亡和脱落；也有些植物在某一段时间内形成的所有叶片会在同一时间里全部衰老死亡。因此，Nooden(1988) 认为叶片衰老是一个程序性细胞死亡过程。实验表明，叶片衰老是在核基因控制下，细胞结构（包括叶绿体、细胞核等）发生高度有序的解体及其内含物的降解，而且大量矿质元素和有机营养物质能在衰老细胞解体后有序地向非衰老细胞转移和循环利用。目前，程序性细胞死亡理论已成为一种备受关注的细胞衰老学说。

第五节　器官脱落

一、器官脱落与离层的形成

1. 脱落的类型及其生物学意义 脱落（abscission）是指植物细胞、组织或器官自然脱离母体的过程。脱落可分为 3 种类型：一是由于衰老或成熟引起的脱落，称为正常脱落。如果实和种子成熟后的脱落。二是由于逆境条件（高温、低温、干旱、水涝、盐渍、污染、病虫害等）引起的脱落，称为胁迫脱落。三是因植物自身的生理活动而引起的脱落，称为生理脱落。如营养生长和生殖生长的竞争、源与库的不协调、光合产物运输受阻或分配失控均能引起生理脱落。胁迫脱落和生理脱落都属于异常脱落。

异常脱落在生产上普遍存在，且具有其特定的生物学意义，即利于物种的保存，尤其是在不适宜生长的条件下。例如，种子、果实的脱落可以保存植物种子繁殖其后代，部分器官的脱落有益于留存下来的器官发育成熟。然而，异常脱落也常常给农业生产带来重大损失，如棉花蕾铃的脱落率可达 70% 左右，大豆花荚脱落率也很高。因此，采取必要措施减少器官脱落具有重要意义。

2. 离层的形成 器官脱落大都发生在离层（separation layer）。离层是指分布在叶柄、花柄和果柄等基部的一段区域，经横向分裂而形成的

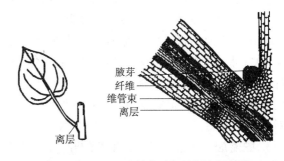

图 13 - 10　双子叶植物叶柄基部离层结构
（引自 Steward 和 Krikorian，1971）

几层细胞（图 13 - 10）。这个特定的组织区域，称为离区（abscission zone）。构成离层的细胞体积小、排列紧密、细胞壁薄，有浓稠的原生质和较多的淀粉粒，细胞核大而突出。脱落就发生在离层细

胞之间。叶片行将脱落之前，纤维素酶和果胶酶活性增强，导致细胞壁的中胶层分解，细胞彼此离开，叶柄只靠维管束与枝条相连，在重力与风力等作用下，维管束折断，于是叶片脱落。正是由于离层的形成，叶片脱落时不会损伤原来的组织，同时形成一层新的保护层，使新暴露出来的组织免受干旱和微生物的伤害。

多数植物叶片在脱落之前已形成离层，只是处于潜伏状态，一旦离层活化，即引起脱落。而有些植物（如烟草、禾本科植物）的叶片不产生离层，因而叶片枯萎也不脱落。但也有例外，如花瓣不形成离层也可脱落。可见，离层的形成并不是脱落的唯一原因。

二、器官脱落的机制

1. 生长素 IAA 对植物器官脱落的效应与 IAA 使用浓度、时间和处理部位有关。低浓度的 IAA 促进器官脱落，而高浓度的 IAA 则抑制器官脱落。如菜豆叶片随着叶龄的增加，IAA 含量逐渐降低，到叶龄为 70 d 时，IAA 含量降至最低，叶片脱落，说明 IAA 与脱落有关。外施 IAA 确实可以防止脱落。将一定浓度的 IAA 施在离区近轴端（离区靠近茎的一端），则促进脱落；施于远轴端（离区靠近叶片的一侧），则抑制脱落。这表明脱落与离区两端的 IAA 含量密切相关。阿迪柯特（Addicott）等（1955）提出了 IAA 梯度学说（auxin gradient theory）来解释 IAA 与脱落的关系。该学说认为，器官脱落为离区两端的 IAA 浓度所控制，当远轴端的 IAA 含量高于近轴端时，则抑制或延缓脱落；反之，当远轴端 IAA 含量低于近轴端时，则加速脱落（图 13-11）。

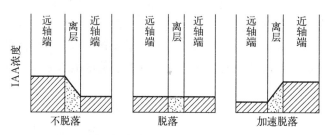

图 13-11　叶子脱落和叶柄离层远轴端 IAA 和近轴端 IAA 相对含量的关系

（引自 Addicott 和 Lynch，1955）

2. 乙烯 乙烯与器官脱落密切相关，通常乙烯释放量增加，促进脱落；乙烯合成减少，抑制脱落。乙烯可诱发纤维素酶和果胶酶的合成，使离层细胞壁降解，引起器官的脱落。此外，乙烯能增加膜透性，提高 ABA 的含量，促进器官脱落。器官脱落与内源乙烯水平呈正相关。奥斯本（Osborne）于 1978 年提出双子叶植物的离区存在特殊的乙烯响应靶细胞，乙烯可刺激靶细胞分裂，促进多聚糖水解酶的产生，从而使中胶层和基质结构疏松，导致器官脱落。乙烯的效应依赖于组织对它的敏感性，植物种类以及器官和离区的发育程度不同而敏感性差异很大。当离层细胞处于敏感状态时，低浓度乙烯能促进纤维素酶及其他水解酶的合成及转运，导致叶片脱落；而且离区的 IAA 水平是控制组织对乙烯敏感性的主导因素，只有当其 IAA 含量降至某一临界值时，组织对乙烯的敏感性才能得以发展。实验证明，叶片内 IAA 的含量可控制叶片对乙烯的敏感性。乙烯处理会促进嫩叶脱落，但对完全展开的叶片无影响，因为完全展开的叶片内游离 IAA 含量较嫩叶高，因此对乙烯不敏感。

3. 脱落酸 正常情况下，生长的叶片内 ABA 含量很少，而在衰老的叶片和即将脱落的幼果中，ABA 含量很高，尽管如此，ABA 并非脱落的直接原因。ABA 的主要作用是刺激乙烯的合成，并抑制叶柄内 IAA 的传导，提高组织、器官对乙烯的敏感性，促进纤维素酶和果胶酶等水解酶的合成，加速植物衰老，引起器官脱落。但 ABA 促进器官脱落的作用低于乙烯，乙烯能提高 ABA 的含量。另外，秋天短日照促进 ABA 合成，所以导致季节性落叶，这正是短日照成为叶片脱落信号的原因。

4. 赤霉素和细胞分裂素 GA 和 CTK 间接影响器官脱落，其中 GA 能促进乙烯的形成，加速脱落；而 CTK 可抑制水解酶的合成，促进果胶质和纤维素合成酶的形成，抑制器官脱落，延缓植物衰老。例如，CTK 能降低玫瑰和香石竹组织对乙烯的敏感性，并阻止乙烯的合成，减少器官的脱落。

总之，各种激素的作用并不是孤立的，器官的脱落也并非受某一种激素的单独控制，而是多种激素相互协调、平衡作用的结果。阿迪柯特(1982)将离层内的激素效应总结如图 13-12 所示。

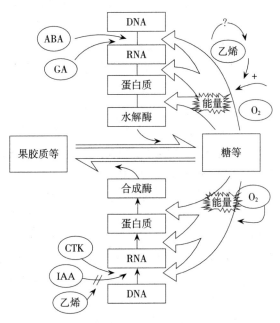

图 13-12 激素作用于离层的图解

三、影响器官脱落的环境因素

1. 光照　光照度、光质和光照时间对器官脱落都有较大的影响。通常，在一定的光照度范围内，强光能抑制或延缓器官脱落，弱光则促进器官脱落。因为光照度过弱，不仅使光合速率降低，形成的光合产物少，而且光可直接影响糖类的积累与运输，所以叶片和果实因营养缺乏而脱落。例如，作物种植密度过大时，行间过度遮阴，易使下部叶片提早脱落。不同光质对器官脱落也有不同影响，远红光增强组织对乙烯的敏感性，促进器官脱落；而红光则延缓器官脱落。短日照促进落叶，而长日照则延迟落叶。

2. 温度　温度过高或过低都会加速器官脱落。高温可提高呼吸速率，加速物质消耗，促进器官脱落，如棉花达到 30 ℃、四季豆达到 25 ℃时，器官脱落加快。在田间条件下，高温常引起土壤干旱而加速器官脱落。低温既降低酶的活性，又影响物质运输，也导致器官脱落，如霜冻引起棉花落叶。低温往往是秋天树木落叶的重要因素之一。

3. 水分　干旱促进器官脱落，其主要原因是影响了内源激素水平。干旱可提高 IAA 氧化酶的活性，使 IAA 含量及 CTK 含量降低，促进离层形成而导致器官脱落。植物根系受到水涝时，也会出现叶、花和果的脱落。水涝主要通过降低土壤中氧气浓度影响植物生长发育，并产生逆境乙烯，进而影响植物器官脱落。

4. 氧气　高浓度 O_2 促进器官脱落，其主要原因在于：一是高浓度 O_2 促进了乙烯的合成；二是高浓度 O_2 能够增强光呼吸，消耗过多的光合产物；三是 O_2 浓度高容易形成超氧自由基，加速衰老，导致器官脱落。通常 O_2 浓度增加到 25%～30%时，就能够促进乙烯的合成，加速器官脱落。低浓度 O_2 抑制呼吸作用，降低根系对水分和矿质元素的吸收，造成植物发育不良，也会导致器官脱落。

5. 矿质营养　缺 N、P、K、S、Ca、Mg、Zn、B、Mo、Fe 都可导致器官脱落。Zn、N 缺乏，影响生长素的合成；B 缺乏会使花粉败育，引起不育或果实退化；Ca 是胞间层的组成成分，Ca 缺乏会引起严重的器官脱落和烂根。

此外，大气污染、盐害、紫外线辐射、病虫害等对器官脱落都会有影响。

四、控制器官脱落的途径

器官脱落对农业生产的影响较大，在农业生产上，研究推迟和促进植物器官脱落的机制及其调控措施具有重要意义。

1. 改善营养条件　加强田间管理，改善营养条件，使花、果得到足够的光合产物。增加水、肥供应，使形成较多的光合产物，供花、果发育所需要；适当修剪，甚至抑制营养枝的生长，使养分集中供应果枝；合理疏花、疏果，防止果实的脱落，保证产量和品质。

2. 应用植物生长调节剂或化学药剂　给叶片喷施 IAA 类化合物（如萘乙酸、2,4-D 等）可延缓果实脱落。如用 $10\sim25$ mg/L 2,4-D 溶液喷花或蘸花，可防止番茄落花、落果；采用乙烯合成抑制剂 AVG 能有效地防止果实脱落；应用乙烯作用抑制剂硫代硫酸银（STS）能抑制花脱落；在棉花结铃盛期施用 20 mg/L GA 溶液，可防止和减少棉铃脱落。

生产上有时还需要促进器官脱落。化学脱果剂和落叶剂的使用，可有助于控制果实质量和便于机械采收。例如，用乙烯利可使棉花植株的老叶脱落，棉田通风透光，提高棉花产量；在棉花（或其他豆科植物）采收之前，施用氯酸镁、2,3-二氯异丁酸等脱叶剂可促进叶片集中脱落，便于机械收获。为了机械收获葡萄或柑橘等果实，常喷洒一定浓度的氟代乙酸、环己亚胺等使果实容易脱离母体枝条。使用萘乙酰胺，可对苹果、梨等果树进行疏花、疏果，避免坐果过多，影响果实品质。这些药剂能促进器官脱落是因为它们可诱导乙烯形成，并降低 IAA 的含量。

3. 基因工程手段　可以通过调控与衰老有关的基因表达，来影响脱落。已从拟南芥、油菜和玉米等多种植物中分离鉴定出 50 多个衰老相关基因。其中大多数衰老相关基因编码蛋白水解酶，包括编码衰老过程中蛋白水解酶体系的成分，如天冬氨酸蛋白酶和泛素（ubiquitin）。有部分衰老相关基因编码与植物对病原微生物的防御反应有关的蛋白（如抗真菌蛋白、病程相关蛋白及几丁质酶等），还有一些衰老相关基因编码各种金属硫蛋白（metallothionein）。

衰老过程中基因表达的调节尚无统一的模式，对各种衰老相关基因启动子区域的结构和功能分析结果表明，这些基因本身存在着很大的差异。

📖 小　结

种子成熟过程中，有机物不断积累，可溶性的小分子化合物逐渐转化为大分子化合物（如淀粉、蛋白质、脂肪等）储藏起来。脂肪是由糖类转化而来，在油料种子成熟初期先合成饱和脂肪酸，然后在去饱和酶的作用下转化为不饱和脂肪酸。

果实的生长曲线有单 S 形、双 S 形和三 S 形 3 种类型。不经过受精作用由子房直接膨大形成不含种子的果实，称为单性结实。单性结实有 3 种，即天然单性结实、刺激性单性结实和假单性结实。果实成熟时发生一系列变化：乙烯含量升高，产生呼吸跃变；淀粉转化为可溶性的葡萄糖、果糖、蔗糖等，甜味增加；有机酸被氧化或转化，含量下降，酸味减少；单宁被过氧化物酶氧化成过氧化物或凝结成不溶性物质，涩味消失；产生酯、醇、醛和萜类等挥发性物质，具有特殊香味；果胶酶和原果胶酶活性增强，果肉细胞彼此分离，果实软化；叶绿素含量下降，花色素苷和类胡萝卜素含量增加，果实色泽变艳。果实成熟与基因表达密切相关，并受到激素和环境因子的影响和调控。

休眠是植物生长极为缓慢或暂时停顿的一种现象，是植物抵抗或适应不良环境的一种生物学表现，可分为强迫休眠和生理休眠两种类型。种子休眠的主要原因是种皮限制、种子未完成后熟、胚未完成发育、抑制物的存在。破除种子休眠的方法有机械破损法、清水浸泡冲洗、低温湿沙层积处理、激素与化学药剂处理、日光晒晒。延存器官的休眠根据生产需要可以人工打破和延长。

　　衰老是植物体生命周期的最后阶段，是成熟的细胞、组织、器官和整个植株自然终止生命活动的一系列衰退过程。植物衰老有整株衰老、地上部衰老、渐进衰老和落叶衰老等多种类型。植物衰老时蛋白质含量、核酸含量、光合速率、呼吸速率下降。衰老使膜由液晶态逐渐转变为凝固态，膜脂过氧化，失去选择透性，且透性增大，内含物外渗。植物衰老的机制主要与 DNA 损伤、自由基伤害、各种激素的相对平衡打破、营养亏缺及程序性细胞死亡等有关。衰老主要受遗传基因控制，但也受环境条件的影响。

　　植物体内与衰老密切相关的两种酶是超氧化物歧化酶和脂氧合酶，前者参与自由基的清除，延缓衰老；后者催化膜脂过氧化，产生自由基，积累丙二醛，加速衰老。

　　植物体内自由基的产生有多个部位或多条途径。正常情况下，自由基的清除系统主要由保护酶和一些抗氧化物质组成，主要的保护酶有超氧化物歧化酶（SOD）、过氧化物酶（POD）、过氧化氢酶（CAT）、谷胱甘肽过氧化物酶（GPX）等。

　　器官脱落是植物器官自然离开母体的现象。脱落可分为正常脱落、胁迫脱落和生理脱落 3 种类型。器官在脱落之前先形成离层。IAA 和乙烯的含量与比值调控器官脱落。温度过高或过低、干旱、弱光、短日照等条件促进脱落。生产上可通过水肥供应、适当剪枝以及改善花果的营养条件等减轻脱落，达到保花、保果的效果。采用乙烯合成抑制剂 AVG 等防止果实脱落，效果显著。化学脱果剂和落叶剂的使用，可有助于控制果实质量、便于机械采收。

？复习思考题

1. 名词解释

呼吸跃变　单性结实　天然单性结实　刺激性单性结实　假单性结实　后熟作用　休眠　强迫休眠　生理休眠　层积处理　衰老　程序性细胞死亡　脱落　离层　自由基　活性氧　SOD　LOX　POD　CAT　GPX

2. 种子成熟过程中发生的生理生化变化有哪些？

3. 种子休眠的原因有哪些？如何破除休眠？

4. 深秋时树木的芽为什么会进入休眠状态？

5. 肉质果实成熟过程中的生理生化变化有哪些？

6. 影响果实色泽的因素有哪些？

7. 简述果实呼吸跃变的原因。

8. 植物衰老时发生了哪些生理生化变化？

9. 引起植物衰老的可能原因有哪些？

10. 试述植物衰老的生理机制。

11. 植物体内自由基的清除系统由什么组成？主要的保护酶有哪些？

12. 如何调控器官的衰老？

13. 简述器官脱落的原因和生物学意义。

14. 简述影响植物脱落的环境因素。

15. 生产上如何调控植物器官的脱落？

第十四章 》》》

植物的抗性生理

植物生长往往会遇到各种不良的环境条件，如干旱、洪涝、低温、高温、盐渍以及病虫侵染等，这些不利于植物生长的环境条件，会导致植物受到伤害甚至死亡。农业生产中，各种不良的环境因素直接影响作物产量和品质，因而研究植物在各种逆境条件下的生长发育规律，提高植物对环境条件的适应能力，对农作物生产具有重要意义。

第一节 逆境生理通论

研究植物在不良环境下的生理活动规律及其忍耐或抗性机制称为植物逆境生理（plant stress physiology）。逆境胁迫下，植物可通过生长发育调节（如抑制种子萌发、减缓生长速率、提前衰老等）、改变生理活动（如水分吸收减少、光合作用下降、呼吸改变等）、影响分子机制（如基因表达改变、生物大分子降解、蛋白质合成下降等）来适应不良环境。

一、逆境和植物的抗逆性

（一）逆境的概念及种类

逆境（stress）是指对植物生存与发育不利的各种环境因素的总称，也称为胁迫。根据环境的种类不同可将逆境分为生物逆境（biotic stress）和非生物逆境（abiotic stress），非生物逆境包括物理、化学等逆境。植物的主要逆境因子如图 14-1 所示。植物对逆境的抵抗和耐受能力称为抗逆性，简称抗性（tolerance，resistance）。

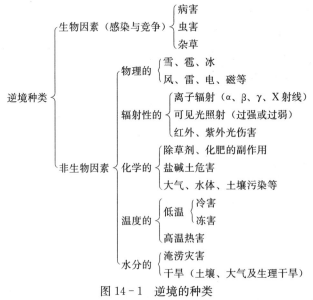

图 14-1 逆境的种类

（二）植物的抗逆性

抗逆性是植物在对不良环境的长期适应过程中所形成的。植物由于没有动物那样的运动机能和神经系统，基本上是生长在固定的位置上，不能随意移动，因此常常遭受不良环境的侵袭。但植物也可用多种方式来适应逆境，以求生存与发展，形成了对逆境的抗性能力，主要有 3 种方式。

1. 避逆性 避逆性指植物通过对生育周期的调整来避开逆境的干扰，在相对适宜的环境中完成其生活史的特性，如早春季节生长的短命植物。

2. 御逆性 御逆性指植物处于逆境时，其生理过程不受或少受逆境的影响，仍能保持正常的生理活性的特性。这主要是植物体具有适宜生活的内环境，免除了外部不利环境对其的危害。这类植物通常具有特殊的形态结构，如具有发达的根系，吸水、吸肥能力强，具有体内储藏大量水分的构造等，或形成了特殊的生长习性，如在白天关闭气孔，降低蒸腾避免干旱影响等。

3. 耐逆性 耐逆性指植物处于不利环境时，通过代谢反应来阻止、降低或修复由逆境造成的损伤，使其仍保持正常的生理活动的特性。如遇到干旱或低温时，细胞内的渗透物质会增加，以提高细胞抗性。

避逆性和御逆性总称为逆境逃避（stress avoidance），植物通过各种方式避免逆境的影响，不利因素并未进入组织，故组织本身通常不会产生相应的反应。耐逆性又称为逆境忍耐（stress tolerance），植物虽经受逆境影响，但它通过生理反应而抵抗逆境，在可忍耐的范围内，逆境所造成的损伤较小并且可以进行自身修复。如果损伤超出植物自身修复能力和可耐受范围，植物将受到伤害甚至死亡。植物的逆抗性往往具有双重性，即逆境逃避和逆境忍耐两种方式可在同一植物中体现，或在不同部位同时发生。

二、逆境下植物的形态变化与代谢特点

（一）形态结构变化

植物在逆境条件下表现出明显的形态变化。例如，干旱胁迫导致叶片和嫩茎萎蔫，气孔开度减小甚至关闭。淹水使叶片黄化、枯干，根系褐变甚至腐烂。高温下叶片出现死斑、变褐，树皮开裂。病原菌侵染叶片出现病斑。逆境往往使细胞膜变性，导致细胞的区域化被破坏，改变原生质的性质，叶绿体、线粒体等细胞器结构遭到破坏。植物形态结构的变化与代谢和功能的变化密切相关。

（二）生理生化变化

在冰冻、低温、高温、干旱、盐渍、土壤过湿和病害等各种逆境条件下，植物体的水分状况有相似变化，即植物吸水力降低，蒸腾量降低，但由于蒸腾量大于吸水量，植物组织的含水量降低而产生萎蔫。植物含水量的降低使组织中束缚水含量相对增加，从而又使植物的抗逆性增强。在任何一种逆境下，植物的光合作用都呈下降趋势。在高温或低温下，植物光合作用相关的酶活性下降，脱水时气孔关闭而导致光合作用的降低。土壤盐碱化、土壤过湿或积水、低温、二氧化硫污染等都能使植物的光合作用显著下降。

逆境下植物呼吸作用的变化有 3 种类型：呼吸强度降低、呼吸强度先升高后降低和呼吸作用明显增强。冰冻、高温、盐渍和淹水胁迫时，植物的呼吸作用都逐渐降低；零上低温和干旱胁迫时，植物的呼吸作用先升高后降低；植物发生病害时，植物呼吸作用极显著地增强。

低温、高温、干旱、淹水胁迫等会促使大多数合成酶从膜上解离失活，而胁迫造成的膜损伤又会使水解酶从液泡或溶酶体中释放，因而促进淀粉水解为葡萄糖等可溶性糖、促使蛋白质降解、可溶性氮增加。同时，逆境胁迫下新的逆境蛋白质产生、渗透调节物质合成增加。

植物体受到逆境胁迫后产生相应的变化称为胁变（strain）。这种变化可以表现为物理变化和生理生化变化两个方面。胁变的程度小，解除胁迫后又能复原的胁变称弹性胁变；胁变程度大，解除胁迫后不能恢复原状的胁变称为塑性胁变。胁迫因子超过一定的强度，就会产生伤害。往往首先是生物膜受到直接伤害，导致透性改变，这种伤害称为原初直接伤害。质膜受伤后，进一步可导致植物代谢的失调，影响正常的生长发育，此种伤害称为原初间接伤害。一些胁迫因子还可以产

生次生伤害，即不是胁迫因子本身作用，而是由它引起的其他因素造成的伤害。例如，盐分的原初伤害是盐分本身对植物细胞质膜的伤害及其导致的代谢失调，然而由于盐分过多，使土壤水势下降，产生水分胁迫，植物根系吸水困难，这种伤害称为次生伤害。如果胁迫急剧或时间延长，则会导致植物死亡。

（三）植物在逆境下的抗性反应与适应性调节

1. 渗透调节　多种逆境都会对植物产生水分胁迫。水分胁迫时植物体内积累各种有机物和无机物，提高细胞液浓度，降低其渗透势，保持一定的压力势，这样植物就可保持其体内水分，适应水分胁迫环境，这种现象称为渗透调节（osmotic adjustment）。这些能降低细胞渗透势的物质称为渗透调节物质。

渗透调节物质的种类较多，一类是由外界进入细胞的无机离子，一类是细胞代谢产生的有机物质。无机离子进入细胞后，主要累积在液泡中，作为液泡的渗透调节物质。

根据化学组成可将有机渗透调节物质分为四大类，即氨基酸类（如脯氨酸）、季铵化合物类（如甘氨酸甜菜碱）、多元醇（如甘露醇）和糖类（如海藻糖、果糖）。

脯氨酸是最重要和有效的渗透调节物质，在逆境下其含量可快速升高，对多种逆境表现较为敏感。外源脯氨酸也可以减轻高等植物的渗透胁迫。脯氨酸在抗逆中的作用主要是作为渗透调节物质，保持原生质与环境的渗透平衡；其次通过清除活性氧类物质保持膜结构的完整性。脯氨酸与蛋白质相互作用能增加蛋白质的可溶性和减少可溶性蛋白的沉淀变性，增强蛋白质的水合作用。同时脯氨酸也可作为植物遭受逆境胁迫后恢复所需的碳源、氮源和能量来源。除脯氨酸外，其他游离氨基酸和酰胺也可在逆境下积累，起渗透调节作用。

已发现多种植物在逆境下都有甜菜碱（betaine）的积累。在水分亏缺时，甜菜碱积累比脯氨酸慢，解除水分胁迫时，甜菜碱的降解也比脯氨酸慢。甜菜碱也是细胞质渗透调节物质，主要分布于细胞质中，参与逆境胁迫下植物细胞内酶、蛋白结构的稳定和维持膜结构的完整。甜菜碱与一些氨基酸生成复合物，如甘氨酸甜菜碱（glycine betaine）、丙氨酸甜菜碱（alaninebetaine）、脯氨酸甜菜碱（prolinebetaine）都具有渗透调节功能。

在干旱、盐和渗透等胁迫下，植物会在体内积累直链代谢物多元醇（如甘油、甘露醇、山梨醇等）和循环类多元醇（如肌醇、松醇等）。由于多元醇具有多个羟基，亲水性强，能够有效维持细胞的膨压。

可溶性糖是一类重要的渗透调节物质，包括蔗糖、葡萄糖、果糖和半乳糖等。可溶性糖的积累主要是由于淀粉等大分子糖类的分解。

有机渗透调节物质的共同特点是：分子质量小、容易溶解；在生理 pH 范围内不带静电荷；能与细胞膜结合；引起酶结构变化的作用极小，并能使酶构象稳定；生成迅速，并能累积到足以引起调节渗透势的量。

2. 植物激素在抗逆性中的调节作用　逆境下植物体内激素的含量和活性发生变化，并通过这些变化影响着生理过程。

脱落酸是植物对逆境适应的一种重要激素。在低温、高温、干旱和盐害等多种胁迫下，体内脱落酸含量大幅度升高，被认为是一种逆境激素或胁迫激素。脱落酸能够减少自由基对膜的破坏，提高膜脂的不饱和度，稳定生物膜，增加渗透调节物质的含量，促进气孔关闭，蒸腾减弱，保持组织内的水分平衡，还可增加根对水分的吸收和疏导，提高植物抗逆能力。

植物在干旱、大气污染、机械刺激、化学胁迫、病害等逆境下，体内乙烯成几倍或几十倍增加，这种在逆境下大量产生的乙烯称为应激乙烯或逆境乙烯（stress ethylene），当胁迫解除时则恢复到正常水平。逆境乙烯的产生可使植物克服或减轻因环境胁迫所带来的伤害，促进器官衰老。

逆境下赤霉素、细胞分裂素、生长素含量下降，植物生长减慢或停滞，有利于植物抵御逆境伤害。除此之外，其他植物生长物质，如油菜素内酯、茉莉酸、水杨酸等在植物应对生物和非生物胁迫中也发挥着重要的作用。多种激素的相对含量对植物抗逆性更为重要，如脱落酸/赤霉素的值更能反映出激素与植物抗冷性的关系。

3. 膜保护物质与自由基平衡 正常条件下生物膜的膜脂呈液晶态，当温度下降到一定程度时，膜脂变为凝胶态。膜脂相变会导致原生质停止流动，透性加大。膜脂碳链越长，固化温度越高，相同长度的碳链不饱和键数越多，固化温度越低。膜脂不饱和脂肪酸越多，固化温度越低，抗冷性越强。

当植物受到胁迫时，组织中产生大量自由基，这些自由基具有很强的氧化能力，对细胞结构和功能造成很大损害。其可诱发膜脂过氧化，导致膜脂分解，产生丙二醛（malondiadehyde，MDA），损伤许多生物分子的功能，干扰细胞的正常生命活动，抑制植物生长。测定丙二醛含量成为鉴定逆境对膜伤害的重要指标。细胞内有消除自由基的多种途径，如 SOD、CAT、POD、谷胱甘肽还原酶（glutathion reductase，GR）等保护酶。植物体内还有一些非酶类的有机分子，如细胞色素 c、还原型谷胱甘肽（GSH）、甘露醇、抗坏血酸（AsA）、维生素 E、类胡萝卜素（Car）等，能直接或间接地清除自由基。因而这些内源的抗氧化剂和保护酶称为膜保护系统（membrane protective system）。一些植物生长调节剂和人工合成的自由基清除剂在胁迫下也有提高保护酶活性，对膜系统起保护作用的效果。

4. 逆境蛋白 近年来已发现多种逆境诱导形成的新蛋白质，这些蛋白质可统称为逆境蛋白（stress proteins），主要有如下几类：

（1）热休克蛋白。热休克蛋白（heat shock protein，HSP）是在高温胁迫诱导下植物合成的蛋白质，又称热激蛋白，主要充当分子伴侣（chaperone），维持生物膜和蛋白质结构稳定，保护胞内蛋白质免受应激损伤，提高植物抗热性，调节生理过程。此外，热激蛋白不仅提高了抗热性，也抵抗各种环境胁迫，如缺水、脱落酸处理、伤害、低温和盐害等。

（2）低温诱导蛋白。低温诱导蛋白（low‐temperature‐induced protein）是低温下诱导产生的蛋白质，也称冷响应蛋白（cold responsive protein）或冷激蛋白（cold shock protein）。

（3）病程相关蛋白。病程相关蛋白（pathogenesis‐related protein，PR）是植物被病原菌感染后形成的与抗病性有关的一类蛋白质。

（4）盐逆境蛋白。盐逆境蛋白（salt‐stress protein）是植物在受到盐胁迫时形成的一些新蛋白质或合成增强的蛋白质。

（5）其他逆境蛋白。逆境还能诱导植物产生同工蛋白（protein isoform）或同工酶、厌氧蛋白（anaerobic protein）、紫外线诱导蛋白（UV‐induced protein）、干旱逆境蛋白（drought stress protein）、化学试剂诱导蛋白（chemical‐induced protein）、晚期胚胎丰富蛋白（late embryogenesis abundant protein，LEA）等。

逆境蛋白是逆境相关基因表达的产物，往往能使植物增强抵抗外界不良环境的能力。

5. 植物的交叉适应 植物经历了某种逆境后，提高了对该种逆境的适应能力，同时又能提高对另一些逆境的抵抗能力，这种对不良环境之间的相互适应作用，称为交叉适应（cross adaptation）或交叉忍耐（cross‐tolerance）。Levitt 认为低温、高温等 8 种刺激都可提高植物对水分胁迫的抵抗力。缺水、缺肥、盐渍等处理可提高烟草对低温和缺氧的抵抗能力；干旱或盐处理可提高水稻幼苗的抗冷性；低温处理能提高水稻幼苗的抗旱性；外源脱落酸、重金属及脱水可增强玉米幼苗的耐热性；冷驯化和干旱则可增强冬黑麦和白菜的抗冻性。

逆境蛋白的产生、脯氨酸等渗透调节物质、激素水平的变化、多种膜保护物质等是交叉适应的基础。

（四）提高植物抗逆性的化学措施

利用一些天然的或人工合成的化学诱导剂和通过益生菌在植物组织中的定殖等方式可提高植物对逆境的抗性。表 14‐1 列举了一些植物应对非生物胁迫所使用的化学诱导剂。

表 14-1　在室内和野外提高植物对非生物胁迫耐受的诱导剂（复合物或益生菌）

化学诱导剂	非生物胁迫	植物	文献
一氧化氮	盐	水稻	Uchida et al.（2002）
		玉米	Zhang et al.（2004）
		拟南芥	Zhao et al.（2007），Wang et al.（2009）
		黄瓜	Fan et al.（2007）
		柑橘	Tanou et al.（2009a，2009b，2010）
	热	水稻	Uchida et al.（2002）
		芦苇	Song et al.（2008）
		拟南芥	Lee et al.（2008）
	冷	黄瓜	Cui et al.（2011）
		枇杷	Wu et al.（2009）
		拟南芥	Zhao et al.（2007），Cantrel et al.（2011）
	干旱	小麦	Garcia-Mata and Lamattina(2001)
		水稻	Farooq et al.（2009）
	紫外线	玉米	An et al.（2005），Wang et al.（2006）
		大豆	Shi et al.（2005）
		拟南芥	Zhang et al.（2009a）
	重金属	水稻	Singh et al.（2009），Xiong et al.（2009）
		番茄	Wang et al.（2010a）
		烟草	Ma et al.（2010）
		黄羽扇豆	Kopyra and Gwóźdź（2003）
		拟南芥	Graziano and Lamattina(2005)
过氧化氢	冷	玉米	Prasad et al.（1994）
		大豆	Yu et al.（2003）
		甜马铃薯	Lin and Block(2010)
		芥菜	Kumar et al.（2010）
	盐	水稻	Uchida et al.（2002）
		小麦	Wahid et al.（2007），Li et al.（2011）
		柑橘	Tanou et al.（2009a，2009b，2010）
		玉米	Neto et al.（2005）
		燕麦	Xu et al.（2008）
		大麦	Fedina et al.（2009）
		鹰嘴豆	Chawla et al.（2010）
	热	水稻	Uchida et al.（2002）
		本特草	Larkindale and Huang(2004)
		黄瓜	Gao et al.（2010）
	重金属	鹰嘴豆	Chawla et al.（2010）
		小麦	Xu et al.（2011）
		水稻	Chao and Kao(2010)
硫化氢	盐	草莓	Christou，Fotopoulos et al.（2016）
		小麦	Zhang et al.（2010b）

（续）

化学诱导剂	非生物胁迫	植物	文献
硫化氢	盐	甜马铃薯	Zhang et al.（2009b）
	干旱	小麦	Shan et al.（2011）
		拟南芥	Garcia – Mata and Lamattina(2010)
		扁豆	Garcia – Mata and Lamattina(2010)
		大豆	Zhang et al.（2010c）
	重金属	黄瓜	Wang et al.（2010b）
		小麦	Zhang et al.（2008，2010b，2010d）
	冷	小麦	Stuiver et al.（1992）
多胺	盐	燕麦	Besford et al.（1993）
		水稻	Maiale et al.（2004），Ndayiragije and Lutts（2006a，2006b，2007），Quinet et al.（2010）
		芥菜	Verma and Mishra(2005)
		菠菜	Öztürk and Demir(2003)
		拟南芥	Kusano et al.（2007）
	干旱	水稻	Yang et al.（2007）
		拟南芥	Kusano et al.（2007）
益生菌	重金属	拟南芥	Farinati et al.（2011）
		葡萄	Ait – Barka et al.（2006）
	盐	玉米	Harman(2006)，Abdelkader and Esawy(2011)
		胡杨	Luo et al.（2009）
		番茄	Latef and He(2011)
		橄榄	Porras – Soriano et al.（2009）
	干旱	水稻	Ruiz – Sánchez et al.（2010）
		大豆	Porcel and Ruiz – Lozano(2004)
		柑橘	Fan and Liu(2011)
		南部山毛榉	Alvarez et al.（2009）

1. 一氧化氮　外源一氧化氮（NO）因浓度不同而在植物体内具有两个相对的生理效应：当胞内 NO 浓度较高时，能够引发范围较广的细胞损伤；而低水平 NO 可参与各种不同的信号通路，通过气孔关闭维持组织的水势、加速蛋白的合成、提高光合速率和激活抗氧化酶的活性来减轻氧化损伤。

2. 过氧化氢　过氧化氢（H_2O_2）的生理效应也是如此：当浓度较高时会对细胞造成毒害，甚至致死；而胞内较低浓度的 H_2O_2 可作为各种生物和非生物胁迫条件下的第二信使，促进大量编码抗氧化酶、细胞复苏/防御蛋白和信号蛋白（如激酶、磷酸化酶和转录因子）等基因的表达，应对逆境环境下生理生化改变的需要。

3. 硫化氢　硫化氢（H_2S）通常被认为是一种植物毒素，对植物的生长和发育都会造成影响，而一定浓度的 H_2S 可降低植物逆境胁迫下 H_2O_2 的浓度并提高抗氧化酶的活性，促进植物叶片的关闭、根的形成和种子萌发。

4. 多胺　多胺（polyamine，PA）作为生物活性物质可调节植物的多种生理活动，主要包括腐胺、亚精胺和精胺。外源多胺具有多功能特性，可作为抗氧化剂、自由基清除剂和膜稳定剂。

5. 益生菌　植源性内生菌可产生植物生长所必需的调节因子，如生长素、细胞分裂素和赤霉素等促进植物的生长，而一些氮素等营养物可通过微生物固氮的方式提供。

第二节 抗寒性

任何植物生长对温度的反应都有 3 个基点温度，即最低温度、最适温度和最高温度。超过最高温度，植物就会遭受热害。低于最低温度，植物将会受到寒害。寒害包括冷害和冻害，因此植物的抗寒性也表现为抗冷性和抗冻性两方面。

一、抗 冷 性

（一）冷害与抗冷性

冰点以上低温对植物的危害称为冷害（chilling injury）。植物对冰点以上低温的适应能力称为抗冷性（chilling resistance）。作为喜温的很多热带和亚热带植物往往会受到冷害的影响。

根据植物对冷害的反应速度，可将冷害分为直接伤害与间接伤害两类。直接伤害是指植物受低温影响后几小时，至多在一天之内即出现伤斑，说明这种影响已侵入胞内，直接破坏原生质活性。间接伤害主要是指低温引起代谢失调而造成的细胞伤害。这种伤害在植物受低温后，植株形态上表现正常，至少要在五六天后才出现组织柔软、萎蔫，在时间进程上，间接伤害比直接伤害要晚一些。

（二）冷害时植物体内的生理生化变化

不同的方法可以定量检测植物的抗冷性，如测定电导率、半致死温度 LT_{50}、存活率和叶绿素荧光成像技术。冷害对植物的影响不仅表现在叶片变褐、干枯，果皮变色等外部形态，更重要的是内部生理生化发生剧烈变化，主要表现在以下几个方面。

1. 细胞膜系统受损 冷害使细胞膜透性增加，细胞内可溶性物质大量外渗，破坏了细胞内的离子平衡，同时膜上结合酶活力降低，引发植物代谢失调。对冷害敏感的植物，胞质环流减慢或完全停止。

2. 吸收能力下降 低温影响根系的生命活动，根生长减慢，吸收面积减少，吸收水和矿物质能力下降；细胞原生质黏性增加，流动性减慢；呼吸减弱，能量供应不足，限制了水分和养分的吸收；失水大于吸水，水分平衡遭到破坏，导致植株萎蔫、干枯。

3. 光合作用减弱 低温使叶绿素生物合成受阻，冷害使叶片发生缺绿或黄化；各种光合酶活性受到抑制，有机物运输减慢；低温也可使绿色组织的淀粉水解为可溶性糖，进而转化为花色素，使叶片由绿色变为紫红色。

4. 呼吸速率大起大落 冷害使植物的呼吸代谢失调，呼吸速率大起大落，即先升高后降低。冷害初期，呼吸作用增强与低温下淀粉水解导致呼吸底物增多有关。温度降到相变温度之后，线粒体发生膜脂相变，氧化磷酸化解偶联，有氧呼吸受到抑制，无氧呼吸增强，这种由低温引起的呼吸增强的程度，可以反映植物受低温伤害的程度和冷敏感程度。

5. 物质代谢失调 植物受冷害后，水解酶类活性常常高于合成酶类活性，酶促反应平衡失调，物质分解加速，表现为蛋白质含量减少，可溶性氮化物含量增加；淀粉含量降低，可溶性糖含量增加；内源乙烯和脱落酸含量明显增加。此外，低温后植物还会积累大量乙醛、乙醇等有毒物质。

6. 细胞骨架的改变 当植物长时间处于低温下，胞质骨架纤维微管和微丝趋向于解聚。

（三）冷害的机制

冷害造成植物形态结构和生理生化剧烈变化的可能机制如图 14-2 所示。

1. 膜脂发生相变 在低温冷害下，生物膜的脂类由液晶态变为凝胶态，固化的脂类与不被固化的其他组分发生分离（图 14-3）。由于脂类固化，引起与膜相结合的蛋白酶解离或使酶亚基分解失去活性。膜脂相变转化的温度可因其成分不同而异，相变温度随脂肪酸链的长度而升高，而随不饱和脂肪酸所占比例增加而降低。膜脂中不饱和脂肪酸在总脂肪酸中的相对比值称为膜不饱和脂肪酸指数

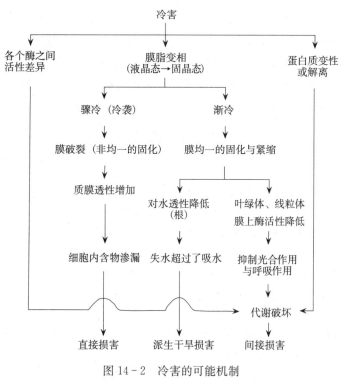

图 14-2 冷害的可能机制

（引自 J. Levitt，1980）

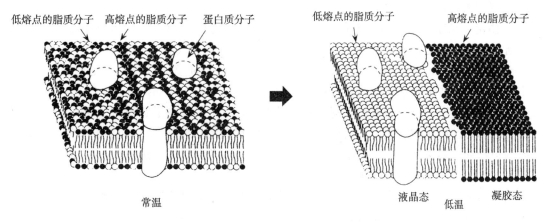

图 14-3 由低温引起的生物膜膜脂相变

（unsaturated fatty acid index，UFAI），可作为衡量植物抗冷性的重要生理指标。

2. 膜的结构改变 在缓慢降温条件下，由于膜脂的固化使得膜结构紧缩，降低了膜对水和溶质的透性；在寒流突然来临的情况下，由于膜脂的不对称性，膜体紧缩不匀而出现断裂，因而会造成膜的破损渗漏，胞内溶质外流。植物在低温下细胞内的电解质外渗率可用电导率测定，这是鉴定植物耐冷性的一项重要生理指标。

3. 代谢紊乱 低温使生物膜结构发生显著变化，导致植物体内按区室分工的有序代谢被打乱，特别是光合速率与呼吸速率改变，植物处于饥饿状态，而且还积累有毒的代谢中间物质。在低温冷害下，酶活性的变化及酶系统多态性的变化也会受到影响。这些变化的综合作用，导致植物代谢发生紊乱。

（四）提高植物抗冷性的措施

1. 低温锻炼 植物对低温的抵抗是一个适应锻炼过程，很多植物如预先给予适当的低温锻炼，则可降低后期低温对其的影响，否则在突然遇到低温时会遭受更严重的损害。

2. 化学诱导　植物生长调节剂及其他化学试剂可诱导植物抗冷性的提高，这些化学物质通过膜保护、渗透调节、清除自由基、酶稳定等方式起作用。细胞分裂素、脱落酸等可明显提高植物抗冷性；2,4-二氯苯氧乙酸（2,4-D）、KCl 等喷于瓜类叶面也有保护其不受低温危害的效应。多效唑（PP_{333}）、抗坏血酸、油菜素内酯等于苗期喷施或浸种，也有提高水稻幼苗抗冷性的作用。

3. 合理施肥　调节氮、磷、钾肥的比例，增加磷、钾肥比例能明显提高植物抗冷性。

二、抗　冻　性

（一）冻害与抗冻性

冰点以下低温引起植物体内组织结冰而造成的伤害称为冻害（freezing injury）。植物对冰点以下低温的适应能力称为抗冻性（freezing resistance）。霜害也属于冻害，称为霜冻。冻害发生的温度，可因植物种类、生育时期、生理状态、器官及成熟度的不同，经受低温的时间长短也有很大差异。大麦、小麦、苜蓿等越冬作物一般可忍耐 -12～-7 ℃的严寒；有些树木，如白桦、颤杨、网脉柳则可以经受 -45 ℃左右的严冬而不死。种子的抗冻性很强，在短时期内可经受 -100 ℃以下冷冻而仍保持发芽能力，在 -20 ℃低温下可较长时期保存。

冻害主要是植物体内的冰晶伤害。植物组织结冰可分为两种方式：胞外结冰与胞内结冰。胞外结冰又称胞间结冰，是指在冰点以下温度时，细胞间隙和细胞壁附近的水分结冰。胞内结冰是指温度迅速下降，除了胞间结冰外，细胞内的水分也冻结。一般先在原生质内结冰，后来在液泡内结冰。细胞内的冰晶体数目众多，体积一般比胞间结冰的冰晶小。植物受冻害后，叶片呈烫伤状，细胞失去膨压、组织柔软、叶色变褐，严重时植株死亡。

（二）冻害的机制

1. 结冰伤害　结冰会对植物体造成危害，但胞间结冰和胞内结冰的影响各有特点。

胞间结冰引起植物受害的主要原因：①原生质过度脱水，使蛋白质变性或原生质不可逆地凝胶化。由于胞外出现冰晶，细胞间隙水蒸气压降低，胞内自由水向胞间迁移，细胞内的水分不断被夺取，致使原生质发生严重脱水。②冰晶体对细胞的机械损伤。由于冰晶体的逐渐膨大，对细胞造成机械压力，会使细胞变形，也可能致使细胞壁和质膜破碎，原生质暴露于胞外而受冻害，同时细胞亚显微结构遭受破坏，区域化被打破，酶活动无秩序，影响代谢的正常进行。③解冻过快对细胞的损伤。适度结冰的植物遇气温缓慢回升，对细胞的影响不会太大。若遇温度骤然回升，冰晶迅速融化，细胞壁吸水膨胀，而原生质尚来不及吸水膨胀，有可能被撕裂损伤。

胞内结冰对细胞的危害更为直接。由于原生质是有高度精细结构的组织，冰晶形成以及融化时对质膜与细胞器以及整个细胞质产生破坏作用，因而胞内结冰常给植物带来致命的损伤。

2. 巯基假说　巯基假说（sulfhydryl group hypothesis）认为：当组织结冰脱水时，随着原生质收缩，蛋白质分子相互靠近，当接近到一定程度时，蛋白质分子中相邻的巯基（—SH）就会失水氧化形成二硫键（—S—S—）。巯基是蛋白质分子形成高级结构或起催化作用的重要活性基团，形成二硫键后将使蛋白质结构紧缩。当解冻再度吸水时，肽链松散，但—S—S—键还保存，肽链的空间位置仍不能恢复，蛋白质分子的空间构象改变，因而蛋白质结构被破坏，引起伤害和死亡（图 14-4）。所以组织抗冻性的基础在于阻止蛋白质分子间二硫键的形成。

3. 膜的伤害　生物膜对低温最敏感。低温造成细胞间结冰时，可产生脱水、机械和渗透 3 种胁迫，进而使蛋白质变性或改变膜中蛋白质和膜脂的排列，膜受到伤害，导致透性增大，溶质大量外流。此外膜脂相变也使得一部分与膜结合的酶游离而失去活性，光合磷酸化和氧化磷酸化解偶联，ATP 形成明显下降，引起代谢失调，严重的则使植株死亡（图 14-5）。

（三）提高植物抗冻性的措施

与提高植物抗冷性一样，提高植物抗冻性的措施包括抗冻锻炼、化学调控和采取有效的农业措施等方法。农业措施主要有：①适时播种、培土、控肥、通气，促进幼苗健壮，防止徒长，增强秧苗素质。②寒流霜冻来前实行冬灌、熏烟、盖草，以抵御强寒流袭击。③实行合理施肥，可提高钾肥比例，提高越冬或早春作物的御寒能力。④早春育秧，采用薄膜苗床、地膜覆盖等，对防止寒害都很有效。

a

$$2RSH + \frac{1}{2}O_2 \rightleftharpoons RSSR + H_2O$$

$$\begin{matrix} R_1-S \\ | \\ R_2-S \end{matrix} + R_3SH \rightleftharpoons HSR_1R_2SSR_3$$

b

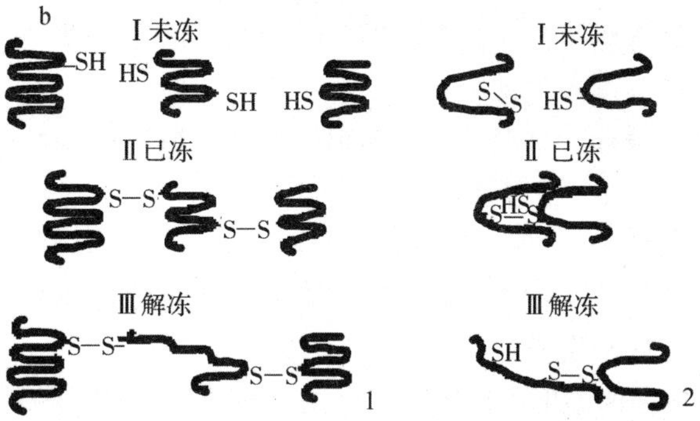

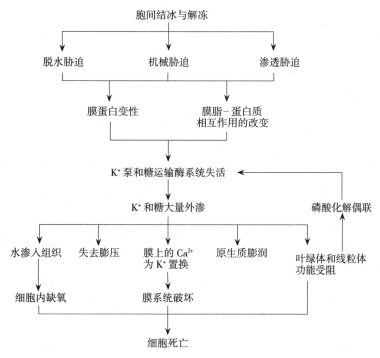

图 14－4 冰冻时分子间—S—S—的形成而使蛋白质分子变化假说

a. 二硫键形成的两种反应 b. 蛋白质分子内与分子间二硫键形成

1. 相邻肽键外部的—SH 相互靠近，发生氧化形成—S—S— 2. 一个蛋白质分子的—SH 与另一个蛋白质分子内部的—S—S—作用，形成分子间的—S—S—

（引自 J. Levitt，1980）

图 14－5 细胞膜结冰伤害的模式

第三节 抗 热 性

高温是影响当前农业生产的不利环境因子之一。尤其是近年来，温室效应加剧，全球气候变暖，整个种植业面临高温挑战。因此，研究植物高温伤害的生理生化和分子机制，将有助于人们采取有效措施减轻植物遭受高温的伤害。

一、植物对温度反应的类型

高温胁迫引起的植物伤害称为热害（heat injury）。植物对高温胁迫的适应和抵抗能力称为抗热性（heat resistance）。不同的植物对高温的忍耐程度有很大差异，因而不同类的植物的热害起点温度是不同的。根据（广义的）植物对温度的反应，可分为如下几类。

1. 喜冷植物 某些藻类、细菌和真菌，适宜在零上低温（0～10 ℃）环境中生长发育，当温度在20 ℃以上即受高温伤害。

2. 中生植物 例如，水生和阴生的高等植物、地衣和苔藓等低等植物，在中等温度 10～30 ℃ 环境下生长和发育，温度超过 35 ℃ 就会受伤。

3. 喜温植物 可以在 30～65 ℃ 中生长，其中有些植物在 45 ℃ 以上才受到伤害，称为适度喜温植物，如陆生高等植物、某些隐花植物；有些植物在 65 ℃ 以上时才受到伤害，称为极度喜温植物，如某些蓝绿藻等低等类群。

发生热害的温度和作用时间有关，即致伤的高温和暴露的时间成反比，暴露时间愈长，植物可忍耐的温度愈低。

一般来说，生长于干燥和炎热环境中的植物，其抗热性高于生长在潮湿和冷凉环境中的植物。C_4 植物与 C_3 植物相比，C_4 植物起源于热带或亚热带地区，其抗热性高于 C_3 植物。C_4 植物光合作用最适温度在 35～45 ℃，其温度补偿点高，在 40 ℃ 以上高温时仍有光合产物的积累，而 C_3 植物光合作用最适温度在 20～30 ℃，其温度补偿点低，温度达 35 ℃ 以上时，已无光合产物积累。

二、高温对植物的危害

植物受到高温伤害后会出现各种热害症状：叶片首先出现水渍状烫伤斑点，随后变褐、坏死、脱落；花瓣、花药失水枯萎，造成雄性不育或受精过程不能进行，花序或子房脱落；果实向阳面常发生局部灼伤斑块，并在受伤处与健康处之间形成木栓，甚至整个果实死亡；树干干燥、裂开，可深达韧皮部，造成韧皮部偏心生长。

高温对植物的危害是复杂的、多方面的，可分为直接危害与间接危害两个方面。

（一）直接伤害

直接伤害是高温直接影响细胞质的结构，在短期（几秒到半小时）高温后，迅速呈现热害症状，并可从受热部位向非受热部位传递蔓延。高温对植物直接伤害的可能原因有如下几个方面。

1. 蛋白质变性 高温破坏蛋白质空间构型。由于维持蛋白质空间构型的氢键和疏水键键能较低，所以高温易使蛋白质失去二级与三级结构，蛋白质分子展开，失去其原有的生物学功能。蛋白质变性最初只是高级结构变松散，解除高温后其结构可恢复，但在持续高温下，很快转变为不可逆的凝聚状态。

2. 膜结构破坏 生物膜主要由蛋白质和脂类组成，它们之间靠静电或疏水键相联系。高温能打断这些键，把膜中的脂类释放出来，形成一些液化的小囊泡，从而破坏膜的结构，使膜失去选择透性和主动吸收的特性。

一般植物器官，细胞的含水量愈少，其抗热性愈强。原因是水分子参与蛋白质分子的空间构型，两者通过氢键连接起来，而氢键易于受热断裂，所以蛋白质分子构型中水分子越多，受热后越易变性。此外，自由水含量高使蛋白质自由移动与空间构型的展开更容易，因而受热后也越易变性。故成熟器官、干燥的种子，其抗热性强；幼苗含水量越多，越不耐热。

（二）间接伤害

间接伤害是指高温导致植物代谢的异常，植物逐渐受害，其过程是缓慢的。高温常引起植物过度的蒸腾失水，细胞因失水而引起一系列的代谢失调，导致生长不良。

1. 代谢性饥饿 植物光合作用的最适温度一般都低于呼吸作用的最适温度。呼吸速率和光合速率相等时的温度，称为温度补偿点（temperature compensation point）。如果植物处于温度补偿点以上的较高温度，呼吸作用大于光合作用，储存的营养物质消耗加快，即消耗多于合成，造成饥饿，高温持续时间过长，则会导致植物死亡。

2. 有毒物质累积 高温使氧气的溶解度降低，抑制植物的有氧呼吸，同时积累无氧呼吸所产生的有毒物质，如乙醛、乙醇等。高温抑制含氮化合物的合成，促进蛋白质的降解，使植物体内氨过度积累，使细胞遭到毒害。

3. 蛋白质合成下降 高温不仅引起蛋白质降解，而且引起蛋白质合成受阻。高温下，一方面使细胞产生了自溶的水解酶类，或溶酶体破裂释放出水解酶使蛋白质分解；另一方面膜透性增加破坏了氧化磷酸化的偶联，蛋白质生物合成能量供应能力下降。

4. 生理活性物质缺乏 高温使某些生化反应受阻，植物生长所必需的活性物质，如维生素、核苷酸、激素等不足，导致生长不良或引起伤害。

高温对植物的伤害如图 14-6 所示。

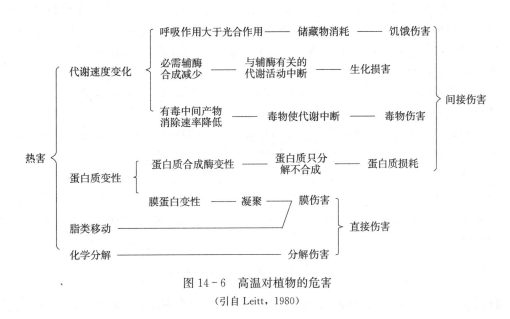

图 14-6 高温对植物的危害
（引自 Leitt，1980）

三、植物耐热性的机制

（一）植物适应高温逆境的方式

不同植物忍耐和适应高温的能力各异。植物在长期进化过程中形成了适应和抵抗高温逆境的能力，通常可分为避热性、御热性和耐热性。

1. 避热性 有些植物在其进化过程中形成在时间上避开热害的特征，如夏熟植物，在高温炎热的夏季到来之前完成生活周期，以干燥的种子越过夏季，到秋季开始新的生活周期。有些植物在夏季到来时生长停止，叶片枯死或脱落，植株新陈代谢降低，甚至进入休眠期，有效地避开了高温的胁迫，待夏季过后，继续进行生长发育。

2. 御热性 许多植物具有特殊的御热保护结构，如叶片或果实表面有蜡质和茸毛，可反射阳光，减少太阳辐射的吸收量，叶片卷缩或直立，减少吸收阳光的面积；有些植物在高温下气孔开度增大，通过增强蒸腾来降低植物体温；C_4 植物和 CAM 植物在高温下光合作用仍大于呼吸作用，维持正常的碳代谢，避免饥饿死亡；有些植物饱和脂肪酸含量很高，有利于高温下维持生物膜系统的稳定住。

3. 耐热性 高温逆境出现时，植物因高温胁迫而发生相应的代谢变化，以减少或修复高温的伤害。例如，有些植物在高温下，产生还原力较强的物质和特异蛋白质，使膜脂抗氧化能力增强，蛋白质变性的可逆范围扩大，膜脂离子泵的修复能力增强，从而保证细胞结构和功能的稳定性。

（二）内外因素对植物耐热性的影响

1. 内部因素 一般说来，生长在干燥和炎热环境中的植物，其耐热性高于生长在潮湿和冷凉环境中的植物。C_4 植物起源于热带或亚热带地区，故耐热性一般高于 C_3 植物。两者光合作用最适温度和温度补偿点也不同。

植物不同的生育时期、部位，其耐热性也有差异。成长叶片的耐热性大于嫩叶，更大于衰老叶；种子休眠时的耐热性最强，随着种子吸水膨胀，耐热性下降；果实越趋成熟，耐热性越强；油料种子对高温的抵抗力大于淀粉种子；细胞汁液含水量（自由水）越少，蛋白质分子越不易变性，耐热性越强。

耐热性强的植物在代谢上的基本特点是构成原生质的蛋白质对热稳定。蛋白质的热稳定性主要取决于化学键的牢固程度与键能大小。疏水键、二硫键越多的蛋白质，其抗热性就越强，这种蛋白质在较高温度下不易发生不可逆的变性与凝聚。

2. 外部条件 温度对植物耐热性有直接影响。例如，干旱环境下生长的藓类，在夏天高温时，耐热性强，冬天低温时，耐热性差。高温锻炼可以提高植物的抗热性。如把一种鸭跖草栽培在 28 ℃下 5 周，其叶片耐热性与对照（生长在 20 ℃下 5 周）相比，从 47 ℃变成 51 ℃，提高了 4 ℃。将组织培养材料进行高温锻炼，也能提高其耐热性。将萌动的种子放在适当高温下锻炼一定时间，然后播种，可以提高作物的抗热性。

湿度和水分含量与抗热性有关。通常湿度高时，细胞含水量高，而抗热性降低。干燥种子的耐热性强，随着含水量的增加，耐热性下降。

此外，一般而言一价离子可使蛋白质分子键松弛，使其耐热性降低；二价离子，如 Mg^{2+}、Zn^{2+} 等连接相邻的两个基团，加固了分子的结构，增强了热稳定性。

高温处理会诱导植物形成 HSP。HSP 的形成与植物抗热性呈正相关，HSP 的种类与数量可以作为植物抗热性的生化指标。研究表明，HSP 可作为分子伴侣，在蛋白质高级结构形成与维持结构稳定方面起重要作用，对高温下膜蛋白和膜结构有保护作用，从而维持生物膜、线粒体、核糖体的功能，提高植物的耐热性。

四、提高植物抗热性的措施

利用抗热植物资源，选育抗热品种是提高作物抗旱性的最根本途径。此外，也可以通过以下措施来提高植物的抗热性。

1. 高温锻炼 高温锻炼能够提高植物的抗热性。近年来大量实验证实，高温使植物体内蛋白质合成发生变化，常温下存在的一些蛋白质合成被抑制，同时诱发一些热稳定蛋白质（如 HSP）的合成，提高了植物的抗热性。

2. 改善栽培措施 栽培作物时充分合理灌溉，增加小气候湿度，促进蒸腾，有利于降温；采用高秆与矮秆、耐热作物与不耐热作物间作套种；采用人工遮阴；氮肥过多不利于抗热，因此高温季节少施氮肥等都是提高作物抗热性有效的措施。

3. 化学试剂处理 喷洒 $CaCl_2$、$ZnSO_4$、KH_2PO_4 等，可增加生物膜的稳定性；使用生长素、激动素等生理活性物质，能够防止高温造成损伤。

第四节　抗旱性与抗涝性

一、抗　旱　性

地球上淡水资源的缺乏早已成为举世关注的战略性问题，而淡水资源中的大部分被用于灌溉大田的栽培作物。随着世界人口的剧增，粮食的供求矛盾日益突出，淡水资源日渐短缺，植物的抗旱性研究显得日趋重要。研究植物抗旱性的生理和分子机制，是提高植物抗旱性研究的理论基础。

（一）旱害与抗旱性

当植物耗水大于吸水时，就使组织内水分亏缺。过度水分亏缺的现象，称为干旱（drought）。土壤水分缺乏或大气相对湿度过低对植物的危害，称为旱害（drought injury）。

1. 干旱类型

（1）大气干旱。大气干旱（atmosphere drought）是指空气过度干燥，相对湿度过低（10%～20%），伴随高温、强光照和干热风，这时植物蒸腾过强，根系吸水补偿不了失水，从而使植物受到危害的现象。如我国西北等地就常有大气干旱出现。

（2）土壤干旱。当土壤中缺乏可被植物吸收利用的水分时，根系吸水困难，植物体内水分平衡遭到破坏，致使植物生长缓慢或者完全停止生长的现象，称为土壤干旱（soil drought）。我国的西北、华北、东北等地区均常有土壤干旱发生。大气干旱如持续时间过长将导致土壤干旱。

（3）生理干旱。生理干旱（physiological drought）是指土壤中的水分并不缺乏，只是因为土壤温度过低，土壤溶液浓度过高或积累有毒物质等原因，妨碍根系吸水，造成植物体内水分平衡失调，从而使植物受到干旱危害的现象。

在自然条件下，干旱常伴随着高温发生，因此，旱害往往是脱水伤害和高温伤害综合作用的结果。

2. 植物的抗旱类型 由于地理位置、气候条件、生态因素等原因，植物形成了对水分需求的不同生态类型：需在水中完成生活史的植物称为水生植物（hydrophyte），在陆生植物中适应于不干不湿环境的植物称为中生植物（mesophyte），适应于干旱环境的植物称为旱生植物（xerophyte）。然而这三者的划分不是绝对的，因为即使是一些很典型的水生植物，遇到旱季仍可保持一定的生命活动。一般来说，作物多属于中生植物，其抗旱性是指在干旱条件下，不仅能够生存，而且能维持正常或接近正常的代谢水平，从而保证产量的稳定性。

旱生植物对干旱的适应和抵抗能力、方式有所不同，大体有两种类型。

（1）避旱型。这类植物有一系列防止水分散失的结构和代谢方式，或具有膨大的根系用来维持正常的吸水。景天酸代谢（crassulacean acid metabolism，CAM）植物，如仙人掌只在夜间开放气孔，固定 CO_2，白天则关闭气孔，这样就避免了较大蒸腾的过快失水。一些沙漠植物具有很强的吸水器官，它们的根冠比为（30～50）:1，一株小灌木的根系就可伸展到 $850 m^3$ 的土壤。

（2）耐旱型。这些植物具有细胞体积小、渗透势低和束缚水含量高等特点，可忍耐干旱逆境。植物的耐旱能力主要表现在其对细胞渗透势的调节能力上。在干旱时，细胞可通过增加可溶性物质来改变其渗透势，从而避免脱水。耐旱型植物还具有较低的水合补偿点（hydration compensation point）。水合补偿点指净光合作用为零时植物的含水量。

（二）旱害的机制

干旱对植物的影响是多方面的。旱害产生的实质是原生质脱水。干旱时原生质失水，细胞水势不断下降，研究证明很多植物当细胞水势降低到$-1.5～-1.4 MPa$时，生理过程与植株的生长都降到很低水平，甚至完全停止。

干旱时，当植物失水超过了根系吸水，随着细胞水势和膨压降低，植物体内的水分平衡遭到破坏，出现了叶片和茎的幼嫩部分下垂的现象，称为萎蔫（wilting）。萎蔫分为两种：暂时萎蔫和永久萎蔫。夏天炎热的中午，由于强光高温，蒸腾剧烈，根系吸水一时来不及补偿，使幼叶、嫩茎萎蔫，但到了傍晚或者次日清晨随着蒸腾量的下降，根系继续吸水，水分亏缺解除，茎叶恢复原状，这种靠降低蒸腾即能消除水分亏缺以恢复原状的萎蔫，称为暂时萎蔫。它是植物对干旱的一种适应性，萎蔫时气孔关闭可以降低蒸腾，减少水分的散失，这对植物是有利的。如果土壤中植物可供利用的水分过于缺乏，萎蔫的植物经过夜晚后也不能消除水分亏缺，无法使茎叶恢复原状，这种现象称为永久萎蔫。

暂时萎蔫和永久萎蔫两者根本差别在于前者只是叶肉细胞临时水分失调，而后者是原生质发生严重脱水，引起一系列的生理生化变化，如果时间持续过久，就会导致植物死亡。干旱对植物的伤害主要表现在以下几个方面（图 14-7）。

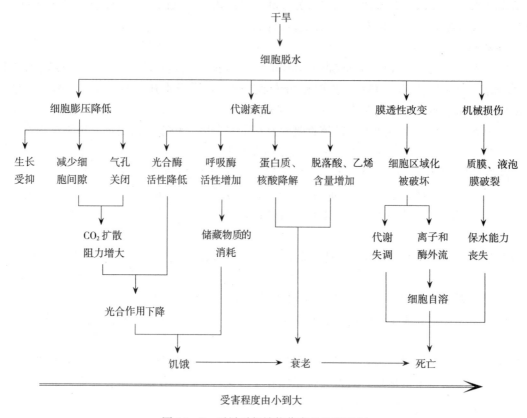

图 14-7　干旱引起植物伤害的生理机制

1. 机械损伤　干旱对细胞的机械损伤是植株死亡的重要原因。当细胞失水或再吸水时，原生质体与细胞壁均会收缩或膨胀，但由于它们弹性不同，两者的收缩程度和膨胀速度不同，造成挤压和撕裂。正常条件下，细胞的原生质体和细胞壁紧紧贴在一起，当细胞开始失水体积缩小时，两者一起收缩，到一定限度后细胞壁不能随原生质体一起收缩，致使原生质体被拉破。相反，失水后尚存活的细胞如再度吸水，尤其是骤然大量吸水时，由于细胞壁吸水膨胀速度远远超过原生质体，使粘在细胞壁上的原生质体被撕破，再次遭受机械损伤，最终可造成细胞死亡。

2. 膜及膜系统受损和膜透性改变　正常状态下的膜内脂类分子靠磷脂极性同水分子相互连接，膜内必须有一定的束缚水才能保持膜脂分子正常的双层排列。当植物细胞失水达到一定程度时，膜内的磷脂分子排列出现紊乱状态，往往是亲脂端相互吸引形成孔隙，膜蛋白遭受破坏，膜的选择透性丧失，大量的无机离子和氨基酸、可溶性糖等小分子被动向组织外渗漏。

3. 体内各部分水分重新分配　水分不足时，不同器官或不同组织间的水分按照各部分水势大小重新分配。干旱时，幼叶从老叶夺取水分，促使老叶死亡，减少了光合作用面积。有些蒸腾强烈的幼叶向分生组织和其他幼嫩组织夺水，影响这些组织的物质运输。干旱严重时，缺水的幼叶从花蕾或者果实中吸水，这样就会造成瘪粒和落花落果等现象。

4. 破坏正常的代谢过程　细胞脱水时抑制合成代谢而加强了分解代谢。干旱使水解酶活性加强，合成酶的活性降低，甚至完全停止。由此带来的代谢变化有：光合作用显著下降，直至趋于停止；呼吸作用发生较为复杂的变化，有的表现为下降，有的表现为先上升再下降；蛋白质分解，脯氨酸积累；核酸代谢失常；激素水平发生变化，细胞分裂素、生长素含量降低，脱落酸、乙烯含量增加。脱落酸含量增加与干旱时气孔关闭、蒸腾强度下降直接相关。乙烯含量提高加快植物部分器官的脱落。

（三）植物抗旱机制及其提高途径

1. 抗旱的机制　植物的抗旱性（drought resistance）是指在干旱条件下，植物具有维持正常的或者接近正常的代谢水平以及维持基本正常的生长发育的能力。在干旱胁迫下，植物通过形态和生理方面的改变来适应外界环境的变化。

(1) 形态特征。形态特征主要体现在：①根系发达、深扎，根冠比大，能有效地吸收利用土壤中的水分，特别是土壤深层水分。②叶片细胞体积小或体积/表面积值小，有利于减少细胞吸水膨胀和失水收缩时产生的细胞损伤。③叶片气孔多而小，叶脉较密，输导组织发达，茸毛多，角质化程度高或脂质层厚，这样的结构有利于水分的储存与供应，减少水分散失。此外，叶片具有特殊结构，在干旱时发生卷曲，有效减小蒸腾面积。

(2) 生理特征。生理特征主要体现在：①细胞渗透势较低，吸水和保水能力强。②原生质具较高的亲水性、黏性与弹性，既能抵抗过度脱水，又能减轻脱水时的机械损伤。③缺水时，正常代谢活动受到的影响小，原生质结构的稳定可使细胞代谢不致发生紊乱异常，光合作用与呼吸作用在干旱下仍维持较高水平。④脯氨酸、甜菜碱等物质积累，清除自由基的酶类活性提高也是衡量植物抗旱能力的重要特征。⑤干旱胁迫还可以诱导一些蛋白的产生和积累。如 LEA 蛋白在植物受到干旱胁迫时，能够部分替代水分子，保持细胞液处于溶解状态，从而避免细胞结构尤其是膜结构被破坏。某些水通道蛋白可以改变膜的水分通透性，使水分更容易透过质膜或者液泡膜，有利于实现渗透调节。⑥干旱胁迫导致脱落酸的积累，从而激活下游转录因子，引起脱落酸响应基因的表达和产物的积累。这些逆境蛋白在胁迫条件下对植物起到保护的作用。

2. 植物响应水分胁迫的信号转导 从水分胁迫发生到植物做出反应是一系列复杂的信息转导过程，植物细胞可能通过膨压变化或者膜受体的活性变化感知水分胁迫，将胞外信号转为胞内信号，从而触发相应的信号途径，并可导致第二信使的生成，在原始信号通过蛋白质磷酸化和去磷酸化被逐级传递放大的过程中，有依赖于脱落酸和不依赖于脱落酸的两条传递途径。植物适应水分胁迫的能力主要由植物具有的水分胁迫基因、干旱情况下水分胁迫基因被启动、水分胁迫基因转录后调控（包括表达产物的功能修饰）以及水分胁迫信号接收与传递途径的畅通等几方面决定。

3. 提高作物抗旱性的措施 利用抗旱植物资源，选育抗旱品种是提高作物抗旱性的最根本措施。此外，也可以通过以下措施来提高植物的抗旱性。

(1) 抗旱锻炼。播种前对萌动的种子进行干旱锻炼，可以提高抗旱能力。例如，将吸水 24 h 的种子在 20 ℃下萌动，然后风干，反复处理三次后播种。经过锻炼的植株对干旱的适应能力提高。又如，玉米、棉花、烟草、大麦等广泛采用在苗期适当控制水分，抑制生长，以锻炼其适应干旱的能力，称为蹲苗。蔬菜移栽前拔起让其适当萎蔫一段时间后再栽，称为饿苗。通过这些措施处理，植株根系发达，保水能力强，叶绿素含量高，以后遭遇干旱时，代谢比较稳定，尤其是蛋白质含量高，干物质积累多。

(2) 矿质营养。磷、钾肥均能提高作物的抗旱性。磷肥能够促进有机磷化合物的合成，促进原生质的合成和原生质胶体的水合度，增强抗旱能力。钾肥能够改善作物的糖代谢，增加细胞的渗透势，促进气孔开放，有利于光合作用。钙能稳定生物膜的结构，提高原生质的黏度和弹性，在干旱条件下维持原生质膜的透性。

一些微量元素也有助于抗旱。硼在提高作物的保水能力与增加糖分含量方面与钾类似，同时硼还可以提高有机物质的运输能力，使蔗糖迅速地流向结实器官，缓解因干旱引起的运输停滞。铜能显著改善糖和蛋白质代谢，这在土壤缺水时效果更为显著。

(3) 抗蒸腾剂及生长延缓剂的使用。植物水分散失主要是通过叶片进行的，所以抗蒸腾剂（antitranspirant）都是针对叶片而言的。抗蒸腾剂是可以降低蒸腾失水的一类化学物质，包括薄膜性物质，如硅酮，喷于作物叶面，形成单分子薄膜，以阻断水分的散失，显著降低叶面蒸腾；反射剂，如高岭土，对光有反射性，从而减少用于叶面蒸腾的能量；气孔开度抑制剂，如苯汞乙酸等，可改变气孔开度，或改变细胞膜的透性，达到降低蒸腾的目的。在干旱来临前，对植物喷施生长延缓剂（如矮壮素），能够提高植物根冠比，增加细胞的保水能力，防止细胞脱水引起的损伤，为其后的代谢提供了适宜的水分环境，从而提高作物抗旱性。

二、抗 涝 性

水分过多对植物的危害，称为涝害（flood injury）。植物对积水或土壤过湿的适应力和抵抗力，称为植物的抗涝性（flood resistance）。

（一）涝害的类型

涝害分为湿害和典型的涝害两种类型。

1. 湿害 湿害（waterlogging）指土壤过湿，水分处于饱和状态，土壤含水量超过了田间最大持水量时，旱地作物所受的影响。

2. 典型的涝害 典型的涝害指地面积水，淹没了植物的一部分或全部，使其受到伤害。低洼、沼泽地带、河边在发生洪水或暴雨之后，常有涝害发生。涝害会使作物生长不良，甚至死亡。

（二）涝害对植物的影响

1. 对植物形态与生长的损害 水涝缺氧使地上部分与根系的生长均受到阻碍。受涝植株个体矮小，叶色变黄，根尖发黑，叶柄偏上生长。若种子淹水，则芽鞘伸长，叶片黄化、根不生长，只有在 O_2 充足时根才能出现。细胞亚显微结构在缺氧条件下也发生显著变化，线粒体数量减少，体积增大，嵴数减少，缺氧时间过长则导致线粒体失活。

2. 代谢紊乱 涝害使植物的光合速率显著下降或停止，其原因可能与阻碍 CO_2 的吸收、淹水叶片光照弱、物质运输受阻有关；水涝缺氧主要限制了有氧呼吸，促进了无氧呼吸，产能水平极低，同时产生大量无氧呼吸（发酵）产物，如丙酮酸、乙醇、乳酸等，使代谢紊乱。根系因有毒物质伤害和缺少能量供应，吸收能力降低或停止。

3. 营养失调 水涝缺氧，土壤中的好气性细菌（如氨化细菌、硝化细菌等）的正常生长活动受抑，影响矿质供应；但土壤中厌气性细菌，如丁酸细菌等活跃，增加土壤溶液的酸度，降低其氧化还原势，使土壤内形成大量有害的还原性物质（如 H_2S、Fe^{2+} 等），一些元素，如 Mn、Zn、Fe 也易被还原流失，引起植株营养缺乏。

（三）植物的抗涝性

作物抗涝性的强弱取决于对缺氧的适应能力，不同作物抗涝能力不同。陆生喜湿作物中，芋头比甘薯抗涝。旱生作物中，油菜比马铃薯、番茄抗涝，荞麦比胡萝卜、紫云英抗涝。沼泽作物中，水稻比藕更抗涝。水稻中，籼稻比糯稻抗涝，糯稻又比粳稻抗涝。同一作物不同生育期抗涝程度不同。在水稻一生中以幼穗形成期到孕穗中期受害最严重，其次是开花期，其他生育期较抗涝。土壤涝渍胁迫对纳塔栎和落羽杉两个树种具有很强的自我调节和适应能力，而南方红栎调节能力较差。抗涝性强的植物有如下特性：

1. 发达的通气系统 很多植物可以通过胞间空隙把地上部吸收的 O_2 输入根部或缺 O_2 部位，其发达的通气系统可增强植物对缺氧的耐力。据推算水生植物的胞间隙约占地上部总体积的 70%，而陆生植物胞间隙体积只占 20%。水稻幼根的皮层细胞间隙要比小麦大得多，通过通气组织把 O_2 顺利运输到根部。

2. 抗缺氧能力 缺氧所引起的无氧呼吸使体内积累有毒物质，而耐缺氧的生化机制就是要消除有毒物质，或对有毒物质具有忍耐力。某些植物（如甜茅属）在淹水时可改变呼吸途径，淹水初期是糖酵解途径，以后磷酸戊糖途径占优势，这样消除了有毒物质的积累。有的植物缺乏苹果酸酶，抑制由苹果酸形成丙酮酸，从而防止了乙醇的积累。有一些耐湿的植物则通过提高乙醇脱氢酶活性以减少乙醇的积累。

（四）减轻涝害的措施

植物对淹水胁迫的生理响应是多方面的，抗涝机制也十分复杂，与许多形态解剖结构和生理生化特性控制的复合遗传形状相互制约、相互联系。单一的耐涝性鉴定指标不足以充分反映植物对涝害的综合适应能力，只有采用多项指标的综合评价，才能较准确地反映植物的抗涝害特性。

生产上可采用下述方法来减轻涝害：开沟降低地下水位，以避免湿害；采用高畦栽培，可减轻湿害；兴修水利，防止洪灾涝害发生；及时排涝，结合洗苗，保证光合作用和呼吸作用顺利进行；增施肥料，恢复作物长势。

第五节 抗 盐 性

一、盐害与抗盐性

土壤中可溶性盐过多对植物的生长造成不利的影响称为盐害（salt injury）。植物对盐分过多的适应能力称为抗盐性（salt resistance）。

一般在气候干燥、地势低洼、地下水位高的干旱、半干旱地区，由于降水量少而蒸发量大，使得土壤中的盐分溶解后，借助土壤毛细现象上行积聚于地表，导致土壤普遍积盐，形成大面积盐碱地。海滨地区由于咸水灌溉、海水倒灌等因素，可使土壤表层的盐分升高到 1％以上。同时农业生产中长期不合理施用化肥及用污水灌溉也会导致土壤盐渍化。当土壤中的盐类以碳酸钠（Na_2CO_3）和碳酸氢钠（$NaHCO_3$）为主要成分，且 pH 为 9 或更高时称为碱土（alkaline soil）；若以氯化钠（NaCl）和硫酸钠（Na_2SO_4）等为主要成分时称为盐土（saline soil）。因盐土和碱土常常混合在一起，盐土中常有一定量的碱，故习惯上称为盐碱土（saline and alkaline soil）。世界上盐碱土的面积很大，约有 4 亿 hm^2，占灌溉农田的 1/3，我国的盐碱土主要分布于西北、华北、东北和滨海地区，随着灌溉农业的发展，尤其是干旱、半干旱的盐碱土面积还有不断扩大的趋势。

盐分含量过高会使土壤水势下降，严重地阻碍植物的生长发育，一般盐土含盐量在 0.2％～0.5％的浓度就会对植物的生长不利，盐渍化严重的盐土表层含盐量往往可达 0.6％～2％，有些地区含盐量可高达 10％。

二、盐分过多对植物的危害

植物盐害主要分为原初盐害和次生盐害。原初盐害是指盐胁迫对植物细胞质膜的影响，如膜的组分、通透性改变和离子运输等功能发生变化，使膜结构和功能受到直接伤害；次生盐害是由于土壤盐分过多使土壤的水势下降，从而对植物产生渗透胁迫和氧化胁迫。另外，由于离子间的竞争也可引起某种营养元素的缺乏，干扰植物的新陈代谢。

1. 渗透胁迫　土壤中可溶性盐分过多会使土壤水势降低，导致植物吸水困难，突发性的盐害严重时甚至造成植物组织内的水分外渗，对植物产生渗透胁迫，造成生理干旱。一般植物在土壤含盐量达 0.2％～0.25％时，吸水困难；含盐量高于 0.4％时就容易外渗脱水。

2. 质膜伤害　高浓度的 Na^+ 可置换细胞膜结合的 Ca^{2+}，膜结合的 $[Na^+]/[Ca^{2+}]$ 增大，膜结构遭破坏，功能发生改变，细胞内的 K^+、PO_4^{3-} 和有机溶质外渗。在盐胁迫下，细胞内活性氧增加，抗氧化能力减弱，引起膜脂过氧化或膜脂脱脂，导致膜的选择透性丧失。

3. 离子失调与单盐毒害　盐碱土中 Na^+、Cl^-、Mg^{2+}、SO_4^{2-} 等含量过高，会引起 K^+、HPO_4^{2-} 或 NO_3^- 等无机盐的缺乏。Na^+ 浓度过高时，植物对 K^+ 的吸收减少，同时也容易发生 P 和 Ca 的缺乏症，导致营养亏缺。由于植物对离子的不平衡吸收，离子失调产生单盐毒害作用。

4. 生理代谢紊乱　盐胁迫能够抑制植物的生长和发育，并引起一系列的代谢紊乱，主要表现为以下几点。

（1）光合作用下降。盐分过多使磷酸烯醇式丙酮酸（PEP）羧化酶和 1，5-二磷酸核酮糖（RuBP）羧化酶的活性降低；CO_2 同化能力降低；叶绿体趋于分解，叶绿素和类胡萝卜素的生物合成受干扰；气孔关闭。这些都可使光合作用受到抑制。

（2）呼吸作用下降。低盐时植物呼吸受到促进，而高盐时则受到抑制，氧化磷酸化解偶联。

（3）蛋白质合成降低。盐分过多会降低植物蛋白质的合成，促进蛋白质分解。

（4）有毒物质积累。盐胁迫使植物体内积累有毒的代谢产物，破坏植物生长代谢的器官组织。

三、植物的抗盐方式及其提高抗盐性的措施

（一）植物的抗盐方式

根据植物抗盐能力的大小，可相对的分为盐生植物（halophyte）和甜土植物（glycophyte）两大类。前者可生长的盐浓度范围为 $1.5\% \sim 2.0\%$，如胡杨、盐穗木、碱蓬和红树等；后者可生长的盐浓度范围为 $0.2\% \sim 0.8\%$，如甜菜、棉花、水稻等。栽培植物中没有真正的盐生植物，多属于甜土植物，但它们对盐浓度有一定的适应能力。植物对盐渍环境的适应机制主要有避盐和耐盐两种方式。

1. 避盐　有些植物虽然生长在盐渍环境中，但细胞质内盐分含量并不高，因而可以避免盐分过多对植物的伤害，这种对盐渍环境的适应能力称为避盐（salt avoidance）。植物的避盐性有拒盐、排盐和稀盐 3 种途径。

（1）拒盐。拒盐（salt exclusion）指细胞原生质对某些盐分的透性很小，即使生长在该种盐分较多的环境中，根本不吸收或很少吸收某些离子，从而避免盐分的胁迫。

（2）排盐。排盐（salt excretion）也称泌盐（salt secretion），这类植物吸收盐分后并不存留在体内，而是主动通过茎叶表面上的盐腺（salt gland）和盐囊泡（salt bladder）排出体外。例如，滨藜属植物具有由一个囊泡组成的盐腺，如花花柴等。

（3）稀盐。稀盐（salt dilution）指某些盐生植物将吸收到体内的盐分加以稀释，其方式一是通过快速生长，细胞大量吸水或增加茎叶的肉质化程度使组织含水量提高；二是通过细胞的区域化作用将盐分集中于液泡，使水势下降，保证吸水，从而降低细胞质 Na^+ 浓度。

2. 耐盐　植物在盐胁迫下，能够通过自身的生理代谢变化来适应或抵抗进入细胞的盐分危害，这种对盐渍环境的适应能力称为耐盐（salt tolerance）。

（1）耐渗透胁迫。通过细胞的渗透调节来适应由盐胁迫而产生的水分逆境。当植物受到盐胁迫时，通常在细胞内积累渗透调节物质来降低细胞的渗透势，防止细胞的失水，对植物细胞具有保护功能。渗透调节物质主要有葡萄糖、有机酸、糖醇、多糖、脯氨酸、甜菜碱以及含硫化合物。低浓度的渗透调节物质还具有在盐胁迫下维持类囊体和质膜的完整性、稳定蛋白结构、清除活性氧的功能。

（2）营养元素平衡。有些植物在盐胁迫时能增强对 K^+ 的吸收，有的蓝绿藻能随 Na^+ 供应的增加而加大对 N 的吸收，所以它们在盐胁迫下能较好地保持营养元素的平衡。

（3）代谢稳定性。某些植物在较高的盐浓度中仍能保持一定酶活性，维持正常的代谢过程。例如，大麦幼苗在盐胁迫时仍保持丙酮酸激酶的活性。植物还可通过代谢产物与盐类结合，减少游离离子对原生质的破坏作用，细胞中的清蛋白可提高亲水胶体对盐类凝固作用的抵抗力，从而避免原生质受电解质影响而凝固。有些植物在盐胁迫下诱导形成胺类化合物（如腐胺、尸胺等），消除其毒害作用。

（4）抗盐基因表达与调控。植物在盐胁迫时能够通过信号感知、信号转导、转录调控、基因表达等过程产生效应，如合成渗透调节物质、区隔化 Na^+ 及清除活性氧物质从而减轻盐胁迫对自身的损害。植物通过信号通路传递的信号将作用于某些调控因子，再由这些调控因子来控制受盐分胁迫诱导的基因表达。盐胁迫时能诱导一些抗盐基因的上调表达，如植物液泡膜上的 Na^+/H^+ 反向传递体蛋白基因 *NHX*，*NHX* 在多种植物中的过量表达已被证明是植物提高耐盐性的方法之一。植物液泡膜上 Na^+/H^+ 逆向运输是靠跨液泡膜的 H^+ 浓度梯度来驱动的，H^+ 浓度梯度的形成又依赖于液泡膜上的两种质子泵：H^+-ATPase 和 H^+-PPase，它们分别水解 ATP 和 PPi 将 H^+ 泵到液泡中，从而形成 H^+ 浓度梯度。这两种基因在植物受到盐胁迫时表达量会迅速升高，促进

NHX 的表达，同时大量研究证明过量表达液泡膜 H^+ – PPase 和 H^+ – ATPase 的单个基因也能够增强转基因植物的耐盐性。

（二）提高植物抗盐性的措施

1. 抗盐锻炼 用一定浓度的盐溶液处理种子，可明显提高植物的抗盐性。

2. 使用植物激素 植物激素作为生长调节剂能够降低盐胁迫对植物的危害，促进植物的生长。例如，喷施植物激素吲哚乙酸、油菜素内酯和茉莉酸甲酯或用其浸种，可促进作物生长和吸水，提高抗盐性。用脱落酸诱导气孔关闭，可减小蒸腾作用和盐的被动吸收，提高作物的抗盐能力。

3. 培育抗盐作物 通过常规育种手段或采用组织培养、转基因等新技术选育抗盐突变体，培育新的抗盐经济作物，使其适应盐碱土壤环境。

4. 改造盐碱土 措施有合理灌溉，泡田洗盐；增施有机肥，盐土种稻；种植耐盐绿肥（田菁）；种植耐盐植物（如白榆、沙枣、紫穗槐等）；种植耐盐碱作物（如向日葵、甜菜、棉花等）。例如，天津经济技术开发区为淤泥质滨海盐渍土，通过引进种盐生植物作为先锋植物，降低土壤含盐量进行盐碱地改造。种植的盐生植物对盐碱胁迫的反映和适应能力的大小顺序为：盐地碱蓬＞新疆柽柳＞中华柽柳＞二色补血草＞罗布麻＞地被菊＞草木樨＞枸杞＞苜蓿。根据含盐量的变化，证明盐生植物具有脱盐作用，盐地碱蓬种植 3 年后与未种植盐地碱蓬的土壤相比较，Na^+ 的含量降低 4.5%～6.7%；柽柳能降低土壤含盐量 40%～50%。

第六节 光胁迫与植物抗性

一、太阳辐射与植物的适应性

（一）太阳辐射与植物生长

光是电磁辐射的一种形式，阳光是由波长范围很广的电磁波组成的，主要波长范围是 150～4 000 nm，其中人眼可见光的波长为 380～760 nm，可见光谱中根据波长的不同又可分为红、橙、黄、绿、青、蓝、紫 7 种颜色的光。波长小于 380 nm 的是紫外光，波长大于 760 nm 的是红外光，红外光和紫外光都是不可见光（图 14 - 8）。在全部太阳辐射中，红外光占 50%～60%，紫外光约占 1%，其余的是可见光部分。波长越长，增热效应越大，所以红外光可以产生大量的热，地表热量基本上就是由红外光能所产生的。紫外光对生物和人有杀伤和致癌作用，但它在穿过大气层时，波长短于 290 nm 的部分将被臭氧层中的臭氧吸收，只有波长为 290～380 nm 的紫外光才能到达地球表面。在高山和高原地区，紫外光的作用比较强烈。可见光在光合作用中被植物所利用并转化为化学能，用于植物生长发育。

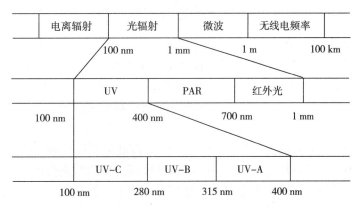

图 14 - 8 太阳的电磁光谱及紫外光辐射的分布

PAR. 光合有效辐射（photosynthetic active radiation） UV. 紫外光（ultraviolet）

（二）植物对太阳辐射的适应

自然界中光是变化最大的环境因素。一天中光照度和光质始终处于变动之中，一年中每天的光照长度会发生周期性的变化，气候的变化也会影响光照情况。植物可通过各种方式适应太阳辐射的改变，避免光照胁迫对植物造成的伤害。

植物对太阳辐射变化的适应，可以分为环境适应（environmental adaptation）和遗传适应（genetic adaptation）。

1. 环境适应 植物对辐射的环境适应又分为调节适应（regulative adaptation）和诱交适应（modificative adaptation）。调节适应指的是植物对环境中太阳辐射短暂变化迅速表现出的反应。例如，向日葵头状花序在光的刺激下随光入射方向发生的运动。禾本科植物叶中泡状细胞在不同光照度下对叶片卷折程度的调节和某些干旱地区植物在强光下叶片的对折等，以及对于这样短暂变化而发生的一系列主要反映在光合作用方面的功能性适应。调节适应的特点是发生得快，作用比较显著，但往往又很有限，一旦当环境中的辐射回复到原先状态，迅速出现的适应行为也会很快消失。诱交适应是植物生长期间，对于平均辐射条件所形成的反应。与调节适应不同的是，诱交适应情况下，植物所遇到的辐射条件相对个体发育而言是持久和稳定的，条件的变化均不超过植物的生态幅，而植物一旦在结构上和功能上的适应特征形成后，便会被保持下去，但是与调节适应一样，这样的适应特征并不遗传。诱交适应也是自然界的普遍现象。例如，适应于荫蔽的植株，往往有较大的叶表面积，叶绿体内含有较多的叶绿素和辅助色素，而暴露在较强辐射下的植株则有较好的水分输导系统，叶肉细胞层次多并有大量叶绿体。这样的特征，在同一植株处于不同辐射状况下的阳生叶和阴生叶之间也能看到。

2. 遗传适应 植物对辐射的遗传适应又称为发育适应（evolutive adaptation），是一种建立在基因型变化基础上的可利用辐射的适应。这样的适应决定了不同种植物和生态型在分布上的生态学差异。自然界中，植物的遗传适应分化显然与其分布的环境有着密切的关系。

3. 植物的光照适应类型 由于植物生长环境的不同，因而在种间和种内形成了对太阳辐射强度需要和抗性不同的基因型分化，显示出不同的遗传适应。根据植物这种适应状况的不同，一般可将植物分成阳生植物（heliophyte，sun plant）、阴生植物（sciophyte，shade plant）和耐阴植物（shade tolerant plant，shade resistant plant）。阳生植物是只有在全光照下才能正常生长发育的植物，这类植物在水分、温度等条件适宜的情况下，不会发生光照过剩的情况。许多 C_4 植物、C_3 植物以及生长在高山、荒漠和海滨开阔生境下的植物属这种类型。阳生植物对强光有较好的抗性，但它们却不能耐荫蔽。阴生植物的情况则与之相反，它们对荫蔽有极好的耐性，但抗强光的能力却很弱。生活在较深水层下的水生植物、许多林下的草本、灌木和孢子植物都属于这样的类型。耐阴植物为介于阳生植物和阴生植物之间的类型，是自然界植物的主体。

二、强光胁迫与植物抗性

（一）强光胁迫与光保护作用

1. 强光与强光胁迫 在正常条件下，植物能够通过各种调节过程，精确地控制和调节光能在光系统间的平衡分配，使光合作用高效地进行。但是在许多情况下，外界的光照常超出植物的调节范围，例如在夏日的高光照条件下，植物吸收的光能常超出植物所能利用的范围，多余的能量会造成植物的损害。

高等植物光合作用所吸收光的波长为 $400\sim700$ nm，故此范围波长的光称为光合有效辐射（photosynthetic active radiation，PAR）（图 14-8）。当 PAR 超过植物的光合作用光补偿点以后，光合速率随着光照度的增加而增加，在光饱和点以前，是光合速率上升的阶段；超过光饱和点以后，光合速率不再上升，如果光照太强，光合速率会随光照度增加而降低。超出光饱和点的光照度为强光（high light，high radiation），强光对植物可能造成的危害为强光胁迫（high light stress，high radiation stress）。

植物对强光胁迫的适应有多种多样的方式，如改变光合特性以适应强光环境，植物不同部位的叶片对强光胁迫的耐受能力不一样，增加叶片细胞中叶绿素的含量等。喜阴植物极易受到光胁迫的影响，喜光植物则不易形成胁迫。

2. 植物的光保护作用　光能是光合作用的基本要素。捕光色素复合体可以使光能更有效地传递到光反应中心，在强光下，这又可能使传递到光反应中心的激发能超出光系统可以利用的能量，而多余的能量将破坏光合系统。实际上，在绝大多数情况下即使是光合效率较高的阳生植物也不可能利用吸收的所有光能。因此植物的光保护机制对于植物的生存是至关重要的。

植物在长期的进化中形成了多层次的防御机制，称为光破坏防御，也称为光保护作用（photoprotection），以保障其在多变的光照条件下（在许多情况下是伤害性的）进行高效的光合作用的同时，不受到光的伤害。

（二）强光对植物的影响

1. 强光对植物发育的影响　强光对植物形态和各器官在整个植株中的比例有一定影响。如甘薯（*Dioscorea esculenta*）在强光影响下，其薯蔓的生长虽受到抑制，但有利于薯块的形成，因而甘薯生长过程中受到一定时期的强光照射，有利于增加产量。棉花（*Gossypium hirsutum*）在生育期内，尤其是开花—吐絮期间持续强光天气，对于其产量和品质的形成十分有利。苎麻（*Boehmeria nivea*）叶片有一定的趋光性，在强光日数较多的条件下生长旺盛、分枝多、麻皮厚、纤维产量高。

通常光饱和点低的阴生植物更易受到强光危害，若把人参苗移到露地栽培，在直射光下，叶片很快失绿，并出现红褐色灼伤斑，使参苗不能正常生长。用不同光照处理石斛，在 5 000 lx 下，石斛节间较长，茎秆纤弱、叶色深且无光泽，增长不明显；而在 20 000 lx 下茎秆粗壮，叶片肥厚，新生根较多；如果继续增大光照度，达到 40 000 lx 时，节间短，叶片小，且伸展度小，叶色浅，有的叶片出现卷曲。

黄连（*Coptis chinensis*）为阴生植物，长年生长在林下阴湿的环境中，因而形成了怕强光、喜弱光的特性。黄连的比叶面积在遮阴的环境下明显大于在强光环境下，因而叶片捕获太阳辐射的效率高。强烈的阳光照射，会使黄连叶片枯焦而死亡，尤其是幼苗期对光的抗性更弱，如果荫蔽不良，遇到中午烈日暴晒，黄连苗就会被晒死。据报道，黄连的光饱和点为全日照的 20% 左右，用不同层数的纱布罩黄连植株，罩两层纱布的植株生长最好，叶色绿而大，随着纱布层数的增加，叶色由绿色转为深绿色再转为蓝绿色，叶数及根茎的分枝数减少。对林间荫蔽度不同的黄连生长的调查，结果与此一致。荫蔽度大，有利于黄连苗的生长成活，而荫蔽度适当，则有利于叶数、分蘖数以及折干率的提高。

2. 强光对光合与呼吸特性的影响　在自然环境条件下，植物光合作用日变化曲线一般有两种类型：一种是单峰型，即中午以前光合速率最高；另一种是双峰型，即上、下午各有一高峰。双峰型光反应曲线在中午前后的低谷就是所谓的"午休"，一般上午的峰值高于下午的峰值。光合作用日变化曲线的双峰型多发生在日照强烈的晴天，单峰型则发生在多云而日照较弱的天气条件下。强光对呼吸作用的影响主要表现为强光可以减缓呼吸作用，甚至会降低呼吸速率。

3. 强光对植物分子的影响　强光可能导致色素分子结构及蛋白质微环境改变，并进一步引起光破坏。强光照射不但改变了 β 胡萝卜素分子的构象，而且也改变了其微环境，使 β 胡萝卜素分子的散射强度明显减弱，说明 β 胡萝卜素分子振动状态随光照发生了变化。

（三）植物对强光胁迫的适应

植物对强光有一定的适应范围，这种适应具有季节性、地区性，并因物种而异。在强光、高温、低 CO_2 浓度的逆境下，C_4 植物比 C_3 植物有更高的生产能力，因此 C_4 植物具有更大的优势。C_4 植物甚至能把最强的光用于光合作用，它们的 CO_2 吸收量是随光照度而变化的；C_3 植物则很容易达到光饱和，因而不仅不能充分利用太阳辐射，甚至会由强光而产生"午休"。阳生植物能利用强光，而阴生植物在强光下却往往遭受光胁迫而产生危害。植物对于强光的适应能力，表现在以下几个方面。

1. 调整形态结构 植物通过各种方式减少光能的吸收，以达到降低强光破坏的目的。叶片是光能吸收的主要器官，减少叶面积，在叶表面形成毛或表面物质，改变叶与光的角度等都可以降低光能的吸收。例如，在高光照的地区，植物叶片常较小；在干燥、高光照的沙漠地区，一些植物的叶变态为刺（当然这和水分平衡也是有关的）。一些植物叶的表面形成角质层或蜡质层，不仅可以减少水分的散失，而且也可以减少光的吸收。

2. 阳生叶与阴生叶的形成 植物对强光的适应是多方面的，有的仅对高强度光照起到防护作用，有的可以同时对光照和其他因子的胁迫起到免受或少受损害的作用。从形态学和解剖学方面，有阳生叶与阴生叶的形成。

同种植物的相同个体上，不同部位叶片对强光胁迫的耐受能力也有差异。常可以看到在同一株植物体上，由于所处光照情况的不同而形成结构特征、化学特征和功能均有差异的阳生叶和阴生叶。

3. 叶片的运动 许多高等植物在适应太阳辐射入射角度的改变，保证吸收更多光能方面，存在着追踪日光的现象，而当它们遭受到一定的环境因子胁迫时，它们同样可以通过叶片的活动来避开高强度光照的损害。例如，酢浆草属植物，这是一种典型的阴生植物，当它们的叶子受到太阳光斑照射时，叶子便能迅速地运动，使它们始终处在一种荫蔽的位置上，从而避开强光的损害。阳生植物中也有些植物可依靠调节叶片的角度回避强光，比起那些在结构上不能活动的叶子，能迅速运动的叶子往往不易出现光抑制现象。

4. 改变光合特性 在自然光照下，同种植物处于不同的生境中光饱和点是不相同的。在林下生境中，升麻（_Cimicifuga foetida_）的光照度-光合作用响应曲线在 80 $\mu mol/(m^2 \cdot s)$ 就已经变得相当平滑了，呈现出饱和的趋势。而对林窗生境来说，曲线在光量子通量密度为 198 $\mu mol/(m^2 \cdot s)$ 时远没有达到饱和状态，在林缘中光量子通量密度为 600 $\mu mol/(m^2 \cdot s)$ 时仍未见饱和。这说明光合有效辐射的差异能导致光合特性的变化，植株通过改变光合特性来适应相应的环境条件，以捕获更多的光能，提高光能的利用效率。

植物细胞还可以通过改变光合组分的量，减少光能吸收或加强代谢，达到降低光破坏的效果。例如，在弱光下生长的植物叶绿体中 LHC 的含量常高于强光下生长的植物叶绿体中 LHC 的含量。LHC 在类囊体膜中含量的改变可以改变聚光色素的含量，从而改变光能的吸收量。此外，弱光下的植物叶绿体中光反应中心复合体的含量常少于强光下的，强光下较多的光反应中心复合体有利于消耗较多的光能从而减少激发能在光反应中心的积累。再者，当光照度增加时，与电子传递链有关的组分和 Rubisco 等的含量也增加，因此电子传递速率和 CO_2 固定增加。这样就有较多的光能被利用，也就减少了激发能的积累。

5. 叶绿体及叶绿素的变化 除叶子的运动外，叶绿体也有类似的运动能力。在许多植物中，叶肉细胞的叶绿体可以随入射光强度改变其在细胞中的分布。在弱光下，叶绿体以其扁平面向着光源，并散布开以获得最大的光吸收面积；而在强光下，叶绿体则以其窄面向着光源，并沿光线排列相互遮挡以减少光的吸收面积。此外，在强光下，叶绿体光合膜上叶绿素 a/叶绿素 b-蛋白复合体的量会减少，基粒垛叠的程度降低，体积变得狭小，甚至类囊体的数目也变少。

强光胁迫对植物叶片的叶绿素含量有影响。同一生境中的羊草（_Leymus chinensis_）有灰绿型与黄绿型，对光辐射强度的响应有不同程度的变化。灰绿型羊草与黄绿型羊草的光饱和点与补偿点不同。灰绿型羊草对光照度响应相对迅速，有较高的饱和光合速率，但它的光补偿点、饱和点却低于黄绿型羊草。一般说来，较高光辐射条件下植物的叶色较深，叶片叶绿素含量也相对较高。

三、弱光胁迫与植物抗性

（一）弱光胁迫与植物的耐阴适应

1. 弱光与弱光胁迫 因遗传及生长环境的差异，不同植物对光照的反应不同，因而可将植物分成阳生植物、阴生植物和耐阴植物。弱光（low light, low radiation）对植物生长发育的不利影响称为弱光胁迫（low light stress，low radiation stress）。

所谓的弱光逆境仅有相对意义，如阳生植物和阴生植物本身对光照的要求存在差异。对每一种植物来说，都存在着影响其生长的弱光逆境和限制其生存的最低光照度。因此对这个问题的研究，既要研究其共同的一般规律，也要注意不同植物适应弱光所具有的不同特性。有人认为，环境光照度持久或短时间显著低于植物光饱和点，但不低于限制其生存的最低光照度时的光环境，可以称为弱光逆境。

弱光胁迫对植物生长和农业生产有很大的影响。如设施覆盖物和骨架结构遮光及冬春季节经常出现雨、雪、连阴天等不良气候条件，使设施内的植物经常在弱光逆境中生长，有时设施内的光照度只有自然光照的 10％ 左右。如此弱的光照会造成作物徒长、光合能力和抗病虫害的能力下降，对于那些产品器官为果实的作物，弱光还会影响到开花、坐果及果实的发育，最终导致产量和品质的下降。

2. 植物的耐阴适应 植物耐阴性（shaded‐tolerance，shade‐adapted）是指植物在弱光照（低光量子密度）条件下的生活能力。这种能力是一种复合性状。植物为适应变化了的光量子密度而产生了一系列的变化，从而保持自身系统的平衡状态，并能进行正常的生命活动。

植物对弱光的抗性一般表现为两种类型，即避免遮阴和忍耐遮阴。

（1）避免遮阴。植物体或某些器官、组织在生长发育中不断调整，避开遮阴弱光的影响，以便在适宜的环境条件下完成生命周期或重要的生育阶段。具有避免遮阴能力的植物，先锋树种表现明显。当轻度遮阴时，其叶片做出很小的适应调节，同时降低径生长并加快高生长，以早日冲出遮蔽的光环境。但当遮阴增大时，则很难对新的光环境做出反应，或表现出黄化现象或最终被遮阴植物取代。黄化现象可以看成是植物与不利的光环境做斗争的一个极端情况。

（2）忍耐遮阴。当遮阴弱光逆境出现时，植物体发生与环境相适应的生理生化代谢变化，使植株少受或不受伤害。忍耐遮阴在顶极群落的中下层植物以及部分阳性植物的叶幕内部或下层叶片上表现比较突出。具有忍耐遮阴能力的植物，其叶片形态特征与低光照的环境极为协调，从而保证植物在较低的光合有效辐射范围内，有机物质的平衡为正值。这种对低光照的适应，包括了生理生化及解剖上的变化，如色素含量、RuBP 羧化酶活性以及叶片栅栏组织与海绵组织的比例关系、叶片大小、叶片厚度等的改变。

（二）植物耐阴性及其机制

生长在弱光环境中的植物会产生一系列的生态适应性反应，这些反应包括形态结构、生理生化过程和基因表达各个方面，是植物对弱光胁迫信号进行感受、转导和适应调节的结果。

植物对弱光的适应首先在于能够保证有机物的增长成为正值，并高于其最低需要水平，即要尽可能达到有利于生长、繁殖和抵抗不良环境危害的水平。除了形态结构方面的适应外，植物还通过增强充分吸收弱光的能量，提高光能利用效率，高效率地转化为化学能；同时降低用于呼吸及维持其生长的能量消耗，维持其正常的生存生长。

1. 形态结构变化 植物对弱光环境的适应，表现在形态结构上的变化是侧枝、叶片向水平方向分布，扩大与光量子的有效接触面积，以提高对散射光、漫射光的吸收。

叶内光梯度受叶片解剖构造及入射光的方向特性的共同影响。在具有柱状栅栏组织的叶片中，弱入射光平行则光梯度相对较浅；若是漫射光则光梯度较大。相反，在只具海绵组织的叶片中，光梯度不受入射光的平行程度的影响。叶内光梯度量值的变化与细胞大小及叶背散射/叶面散射的比值，叶片光学深度和组织厚度的变化，组织发育的程度，入射光量子密度的日变化、季节变化等相一致。

叶表附属物，如表皮毛、短茸毛等，可以降低光量子吸收，故多数荫蔽条件下的植物叶片没有蜡质和革质，表面光滑无毛，这样就减少了对光的反射损失。树木结构使其能够分别以单层或复层叶绿体的方式于林冠下有效地捕获光量子。单层叶绿体有较高的光量子捕获率，而复层叶绿体则通过暴露更多的叶绿体来利用流动光以进行光合作用。

耐阴植物与喜光植物相比，其叶片具有发达的海绵组织，而栅栏组织细胞极少或根本没有典型的栅栏薄壁细胞，这是植物耐阴的解剖学机制之一。柱状的栅栏组织细胞使光量子能够透过中心液泡或细胞间隙造成光能的投射损失。因而，相对发达的海绵组织不规则的细胞分布对于减少光量子投射损失，提高弱光照条件下的光量子利用效率具有十分重要的意义。

2. 保持最大的吸光能力　研究表明，叶片表面状况对其吸收光能有很大的影响，通过凸起的细胞表面弯曲可降低散射光的反射，并且可以增加叶内光照度。耐阴植物叶片较阳性植物叶片薄，比叶重小，这不仅是叶内单细胞变小的结果，同样也是细胞层数减少的结果。

叶绿体层的形成是通过栅栏组织细胞的形状调节完成的。耐阴植物的叶绿体呈狭长的串状或连续的层状分布，这种结构可以通过减少光量子穿透叶片的量而降低筛效应。叶绿体通过方向与叶内光量子分布（光梯度）相一致的运动，使其能更充分地利用透入叶片的光量子，从而使光合作用尽可能地完善起来。

叶绿素含量随光量子密度的降低而增加，但叶绿素 a/叶绿素 b 值却随光量子密度的降低而减小。低的叶绿素 a/叶绿素 b 值能提高植物对远红光的吸收，因而在弱光下具有较低的叶绿素 a/叶绿素 b 值及较高的叶绿素含量的植物，也具有较高的光合活性。

3. 提高光能利用效率　在弱光条件下，保持较高的光能利用效率对植物生长以及相关的生理生化过程至关重要。耐阴植物的光照度-光合作用响应曲线与喜光植物的响应曲线不同：①光补偿点向较低的光量子密度区域转移；②曲线的初始部分（表观量子效率）迅速增大；③饱和光量子密度低；④光合作用高峰较低。光照度-光合作用响应曲线变化的不同程度不仅是不同种类的植物所具有的特性，而且也是同一种植物的不同生态型所具有的特性。

植物光补偿点低，意味着植物在较低的光照度下就开始了有机物质的正向增长，光饱和点低则表明植物光合速率随光量子密度的增大而迅速增加，很快即达到最大效率。因而，较低的光补偿点和饱和点使植物在光限条件下以最大能力利用低光量子密度，进行最大可能的光合作用，从而提高有机物质的积累，满足其生存生长的能量需要。

4. 减少能量消耗　植物消耗能量的过程包括光呼吸和暗呼吸。耐阴植物叶片及根的呼吸强度均较喜光植物低。一方面，耐阴植物叶片的暗呼吸较弱，因而整个光照度-光合作用响应曲线向左移动，光补偿点出现在更低的光量子密度下；在超过补偿点的光量子密度下，降低 Rubisco 水平，使其加氧酶活性降低，少产生或不产生光呼吸的底物磷酸乙醇酸。另一方面，遮阴条件下植物根呼吸降低，可能是遮阴区的土壤温度降低导致根量相对减少。

四、紫外光辐射与植物抗性

（一）太阳的辐射范围与紫外光辐射胁迫

1. 太阳辐射与紫外光辐射胁迫　太阳辐射包括从短波射线（10^{-5} nm）到长波无线电频率（10^5 nm）的所有电磁波谱，其中大约 98% 的辐射在 300～3 000 nm 的波段内。紫外光辐射是比蓝光波长还短的电磁波谱，位于 100～400 nm，约占太阳总辐射的 9%。依据在地球大气层中的传导性质和对生物的作用效果，通常将紫外光辐射分为 UV-A(315～400 nm)、UV-B(280～315 nm) 和 UV-C(100～280 nm) 三部分（图 14-8）。

地表紫外光辐射能量占太阳总辐射的 3%～5%。UV-A 可促进植物生长，一般情况下无杀伤作用，它很少被臭氧吸收。UV-B 对生物具有较强的伤害作用，在臭氧层正常时仅有 10% 可抵达地球表面，但随着臭氧层的破坏，其对地球表面生物的危害越来越大。由于紫外光辐射增强而对植物的不良效应称为紫外光辐射胁迫（ultraviolet radiation stress）。

2. 紫外光辐射增强对植物的影响　植物需要阳光进行光合作用，不得不承受相伴的紫外光辐射。其中太阳 UV-B 辐射增强往往成为环境胁迫因子，对细胞核 DNA、质膜、生理过程、生长、产量和初级生产力等方面产生巨大的影响。同时，许多野外实验，特别是自然生态系统水平的研究，关于 UV-B 辐射作为一种调节因子的作用已越来越引起人们的注意。

从整株植物和自然生态系统水平的植物来考虑，UV-B辐射对生长、生物量积累和植物体的生存等的影响可大致分为两类：直接影响和间接影响。UV-B辐射的直接影响包括DNA的伤害、光合作用的影响和细胞膜功能的扰乱。在UV-B辐射的直接作用中，DNA的伤害可能比光合作用和细胞膜功能的伤害更加重要。通常认为，与强PAR对光合作用的光抑制相似，UV-B辐射也能导致PSⅡ反应中心的光失活，引起光合作用降低。也有研究表明，PSⅡ可能不是光饱和条件下UV-B直接抑制的关键部位，很可能通过增强UV-B辐射影响类囊体膜功能，或影响参与三羧酸循环的酶，而影响光合作用。

与早期的室内研究结论相反，在自然生态系统中，越来越多的证据表明，增加UV-B辐射对植物生长和初级生产并没有明显的直接影响。而增强UV-B辐射的间接影响，如叶片角度的改变等，可能对植株地上直立部分响应UV-B辐射具有重要的意义，叶片厚度的增加可能会减轻UV-B辐射对叶细胞的伤害，同样，叶片厚度的变化会引起PAR在叶肉细胞中的传输，这也会影响叶片的光合作用。因此，有研究认为，相对于增强UV-B辐射的直接影响，间接影响更有可能会引起农业生态系统和自然生态系统的结构和功能的改变。

(二) 植物对 UV-B 辐射的防护

1. 植物对 UV-B 辐射的敏感性　植物对 UV-B 辐射的敏感性在不同物种和品种间存在着差异。在自然生态系统中，那些有较强适应性的物种有可能得到更多的资源（如光照、水分和养分等），在生长竞争中处于优势，从而会引起生态系统中群落结构的改变和物种多样性的变化。

2. 植物对 UV-B 辐射的防护方式　平流层中臭氧层的形成为地球上生物的生存和进化提供了防护 UV 伤害的外界屏蔽，与此同时，在从水体向陆地进化的过程中，植物体本身也发展了多种越来越复杂的内部防护机制，从而使得今天高等植物成为陆地植物的主要类群。植物体对 UV-B 辐射的各种防护方式可分为两类：吸收和屏蔽作用与保护和修复作用。

（1）吸收和屏蔽作用。植物体能够屏蔽（screen）UV-B 辐射引起的伤害，其机制包括产生 UV-B 吸收化合物（UV-B absorbing compound）和叶表皮附属物质（如角质层、蜡质层）等。

UV-B 辐射的穿透性因物种及叶龄不同而异，UV-B 辐射穿透性最大的是草本双子叶（宽叶）植物，而木本双子叶、牧草、针叶树类依次减少。UV-B 辐射穿透性也随叶片年龄而变，幼叶较成熟叶衰减 UV-B 辐射能力差。此外，也可通过株型矮化、减小分枝角度、增加分蘖等形态改变来适应过强 UV 的辐射。

在大多数植物中，叶表面的反射相对较低（小于10%），因此通过 UV-B 吸收化合物的耗散可能是过滤有害 UV-B 辐射的主要途径。

植物暴露在太阳 UV-B 辐射下，会刺激 UV-B 吸收化合物的积累，这些保护物质主要分布在叶表皮层中，能阻止大部分 UV-B 光量子进入叶肉细胞，而对 PAR 波段的光量子没有影响。UV-B 吸收化合物的增加可降低植物叶片对 UV-B 辐射的穿透性，减少其进入叶肉组织的量，从而避免对 DNA 等生物大分子的伤害。类黄酮在 270 nm 和 345 nm 有最大吸收峰，羟基肉桂酸酯在 320 nm 左右，因此它们都能有效地吸收 UV-B 辐射。尽管花色素苷的吸收峰位于 530 nm 附近，但与肉桂酸酯化后也能提供抵御 UV-B 辐射的保护。

（2）保护和修复作用。由于叶表皮层中的 UV-B 吸收物质以及叶表皮层上的其他保护结构并不能 100% 有效地吸收有害的 UV-B 辐射，所以植物体还需要强大的保护和修复系统。

①活性氧清除系统。许多研究结果表明，增强 UV-B 辐射可以引起叶片产生过量活性氧分子。活性氧与许多细胞组分发生反应，从而引起酶失活、光合色素降解和脂质过氧化等。有研究认为，强光下发生光抑制时，光系统Ⅱ D1 蛋白的降解可能主要缘于活性氧分子的积累。活性氧积累也能影响碳代谢中固定 CO_2 的酶，如 1,6-二磷酸果糖酶、3-磷酸甘油酸脱氢酶、5-磷酸核酮糖激酶等，这些酶都含有巯基，活性氧能导致二硫键的形成，从而引起酶失活。活性氧导致的一系列关键性叶绿素代谢相关酶的失活可能是 UV-B 辐射引起光合作用下降的主要原因。

自由基清除剂的增加也可减少 UV-B 辐射的不利影响。UV-B 辐射可诱导氧自由基如 $\overline{O_2}$、H_2O_2 等的产生，并降低 SOD、过氧化氢酶、抗坏血酸过氧化物酶活性和抗坏血酸的含量，使防御系统失去平衡而导致膜脂质过氧化，膜系统伤害会改变细胞的代谢状态，最终导致细胞死亡。Kramer 等报道 UV-B 辐射导致黄瓜中丁二胺和亚精胺含量上升。多胺能在质膜表面形成一种离子型的结合体，阻止脂质过氧化作用。

强 UV-B 辐射可以诱导叶内抗氧化防御能力的提高，包括低分子质量抗氧化物质（如抗坏血酸、谷胱甘肽等）含量的提高，抗氧化酶（如 SOD、POD、CAT、GR 等）活性的增强，这些都能有效地防御活性氧引起的伤害。此外，亲脂性维生素 E 和类胡萝卜素，以及酚类化合物和类黄酮化合物也能清除部分活性氧分子。

②DNA 伤害的修复途径。DNA 伤害的修复系统包括光复活（photoreactivation，PHR）、切除修复、重组修复和后复制修复。

光复活作用普遍存在于植物体中，通过 DNA 光裂合酶（DNA photolyase）专一性修复损伤的 DNA 分子。此酶具光依赖性，经蓝光或 UV-A（波长为 300～400 nm）的激活后，通过光诱导的电子传递直接将嘧啶二聚体修复成它们原来的单碱基。

植物主要通过两方面来适应短期增强的 UV-B 辐射，一方面，通过诱导一些抗性基因的表达和增强表达来减轻伤害。对 DNA 损伤的修复在生物体内普遍存在，这种机制是生物体消除或减轻 DNA 损伤、保持遗传稳定性的重要途径。另一方面，植物通过提高光复活酶的活性来修复 UV-B 辐射引起的伤害。

第七节　环境污染与植物抗性

一、环境污染与植物生长

随着工业化的快速发展和人口增多，厂矿、居民区、现代交通工具等所排放的废渣、废气和废水越来越多，扩散范围越来越大，加之现代农业大量应用农药、化肥所残留的有害物质，远远超过环境的自然净化能力，造成环境污染（environmental pollution）。

环境污染不仅直接危害人们的健康和安全，也对动植物的生长发育造成损害，严重时可以造成动植物死亡，甚至破坏整个生态系统。

就污染因素而言，可分为大气污染（air contamination）、水体污染（water contamination）和土壤污染（soil contamination）。其中，以大气污染与水体污染对植物的影响最大，且易转化为土壤污染。

二、大气污染

（一）大气污染物

大气污染物（atmosphere pollutant）主要是燃料燃烧时排放的废气、工业生产中排放的粉尘、废气及汽车尾气等。对动植物有毒的大气污染物种类很多，主要包括硫化物、氧化物、氯气及氯化物、氮氧化物、氟化物、粉尘和带有金属元素的气体。工厂、汽车等排放出来的氧化氮类物质和燃烧不完全的烯烃类碳氢化合物，在强烈的 UV 作用下，形成的一些氧化能力极强的氧化性物质，如 O_3、NO_2、醛类（RCHO）、过氧乙酰基硝酸酯（peroxyacetyl nitrate，PAN）等，这些物质再与大气中的硫酸液滴、硝酸液滴接触成为浅蓝色烟雾。这种具有污染作用的烟雾是通过光化学作用形成的，因此称为光化学烟雾（photochemical smog）。此外，二氧化碳超过一定浓度对植物也有毒害作用。

（二）大气污染物对植物的危害

1. 大气污染物的侵入途径　植物有庞大的叶面积，叶片与大气不断地进行着活跃的气体交换，大气污染物进入植物的主要途径是气孔。植物根系植于土壤之中,固定不动、无法躲避污染物的侵入,大气污染物浸入水和土壤后被根吸收,会对植物造成毒害。大气污染物对植物的危害如图 14-9 所示。

大气污染危害植物的程度不仅与植物的类型、发育阶段及其他环境条件有关,也与有害气体的种类、浓度和持续时间有关,污染物进入细胞后如果累积浓度超过植物敏感阈值即产生危害。

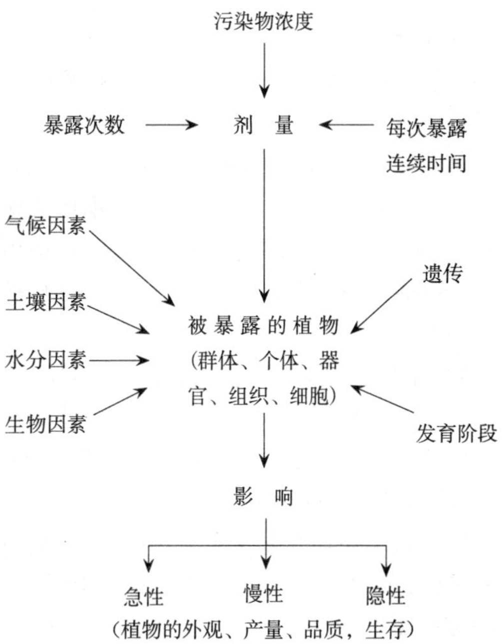

2. 大气污染物对植物的危害方式

(1)急性危害。较高浓度有害气体在短时间内对植物造成的突发性伤害称为急性危害。叶组织受害时最初呈灰绿色,然后质膜与细胞壁解体,细胞内含物进入细胞间隙,叶片转变为暗绿色油渍或水渍斑,质地变软继而枯萎脱落,严重时全株死亡。

(2)慢性伤害。低浓度污染物在长时期内对植物形成的危害称为慢性危害。叶绿素合成逐步被破坏,使叶片失绿,叶片变小,生长受抑制。

(3)隐性危害。更低浓度的污染物在长时期内对植物生长发育的影响称为隐性危害。植物外部形态上无明显症状,只造成生理障碍,代谢异常,作物产量及品质下降。

图 14-9 大气污染对植物的危害及影响因素

(三)主要污染物对植物的危害

1. 二氧化硫 二氧化硫(SO_2)是目前最主要的大气污染物,主要来源于含硫燃料(如煤)的燃烧。SO_2 对植物产生直接伤害,如果空气中 SO_2 浓度大,并遇上雾等天气就形成酸雨,酸雨对植物和土壤的危害更大。不同植物对 SO_2 的敏感性不同。总的来说,草本植物的敏感性大于木本植物,木本植物中针叶树比阔叶树敏感,阔叶树中落叶树比常绿树抗性弱,C_3 植物比 C_4 植物抗性弱。一般 SO_2 浓度为 $0.05\sim10$ mg/L 就可能危害植物。最敏感的植物有悬铃木、梅、马尾松、棉花、大豆、小麦、辣椒等。

SO_2 的伤害症状:针叶树先从叶尖黄化;阔叶树则先从脉间失绿,后转为棕色,坏死斑点逐步扩大,最后全叶变白脱落;单子叶植物由叶尖沿中脉两侧产生褐色条纹,逐渐扩展到全叶枯萎。SO_2 伤害的典型特征是受害的伤斑与健康组织的界线十分明显。

SO_2 危害植物的机制:①SO_2 是一种还原性很强的酸性气体,进入植物组织后可变成 H_2SO_3,使叶绿素变成去镁叶绿素而丧失功能,而且 H_2SO_3 与光合初产物或有机酸代谢产物反应生成羟基磺酸,抑制气孔开放、CO_2 固定和光合磷酸化,干扰有机酸和氮代谢。②SO_2 破坏生物膜的选择透性,使 K^+ 外渗,既破坏细胞内离子平衡,又使气孔调节开闭的灵敏度下降。③SO_2 破坏蛋白质的二硫键,使原生质、膜蛋白及酶活性受到影响。④SO_2 通过诱导产生氧自由基对植物产生危害。

2. 臭氧 臭氧(ozone,O_3)是光化学烟雾中的主要成分,所占比例最大,氧化能力极强。当大气中 O_3 浓度为 0.1 mg/L 时,延续 $2\sim3$ h,烟草、玉米、番茄、大豆、苜蓿、白杨等敏感植物就会出现受害症状。植物受 O_3 伤害症状一般出现在成熟叶片,嫩叶不易出现症状。植物受害初期叶面上出现红棕、紫红、褐色或灰色伤斑,随着受害程度的加剧,斑点由稀疏变为密集,并形成不规则的大型坏死斑;叶片弯曲,叶尖干枯,全叶脱落。

3. 氮氧化物 氮氧化物包括 NO_2、NO 和硝酸雾等。NO_2 是氮氧化物中的主要组分,毒性也最大。它由气孔进入叶肉组织,很容易被吸收,而且浓度愈高吸收愈快,伤害也愈重。当空

气中 NO_2 的浓度达到 $2 \sim 3$ mg/L 时，植物就受到伤害。最初叶片表面出现不规则水渍状伤斑，随后扩展到全叶，并产生不规则白色、黄褐色的坏死小斑点。这些症状与 SO_2、O_3 的伤害极为相似。高浓度的 NO_2 使果树（如柑橘）大量落叶和落果；低浓度的 NO_2 持续时间稍长也会抑制生长。

植物受 NO_2 危害的程度与环境条件（尤其是光照）关系较大，晴天所造成的伤害仅为阴天的一半，这是因为 NO_2 进入叶片后，与水形成亚硝酸和硝酸，光下硝酸还原酶和亚硝酸还原酶活性提高，降低了 NO_2 的浓度。在使用塑料薄膜栽培植物时，若施氮肥过多，在土壤脱氮过程中硝酸被还原成 NO_2，可能会伤害植物。不同植物对 NO_2 的敏感性不同，其中番茄、茄子、草莓、大豆、樱和枫等最为敏感。

4. 氟化物 氟化物包括氟化氢（HF）、四氟化硅（SiF_4）和氟气（F_2）等。在造成大气污染的氟化物中，排放量最大、毒性最强的是 HF，它产生于铝等冶炼工业排放的废气。当其浓度为 $1 \sim 5\,\mu g/L$ 时，较长时间的接触即可使植物受害。对光合作用抑制方面，HF 的危害最大，Cl_2、O_3 和 SO_2 次之，NO_2 和 NO 危害较轻。

气态或尘态氟化物主要从气孔进入植物体内，但并不损伤气孔附近的细胞，而是顺着输导组织运至叶片的边缘和尖端，并逐渐积累。叶片受氟化物伤害的典型症状是：叶尖与叶缘出现红棕色或黄褐色的坏死斑，并在坏死斑与健康部分之间存在着一条暗色的狭带，未成熟叶片易受损害，枝梢常枯死。不同植物对氟化物的敏感性有很大差异，其中以唐菖蒲、葡萄、芒果、梅、玉米、烟草最为敏感。

氟化物危害植物的机制是：①取代酶蛋白中的金属元素，使酶失活。②氟是烯醇化酶、琥珀酸脱氢酶、磷酸酯酶的抑制剂，因此它能破坏许多酶促反应。③氟能阻碍叶绿素的合成，破坏叶片的结构。

5. 氯气 化工、农药、冶炼厂等在偶然情况下会逸出大量 Cl_2。Cl_2 对植物的伤害比 SO_2 大。在同样浓度下，Cl_2 对植物的伤害程度比 SO_2 大 $3 \sim 5$ 倍。Cl_2 进入叶片后很快破坏叶绿素，形成褐色伤斑，严重时全叶漂白、枯卷、脱落，全株死亡。

植物叶片具有吸收部分 Cl_2 的能力，但这种能力因植物种类而异。女贞、美人蕉、大叶黄杨等吸收 Cl_2 能力强，Cl_2 含量达到叶片干重 0.8% 以上时仍未出现受害症状；而龙柏、海桐等吸收 Cl_2 能力差，叶中 Cl_2 占干重 0.2% 左右时即产生严重伤害。白菜、菠菜、番茄、大麦、水杉等为 Cl_2 敏感植物。

三、水体污染和土壤污染

（一）水体污染物和土壤污染物

随着工农业生产的发展和城镇人口的密集，含有各种污染物质的工业废水和生产、生活污水大量排入水体，再加上大气污染物质、矿山残渣、残留化肥农药等被雨水淋浴，致使水体受到不同程度的污染，超过了水的自净能力，水质显著恶化，即为水体污染。水体污染物种类繁多，包括各种金属污染物、有机污染物等，如各种重金属、盐类、洗涤剂、酚类化合物、氰化物、有机酸、含氮化合物、油脂、漂白粉、染料等，还有一些含病菌污水也会污染植物，如城市下水道污水等，进而对食用者造成危害。

土壤污染主要来自水体和大气，以污水灌溉农田，有毒物质会沉积于土壤；大气污染物受重力作用或随雨、雪落于地表渗入土壤内，这些途径都可造成土壤污染。施用残留量较高的化学农药，也会污染土壤。

（二）水体和土壤污染物对植物的危害

1. 重金属 污染水质和土壤中的各种金属，如汞、铬、铅、铝、硒、铜、锌、镍等，其中有些是植物必需的微量元素，但在水中含量太高，会对植物造成严重危害。

重金属元素能置换某些酶蛋白中的 Fe、Mn 等辅基，抑制酶活性，干扰正常代谢；重金属与蛋白质结合，破坏质膜的选择透性，阻碍植物的正常代谢；重金属离子浓度过高还会破坏蛋白质结构，使原生质中蛋白质变性。

2. 酚类化合物 酚类化合物包括一元酚、二元酚和多元酚，来自石化、炼焦、煤气等工业废水。酚类也是土壤腐殖质的重要组分，用经过处理的含酚量在 $0.5\sim30$ mg/L 的工业废水灌溉水稻，对水稻有生长促进作用；但当污水中的含酚量达到 $50\sim100$ mg/L 时水稻生长受到抑制，植株矮小，叶色变黄；当含酚量高达 250 mg/L 以上时水稻生长受到严重抑制，基部叶片呈橘黄色，叶片失水，叶缘内卷，主脉两侧有时出现褐色条斑，根系呈褐色，逐渐腐烂死亡。蔬菜对酚类作物的反应极为敏感，当污水中含酚量超过 50 mg/L 时，生长明显受到抑制。

3. 氰化物 污水中的氰化物分为两类：有机氰化物和无机氰化物。氰化物对植物生长的影响与其浓度密切相关。如污水灌溉水稻，氰化物含量在 1 mg/L 时对生长有刺激作用；含量在 20 mg/L 以下对水稻、油菜的生长无明显的危害；当其浓度达 50 mg/L 时对水稻、油菜和小麦等多种作物的生长与产量都产生不良影响；如果浓度更高将引起急性伤害，根系发育受阻，根短且数量少。由于氰化物可被土壤吸附和微生物分解，所以，水培时氰化物致害浓度大大低于污水灌溉的伤害浓度，如水培时，$10\sim15$ mg/L 氰化物即会引起植株伤害。氰化物浓度高对植物呼吸有强烈的抑制作用。

4. 三氯乙醛 三氯乙醛又称水合氯醛，制药厂及化工厂的废水中常含三氯乙醛。用这种污水灌田，常使作物发生急性中毒，造成严重减产。单子叶植物易受三氯乙醛的危害。在小麦种子萌发时期，它可以使小麦的第一心叶的外侧形成一层坚固的叶鞘，阻止心叶吐出和扩展，以致苗不能顶土而出。苗期受害则出现畸形苗，植株矮化，茎基部膨大，分蘖丛生，叶片卷曲老化，逐渐干枯死亡。

5. 酸雨与酸雾 酸雨、酸雾的 pH 低，当酸性雨水或雾、露附着于叶面时，它们会随雨点的蒸发而浓缩，从而导致 pH 下降，最初只是损坏叶表皮，进而进入栅栏组织和海绵组织，形成细小的坏死斑。叶片受害程度与酸雨的 pH 和接触酸雨时间有关，另外温度、湿度、风速和叶表面的润湿程度等都将影响酸雨在叶上的滞留时间。酸雾的 pH 有时可达 2.0，酸雾中各种离子浓度比酸雨高 $10\sim100$ 倍，雾滴的粒子直径小（约 $20\ \mu m$），在叶片上滞留时间长，而且对叶的上下两面都可同时产生影响，因此酸雾对植物的危害更大。

此外，一些其他污染物也可造成水体严重污染，危害植物生长发育。如洗涤剂（主要成分为烷基苯磺酸钠）、石油、过量氮肥、浮游物质、甲醛等。

6. 土壤污染对植物的间接危害 上述主要污染物除对植物产生直接危害外，进入土壤的污染物还产生严重的间接危害。污染物改变土壤的理化性状，引起土壤 pH 的变化，破坏土壤结构，从而影响土壤微生物的活动和植物的生长发育。土壤中重金属不能被微生物所分解，可以富集于植物体内，并且可以将某些重金属转化为毒性更强的金属有机物，如汞、铅、砷、铜等，在土壤中残留期长，一定范围内对植物本身无大的危害，但可被植物吸收并逐渐积累，人畜食用后也会在体内积累而使蛋白质变性，引起慢性中毒。

四、提高植物抗污染能力与环境保护

（一）提高植物抗污染能力的措施

1. 对种子和幼苗进行抗性锻炼 用较低浓度的污染物来处理种子或幼苗后，植株对这些污染物的抗性会有提高。

2. 改善土壤条件 通过改善土壤条件，提高植株生活力，可增强对污染的抵抗力。例如，当土壤 pH 过低时，施入石灰可以中和酸性，改变植物吸收阳离子的成分，可增强植物对酸性气体的抗性。

3. 培育抗污染能力强的新品种 筛选和创建抗污染植物资源，采用常规育种技术和生物技术培育抗污染新品种。

（二）利用植物保护环境

植物除了通过光合作用保证大气中 O_2 和 CO_2 的相对平衡外，在环境保护中还具有多方面的作用，可以固土保水，防治风沙，调节温、湿度，绿化环境，还可以净化污染物和监测预报污染状况。植物净化环境是利用植物对各种污染物的敏感性差异、对不同污染物的吸收和抗性能力不同等特性，针对不同污染选用不同植物，达到吸收、分解和净化环境的目的。

1. 利用植物吸收和分解有毒物质 通过植物本身对各种污染物的吸收、积累和代谢作用，能达到分解有毒物质减轻污染的目的。地衣、垂柳、臭椿、山楂、板栗、夹竹桃、丁香等吸收 SO_2 能力较强，能积累较多硫化物；垂柳、拐枣、油茶有较大的吸收氟化物的能力，即使体内含氟很高，也能正常生长。水生植物中的水葫芦、浮萍、金鱼藻、黑藻等能吸收与积累水中的酚、氰化物、汞、铅、镉、砷等物。观赏植物虎皮剑兰能吸收空气中的甲醛，常作为新装修居室的净化植物。城市中的水域积累了大量营养物质，导致藻类繁殖过量，水色浓绿混浊，甚至变黑臭，影响景观和卫生。为了控制藻类生长，除了采用换水法或施用化学药剂外，可在水面种植水葫芦（凤眼莲）吸收水中营养物，来抑制藻类生长，使水色澄清。

污染物被植物吸收后，有的分解成为营养物质，有的形成络合物，从而降低了毒性。酚进入植物体后，大部分参加糖代谢，与糖结合成对植物无毒的酚糖苷，储存于细胞内；另一部分游离酚则被多酚氧化酶和过氧化物酶氧化分解，变成 CO_2、水和其他无毒化合物。NO_2 进入植物体内后，可被硝酸还原酶和亚硝酸还原酶还原成 NH_4^+，然后由谷氨酸合酶转化为氨基酸，进而被合成蛋白质。在超富集植物或耐受植物中存在多种金属配体，包括有机酸、氨基酸、植物螯合肽（PC）和植物金属硫蛋白（MT），与重金属配位结合并转运至液泡中，降低了原生质中游离态金属的浓度和毒性。

目前将直接利用各种活体植物，通过提取、降解和固定等过程清除环境中的污染物，或消减污染物毒性的技术称为植物修复技术（phytoremediation），它可以用于受污染水体、沉积物和土壤的原位处理。重金属污染土壤的植物修复技术根据其作用过程和机制可分为 3 种类型。

（1）植物提取。植物提取（phytoextraction）指利用重金属超富集植物（hyperaccumulator）从土壤中吸收一种或几种重金属，并将其转移、储存到地上部分，随后收割地上部分并集中处理，连续种植后，可使土壤中重金属含量降低到可接受的水平。

（2）植物稳定。植物稳定（phytostabilization）指利用耐重金属植物根际的分泌物增加土壤中有毒金属的稳定性，从而减少金属向作物的迁移，以及被淋滤到地下水或通过空气扩散进一步污染环境的可能性。

（3）植物挥发。植物挥发（phytovolatilization）指利用植物的吸收、积累和挥发而减少土壤中一些挥发性污染物，研究最多的是类金属元素汞和非金属元素硒。

2. 植物作为天然的吸尘器 植物叶片表面上的茸毛、皱纹及分泌的油脂等可以阻挡、吸附和黏着粉尘。每公顷山毛榉阻滞粉尘总量为 68 t，云杉林为 32 t，松林为 36 t。榆树滞尘量为 12.27 g/m^2，有粉尘过滤器之称；泡桐树叶大多毛，分泌黏液能吸附粉尘，并且对 SO_2、Cl_2、HF 等有毒气体有较强抗性，被称为天然吸尘器。此外，黄杨、夹竹桃等植物也都有吸除粉尘、净化空气的本领。有的植物，如松树、柏树、桉树、樟树等可分泌挥发性物质，杀灭细菌，有效减少大气中细菌数。

3. 利用植物监测环境污染 监测环境污染是环境保护工作的一个重要环节。除了应用化学分析或仪器分析进行测定外，植物监测也是简便易行、便于推广的有效方法。对某种污染物质高度敏感的植物常用作指示植物。当环境污染物质稍有积累，指示植物就呈现出可见的明显症状。常用的指示植物见表 14-2。

表 14 - 2　一些常用的有毒污染物的指示植物

污染物	指 示 植 物
SO$_2$	紫花苜蓿、棉花、核桃、大麦、芝麻、落叶松、雪松、马尾松、枫柏、杜仲、地衣
HF	唐菖蒲、玉米、郁金香、桃、雪松、落叶杜鹃、杏、李
O$_3$	烟草、苜蓿、大麦、菜豆、花生、白杨、三裂悬钩子、矮牵牛
PAN	牵牛、菜豆、苜蓿、莴苣、芹菜、大理花
NO$_2$	番茄、大豆、莴苣、向日葵、杜鹃
Cl$_2$，HCl	萝卜、复叶槭、落叶松、油松、菠萝、萝卜、桃
Hg	女贞、柳树
As	水葫芦

　　（1）大气污染的植物监测。有些植物对大气污染的反应极为敏感，在污染物达到人和动物的受害浓度之前，它们就显示出可觉察的受害症状。例如，紫花苜蓿在 SO$_2$ 浓度达到 0.3 mg/L 时就有明显反应；唐菖蒲的敏感品种则对 HF 很敏感。监测 O$_3$ 的植物有松树、菠菜、烟草、牵牛；用于监测 PAN 的植物有长叶莴苣、一年生早熟禾以及瑞士甜菜。

　　（2）水污染的植物监测。在水体污染的情况下，水中的生物种类组成、数量及特征会发生变化，可用于水体健康状况的监测。以滇池为例，严重污染水体中各种沉水植物全部死亡；中等污染水体中敏感植物（如海菜花、轮藻、石龙尾等）消失，抗污植物（如红线草、狐尾藻等）相当繁茂；轻度污染水体中敏感植物（如海菜花、轮藻等）渐趋消失，中等敏感和抗污植物均有生长；而在无污染水体中轮藻生长茂盛，海菜花生长正常。由此可以看出，海菜花、轮藻等敏感植物可以作为监测植物。

　　（3）土壤污染的植物监测。目前用于大气、水体污染物监测的植物种类较丰富，而用于土壤监测的植物种类相对较少。石竹科的紫萼石头花（*Gypsopila patrini*）和马齿苋科的 *Poluearaea spirostylis* 以及莎草科的球柱草（*Bulbostylis barbata*）等可用于监测土壤中 Cu 的污染；豆科灰毛豆属的 *Tephrosia affinpolyzyga* 用于监测土壤中 Pb、Zn 污染。

📖 小　结

　　逆境（胁迫）是对植物生长和生存不利的各种环境因素的总称，逆境的种类包括非生物胁迫（物理胁迫、化学胁迫）和生物胁迫。胁迫因子对植物产生的伤害效应分为原初直接伤害、原初间接伤害和由此引起的次生伤害。

　　逆境的种类很多，但都能引起细胞脱水、生物膜破坏、各种代谢无序进行。植物可以通过避逆性和耐逆性等方式来抵抗逆境，如形成逆境蛋白，提高活性氧清除能力，形成渗透调节物质和提高脱落酸水平等。植物对不良环境间的相互适应作用，称为交叉适应（交叉忍耐）。逆境锻炼可以提高植物的抗逆性。

　　低温逆境包括冷害和冻害。冷害是冰点以上低温对植物的伤害，冷害分为直接伤害与间接伤害，冷害导致膜相由液晶态转变成凝胶态，膜透性增大，代谢紊乱。植物适应冷害的方式是提高膜中不饱和脂肪酸含量，降低膜脂相变温度，维持膜的流动性。冻害指冰点以下低温使细胞间隙结冰或细胞内结冰引起的细胞器伤害，冻害的机制主要有膜伤害假说及巯基假说。

　　热害是高温胁迫对植物的伤害，分为直接伤害及间接伤害，高温使生物膜功能键断裂、膜脂液化、膜蛋白变性、代谢异常。高温下诱导合成的 HSP，使植物表现出较好的抗热性。

　　干旱分为大气干旱、土壤干旱及生理干旱。干旱使细胞过度脱水、膜破坏，正常生理生化代谢受阻、细胞受到机械性损伤。抗旱植物一般有增加吸水、减少失水的形态特征及保水能力强、代谢稳定等生理特征。脯氨酸、干旱诱导蛋白可以提高植物抗旱性。涝害分为湿害和典型涝害。涝害主要是水涝导致缺氧后引发的一系列对植物的伤害。

　　盐害对植物的主要危害是离子毒害、渗透胁迫、氧化胁迫和营养亏缺等，盐胁迫抑制植物生长、降低光合作用，使能量消耗增加，最终加快衰老而死亡。根据植物抗盐能力的大小，分为盐生植物和甜土植物两大类。植物通过避盐及耐盐两种方式适应盐胁迫。渗透调节物质能够降低细胞的渗透势，防止细胞的失水，对植物细胞具有保护功能，提高植物对盐胁迫的抗性。

　　植物对太阳辐射变化的适应，可以分为环境适应和遗传适应。强光对植物可能造成的危害为强光胁迫。不同地区、不同植物，甚至同种植物的不同发育期等，强光有着不同的标准。植物对强光胁迫适应有多种方式。弱光对植物生长发育的不利影响称为弱光胁迫。弱光逆境仅有相对意义。弱光环境中植物的生态适应性反应包括形态结构、生理生化过程和基因表达各个方面。紫外光辐射增强对植物的不良效应称为紫外光辐射胁迫。植物对 UV - B 辐射的防护方式有吸收和屏蔽作用、保护和修复作用。

　　环境污染包括大气污染、水体污染和土壤污染，前二者对植物影响最大；主要大气污染物包括 SO_2、光化学烟雾、氟化物、氯气；水体污染物有酚类化合物、氰化物、三氯乙醛、重金属及酸雨（雾）；土壤污染主要来自大气及水体污染。植物可作为指示物监测预报污染情况以及净化环境，还可采用植物修复技术对污染进行治理。

复习思考题

1. 名词解释

逆境　抗逆性　抗性锻炼　交叉适应　渗透调节　冻害　冷害　逆境蛋白　热休克蛋白　甜土植物　光胁迫　植物修复技术　PAN　光化学烟雾

2. 胁迫因子对植物产生的伤害效应种类有哪些？逆境胁迫对植物代谢有哪些影响？

3. 试述生物膜在植物各种抗性中的作用。

4. 试述逆境蛋白产生的生物学意义。

5. 主要渗透调节物质有哪些？有何功能？

6. 简述植物激素与植物抗逆性的关系。

7. 交叉适应的生理生化基础是什么？

8. 试述低温对植物的伤害及植物抗寒的机制。

9. 试述高温对植物的伤害及植物抗热的机制。

10. 试述干旱的类型及对植物的伤害。如何提高植物的抗旱性？

11. 简述涝害对植物的伤害及抗涝植株的特征。

12. 试述植物抗盐方式及提高途径。

13. 简述植物液泡膜 Na^+/H^+ 反向传递体蛋白的功能。

14. 主要大气污染物包括哪些种类？它们对植物有哪些危害？

15. 试述植物在净化环境中的作用与机制。

16. 试述重金属污染土壤的植物修复方法。

附　录

附录一　植物生理生化常见名词汉英对照

（括号内为缩写符号）

A

阿拉伯半乳聚糖蛋白　arabinogalactan protein(AGP)

阿司匹林　aspirin

矮壮素（2-氯乙基三甲基氯化铵）　chlorocholine chloride(CCC)

安密妥　amytal

1-氨基环丙烷-1-羧酸　1-aminocyclopropane-1-carboxylic acid(ACC)

氨基酸　amino acid

氨基酸残基　amino acid residue

δ氨基酮戊酸（5-氨基酮戊酸）　δ-aminolevulinic acid(ALA)

氨基氧乙酸　aminooxyacetic acid(AOA)

氨基乙氧基乙烯基甘氨酸　aminoethoxyvinyl glycine(AVG)

氨肽酶　aminopeptidase

胺　amine

暗反应　dark reaction

暗呼吸　dark respiration

B

白色体　leucoplast

摆动性　wobble

板块镶嵌模型　plate mosaic model

半保留复制　semiconservative replication

半不连续复制　semidiscontinuous replication

半胱氨酸　cysteine(Cys，C)

半透膜　semipermeable membrane

半纤维素　hemicellulose

半自主性细胞器　semiautonomous organelle

伴胞　companion cell

胞间层　intercellular layer

胞间连丝　plasmodesma

胞嘧啶　cytosine(Cyt，C)

胞内信号　internal signal

胞外信号　external signal

胞饮作用　pinocytosis

胞质环流　cyclosis

饱和蒸气压　saturation vapor pressure

饱和蒸汽　saturation vapor

饱和脂肪酸　saturated fatty acid

保护蛋白　protective protein

保卫细胞　guard cell

贝壳杉烯　ent-kaurene

被动吸收　passive absorption

被动吸水　passive absorb water

被动转运　passive transport

苯丙氨酸　phenylalanine(Phe，F)

苯丙氨酸解氨酶　phenylalanine ammonia lyase(PAL)

苯乙酸　phenylactic acid(PAA)

比活力　specific activity

比集运率　specific mass transfer rate(SMTR)

比久（阿拉）（二甲胺琥珀酰胺酸）　dimethyl aminosuccinamic acid(B₉)

比热容　specific heat

吡哆胺　pyridoxamine

吡哆醇　pyridoxol

吡哆醛　pyridoxal

必需氨基酸　essential amino acid

必需元素　essential element

避病　escape

避盐性　salt avoidance

变构酶　allosteric enzyme

变性　denaturation

变性蛋白　denatured protein

变异电位　variation potential(VP)

6-苄基腺嘌呤　6-benzyl adenine(BA，6-BA)

表观光合速率　apparent photosynthetic rate

表观基因组学　epigenomics

表观库强　apparent sink strength

表观量子产额　apparent quantum yield(AQY)

表面张力　surface tension

表油菜素内酯　epibrassinolide

别藻蓝蛋白　allophycocyanin

丙氨酸　alanine(Ala，A)

丙氨酸甜菜碱　alaninebetaine

丙二醛　malondialdehyde(MDA)

丙二酸单酰 CoA－ACP 转移酶　malonyl－CoA－ACP acyl-transferase

丙糖磷酸异构酶　triose phosphate isomerase

丙酮酸　pyruvic acid(Pyr)

丙酮酸磷酸双激酶　pyruvate phosphate dikinase(PPDK)

丙酮酸脱氢酶系　pyruvate dehydrogenase complex

病程相关蛋白　pathogenesis related protein(PR)

病毒　virus

病害　disease

病原物　pathogenetic organism

卟啉环　porphyrin ring

补体　complement

不饱和脂肪酸　unsaturated fatty acid

不饱和脂肪酸指数　unsaturated fatty acid index(UFAI)

不对称比率　dissymmetry ratio

不对称转录　asymmetrical transcription

不可压缩性　incompressibility

C

菜油甾醇　campesterol

操纵子　operon

层积处理　stratification

长-短日植物　long short day plant(LSDP)

长距离运输系统　long distance transport system

长日植物　long day plant(LDP)

长夜植物　long night plant

超二级结构　super secondary structure

超分子复合体　supermolecular complex

超极化　hyperpolarizing

超螺旋　superhelix

超氧化物歧化酶　superoxide dismutase(SOD)

沉淀作用　precipitation

衬质势　matrix potential（Ψ_m）

成花决定态　floral determinated state

成花诱导（成花转变）　flower induction, flowering transition

程序性细胞死亡　programmed cell death(PCD)

赤霉素　gibberellin(GA)

赤霉烷　gibberellane

重组　recombination

初级信使（第一信使）　primary messenger, first messenger

初生壁　primary wall

初生代谢　primary metabolism

初生代谢物　primary metabolite

储藏蛋白　storage protein

传导率　hydraulic conductivity

传粉（授粉）　pollination

春化素　vernalin

春化作用　vernalization

雌雄同花植物　hermaphroditic plant

雌雄同株植物　monoecious plant

雌雄异株植物　dioecious plant

次生壁　secondary wall

刺激性单性结实　stimulative parthenocarpy

粗糙型内质网　rough endoplasmic reticulum(RER)

D

大量元素　macroelement，major element

大气干旱　atmosphere drought

大气污染　air contamination

大气污染物　atmosphere pollutant

大纤丝　macrofibril

代谢库　metebolic sink

代谢源　metebolic source

代谢组学　metabonomics

单纯蛋白质　simple protein

单链结合蛋白　single strand binding protein(SSB)

单顺反子　monocistron

单糖　monosaccharide

单体酶　monomeric enzyme

单向传递体　uniport

单性结实　parthenocarpy

单盐毒害　toxicity of single salt

胆色素原　porphobilinogen(PBG)

弹性　elasticity

甲硫氨酸　methionine(Met)

蛋白激酶　protein kinase(PK)

蛋白激酶 C　protein kinase C(PKC)

蛋白磷酸酶　protein phosphatase(PP)

蛋白酶　proteinase

蛋白质　protein

蛋白质组学　proteomics

导管　vessel

等电点　isoelectric point(pI)

低温诱导蛋白　low－temperature－induced protein

滴灌　drip irrigation

底物　substrate

底物水平磷酸化　substrate‐level phosphorylation
地上部衰老　top senescence
第二信使　second messenger
第一单线态　first singlet state
第一三线态　first triplet state
电化学势梯度　electrochemical potential gradient
电压门控型离子通道　voltage‐gated ion channel
电泳　electrophoresis
电子传递　electron transport
电子传递链　electron transport chain(ETC)
电子传递链磷酸化　electron transport chain phosphorylation
淀粉　starch
淀粉合成酶　starch synthetase
淀粉粒　starch grain
淀粉磷酸化酶　starch phosphorylase，amylophosphorylase
淀粉酶　amylase
淀粉体　amyloplast
淀粉‐糖转化学说　starch‐sugar conversion theory
4‐碘苯氧乙酸　4‐iodophenoxyacetic acid
丁达尔效应　Tyndall effect
顶端优势　apical dominance，terminal dominance
动蛋白　kinesin
动力蛋白　dynamin
动作电位　action potential(AP)
冻害　freezing injury
豆蔻酸　myristic acid
毒蛋白　toxin
短‐长日植物　short long day plant(SLDP)
短距离运输系统　short distance transport system
短日春化现象　short‐day vernalization
短日植物　short day plant(SDP)
短夜植物　short night plant
堆叠区　appressed region
对数期　logarithmic phase
多胺　polyamine(PA)
多酚氧化酶　polyphenol oxidase
多聚半乳糖醛酸酶　polygalacturonase(PG)
多聚核苷酸　polynucleotide
多聚核糖体　polysome
多酶复合体　multienzyme system
多顺反子　polycistron
多肽（聚肽）　polypeptide
多糖　polysaccharides

E

二苯脲　diphenylurea

二级结构　secondary structure
1,1‐二甲基哌啶鎓氯化物（助壮素）　1,1‐dimethyl piperliclinium chloride(Pix)
1,3‐二磷酸甘油酸　1,3‐diphosphoglyceric acid(DPGA)
1,6‐二磷酸果糖　fructose‐1,6‐biphosphate(FBP)
1,6‐二磷酸果糖磷酸酶　fructose‐1,6‐biphosphate phosphatase
二磷酸果糖醛缩酶　fructose biphosphate aldolase
1,5‐二磷酸核酮糖　ribulose‐1,5‐bisphosphate(RuBP)
1,5‐二磷酸核酮糖羧化酶　RuBP carboxylase
1,5‐二磷酸核酮糖羧化酶/加氧酶　ribulose‐1,5‐bisphosphate carboxylase/oxygenase(Rubisco)
1,7‐二磷酸景天庚酮糖　sedoheptulose‐1,7‐bisphosphate(SBP)
2,4‐二氯苯氧乙酸　2,4‐dichlorophenoxyacetic acid(2,4‐D)
二氢红花菜豆酸　dihydrophaseic acid
二氢玉米素　dihydrozeatin
二酰甘油　diacylglycerol(DG，DAG)
二氧化碳饱和点　CO_2 saturation point
二氧化碳补偿点　CO_2 compensation point

F

发酵　fermentation
发育　development
法呢基焦磷酸　farnesylpyrophosphate(FPP)
翻译　translation
反密码子　anticodon
反式肉桂酸　trans‐cinnamic acid
反向传递体　antiport
反向平行　antiparallel
反向转录（或逆转录）　reverse transcription
反应中心色素　reaction center pigment(P)
泛醌　ubiquinone(UQ)
泛酸　pantothenic acid
纺锤体　spindle
放热呼吸　thermogenic respiration
放线菌素 D　actinomycin D
放氧复合体　oxygen‐evolving complex(OEC)
非必需氨基酸　nonessential amino acid
非堆叠区　nonappressed region
非环式光合磷酸化　noncyclic photophosphorylation
非极性氨基酸（疏水氨基酸）　nonpolar amino acid
非极性尾部　nonpolar tail
非生物逆境　abiotic stress

非特异核酸酶　non‐specific nuclease

沸点　boiling point

分化　differentiation

分裂间期　interphase

分裂期　mitotic stage

分生组织　meristem

分支酶　branching enzyme

分子伴侣　molecular chaperone

分子杂交　molecular hybridization

酚类　phenol

粪卟啉原Ⅲ　coproporphyrinogen Ⅲ

脯氨酸　proline(Pro，P)

脯氨酸羟化酶　prolylhydroxylase

脯氨酸甜菜碱　prolinebetaine

辅基　prosthetic group

辅酶　coenzyme

辅酶A　coenzyme A(CoA，CoA‐SH)

辅酶Q　coenzyme Q(CoQ)

辅助因子　cofactor

腐胺　putrescine(Put)

互补链　complementary chain

负向光性　negative phototropism

负向重力性　negative gravitropism

附着力　adhesive force

复合脂　complex lipids

复性　renaturation

复制　replication

复制子　replicon

复种指数　multiple crop index

副卫细胞　accessory cells

富含甘氨酸的蛋白质　glycine‐rich protein(GRP)

富含羟脯氨酸糖蛋白　hydroxy proline‐rich glycoprotein(HRGP)

富含苏氨酸和羟脯氨酸的糖蛋白　threonine and hydroxyproline‐rich glycoprotein(THRGP)

富含组氨酸和羟脯氨酸的糖蛋白　histidine and hydroxyproline‐rich glycoprotein(HHRGP)

6‐呋喃氨基嘌呤　N^6‐furfurylaminopurine

G

钙调素　calmodulin(CaM)

钙依赖型蛋白激酶　calcium dependent protein kinase(CDPK)

干旱　drought

干旱逆境蛋白　drought stress protein

干旱诱导蛋白　drought induced protein

甘氨酸　glycine(Gly，G)

感病　susceptible

感热性运动　thermonasty movement

感性运动　nastic movement

感夜性　nyctinasty

感震性运动　seismonasty movement

冈崎片段　Okazaki fragment

高尔基复合体　Golgi complex

高尔基器　Golgi apparatus

高尔基体　Golgi body

根冠比　root/top ratio(R/T)

根压　root pressure

功能基因组学　functional genomics

共聚焦激光扫描显微镜　confocal laser scanning microscope(CLSM)

共向传递体　symport

共质体　symplast

共质体途径　symplast pathway

共质体运输　symplastic transport

构象　conformation

构型　configuration

谷氨酸　glutamic acid(Glu，E)

谷氨酸合酶　glutamate synthase

谷氨酸脱氢酶　glutamate dehydrogenase(GDH)

谷氨酰胺　glutamine(Gln，Q)

谷氨酰胺合成酶　glutamine synthetase(GS)

谷胱甘肽　glutathione(GSH)

谷胱甘肽过氧化物酶　glutathione peroxidase(GPX)

谷胱甘肽还原酶　glutathion reductase(GR)

固醇类（甾醇）　steroid

固氮酶　nitrogenase

寡聚酶　oligomeric enzyme

寡肽　oligopeptide

寡糖　oligosaccharide(oligose)

寡糖素　oligosaccharin

管胞　tracheid

光饱和点　light saturation point

光补偿点　light compensation point

光反应　light reaction

光合单位　photosynthetic unit

光合链　photosynthetic chain

光合磷酸化　photophosphorylation

光合膜　photosynthetic membrane

光合强度　intensity of photosynthesis

光合色素　photosynthetic pigment

光合生产力　photosynthetic productivity

光合速率　photosynthetic rate

C_3光合碳还原循环　C_3 photosynthetic carbon reduction

cycle

C$_4$ 光合碳同化循环　C$_4$ photosynthetic carbon assimilation cycle

光合有效辐射　photosynthetic active radiation(PAR)

光合作用　photosynthesis

光合作用的辅助色素　accessory photosynthetic pigment

光呼吸　photorespiration

C$_2$ 光呼吸碳氧化循环　C$_2$ - photorespiration carbon oxidation cycle

光面内质网　smooth endoplasmic reticulum(SER)

光化学烟雾　photochemical smog

光量子　quantum

光量子密度　photo flux density

光敏色素　phytochrome

(光敏色素的) 红光吸收型　red light - absorbing form (Pr)

(光敏色素的) 远红光吸收型　far - red light - absorbing form(Pfr)

光能利用率　efficiency for solar energy utilization(Eu)

光系统Ⅰ　photosystemⅠ（PSⅠ）

光系统Ⅱ　photosystemⅡ（PSⅡ）

光形态建成　photomorphogenesis

光抑制　photoinhibition

光周期　photoperiod

光周期现象　photoperiodism

光周期诱导　photoperiodic induction

光子　photon

果胶　pectin

果胶酸　pectic acid

果胶物质　pectic substance

过敏响应　hypersensitive response(HR)

过氧化氢酶　catalase(CAT)

过氧化物酶　peroxidase(POD)

过氧化物酶体　peroxisome

H

含氮碱基　nitrogenous base

旱害　drought injury

旱生植物　xerophytes

合成酶　synthetase

核苷　nucleoside

核苷单磷酸　nucleoside monophosphate(NMP)

核苷磷酸化酶　nucleoside phosphorylase

核苷酶　nucleosidase

核苷三磷酸　nucleoside triphosphate(NTP)

核苷水解酶　nucleoside hydrolase

核苷酸　nucleotide

核苷酸酶　nucleotidase

核黄素　riboflavin

核孔　nuclear pore

核膜　nuclear membrane

核仁　nucleolus

核素　nuclein

核酸　nucleic acid

核酸酶（磷酸二酯酶）　nuclease

核酸内切酶　endonuclease

核酸外切酶　exonuclease

核糖　ribose

核糖核酸　ribonucleic acid(RNA)

核糖核酸酶　ribonuclease(RNase)

核糖体　ribosome

核糖体 RNA　ribosomal RNA(rRNA)

核小体　nucleosome

核心复合体　core complex

核心酶　core enzyme

横向光性　diaphototropism

横向重力性　dia gravitropism

红花菜豆酸　phaseic acid

红降　red drop

后熟作用　after ripening

呼吸链　respiratory chain

呼吸商　respiratory quotient(RQ)

呼吸速率　respiratory rate

呼吸强度　intensity of respiration

呼吸系数　respiratory coefficient

呼吸效率　respiratory ratio

呼吸跃变（呼吸峰）　respiratory climacteric

呼吸作用　respiration

胡萝卜醇　carotenol

胡萝卜素　carotene

花的发育　floral development

花生四烯酸　arachidonic acid

花生酸　arachidic acid

花熟状态　ripeness to flower state

花芽分化　flower bud differentiation

花原基　floral primordia

化学渗透极性扩散假说　chemiosmotic polar diffusion hypothesis

化学渗透假说　chemiosmotic hypothesis

化学渗透偶联假说　chemiosmotic - coupling hypothesis

化学势　chemical potential

化学试剂诱导蛋白　chemical - induced protein

化学信号　chemical signal

还原阶段　reduction phase

环割实验　girdling experiment
环境污染　environmental pollution
环鸟苷酸　cyclic GMP(cGMP)
环腺苷酸　cyclic AMP(cAMP)
黄化现象　etiolation
黄素脱氢酶类　flavin dehydrogenases
黄素腺嘌呤单核苷酸　flavin mononucleotide(FMN)
黄素腺嘌呤二核苷酸　flavin adenine dinucleotide(FAD)
黄质醛　xanthoxin
灰分元素　ash element
活化能　activation energy
活力单位　active unit
活性部位　active site
活性氧　active oxygen
活性中心　active center

J

肌醇磷脂　inositol phospholipid
肌动蛋白　actin
肌动蛋白纤维　actin filament
肌红蛋白　myoglobin
肌球蛋白　myosin
基粒　granum
基粒类囊体　grana thylakoid
基粒片层　grana lamella
基态　ground state
基因　gene
基因表达　gene expression
基因工程　genetic engineering
基因组　genome
基质　matrix
基质类囊体　stroma thylakoid
基质片层　stroma lamella
激动素　kinetin(KT)
激发态　excited state
激活剂　activator
激素　hormone
激素受体　hormone receptor
极性　polarity
极性氨基酸（亲水氨基酸）　polar amino acid
极性头部　polar head
极性运输　polar transport
集流　mass flow
几丁质酶　chitinase
嵴　cristae
寄主　host
5′-甲硫基腺苷　5′-methylthioadenosine(MTA)

甲瓦龙酸　mevalonic acid(MVA)
假单性结实　fake parthenocarpy
减色效应　hypochromic effect
简并性　degeneracy
碱基堆积力　base stacking force
碱基对　base pair(bp)
碱土　alkaline soil
渐进衰老　progressive senescence
交叉适应（交叉忍耐）　cross adaptation, cross-tolerances
交换吸附　exchange absorption
交替途径　alternative pathway
交替氧化酶　alternative oxidase(AOX)
胶体　colloid
胶体系统　colloidal system
胶原蛋白　collagen
角质层蒸腾　cuticular transpiration
接触交换　contact exchange
结构蛋白　structural protein
结构域　structural domain
结合蛋白　binding protein
解链酶　helicase
解链温度　melting temperature (T_m)
介电常数　dielectric constant
紧张性运动　turgor movement
近似昼夜节奏　circadian rhythm
经济产量　economic yield
经济系数　economic coefficient
精氨酸　arginine(Arg, R)
精胺　spermine(Spm)
景天庚酮糖-1,7-二磷酸酶　sedoheptulose-1,7-bisphosphatase
景天酸代谢　crassulacean acid metabolism(CAM)
净光合速率　net photosynthetic rate(Pn)
净同化率　net assimilation rate(NAR)
酒精发酵　alcoholic fermentation
聚光色素　light-harvesting pigment
拒盐　salt exclusion
绝对长日植物　absolute long-day plant
绝对短日植物　absolute short-day plant
绝对生长速率　absolute growth rate(AGR)

K

卡尔文循环　Calvin cycle
抗病性　disease resistance
抗虫性　pest resistance
抗冻性　freezing resistance

抗旱性　drought resistance

抗坏血酸　ascorbic acid，ascorbate

抗坏血酸氧化酶　ascorbic acid oxidase

抗涝性　flood resistance

抗冷性　chilling resistance

抗霉素 A　antimycin A

抗氰呼吸　cyanide resistant respiration

抗氰氧化酶　cyanide resistant oxidase(CRO)

抗热性　heat resistance

抗体　antibody

抗性　tolerance，resistance

抗盐性　salt resistance

抗张（拉）强度　tensile strength

抗蒸腾剂　antitranspirant

壳硬蛋白　sclerotin

空种皮技术　empty seed coat technique，empty‑ovule technique

枯斑　necrotic lesion

库　sink

库强　sink strength

跨膜蛋白　transmembrane protein

跨膜途径　transmembrane pathway

跨膜信号转换　transmembrane transduction

矿质营养　mineral nutrition

矿质元素　mineral element

扩散　diffusion

扩张蛋白　expansin

L

蜡　wax

蜡酸　cerotic acid

赖氨酸　lysine(Lys, K)

涝害　flood injury

酪氨酸　tyrosine(Tyr，Y)

酪蛋白　casein

类胡萝卜素　carotenoid

类囊体　thylakoid

冷害　chilling injury

冷响应蛋白（冷激蛋白）　cold responsive protein，cold shock protein

离层　separation layer

离区　abscission zone

离子泵　ion pump

离子交换　ion exchange

离子拮抗　ion antagonism

离子通道　ion channel

力蛋白　dynein

栗甾酮　typhasterol

连接酶　ligase

联合脱氨基作用　transdeamination

两极光周期植物　amphophotoperiodism plant

两亲性　amphipathic

两性电解质　ampholyte

两性离子（兼性离子或偶极离子）　dipolar ion

亮氨酸　leucine(Leu，L)

量子产额　quantum yield

量子效率　quantum efficiency

量子需要量　quantum requirement

裂合酶　lyase

临界暗期　critical dark period

临界浓度　critical concentration

临界日长　critical daylength

磷光　phosphorescence

磷酸　phosphate(Pi)

磷酸吡哆胺　pyridoxamine phosphate(PMP)

磷酸吡哆醛　pyridoxal phosphate(PLP)

磷酸丙糖　triose phosphate(TP)

4‑磷酸赤藓糖　erythrose‑4‑phosphate (E4P)

磷酸单酯酶　phosphomonoesterase

磷酸二羟丙酮　dihydroxy acetone phosphate(DHAP)

3′,5′‑磷酸二酯键　3′,5′‑phosphodiester bond

3‑磷酸甘油醛　3‑phosphoglyceraldehyde(GAP)

3‑磷酸甘油酸　3‑phosphoglyceric acid(PGA)

3‑磷酸甘油酸激酶　3‑phosphoglycerate kinase(PGAK)

6‑磷酸果糖　fructose‑6‑phosphate(F‑6‑P)

磷酸果糖激酶　phosphate fructose kinase(PFK)

5‑磷酸核糖　ribose‑5‑phosphate(R5P)

5‑磷酸核糖差向异构酶　ribose‑5‑phosphate epimerase

5‑磷酸核糖激酶　ribose‑5‑phosphate kinase

磷酸核糖异构酶　phosphoriboisomerase

7‑磷酸景天庚酮糖　sedoheptulose‑7‑phosphate(S7P)

5‑磷酸核酮糖　ribulose‑5‑phosphate(Ru5P)

磷酸己糖支路　hexose monophosphate pathway shunt (HMP，HMS)

磷酸解　phosphorolysis

5‑磷酸木酮糖　xylulose‑5‑phosphate(Xu5P)

1‑磷酸葡萄糖　glucose‑1‑phosphate(G‑1‑P)

6‑磷酸葡萄糖　glucose‑6‑phosphate(G‑6‑P)

6‑磷酸葡萄糖酸内酯酶　6‑phosphogluconolactonase

6‑磷酸葡萄糖酸脱氢酶　6‑phosphogluconate dehydrogenase

6‑磷酸葡萄糖脱氢酶　glucose‑6‑phosphate dehydrogenase

磷酸葡萄糖异构酶　glucose phosphate isomerase

磷酸酮糖酶　phosphoketolase

磷酸戊糖途径　pentose phosphate pathway(PPP)

磷酸戊酮糖表异构酶　phosphoketopentose epimerase

磷酸烯醇式丙酮酸　phosphoenol pyruvate(PEP)

磷酸烯醇式丙酮酸羧化酶　phosphoenol pyruvate carbox-ylase(PEPC)

磷脂　phospholipid

磷脂酶C　phospholipase C(PLC)

磷脂酸　phosphatidyl acid

磷脂酰胆碱（卵磷脂）　phosphatidyl choline

磷脂酰肌醇　phosphatidyl inositol(PI)

磷脂酰丝氨酸　phosphatidylserine

磷脂酰乙醇胺（脑磷脂）　phosphatidyl ethanolamine

流动镶嵌模型　fluid mosaic model

硫胺素　thiamine

硫胺素焦磷酸　thiamine pyrophosphate(TPP)

硫蛋白　thionin

硫辛酸　lipoic acid

硫脂　sulpholipid

硫酯酶　thioesterase

绿色荧光蛋白　green fluorescent protein(GFP)

氯丁唑（PP$_{333}$）　paclobutrazol

氯化三苯基四氮唑　2,3,5-triphenyltertazdiumehloride (TTC)

氯化铯密度梯度离心　CsCl density gradient centrifuga-tion

2-氯乙基膦酸（乙烯利）　2-chloroethyl phosphonic acid(CEPA)

4-氯吲哚乙酸　4-chloroindole-3-acetic acid(4-Cl-IAA)

卵清蛋白　ovalbumin

萝卜宁　raphanusanin

萝卜酰胺　raphanusamide

M

马达蛋白　motor protein

马来酰肼　maleic hydrazide(MH)

麦醇溶蛋白　gliadin

漫灌　wild flooding irrigation

莽草酸　shikimic acid

毛管水　capillary water

毛细作用　capillarity

酶　enzyme

酶蛋白　apoenzyme

酶-底物复合物　enzyme-substrate complex(ES)

酶活力　enzyme activity

活性部位　active site

泌盐　salt secretion

密度　density

嘧啶碱　pyrimidine base(Py)

免疫　immune

模板链（反义链）　antisense strand

膜保护系统　membrane protective system

膜动转运　cytosis

膜间空间　intermembrane space

膜结构蛋白　membrane structure protein

膜片钳　patch clamp(PC)

末端氧化酶　terminal oxidase

茉莉素　jasmonates(JAs)

茉莉酸　jasmonic acid(JA)

茉莉酸甲酯　methyl jasmonate(JA-Me)

木瓜蛋白酶　papain

木焦油酸　lignoceric acid

木质部　xylem

木质化作用　lignification

木质素　lignin

目的基因　objective gene

N

内聚力　cohesion force

内聚力学说　cohesion theory

内膜　endomembrane，inner membrane

内膜系统　endomembrane system

内吞　endocytosis

内向K$^+$通道　inward K$^+$ channel

内在蛋白　intrinsic protein

内质网　endoplasmic reticulum(ER)

耐病　tolerant

耐盐　salt tolerance

耐阴植物　shade resistant plant，shade tolerant plant

萘基邻氨甲酰苯甲酸　naphthylphthalamic acid(NPA)

萘乙酸　naphthalene acetic acid(NAA)

囊腔　lumen

尼克酸　nicotinic acid，niacin

尼克酰胺　nicotinamide

拟核体　nucleoid

拟脂体　lipid body

逆境　stress

逆境蛋白　stress protein

逆境忍耐　stress tolerance

逆境逃避　stress avoidance

逆境乙烯　stress ethylene

鸟苷二磷酸葡萄糖　guanosine diphosphate glucose(GD-PG)

鸟嘌呤　guanine(Gua，G)

尿卟啉原Ⅲ　uroporphyrinogen Ⅲ

尿苷二磷酸葡萄糖　uridine diphosphate glucose(UDPG)

尿嘧啶　uracil(Ura，U)

脲酶　urease

柠檬酸合酶　citrate synthase

柠檬酸循环　citric acid cycle

凝集素　lectin

凝胶　gel

凝胶作用　gelation

凝聚　condensation

O

偶联因子　coupling factor(CF)

P

排盐　salt excretion

胚状体　embryoid

配体门控型离子通道　ligand‐gated ion channel

喷灌　spray irrigation

膨压　turgor　pressure

膨压素　turgorin

偏摩尔体积　partial molar volume

胼胝质　callose

嘌呤碱　purine bases(Pu)

平衡溶液　balanced solution

平衡石　statolith

苹果酸　malic acid(Mal)

苹果酸代谢学说　malate metabolism theory

苹果酸合酶　malate synthase

苹果酸脱氢酶　malic acid dehydrogenase

β‐1,3‐葡聚糖酶　β‐1,3‐glucanase

Q

启动子　promoter

起始　initiation

起始密码　initiation codon

气孔频度　stomatal frequency

气孔运动　stomatal movement

气孔蒸腾　stomatal transpiration

气腔网络　air space network

汽化热　vaporization heat，latent heat of vaporization

前质体　proplastid

强光胁迫　high light stress，high radiation stress

强迫休眠　force dormancy

切花　cut flower

亲和性　compatibility

亲水性　hydrophilic nature

氢化酶　hydrogenase

氢键　hydrogen bond

氰钴胺素　cyanocobalamine

秋水仙碱　colchicine

巯基假说　sulfhydryl group hypothesis

巯基乙醇　β‐mercaptoethanol（β‐ME）

β‐羟脂酰‐ACP 脱水酶　β‐hydroxyacyl‐ACP dehydrase

β‐羟脂酰‐CoA 脱氢酶　β‐hydroxyacyl‐CoA dehydrogenase

区域化　compartmentation

去极化　depolarization

去镁叶绿素　pheophytin(Pheo)

全酶　holoenzyme

醛缩酶　aldolase

醛亚胺　aldimine

缺绿症　chlorosis

群体效应　group effect

R

染色体　chromosome

染色质　chromatin

热害　heat injury

热休克蛋白　heat shock protein(HSP)

人工种子　artificial seed

韧皮部　phloem

韧皮部卸载　phloem unloading

韧皮部装载　phloem loading

韧皮蛋白　phloem protein

日中性植物　day neutral plant(DNP)

溶胶　sol

溶胶作用　solation

溶酶体　lysosome

溶液培养法（水培法）　solution culture method，water culture method

溶质势　solute potential（Ψ_s）

熔点　melting point

肉质植物　succulent plant

乳酸　lactate

乳酸脱氢酶　lactate dehydrogenase

软脂酸（棕榈酸）　palmitic acid

弱光胁迫　low light stress，low radiation stress

S

三重反应　triple response

三碘苯甲酸　2,3,5‐triiodobenzoic acid(TIBA)

三级结构　tertiary structure

1,4,5-三磷酸肌醇　inositol-1,4,5-triphosphate(IP$_3$)

2,4,5-三氯苯氧乙酸　naphthoxyacetic acid(2,4,5-T)

三联体密码（密码子）　codon

三酰甘油（甘油三酯）　triacylglycerol(TAG)

三十烷醇　triacontanol

三羧酸循环　tricarboxylic acid cycle(TCAC)

色氨酸　tryptophane(Trp,W)

色胺　tryptamine

杀粉蝶菌素A　piericidin A

砂培法　sand culture method

筛板　sieve plate

筛管　sieve tube

筛管分子　sieve element(SE)

筛管分子-伴胞复合体　sieve element-companion cell complex(SE-CC)

筛孔　sieve pore

筛域　sieve area

山萮酸　behenic acid

伤呼吸　wound respiration

伤流　bleeding

伤流液　bleeding sap

蛇毒　snake venom

蛇毒磷酸二酯酶　venom phosphodiesterase

伸展蛋白　extensin

渗调蛋白　osmotin

渗透调节　osmotic adjustment

渗透势　osmotic potential（Ψ_π）

渗透作用　osmosis

生长　growth

生长促进剂　growth promoter

生长大周期　grand period of growth

生长的季节周期性　seasonal periodicity of growth

生长的周期性　growth periodicity

生长激素　growth hormone

生长素　auxin

生长素结合蛋白　auxin-binding protein(ABP)

生长素梯度学说　auxin gradient theory

生长延缓剂　growth retardant

生长抑制剂　growth inhibitor

生理干旱　physiological drought

生理碱性盐　physiologically alkaline salt

生理酸性盐　physiologically acid salt

生理中性盐　physiologically neutral salt

生理休眠　physiological dormancy

生理需水　physiological water requirement

生理钟　physiological clock

生命周期　life cycle

生态抗性　ecological resistance

生态需水　ecological water requirement

生物测定法　bioassay

生物产量　biomass

生物催化剂　biocatalyst

生物大分子　biomacromolecule

生物分子　biomolecule

生物固氮　biological nitrogen fixation

生物化学　biochemistry

生物膜　biomembrane

生物膜系统　biomembrane system

生物素　biotin

生物素羧化酶（生物素羧基载体蛋白）　biotin carboxyl carrier protein(BCCP)

生物氧化　biological oxidation

生物因素逆境　biotic stress

生物钟　biological clock

尸胺　cadaverine(Cad)

湿害　waterlogging

适应酶　adaptive enzyme

噬菌体　bacteriophage

收缩蛋白　contractile protein

受体　receptor

输导组织　conducting tissue

束缚能　bound energy

束缚水　bound water

束缚型GA　conjugated gibberellin

束缚型生长素　bound auxin

衰老　senescence

衰老期　senescence phase

衰老上调基因　senescence up-regulated gene(SUG)

衰老下调基因　senescence down-regulated gene(SDG)

衰老相关基因　senescence associated gene(SAG)

双光增益效应（爱默生效应）　enhancement effect，Emerson effect

双螺旋　double helix

双受精　double fertilization

双向运输　bidirectional transport

双信号系统　double signals system

双重日长　dual daylight

水分代谢　water metabolism

水分临界期　critical period of water

水分平衡　water balance

水分子裂解　water splitting

水合补偿点　hydration compensation point

水合作用　hydration

水解酶　hydrolase

水孔蛋白　aquaporin(AQP)

水生植物　hydrophyte

水势　water potential(Ψ_w)

水体污染　water contamination

水通道蛋白　water channel protein

水杨酸　salicylic acid(SA)

水氧化分解钟（Kok 钟）　water oxidizing clock，Kok clock

顺反子　cistron

顺乌头酸酶　cis - aconitase

丝氨酸　serine(Ser, S)

丝心蛋白　fibroin

丝状亚基　fibrous subunit

四级结构　quaternary structure

四氢吡喃苄基腺嘌呤（多氯苯甲酸）　tetrahydropyranyl benzyladenine(PBA)

苏氨酸　threonine(Thr, T)

酸生长理论　acid growth theory

C_4 -双羧酸途径　C_4 - dicarboxylic acid pathway

随后链　lagging strand

羧化阶段　carboxylation phase

羧化效率　carboxylation efficiency(CE)

羧肽酶　carboxypeptidase

T

胎萌现象　vivipary

肽　peptide

肽键　peptide bond

肽链内切酶　endopeptidase

肽链外切酶（肽链端解酶）　exopeptidase

肽酶　peptidase

碳素同化作用　carbon assimilation

糖蛋白　glycoprotein

糖的异生作用　gluconeogenesis

糖激酶　hexokinase

糖酵解　glycolysis, Embden - Meyerhof - Parnas(EMP)

糖原　glycogen

糖脂　glycolipid

特异性　specificity

天冬氨酸　aspartic acid(Asp，D)

天冬酰胺　asparagine(Asn, N)

天然单性结实　natural parthenocarpy

甜菜碱　betaine

甜土植物　glycophyte

萜类　terpenoid

铁硫蛋白类　iron - sulfur proteins

铁氧还蛋白　ferredoxin(Fd)

同多糖　homopolysaccharide

同工蛋白　protein isoform

同工酶　isozyme

同化力（还原力）　assimilatory power，reducing power

同化物的再分配和再利用　redistribution and reutilization of assimilate

同化物运输　assimilate transportation

同化作用　assimilation

同义密码子　synonym codon

同源异型基因　homeotic gene

酮体　ketone body

β-酮脂酰- ACP 合酶　β - ketoacyl - ACP synthase

β-酮脂酰- ACP 还原酶　β - ketoacyl - ACP reductase

β-酮脂酰硫解酶　β - ketoacyl - CoA thiolase

透析　dialysis

土壤干旱　soil drought

土壤污染　soil contamination

土壤-植物-大气连续体　soil - plant - atmosphere continuum(SPAC)

吐水　guttation

脱氨基作用　deamination

脱春化作用（去春化作用）　devernalization

脱分化　dedifferentiation

脱落　abscission

脱落衰老　deciduous senescence

脱落酸　abscisic acid(ABA)

脱羧基作用　decarboxylation

脱羧酶　decarboxylase

脱氧核糖　deoxyribose

脱氧核糖核酸　deoxyribonucleic acid(DNA)

脱氧核糖核酸酶　deoxyribonuclease(DNase)

脱支酶　debranching enzyme

脱植基叶绿素 a（叶绿素酯 a）　chlorophyllide a

W

外连丝　ectodesmata

外膜　outer membrane

外排　exocytosis

外向 K^+ 通道　outward K^+ channel

外在蛋白　extrinsic protein

外植体　explant

完熟　ripening

晚材　late wood

晚期基因（次级反应基因）　late gene, secondary response gene

网络　network

微管　microtubule

微管蛋白　tubulin

微管马达蛋白　microtuble motor protein

微梁系统　microtrabecular system

微量元素　microelement，minor element，trace element

微膜系统　micro-membrane system

微球系统　microsphere system

微丝　microfilament

微丝马达蛋白　microfilament motor protein

微体　microbody

微团　micelle

微纤丝　microfibril

微注射法　microinjection technique

维管束　vascular bundle

维管束鞘细胞　bundle sheath cell(BSC)

维生素　vitamin

萎蔫　wilting

温度补偿点　temperature compensation point

温周期现象　thermoperiodicity of growth

无规卷曲　nonregular coil

无机离子泵学说　inorganic ion pump theory

无丝分裂　amitosis

无氧呼吸　anaerobic respiration

无籽果实　seedless fruit

戊糖　pentose

午休现象　midday depression

物理信号　physical signal

X

吸光率　absorbance

吸收光谱　absorption spectrum

吸胀作用　imbibition

希尔反应　Hill reaction

希尔氧化剂　Hill oxidant

烯醇化酶　enolase

烯脂酰-ACP 还原酶　enoyl-ACP reductase

烯脂酰-CoA 水合酶　enoyl-CoA hydratase

稀盐　salt dilution

稀有碱基　minor base

习惯名称　recommended name

系统获得性抗性　systemic acquired resistance(SAR)

系统名称　systematic name

系统肽　systemin

细胞壁　cell wall

细胞全能性　totipotency

细胞凋亡　cell apoptosis

细胞分化　cell differentiation

细胞分裂　cell division

细胞分裂素　cytokinin(CTK，CK)

细胞骨架　cytoskeleton

细胞骨架系统　cytoskeleton system

细胞核　nucleus

细胞浆　cytosol

细胞膜　cell membrane

细胞器　cell organelle

细胞色素　cytochrome(cyt)，cellular pigment

细胞色素氧化酶　cytochrome oxidase

细胞生长　cell growth

细胞松弛素 B　cytochalasin B

细胞途径　cellular pathway

细胞液　cell sap

细胞质　cytoplasm

细胞质基质　cytoplasmic matrix，cytomatrix

细胞组学　cytomics

细菌叶绿素　bacteriochlorophyll

先导链　leading strand

纤维素　cellulose

纤维素合成酶　cellulose synthetase

纤维素酶　cellulase

线粒体　mitochondrion

限制性内切酶（限制酶）　restriction endonuclease(restriction enzyme)

腺苷二磷酸　adenosine diphosphate(ADP)

腺苷二磷酸葡萄糖　adenosine diphosphate glucose(ADPG)

S-腺苷甲硫氨酸　S-adenosyl methionine

腺苷三磷酸　adenosine triphosphate(ATP)

腺苷三磷酸酶　adenosine triphosphatase(ATPase)

腺苷酸　adenosine monophosphate(AMP)

腺嘌呤　adenine(Ade，A)

相对生长速率　relative growth rate(RGR)

相对自由空间　relatieve free space(RFS)

相关性　correlation

向触性　thigmotropism

向光素　phototropin

向光性　phototropism

向化性　chemotropism

向水性　hydrotropism

向性运动　tropic movement

向重力性　gravitropism

硝酸过氧化乙酰　peroxyacetyl nitrate(PAN)

硝酸还原酶　nitrate reductase(NR)

小孔扩散律　small opening diffusion law

协同作用　synergistic action

胁变　strain

缬氨酸　valine(Val，V)

新陈代谢　metabolism

信号肽　signal peptide

信号序列　signal sequence

信号元件　signaling module

信号转导　signal transduction

信使 RNA　messenger RNA(mRNA)

形态发生（形态建成）　morphogenesis

性别分化　sex differentiation

胸腺嘧啶　thymine(Thy，T)

臭氧　ozone(O_3)

休眠　dormancy

休眠期　dormancy stage

休眠素　dormin

需暗种子　dark seed

需光种子　light seed

旋转酶　gyrase

血红蛋白　hemoglobin

血蓝蛋白　hemocyanin

血清清蛋白　serum albumin

Y

压力流动学说　pressure flow hypothesis

压力势　pressure potential（Ψ_p）

芽休眠　bud dormancy

亚胺环己酮　cycloheximide

亚精胺　spermidine(Spd)

亚麻酸　linolenic acid

亚铁血红素　ferroheme

亚显微结构　submicroscopic structure

亚硝酸还原酶　nitrite reductase(NiR)

亚油酸　linoleic acid

烟酰胺脱氢酶类　nicotinamide dehydrogenases

烟酰胺腺嘌呤二核苷酸　nicotinamide adenine dinucleotide（NAD）

烟酰胺腺嘌呤二核苷酸磷酸　nicotinamide adenine dinucleotide phosphate(NADP)

延长　elongation

盐害　salt injury

盐碱土　saline and alkaline soil

盐囊泡　salt bladder

盐逆境蛋白　salt‐stress protein

盐生植物　halophyte

盐土　saline soil

盐析　salting out

盐腺　salt gland

厌氧蛋白　anaerobic protein

阳生植物　sun plant，heliophyte

氧化还原酶　oxidoreductase

氧化磷酸化作用　oxidative phosphorylation

氧化脱氨基作用　oxidative deamination

叶黄素　xanthophyll

叶绿醇　phytol

叶绿素　chlorophyll

叶绿体　chloroplast

叶绿体被膜　chloroplast envelope

叶面积比　leaf area ratio(LAR)

叶面积系数　leaf area index(LAI)

叶面营养　foliar nutrition

叶肉细胞　mesophyll cell(MC)

叶酸　folic acid

液晶态　liquid crystalline state

一级结构　primary structure

胰岛素　insulin

移码　frame shift

移位　translocation

易位酶　translocase

抑制剂　inhibitor

遗传抗性　inheritance resistance

遗传信息表达系统　genetic expression system

乙醇酸　glycolic acid

乙醇酸氧化酶　glycolate oxidase

乙醛酸循环　glyoxylate cycle

乙醛酸体　glyoxysome

乙烯　ethylene(ET，ETH)

乙烯利　ethrel

乙酰 CoA‐ACP 脂酰基转移酶　acetyl‐CoA‐ACP acyltransferase

乙酰辅酶 A 羧化酶　acetyl‐CoA carboxylase

乙酰水杨酸　acetylsalicylic acid

异构酶　isomerase

异花授粉　allogamy

异化作用　disassimilation

异亮氨酸　isoleucine(Ile，I)

异柠檬酸裂解酶　isocitrate lyase

异戊烯焦磷酸　isopentenyl pyrophosphate

异戊烯基腺苷　isopentenyl adenosine(iPA)

异戊烯基腺嘌呤　isopentenyladenine(iP)

异养植物　heterophyte

阴生植物　shade plant

引发体　primosome

引物　primer

引物酶　primase

吲哚丙酸　indole propionic acid(IPA)

吲哚丙酮酸　indole pyruvic acid

吲哚丁酸　indole butyric acid，indole－3－butyric cid（IBA）

吲哚乙腈　indole acetonitrile

吲哚乙醛　indole acetaldehyde

吲哚乙酸　indole－3－acetic acid(IAA)

吲哚乙酸氧化酶　IAA oxidase

吲哚乙酰胺　indole acetylamine(IAM)

隐花色素（蓝光/紫外光-受体）　cryptochrome，blue/UV－A receptor

茚三酮反应　ninhydrin reaction

应激激素（胁迫激素）　stress hormone

应激乙烯（逆境乙烯）　stress ethylene

荧光　fluorescence

营养缺乏症（缺素症）　nutrient deficiency symptom

阴生植物　shade plant，sciophyte

硬脂酸　stearic acid

永久萎蔫系数　permanent wilting coefficient

永久性萎蔫　permanent wilting

油　oil

油菜素　brassin

油菜素内酯　brassinolide(BR)

油酸　oleic acid

油体　oil body

油质蛋白　oleosin

游离型生长素　free auxin

有机物代谢　metabolism of organic compound

有色体　chromoplast

有丝分裂　reduction mitosis

有氧呼吸　aerobic respiration

有义链　sense strand

有益元素　beneficial element

幼年期　juvenile phase

诱导酶　induced enzyme

诱导契合　induced fit

鱼藤酮　rotenone

玉米赤霉烯酮　zearalenone

玉米醇溶蛋白　zein

玉米黄质　zeaxanthin

玉米素　zeatin(Z，ZT)

玉米素核苷　zeatin riboside

愈伤组织　callus

原卟啉Ⅸ　protoporphyrin Ⅸ

原初电子供体　primary electron donor(D)

原初电子受体　primary electron acceptor(A)

原初反应　primary reaction

原初转录产物　primary transcript

原果胶　protopectin

原核生物　prokaryote

原核细胞　prokaryotic cell

原生质　protoplasm

原生质体　protoplast

原脱植基叶绿素 a　protochlorophyllide a

圆球体　spherosome

源　source

源-库单位　source－sink unit

源强　source strength

月桂酸　lauric acid

运输蛋白（传递蛋白）　transport protein

运转器　translocator

Z

杂多糖　heteropolysaccharides

杂交分子　hybrid duplexes

载体　carrier

再春化现象　revernalization

再分化　redifferentiation

再生阶段　regeneration phase

再生作用　regeneration

暂时性萎蔫　temporary wilting

早材　early wood

早期基因（初级反应基因）　early gene，primary response gene

藻胆蛋白　phycobiliprotein

藻胆素类　phycobilin

藻红蛋白　phycoerythrin

藻蓝蛋白　phycocyanin

增色效应　hyperchromic effect

黏性　viscosity

折叠酶　foldase

蔗糖合成酶　sucrose synthetase

蔗糖酶　sucrase

真核生物　eukaryote

真核细胞　eukaryotic cell

真正光合速率　true photosynthetic rate

蒸发　vaporization

蒸腾比率　transpiration ratio

蒸腾拉力　transpirational pull

蒸腾流-内聚力-张力学说　transpiration－cohesion－tension theory

蒸腾速率　transpiration rate

蒸腾系数（需水量）　transpiration coefficient，water requirement

蒸腾作用　transpiration

整体衰老　overall senescence

整形素　morphactin

正向光性　positive phototropism

正向重力性　positive gravitropism

脂　fat

脂蛋白　lipoprotein

脂肪酶（脂酶）　lipase

脂肪酸　fatty acid(FA)

脂肪酸合成酶系　fatty aicd synthase system(FAS)

脂类　lipids

脂酰-CoA 脱氢酶　acyl－CoA dehydrogenase

脂酰基载体蛋白　acyl carrier protein(ACP)

脂氧合酶　lipoxygenase(LOX)

脂质球（亲锇颗粒）　osmiophilic droplet

直线期　linear phase

植保素　phytoalexin

植醇（叶绿醇）　phytol

植物激素　plant hormone，phytohormone

植物生长调节剂　plant growth regulators

植物生长物质　plant growth substances

植物生理生化　plant physiology and biochemistry

植物生理学　plant physiology

植物运动　plant movement

质壁分离　plasmolysis

质壁分离复原　deplasmolysis

质粒　plasmid

质膜　plasma membrane

质体　plastid

质体醌　plastoquinone(PQ)

质体小球　plastoglobulus

质外体　apoplast

质外体途径　apoplast pathway

质外体运输　apoplastic transport

质子泵（H^+泵）　proton pump

质子动力势　proton motive force(pmf)

中间纤维　intermediate filament

中胶层　middle lamella

中日性植物　intermediate－day plant

中生植物　mesophyte

中心代谢途径（无定向代谢途径）　central metabolic pathway，amphibolic pathway

中心法则　central dogma

中央液泡　central vacuole

终止　termination

终止密码　termination codon

终止因子（释放因子）　termination factor(TF)，release factor(RF)

终止子　terminator

种子萌发　seed germination

重力势　gravity potential（Ψ_g）

重力水　gravitational water

昼夜周期性　daily periodicity

主动吸收　active absorption

主动吸水　active absorb water

主动转运　active transport

转氨酶　transaminase

转化　transformation

转录　transcription

转录后加工　post－transcription processing

转录因子　transcription factor

转醛酶　transaldolase

转染　transfection

转酮酶　transketolase

转移 RNA　transfer RNA(tRNA)

转移酶　transferase

转移细胞　transfer cell(TC)

转运肽　transit peptide

紫外光辐射胁迫　ultraviolet radiation stress

紫外线 B 受体　UV－B receptor

紫外线诱导蛋白　UV－induced protein

自花授粉　self－pollination

自交不亲和性　self incompatibility(SI)

自养生物　autotroph

自养植物　autophyte

自由基　free radical

自由能　free energy

自由水　free water

棕榈油酸　palmitoleic acid

总光合速率　gross photosynthetic rate

组氨酸　histidine(His，H)

组织培养　tissue culture

最适温度　optimum temperature

附录二　植物生理生化常见名词英汉对照

（括号内为缩写符号）

A

abiotic stress　非生物逆境

abscisic acid(ABA)　脱落酸

abscission　脱落

abscission zone　离区

absolute growth rate(AGR)　绝对生长速率

absolute long – day plant　绝对长日植物

absolute short – day plant　绝对短日植物

absorbance　吸光率

absorption spectrum　吸收光谱

ACC oxidase　ACC 氧化酶

ACC synthase　ACC 合酶

accessory cell　副卫细胞

accessory photosynthetic pigments　光合作用的辅助色素

acetyl – CoA carboxylase　乙酰辅酶 A 羧化酶

acetyl – CoA – ACP acyltransferase　乙酰 CoA – ACP 脂酰基转移酶

acetylsalicylic acid　乙酰水杨酸

acid growth theory　酸生长理论

actin　肌动蛋白

actin filament　肌动蛋白纤维

actinomycin D　放线菌素 D

action potential(AP)　动作电位

activation energy　活化能

activator　激活剂

active absorb water　主动吸水

active absorption　主动吸收

active center　活性中心

active oxygen　活性氧

active site　活性部位

active transport　主动转运

active unit　活力单位

acyl carrier protein(ACP)　脂酰基载体蛋白

acyl – CoA dehydrogenase　脂酰 CoA 脱氢酶

adaptive enzyme　适应酶

adenine(Ade，A)　腺嘌呤

adenosine diphosphate glucose(ADPG)　腺苷二磷酸葡萄糖

adenosine diphosphate(ADP)　腺苷二磷酸

adenosine monophosphate(AMP)　腺苷酸

adenosine triphosphatase(ATPase)　腺苷三磷酸酶

adenosine triphosphate(ATP)　腺苷三磷酸

adhesive force　附着力

aerobic respiration　有氧呼吸

after ripening　后熟作用

air contamination　大气污染

air space network　气腔网络

alanine(Ala，A)　丙氨酸

alaninebetaine　丙氨酸甜菜碱

alcoholic fermentation　酒精发酵

aldimine　醛亚胺

aldolase　醛缩酶

alkaline soil　碱土

allogamy　异花授粉

allophycocyanin　别藻蓝蛋白

allosteric enzyme　变构酶

alternative oxidase(AOX)　交替氧化酶

alternative pathway　交替途径

amphophotoperiodism plant　两极光周期植物

amine　胺

amino acid　氨基酸

amino acid residue　氨基酸残基

1 – aminocyclopropane – 1 – carboxylic acid(ACC)　1 -氨基环丙烷- 1 -羧酸

aminoethoxyvinyl glycine(AVG)　氨基乙氧基乙烯基甘氨酸

δ – aminolevulinic acid(ALA)　δ 氨基酮戊酸（5 -氨基酮戊酸）

aminooxyacetic acid(AOA)　氨基氧乙酸

aminopeptidase　氨肽酶

amitosis　无丝分裂

amphipathic　两亲性

ampholyte　两性电解质

amylase　淀粉酶

amyloplast　淀粉体

amytal　安密妥

anaerobic protein　厌氧蛋白

anaerobic respiration　无氧呼吸

antibody　抗体

anticodon　反密码子

antimycin A　抗霉素 A

antiparallel　反向平行

antiport　反向传递体

antisense strand　模板链（反义链）

antitranspirant　抗蒸腾剂

apical dominance, terminal dominance　顶端优势

apoenzyme　酶蛋白

apoplast　质外体

apoplast pathway　质外体途径

apoplastic transport　质外体运输

apparent photosynthetic rate　表观光合速率

apparent quantum yield(AQY)　表观量子产额

apparent sink strength　表观库强

appressed region　堆叠区

aquaporin(AQP)　水孔蛋白

arabinogalactan protein(AGP)　阿拉伯半乳聚糖蛋白

arachidic acid　花生酸

arachidonic acid　花生四烯酸

arginine(Arg, R)　精氨酸

artificial seed　人工种子

ascorbic acid, ascorbate　抗坏血酸

ascorbic acid oxidase　抗坏血酸氧化酶

ash element　灰分元素

asparagine(Asn, N)　天冬酰胺

aspartic acid(Asp, D)　天冬氨酸

aspirin　阿司匹林

assimilate transportation　同化物运输

assimilation　同化作用

assimilatory power, reducing power　同化力（还原力）

asymmetrical transcription　不对称转录

atmosphere drought　大气干旱

atmosphere pollutant　大气污染物

ATP synthase　ATP 合酶

autophyte　自养植物

autotroph　自养生物

auxin　生长素

auxin gradient theory　生长素梯度学说

auxin - binding protein(ABP)　生长素结合蛋白

auxin - response gene　AUX 响应基因

B

bacteriochlorophyll　细菌叶绿素

bacteriophage　噬菌体

balanced solution　平衡溶液

base pair(bp)　碱基对

base stacking force　碱基堆积力

behenic acid　山萮酸

beneficial element　有益元素

6 - benzyl adenine(BA, 6 - BA)　6 -苄基腺嘌呤

betaine　甜菜碱

bidirectional transport　双向运输

binding protein　结合蛋白

bioassay　生物测定法

biocatalyst　生物催化剂

biochemistry　生物化学

biological clock　生物钟

biological nitrogen fixation　生物固氮

biological oxidation　生物氧化

biomacromolecule　生物大分子

biomass　生物产量

biomembrane　生物膜

biomembrane system　生物膜系统

biomolecule　生物分子

biotic stress　生物逆境

biotin　生物素

biotin carboxyl carrier protein(BCCP)　生物素羧化酶
（生物素羧基载体蛋白）

bleeding　伤流

bleeding sap　伤流液

boiling point　沸点

bound energy　束缚能

bound auxin　束缚型生长素

bound water　束缚水

branching enzyme　分支酶

brassin　油菜素

brassinolide(BR)　油菜素内酯

bud dormancy　芽休眠

bundle sheath cell(BSC)　维管束鞘细胞

C

C_2 photorespiration carbon oxidation cycle　C_2 光呼吸碳
氧化循环（PCO 循环）

C_3 pathway　C_3 途径

C_3 photosynthetic carbon reduction cycle　C_3 光合碳还原
循环

$C_3 - C_4$ intermediate plant　$C_3 - C_4$ 中间型植物

C_4 pathway　C_4 途径

C_4 photosynthetic carbon assimilation cycle　C_4 光合碳同
化循环

C_4 dicarboxylic acid pathway　C_4 双羧酸途径

cadaverine(Cad)　尸胺

calcium dependent protein kinase(CDPK)　钙依赖型蛋白
激酶

callose 胼胝质

callus 愈伤组织

calmodulin(CaM) 钙调素

calmodulin binding protein(CaMBP) CaM 结合蛋白

Calvin cycle 卡尔文循环

cAMP response element binding protein(CREB) cAMP 响应元件结合蛋白

campesterol 菜油甾醇

capillarity 毛细作用

capillary water 毛管水

carbon assimilation 碳素同化作用

carboxylation efficiency(CE) 羧化效率

carboxylation phase 羧化阶段

carboxypeptidase 羧肽酶

carotene 胡萝卜素

carotenoid 类胡萝卜素

carotenol 胡萝卜醇

carrier 载体

casein 酪蛋白

catalase(CAT) 过氧化氢酶

cell apoptosis 细胞凋亡

cell differentiation 细胞分化

cell division 细胞分裂

cell growth 细胞生长

cell membrane 细胞膜

cell organelle 细胞器

cell sap 细胞液

cell wall 细胞壁

cellular pathway 细胞途径

cellulase 纤维素酶

cellulose 纤维素

cellulose synthetase 纤维素合成酶

central dogma 中心法则

central metabolic pathway(amphibolic pathway) 中心代谢途径（无定向代谢途径）

central vacuole 中央液泡

cerotic acid 蜡酸

Chargaff's rules Chargaff 定律

chemical potential 化学势

chemical signal 化学信号

chemical - induced protein 化学试剂诱导蛋白

chemiosmotic - coupling hypothesis 化学渗透偶联假说

chemiosmotic polar diffusion hypothesis 化学渗透极性扩散假说

chemiosmotic hypothesis 化学渗透假说

chemotropism 向化性

chilling injury 冷害

chilling resistance 抗冷性

chitinase 几丁质酶

chlorocholine chloride(CCC) 矮壮素（2 - 氯乙基三甲基氯化铵）

2 - chloroethyl phosphonic acid(CEPA) 2 - 氯乙基膦酸（乙烯利）

4 - chloroindole - 3 - acetic acid(4 - Cl - IAA) 4 - 氯吲哚乙酸

chlorophyll 叶绿素

chlorophyllide a 脱植基叶绿素 a（叶绿素酯 a）

chloroplast 叶绿体

chloroplast envelope 叶绿体被膜

chlorosis 缺绿症

chromatin 染色质

chromoplast 有色体

chromosome 染色体

circadian rhythm 近似昼夜节奏

cis - aconitase 顺乌头酸酶

cistron 顺反子

citrate synthase 柠檬酸合酶

citric acid cycle 柠檬酸循环

CO_2 compensation point CO_2 补偿点

CO_2 saturation point CO_2 饱和点

codon 三联体密码（密码）

coenzyme 辅酶

coenzyme Q(CoQ) 辅酶 Q

coenzyme A(CoA，CoA - SH) 辅酶 A

cofactor 辅助因子

cohesion force 内聚力

cohesion theory 内聚力学说

colchicine 秋水仙碱

cold responsive protein(cold shock protein) 冷响应蛋白（冷激蛋白）

collagen 胶原蛋白

colloid 胶体

colloidal system 胶体系统

companion cell 伴胞

compartmentation 区域化

compatibility 亲和性

complement 补体

complementary chain 互补链

complex lipid 复合脂

condensation 凝聚

conducting tissue 输导组织

configuration 构型

confocal laser scanning microscope(CLSM) 共聚焦激光扫描显微镜

conformation　构象

conjugated gibberellin　束缚型 GA

contact exchange　接触交换

contractile protein　收缩蛋白

coproporphyrinogen Ⅲ　粪卟啉原Ⅲ

core complex　核心复合体

core enzyme　核心酶

correlation　相关性

coupling factor(CF)　偶联因子

crassulacean acid metabolism(CAM)　景天酸代谢

cristae　嵴

critical concentration　临界浓度

critical dark period　临界暗期

critical daylength　临界日长

critical period of water　水分临界期

cross adaptation(cross‐tolerances)　交叉适应（交叉忍耐）

cross‐talking　交叉对话

cryptochrome(blue/UV‐A receptor)　隐花色素（蓝光/紫外光-受体）

CsCl density gradient centrifugation　氯化铯密度梯度离心

cut flower　切花

cuticular transpiration　角质层蒸腾

cyanide resistant oxidase(CRO)　抗氰氧化酶

cyanide resistant respiration　抗氰呼吸

cyanocobalamine　氰钴胺素

cyclic AMP(cAMP)　环腺苷酸

cyclic GMP(cGMP)　环鸟苷酸

cycloheximide　亚胺环己酮

cyclosis　胞质环流

cysteine(Cys，C)　半胱氨酸

cytochalasin B　细胞松弛素 B

cytochrome(cyt)，cellular pigment　细胞色素

cytochrome oxidase　细胞色素氧化酶

cytokinin(CTK，CK)　细胞分裂素

cytomics　细胞组学

cytoplasm　细胞质

cytoplasmic matrix，cytomatrix　细胞质基质

cytosine(Cyt，C)　胞嘧啶

cytosis　膜动转运

cytoskeleton　细胞骨架

cytoskeleton system　细胞骨架系统

cytosol　细胞浆

D

daily periodicity　昼夜周期性

dark reaction　暗反应

dark respiration　暗呼吸

dark seed　需暗种子

day neutral plant(DNP)　日中性植物

deamination　脱氨基作用

debranching enzyme　脱支酶

decarboxylase　脱羧酶

decarboxylation　脱羧基作用

deciduous senescence　脱落衰老

dedifferentiation　脱分化

degeneracy　简并性

denaturation　变性

denatured protein　变性蛋白

density　密度

deoxyribonuclease(DNase)　脱氧核糖核酸酶

deoxyribonucleic acid(DNA)　脱氧核糖核酸

deoxyribose　脱氧核糖

deplasmolysis　质壁分离复原

depolarization　去极化

development　发育

devernalization　脱春化作用（去春化作用）

dia gravitropism　横向重力性

diacylglycerol(DG，DAG)　二酰甘油

dialysis　透析

diaphototropism　横向光性

2,4‐dichlorophenoxyacetic acid(2,4‐D)　2,4‐二氯苯氧乙酸

dielectric constant　介电常数

differentiation　分化

diffusion　扩散

dihydrophaseic acid　二氢红花菜豆酸

dihydroxy acetone phosphate(DHAP)　磷酸二羟丙酮

dihydrozeatin　二氢玉米素

dimethyl aminosuccinamic acid(B₉)　比久（阿拉）（二甲胺琥珀酰胺酸）

1,1‐dimethyl pipericlinium chloride(Pix)　1,1‐二甲基哌啶鎓氯化物（助壮素）

dioecious plant　雌雄异株植物

diphenylurea　二苯脲

1,3‐diphosphoglyceric acid(DPGA)　1,3‐二磷酸甘油酸

dipolar ion　两性离子（兼性离子或偶极离子）

disassimilation　异化作用

disease　病害

disease resistance　抗病性

dissymmetry ratio　不对称比率

DNA recombination technology　DNA 重组技术

dormancy　休眠

dormancy stage 休眠期

dormin 休眠素

double fertilization 双受精

double helix 双螺旋

double signals system 双信号系统

drip irrigation 滴灌

drought 干旱

drought induced protein 干旱诱导蛋白

drought injury 旱害

drought resistance 抗旱性

drought stress protein 干旱逆境蛋白

dual daylight 双重日长

dynamin 动力蛋白

dynein 力蛋白

E

early gene, primary response gene 早期基因（初级反应基因）

early wood 早材

ecological resistance 生态抗性

ecological water requirement 生态需水

economic coefficient 经济系数

economic yield 经济产量

ectodesmata 外连丝

efficiency for solar energy utilization(Eu) 光能利用率

elasticity 弹性

electrochemical potential gradient 电化学势梯度

electron transport 电子传递

electron transport chain(ETC) 电子传递链

electron transport chain phosphorylation 电子传递链磷酸化

electrophoresis 电泳

elongation 延长

embryoid 胚状体

empty seed coat technique, empty‐ovule technique 空种皮技术

endocytosis 内吞

endomembrane system 内膜系统

endomembrane, inner membrane 内膜

endonuclease 核酸内切酶

endopeptidase 肽链内切酶

endoplasmic reticulum(ER) 内质网

enhancement effect, Emerson effect 双光增益效应（爱默生效应）

enolase 烯醇化酶

enoyl‐ACP reductase 烯脂酰‐ACP 还原酶

enoyl‐CoA hydratase 烯脂酰‐CoA 水合酶

ent‐kaurene 贝壳杉烯

environmental pollution 环境污染

enzyme 酶

enzyme activity 酶活力

enzyme‐substrate complex(ES) 酶-底物复合物

epibrassinolide 表油菜素内酯

epigenomics 表观基因组学

erythrose‐4‐phosphate(E4P) 4-磷酸赤藓糖

escape 避病

essential amino acid 必需氨基酸

essential element 必需元素

ethrel 乙烯利

ethylene(ET，ETH) 乙烯

etiolation 黄化现象

eukaryote 真核生物

eukaryotic cell 真核细胞

exchange absorption 交换吸附

excited state 激发态

exocytosis 外排

exonuclease 核酸外切酶

exopeptidase 肽链外切酶（肽链端解酶）

expansin 扩张蛋白

explant 外植体

extensin 伸展蛋白

external signal 胞外信号

extrinsic protein 外在蛋白

F

fake parthenocarpy 假单性结实

farnesylpyrophosphate(FPP) 法呢基焦磷酸

far‐red light‐absorbing form(Pfr) （光敏色素的）远红光吸收型

fat 脂

fatty acid(FA) 脂肪酸

fatty aicd synthase system(FAS) 脂肪酸合成酶系

fermentation 发酵

ferredoxin(Fd) 铁氧还蛋白

ferredoxin‐NADP$^+$ reductase(FNR) Fd‐NADP 还原酶

ferroheme 亚铁血红素

fibroin 丝心蛋白

fibrous subunit 丝状亚基

first singlet state 第一单线态

first triplet state 第一三线态

flavin adenine dinucleotide(FAD) 黄素腺嘌呤二核苷酸

flavin dehydrogenases 黄素脱氢酶类

flavin mononucleotide(FMN) 黄素腺嘌呤单核苷酸

flood injury　涝害

flood resistance　抗涝性

floral determinated state　成花决定态

floral development　花的发育

floral primordia　花原基

flower bud differentiation　花芽分化

flower induction，flowering transition　成花诱导（成花转变）

fluid mosaic model　流动镶嵌模型

fluorescence　荧光

foldase　折叠酶

foliar nutrition　叶面营养

folic acid　叶酸

force dormancy　强迫休眠

frame shift　移码

free energy　自由能

free auxin　游离型生长素

free radical　自由基

free water　自由水

freezing injury　冻害

freezing resistance　抗冻性

fructose‐1,6‐biphosphate phosphatase　1,6‐二磷酸果糖磷酸酶

fructose‐1,6‐biphosphate(FBP)　1,6‐二磷酸果糖

fructose‐6‐phosphate(F‐6‐P)　6‐磷酸果糖

fructose biphosphate aldolase　二磷酸果糖醛缩酶

functional genomics　功能基因组学

G

GA_{12}‐aldehyde　GA_{12} 醛

gel　凝胶

gelation　凝胶作用

gene　基因

gene expression　基因表达

genetic engineering　基因工程

genetic expression system　遗传信息表达系统

genome　基因组

gibberellane　赤霉烷

gibberellin(GA)　赤霉素

girdling experiment　环割试验

gliadin　麦醇溶蛋白

β‐1,3‐glucanase　β‐1,3‐葡聚糖酶

gluconeogenesis　糖的异生作用

glucose‐1‐phosphate(G‐1‐P)　1‐磷酸葡萄糖

glucose‐6‐phosphate(G‐6‐P)　6‐磷酸葡萄糖

glucose‐6‐phosphate dehydrogenase　6‐磷酸葡萄糖脱氢酶

glucose phosphate isomerase　磷酸葡萄糖异构酶

glutamate dehydrogenase(GDH)　谷氨酸脱氢酶

glutamic acid(Glu，E)　谷氨酸

glutamate synthase　谷氨酸合酶

glutamine(Gln，Q)　谷氨酰胺

glutamine synthetase(GS)　谷氨酰胺合成酶

glutathione(GSH)　谷胱甘肽

glutathion reductase(GR)　谷胱甘肽还原酶

glutathione peroxidase(GPX)　谷胱甘肽过氧化物酶

glycine(Gly，G)　甘氨酸

glycine‐rich protein(GRP)　富含甘氨酸的蛋白质

glycogen　糖原

glycolate oxidase　乙醇酸氧化酶

glycolic acid　乙醇酸

glycolipid　糖脂

glycolysis，Embden‐Meyerhof‐Parnas(EMP)　糖酵解

glycophyte　甜土植物

glycoprotein　糖蛋白

glyoxylate cycle　乙醛酸循环

glyoxysome　乙醛酸体

Golgi apparatus　高尔基器

Golgi body　高尔基体

Golgi complex　高尔基复合体

grana lamella　基粒片层

grana thylakoid　基粒类囊体

grand period of growth　生长大周期

granum　基粒

gravitational water　重力水

gravitropism　向重力性

gravity potential（Ψ_g）重力势

green fluorescent protein(GFP)　绿色荧光蛋白

gross photosynthetic rate　总光合速率

ground state　基态

group effect　群体效应

growth　生长

growth hormone　生长激素

growth inhibitor　生长抑制剂

growth periodicity　生长的周期性

growth promoter　生长促进剂

growth retardant　生长延缓剂

GTP‐binding regulatory protein　G 蛋白（GTP 结合调节蛋白）

guanine(Gua，G)　鸟嘌呤

guanosine diphosphate glucose(GDPG)　鸟苷二磷酸葡萄糖

guard cell　保卫细胞

guttation　吐水

gyrase 旋转酶

H

H$^+$ pumping ATPase H$^+$泵-ATP酶

halophyte 盐生植物

heat injury 热害

heat resistance 抗热性

heat shock protein(HSP) 热休克蛋白

helicase 解链酶

hemicellulose 半纤维素

hemocyanin 血蓝蛋白

hemoglobin 血红蛋白

hermaphroditic plant 雌雄同花植物

heterophyte 异养植物

heteropolysaccharide 杂多糖

hexokinase 糖激酶

hexose monophosphate pathway shunt(HMP, HMS) 磷酸己糖支路

high light stress, high radiation stress 强光胁迫

Hill oxidant 希尔氧化剂

Hill reaction 希尔反应

histidine and hydroxyproline - rich glycoprotein(HHRGP) 富含组氨酸和羟脯氨酸的糖蛋白

histidine(His, H) 组氨酸

holoenzyme 全酶

homeotic gene 同源异型基因

homopolysaccharide 同多糖

hormone 激素

hormone receptor 激素受体

host 寄主

hybrid duplex 杂交分子

hydration 水合作用

hydration compensation point 水合补偿点

hydraulic conductivity 传导率

hydrogen bond 氢键

hydrogenase 氢化酶

hydrolase 水解酶

hydrophilic nature 亲水性

hydrophyte 水生植物

hydrotropism 向水性

hydroxy proline - rich glycoprotein(HRGP) 富含羟脯氨酸的糖蛋白

β- hydroxyacyl - ACP dehyarase β-羟脂酰-ACP脱水酶

β- hydroxyacyl - CoA dehydrogenase β-羟脂酰-CoA脱氢酶

hyperchromic effect 增色效应

hyperpolarizing 超极化

hypersensitive response(HR) 过敏响应

hypochromic effect 减色效应

I

IAA oxidase 吲哚乙酸氧化酶

imbibition 吸胀作用

immune 免疫

incompressibility 不可压缩性

indole acetaldehyde 吲哚乙醛

indole acetonitrile 吲哚乙腈

indole acetylamine(IAM) 吲哚乙酰胺

indole butyric acid, indole - 3 - butyric cid(IBA) 吲哚丁酸

indole propionic acid(IPA) 吲哚丙酸

indole pyruvic acid 吲哚丙酮酸

indole - 3 - acetic acid(IAA) 吲哚乙酸

induced enzyme 诱导酶

induced fit 诱导契合

inheritance resistance 遗传抗性

inhibitor 抑制剂

initiation 起始

initiation codon 起始密码

inorganic ion pump theory 无机离子泵学说

inositol phospholipid 肌醇磷脂

inositol - 1, 4, 5 - triphosphate(IP$_3$) 肌醇-1,4,5-三磷酸

insulin 胰岛素

intensity of photosynthesis 光合强度

intensity of respiration 呼吸强度

intercellular layer 胞间层

intermediate filament 中间纤维

intermediate - day plant 中日性植物

intermembrane space 膜间腔

internal signal 胞内信号

interphase 分裂间期

intrinsic protein 内在蛋白

inward K$^+$ channel 内向K$^+$通道

4 - iodophenoxyacetic acid 4-碘苯氧乙酸

ion antagonism 离子拮抗

ion channel 离子通道

ion exchange 离子交换

ion pump 离子泵

iron - sulfur proteins 铁硫蛋白类

isocitrate lyase 异柠檬酸裂解酶

isoelectric point(pI) 等电点

isoleucine(Ile, I) 异亮氨酸

isomerase　异构酶

isopentenyl adenosine(iPA)　异戊烯基腺苷

isopentenyl pyrophosphate　异戊烯焦磷酸

isopentenyladenine(iP)　异戊烯基腺嘌呤

isozyme　同工酶

J

jasmonates(JAs)　茉莉素

jasmonic acid(JA)　茉莉酸

juvenile phase　幼年期

K

β- ketoacyl - ACP reductase　β-酮脂酰- ACP 还原酶

β- ketoacyl - ACP synthase　β-酮脂酰- ACP 合酶

β- ketoacyl - CoA thiolase　β-酮脂酰硫解酶

ketone body　酮体

kinesin　动蛋白

kinetin(KT)　激动素

L

lactate　乳酸

lactate dehydrogenase　乳酸脱氢酶

lagging strand　随后链

late gene, secondary response gene　晚期基因（次级反应基因）

late wood　晚材

lauric acid　月桂酸

leading strand　先导链

leaf area index(LAI)　叶面积系数

leaf area ratio(LAR)　叶面积比

lectin　凝集素

leucine(Leu, L)　亮氨酸

leucoplast　白色体

life cycle　生命周期

ligand - gated ion channel　配体门控型离子通道

ligase　连接酶

light compensation point　光补偿点

light quantum　光量子

light qeaction　光反应

light saturation point　光饱和点

light seed　需光种子

light - harvesting pigment　聚光色素

lignification　木质化作用

lignin　木质素

lignoceric acid　木焦油酸

linear phase　直线期

linoleic acid　亚油酸

linolenic acid　亚麻酸

lipase　脂肪酶（脂酶）

lipid body　拟脂体

lipid　脂类

lipoic acid　硫辛酸

lipoprotein　脂蛋白

lipoxygenase(LOX)　脂氧合酶

liquid crystalline state　液晶态

logarithmic phase　对数期

long day plant(LDP)　长日植物

long distance transport system　长距离运输系统

long night plant　长夜植物

long short day plant(LSDP)　长-短日植物

low light stress, low radiation stress　弱光胁迫

low - temperature - induced protein　低温诱导蛋白

lumen　囊腔

lyase　裂合酶

lysine(Lys, K)　赖氨酸

lysosome　溶酶体

M

macroelement, major element　大量元素

macrofibril　大纤丝

malate metabolism theory　苹果酸代谢学说

malate synthase　苹果酸合酶

maleic hydrazide(MH)　马来酰肼

malic acid dehydrogenase　苹果酸脱氢酶

malic acid(Mal)　苹果酸

malondiadehyde(MDA)　丙二醛

malonyl - CoA - ACP acyltransferase　丙二酸单酰 CoA - ACP 转移酶

mass flow　集流

matrix potential（Ψ_m）　衬质势

matrix　基质

melting point　熔点

melting temperature（T_m）　解链温度

membrane protective system　膜保护系统

membrane structure protein　膜结构蛋白

β - mercaptoethanol（β - ME）　巯基乙醇

meristem　分生组织

mesophyll cell(MC)　叶肉细胞

mesophyte　中生植物

messenger RNA(mRNA)　信使 RNA

metabolism　新陈代谢

metabolism of organic compounds　有机物代谢

metebolic sink　代谢库

metebolic source　代谢源

metabonomics　代谢组学

methionine(Met)　甲硫氨酸

methyl jasmonate(JA－Me)　茉莉酸甲酯

5′－methylthioadenosine(MTA)　5′-甲硫基腺苷

mevalonic acid(MVA)　甲瓦龙酸

Mg－protoporphyrin　Mg-原卟啉

micelle　微团

microbody　微体

microelement，minor element，trace element　微量元素

microfibril　微纤丝

microfilament　微丝

microfilament motor protein　微丝马达蛋白

microinjection technique　微注射法

micro－membrane system　微膜系统

microsphere system　微球系统

microtrabecular system　微梁系统

microtuble motor protein　微管马达蛋白

microtubule　微管

midday depression　午休现象

middle lamella　中胶层

mineral element　矿质元素

mineral nutrition　矿质营养

minor base　稀有碱基

mitochondrion　线粒体

mitotic stage　分裂期

molecular chaperone　分子伴侣

molecular hybridization　分子杂交

monocistron　单顺反子

monoecious plant　雌雄同株植物

monomeric enzyme　单体酶

monosaccharide　单糖

morphactin　整形素

morphogenesis　形态发生（形态建成）

motor protein　马达蛋白

multienzyme system　多酶复合体

multiple crop index　复种指数

myoglobin　肌红蛋白

myosin　肌球蛋白

myristic acid　豆蔻酸

N

naphthalene acetic acid(NAA)　萘乙酸

naphthoxyacetic acid(2,4,5－T)　2,4,5-三氯苯氧乙酸

naphthyphthalamic acid(NPA)　萘基邻氨甲酰苯甲酸

nastic movement　感性运动

natural parthenocarpy　天然单性结实

necrotic lesion　枯斑

negative gravitropism　负向重力性

negative phototropism　负向光性

net assimilation rate(NAR)　净同化率

net photosynthetic rate(Pn)　净光合速率

network　网络

N^6－furfurylaminopurine　6-呋喃氨基嘌呤

nicotinamide　尼克酰胺

nicotinamide adenine dinucleotide phosphate(NADP$^+$)　烟酰胺腺嘌呤二核苷酸磷酸

nicotinamide adenine dinucleotide(NAD$^+$)　烟酰胺腺嘌呤二核苷酸

nicotinamide dehydrogenases　烟酰胺脱氢酶类

nicotinic acid，niacin　尼克酸

ninhydrin reaction　茚三酮反应

nitrate reductase(NR)　硝酸还原酶

nitrite reductase(NiR)　亚硝酸还原酶

nitrogenase　固氮酶

nitrogenous base　含氮碱基

N－malonyl－ACC(MACC)　N-丙二酰-ACC

nonappressed region　非堆叠区

noncyclic photophosphorylation　非环式光合磷酸化

nonessential amino acid　非必需氨基酸

nonpolar amino acid　非极性氨基酸（疏水氨基酸）

nonpolar tail　非极性尾部

nonregular coil　无规卷曲

non－specific nuclease　非特异核酸酶

nuclear membrane　核膜

nuclear pore　核孔

nuclease　核酸酶（磷酸二酯酶）

nucleic acid　核酸

nuclein　核素

nucleoid　拟核体

nucleolus　核仁

nucleosidase　核苷磷酸化酶

nucleoside　核苷

nucleoside hydrolase　核苷酶

nucleoside monophosphate(NMP)　核苷单磷酸

nucleoside phosphorylase　核苷水解酶

nucleoside triphosphate(NTP)　核苷三磷酸

nucleosome　核小体

nucleotidase　核苷酸酶

nucleotide　核苷酸

nucleus　细胞核

nutrient deficiency symptom　营养缺乏症（缺素症）

nyctinasty　感夜性

O

oligosaccharin　寡糖素

objective gene　目的基因

oil　油

oil body　油体

Okazaki fragment　冈崎片段

oleic acid　油酸

oleosin　油质蛋白

oligomeric enzyme　寡聚酶

oligopeptide　寡肽

oligosaccharide(oligose)　寡糖

operon　操纵子

optimum temperature　最适温度

osmiophilic droplet　脂质球（亲锇颗粒）

osmosis　渗透作用

osmotic adjustment　渗透调节

osmotic potential（Ψ_π）　渗透势

osmotin　渗调蛋白

outer membrane　外膜

outward K$^+$ channel　外向 K$^+$ 通道

ovalbumin　卵清蛋白

overall senescence　整体衰老

oxidative deamination　氧化脱氨基作用

oxidative phosphorylation　氧化磷酸化作用

oxidoreductase　氧化还原酶

oxygen - evolving complex(OEC)　放氧复合体

ozone(O$_3$)　臭氧

P

paclobutrazol　氯丁唑（PP$_{333}$）

palmitic acid　软脂酸（棕榈酸）

palmitoleic acid　棕榈油酸

pantothenic acid　泛酸

papain　木瓜蛋白酶

parthenocarpy　单性结实

partial molar volume　偏摩尔体积

passive absorb water　被动吸水

passive absorption　被动吸收

passive transport　被动转运

patch clamp(PC)　膜片钳

pathogenesis related protein(PR)　病程相关蛋白

pathogenetic organism　病原物

pectic acid　果胶酸

pectic substance　果胶物质

pectin　果胶

pentose　戊糖

pentose phosphate pathway(PPP)　磷酸戊糖途径

peptidase　肽酶

peptide　肽

peptide bond　肽键

permanent wilting　永久性萎蔫

permanent wilting coefficient　永久萎蔫系数

peroxidase(POD)　过氧化物酶

peroxisome　过氧化物酶体

peroxyacetyl nitrate(PAN)　硝酸过氧化乙酰

pest resistance　抗虫性

phaseic acid　红花菜豆酸

Phenol　酚类

phenylactic acid(PAA)　苯乙酸

phenylalanine ammonia lyase(PAL)　苯丙氨酸解氨酶

phenylalanine(Phe, F)　苯丙氨酸

pheophytin(Pheo)　去镁叶绿素

phloem　韧皮部

phloem loading　韧皮部装载

phloem protein　韧皮蛋白

phloem unloading　韧皮部卸载

phosphate(Pi)　磷酸

phosphate fructose kinase(PFK)　磷酸果糖激酶

phosphate translocator　Pi 运转器

phosphatidyl acid　磷脂酸

phosphatidyl choline　磷脂酰胆碱（卵磷脂）

phosphatidyl ethanolamine　磷脂酰乙醇胺（脑磷脂）

phosphatidyl inositol(PI)　磷脂酰肌醇

phosphatidylserine　磷脂酰丝氨酸

3′, 5′- phosphodiester bond　3′, 5′-磷酸二酯键

6 - phosphogluconate dehydrogenase　6-磷酸葡萄糖酸脱氢酶

6 - phosphogluconolactonase　6-磷酸葡萄糖酸内酯酶

3 - phosphoglyceraldehyde(GAP)　3-磷酸甘油醛

3 - phosphoglycerate kinase(PGAK)　3-磷酸甘油酸激酶

3 - phosphoglyceric acid(PGA)　3-磷酸甘油酸

phosphoenol pyruvate(PEP)　磷酸烯醇式丙酮酸

phosphoenol pyruvate carboxylase(PEPC)　磷酸烯醇式丙酮酸羧化酶

phospholipid　磷脂

phosphoketolase　磷酸酮糖酶

phosphoketopentose epimerase　磷酸戊酮糖表异构酶

phospholipase C(PLC)　磷脂酶 C

phosphomonoesterase　磷酸单酯酶

phosphorescence　磷光

phosphoriboisomerase　磷酸核糖异构酶

phosphorolysis　磷酸解

photochemical smog　光化学烟雾

photo flux density　光量子密度

photoinhibition　光抑制

photomorphogenesis　光形态建成

photon　光子

photoperiod　光周期

photoperiodic induction　光周期诱导

photoperiodism　光周期现象

photophosphorylation　光合磷酸化

photorespiration　光呼吸

photosynthesis　光合作用

photosynthetic active radiation(PAR)　光合有效辐射

photosynthetic chain　光合链

photosynthetic membrane　光合膜

photosynthetic pigment　光合色素

photosynthetic productivity　光合生产力

photosynthetic rate　光合速率

photosynthetic unit　光合单位

photosystem Ⅰ（PS Ⅰ）　光系统Ⅰ

photosystem Ⅱ（PS Ⅱ）　光系统Ⅱ

phototropin　向光素

phototropism　向光性

phycobilin　藻胆素类

phycobiliprotein　藻胆蛋白

phycocyanin　藻蓝蛋白

phycoerythrin　藻红蛋白

physical signal　物理信号

physiological clock　生理钟

physiological dormancy　生理休眠

physiological drought　生理干旱

physiological water requirement　生理需水

physiologically acid salt　生理酸性盐

physiologically alkaline salt　生理碱性盐

physiologically neutral salt　生理中性盐

phytoalexin　植保素

phytochrome　光敏色素

phytol　叶绿醇

phytol　植醇（叶绿醇）

pinocytosis　胞饮作用

piericidin A　杀粉蝶菌素 A

plant growth regulator　植物生长调节剂

plant growth substance　植物生长物质

plant hormone，phytohormone　植物激素

plant movement　植物运动

plant physiology　植物生理学

plant physiology and biochemistry　植物生理生化

plasma membrane　质膜

plasmid　质粒

plasmodesma　胞间连丝

plasmolysis　质壁分离

plastid　质体

plastoglobulus　质体小球

plastoquinone(PQ)　质体醌

plate mosaic model　板块镶嵌模型

polar amino acid　极性氨基酸（亲水氨基酸）

polar head　极性头部

polar transport　极性运输

polarity　极性

pollination　传粉（授粉）

polyamine(PA)　多胺

polycistron　多顺反子

polygalacturonase(PG)　多聚半乳糖醛酸酶

polynucleotide　多聚核苷酸

polypeptide　多肽（聚肽）

polyphenol oxidase　多酚氧化酶

polysaccharide　多糖

polysome　多聚核糖体

porphobilinogen(PBG)　胆色素原

porphyrin ring　卟啉环

positive gravitropism　正向重力性

positive phototropism　正向光性

post‐transcription processing　转录后加工

precipitation　沉淀作用

pressure flow hypothesis　压力流动学说

pressure potential（Ψ_p）　压力势

primary electron acceptor(A)　原初电子受体

primary electron donor(D)　原初电子供体

primary messenger，first messenger　初级信使（第一信使）

primary metabolism　初生代谢

primary metabolite　初生代谢物

primary reaction　原初反应

primary structure　一级结构

primary transcript　原初转录产物

primary wall　初生壁

primase　引物酶

primer　引物

primosome　引发体

programmed cell death(PCD)　程序性细胞死亡

progressive senescence　渐进衰老

prokaryote　原核生物

prokaryotic cell　原核细胞

proline(Pro，P)　脯氨酸

prolinebetaine　脯氨酸甜菜碱

prolylhydroxylase　脯氨酸羟化酶

promoter　启动子

proplastid　前质体

prosthetic group　辅基

protective protein　保护蛋白

protein　蛋白质

protein isoform　同工蛋白

protein kinase(PK)　蛋白激酶

protein kinase C(PKC)　蛋白激酶 C

protein phosphatase(PP)　蛋白磷酸酶

proteinase　蛋白酶

proteomics　蛋白质组学

protochlorophyllide a　原脱植基叶绿素 a

proton motive force(pmf)　质子动力势

proton pump　质子泵（H$^+$泵）

protopectin　原果胶

protoplasm　原生质

protoplast　原生质体

protoporphyrin Ⅸ　原卟啉Ⅸ

PS Ⅱ light‐harvesting complex(LHC Ⅱ)　PS Ⅱ聚光复合体

purine base(Pu)　嘌呤碱

putrescine(Put)　腐胺

pyridoxal　吡哆醛

pyridoxal phosphate(PLP)　磷酸吡哆醛

pyridoxamine　吡哆胺

pyridoxamine phosphate(PMP)　磷酸吡哆胺

pyridoxol　吡哆醇

pyrimidine base(Py)　嘧啶碱

pyruvate dehydrogenase complex　丙酮酸脱氢酶系

pyruvate phosphate dikinase(PPDK)　丙酮酸磷酸双激酶

pyruvic acid(Pyr)　丙酮酸

Q

quantum efficiency　量子效率

quantum requirement　量子需要量

quantum yield　量子产额

quaternary structure　四级结构

R

raphanusamide　萝卜酰胺

raphanusanin　萝卜宁

reaction center pigment(P)　反应中心色素

receptor　受体

recombination　重组

recommended name　习惯名称

red drop　红降

red light‐absorbing form(Pr)　（光敏色素的）红光吸收型

redifferentiation　再分化

redistribution and reutilization of assimilate　同化物的再分配和再利用

reduction mitosis　有丝分裂

reduction phase　还原阶段

regeneration　再生作用

regeneration phase　再生阶段

relative free space(RFS)　相对自由空间

relative growth rate(RGR)　相对生长速率

renaturation　复性

replication　复制

replicon　复制子

respiration　呼吸作用

respiratory chain　呼吸链

respiratory climacteric　呼吸跃变（呼吸峰）

respiratory coefficient　呼吸系数

respiratory quotient(RQ)　呼吸商

respiratory rate　呼吸速率

respiratory ratio　呼吸效率

restriction endonuclease(restriction enzyme)　限制性内切酶（限制酶）

revernalization　再春化现象

reverse transcription　反向转录（逆转录）

riboflavin　核黄素

ribonuclease(RNase)　核糖核酸酶

ribonucleic acid(RNA)　核糖核酸

ribose　核糖

ribose‐5‐phosphate(R5P)　5‐磷酸核糖

ribose‐5‐phosphate epimerase　5‐磷酸核糖差向异构酶

ribose‐5‐phosphate kinase　5‐磷酸激酶核糖

ribosomal RNA(rRNA)　核糖体 RNA

ribosome　核糖体

ribulose‐1,5‐bisphosphate(RuBP)　1,5‐二磷酸核酮糖

ribulose‐1,5‐bisphosphate carboxylase /oxygenase(Rubisco)　1,5‐二磷酸核酮糖羧化酶/加氧酶

ribulose‐5‐phosphate(Ru5P)　5‐磷酸核酮糖

ripeness to flower state　花熟状态

ripening　完熟

RNA polymerase　RNA 聚合酶

root pressure　根压

root/top ratio(R/T)　根冠比

rotenone　鱼藤酮

rough endoplasmic reticulum(RER)　粗面内质网

RuBP carboxylase 1，5-二磷酸核酮糖羧化酶

RuBP oxygenase RuBP 加氧酶

S

S - adenosyl methionine *S* -腺苷甲硫氨酸

salicylic acid(SA) 水杨酸

saline and alkaline soil 盐碱土

saline soil 盐土

salt avoidance 避盐性

salt bladder 盐囊泡

salt dilution 稀盐

salt exclusion 拒盐

salt excretion 排盐

salt gland 盐腺

salt injury 盐害

salt resistance 抗盐性

salt secretion 泌盐

salt tolerance 耐盐

salting out 盐析

salt - stress protein 盐逆境蛋白

sand culture method 砂培法

saturated fatty acid 饱和脂肪酸

saturation vapor 饱和蒸汽

saturation vapor pressure 饱和蒸气压

sclerotin 壳硬蛋白

seasonal periodicity of growth 生长的季节周期性

second messenger 第二信使

secondary structure 二级结构

secondary wall 次生壁

sedoheptulose - 1,7 - bisphosphatase 景天庚酮糖-1,7 - 二磷酸酶

sedoheptulose - 1,7 - bisphosphate(SBP) 1,7-二磷酸景天庚酮糖

sedoheptulose - 7 - phosphate(S7P) 7-磷酸景天庚酮糖

seed germination 种子萌发

seedless fruit 无籽果实

seismonasty movement 感震性运动

self incompatibility(SI) 自交不亲和性

self - pollination 自花授粉

semiautonomous organelle 半自主性细胞器

semiconservative replication 半保留复制

semidiscontinuous replication 半不连续复制

semipermeable membrane 半透膜

senescence 衰老

senescence associated gene(SAG) 衰老相关基因

senescence down - regulated gene(SDG) 衰老下调基因

senescence phase 衰老期

senescence up - regulated gene(SUG) 衰老上调基因

sense strand 有义链

separation layer 离层

serine(Ser，S) 丝氨酸

serum albumin 血清清蛋白

sex differentiation 性别分化

shade plant, sciophyte 阴生植物

shade resistant plant，shade tolerant plant 耐阴植物

shikimic acid 莽草酸

short day plant(SDP) 短日植物

short distance transport system 短距离运输系统

short long day plant(SLDP) 短-长日植物

short night plant 短夜植物

short - day vernalization 短日春化现象

sieve area 筛域

sieve element(SE) 筛管分子

sieve element - companion cell complex(SE - CC) 筛管分子-伴胞复合体

sieve plate 筛板

sieve pore 筛孔

sieve tube 筛管

signal peptide 信号肽

signal sequence 信号序列

signal transduction 信号转导

signaling module 信号元件

simple protein 单纯蛋白质

single strand binding protein(SSB) 单链结合蛋白

sink 库

sink strength 库强

small opening diffusion law 小孔扩散律

smooth endoplasmic reticulum(SER) 光面内质网

snake venom 蛇毒

soil contamination 土壤污染

soil drought 土壤干旱

soil - plant - atmosphere continuum(SPAC) 土壤-植物-大气连续体

sol 溶胶

solation 溶胶作用

solute potential（Ψ_s） 溶质势

solution culture method, water culture method 溶液培养法（水培法）

source 源

source strength 源强

source - sink unit 源-库单位

specific activity 比活力

specific heat 比热容

specific mass transfer rate(SMTR) 比集运率

specificity　特异性

spermidine(Spd)　亚精胺

spermine(Spm)　精胺

spherosome　圆球体

spindle　纺锤体

spray irrigation　喷灌

starch　淀粉

starch grain　淀粉粒

starch phosphorylase, amylophosphorylase　淀粉磷酸化酶

starch synthetase　淀粉合成酶

starch‐sugar conversion theory　淀粉‐糖转化学说

statolith　平衡石

stearic　硬脂酸

steroid　固醇类（甾醇）

stimulative parthenocarpy　刺激性单性结实

stomatal frequency　气孔频度

stomatal movement　气孔运动

stomatal transpiration　气孔蒸腾

storage protein　储藏蛋白

strain　胁变

stratification　层积处理

stress　逆境

stress avoidance　逆境逃避

stress ethylene　应激乙烯，逆境乙烯

stress hormone　应激激素，胁迫激素

stress protein　逆境蛋白

stress tolerance　逆境忍耐

stroma lamella　基质片层

stroma thylakoid　基质类囊体

structural domain　结构域

structural protein　结构蛋白

submicroscopic structure　亚显微结构

substrate　底物

substrate‐level phosphorylation　底物水平磷酸化

succulent plant　肉质植物

sucrase　蔗糖酶

sucrose synthetase　蔗糖合成酶

sulfhydryl group hypothesis　疏基假说

sulpholipid　硫脂

sun plant，heliophyte　阳生植物

super secondary structure　超二级结构

superhelix　超螺旋

supermolecular complex　超分子复合体

superoxide dismutase(SOD)　超氧化物歧化酶

surface tension　表面张力

susceptible　感病

symplast　共质体

symplast pathway　共质体途径

symplastic transport　共质体运输

symport　共向传递体

synergistic action　协同作用

synonym codon　同义密码子

systematic name　系统名称

systemic acquired resistance(SAR)　系统获得性抗性

systemin　系统肽

T

temperature compensation point　温度补偿点

temporary wilting　暂时性萎蔫

tensile strength　抗张（拉）强度

terminal oxidase　末端氧化酶

termination　终止

termination codon　终止密码

termination factor(TF)，release factor(RF)　终止因子或释放因子

terminator　终止子

terpenoid　萜类

tertiary structure　三级结构

tetrahydropyranyl benzyladenine(PBA)　四氢吡喃苄基腺嘌呤（多氯苯甲酸）

thermogenic respiration　放热呼吸

thermonasty movement　感热性运动

thermoperiodicity of growth　温周期现象

thiamine　硫胺素

thiamine pyrophosphate(TPP)　硫胺素焦磷酸

thigmotropism　向触性

thioesterase　硫酯酶

thionin　硫蛋白

threonine and hydroxyproline‐rich glycoprotein(THRGP)　富含苏氨酸和羟脯氨酸的糖蛋白

threonine(Thr，T)　苏氨酸

thylakoid　类囊体

thymine(Thy，T)　胸腺嘧啶

tissue culture　组织培养

tolerance，resistance　抗性

tolerant　耐病

top senescence　地上部衰老

totipotency　细胞全能性

toxicity of single salt　单盐毒害

toxin　毒蛋白

tracheid　管胞

transaldolase　转醛酶

transaminase　转氨酶

trans‐cinnamic acid　反式肉桂酸

transcription　转录

transcription factor　转录因子

transdeamination　联合脱氨基作用

transfection　转染

transfer cell(TC)　转移细胞

transfer RNA(tRNA)　转移 RNA

transferase　转移酶

transformation　转化

transit peptide　转运肽

transketolase　转酮酶

translation　翻译

translocase　易位酶

translocation　移位

translocator　运转器

transmembrane pathway　跨膜途径

transmembrane protein　跨膜蛋白

transmembrane transduction　跨膜信号转换

transpiration ratio　蒸腾比率

transpiration　蒸腾作用

transpiration coefficient, water requirement　蒸腾系数（需水量）

transpiration rate　蒸腾速率

transpirational pull　蒸腾拉力

transpiration‐cohesion‐tension theory　蒸腾流-内聚力-张力学说

transport protein　运输蛋白（传递蛋白）

triacontanol　三十烷醇

triacylglycerols(TAG)　甘油三酯

tricarboxylic acid cycle(TCAC)　三羧酸循环

2,3,5‐triiodobenzoic acid(TIBA)　2,3,5-三碘苯甲酸

triose phosphate isomerase　丙糖磷酸异构酶

triose phosphate(TP)　磷酸丙糖

2,3,5‐triphenyltertazdiumehloride(TTC)　氯化三苯基四氮唑

triple response　三重反应

tropic movement　向性运动

true photosynthetic rate　真正光合速率

tryptamine　色胺

tryptophane(Trp, W)　色氨酸

tubulin　微管蛋白

turgor pressure　膨压

turgor movement　紧张性运动

turgorin　膨压素

Tyndall effect　丁达尔效应

typhasterol　栗甾酮

tyrosine(Tyr, Y)　酪氨酸

U

ubiquinone(UQ)　泛醌

UDP glucose pyrophosphorylase　UDPG 焦磷酸化酶

ultraviolet radiation stress　紫外辐射胁迫

uniport　单向传递体

unsaturated fatty acid　不饱和脂肪酸

unsaturated fatty acid index(UFAI)　不饱和脂肪酸指数

uracil(Ura, U)　尿嘧啶

urease　脲酶

uridine diphosphate glucose(UDPG)　尿苷二磷酸葡萄糖

uroporphyrinogen Ⅲ　尿卟啉原Ⅲ

UV‐B receptor　紫外线 B 受体

UV‐induced protein　紫外线诱导蛋白

V

valine(Val, V)　缬氨酸

vaporization　蒸发

vaporization heat, latent heat of vaporization　汽化热

variation potential(VP)　变异电位

vascular bundle　维管束

venom phosphodiesterase　蛇毒磷酸二酯酶

vernalin　春化素

vernalization　春化作用

vessel　导管

virus　病毒

viscosity　黏性

vitamin　维生素

vivipary　胎萌现象

voltage‐gated ion channel　电压门控型离子通道

W

water potential（Ψ_w）　水势

water balance　水分平衡

water channel protein　水通道蛋白

water contamination　水体污染

water metabolism　水分代谢

water oxidizing clock, Kok clock　水氧化分解钟（Kok 钟）

water splitting　水分子裂解

waterlogging　湿害

wax　蜡

wild flooding irrigation　漫灌

wilting　萎蔫

wobble　摆动性

wound respiration　伤呼吸

X

xanthophyll　叶黄素

xanthoxin　黄质醛

xerophytes　旱生植物

xylem　木质部

xylulose‐5‐phosphate(Xu5P)　5‐磷酸木酮糖

Z

zearalenone　玉米赤霉烯酮

zeatin riboside　玉米素核苷

zeatin(Z，ZT)　玉米素

zeaxanthin　玉米黄质

zein　玉米醇溶蛋白

参 考 文 献

白书农，2003. 植物发育生物学 [M]. 北京：北京大学出版社.

陈晓亚，薛红卫，2012. 植物生理与分子生物学 [M]. 4 版. 北京：高等教育出版社.

董娟娥，2009. 植物次生代谢与调控 [M]. 杨凌：西北农林科技大学出版社.

郭蔼光，2001. 基础生物化学 [M]. 北京：高等教育出版社.

韩锦峰，1991. 植物生理生化 [M]. 北京：高等教育出版社.

郝建军，于洋，张婷，2013. 植物生理学 [M]. 北京：化学工业出版社.

黄卓烈，朱利泉，2010. 生物化学 [M]. 2 版. 北京：中国农业出版社.

简令成，王红，2009. 逆境植物细胞生物学 [M]. 北京：科学出版社.

蒋德安，2011. 植物生理学 [M]. 2 版. 北京：高等教育出版社.

李刚，昌增益，2018. 国际生物化学与分子生物学联盟增设第七大类酶：易位酶 [J]. 中国生物化学与分子生物学报，34(12)：1367 - 1368.

李合生，2016. 现代植物生物学 [M]. 3 版. 北京：高等教育出版社.

李庆章，吴永尧，2004. 生物化学 [M]. 北京：中国农业出版社.

陆定志，傅家瑞，宋松泉，1997. 植物衰老及其调控 [M]. 北京：中国农业出版社.

刘志国，2011. 基因工程原理与技术 [M]. 2 版. 北京：化学工业出版社.

孟繁静，刘道宏，苏业瑜，1995. 植物生理生化 [M]. 北京：中国农业出版社.

孟庆伟，高辉远，2017. 植物生理学 [M]. 2 版. 北京：中国农业出版社.

潘瑞炽，2012. 植物生理学 [M]. 7 版. 北京：高等教育出版社.

孙大业，崔素娟，孙颖，2010. 细胞信号转导 [M]. 4 版. 北京：科学出版社.

沈同，王镜岩，2002. 生物化学 [M]. 3 版. 北京：科学出版社.

沈允钢，施教耐，许大全，1998. 动态光合作用 [M]. 北京：科学出版社.

王宝山，2007. 植物生理学 [M]. 2 版. 北京：科学出版社.

王镜岩，朱圣庚，徐长法，2002. 生物化学 [M]. 3 版. 北京：高等教育出版社.

吴平，2001. 植物营养分子生理学 [M]. 北京：科学出版社.

武维华，2018. 植物生理学 [M]. 3 版. 北京：科学出版社.

王希成，2000. 生物化学 [M]. 北京：清华大学出版社.

吴显荣，2001. 基础生物化学 [M]. 北京：中国农业出版社.

王忠，2009. 植物生理学 [M]. 2 版. 北京：中国农业出版社.

许大全，2013. 光合作用学 [M]. 北京：科学出版社.

萧浪涛，王三根，2005. 植物生理学 [M]. 北京：中国农业出版社.

许智宏，刘春明，1998. 植物发育的分子机理 [M]. 北京：科学出版社.

许智宏，薛红卫，2012. 植物激素作用的分子机理 [M]. 上海：上海科学技术出版社.

杨大旗，1993. 植物生理学附生物化学 [M]. 成都：成都科技大学出版社.

雍伟冬，种康，许智宏，等，2000. 高等植物开花时间决定的基因调控研究 [J]. 科学通报，145(5)：455 - 466.

张立军，刘新，2011. 植物生理学 [M]. 北京：科学出版社.

翟中和，2017. 细胞生物学 [M]. 4 版. 北京：高等教育出版社.

BIN R A, ZHANG J, 2018. Preferential geographic distribution pattern of abiotic stress tolerant rice [J]. Rice, 11(1)：10.

BUCHANAN B B, 2004. 植物生物化学与分子生物学 [M]. 瞿礼嘉，顾红雅，白书农，译. 北京：科学出版社.

GUO X Y, LIU D F, CHONG K, 2018. Cold signaling in plants：insights into mechanisms and regulation [J]. Integr. Plant Biol. 60(9)：745 - 756.

HOPKINS W G，HUNER N P，2009. Introduction to Plant Physiology ［M］. 4th ed. New York：John Wiley & Sons Inc.

ROBERT F W，2010. 分子生物学 ［M］. 郑用琏，张富春，徐启江，等译 . 北京：科学出版社 .

SMITH A M，2012. 植物生物学 ［M］. 瞿礼嘉，译 . 北京：科学出版社 .

YIN G Y，WANG W J，NIU H X，et al，2017. Jasmonate‐sensitivity‐assisted screening and characterization of nicotine synthetic mutants from activation‐tagged population of tobacco（*Nicotiana tabacum* L.）［J］. Frontiers in Plant Science，8：1‐11.

XU S J，KANG C，2018. Remembering winter through vernalisation ［J］. Nature Plants，4：997‐1009.

TAIZ L，ZEIGER E，2015. 植物生理学 ［M］. 5 版 . 宋纯鹏，王学路，周云，等译 . 北京：科学出版社 .

图书在版编目（CIP）数据

植物生理生化／王三根，苍晶主编．—3版．—北京：中国农业出版社，2020.1

普通高等教育农业农村部"十三五"规划教材　全国高等农林院校"十三五"规划教材

ISBN 978-7-109-26192-1

Ⅰ.①植…　Ⅱ.①王…②苍…　Ⅲ.①植物生理学－高等学校－教材②植物学－生物化学－高等学校－教材　Ⅳ.①Q94

中国版本图书馆 CIP 数据核字（2019）第 256030 号

中国农业出版社出版

地址：北京市朝阳区麦子店街 18 号楼
邮编：100125
责任编辑：宋美仙　　文字编辑：常梦颖
版式设计：杨　婧　　责任校对：周丽芳
印刷：中农印务有限公司
版次：2008 年 1 月第 1 版　　2020 年 1 月第 3 版
印次：2020 年 1 月 3 版北京第 1 次印刷
发行：新华书店北京发行所
开本：889mm×1194mm　1/16
印张：25.25
字数：640 千字
定价：56.00 元
